때쯤에는 〈내셔널 지오그래픽〉 본사에 사무실이 생겼다. 학위 취득 후 하버드대학 곤충학과와 캘리포니아 주립대학 버클리 캠퍼스에서 일했다. 그러는 동안에도 꾸준히 글을 쓰고 사진을 찍고 방송에 출연하며 대중들과 소통하는 탁월한 과학 스토리텔러로 이름을 알려왔다.

개미를 비롯한 곤충의 사회성에 대한 관심을 사회 일반에 관한 연구로 확장했고, 인간행동진화학회Human Behavior & Evolution Society 컨퍼런스에서 사회진화에 대한 세션을 이끌었다. 〈휴먼 네이처Human Nature〉 저널에 실었던 "인간의 정체성과 사회의 진화Human Identity and the Evolution of Societies"를 바탕으로 이 책을 완성했다.

과학 탐사 및 현장연구를 장려하는 익스플로러스 클럽에서 뛰어난 탐험가에게 수여하는 로웰 토머스 메달Lowell Thomas Medal, 로이 채프먼 앤드루스 협회에서 주는 우수 탐험가상 Distinguished Explorer Award, 하버드에서 문학적 가치가 높은 글에 수여하는 보든상Bowdoin Medal 외에 사진 분야에서도 수많은 국제적인 상을 받았다. 지은 책으로는 《위에 있는 국경선: 열대우림 캐노피 탐험The High Frontier: Exploring the Tropical Rainforest Canopy》《개구리 마주보기Face to Face with Frogs》《개미들 사이로 여행하기Adventures among Ants》 등이 있다.

자연 속에서 헤매고 다닐 때가 아니면 뉴욕 브루클린에서 아내이자 동료 여행자인 멜리사 웰스와 함께 지낸다. 롱아일랜드 그린포트에 있는 그의 사무실은 책, 나무 오르기용 도구, 곤충 연구 기구, 카메라 장비 등으로 가득 차 있다.

홈페이지 doctorbugs.com

옮긴이 김성훈

치과 의사의 길을 걷다가 번역의 길로 방향을 튼 번역가. 경희대학교 치과대학을 졸업했고 현재 출판번역 및 기획그룹 '바른번역' 회원으로 활동 중이다. 《정리하는 뇌》《이상한 수학책》《10대의 뇌》《운명의 과학》《무엇이 인간을 만드는가》《뇌의 미래》 등 다수의 책을 우리말로 옮겼다.

KB014895

인간 무리

왜 무리지어 사는가

The
Human Swarm

How Our Societies
Arise,
Thrive,
and Fall

인간 무리

왜 무리지어 사는가

마크 모펫 | 김성훈 옮김

'곤충학계의 인디애나존스'가 밝힌 인간 사회의 생물학적 뿌리와 문화적 진화
100여개국에 걸친 현장탐사와 방대한 자료조사로 완성한 역작

김영사

인간 무리, 왜 무리지어 사는가

1판 1쇄 인쇄 2020. 7. 29.
1판 1쇄 발행 2020. 8. 13.

지은이 마크 모펫
옮긴이 김성훈

발행인 고세규
편집 임솜이 디자인 정윤수 마케팅 신일희 홍보 박은경
발행처 김영사
등록 1979년 5월 17일 (제406-2003-036호)
주소 경기도 파주시 문발로 197(문발동) 우편번호 10881
전화 마케팅부 031)955-3100, 편집부 031)955-3200 팩스 031)955-3111

값은 뒤표지에 있습니다.
ISBN 978-89-349-9009-3 03490

홈페이지 www.gimmyoung.com 블로그 blog.naver.com/gybook
페이스북 facebook.com/gybooks 이메일 bestbook@gimmyoung.com

좋은 독자가 좋은 책을 만듭니다.
김영사는 독자 여러분의 의견에 항상 귀 기울이고 있습니다.

이 도서의 국립중앙도서관 출판시도서목록(CIP)은 서지정보유통지원시스템 홈페이지
(http://seoji.nl.go.kr)와 국가자료공동목록시스템(http://www.nl.go.kr/kolisnet)에서
이용하실 수 있습니다. (CIP제어번호 : CIP2020029986)

이 책을 특별한 세 사람에게 바친다.
먼저 시인의 영혼을 가지고 있고, 여러 과학 분야 사이에
다리를 놓기 위해 수십 년을 헌신해왔고,
그리 변변치 못한 나를 비롯해서
수많은 사람의 경력을 지칠 줄 모르고 지원해준
나의 스승 에드워드 윌슨Edward O. Wilson에게 경외심을 담아.
그리고 수 세대 동안 인류학자들의 머릿속에 비판적 사고를 길러주고,
이 생물학자와 여러 시간 동안 인내심 있게 대화를 나눠준
위대한 고故 어빈 드보어Irven DeVore에게.
그리고 늘 나를 믿어주는 훌륭한 아내이자 동반자
멜리사 웰스Melissa Wells에게.

추천사

―――

"인간 사회에 대해 호기심이 있는 사람이라면 누구나 이 훌륭한 책에 매력을 느낄 것이다. 사실상 모두가 그럴 거라는 얘기다."

―〈퍼블리셔스 위클리〉

"우리 시대는 차고에서 시작한 스타트업들이 하룻밤 사이에 실리콘밸리의 거대 기업으로 성장한 이야기로 가득하다. 하지만 이런 놀라운 성장도, 인류가 진화적 시간으로 보면 '눈 깜짝할 사이'에 수렵채집인 무리에서 지금의 글로벌 세계로 성장한 것에 비하면 왠지 시시해 보인다. 지금은 다른 대륙에 있는 이름도 모르는 사람 하나를 버튼 하나로 드론을 작동시켜 죽일 수도 있고, '지금 기부하기'라는 버튼을 클릭해서 살릴 수도 있다. 이 책에서 마크 모펫은 인간 사회가 이렇게 규모를 확장하게 된 이유, 그리고 그로 인해 있을 것 같지 않던 진화적 결과가 생겨난 이유를 탐험한다. 이 책은 다방면의 학문을 아우르면서도 엄격한 과학을 적용시키고 있고, 많은 것을 생각하게 만드는 야심 찬 책이다."

―로버트 새폴스키, 스탠퍼드대학 생물학/신경과학 교수

"역작!"

―도널드 요한슨, 유명한 인류 진화의 단절고리 화석 '루시'의
발견자이자 인간 기원 연구소 Institute of Human Origins 창립자

"'우리의 무리 짓기 속성이 인간의 역사를 이끈다.' 지금까지 이보다 더 진실에 가까운 진술은 없었다. 모펫의 이 책은 어떻게 수많은 개별 행동 주체가 사회를 이룰 수 있었는지를 폭넓고 심도 깊게 분석한다. 세계를 여행하면서 광활한 지적 풍경을 체험한 그는, 우리가 지금의 우리가 된 이유를 설명하는 독특한 관점을 만들어냈다. 이 책은 우리가 다른 생명체들과 유사한 점은 무엇이고, 차이점은 무엇인지를 탐색한다. 예를 들어 한때는 외부자에 해당했던 집단을 자신의 집단으로 포함시키는 능력도 이런 차이점에 해당한다. 내가 근래에 읽었던 책 중에서 이처럼 내 신경세포들을 각성시켜준 책은 없었다."

– 마지린 바나지, 《맹점Blindspot》 저자

"이 책은 놀라운 개념들로 가득하다. 그중에는 직관에 어긋나는 개념도 많다. 마크 모펫이 들려주는 동물 사회에 대한 놀라운 이야기를 읽다 보니, 어느새 개미에게서 인간 도시의 미래를 볼 수 있다는 말에 설득당하고 말았다. 지금까지와 다르게 생각해보고 싶은 사람이라면 이 선언문에 귀 기울여보기 바란다."

– 케빈 켈리, 〈와이어드〉 창립자이자 《통제 불능Out of Control》 저자

"지난 사반세기 동안 '빅 히스토리Big History'라는 장르가 새로이 등장했다. 여기에 해당하는 책들은 재레드 다이아몬드의 《총, 균, 쇠》, 스티븐 핑커의 《우리 본성의 선한 천사》, 유발 하라리의 《사피엔스》 등이다. 마크 모펫의 《인간 무리, 왜 무리지어 사는가》는 장차 이런 책들과 같은 반열에

오르게 될 것이다. 우리가 누구이고, 어떻게 여기까지 왔고, 어디로 가고 있는지 이해하게 해줄 뿐만 아니라 우리가 지구 위 생명이라는 더 큰 그림과 어떻게 조화를 이루는지도 새로운 관점으로 바라보게 해준다."

– 마이클 셔머, 〈스켑틱〉 발행인이자 《도덕의 궤적The Moral Arc》 저자

"호모사피엔스는 물리적으로 보면 개인적 인간관계가 몇몇 개체에 국한된 소규모의 사회적 동물이다. 그럼에도 인류는 이제 수십억 명 규모로 불어난 사회에 대처하기 위해 안간힘을 쓰고 있다. 이제 인류의 기술이 그 인구수와 엮여 실존적 위기를 낳고 있기 때문이다. 이 책에서 마크 모펫은 현재의 위기 상황을 낳은 생물학적 뿌리와 문화적 진화를 흥미롭게 검토한다."

– 폴 얼리크, 《인간의 본성Human Natures》 저자

"이 책은 분명 우리 사회가 존재하게 된 이유에 대한 가장 정확하고, 가장 포괄적이고, 가장 독창적인 설명이다. 입이 딱 벌어지는 놀랍고 매력적인 사실들이 이어진다. 독자들도 느끼겠지만, 이 책이 잘 쓰여진 재미있는 책이라는 사실에는 의문의 여지가 없다."

– 엘리자베스 마셜 토머스, 《무해한 사람들 The Harmless People》 저자

내가 말했다. 우리의 통치자가 국가의 규모, 포함시킬 영토의 넓이, 넘어서지 않을 선에 대해 생각할 때 정할 수 있는 최고의 경계가 무엇이겠습니까?

당신이라면 어떤 경계를 제안하시렵니까?

저라면 통합이 일관되게 유지되는 선까지만 국가의 크기를 키우겠습니다. 그것이 제가 생각하는 적절한 경계입니다.

그가 말했다. 아주 좋습니다.

– 플라톤, 《국가 The Republic》

차례

5부 사회의 기능(혹은 비기능)

6부 평화와 충돌

The

Human Swarm

How Our Societies
Arise,
Thrive,
and Fall

사회란 무엇인가? 인간과 다른 일부 종에서 사회가 존재하는 이유는 무엇인가? 인간의 사회는 어떻게 그런 급진적인 변화를 통해 결국 오늘날의 거대 국가들을 낳을 수 있었을까? 이 책은 이 거대한 질문을 현대 생물학, 인류학, 심리학, 역사를 끌어들여 서로 다른 여러 각도에서 조명하고 있다. 내 깨달음의 순간은 사람이 낯선 사람들로 붐비는 카페에 걸어 들어갈 때도 그런 행동이 아무런 생각 없이 이루어진다는 일견 사소해 보이는 현상이 생겨난 기원을 추적하면 인간의 진화에서 간과되어왔던 큰 전환점으로 거슬러 올라갈 수 있겠다는 사실을 알아차렸을 때 찾아왔다. 선사시대에 일어난 관점의 변화가 결국에는 국가의 탄생을 가능케 한 것이다. 침팬지였다면 자기가 모르는 낯선 개체들에게 둘러싸이는 것은 상상도 못 할 일이라 겁에 질려 달아나고 말았을 것이다. 인간에게 일어났던 변화는 누가 집단에 속하고 누가 속하지 않는지를 확인하는 방법, 즉 사회적 정체성을 확인하는 방법의 변화였다.

나는 코로나바이러스가 장악해버린 1년 동안 사회 구성원으로서의 우리의 정체성에 대해 생각하며 지냈다. 자가격리가 우리가 얼마나 친사회적인지 측정하는 척도로 자리 잡으면서 정상적인 시기의 모든 관심사를 몰아내버렸다. 하지만 사람들에게 의무를 지우는 일은 결코 쉽지 않다. 당신 자신이나 당신이 사랑하는 누군가가 코로나바이러스에 걸리지 않는 한, 우리의 감각으로는 감지가 불가능한 바이러스의 위협은 자동차 사고만큼 실감이 나지 않는다. 아마도 그런 이유 때문인지 많은 사람이 사회적 거리두기를 지속적으로 유의할 가치가 있는 행동이라기보다는 사회적 기대로 취급하는 듯 보일 때가 많다. 그래서 이곳 뉴욕 브루클린에서는 사람들이 대화를 나눌 때 마스크를 벗거나, 지나가는 친구의 등을 토닥거리거나, 다른 사람의 손을 이끌고 가게로 들어가는 모습이 많이 보인다.

차에서 안전벨트를 매는 일 역시 처음부터 자동적으로 이루어지지는 않았다. 이런 관행이 자리 잡기 위해 미국에서는 담당 인력을 강화하며 여러 해가 걸렸다. 자동차 사고는 한 건의 사고로 끝나는 반면, 바이러스에 걸린 사람은 그것을 다른 사람들에게 퍼뜨릴 수 있다. 그리고 그 사람은 본인은 증상이 나타나지 않더라도 또 다른 사람에게로 바이러스를 퍼뜨릴 수 있다. 그렇게 퍼지는 과정에서 어떤 사람은 죽을 수도 있다. 일부 국가에서 대유행을 피하는 데 성공한 이유를 설명할 때 그 나라 사람들이 집단의 필요를 더 중요시하는 성향이 있어서 그렇다고 말하기도 한다. 하지만 이런 면에서 보았을 때 더 이상 대한민국 사람들을 그런 순응주의자라 보기는 힘들다. 이화여대의 생태학자 최재천 교수가 내게 지적해 준 바와 같이 그보다 훨씬 더 큰 요인이 작동하고 있다. 대한민국의 시민들은 처음부터 이 바이러스의 속성에 대해 잘 알고 있었을 뿐 아니라, 지난 수십 년 동안 급격히 심각해진 미세먼지 문제 때문에 이미 마스크 착용에 익숙해져 있었다.

전쟁 등 국가적 위기의 시기에는 자기 국가에 대한 사람들의 정체성이 고조된다. 영어에서는 이런 경우를 두고 '국기를 중심으로 결집한다rally around the flag'라는 표현을 쓴다. 하지만 우리의 이익을 위해 의도된 행동이 사회적 의무로 인식될 때, 즉 지구온난화나 바이러스처럼 무형의 위험에 직면해서 반드시 필요해진 규칙이 아니라 강요된 에티켓 같은 것으로 인식될 때 사람들은 그 규칙이 자기가 신뢰하지 않는 이유 때문에 자신에게 강요되고 있다는 개념을 기꺼이 받아들일 수 있다. 미국의 문제는 마스크를 착용하겠다는 선택이 정체성에 대한 상징으로 바뀌어 마스크 착용자를 거의 외부인처럼 보이게 만들 수 있다는 점이다. 우리 몸의 수천조 분의 1 크기도 안 되는 생명 없는 단백질이나 RNA 조각이 사람의 소속에 대한 개념 자체를 뒤흔들어놓았다. 이런 정신적 변환이 그리도 쉬운 이유는 사람들이 질병을 외부자와 연결해서 생각하는 경향이 있기 때문이다. 내가 이 책에서 인용한 사례를 하나 언급하자면, 브리티시컬럼비아 대학교의 2004년 연구에서는 대부분의 사람이 세균이나 쓰레기같이 건강에 좋지 않은 상황이 담긴 사진을 보고 난 후에는 이민자에 대한 느낌이 훨씬 나빠졌다.

물론 이번 코로나바이러스 대유행은 그저 한 국가의 문제가 아니라 전 세계적인 문제다. 하지만 우리 종에게 범지구적으로 일관성 있는 행동을 취하는 것이 쉬웠던 적은 한 번도 없었다. 분명 특정 사회에 대한 우리의 동일시는 우리가 누구인가 하는 문제뿐만 아니라, 우리가 하는 행동에도 영향을 미친다. 질병과 외부인을 별생각 없이 안이하게 연관 지어 생각하는 경향 때문에 유행병에 관한 대화가 해결책을 찾기 위한 조직화된 움직임으로 이어지기보다는 국가 간의 비난 게임으로 변질되기 쉽다.

이 책은 하나의 메시지만을 전달하는 책이 아니다. 이 책은 사회에 관해 현재의 과학에서 들려오는 좋은 소식과 나쁜 소식을 모두 전하고 있고, 때로는 독자들이 스스로 결론을 내리도록 여지를 남겨두고 있다. 증거를 보면 인간은 항상 어떤 형태로든 사회를 이루어 살아왔고, 이런 모습은 사라지지 않고 있다. 사회는 우리에게 삶의 의미와 인정을 제공해준다. 하지만 어려운 시기가 닥쳐왔을 때엔 나쁘게 행동할 수 있는 핑곗거리를 제공하는 경우도 너무 많다. 이런 곤란한 상황을 우회할 방법은 사회가 우리 인간에게 상징하는 것이 무엇인지 더욱 잘 이해하는 것밖에 없을 것이다.

마크 모펫

2020년 6월, 뉴욕에서

서문

인간 사회가 존재해온 내내 사람들은 늘 변화된 자신의 모습을 발견했고, 사회 구성원들은 그들의 상상 속에서 아주 고귀한 인간으로 탈바꿈했다. 사회에 소속되어 있다는 것은 이렇듯 시민들의 집단적 자기 이미지 고양에 막강하게 작용하지만, 정말 다른 모습으로 탈바꿈하는 존재는 따로 있다. 바로 외부자들이다. 사회 구성원들의 상상속에서 보다 급진적이고, 때로는 무시무시한 변화를 겪는 것이다. 각자의 마음속에서 외부자 집단 전체가 인간보다 못한 존재, 심지어 일종의 해충으로 변할 수도 있다.

역사를 살펴보면 외부자는 짓밟아 죽일 수 있는 벌레처럼 하찮은 존재로 생각되기도 했다. 1854년 워싱턴 준주Washington Territory를 생각해보자. 수쿼미시Suquamish 부족의 족장 시애틀Seattle(새로 세워진 도시와 이름이 같았다)은, 워싱턴 준주의 새 총독으로 임명된 아이작 스티븐스Isaac Stevens가 부족의 장로들 앞에서 한 연설을 막 들은 참이었다. 수쿼미시 부족이 인디언 보호구역으로 옮겨지게 될 거라는 내용이었다. 대답을 하기 위해 일어나 있는 시애틀은 그 왜소한 체격의 총독보다 훨씬 키가 컸다. 그는 토착어인 두와미시Duwamish어로 두 사회를 가르고 있는 깊은 골을 한탄했고, 수퀴미시 부족의 시간이 머지않아 다할 것임을 인정했다. 그는 현실을 냉정하게 받아들이며 이렇게 말했다. "바다의 파도처럼 부족 뒤로 부족이 오고, 국가 뒤로 국가가 옵니다. 그것이 자연의 질서이며, 후회한들 소용없습니다."[1]

현장 생물학자field biologist인 나는 자연의 질서에 대해 생각하는 일로 먹고산다. 나는 여러 해 동안 인간 부족과 국가를 탐험하면서 우리가 '사회'라고 부르는 것의 개념을 생각해왔다. 나는 끝없이 외래성foreignness 현상에 마음을 사로잡혔다. 외래성 현상이란 객관적으로는 사소한 차이에 불과한 것이 사람 사이에서 엄청난 골을 만들고, 거기서 생겨난 파문이 생태부터 정치에 이르기까지 삶 구석구석으로 퍼져나가는 것을 말한다. 이 책《인간 무리, 왜 무리지어 사는가》는 호모사피엔스 사회의 본질뿐만 아니라 다른 동물 사회의 본질도 살펴봄으로써, 광범위하게 관찰되는 이 현상을 최대한 이해하는 것을 목표로 한다. 좀 불편한 이야기일 수 있지만 인간 사회와 곤충 사회는 우리 생각보다 훨씬 공통점이 많다는 것이, 이 책의 주요 주제다.

인간의 경우 아무리 사소한 것이라도 외래성의 신호가 될 수 있다. 나도 여러 번 경험해봤다. 인도에서 나는 규범에 맞지 않은 손으로 음식을 집어 들었다가 굴욕감을 주는 눈빛을 받았다. 이란에서는 긍정의 뜻으로 고개를 끄덕였는데, 알고 보니 그 지역에서 그것은 부정의 의미였다. 뉴기니 산악지대에서는 이런 일이 있었다. 마을 사람들과 함께 이끼 긴 바위에 걸터앉아 자동차 배터리로 돌아가는 구닥다리 텔레비전으로 〈머펫 대소동The Muppet Show〉(미국의 인형 코미디극 ─옮긴이)을 보는데, 화면에 자신들이 숭배하는 동물인 돼지가 옷을 입고 하이힐을 신은 채 왈츠를 추는 모습이 나오자 모두가 놀란 표정으로 나를 쳐다보았다. 내가 미국 사람이고 〈머펫 대소동〉도 미국에서 만든 것임을 알았기 때문이다. 스리랑카에서 타밀Tamil족 봉기가 일어났을 때는 기관총들 앞에서 말을 해야 했다. 볼리비아에서는 관료들이 경계심 가득한 눈으로 나를 보며 이 이상한 인간이 누구고 자기네 나라에서 무슨 일을 하고 있는지, 또한 어떤 일을 허락해주어야 할지 파악하는 동안 땀깨나 흘려야 했다. 고향으로 돌아오니, 이번에는 내 동료인 미국인들이 불편함과 당혹스러움, 때로는 분노로 외부자들을 대하는 모습이 눈에 들어왔다. 양쪽 모두 원초적인 반응을 보이며 '저 사람은 정말 이상하다'고 생각한다. 따지고 보면 양쪽다 팔도 두 개, 다리도 두 개에 사랑, 집과 가족에 대한 갈망 등 다른 점보다 닮은 점이 훨씬 많은데도 말이다.

이 책에서 나는 사회 소속성society membership을 우리 자아감sense of self의 특별한 구성 요소로서 면밀히 살피는데, 이때 똑같은 우선성primacy과 감정적 끌림이라는 공감대가 발휘되는 인종 및 민족을 고려해야 한다(특히 마지막 장에서 이 부분을 다룬다). 우리 정체성의 다른 측면들에 비해 우리 사회―그리고 민족과 인종―의 중요성은 터무니없을 정도로 높아진 듯 보인다. 노벨 경제학상 수상자이자 철학자인 아마르티아 센Amartya Sen은, 사람들이 왜 자신의 정체성을 다른 모든 것을 무효화하는 집단 속으로 함몰시켜버리는지를 이해하려고 애쓴다. 센은 르완다에서 일어난 치명적인 무력 충돌을 예로 들면서 다음과 같이 안타까워한다. "르완다 수도 키갈리 출신의 후투Hutu족 노동자는, 자신을 후투족 사람으로만 바라보아야 한다는 압박 때문에 선동에 넘어가 투치Tutsis족 사람을 죽였습니다. 하지만 그 사람의 정체성은 후투족에 그치지 않습니다. 그는 후투족이기에 앞서 키갈리 사람이고, 르완다 사람이고, 아프리카 사람이며, 나아가 노동자이자 한 인간이에요."[2] 이런 정신적 와해 현상은 앞으로 나올 장들의 주제 중 하나다. 한 사회가 무엇을 대표하느냐 혹은 누가 그 사회에 속하느냐를 두고 서로 다른 신념들이 충돌하면, 의혹이 커지면서 유대감이 깨진다.

　자동차 경주 애호에서부터 지구온난화 부정에 이르기까지 온갖 이유로 끼리끼리 뭉치는 것을 이르는 '부족의식tribalism'이라는 단어가 떠오른다.[3] 느슨한 의미의 부족tribe이라는 개념은 베스트셀러에서 흔히 다루는 주제다. 하지만 우리가 뉴기니 고산지대 부족에 대해 이야기할 때, 혹은 우리 자신의 사회와의 연관성과 관련된 동족의식에 대해 이야기할 때, 평생 동안 간직해온 소속감이 유발하는 사랑과 충성심도 떠오르지만 외부인과 관련하여 그것이 고취하는 미움, 파괴성, 절망도 떠오른다.

　이런 주제를 다루기 전에 가장 기본적인 질문에 주목해야 한다. 사회란 무엇인가? 뒤에서 살펴보겠지만 그저 사회적이어서 다른 개체들과 긍정적인 유대관계를 맺는 현상과, 한 종이 여러 세대에 걸쳐 우리가 사회라 부르는 별개의 집단을 구성하고 지탱하는 현상 사이에는 큰 차이가 존재한다. 사회의 일원이 되고 말고는 개인적 선택의 문제가 아니며, 누가 그 사회의 구성원에 해당하는지는 일반적으로 구성원 누구나가 명백하게 알 수 있다. 외부자들은 겉모습, 억양, 몸짓, 그리고 돼지에서부터 고개를 끄덕이는 것을 모욕으로 바라보느냐에 이르기까지 온갖 것에 대한 태도에서 확연히 눈에 띄는 외래성 때문에 쉽게 받아들여지지 않는다. 완전히 받아들여지기까지 수십년, 심지어는 수백 년이라는 긴 시간이 걸린다.

가족을 제외하면 우리가 가장 많이 충성을 맹세하고, 그를 위해 맞서 싸우고 목숨도 바치는 제휴 관계affiliation는 바로 우리 사회다.⁴ 하지만 일상생활에서는 사회의 우선성이 명확하게 드러나는 경우가 드물다. 사회는 그저 우리 자아감의 일부, 그리고 다른 사람들은 어떻게 다른가에 대한 인식의 일부를 이룰 뿐이다. 우리는 일상적 경험의 일부로 정당, 독서 클럽, 포커 그룹, 10대 패거리에 참여한다. 심지어 같은 관광버스에 탄 사람 사이에서도 한동안 유대감이 형성되어 다른 버스에 탄 사람들보다 서로를 더 대단하게 생각할 수 있고, 그 결과 그날 생기는 문제들을 하나의 집단으로서 생산적으로 헤쳐나가기도 한다.⁵ 이렇듯 개인으로서의 우리에게 큰 영향을 미치는 집단에 참여하려는 성향은, 그동안 연구의 주제가 되어 폭넓게 다루어져왔다. 사회는 심장박동이나 숨소리처럼 간과되기 쉽지만, 그 우선성이 확실하게 드러나는 때도 있다. 집단이 역경에 처하거나, 집단에 자랑스러운 일이 생길 때다. 전쟁, 테러리스트의 공격, 지도자의 죽음은 그에 영향 받은 새로운 세대를 형성할 수도 있다. 하지만 별다른 사건이 없는 동안에도 사회는 우리 하루하루의 분위기를 조성하고 우리의 신념과 경험에 영향을 미친다.

미국처럼 대륙을 뒤덮는 크기의 국가에 모여 사는 사람들이든 뉴기니섬의 부족이든 이들 사회 사이에서 보이는, 때로 극복하기 힘든 차이에 대해 생각하다 보면 지극히 중요한 질문이 떠오른다. 사회를 구성하고 그 외의 사람들에게 외부자라는 딱지를 붙이는 것은 '자연의 질서'의 일부이고, 따라서 피할 수 없는 것일까? 우월감과 다른 집단에 대한 적대감에 빠지기 쉬운 각각의 사회는 다른 사회와의 자잘한 충돌 때문에, 혹은 사회 내 구성원 사이에서 퍼져나가는 소외감 때문에 곤경에 빠져 허우적거리다가 시애틀 족장의 말처럼 몰락할 수밖에 없는 운명일까?

《인간 무리, 왜 무리지어 사는가》는 이 질문에 대답하기 위한 나의 노력의 산물이다. 이 책의 논증은 자연사로부터 선사시대를 거쳐, 문명이 걸어온 변덕스러운 궤적(수메르의 진흙 벽에서부터 세상을 뒤덮은 페이스북까지)을 따라 움직일 것이다. 행동과학자들은 전략 게임을 이용해서 우리가 서로를 어떻게 대하는지 밝혀내려고 하는 등 협소한 맥락의 틀에서 인간의 상호작용을 잘게 찢어서 살펴본다. 하지만 나는 더 폭넓게 접근하려고 한다. 사회가 얼마나 필연적인 존재인지, 어떻게 생겨났는지, 그리고 왜 중요한지 등 사회의 기원, 유지, 해체 과정을 이해하면서 우리는 생물학, 인류학, 심리학, 그리고 덤으로 약간의 철학에서 최근에 밝혀진 내용들을 살펴볼 수 있을 것이다.

역사도 이 이야기에 영향을 미친다. 다만 구체적 사실보다는 역사를 통해 드러나는 패턴이 더 부각된다. 각각의 사회는 자기만의 영웅 이야기를 가지고 있다. 하지만 나는 그 이야기의 밑바탕에는 사회를 하나로 뭉치게도 하고 폭삭 망하게도 하는 공통의 힘이 존재할 수 있다고 주장한다. 사실 정복을 통해서든 변질, 동화, 분열, 혹은 죽음을 통해서든 모든 사회는 결국 종말에 도달하게 된다. 동물 사회든 인간 사회든, 소박한 수렵채집인 사회든 산업 사회든 상관없이 모두가 말이다. 인간 수명을 잣대로 바라보면 사회의 이러한 비영구성은 간과되기 쉽다. 사회의 노후화는 분명히 일어난다. 이는 적대적인 이웃 사회나 환경 재앙(일부 사회의 멸망에는 이런 요소들이 기억에 남는 역할을 하기도 했지만) 또는 사람들의 짧은 수명 때문이 아니라 사회 구성원들이 서로, 그리고 세상에 드러내는 정체성의 일시성 때문이다. 사람 간의 차이는 큰 비중을 갖는다. 변화가 쌓이면서 한때는 익숙했던 것들이 천천히 낯설어진다.

인간과 사회의 결속은 우리가 동물이었던 시절까지 이어지는 뿌리 깊은 유래를 가지고 있다. 하지만 내가 심리학에서 차용한 내집단ingroup과 외집단outgroup이라는 개념과 더불어 소속성이라는 측면에서 사회를 묘사하는 것은 생물학의 전통과는 어긋난다. 내 동료들은 사회에 대해 이야기한다고 하면 으레 혐오감을 나타내고, 공개적으로 사회를 언급하는 경우도 드물다. 영어의 방언에는 여러 생물종의 사회를 나타내는 단어들이 존재한다. 예를 들어 원숭이와 고릴라는 '트룹troop', 늑대와 아프리카들개는 '팩pack', 점박이하이에나와 미어캣은 '클랜clan', 말은 '밴드band'이다(대부분 '무리'로 번역했고 필요한 경우에만 각각의 용어를 사용했다 - 옮긴이). 그럼에도 연구자들은 이런 용어들을 외면하고 그냥 '집단group'이라는 용어를 사용하기 때문에 그 결과 명료함과 이해를 잃고 만다. 내가 한때 그랬던 것처럼 자리에 앉아 강의를 듣고 있다고 상상해보자. 한 생태학자가 어떤 원숭이 집단에 대해 이야기한다. "이 원숭이 집단이 둘로 분리됩니다." 그리고 나중에 "그 집단들 중 하나가 또 다른 집단과 충돌합니다." 이런 문장들을 해독하려면 머리에서 김이 날 정도로 집중해야 한다. 그 교수님은 한 원숭이 트룹의 구성원들이 두 방향으로 나뉘어 길을 갔고, 그러다가 이전에 나뉜 그 트룹의 절반이 또 다른 트룹과 마주쳐 격렬하게 자신을 방어했다는 말을 하려던 것이었다. 트룹은 분명 집단의 한 종류이지만 아주 특별한 종류의 집단이다. '트룹'이라는 단어 속에는 폐쇄적이고 안정적인 소속감을 통해 다른 모든 원숭이와 구분되는 집단이라는 의미가 들어 있다. 이런 소속감은 이 집단에게 싸워서 지켜내야 할 가치뿐 아니라 자체적으로 '트룹'이라는 딱지를 붙일 근거도 함께 부여해준다.

새끼를 키우는 부모 개체 간의 일상적 유대 관계 너머로 확장되는 이런 단일 정체성이 집단―팩, 클랜, 트룹, 프라이드pride(사자들의 무리 - 옮긴이) 등― 내부에 일단 구축되고 나면, 그런 사회의 구성원이 되는 것에는 많은 혜택이 따른다. 우리는 이런 동물들과 어떤 특징을 공유하고 있을까? 또한 어떤 차이가 있을까? 그리고 그보다 더 중요한 질문은 이것이다. 그런 차이가 중요할까?

사회의 가치를 밝히는 데 동물 모형이 도움이 되기는 하지만 인간이 어떻게 지금의 위치까지 오게 되었는지 설명하기에는 부족하다. 대다수의 눈에는 우리의 거대한 국가들이 응당 있어야 할 자연스러운 존재로 보이겠지만, 국가의 형성은 필연적인 일이 아니었다. 문명(도시와 기념비적인 건축물 등이 갖추어진 사회)이 꽃을 피우기 전에도 규모가 훨씬 작았을 뿐, 사람들은 집단 형태로 사회를 이루어 지구 위 다양한 지역에서 살았다. 간단한 농사와 가축에 의존하는 부족 형태나 야생으로부터 음식이 될 만한 것은 무엇이든 취해서 사는 수렵채집인 집단 형태로 말이다. 당시에는 그런 사회들이 국가였다. 인간이 모두 수렵채집인으로 살았던 때로 아주 긴 시간을 거슬러 올라가면, 지금 살아 있는 모든 사람의 선조들이 바로 그런 사회에 소속되어 있었다. 현재에도 뉴기니, 보르네오, 남미 우림 지역, 사하라사막 이남 아프리카, 기타 다른 지역에 사는 수많은 사람이 중앙정부로부터 거의 독립적으로 살아가는 부족 안에서 수백, 수천 명의 개인들과 주된 관계를 유지하고 있다.

오늘날의 수렵채집인과 고고학적 자료를 통해 초기 인간 사회의 특징을 파악할 수 있다. 지금 우리의 가슴을 부풀어 오르게 만드는 거대 국가들을, 우리 수렵채집인 선조들은 짐작할 수도 없었을 것이다. 우리는 이런 변화를 가능하게 한 것이 무엇인지, 또 사람이 너무 많아져 대부분 서로를 모르게 되었는데도 이방인들을 차별하는 사회로 이어졌는지 살펴볼 것이다. 현대의 인간 사회를 특징짓는 태평스러운 익명성은 언뜻 별것 아닌 듯 보일지 몰라도 사실 아주 중요하다. 낯선 사람들로 가득한 카페에 별 걱정 없이 들어갈 수 있다는 사실은 우리 종이 이룩한 가장 놀라운 성취 중 하나인데도 저평가되어 있다. 그것은 인간을 사회를 이루며 사는 대부분의 척추동물과 구분 지어주는 특징이다. 다른 척추동물의 경우 한 사회를 구성하는 개체들끼리는 반드시 서로를 알아볼 수 있어야 한다. 이 사실을 대부분의 과학이 간과해왔지만, 사자나 프레리도그가 대륙을 가로지르는 거대 왕국을 건설하는 일이 결코 없는 이유를 이것으로 설명할 수 있다. 잘 모르는 사람들과 편안하게 뒤섞일 수 있는 우리 사회의 특징은 처음부터 인간에게 장점으로 작용하여 국가 형성을 가능하게 했다.

다수의 대중이 결합되어 있는 현대 인간 사회의 특성은, 손톱보다 큰 생물종의 역사에서는 전례가 없는 독특한 것이다. 하지만 나는 손톱보다 작은 동물들인 사회적 곤충social insect을 전공한 사람이다. 개미도 그중 하나다. 이 책의 밑바탕이 되는 개념이 처음 머릿속에 떠오른 것은, 샌디에이고 근처의 한 마을에서 수 킬로미터에 걸쳐 펼쳐진 개미들의 전투 현장을 목격했을 때였다. 각각 수십억 마리 규모의 아르헨티나개미Argentine ant 초군집supercolony 두 무리가 자기네 구역을 지키기 위해 싸우고 있었다. 그때가 2007년이었다. 그 작은 생명체들을 보면서 처음에는 개미든 인간이든 어떻게 그런 어마어마하게 많은 개체가 모여 진정한 사회를 이룰 수 있을까 의문을 갖게 되었다. 후에 살펴보겠지만, 개미도 사람처럼 익명 사회를 가능하게 하는 방식으로 상호작용한다. 다시 말해 우리 그리고 개미는 개체들끼리 서로 다 친하지 않아도 되는 독특한 사회를 유지할 수 있다. 이런 능력 덕분에 인간 사회는 대부분의 다른 포유동물 사회가 가진 규모의 한계를 초월할 가능성이 열렸다. 이 가능성은 수렵채집인 사회가 수백 명 규모로 커졌을 때 처음 열리기 시작했고 결국은 역사적인 거대 공화국 탄생의 길을 닦아주었다.

익명 사회는 어떻게 실현되는 것일까? 개미처럼 우리도 한 개체를 동료로 표시해주는 공통의 특징을 바탕으로 서로를 확인한다. 개미 간에는 간단한 화학물질이 이런 표지 역할을 하고, 사람 간에는 옷부터 몸짓, 언어까지 다양한 요소가 표지 역할을 하지만 그것만으로 문명을 하나로 뭉치게 해주는 것이 무엇인지 완전히 설명하기는 어렵다. 뇌가 작은 개미들의 사회에 비해, 인간 사회는 그것의 확장에 우호적인 조건들이 가혹하고 취약했다. 사람들은 자신의 정신적 도구 상자에서 시대에 걸쳐 검증된 기술들을 가져와서, 구성원 수가 늘어나도 견딜 수 있을 만한 삶을 일구었다. 직업이나 다른 구분을 통한 개체 간의 차이 강화(무리 짓기 속성)도 그런 기술 중 하나다. 더 놀라운 사실은, 불평등의 발생도 사회의 계층 구조 구축에 중요한 역할을 했다는 점이다. 이에 관해서는 지도자의 등장에 관한 부분에서 논하도록 하겠다. 우리는 당연한 것으로 받아들이는 이런 현상들이 수렵채집인들에게 대단히 다양한 형태로 일어났고, 그중에는 평등한 사람들끼리 함께 방랑하며 사는 형태도 있었다.

다양한 민족과 인종이 한 사회 안에서 공존하게 된 것은 대체로 농업 발생 이후의 일이었다. 이것은 앞에서 언급했듯이 타인의 권위를 비롯해 개인 간의 차이를 받아들이겠다는 의지의 확장이었다. 수렵채집인 시절에 기존에 따로 살던 집단들이 통합되었다는 얘기는 들어본 적이 없고 다른 종에서도 그런 사례는 찾아볼 수 없다. 사람들이 다른 민족 집단을 받아들이면서 그런 변화에 맞춰 자신의 인지적 생존 도구들을 용도 변경하지 않았더라면 국가는 지금처럼 강력해질 수 없었을 것이다. 이러한 다양성의 허용이 결과적으로 사회를 강화하는 요소가 되었지만, 동시에 사회를 찢어놓을 수 있는 스트레스 요인도 딸려 왔다. 따라서 다양한 민족이 녹아드는 용광로라는 성과는 반가운 소식이지만 그와 함께 폭동, 인종 청소, 홀로코스트가 발생했으며 그 기저에는 우리성we-ness(개인이 자신을 '우리'라는 집단 속에 동화시켜 집단의 속성에 맞추어가는 심리적 특성 - 옮긴이)이라는 문제가 있다.

　내 목표는 중요한, 또는 이상하지만 배울 점이 있는 미스터리들로 독자들을 자극하는 것이다. 앞으로 살펴볼 몇 가지 미스터리를 예로 들자면 다음과 같다. 아프리카사바나코끼리African savanna elephant는 사회를 이루는데 아시아코끼리Asian elephant는 그렇지 않은 이유는 뭘까? 개미는 인간처럼 길을 닦고, 교통 규칙을 만들고, 공공위생 노동자를 두고, 조립라인에서 함께 작업을 하는데 정작 인간과 아주 가까운 친척 관계인 침팬지와 보노보가 그런 일을 하지 않는 까닭은 무엇일까? 팬트후트pant hoot(자신의 존재를 알리는 침팬지의 울음소리 - 옮긴이)라는 원시적인 외침 소리가 우리의 먼 선조가 애국심의 깃발을 흔들게 되기까지의 긴 여정을 시작한 첫 번째 발걸음이자, 어떻게 보면 대륙 전체로 뻗어나간 우리 왕국들의 토대이지 않을까? 이방인인 내가, 어떻게 사람 간의 차이를 무시하고 다른 사회에서도 계속 그럴 수 있을까? 개미를 비롯한 대부분의 동물은 그럴 수 없는데 말이다. 역사 마니아들을 위한 질문도 던져보자. 미국 남북전쟁 당시 대부분의 남부인이 여전히 자신을 미국인이라 여겼다는 사실이 전쟁의 결과에 영향을 미쳤을까?

조지 버나드 쇼George Bernard Shaw는 이렇게 썼다. "기본적으로 애국심이란, 특정 국가를 두고 내가 태어났으니 그 나라가 세계 최고라고 하는 확신이다."⁶ 인간 조건의 내재적 요소가 이렇듯 사회에 집착하고 그것을 우상화하며 동시에 종종 외부자들은 무시하고, 불신하고, 비하하고, 심지어 증오하는 것이라면 그것은 무엇을 의미할까? 바로 이 사실이 우리 종이 가진 경이로움이며 내가 이 책을 쓰게 된 이유 중 하나다. 작은 사회에서 거대한 사회로 옮겨가는 동안에도 우리는 누가 우리 편이고 누가 그렇지 않은지를 가리는 기괴한 인식을 유지해왔다. 그렇다. 우리는 외부자들과 친분을 쌓지만 여전히 그들은 외부자로 남는다. 좋든 나쁘든 그러한 차별은 남고, 이에 따라 사회 내에서도 현저하고 파괴적인 차별이 증가하고 있다. 부디 내가 그 이유를 분명하게 밝힐 수 있기를 바란다. 우리가 유사점과 차이점에 어떻게 접근하느냐에 따라 사회의 본성과 미래가 결정된다.

앞으로의 여정

우리의 여정은 긴 도로 하나가 아니라 서로 연결된 수많은 길을 따라 이어질 것이다. 가끔은 지나쳤던 곳으로 다시 돌아가 생물학과 심리학 같은 주제들을 새로운 각도에서 바라보기도 할 것이다. 우리가 무엇을 하고 어떻게 생각하는지 이해하기 위해 인류의 역사뿐 아니라 진화 과정도 살펴볼 것이다. 계속 연대순으로 진행되는 것이 아니라 여기저기 들러보며 두서없이 이어지는 여정을 앞두고 있으니, 어떤 내용이 우리를 기다리고 있는지 미리 살펴보는 것이 좋겠다.

나는 이 책을 9부로 나누었다. 1부 '제휴와 알아보기'에서는 다양한 척추동물 사회를 살펴본다. 1장에서는 사회에서 협동이 하는 역할을 고찰한다. 나는 협동이 정체성의 문제보다 덜 본질적인 것임을 보여주려 한다. 사회는 풍성한 관계의 그물 안에 놓인, 구분되는 구성원 집합들로 이루어지며 그 집합들이 모두 조화로운 것은 아니다. 2장에서는 척추동물, 특히 포유류를 다루면서 사회가 그 내부의 파트너 관계 시스템에 불완전함이 있다 해도 구성원들을 부양하고 보호함으로써 그들에게 어떻게 혜택을 주는지를 밝힌다. 3장에서는 사회 안에서, 그리고 사회 간에 이루어지는 동물들의 이동이 다양한 집단의 성공에 얼마나 중요한 역할을 하는지를 살펴본다. 융통성 있는 행동 패턴인 분열-융합fission-fusion이 특정 종들, 그중에서도 인간의 지능 진화에 대한 이해에 도움을 준다. 이 주제는 반복적으로 등장할 것이다. 4장에서는 대부분의 포유동물 사회가 하나로 뭉치려면 구성원들끼리 서로 얼마나 알고 있어야 하는지를 알아본다. 이 사회에서는 모든 구성원이 상대에 대한 개인적인 호오 감정과 상관없이 서로를 알고 있어야 한다. 그래서 사회의 규모는 기껏해야 수십 개체 정도로 제한된다. 이 지점에서 인간이라는 종은 이런 규모의 한계를 어떻게 뚫고 나올 수 있었는가 하는 수수께끼가 등장한다.

2부 '익명 사회'에서는 이런 규모의 한계를 가뿐하게 돌파한 유기체 집단에 대해 알아본다. 바로 사회적 곤충이다. 곤충을 '고등 종', 특히 인간과 비교하는 것에 반감을 느끼는 사람들이 많은데, 내 목표 중 하나는 그런 비교가 얼마나 가치 있는지를 분명하게 밝힘으로써 그런 반감을 부수는 것이다. 5장에서는 곤충 사회의 규모가 증가함에 따라 일반적으로 그 사회의 복잡성도 증가하는 현상을 살펴본다. 곤충 사회도 규모가 커지면 기반시설과 노동 분업이 더욱 복잡해지는 등 인간 사회와 비슷한 경향이 나타난다. 6장에서는 대부분의 사회적 곤충, 그리고 향유고래 같은 몇몇 척추동물이 자신의 정체성을 표시하는 무언가를 이용해서 사회와의 제휴 관계를 입증하는 방법에 대해 알아본다. 개미는 화학물질(냄새), 고래는 소리를 이용한다. 이런 간단한 기술은 기억력의 한계에 제약받지 않기 때문에 일부종의 사회를 거대한 규모에 도달하게 해주는데, 몇몇 경우에는 아예 상한선이 존재하지 않는다. 7장 '익명 인간'에서는 인간도 어떻게 그와 똑같은 접근 방식을 채택하고 있는지를 자세히 설명한다. 우리 종은 각각의 사회에서 용인되는 것을 반영하는 표지에 적응되어 있다. 그중에는 너무 미묘해서 잠재의식으로만 알아차릴 수 있는 행동도 있다. 이런 방법을 이용해 인간은 익명 사회에서 낯선 사람들과 유대관계를 형성할 수 있고, 그를 통해 규모의 한계를 뛰어넘는 사회를 달성할 수 있다.

3부 '최근까지 남아 있는 수렵채집인'에 속한 8, 9, 10장에서는 농업 발달 이전에는 우리 종의 사회가 어떤 모습이었을지 질문한다. 최근까지도 수렵채집인으로 남아 있는 이들의 생활방식은 소규모 밴드 형태로 여기저기 유랑 생활을 하는 방식에서부터 1년 중 상당 부분, 혹은 1년 내내 한곳에 정착해 사는 방식까지 다양하다. 지금까지 대부분의 관심은 유랑형 생활방식에 쏠렸고 그것을 우리 선조들의 표준적 생활 조건으로 취급해왔지만, 우리 종은 그 기원부터 유랑형과 정착형이라는 두 가지 옵션 중 하나를 선택할 수 있었다고 결론 내리는 것이 자연스럽다. 우리는 또한 수렵채집인은 고대의 생존 방식으로 살던 고대의 사람이 아니었다고 결론지을 수 있다. 그들을 본질적으로 우리와 전혀 다를 것이 없는 사람으로 인정해야 한다. 말하자면 '현재형 시제'의 사람들인 것이다. 지난 1만 년간 인간은 계속 진화해왔고 심지어 급속도로 진화한 흔적도 있지만, 인간의 뇌는 최초의 호모사피엔스가 등장한 이후로 그 어떤 근본적인 구조 변화도 없었다.[7] 이것은 인류가 현대 생활에 적응해왔음에도 불구하고 기록된 역사 속에서 볼 수 있는 수렵채집인의 생활방식, 그 초기 인류 사회의 본성이 우리 자신의 토대임을 암시한다.

가장 관심이 가는 부분은 유랑형 수렵채집인 사회와 정착형 수렵채집인 사회 사이에서 나타나는 놀라운 차이다. 유랑형 수렵채집인 사회는 평등 정신을 기반으로 하고 노동 분업이 없었으며 토론을 통해 문제를 해결했던 반면, 정착형 수렵채집인 사회에서는 지도자가 등장하고 노동 분업과 빈부 격차가 발생했다. 오늘날 대부분의 사람들은 정착형 수렵채집인처럼 행동하지만, 유랑형 수렵채집인 사회구조는 아직도 우리에게 남아 있을 심리적 융통성psychological versatility을 암시한다. 3부의 결론은 수렵채집인이 뚜렷이 구별되는 사회들을 가지고 있었고, 그것들은 지금의 사회와 마찬가지로 정체성의 표지로 구별되었다는 것이다.

이것이 의미하는 바는 머나먼 과거의 어느 시점에서 우리 선조들이 분명 소속 신분증을 이용하는 진화 단계를 거쳤고, 이것이 우리 사회의 대규모 성장을 가능하게 했다는 것이다. 대단히 중요한 진화 단계였음에도 지금까지 간과되었던 부분이다. 어떻게 이런 일이 일어났는지 단서를 찾기 위해 4부는 우리를 과거로 데려가고, 또한 현대의 침팬지와 보노보의 행동을 면밀히 관찰한다. 나는 원숭이들이 자신들의 발성 중 하나인 팬트후트의 사용 방식에 간단한 변화를 주어, 같은 사회 구성원을 확인하는 필수적인 소리로 만들었다는 가설을 제시한다. 이런 변화 혹은 이와 비슷한 일이 우리의 머나먼 선조들에게도 일어났을 가능성이 있다. 우리의 신체와 관련이 많은 이 초기의 '비밀번호'에 훨씬 더 많은 표지가 더해지면서 결국 인간 정체성을 나타내는, 피와 살로 만들어진 게시판이 된 것이다.

확인용 표지의 기원을 살펴보았으니 이런 표지와 사회 소속성을 뒷받침하는 심리를 탐색해볼 때다. 5부 '사회의 기능(혹은 비기능)'에서는 다섯 개 장에 걸쳐 최근에 알려진 인간 마음에 관한 매력적인 내용들을 검토한다. 이와 관련된 대부분의 연구는 민족과 인종에 초점을 맞추지만, 사회에도 적용할 수 있다. 여기서 다루는 주제들은 다음과 같다. 사람들은 각각의 사회를(그리고 각각의 민족과 인종을) 독립된 생물종처럼 보이게 만드는 근본적인 요인을 소유한 타인들을 어떻게 이해할까. 유아는 이런 집단을 알아보는 법을 어떻게 학습할까. 타인과의 상호작용 과정을 간소화하는 고정관념은 어떻게 편견과 연결될까. 또한 편견은 어떻게 자동적이고 불가피하게 표현되어 외부자를 독특한 개인이 아니라 그가 속한 민족이나 사회의 일원으로 인식하게 할까.

우리는 타인을 여러 가지 다양한 방식을 통해 심리적으로 평가한다. 외부자를 우리에게 소속된 사람보다 '저급한' 존재로, 때로는 아예 인간 이하의 존재로 평가하는 우리의 특성 역시 이런 방식에 해당한다. 15장에서는 우리가 타인에 대해 내리는 이러한 평가를 어떻게 사회 전체에 적용하는지를 알아본다. 사람들은 외부 집단이(그리고 자기가 속한 집단도) 자체적인 감정적 반응과 목표를 가지고 하나의 통합된 존재로 행동할 수 있다고 믿는다. 16장에서는 우리가 사회의 심리학과 그 기저에 있는 생물학에 관해 발견한 것에서 한 걸음 뒤로 물러나, 가족생활이 전체 그림과 어떻게 어울리는지에 관한 보다 포괄적인 질문을 던진다. 가령 사회가 일종의 확대가족으로 이해될 수 있는가 등이다.

6부 '평화와 충돌'에서는 사회 간 관계를 살펴본다. 17장에서는 자연에서 모은 증거들을 제시한다. 이 증거들은 동물 사회들이 꼭 충돌을 일으키는 것은 아니지만, 평화는 경쟁이 최소화된 상황에서 드물게 몇몇 종에서만 나타남을 보여준다. 18장에서는 우리 종의 사회 간에 단순한 평화만이 아니라 능동적인 협업이 어떻게 옵션으로 자리 잡을 수 있었는지 조사하기 위해 수렵채집인을 재조명해본다.

7부 '사회의 삶과 죽음'에서는 사회가 어떻게 합쳐지고 와해되는지 살펴본다. 나는 사람에 앞서 동물계를 검토해보고 모든 사회는 일종의 생활사life cycle를 거친다는 결론에 이르렀다. 뒤에서도 확인하겠지만 새로운 사회를 출발시키는 다른 메커니즘이 존재하기는 해도 대부분의 종에서 결정적인 사건은 기존에 존재하던 사회의 분할이다. 다른 영장류들에 관한 데이터에 의해 보강된, 침팬지와 보노보에서 얻은 증거에 따르면 분할이 일어나기 몇 달 전 혹은 몇 년 전에 그 사회 내부에 분파가 등장해 불협화음을 일으키다가 결국에는 사회를 쪼개지게 만든다. 마찬가지로 인간 사회에서도 보통 수 세기에 걸쳐 분파가 형성되지만, 핵심적인 차이점이 있다. 인간 사회를 분파로 갈라놓는 주된 압력은 원래 사회를 하나로 묶어주던 표지가 더 이상 공유되지 않아 사람들이 스스로 더 이상은 함께 있을 수 없다고 생각할 때 발생한다는 점이다. 이 부에서는 선사시대에 시간이 지나면서 자신의 정체성에 대한 사람들의 인식이 돌이킬 수 없는 방식으로 변화했음을 명확하게 보여줄 것이다. 이런 변화는 주로 수렵채집인 집단 간 소통이 빈약해서 생긴 결과였다. 이런 이유로 수렵채집인 사회는 현재의 기준에서는 소규모인 수준에서도 분할이 일어났다.

　사회에서 국가로의 확장이 가능했던 것은 내가 8부 '부족에서 국가로'에서 제시한 사회적 변화 덕분이었다. 일부 정착형 수렵채집인 집단과 간단한 농업을 하던 부족 마을의 지도자들이 자신의 권력을 확장하여 주변 사회를 통제하기 시작하면서, 국가로의 조심스러운 첫걸음이 내디뎌졌다. 나는 먼저 부족들이 어떻게 여러 개의 마을로 조직되어 그 각각이 상당 시간 독립적으로 행동하게 되었는지를 기술했다. 이렇게 느슨하게 연결된 마을의 지도자들은 사회 통합 유지 및 분열 억제에 그다지 능숙하지 못했다. 개인들이 사회와 자신을 동일시하도록 묶어줄 수 있는 수단, 즉 다른 구성원들이 다른 곳에서 무엇을 하고 있는지 알 수 있는 도로나 배 등의 결여도 분열의 부분적 이유였다. 사회가 성장하기 위해서는 이웃 사회의 영토에 대한 지배력 확장이 필요했다. 이런 일이 평화롭게 일어나지는 않았다. 동물계를 살펴봐도 사회가 자발적으로 합쳐진다는 증거는 찾아보기 힘들다. 다른 종에서도 가끔 소속 이동이 일어나기는 하지만, 인간의 경우에는 노예제가 생겨났다가 마침내는 집단 전체의 식민지 예속화라는 새로운 수준의 소속 이동이 이루어졌다.

이제 어떤 힘이 작은 사회를 오늘날의 국가를 비롯한 큰 사회로 확대되게 만들었는지 이해하게 되었으니, 8부의 23장에서는 이런 사회가 어떻게 종말을 맞이하게 되는지를 검토해본다. 정복에 의해 하나로 합쳐진 사회는 앞서 살펴본 수렵채집인 집단처럼 내부 분파나 (가능한 일이기는 하지만) 완전한 붕괴 때문이 아니라, 함께 사회를 구성하게 된 민족들의 옛 영토 경계선을 따라 분열되는 경우가 대부분이다. 대규모 사회도 소규모 사회보다 더 오래가는 것은 아니며 평균적으로 수 세기에 한 번씩 분할이 일어난다.

마지막 9부는 민족과 인종, 그리고 때로는 흙탕물처럼 흐려지는 국민 정체성national identities의 등장으로 이어지는 우회로로 우리를 데려간다. 정복한 사회가 정복당한 사회와 긴밀하게 맞물리는 하나가 되려면, 독립적 집단들을 통제하던 상태에서 그들을 구성원으로 받아들이는 쪽으로 변화해야 한다. 그러려면 사람들의 정체성 조종이 필요한데, 소수민족 집단이 다수집단에게 자신을 맞추어야 한다. 다수집단은 대부분 사회를 세운 지배집단으로, 그 사회의 정체성뿐 아니라 대부분의 자원과 권력을 통제한다. 이런 동화 과정은 어느 정도 선까지만 달성된다. 그 이유는 앞에서 개인과 사회에 대해 입증해 보였듯이, 민족과 인종은 공통점을 일부 공유하면서도 뚜렷한 차이를 느낄 수 있을 정도로 다를 때 제일 편안하게 함께 어울릴 수 있기 때문이다. 다양한 소수집단 간에도 지위 격차가 생겨나는데 세대를 거치면서 지위에 변화가 일어날 수도 있다. 다만 다수집단은 거의 항상 통제력을 확고하게 유지한다. 소수집단들을 사회 구성원으로 받아들이려면 그들이 다수집단과 섞이는 것을 허용해야 한다. 이는 인구의 지리적 통합으로, 과거의 모든 사회가 이를 허용하지는 않았다.

9부 25장에서는 현대 사회가 어떻게 이민을 통해 다수의 외부자를 친화적으로 편입시켰는지를 살펴본다. 이런 이동은 좀처럼 쉽게 일어나지 않았고 과거와 마찬가지로 이민자에게는 낮은 권력과 사회적 지위가 부여됐지만, 다른 구성원들과의 경쟁이 최소화되고 가치와 자부심을 심어주는 사회적 역할을 맡기면 이민자의 저항이 적어질 수 있다. 한때 자신의 민족이 있는 고향에서 귀하게 여겨졌던 이민자의 정체성은 종종 더 광범위한 인종 집단의 정체성으로 개조된다. 이런 인식의 전환은 처음에는 강요에 의한 것일 수 있지만, 제2의 조국에서 보다 광범위한 사회적 지지 기반을 가질 수 있다는 이점 때문에 이민자들은 결국 이런 변화를 수용할 수 있다. 이 장은 시민의 자격에 대한 기준이, 사회에서 누가 자신의 권리에 합당한 자리를 차지하고 있는가에 대한 인식으로부터 어떻게 벗어나게 되었는지를 설명하면서 끝을 맺는다. 이러한 인식은 다른 개인과 집단을 부양하는 것과 자기 자신을 보호하는 것 중 사회가 어느 쪽을 더 중시해야 하는가에 관한 사람들의 태도에 크게 영향을 받는다. 이런 태도는 각각 애국주의patriotism, 국수주의nationalism와 관련되어 나타난다. 물론 사회가 건강하려면 구성원 간에 나타나는 이런 관점의 다양성이 필요하다. 이런 다양성이 오늘날 뉴스 헤드라인을 장식하는 사회적 갈등을 악화시키는 경우도 있지만 말이다. 이러한 스트레스를 고려하면서 마지막 장 '사회의 불가피성'에서는 사회가 과연 필연적인 것인가라는 문제를 제기한다.

이 책에서 나는 내가 해볼 만한 추론들을 펼쳐 보이는데, 사회에 대한 연구가 한 분야로 통합되는 것은 머나먼 꿈이라는 사실을 먼저 인정해야겠다. 학문이라는 영역은 생물학, 철학, 사회학, 인류학, 역사학 등 서로 이질적인 사회로 나누어져 있어 각각이 특정한 사고방식에만 습관적으로 초점을 맞추고 나머지는 업신여길 때가 너무 잦으며, 그 바람에 학문과 학문 간에 논쟁의 틈새가 많이 남아 있다. 예를 들면 '모더니스트' 역사학자들은 국가를 순수하게 근래에 발생한 현상이라고 본다. 나는 국가가 아주 오랜 내력을 갖고 있다고 주장한다. 일부 인류학자와 사회학자는 한 걸음 더 나아가 사회를 전적으로 선택의 문제로 보는데, 사람들은 자신의 이해관계와 맞아떨어질 때 국가라는 연합을 형성한다는 것이다. 내 목표는 한 사회에 소속된다는 것이 짝을 찾고 자식을 사랑하는 것만큼 행복에 필수적임을 입증하는 데 있다. 내가 속한 생물학이라는 분야에서도 나에게 불만을 갖는 사람이 생길 것이다. 나는 사회가 별개의 정체성과 소속감을 갖는 집단으로 검토되어야 한다는 생각에 단호히 반대하는 생물학자들의 목소리에 귀 기울였는데, 그들은 자신들이 연구하는 생물종이 그 기준에 맞아떨어지지 않을 때 그런 열정적인 반응을 보였다. 이런 반응이야말로 '사회'라는 단어의 위신을 무엇보다 분명하게 드러내준다.

전문가 간의 논란은 차치하더라도, 온갖 정치적 신념을 가진 독자들도 현재의 과학에서 좋은 소식과 나쁜 소식을 발견하게 될 것이다. 당신의 사회적 관점이 무엇이든, 평소의 관심사 너머에 있는 분야의 통찰들도 고려해보라고 하고 싶다. 그래야 당신의 편견(무의식적일 때가 많다)과 당신 주변 사람들의 편견이 타인과의 일상적인 교류에, 그리고 당신 나라의 행동에 어떤 영향을 미치는지 알 수 있다.

1 부

. . . .

제휴와 알아보기

Affiliation and Recognition

1장

사회가 아닌 것(그리고 사회인 것)

뉴욕 그랜드 센트럴 터미널Grand Central Terminal 중앙 홀 계단 꼭대기에 서면, 유명한 사면 시계 아래로 사람들이 떼를 이루어 어지러이 움직이는 모습이 보인다. 대리석 위를 또각또각 걷는 신발 소리며 여러 떠들썩한 목소리가, 조개껍데기 속 바닷소리처럼 커졌다 가라앉았다 하며 동굴 같은 실내 공간 깊숙이 울려 퍼진다. 엄격한 경로를 따라 움직이는, 뉴욕의 10월 밤하늘 별자리 2,500개를 고스란히 옮겨놓은 아치형 천장이 그 아래로 펼쳐지는 떠들썩한 인간 군상의 모습과 완벽한 대조를 이룬다.

서로를 서둘러 스쳐 지나가거나 여기저기 대화를 나누며 모여 있는 사람들의 엄청난 수와 다양성을 보건대, 이 장면은 전체 인간 사회의 축소판이다. 사람들의 자발적 연합으로서의 사회가 아니라 오래 지속되는 집단으로서의 사회, 영토를 점유하고 애국심을 불어넣는 종류의 사회 말이다. 그런 사회에 대해 생각할 때면 우리는 미국,

고대 이집트, 아즈텍족, 호피 인디언 등을 떠올린다. 이런 집단들은 인간 존재에 핵심적인 동시에 우리의 집단적 역사의 주춧돌이다.

인구 집단은 어떤 특징을 갖고 있어야 사회라고 할 수 있을까? 캐나다 같은 나라를 떠올리든, 고대 중국의 한 왕조나 아마존 부족, 심지어 사자 무리를 떠올리든 간에 한 사회란 단순한 가족을 넘어 비슷한 다른 집단과 구분되는 공동의 정체성을 갖고, 세대를 거쳐 끊이지 않고 유지되는 개별 집단을 말한다. 이런 사회는 결국에는 그와 비슷한 다른 사회를 만들어낼 수도 있다. 미국이 대영제국으로부터 갈라져 나온 것, 한 사자 무리가 두 개의 무리로 갈라지는 경우가 그런 예다. 가장 중요한 점은 한 사회의 소속성membership은 좀처럼 변하지 않고, 변하기도 어렵다는 것이다. 이런 집단은 폐쇄적이어서 칸막이가 쳐져 있다. 구성원들은 자신의 핵가족에 대한 소속성을 제외하면 대부분 국가에 대한 소속성을 다른 어떤 소속성보다 중요하게 여긴다. 국가에 대한 열정의 정도는 다양하겠지만 말이다. 상황이 요구하면 국가의 안녕을 위해 싸우고 심지어 죽기도 하며, 그런 헌신을 통해 그 소속성의 중요성이 사람 간에 전달된다.[1]

일부 사회과학자는 사회를 정치적 편의를 위한 구성물로 바라보는데, 이는 최근 수 세기 동안 이루어진 합의다. 이런 관점을 가졌던 역사가이자 정치학자인 고故 베네딕트 앤더슨Benedict Anderson은 국가를 "상상의 공동체imagined communities"로 생각했다. 구성원 수가 너무 많아 모두가 얼굴을 맞대고 만날 수 없기 때문이다.[2] 사실 나도 그의 기본 개념에는 동의한다. 함께 소속되어 있는 '우리'를 외부자인 '그들'과 구분하는 역할을 하는 공유된 상상의 산물shared imaginings은 제대로 된 독립체로서의 사회를 만드는 데 필요한 모든 것이다. 앤더슨은 또 이러한 꾸며낸 정체성은 현대성과 대중 매체의 인공적 산물이라고 주장했는데, 바로 이 지점에서 그와 나의 의견이 갈린다. 공유된 상상의 산물은 사람들을 하나로 묶는 유효하고 실질적인 힘이기 때문에, 원자와 분자를 결합시키는 물리적인 힘만큼이나 구체적인 사실이다. 늘 그래왔다. 사실 상상의 공동체라는 개념은 현대 사회뿐만 아니라 우리 선조들이 이루었던 모든 사회에 적용된다. 아마도 인간 이전의 머나먼 선조 때부터 그랬을 것이다. 공동의 정체성에 대한 의식으로 하나로 묶인 수렵채집인 사회는 구성원 간 일대일 관계, 혹은 서로에 대해 알고 있는 것에만 의존하지 않았다. 다른 동물들이 이루는 사회도 구성원들의 머릿속에 확고하게 표상되어 있으며, 그런 점에서 그것 역시 상상된 것이다. 이것이 인간 사회를 폄하하려는 뜻은 아니다. 사회는 자연에 뿌리를 두고 있지만 결국 인간에게 와서야 우리 종 고유의 정교하고 의미 있는 방식으로 꽃을 피우게 되었다. 이것이 바로 이 책이 다룰 주제다.

여기서 내가 펼쳐 보이는 관점이, 우리가 '사회'에 대해 이야기할 때 머릿속에 떠올리는 내용을 잘 담아내고 있다고 생각한다. 물론 어떤 단어든 일부 변형된 의미까지도 아울러야 하고, 두 인간 사회가 같을 수 없듯이 그 어떤 동물 사회도 인간 사회와 같지 않다. 도대체 경계선을 어디에 그려야 할지 걱정하는 사람들을 위해 이렇게 말하고 싶다. 정의definition의 유용성은, 그 단어가 제대로 작동되지 않는 변칙적인 상황에서 그 의미를 우리가 얼마나 알 수 있는지를 통해 가장 잘 드러난다고 말이다. 수학 용어나 다른 추상적 용어의 정의를 제외하면, 모든 정의는 지나치게 엄격하게 따지고 들어가면 정의 자체가 붕괴하고 만다. 당신이 내게 자동차를 한 대 보여준다면, 나는 한때는 자동차로 기능했던(어쩌면 자동차 정비공이 보기에는 여전히 차일지도 모르는) 한 무더기의 쓰레기를 보여줄 수도 있다. 당신이 누군가에게 별을 보여준다면, 천문학자는 한곳으로 모여드는 과열된 먼지 덩어리를 가리킬 수도 있다. 훌륭한 정의는 x 집합의 범위를 깔끔하게 정할 뿐만 아니라, x에 관한 상황이 개념적으로 흥미로워지면 붕괴하기도 한다는 특징을 가지고 있다.[3] 따라서 사회를 공동의 정체성을 가진 개별 집단으로 바라보는 내 관점의 한계를 보여줌으로써 유용한 정보를 제공하는 국가들도 존재한다. 일례로 이란 정부는 쿠르드족을 정체성을 가진 하나의 집단으로 보지 않고 그저 국민으로 바라보는 반면, 쿠르드족은 스스로를 개별 국가라고 여기며 자신들의 영토에 대한 권리를 주장한다. 이렇듯 어떤 집단의 정체성이 그들이 속한 사회와 충돌하는 상황은, 시간이 지나면서 사회를 더욱 강화하고 팽창시키는, 혹은 그 사회를 쪼개서 새로운 사회를 출발시키는 요소들을 드러낸다.[4] 정체성을 둘러싼 충돌은 동물 사회에서도 일어날 수 있다.

내가 속한 생물학 분야의 많은 전문가와 다수의 인류학자는 사회에 대한 또 다른 정의를 제시한다. 다시 말해 사회를 정체성 측면에서 바라보지 않고, 협동적 방식으로 조직된 집단으로 묘사한다.[5] 사회학자들도 협업이 한 사회의 성공에 필수적인 요소임을 인식하고 있지만, 그 분야에서 사회와 협동 시스템을 동일시하는 경우는 이제 드물어졌다.[6] 그럼에도 불구하고 사회를 이런 식으로 생각하는 것이 쉬운데, 우리 인간은 협동이 생존에서 핵심적인 역할을 하도록 진화해왔기 때문이다. 인간은 협동을 통해 다른 동물들을 뛰어넘었고, 공동의 목표를 추구하는 과정에서 자신의 의도를 전달하고 타인의 의도를 추측하는 기술을 세밀하게 다듬었다.[7]

무엇이 우리를 하나로 묶는가

사회적 정체성과 대비되는 개념으로 협동을 사회의 본질적 특성이
자 한 사회를 다른 사회와 구분해주는 기반으로 고려하고자 할 때,
출발점으로 삼을 만한 것이 있다. 인류학자들이 지능의 기원을 설명
하기 위해 고안한 가설이다. 이 가설은 우리의 뇌가 커지면서 우리의
사회적 관계도 자라났고, 이 두 가지가 서로의 크기와 복잡성을 증대
시키는 원동력으로 작용했다고 상정한다.[8] 옥스퍼드 인류학자 로빈
던바Robin Dunbar는 생물종의 뇌 크기(정확히는 신피질의 부피)와 그 종의
개체들이 평균적으로 유지할 수 있는 사회적 관계의 수 사이의 상관
관계를 설명했다. 던바의 데이터에 따르면 우리와 친척 관계인 침팬
지는 50마리 정도의 연합 파트너나 협력자를 관리할 수 있다. 한 개
체가 가장 관대한 자세로 협동할 수 있는 이 50마리를 그 개체의 친
구라고 부르자.[9]

던바의 계산에 의하면 인간은 평균 150명 정도의 가까운 관계를
유지할 수 있고, 시간이 흐르면서 친구를 사귀고 잃는 과정에서 단짝
도 변한다고 한다. 던바는 이 수치를 "술집에서 우연히 마주쳐 초대
받지 않은 술자리에 합석해도 당황스럽지 않은 사람들의 수"라고 표
현했다.[10] 이것이 '던바의 수Dunbar's number'로 알려지게 되었다.

'사회적 뇌 가설social brain hypothesis'은 논쟁의 여지가 많다. 우선 이
가설은 환원주의적이다. 회백질이 많으면 당연히 좋다. 톰, 딕, 제인
등의 사람들에 대해 파악하는 것 외에 음식을 찾고, 도구를 만드는
등의 다른 기술에도 인지 능력이 필요하니까 말이다. 맥락도 중요하
다. 예를 들어 학술대회에 가면 참석자 중 강연하러 온 학자와 관심

사를 공유하는 사람의 비율이 높을 가능성이 크고, 그렇다면 학자는 따로 초대받지 않았다 해도 술집에서 여러 사람이 있는 자리에 기꺼이 합석할 가능성이 크다. 또한 친구라는 것이 기다, 아니다, 무 자르듯 나뉘는 것이 아니다. 던바의 수가 50이나 400으로 입증되었다면 그것은 그저 더 크거나 더 적은 정도의 기본적 친목 관계 수준을 나타내었을 것이다.

하지만 지적 능력 중 아무리 많은 부분을 사회적 관계에 투자한다 해도 인간의 교제 범위가 국가 전체를 아우를 수는 없다. 150명의 친구를 유지할 수 있는 당신의 능력과 50마리의 친구를 유지할 수 있는 침팬지의 능력 사이의 차이는 너무 작아서, 어마어마한 규모를 자랑하는 오늘날의 인간 사회는 물론이고 그보다 작은 과거 선조들의 사회를 그것으로 설명하기는 역부족이다. 사실 석기시대에서 인터넷 시대까지 인간 역사를 통틀어 형제들의 무리로만 이루어진 인간 사회, 서로 공유하는 친구와 가족만으로 이루어진 패거리는 단 1분도 없었다. 이와 다르게 생각하고 있다면 우정의 본질을, 따라서 우리의 개인적인 친구 네트워크의 본질을 오해하는 것이다. 인구 과밀 지역인 인도에 사는 사람이든, 인구가 1만 2천 명인 투발루의 폴리네시아 섬나라 사람이든, 케냐 투르카나 호숫가에 사는 매우 적은 수의 엘몰로El Molo족이든, 사회 구성원 모두와 친한 친구이거나 모두와 협동하는 사람은 아무도 없다. 사람들은 친구를 골라서 사귄다. 이웃을 자기 자신처럼 사랑하라는 예수의 말은 모든 사람의 친구가 되어야 한다는 의미는 아니다. 엘몰로족을 제외하면 우리의 사회들은 친구가 되기는커녕 얼굴 한 번 마주칠 일 없는 사람들을 적어도 일부, 아니 매우 많이 포함하고 있다. 그리고 우리가 친구로 삼지 않을 사람이나 우리와 친해지기를 거부하는 사람은 물론이고, 우리의 철천지원수라 해도 십중팔구 우리와 같은 나라 여권을 갖고 다닐 것이다.

개체들의 상호작용 방식에 관한 데이터에서 한 종의 던바의 수와 그 사회의 규모 사이에 그와 같은 불일치가 드러난다. 커뮤니티community라고 부르는 침팬지 사회는 구성원 수가 100명이 훨씬 넘는 경우가 많지만, 던바의 계산에 따르면 완전히 절친한 친구들로 구성될 수 있다는 50마리 규모의 커뮤니티조차 실제로는 절대 친한 개체들만 있지 않다.[11]

"집단의 크기에 대한 인지적 제약cognitive constraints on group size"(던바의 표현)이 사회적 뇌 가설에 열광하는 일부 추종자를 당황스럽게 만드는 이유는, 사회관계망(이 경우 사회적 유대감의 강도는 다양하고 각 개인의 관점에 따라 달라진다. 예를 들면 던바의 수로 표현되는 것)과 개별 집단(특히 그중에서도 사회 그 자체)이 헷갈리기 때문이다.[12] 양쪽 모두 인간과 다른 동물들의 삶에서 부분적으로 역할을 한다. 경계가 불분명한 사회는 계속 변화하기는 하지만 장기적으로 협동 네트워크가 자랄 수 있는 가장 비옥한 토양을 제공한다. 네트워크는 가끔 모든 개체를 아우르기도 하지만, 각자가 마음대로 이용할 수 있는 지능과 협동 기술을 바탕으로 서로 잘 어울리는 구성원들 사이에서 가장 번성한다.

사회들은 구성원들의 정체성에 따라 서로 다른 모습으로 나타나며, 협력자들 간의 개인적인 네트워크 이상의 것에 의지한다. 그리고 다른 종들과 달리 인간은 한 사회에서 다른 사회로 이어지는 다수의 공식화를 통해 운영되는 규칙으로 사회생활의 기능과 사회관계망을 강하게 유지한다. 우리는 서로에게 도움이 되는 방식으로 다수에게 작동할 공정한 거래와 윤리적 행동을 강화하기 위해 규칙과 처벌을 논의한다. 쓰레기 수거업자는 급료를 받는 대신 알지도 못하는 낯선 사람들의 쓰레기를 치워주는 역할을 한다. 그는 알지도 못하는 가게 주인에게서 커피를 사고, 교회나 노조 모임에서는 잘 모르는 수백 명 앞에서 이야기를 하기도 한다. 하지만 이런 상호작용을 통한 관리 방식에는 한계가 있다. 사회가 부여하는 공동의 경제적이고 방어적인 이득에도 불구하고 분파 간의 의견 차이, 특히나 무엇을 자기 몫을 다한 것으로 치고 무엇을 상호 이익으로 칠 것이냐를 두고 생기는 의견 차이는 골치 아플 수 있다. 하지만 이 정도 혼란은 약과다. 완전한 자격을 갖춘 구성원이나 구성원 집단이 다른 구성원에게 가하는 범죄나 폭력(협동의 반대)이 존재하지 않는 사회는 없다. 이런 역기능이 해체를 가속화함에도 불구하고, 사회는 수 세기 동안이나 지속될수 있다. 일단 로마제국이 머리에 떠오르지만 다른 사회도 셀 수 없이 많았다.

그러나 사회는 일반적으로 협동을 선호한다. 한 사회가 파멸에 이르려면 우리 생각보다 훨씬 많은 이기심과 불화가 있어야 한다. 영국 태생의 인류학자 콜린 턴불Colin Turnbull은 《산에 사는 사람들The Mountain People》에서 우간다 이크Ik 부족의 도덕적 타락 과정을 연대순으로 기록했다. 이 부족은 1960년대에 재앙과도 같은 기근을 맞아 사회적 유대가 무너지면서 결국 아이들과 노인들이 죽음을 맞았다. 턴불의 이야기는 사회가 스트레스를 받으면 어디까지 흐트러질 수 있는지 보여준다. 하지만 그럼에도 이크 부족은 계속해서 살아남았다.[13] 마찬가지로 베네수엘라는 경제가 반복적으로 붕괴되고 수도 카라카스의 살인율이 어떤 해에는 전쟁 지역보다 높지만, 그럼에도 온전히 유지되고 있다. 그곳에 머무는 아주 용감무쌍한 친구를 만나러

갈 때마다, 그가 강도 사건이 잦은 뒷거리에서 오토바이 운전자의 총을 피하기 위해 고속으로 운전하는 것을 목격한다. 이런 위험에도 불구하고 그는 그곳을 사랑한다. 놀라운 사실은 베네수엘라 사람들도 미국인 못지않게 자기 나라에 대한 크나큰 애착과 자부심을 보여준다는 것이다.[14] 사회는 지금까지 더 안 좋은 상황에서도 살아남았다. 예를 들면 캘리포니아 골드러시 시절에는 자살률이 현재의 베네수엘라보다 훨씬 높았다.

구성원 간의 의견 불일치와 불화가 사회구조를 약화시킬 수 있지만, 그렇다고 그와 대응 관계에 있는 협동이 반드시 사회를 하나로 묶어주거나 다른 사회와 차별화시켜주는 것은 아니다. 심지어는 협동이 구성원들을 결집시키는 사회적 자본에 기여하고 사회 전체의 생산성을 높이는 경우라 해도 그렇다. 사회에서의 삶이 협동을 바탕으로 한다고 단정짓는 것은, 사회에 존재하는 많은 도전을 무시해버리는 문제점을 낳는다. 19세기 사회 이론가 게오르크 지멜Georg Simmel은 협동과 갈등을 서로 분리할 수 없는 "사회화sociation의 형태", 즉 한쪽이 없으면 다른 한쪽도 상상 불가능한 것으로 해석했다.[15] 협동에만 지나치게 초점을 맞추는 것은 입맛에 맞는 것만 골라서 취하는 것이나 마찬가지다.

우리의 친척인 유인원 사회에서도 친절과 협동은 그저 그림의 한 부분에 불과하다. 침팬지들은 지위를 두고 서로 위협하거나 전면전을 벌이며, 지는 쪽은 따돌림을 받거나 죽임을 당한다. 어미와 새끼 관계를 제외하면 유인원들이 서로 돕는 경우는, 몇 마리가 힘을 합쳐 자기들 중 하나가 우두머리를 차지할 수 있도록 경쟁자들과 싸울 때뿐이다. 침팬지들은 서로 무리를 이루어 붉은콜로부스원숭이red colobus monkey를 사냥할 때도 있지만, 일부 사람들의 설명에 따르면 그것은 협업이라기보다는 그저 동시적 행동에 불과하다. 고기를 획득한 침팬지가 다른 개체에게 맛보라고 고기를 주는 경우도 있지만, 상대방이 구걸을 할 때만 그렇다.[16] 작은 머리에 분홍색 입술을 가진 침팬지처럼 보이는 보노보는 더 너그러운 편이지만, 가능하기만 하면 동료의 음식을 훔치려 들고 팀워크에서도 더 나을 것이 없다.[17]

아무 생각 없이 협동하는 존재의 상징인 사회적 곤충조차 사회 내부의 갈등에 직면하면 이기적으로 행동할 수 있다. 대부분의 사회적 곤충 종에서는 일반적으로 여왕만 생식이 가능하지만, 꿀벌과 일부 일꾼개미가 체제 전복적으로 알을 낳기도 한다. 따라서 사회적 곤충의 둥지는 여왕의 것이 아닌 알은 모두 파괴하기 위해 바짝 경계하는 일꾼들로 인해 경찰국가 상태가 될 수 있다.[18] 어떤 종에서든 자기 임무를 다하지 않는 개체는 다른 개체들을 맥빠지게 만든다. 절지동물에서 인간에 이르기까지 여러 사회가 어떻게 부정행위자를 대하고 공정성을 강화하는가는 그 자체로 하나의 연구 분야다.[19]

구성원이 명확하게 정의된 사회를 고려할 때, 동물에게는 일반적으로 얼마만큼의 협동이 필요할까? 이론적으로는 그리 많이 필요하지 않다. 외부자 축출은 어쩌면 최소한의 협업만 필요한 일인지도 모른다. 한 외톨이 동물이 자기 근처로 오는 개체들에게 돌을 던지며 한 공간을 배타적으로 장악하고 있다고 상상해보자. 이번에는 그런 동물 몇 마리가 함께 한 영토에 정착해 있다고 생각해보자. 이때 각 동물이 외부자를 향해 돌을 던지는 방식은, 혼자 있을 때의 그것과 딱 하나의 차이점만 있다. 서로에게는 돌을 던지지 않는다는 것이다. '서로 해치지 않기', 말하자면 평화 속에 공존하기라는 암묵적 합의는 결국 원초적인 형태의 협동에 해당한다.

물론 사회가 집단(진화생물학자들은 '집단 선택group selection'이라 부른다)이나 개별 구성원, 혹은 양쪽 모두에게 경쟁상의 이점을 제공하지 않았다면 사회는 진화하지 못했을 것이다.[20] 그렇게 몰인정한 개체들이 협동을 택한 것은 혼자 돌을 던질 때보다 열 마리가 함께 그렇게 했을 때 열 배 많은 영토를 지킬 수 있거나, 더 적은 노력을 들여 혹은 더 적은 위험에 노출되면서 더 양질의 영토를 확보할 수 있기 때문이다. 또한 이런 형태의 협동은 단호하게 돌을 던지지 못하는 개체들을 배제하는 방법이자, 외부자들을 멀리함으로써 서로 짝짓기를 할 수 있는 배타적 기회를 공유하는 방법이기도 하다(누가 누구와 섹스할 것이냐를 두고 벌어지는 수많은 내부 투쟁은 남아 있지만).

동물계를 조사해보면 구성원 간에 그저 약간의 '친사회적prosocial' 행동만 있으면 사회가 존재할 수 있음을 알 수 있다. 우연히 남에게 도움 되는 행동을 하는 경우가 이에 해당할 것인데, 이것을 '원시 협동proto-cooperation'이라 부르자.[21] 마다가스카르의 여우원숭이ring-tailed lemur가 이런 최소한의 기대치를 보여주는 경우는 힘을 합쳐 외부자를 공격할 때로, 그 외에는 거의 서로 돕지 않는다.[22] 고산 다람쥐의 일종인 마르모트marmot는 서로 좋아하지 않는데도 체온 유지를 위해 옹기종기 모이는데, 한 전문가는 이런 행동 자체가 집단을 이루는 충분한 동기가 된다고 했다. 또 다른 권위자는 사회적인 오소리 무리를 "혼자 지내는 동물들이 이루는 긴밀한 공동체"라고 표현했다.[23] 심지어는 우리 사람도 구성원들끼리 서로 친하지 않아도 집단에 대한 헌신을 유지하는데, 종종 사회가 우리에게 요구하는 것이 우리를 더 유익하게 하기 때문이다.[24]

잘 어울리는 사회

스페인의 배 산타마리아Santa María, 니나Niña, 핀타Pinta가 신대륙에 처음 도착했을 때 한 사회는 상대를 환영했고, 다른 사회는 상대를 노예로 만들었다. 크리스토퍼 콜럼버스가 "남녀 할 것 없이 태어났을 때처럼 홀딱 벌거벗고 있는 사람들"이라고 묘사한 아라와크Arawak 부족의 지역 집단인 타이노Taíno 인디언들은, 새로 온 사람들을 환영하기 위해 수영을 하거나 카누를 저어 나갔다. 스페인 사람들의 말을 한마디도 알아들을 수 없었던 인디언들은 그들에게 신선한 물, 음식, 선물을 안겨주었다. 콜럼버스는 그들에 대한 유럽인의 냉소적 반응을 기록으로 남겼다. "그들은 훌륭한 하인감이었다. (…) 남자 50명만 데려가면 그들을 모두 종으로 만들어 우리가 원하는 것은 무엇이든 시킬 수 있을 것이다. (…) 나는 처음 발견한 섬에 도착하자마자 그 지역에 관한 정보를 얻기 위해 강제로 원주민 몇 명을 데려왔다."[25]

한쪽은 마음을 연 신뢰를 보냈고, 다른 한쪽은 교활하게 상대방을 착취하려 들었다. 극명하게 대조되는 이 두 세계관을 보면 심란한 마음이 들지만, 사실 충격적이지는 않다. 우리 인간들은 누가 자기 사회에 속하고 누가 속하지 않는지를 가려낸 다음, 심리학자들이 말하는 내집단과 외집단 사이에 분명하게 선을 긋는 재주가 있다. 심지어 외집단이 대단히 친근하게 다가오더라도 말이다. 우리는 어린 시절부터 외국인을 잠재적 위협으로 보거나, 방식은 서로 다르지만 아라와크족과 콜럼버스처럼 그들을 잠재적 기회로 보는 법을 배운다.

따라서 우리는 한 사회가 끝나고 다음 사회가 시작되는 이유가 언제나 협력일 수는 없음을 알게 된다. 또 다른 이유가 있는 것이다. 그랜드 센트럴 중앙 홀에 모여 있는 사람 중 일부는 분명 미국 시민과 생산적인 관계를 맺기 위해 찾아온 외국 시민일 것이다. 한 사회 안에 동맹뿐 아니라 적도 공존할 수 있는 것처럼, 한 사회의 구성원들이 우정과 협동을 목표로 또 다른 사회의 구성원들과 소통하는 것 역시 가능한 일이다. 드물긴 하지만 동지애는 구성원이 인간이 아닌 사회들에서도 나타난다. 가령 보노보는 도발보다 평화를 좋아해서 히피 유인원이라고 불린다. 하지만 나는 보노보 개체들이 다른 커뮤니티에 적을 둘 때가 있다는 데 돈을 걸고 싶다. 평화주의자라 해도 만인과 다 잘 어울리는 것은 아니다.

　요즘 사람들은 비행기를 타고 다른 나라로 날아가 손쉽게 외국인과 접촉할 수 있다. 그 덕분에 외부자와의 접촉이 새로운 수준으로 많아졌는데, 뒤에서 알게 되겠지만 이것은 자연에서는 전례를 찾아볼 수 없는 현상이다. 사실 현대 생활은 우리의 정체성을 새로운 방식으로 비틀고 늘림으로써 타인에 대한 우리의 관용을 시험대에 올린다. 하지만 사회는 그 모든 과정 내내 항상 우리 곁에 남아 있다.

사회 없는 협동

테리 어윈Terry Erwin을 따라 페루의 우림으로 들어간다는 것은 곧 새벽에 잠을 깨야 한다는 의미다. 스미스소니언 자연사 박물관에서 일하는 이 곤충학자는 바람이 아직 잠잠할 때 분무기에 생분해성 살충제를 넣은 다음, 창백한 회색의 분무가 나무를 타고 올라가도록 분무기 주둥이를 위쪽으로 조준한다. 살짝 비 떨어지는 소리가 나지만 물방울은 보이지 않는다. 사실 이 후두둑거리는 소리는 작은 벌레들이 땅 위에 펼쳐놓은 종이 위로 떨어지는 소리다. 여러 해를 거치는 동안 어윈은 열대 지역이 얼마나 풍요로운 곳인지 알게 되었다. 그의 추산에 따르면 우림 1헥타르(약 1만 평방미터)당 10만 종에 속하는 300억 마리의 개체가 살고 있다.[26]

나는 어디를 가나 생명체의 다양성에 말문이 막힌다. 어윈을 포함한 연구자들의 데이터는 범지구적 생물 다양성이라는 관점에서 최대한 넓게 사회를 바라보아야 한다고 우리를 압박한다. 눈에 띄는 부분은 대다수 생명체는 혼자서도 잘만 지낸다는 것이다. 페루든 다른 어느 곳이든 나무에 자리 잡고 사는 종의 99퍼센트 이상이 그러하다. 짝짓기와 새끼 키우기라는 의무를 제외하면, 꼭 함께 살아야 할 이유가 분명치 않다. 다른 사람들과 함께하는 데서 즐거움을 찾는 능력이 있는 우리 인간은 이런 사실에 대해서는 거의 생각하지 않는다. 하지만 유유상종이라고 비슷한 부류끼리 모인다 해도, 자원 앞에서는 서로 싸워야 하는 잠재적 경쟁자들이다. 그 자원은 음식일 수도 있고, 마실 거리나 섹스의 기회, 혹은 자식을 키울 수 있는 집이라는 장소일 수도 있다. 여러 개체가 그저 먹이를 두고 싸우기 위해 모이는 종도 많다. 견과류가 익을 무렵 열매를 차지하기 위해 모여드는 수많은 다람쥐가 그 예다. 혼자 살면 자기가 고생해서 얻은 것을 안전하게 지킬 수 있다. 군중(사회 전체가 아니라 어떤 군중이라도) 속에 사는 경우에는 무언가를 얻으려면 궁핍하고 탐욕스러운 타인들을 잘 다루어야 한다.

한 가지 옵션은 적절한 상황에서만 타인들과 협동하는 것인데, 이런 가능성이 있다는 것은 협동을 사회와 연결시키는 데 결정적인 어려움이 있음을 암시한다. 협동하는 개체들을 사회적이라 말할 수는 있겠으나 그것이 곧 그들이 사회를 구성한다는 의미는 아니다. 나의 영웅이자 스승인 생태학자 에드워드 윌슨Edward O. Wilson은 《지구의 정복자The Social Conquest of Earth》라는 중요한 책에서 사회적 동물(서로에게 이득이 되는 무언가를 성사시키기 위해 삶의 어느 시점에서 한데 모이는 동물)은 어디에나 널려 있다고 했다.[27]

그럼에도 사회를 진화시키는 단계를 거친 종은 소수에 불과하다. 가장 기본적인 사회 단위 두 가지를 생각해보자. 짝을 맺은 쌍, 그리고 새끼가 딸린 어미다. 심지어 이런 종류의 사회적 짝짓기도 모든 동물에서 나타나는 것이 아니다. 연어들은 물속에서 알을 낳아서 수정이 이루어지게 하고, 거북이들은 모래 속에 알을 숨긴 후 그냥 놔두고 떠난다. 하지만 새로 태어나거나 갓 부화한 새끼들은 취약하기 때문에 그들이 제힘으로 어찌하지 못하는 시기에는 돌보아주는 전략이 있을 수 있다. 모든 새와 포유류, 그리고 다른 동물 강class 일부 종의 어미들이 그렇게 한다. 아메리카붉은가슴울새American robin 등 일부는 아빠가 힘을 보태기도 한다. 하지만 이런 형태의 사회 단위도 확장성과 지속성이 그 집단을 넘지 못한다. 이런 작은 가족 대부분은 지속적인 사회의 일부가 아니라 그저 독자적으로 작동할 뿐이다.

동맹 네트워크나 친밀한 우정이 꽃을 피우는 데도 사회가 꼭 필요한 것은 아니다. 예를 들어 오랑우탄의 경우 사회를 이루지 않고 대부분의 시간을 단독생활로 보내지만, 영장류 동물학자 셰릴 노트Cheryl Knott가 내게 말하기를 청소년기에 만났던 암컷들은 나중에도 가끔씩 함께 어울린다고 한다. 두 마리나 그 이상의 치타들이 영역을 지키기 위해 협동하기도 하는데, 그들이 항상 형제 사이인 것은 아니다.[28] 하지만 내가 판단하기로 성적 파트너 관계와 구분되는 우정은 사회 안에서 가장 자주 흥한다. 이러한 패턴은 믿고 의지할 수 있는 사회적 소속감이, 사회적 뇌 가설 지지자들의 흥미를 불러일으키는 긴밀한 관계의 안정적 토대가 되어준다는 사실을 암시한다.

다른 개체들과 함께 있는 것은, 새끼를 기르거나 우정을 쌓기 위해 특별히 이루어진 것이 아닌 잠깐 동안의 관계일지언정 이롭게 작용할 수 있다. 파티에서 시끄럽게 떠드는 10대들처럼 자유롭게 오가며 합창하는 새들을 생각해보자. 이런 무리는 근처에 있는 누구라도 끌어들일 수 있고, 서로를 포식자로부터 지켜주고, 서로 짝짓기도 하고, 벌레들을 날아오르게 해서 잡아먹기도 좋은 친목 모임이다.[29] 어떤 새들은 혼자가 아니라 함께 V형 편대를 이루어 이동함으로써 에너지를 아낀다. 정어리 떼와 영양 무리는 특별한 형태를 이루려 하지 않는데도 그와 비슷한 효과를 누린다.[30] 그런 협동에 의한 이득에 더해서 어떤 동물이 자신의 희생을 일부 감수하고 다른 개체를 돕는 이타적 행동이 이루어질 수도 있다. 피라미 떼에서 몇 마리는 포식자를 시험해보기 위해 앞으로 헤엄쳐 나오는데, 그럼 그 물고기 떼는 포식자가 얼마나 공격적으로 반응하는지를 보고 자신들이 얼마나 위험한 상황에 처했는지를 알게 된다.[31] 친족 관계 개체들과 관련해서는 이런 관대한 행위에 특별한 진화의 논리가 담겨 있는데, 친족을 도움으로써 자기 유전자가 후대에 전해질 가능성을 높일 수 있기 때문이다. 이 점은 새끼를 기르는 울새robin 한 쌍을 통해 기본적인 방식으로 입증되었는데, 이것이 혈연선택kin selection이다.

가깝게 모여 있는 것은 다수에 의한 안전을 제공해준다. 나는 학부 시절 처음으로 열대지방 탐험을 갔다가 이를 직접 목격했다. 코스타리카에서 나비류 연구자 앨런 영Allen Young과 합류했는데, 그는 내게 주황점박이호랑이유리나비orange-spotted tiger clearwing butterfly(우리말 학명이 없어 원어를 그대로 번역한 이름이다 – 옮긴이) 유충의 행동을 기록해 달라고 했다. 그 흑투성이 유충들은 잡초 이파리를 먹다가 쉬다가 하면서 빽빽하게 무리를 이루어 움직였다. 거미와 말벌이 그들의 생명을 위협했는데, 그 포식자들은 무리 바깥쪽에 자리 잡은 유충을 제일 먼저 집어 먹었다. 나는 이 유충들이 생존 본능에 따라 무리를 지으며, 각각의 유충이 다른 유충들 사이로 비집고 들어가기 때문에 약한 개체들이 밖으로 밀려나 잡아먹힌다고 결론 내렸다. 이 관찰 결과를 기록하다가 유명한 생물학자 W. D. 해밀턴William Donald Hamilton이 물고기와 포유류 무리 등에서 나타나는 이런 구심성 행동centripetal behavior을 이미 제시했음을 알게 되었다. 그는 그런 무리에 이기적 무리selfish herd라는 이름을 붙였다.[32] 유충들의 이기심에도 불구하고, 그들은 뜻하지 않은 우연으로나마 서로에게 도움을 주었다. 혼자였다면 털이 돋아 있는 이파리의 거친 각피를 잘라 먹는 데 큰 어려움을 겪었을 것이다. 하지만 집단으로 뭉치면 훨씬 수월해진다. 최초의 유충 한 마리가 이파리를 열어 먹는 데 성공하면 나머지 유충들도 모두 따라 먹을 수 있기 때문이다.[33]

중요한 점은 이 유충들이 피라미 떼나 둥지를 치는 울새들, 무리 짓는 거위들처럼 협동은 하지만 사회를 형성하지는 않는다는 점이다. 내가 같은 종의 유충들을 함께 섞어보았더니 크기만 비슷하면 서로 잘 어울리는 듯 보였다. 개체들이 싫든 좋든 함께 모일 수 있을 때마다 이 원리는 적용된다. 예를 들어 또 다른 종인 천막벌레나방 유충tent caterpillar은 함께 모여 추운 날씨를 피할 수 있는 더 큰 실크 천

막을 짠다.[34] 집단베짜기새sociable weaver로 알려진 아프리카의 새는 수많은 다른 둥지들 사이에 자기 둥지를 끼워 넣어 그곳에 거주하는 모든 새에게 공기 조절 기능을 제공하는 커다란 공동 구조물을 만들어낸다. 이 새들은 지속적으로 머무르기보다는 몇 달 단위로 머물지만, 자기 선택에 따라 이 집단 거주지를 들락거린다. 일부는 서로를 알게 되지만 이 집단 거주지는 무리처럼 외부자에게 폐쇄적이지 않다. 새로 도착한 개체도 둥지를 틀 빈 장소만 찾으면 용인된다.[35]

요컨대, 사회가 곧 협동이라는 생각은 틀렸다는 얘기다. 보통의 사회는 긍정적 관계와 부정적 관계, 우호적 관계와 싸움에 휘말린 관계 등 온갖 종류의 관계를 아우른다. 앞서 보았듯 협동은 사회 내부에서, 사회 간에, 그리고 사회가 아예 존재하지 않는 곳에서도 잘 일어난다. 따라서 사회를 협력자들의 집합체가 아니라, 모든 구성원이 지속적으로 공유하는 정체성에 의해 명확한 소속감을 갖게 되는 특정 종류의 집단으로 인식해야 한다. 인간은 물론 다른 종의 사회에서도 개체의 소속 여부는 그러면 그렇고 아니면 아니지 애매한 경우는 드물다. 우정이든 가족적 유대든 사회적 의무에서든 동맹 결성이 가능하다는 것은 사회 형성에 따라오는 가장 중요한 적응상의 이점이지만, 등식의 필수 요소는 아니다. 모든 인류에 대한 혐오로 가득 찬, 가족이 없는 인간 혐오자라도 당신과 국적이 같다고 주장할 수 있다. 그가 제도권 밖에서 은둔자로 살든 제도권 안에서 의존적으로 다른 사람들에게 붙어살든, 그것은 사실이다.[36] 한 사회의 구성원들은 서로 정기적으로 접촉하든 그렇지 않든, 서로 도울 의지가 있든 없든 정체성에 의해 단결된다. 그들이 공통으로 가진 소속감이 그런 관계를 현실화하는 확고한 첫걸음이 될 수 있다.

그렇다면 닭이 먼저일까, 달걀이 먼저일까? 즉 소속감이 먼저일까, 협동이 먼저일까? 사회가 발달하려면 최소 수준 이상의 협업이 존재해야 하는 것인지, 아니면 장기적인 협업이 가능하려면 그 전에 소속감이 형성되어야 하는지는 미결로 남아 있다. 둘 중 어느 쪽이든 간에, 다음 장에서는 사회가 우리의 척추동물 사촌들에게 제공한 수많은 이점을 알아본다.

2장

척추동물이 사회에 소속되어 얻는 것

사회에 소속된 동물들도 혼자 사는 종과 마찬가지로 힘겹게 살아간다. 누가 무엇을 차지할 것이냐를 두고 갈등을 겪고 짝짓기할 권리, 집을 만들 권리, 새끼를 키울 권리를 두고도 싸운다. 이런 싸움에서 모두가 성공하는 것은 아니다. 소속을 통해 얻는 것은 더 넓은 세상과 맞설 때 필요한 어느 정도의 안전이다. 이는 외부자를 쫓아내는 것 말고는 서로 돕는 일이 거의 없는 구성원으로 이루어진 사회에도 적용되는 사실이다. 성공적이거나 지배적인 사회의 일부가 된 개체는 혼자 있을 때나 약한 사회에 소속되어 있을 때보다 궁극적으로는 더 큰 파이 조각을 차지할 가능성이 크다. 일시적으로 결합된 느슨한 집단도 장점이 있지만, 일단 동물들이 영구적인 사회에 소속되는 삶에 적응하고 나면 다시 혼자서 살아남던 시절로 되돌아가는 것이 어려울 수 있다. 사회에 소속되어 있지 않거나 망해가는 사회에 소속된 개체들은 위험에 직면하게 된다.

척추동물, 그중에서도 포유류는 사회의 이점에 대해 생각해보려고 할 때 좋은 출발점이 된다. 특히나 우리 자신도 포유동물이고 우리의 진화가 이 책의 핵심 주제이기에 그렇다. 그렇다고 포유류가 아닌 척추동물이 사회를 형성하지 않는다는 얘기는 아니다. 플로리다어치Florida scrub jay 같은 일부 조류는 자식 새들이 부모 새를 도와 어린 형제 양육을 돕는다. 생물학자들이 '세대의 겹침overlap of generations'이라고 말하는 이러한 현상을 보건대, 이런 새들의 집단은 단순한 형태의 사회에 해당한다. 또는 조개껍질에 사는 시클리드cichlid류인 물티Neolamprologus multifasciatus를 생각해보자. 이 물고기는 아프리카 탕가니카호의 고유 어종이다.[1] 최고 20마리 정도의 시클리드로 이루어진 사회가 모래 침전물에서 파낸 조개껍질 무더기를 지킨다. 각각의 물고기는 조개껍질로 된 자기만의 집을 하나씩 가지고 있다. 한 생물학자는 이 집을 두고 "현대의 공영 주택을 자랑스럽게 만들 아파트 단지"라고 표현했다.[2] 번식은 우두머리 수컷이 담당하고, 외부자는 암컷이든 수컷이든 매우 드문 간격으로만 이 집단의 구성원으로 들어온다.

사회를 이루어 사는 어류나 조류보다 사회를 이루어 사는 포유류가 훨씬 널리 알려져 있고, 더 많이 언급된다.[3] 그렇기는 해도 소속성과 정체성이라는 주제로 이런 포유류에 대해 다시 생각해보면 새로운 관점을 얻을 수 있다. 사람들에게 인기가 많은 북아메리카 대평원의 프레리도그와 아프리카사바나코끼리를 떠올려보자. 둘 다 사회를 이루지만 이들의 사회는 사실 제대로 된 관심을 받지 못했다. 사람들은 전통적으로 프레리도그는 군집colony이나 타운town을 이루어 살고, 코끼리는 무리herd를 이루어 산다고 생각해왔다. 하지만 군집이나 무리가 단일 사회인 경우는 드물고 보통은 다수의 사회로 구성되어 있다. 프레리도그 사회들은 서로 적대적이고, 코끼리 사회들은 서로 유쾌한 관계다.

프레리도그 중에는 군집과 자신을 동일시하거나 군집을 위해 싸우는 개체가 없다. 그보다는 그 군집 안에서 땅을 차지하고 있는 집단들 중 하나에 충성하는데, 이런 집단을 코터리coterie(배타적인 소규모 집단을 의미하기 때문에 아주 적절한 단어다)라고 부른다. 다섯 종의 프레리도그 중 가장 많이 연구된 종은 거니슨프레리도그Gunnison's prairie dog로, 각 코터리는 강력하게 방어되는 영역을 1만 평방미터까지 차지하며, 성별당 최소 한 마리를 포함해 최대 열다섯 마리의 번식하는 성체로 구성된다.[4]

이와 대조적으로 아프리카사바나코끼리는 무리 전체에 걸쳐 폭넓은 사교성을 보이지만, 각각의 집단은 사회라 불릴 만한 자격을 갖추고 있다.[5] 핵심집단core group은 최고 20마리의 성체 암컷과 그 새끼들로 이루어진다. 이 사회는 암컷의 모임이다. 수컷 코끼리들은 성숙하면 자기 갈 길을 가고 절대 핵심집단의 일부가 되지 않는다. 때로는 여러 핵심집단에 속한 수백 마리의 코끼리가 어울리기도 하지만, 개체들이 서로 반응하는 모습을 보면 어떤 집단에 속하는지를 가려낼 수 있다. 핵심집단은 별개의 소속성을 유지하기 위해 외부자들을 오래 머물지 못하게 한다. 심지어 집단의 구성원들이 좋아하는 개체라고 해도 말이다. 핵심집단 간의 관계는 복잡하다. 이 집단들도 유대집단bond group이라는 형태로 관계를 맺지만 이 관계망은 일관성이 없으며, 누가 여기에 소속되느냐를 두고 의견이 갈리기도 한다. 예를 들면 A 핵심집단이 유대 관계를 맺고 있는 B, C 집단 중 C 집단이 B 집단을 피하는 경우가 그렇다. 오랜 기간 동안 별개의 소속성을 유지하는 집단은 핵심집단 그 자체밖에 없다.

핵심집단에서 살아가는 아프리카사바나코끼리의 삶은 아프리카의 둥근귀코끼리forest elephant나 아시아코끼리의 삶과는 다르다. 이 두 종은 사회적이기는 하지만 별개의 사회를 구성하지는 않는다.[6] 사회의 부재가 이 두 종을 덜 지적인 존재로 만드느냐의 문제는, '지적인'이라는 말의 의미에 달려 있다. 체중 대비 뇌의 무게가 지적인 수준을 결정한다면 아시아코끼리가 사바나코끼리보다 더 지적이라고 할 수 있다. 어쩌면 사바나코끼리는 핵심집단에 집중적으로 의지해서 살기 때문에, 일상의 사회적 의무를 몇몇 동료에게 맡김으로써 삶이 단순해졌을지도 모른다. 족제비나 곰 같은 단독생활 종들은 전적으로 모든 것을 자기 혼자 알아서 해야 한다. 그래서 퍼즐을 푸는 영리함 측정에서, 사회를 꾸려 사는 수많은 종보다 더 똑똑하다는 결과가 나왔는지도 모른다.[7] 아시아코끼리는 다른 개체들과 어울리기를 좋아하지만 핵심집단을 형성하는 사바나코끼리와 비교하면 명확한 사회적 테두리 안에 사는 경우가 드물기에, 지속적인 인지적 도전에 직면할 수 있다.

사회를 꾸리면 포유류에게는 어떤 이점이 있을까?

전체적으로 보면 포유류(아프리카사바나코끼리부터 프레리도그, 사자, 개코원숭이에 이르기까지) 사회는 그 구성원들이 안전과 기회를 얻을 수 있도록 하는 여러 가지 길을 제공한다. 즉 외부 세계의 위험으로부터 보호해주고 사회가 공동으로 소유하는 자원에 접근할 기회를 부여하는 것이다. 대략적으로 말하면 이러한 안전망은 느슨하게 겹치는 두 범주로 나뉜다. 부양하는 사회와 보호하는 사회다.

자원으로 부양하는 기능 중에는 신뢰할 수 있는 장기적 조력자에게 접근할 수 있는 기회 제공이 있다. 새끼를 먹이고 보살피는 어미들에게 이것은 소중한 자산이다. 특히 회색늑대Gray wolf나 플로리다어치 같은 새들의 사회는 새끼 키우기에 대단히 협조적이어서, 자손들이 부모나 가까운 친척을 도와 동생들을 함께 키우는 확대가족 시스템에 바탕을 두고 있다. 어미가 먹이를 먹으러 나가 있는 동안 새끼들을 돌보는 것은 여러 종에서 흔한 일이지만, 미어캣의 경우 조력자 미어캣이 땅굴을 청소하고 새끼들에게 곤충 먹이를 공급할 정도다.[8] 일부 원숭이들은 비슷한 상황일 때 암컷 조력자가 기여하는 일이 거의 없다. 하지만 그 암컷이 전에 자기 새끼를 한 번도 키워본 적이 없는 경우라면 신경이 날카로워진 어미가 눈 뜨고 지켜보는 가운데 새끼를 다루는 연습을 해볼 수 있는 기회를 얻는다.[9]

사회가 제공하는 다른 혜택들을 보면 평생 사회 안에서 살면서 서로를 잘 아는 구성원들이 어떻게 능률적인 집단적 노력으로 먹이를 구할 수 있는지 분명하게 알 수 있다. 대형 사냥감 포식자들은 모든 구성원에게 횡재가 될 만한 먹잇감을 사냥할 수 있는데, 들개 같은 일부 종은 다른 종보다 협동이 좀 더 의무적이다. 사자는 집단 사냥 참여에 게으를 수도 있고 참여하더라도 혼자 먹잇감을 추적할 때보다 고기를 더 얻지 못할 때도 많다. 포유류 사회 전반에 공통적으로 나타나는 일부 행동은 새 떼 같은 일시적인 군집이 보이는 행동보다 별로 개선되지 않았음에도 불구하고 중요하다. 예를 들어 미어캣과 여우원숭이는 무리의 숫자에 의지해 먹잇감을 찾아낸다. 그리고 무리 지어 모여 있으면 수많은 곤충이 놀라서 뛰어오르거나 날아오르기 때문에 잡아먹기도 쉽다. 개코원숭이는 자기네 무리에서 가장 성공적인 약탈자에게 찰싹 달라붙고, 때로는 그 약탈자의 먹이를 훔쳐 먹기도 하는 것으로 알려져 있다.

사회는 플로리다 서부의 큰돌고래bottlenose dolphin에게는 또 다른 기여를 하는지도 모른다. 지역 환경에 적응할 수 있게 해주는 것이다. 돌고래 사회에서 양육은 공동의 책임으로, 그 과정에서 새끼들은 세대를 거치며 전해 내려온 전통을 배운다. 예를 들어 일부 커뮤니티의 연장자들은 어린 돌고래들에게 함께 진을 짜서 물고기 떼 주변을 빙빙 돌아 물가로 몰고 가는 방법을 가르친다. 거기서 돌고래들은 팔딱거리는 먹잇감을 낚아챈다. 침팬지 같은 종도 이런 사회적 학습을 시킨다.[10]

사회가 그 구성원들에게 제공할 수 있는 보호도 접근 가능한 자원만큼이나 중요하다. 물론 이 두 가지는 서로 연결되어 있다. 침팬지 암컷이 새끼를 키우는 데 필요한 것들을 얻을 수 없게 되면 다른 사회로 넘어가버릴 수 있기 때문에 수컷들은 위험을 감수하며 호전적인 외부자들로부터 자신들의 자원을 지킨다. 수컷에게는 즉각적인 동기로 섹스 이상의 것이 없어 보인다.[11] 새끼들을 위해 먹을 것과 마실 것을 확보하는 수준에서 더 나아가 은신용 굴 등 소중한 지형을 확보하는 종들도 있다. 회색늑대에게는 망을 볼 수 있는 지형, 말에게는 바람을 막아주는 지형, 그리고 여러 영장류에게는 안전하게 잠을 잘 수 있는 지형이 필요하다. 교외 지역 집들처럼 '타운' 여기저기에 드문드문 자리를 잡는 프레리도그의 흙무더기는 시클리드 어류의 조개껍질처럼 구성원들의 생활공간으로 중요하다(흙무더기 하나에 프레리도그 둘이나 셋이 산다). 모두가 외부자들로부터 보호되어야 한다.

자원 통제와 관련해서 구성원들이 스스로 경쟁자를 상대하면서 발생하는 비용은, 경쟁자나 외부로부터의 위협을 감지할 수 있는 더 많은 눈과 귀, 적이 나타냈을 때 경고하는 더 많은 목소리, 싸워 물리칠 수 있는 더 많은 이빨과 발톱으로 충분히 보상된다. 새끼들을 안전하게 보호하는 일도 중요하다. 핵심집단의 코끼리들은 사자가 나타났을 때 누구의 새끼든 가리지 않고 보호한다. 무리에 속한 말들도 망아지를 가운데 두고 빙 둘러서서 늑대에 대고 뒷발질을 한다. 개코원숭이 무리는 새끼를 데리고 다니는 어미들까지 모두가 떼로 표범을 공격한다. 가끔은 표범을 궁지에 몰아 죽이려고 하기도 하는데, 그 과정에서 일부 원숭이는 심각한 부상을 입는다.[12]

한 사회는 같은 종의 다른 사회들과 가장 격렬하게 경쟁하는데, 이때 공격이 최선의 방어가 될 수 있다. 같은 종들 사이에서 자원을 독점하려 할 때 흔히 사용하는 방법은, 그것을 직접 보호하는 것이 아니라 그것이 존재하는 공간에 대한 권리를 주장하는 것이다. 세력권territoriality은 한 영역을 배타적으로 통제할 수 있거나 적어도 강력한 지배 아래 놓을 수 있을 때 선택할 수 있는 옵션이다. 그래서 어떤 종들은 외부 사회와의 관계에 장벽을 쌓아 올리는 방법을 취한다. 조개껍질에 사는 시클리드 어류의 경우 서로 다른 집단의 거주지들 사이에 말 그대로 모래벽이 존재한다. 반면 회색늑대나 들개 같은 포유류는 냄새로 자신의 영역을 표시한다. 프레리도그는 바위나 관목 같은 시각적 지형지물을 이용하지만, 지형지물이 없는 트인 공간을 가로지르는 경계도 부모 세대에서 자식 세대까지 안정적으로 유지된다. 설치류는 자기가 있는 곳을 정확히 알며 무단 침입자를 쫓아내거나 죽임으로써 자신의 영역을 보호하기 때문이다. 세력권을 형성하는 종의 사회는, 그 종의 이동을 지도로 그리면 서로 다른 집단이 서로 다른 영역을 차지하고 있음을 간단히 확인할 수 있다.

말, 사바나코끼리, 사바나개코원숭이savanna baboon 같은 일부 종의 사회는 세력권을 형성하지 않는다. 대신 자기와 같은 종의 다른 사회들과 같은 영역에서 산다. 하지만 그렇더라도 생각 없이 무턱대고 돌아다니는 경우는 드물고 각각의 집단이 가장 잘 아는 일반적인 지역에 머문다. 이 사회들은 땅 자체에 대한 접근 권한이 아니라 그 안에 있는 자원을 두고 싸운다. 자원은 일반적으로 광범위하게 흩어져 있기 때문에 그것을 보유한 땅 전체를 지키는 것은 사실상 불가능하다. 강력한 사회는 규모가 작은 사회나 단독 동물로부터 영역이나 자원을 빼앗을 수 있다. 하지만 모든 포유류가 제일 가까운 이웃들과 싸우는 것은 아니다. 보노보 사회와 플로리다 연안에 사는 큰돌고래 사회는 사실상 집단 전용의 영역을 고수하지만 외부자가 그 안에 들어왔다고 싸우는 경우는 드물며, 이는 벽 없는 경계 수용border-without-walls accommodation에 해당한다. 그들은 이웃과 덜 경쟁한다.[13]

가끔은 한 사회에 소속됨으로써 상호작용의 범위가 자비로운 소수에게만 국한되어, 같은 종으로부터 오는 괴롭힘이 줄어들기도 한다. 예를 들면 말의 무리에는 일반적으로 암컷과 수컷이 모두 포함되지만, 일부 무리는 수컷 종마 없이도 잘 지낸다. 이렇게 암컷으로만 이루어진 무리가 수컷 한 마리가 들어오는 것을 묵인하는 경우가 있는데, 이때 어울리는 격언은 '악마도 모르는 놈보다 아는 놈이 낫다'일 것이다. 그 수컷이 암컷들을 성가시게 하더라도 끝없이 찾아와 귀

찾게 하는 다른 수컷들을 쫓아주기 때문이다.[14] 외부자와 짝짓기를 하려는 개체도 있는데, 그러면 같은 사회에 속한 이성opposite sex이 그 것을 막으려 든다. 지나가다가 다른 무리를 발견한 여우원숭이는 같은 무리의 수컷들에게 들키지 않고 그 무리에 끼어들 수만 있다면, 열정적으로 달려드는 섹스 파트너를 만날 수 있다. 이와 비슷하게 암컷 프레리도그는 성적인 유희를 위해 다른 영역으로 건너가기도 한다. 그러다 발각되면 공격을 당하지만 말이다.

사회가 제공하는 마지막 보너스는 내부의 다양성이다. 수가 많은 데서 오는 장점은 그저 눈과 귀, 이빨과 발톱의 숫자가 많아지는 데서 그치지 않는다. 구성원들이 갖고 있는 다양한 장점이 개체의 결함을 보완해주는 역할을 한다. 시력이 나쁘거나 다리를 다친 원숭이, 혹은 그냥 먹을 것을 잘 찾지 못하는 원숭이도 매의 눈과 튼튼한 다리를 가진 원숭이들을 쫓아다니면서 혜택을 받을 수 있다. 강한 개체가 의도적으로 약한 개체를 도우려 하지 않더라도 말이다. 또한 이 약한 개체들도 새끼 양육 등 사회에 필요한 역할을 할 수 있다.

사회 내부에서의 관계

포식자와 적을 피하고 물리치는 일부터 괴롭힘을 피하고, 자원을 찾아내고, 짝을 짓고, 먹을 것을 구하고, 잡다한 일들을 하고, 가르치고 배우는 일에 이르기까지 이 온갖 과정에서 동물 간에 협동이나 이타주의가 발생할 기회가 생긴다. 사회를 통합하는 특성은 협동이 아니라 구성원으로서의 정체성이지만, 협동은 분명 사회적 생활에 뒤따라오는 혜택이 될 수 있다. 협동 과정에서 구성원 간에 이해 충돌도 생길 수 있고, 사회적 생활의 유용성이 모든 개체에게 골고루 적용되는 것도 아니지만 말이다. 포식자의 먹잇감이 되는 것을 피하려고 서로의 뒤쪽으로 파고드는 유충처럼 이기심이 다른 개체들과 어울리는 주된 동기로 작용하는 경우는 드물지만, 개코원숭이가 표범을 떼로 공격하는 것처럼 위험한 행동은 공통의 이해관계에 의한 동맹을 보여준다. 이런 동맹 관계는 일부 종에서 더욱 잘 발달하거나 더 폭넓게 표현된다.

던바의 수로 나타나는 개인적인 사회관계망 등 한 사회 안에서 보이는 많은 제휴 사례는 개체에 따라 특화되어 있다. 한 개체의 가장 가까운 동맹이자 제일 친한 친구는 가족이거나 잠재적 섹스 파트너인 경우가 많지만 항상 그렇지는 않다. 회색늑대와 말 모두 위로와 지지를 받고 싶을 때는 특별한 친구에게 의지한다.[15] 이와 유사하게 같은 시기에 새끼를 키우게 된 암사자들도 크레시crèche(놀이방, 탁아소 등의 의미 - 옮긴이)라고 하는 긴밀한 파트너 관계를 형성한다. 수컷 큰돌고래 두 마리 사이에 형성되는 유대감(엄마가 다른, 어린 시절의 친구일 때가 많다)은 평생 지속되며, 이들은 구애도 같이 하고 적대적인 수컷도 같이 물리치면서 서로에게 도움이 된다.

긴밀한 우정과 동맹이 존재한다고 해서 편안하고 안락한 사회생활이 보장되는 것은 아니다. 이 점은 앞에서도 살펴본 바 있다. 모든 사람이 펜트하우스 스위트룸에 살 수는 없는 것처럼 모든 늑대가 우두머리 자리를 차지할 수는 없다. 개체는 집단이 소유한 자원 중 자기 몫을 두고 싸움을 벌이면서 사회를 사회적 전쟁터로, 때로는 물리적 전쟁터로 만들 수 있다. 권력 게임과 혼란, 고통과 괴롭힘에도 불구하고 동물들은 자기만의 아메리칸드림을 꿈꾸며 기회를 얻기 위해 계속 사회에 매달린다. 그리고 그 과정에서 일부 개체는 다른 개체보다 힘들게 살아간다. 권력 차이는 사회 간은 물론이고 같은 사회 내 개체 간에도 존재한다. 영장류 사회는 사회적 위계질서의 꼭대기를 차지한 지배적 개체가 통제하는 경우가 많은데, 이는 출세 병목 현상을 야기하고, 개체들의 생리적 스트레스는 심해진다.[16] 유일하게 사회를 형성하는 하이에나 종인 점박이하이에나의 수컷들도 스트레스가 많다. 대부분 사나운 암컷 하이에나(가짜 음경pseudopenis이라는 부속 성기를 갖고 있다)보다 성기도 작고, 분비되는 테스토스테론도 적으며, 새끼보다 지위가 낮아서 먹이 문제로 새끼에게 쫓겨날 수 있기 때문이다.[17] 이와 대조적으로 사바나코끼리, 큰돌고래, 보노보는 목가적인 생활을 즐기지만 이들 역시 불화를 겪는다. 인기 없는 코끼리는 여자 형제들로부터 학대를 당하고, 돌고래들은 짝을 두고 티격태격하고, 어미 보노보는 수컷이 자기와 섹스를 하기 위해 자기 아들을 괴롭히면 겁을 줘 그 개체를 쫓아버린다.

　지배권은 그 자체로 장점이 있다. 그것은 심지어 그것을 얻는 데 실패한 개체들에게도 유용하다. 개체의 육체적·정신적 능력—혹은 일부 종에서는 어미의 지위—을 바탕으로 일단 위계질서가 정해지고 나면 개체 간 충돌이 분명 줄어드는데, 이것은 모두에게 보너스로 작용한다. 가령 지위가 낮은 원숭이는 자기보다 지위가 훨씬 높은 개체와 맞서는 데 시간을 낭비하지 않고 자기와 비슷한 개체들 사이에서 신분을 높이는 일에 초점을 맞출 수 있다. 사회 구성원들이 이런 식으로 자신의 지위를 받아들이지 않는다면, 그들은 갈등을 일으키나 결국 제풀에 나가떨어지고 말 것이다. 동물뿐 아니라 사람의 경우

에도 각자 높은 자리를 차지하려고 쉼 없이 싸움만 벌인다면 사회는 조각나고 말 것이다.[18]

자기 어미의 보호에 의존하는 상냥한 보노보와 자신의 사회적 지위를 두고 스트레스를 받는 개코원숭이는 모두 영화 〈대부 2〉에서 마이클 코를레오네가 말했던 규칙을 충실하게 따르고 있는 듯 보인다. "친구를 가까이 하고, 적은 더 가까이 하라." 누가 구성원인지 예상할 수 있는 사회의 경계 안에서는 동물들이 친구와 적을 모두 감시할 수 있기 때문에 긍정적인 관계든 부정적인 관계든 그 관계를 다루는 법을 개선해나갈 수 있고 때로는 심지어 경쟁자와 함께 일을 도모하여 이득을 얻을 수도 있다.

보노보는 침팬지와는 대조적으로 경쟁도 거의 하지 않고, 외부자를 친구나 섹스 파트너로 삼기도 하고, 포식자에게 거의 맞서지 않고, 먹잇감을 찾거나 커다란 먹잇감을 사냥할 때 집단의 도움을 필요로 하는 경우도 거의 없다.[19] 정말로 보노보는 외부자에 대해 사교적이고 심지어 관대한 모습을 보이기도 한다.[20] 이렇다 할 커뮤니티가 없어도 똑같이 행동할 것 같은데, 보노보 커뮤니티는 여전히 남아 있다. 그렇다면 보노보는 대체 왜 사회를 이루는 것일까? 관리 가능한 명확한 집단을 중심으로 한 일상과 같은 최소한의 이유를 위한 것일 수 있다. 이 가설은 완전히 만족스럽지는 않지만 합리적이다. 나는 보노보 사회가 과학자들이 지금 이 순간 분명하게 알고 있는 부분 이상의 것을 제공한다고 생각하고 싶다. 어쨌거나 한 가지는 분명하다. 보노보는 침팬지처럼, 그리고 사바나코끼리와 프레리도그, 점박이하이에나, 큰돌고래, 플로리다어치, 또한 조개껍질에 사는 시클리드처럼 자신의 사회 속에 확고하게 뿌리박은 삶을 산다는 것이다.

어떤 심리학자는 우리 인간은 거쳐온 진화적 과거 때문에 외부자들과 다른 별개의 존재로 인지되는 집단에 속해 있을 때 '개인적 안전과 확실성의 느낌'이 제일 강해진다고 했다.[21] 이것은 같은 사회에 속한 동료들의 부양과 보호에 의존하는 동물 모두에게 해당하는 말이다. 사실 사회생활의 상당 부분은 내부 구성원들의 이런 상호작용, 그리고 사회 간의 역동적인 이동과 관련이 있다. 다음 장에서 다룰 이 역동적인 사회 이동이야말로 인간을 비롯한 여러 종의 사회적 진화에 결정적인 역할을 했다.

3장

사회 이동

무언가 놀라운 것이 눈에 들어오자 우리의 랜드로버 차량이 휘청거리며 멈췄다. 위성 안테나처럼 귀를 쫑긋 세운 들개 한 마리가 보였다. 나는 흥분을 주체할 수 없었다. 그곳 보츠와나를 비롯해 사하라 이남 아프리카 전역에서는 무리 지어 사는 들개를 찾아보기 힘들기 때문이었다. 다른 개체들도 분명 근처 어딘가에 있을 텐데 녀석은 혼자였고, 그 때문에 신경이 날카로워져 있었다. 들개는 서성거리다가, 멈추었다가, 크게 소리를 내다가, 귀를 기울이다가, 다시 크게 소리를 냈다. 세 번째 소리를 낸 지 몇 초 지나지 않아 친구들이 대답하는 소리가 들렸다. 그 순간 그 암컷 들개는 그쪽을 향해 쏜살같이 달려갔다. 우리 차는 1분 정도 덜컹거리며 가다가 야생 들개 무리 한가운데로 들어갔다. 그들은 우리 주변에서 졸고, 껑충껑충 뛰고, 으르렁거리고, 킁킁거리기도 하며 촘촘하게 무리를 이루어 놀았다.

사회는 혼자서는 얻을 수 없는 혜택을 제공해준다. 그것만큼은 분명한 사실이다. 하지만 그런 혜택이 취하는 형태는 모두 이동과 관계되어 있다. 한 사회의 개체들이 움직이고 공간을 차지하는 패턴이 개체와 집단의 상호작용을 형성한다. 들개와 원숭이의 경우 사회의 동료들과 떨어져 있는 것은 심각한 비상 상황에 해당한다. 미어캣도 마찬가지다. 미어캣 한 마리가 전갈을 잡아먹는 데 너무 몰두한 나머지 자기네 무리가 떠난 것을 알아차리지 못한 경우, 대답 소리를 들을 때까지 계속 다른 개체들에게 조난 신호를 보낸다. 이 개체는 포식자나 적이 이 난처한 상황을 이용해 공격해 올 위험 때문에 정신적 고통을 받는다. 마찬가지로 말도 수컷이나 새끼 딸린 암컷이 산책을 나갔다가 무리에서 멀어진 경우 공황에 빠질 수 있는데, 그러면 언덕으로 올라가 무리가 어디 있는지 확인한 후 바로 무리를 따라잡는다.

모든 동물 사회가 이렇지는 않다. 어떤 종들은 넓게 흩어져 있는 것이 정상적이다. 프레리도그도 여기 해당하기에 매일 각자 흩어져 먹이를 찾아 나서며, 이들의 동굴은 수 세대에 걸쳐 그대로 남아 있다. 이렇게 흩어지는 습관에서 가장 흥미로운 것은 역동적인 유랑이다. 이런 생활을 하는 분열-융합 사회 구성원들은 여기저기서 임시로 무리를 짓는다. 여기서 형성되었다가 해체되고 다른 어딘가에 가서 다시 형성된다. 대부분의 동물에게 다른 구성원들과 계속 밀착해 있을 필요는 없으므로 거의 모든 종에서 분열과 융합을 찾아볼 수 있다. 몇몇 포유류에서는 분열-융합이 일상적으로 일어나는 행동이다.[1] 점박이하이에나, 사자, 큰돌고래, 보노보, 침팬지 사회에서 구성원들이 한자리에 집중해서 모이는 경우는 드물다. 분열-융합이 좀 더 한정된 상황에서 이루어지는 동물들도 있다. 회색늑대 무리와 사바나 코끼리 핵심집단은 흩어지는 것이 먹이를 찾는 데 유리할 때만 흩어진다. 분열-융합이라고 하니 굉장히 난해하게 들리지만 이런 생활방식을 살펴보아야 할 이유는 충분하다. 이 분열-융합 종에는 사회적 뇌 가설을 연구하는 인류학자들이 군침을 흘릴 만한 사실상 모든 머리 좋은 포유류(그중에서도 우리 호모사피엔스)가 포함되기 때문이다.

분열-융합 사회의 동물들은 자신의 사회적 성취를 최대화하기 위해 이동한다. 간단히 말하면 사회적 지능social smarts이 바로 이런 목적에서 작동되기 시작한다. 거의 아무런 제약 없이 이동하는 이 동물들은 자신의 친구를 직접 고르고, 적과 거리를 두면서 친구나 짝과 좋은 시간을 보내는 사치를 누린다. 점박이하이에나의 경우 그런 위안을 얻기 위해서는 노력이 필요하다. 이 종은 천성적으로, 때로는 죽음에 이를 정도로 승부욕이 강하기 때문이다. 나는 케냐에서 하이에나 전문가 케이 홀캠프Kay Holekamp와 함께 하이에나 새끼들이 동굴에서 뛰어오는 장면을 지켜보며 즐거워하다가, 그 새끼들이 줄다리기를 하며 노는 물체가 친구의 시체라는 사실을 깨달은 적이 있다. 어린 개체들은 동굴을 떠날 수 있을 정도로 성장하면 바로 커뮤니티 여기저기로 흩어져 그 구성원들에게 신중하게 접근하면서 동맹 관계를 찾아 나선다.

자유로운 이동 덕분에 사회적 상호작용이 더욱 복잡하게 일어날 수 있었고, 개인적 관계를 다루기 어려워질 때마다 이 자유로운 이동이 효과를 발휘했다. 얼굴을 직접 맞대고 사는 동물들 사이에서는 불가능했던 옵션이 열린 것이다. 예를 들어 원숭이들에게는 한 무리 안에 계속 머무르는 것 말고는 다른 선택권이 없다. 사회적 지위가 낮은 교활한 침팬지는 자기 커뮤니티 영역 내 조용한 장소에서 암컷과 은밀한 정사를 즐길 기회를 만들기도 한다. 그보다 훨씬 은밀한 방법도 있다. 회색늑대나 수컷 사자는 몰래 빠져나와 다른 늑대나 사자 무리를 방문할 수 있다. 이것은 망명의 첫 번째 단계에 해당한다. 또 다른 사회의 구성원이 되기 위해서는 이렇게 공들여서 이중생활을 해야 한다. 따라서 분열-융합 종이 똑똑한 것은 당연한 일이다.

분열-융합에는 다른 이점도 있다. 개체들이 퍼져 있으면 한 영역 안에 더 많은 개체가 살 수 있다. 사회 구성원 모두가 똑같은 자원을 차지하기 위해 서로 밟고 올라갈 필요가 없기 때문이다. 100마리의 침팬지 커뮤니티 전체가 빽빽하게 모여 한 무리로 지낼 때 어떤 일이 일어날지 생각해보자. 지나가는 땅마다 먹을 것을 남김없이 싹쓸이하기 때문에 끊임없이 이동해야 하고, 마치 블랙프라이데이 쇼핑에 나선 사람들처럼 한 입 거리밖에 안 되는 먹잇감을 두고 난리가 날 것이다. 그래서 침팬지들은 따로 떨어져 지내다가, 가지가 휘어질 정도로 과일이 주렁주렁 매달린 나무 등 큰 행운을 만난 경우에만 파티party라는 임시 대규모 집단을 이룬다.

분열-융합에도 단점이 있다. 구성원들이 영역 전체에 낮은 밀도로 퍼져 있으면, 적들이 쉽게 침입할 수 있다는 것이다. 작은 집단이나 고립된 개체를 공격하면 대규모 반격을 당하기 전에 무사히 빠져나갈 가능성이 크기 때문이다. 기껏해야 몇 마리는 상관없지만, 100마리나 그 이상을 공격하는 것은 자살 행위다.[2]

하지만 또 흩어져 사는 분열-융합 동물들은 자원을 훔치러 들어온 무단 침입자를 더 넓은 영역에서 감시할 수 있다. 거의 모든 곳에 눈과 귀가 있으니 말이다. 침팬지들이 이웃 무리의 과일나무에서 과일을 따 먹으려고 급습하는 경우가 없는 것도 이 때문인지 모른다. 이와는 대조적으로 다닥다닥 붙어 사는 동물 사회들은 자기들 영역 외딴 곳에 침입자가 들어와도 알아차리는 경우가 거의 없다. 예를 들어 하루 종일 자기 무리의 다른 개체들과 붙어 지내는 개코원숭이와 들개는 자기들 영토 외딴 구석에 무단으로 침입한 외부자들에 대응할 뾰족한 방법이 없다. 이런 이유로 흩어져 지내는 전략을 쓰는 동물 사회가 더 넓은 영토를 지킬 수 있다.

함께 혹은 따로

우리는 분열-융합 종이 인간의 지각을 바탕으로 살아간다고 주장하기 쉽다. 하지만 동물들이 그들의 감각적 예민함과 서로 간의 접촉을 어떻게 유지하느냐에 따라 공간을 다르게 인지한다는 사실을 고려해야 한다. 요컨대 한 사회의 구성원들이 서로 가까이 있는지 아니면 멀리 떨어져 있는지는 우리가 판단할 일이 아니라는 얘기다. 남아프리카의 박물학자 외젠 마레Eugène Marais는 개코원숭이들이 직면하는 어려움에 대해 쓰면서 이들의 삶은 "끊이지 않고 이어지는 불안의 악몽"이라 했다.[3] 이들이 계속해서 함께 붙어 있으면 불안이 더 악화되리라는 것을 어렵지 않게 상상해볼 수 있다. 한 개코원숭이 무리의 GPS 데이터로 확인한 바에 따르면, 이들은 빽빽하게 모여 머물고 있는 특정 영역에서 몇 미터 이상 떨어지는 경우가 결코 없었다.[4] 하지만 실제로 보면 개코원숭이는 거의 항상 타 개체들의 존재를 인식하고는 있지만 시시각각으로 자신의 무리에서 수십 마리 이상의 개체를 인식하고 있을 가능성은 크지 않다. 동료들 대부분은 자기 뒤쪽이나 관목 뒤쪽에 가려져 있어 시야에 들어오지 않는 경우가 많다.

개코원숭이의 시력과 청력은 인간만큼 예리하지 못하기 때문에, 이동할 때 최선의 방법은 제일 가까이 있는 동료들을 계속 확인하면서 그들이 움직일 때 따라잡는 것이다. 모든 개체가 이런 식으로 움직이는 것만으로도 무리 전체의 대형 유지에 무리가 없다.

사회 구성원들이 훨씬 멀리 떨어져서 지내는 종들은 뛰어난 감각 능력을 갖고 있는 경우가 많다. 코끼리들은 몇 킬로미터 떨어진 곳에서도 자기 동료들의 소리를 알아차릴 수 있다. 사람 눈에는 나무 아래서 쉬고 있는 코끼리 두 마리와 그들의 시야를 벗어난 곳에서 나뭇잎을 먹고 있는 다른 코끼리들이 단절되어 있는 듯 보일 것이다. 하지만 그 코끼리들은 계속해서 내고 있는 저주파의 웅웅거리는 소리rumbling를 통해 서로 연결되어 있다. 먼 거리에서도 그렇게 소통할 수 있는 능력 덕분에 핵심집단 구성원들은 흩어져 있어도 자신의 활동을 조화시킬 수 있다.[5] 따로 떨어져 정말로 먼 데까지 방랑하는 경우가 아니면, 코끼리들은 밀집된 무리를 이루는 개코원숭이들보다 서로의 이동을 더 잘 알 수 있다.

따라서 고립의 기준은 구경꾼의 눈(혹은 귀나 코)이 아니며, 진정으로 고립된 경우에는 분열-융합 동물이라도 공황에 빠질 수 있다. 사회 구성원들이 조화롭게 행동하거나 적어도 서로에게 효과적으로 반응하려면, 우리 눈에 개체들이 얼마나 가까이 붙어 있느냐가 아니라 그들이 서로의 위치에 대해 얼마나 잘 알고 있느냐가 중요하다. 이런 지식은 개코원숭이처럼 좁은 영역에 국한될 수도 있고 코끼리처럼 넓은 영역까지 확장될 수도 있다. 사회 구성원들은 서로에 대해 인식하고 있는 한 함께 있는 것이다.

코끼리(흩어져 있지만 예리한 감각으로 서로 연결되어 있기에 하나의 무리로 행동할 수 있는)를 그와 비슷한 정도로 퍼져 있는 침팬지와 비교해 보자. 시력과 청력이 우리 인간과 비슷한 침팬지는 일반적으로 자기와 가까이 있는 개체만 인식할 수 있다. 이런 감각적 한계 때문에 침팬지 무리는 모든 면에서 사바나코끼리의 핵심집단보다 훨씬 더 파편화되어 있다. 적대적인 외부자의 침입 등 위험이 생겼을 때 우연히 그 장소에 함께 있게 된 침팬지들만 같이 방어에 나선다. 즉 침팬지들은 서로 멀리 떨어져 있는 동안에는 커뮤니티의 무리 중 하나에만 속한 상태로 지낸다.

하지만 제일 넓게 퍼져 있는 분열-융합 사회에 속한 동물들이라 해도 너무 멀리 떨어져 있지 않은 개체들과 일정한 간격으로 서로의 안녕을 확인하는 방법을 갖고 있다. 점박이하이에나는 어떤 도발이 있을 때마다 소리를 지른다. 침팬지들은 커다란 팬트후트 소리로 서로 간의 접촉을 유지한다. 사자는 포효하고, 늑대는 특유의 울음소리를 낸다. 소통 방법이 존재하는 한 개체들은 완전히 단절된 것이 아니다.[6]

이런 울음소리가 어떤 정보를 전달하는지는 아직도 연구 중이다. 그 소리로 그저 자신의 소재와 그 공간 자체에 대한 정보를 알릴 수도 있지만, 때로는 행동을 촉구할 수도 있다. 가령 사자들은 싸움이나 저녁 먹잇감 추적을 도와달라고 동료들을 호출할 수 있다. 하이에나는 사냥할 때는 얼마 모이지 않는 반면 적을 공격할 때는 무려 60마리가 모여들 때도 있다. 그럴 때 귀가 먹먹해질 정도로 시끄러운 소란을 피우는 바람에 결국에는 적들까지 불러들여 무리 대 무리의 한바탕 싸움으로 끝날 때가 많다.

침팬지들의 울음소리 중에는 팬트후트가 제일 시끄러워서 2킬로미터 정도까지 울려 퍼진다. 팬트후트는 의성어로, 점잖은 사회에서는 어떤 사람도 이런 소리를 내지 않는다(이런 소리로 청중에게 깊은 인상을 남긴 제인 구달Jane Goodall이 아니고서야). 유인원들끼리는 이 울음소리로 함께 산책을 나갔을 때 느끼는 흥분을 표현한다. 기운을 북돋우는 이 소리는 수컷들 사이의 유대감을 강화시켜주고, 그 소리가 들리는 거리에 있는 무리들끼리의 확인을 돕는다. 과일을 발견한 침팬지들은 이 광란의 팬트후트 소리로 다른 개체들을 먹을 것이 풍부한 장소로 불러들인다.[7] 하지만 이들을 정말로 동요시키는 것은 외부 커뮤니티로부터 들려오는 팬트후트 소리다. 그 소리를 그냥 받아들이거나 소리가 나는 쪽을 빤히 쳐다보기만 할 때도 있지만, 고함지르기 시합을 벌이듯 똑같이 팬트후트로 응수할 때도 있다.[8]

하지만 침팬지들의 영역은 대부분 아주 넓기 때문에 멀리 떨어져 있는 무리들에게 소리가 전달되지 않을 가능성이 크다. 이처럼 사실상 커뮤니티 전체에 현 상황에 대한 경보를 전할 방법이 없어 전체가 하나로 행동하는 경우는 결코 없다. 이에 비해, 비슷하지만 더 규모가 크고 더 오래 지속되는 무리를 형성하는 보노보는 모든 구성원이 소리가 들리는 거리에 있을 때가 많다. 그래서 커뮤니티 전체에 걸쳐 활발한 정보 교환이 가능하다. 해질 무렵이면 보노보는 특별한 '네스트후트nest-hoot' 소리를 내서 모든 개체가 잠잘 시간에 같은 장소에 모이게 한다. 영장류학자 잔나 클레이Zanna Clay가 내게 말하기를, 한 보노보 무리가 다른 무리의 소리가 들리는 곳 너머로 가게 되면 네스트후트 소리 내기를 포기한다고, 즉 자기들이 따로 떨어졌음을 인식하면서도 그 사실을 별로 괘념치 않는 것 같다고 했다.[9]

언젠가 우리는 동물들이 우리 생각보다 더 많은 정보를 소통한다는 사실을 배우게 될지도 모른다. 거니슨프레리도그는 아주 복잡한 음조로 소통하는데, 상황에 따라 다른 경보 신호를 낼 수 있는 듯 보인다. 이를테면 빨간 옷을 입고 달리는 키 큰 사람이 보일 때와 노란 옷을 입고 천천히 움직이는 사람이 보일 때, 혹은 코요테가 나타났을 때와 개가 나타났을 때 각각 소리가 달라진다. 이 작은 동물이 이런 정보를 실제로 이용하는지, 이용한다면 어떻게 이용하는지 아직 알려진 바는 없다.[10] 다른 종들도 어쩌면 우리가 지금 아는 것보다 더 많은 정보를 소통할지 모른다. 늑대들은 혹시 울음소리로 지시 사항을 전달하는 것이 아닐까? '여기에 적들의 피 냄새가 난다. 어서 와서 전투를 준비하라!' 같은 메시지를 말이다.

인간은 어떨까? 우리 종의 분산이나 그것이 우리의 지능과 사회의 기원에서 갖는 중요성은 뒤에서 더 다루겠지만 여기서 간단하게나마 살펴보자. 농업이 인간을 묶어놓기 전에, 수렵채집인들은 퍼져나갈 수 있는 선택권을 가지고 있었다. 다른 종에서와 마찬가지로 이런 분열-융합은 인간 사회 내부의 경쟁을 완화하고 같은 땅에 발붙이고 사는 인구수를 늘려주었다. 동시에 그 덕분에 각각의 개인은 특별한 타인들과 어떻게, 또 얼마나 상호 교류할지 가려낼 수 있었다. 침팬지는 분열-융합에서 융합의 측면을 충분히 활용해 멀리 떨어져 있는 구성원들과 단결하는 능력이 없는 것으로 보이지만, 인간은 먼 거리에서도 서로의 소식을 계속 접할 수 있었던 것이 성공의 비결이었다. 초기 사회에 살았던 사람들은 소리를 질러 소식을 알리기에는 보통 서로 너무 멀리 떨어져 있었기에 연기를 피우거나 북소리로 신호를 보내거나 하기 위해 기발한 장치가 필수적이었다. 모스 부호가 뉴스를 실시간으로 전송하기 전까지만 해도 모든 장거리 통신 방식에는 기술적 한계가 있었다. 이처럼 선사시대에 사용된 여러 신호도 문자로 '안녕' 정도의 정보만 전달했을 수 있다.[11]

그럼에도 초기 기록들을 살펴보면 수렵채집인들이 소통을 아주 잘했다는 단서들이 가득하다. 특히 비상시에 그랬다. 순회를 돌던 전령이 어쩌면 당시의 조랑말 속달 우편에 해당했는지도 모른다. 달리기가 문제가 되지는 않았다. 사람의 몸은 지구력이 뛰어나게 만들어졌으니까 말이다.[12] 이런 방법을 이용해 목마른 주민들은 마지막 물웅덩이로 모여들었고, 누구든 사냥감이나 적을 우연히 만나면 다른 구성원들을 끌어들여 함께 만찬을 즐기거나 맞서 싸웠다. 유럽인들이 호주 원주민들과 처음 접촉했을 때, 1623년 4월 18일에 네덜란드 배에 타고 있던 선원들이 남자 하나를 납치했다. 다음 날 그들은 200명의 호주 원주민들이 휘두르는 창을 맛보아야 했다. 소문이 대단히 빨리 퍼졌던 모양이다.[13]

바뀌는 충성의 대상

사회는 폐쇄적이지만 그렇다고 완전한 철벽이 세워져 있는 것은 아니다. 각각의 집단이 건강하게 유지되려면 사회 간 이동이 필수적이다. 한 사회에서 다른 사회로 이동할 기회가 제공되지 않으면, 어쩌다 교활하게 침투해 들어온 개체의 경우를 제외하면 집단 내부의 근친교배가 이루어지게 된다. 규모가 작은 사회가 특히 그렇다. 사바나코끼리 수컷들은 자유롭게 이동함으로써 이런 문제를 피해 간다. 이렇게 핵심집단과 상당 시간 독립적으로 지내는 수컷 코끼리들은 한

두 마리 정도의 수컷과 단짝이 되며, 자기가 고른 어떤 암컷과도 짝을 맺을 수 있다(단, 다른 수컷과의 싸움 없이 순탄하게 짝을 맺는 경우는 드물다). 하지만 대부분의 사회는 수컷 성체와 암컷 성체로 이루어져 있다. 이런 종들에서는 사회 간 이동이 성체가 되기 위해 거쳐야 할 의무적 과정이 될 수 있다. 어린 개체들은 자랄 때 알고 지냈던 사회 구성원들이 자신을 짝짓기 대상으로 기피하면 자기가 태어난 사회에서 독립해 나올 수 있다. 대표적으로 영장류가 다양한 성적 분산 패턴을 보여준다. 고산지대 고릴라를 비롯한 몇몇 영장류는 양쪽 성별 모두 이동이 가능하다. 다른 종에서는 한쪽 성만 이동한다. 가령 하이에나와 여러 원숭이 종에서는 수컷이 떠나고, 침팬지와 보노보에서는 암컷이 떠난다. 하지만 몇몇 암컷 침팬지의 경우, 자기가 태어난 곳에 머물기도 한다. 지위가 너무 낮아서 사회에서 밀려나거나 자발적으로 탈출해 나온 개체들은 다시 한 번 사회를 옮기기도 한다. 하이에나 암컷들은 수컷들을 두들겨 팰 뿐만 아니라 신참자인 섹스 파트너에게 급속도로 관심을 잃기 때문에, 수많은 수컷은 어쩔 수 없이 다른 무리로 가서 자신의 행운을 시험해보아야 한다.

동물은 새로운 집을 찾을 때까지 한동안 혼자 지내기도 한다. 사회는 자신의 경계를 확실하게 하기 위해 진입 장벽을 높게 설정하기에, 사실 새로운 사회에 받아들여지기는 쉽지 않다. 강한 개체는 거기 파고들기 위해 동성들에게 싸움을 걸며 괴롭히므로, 그들에게 짝을 둘러싼 경쟁자로 인식된다. 한편 이성들로부터는 호감을 얻어야 한다. 그래서 새로 도착한 수컷 개코원숭이는 그 지역 수컷들은 괴롭히고 암컷들에게는 곰살맞게 굴면서 환심을 얻는다. 한 커뮤니티에 끼어들고 싶어 하는 암컷 침팬지는 보통 성적으로 수컷을 받아들일 수 있는 시기에 모습을 드러낸다. 이런 전략을 사용하면 몸이 달아오른 수컷들의 마음을 끌 수 있다. 그럼 이 암컷은 수컷들을 통해 자기를 머물지 못하게 하려는 다른 암컷들로부터 보호받을 수 있다.

그렇게 해서 받아들여진 암컷 침팬지라도 반드시 다른 암컷들과 경쟁해야 한다. 새로 들어온 수컷 개코원숭이가 기존의 수컷 위계질 서에 반드시 대응해 대담함과 암컷들의 지지로 꼭대기에 올라야 하 는 것처럼 말이다. 신참이 기존의 대장 수컷을 사회 밖으로 몰아내 는 중에서는 이런 도발이 존재하지 않는다. 수컷 사자와 말은 일반 적으로 기존의 수컷들을 몰아내고 사회에서 자리를 잡을 때까지 다 른 총각들과 어울려 다닌다. 다시 말해 수컷 사자와 말, 들개는 두 마 리나 그 이상이 팀을 짜서 탈취 작전을 개시할 수 있으며, 그들은 그 후로도 오랫동안 동맹 관계로 남을 가능성이 높다. 여우원숭이, 그리 고 개코원숭이와 비슷한 에티오피아의 겔라다개코원숭이gelada 수컷 끼리도 그와 비슷한 브로맨스를 키운다. 하지만 겔라다개코원숭이는 이런 유대 관계를 유지하는 반면, 여우원숭이는 일단 무리에서 자리 를 차지하고 나면 파트너십을 잊어버릴 때가 많다.

새로운 사회에 합류하는 것이 힘의 문제가 아니라 인내심의 문제 인 경우도 있다. 가끔 암컷 코끼리는 자신의 핵심집단을 떠나 다른 핵심집단으로 가기도 하는데, 구성원들에게서 반복적으로 밀려난 경 우에 그렇다. 수컷 하이에나나 암컷 원숭이는 한 무리의 가장자리를 맴돌면서 계속 학대를 받다가 결국에 받아들여지기도 한다. 얼마나 쉽게 받아들여지느냐는 그 사회가 얼마나 곤란한 처지에 있느냐에 달려 있다. 늑대 집단은 수컷 한 마리를 일반적으로 며칠이나 몇 주 후에야 받아주지만, 상황만 맞아떨어지면 거의 즉각적으로 환영하기도 한다. 이는 다음의 사례에서 입증되었다. 1997년에 옐로스톤 공원 늑대 무리의 우두머리 수컷이 인간에게 죽임을 당하자, 그 무리가 떠돌이 수컷 한 마리를 받아들이는 것이 관찰되었다. 그 수컷과 무리는 몇 시간 거리를 두고 울음소리를 주고받다가 얼마 후 얼굴을 마주하게 되었고, 그 서먹한 분위기를 결국 어린 늑대 한 마리가 깼다. 앞으로 달려 나가 그 수컷을 반갑게 맞이한 것이다. 불과 여섯 시간 만에 무리 전체가 그 수컷 주위에 열광적으로 몰려들었다. 꼬리를 흔들고, 킁킁 냄새를 맡으며 함께 놀았다. 개를 키우는 사람이라면 이런 행동이 무슨 뜻인지 알 것이다. 그 무리가 바로 1년 전에 그 수컷의 형제 두 마리를 죽였음에도 불구하고, 그 수컷은 즉각적으로 새로운 우두머리가 되었다.[14]

한쪽 성만 무리를 떠나는 종에서는 무리에 남는 성이 더 편안하게 산다. 가문의 농장을 상속받은 마을 거주자처럼, 무리에 남은 성은 어린 시절부터 알고 지내던 친구 및 친척과 관계를 계속 유지할 수 있고, 익숙한 고향 땅이라 그 지역을 손바닥 보듯 훤하게 알기 때문이다. 평생 고향에 머물기를 좋아하는 수컷 침팬지는 어린 시절 좋아하던 장소에서 지낼 수 있는 반면, 새로운 사회로 편입되는 누이들은 고향에서 쌓았던 개인적 관계뿐 아니라 모든 유대 관계가 단절된 상태에서 모든 것을 처음부터 새로 시작해야 한다.

이제까지 우리는 동물들이 이동하는 방식, 그리고 사회 안에서 서로에 대해 파악하는 방식이 사회가 제공하는 혜택에 영향을 미칠 수 있음을 알아보았다. 그리고 드문 간격으로 어렵사리 이루어지는 사회 간 이동이 어떻게 충성의 대상을 변화시켜 외부자였던 개체를 한 사회에 굳건히 자리 잡게 하는지도 알아보았다. 다음 장에서는 포유류 개체들이 서로에 대해 무엇을 어디까지 알고 있어야 무리(팩, 프라이드, 트룹, 코터리)를 드나드는 흐름을 줄일 수 있는지를 살펴보겠다. 그 흐름이 줄어야 각 사회가 명확하고 독립적이고 지속적인 단위로 기능할 수 있다.

4장

개체 알아보기

앞서 살펴보았듯이 사회의 경계는 철벽이 아니다. 코끼리는 새로운 핵심집단에서 행운을 찾을 수 있고, 수컷 하이에나와 암컷 침팬지는 속해 있던 무리를 떠나 다른 무리로 갈아탈 수 있으며, 단독생활을 하던 수컷 늑대는 외부 무리의 지도자 자리에 오를 수도 있다. 포유류의 이런 사회 간 이동을 보면 소속성이 어떻게 획득되고 또 어떻게 명료하게 유지되는지가 다시금 궁금해진다.

사회가 아닌 집단은 구성원들이 서로에 대해 전혀 알지 못하는 상태에서 무기한으로 존재할 수 있다. 예를 들어 어떤 사회적 거미는 수백 마리씩 모여 공동의 거미집을 지어 먹잇감을 잡는데, 사람들에게는 악몽 같은 장면일 것이다. 거미집들은 간격을 두고 지어지고 거미들은 한자리에 머물기 때문에 일반적으로 군집들끼리 뒤섞일 일은 없다. 하지만 한 군집을 다른 군집 옆에 갖다 놓으면 거미들은 아무런 구분 없이 뒤섞인다.[1] 이런 실험을 해보지 않았다면 몰랐을 일이지만, 이 군집들은 완벽한 침투성permeability을 갖고 있어 외부자가 드나드는 데 아무런 제약이 없다. 따라서 이 거미들이 사회의 일부를 구성하고 있다고 말하는 것은 과장일 것이다. 사회에 소속되어 있다고 볼 만한 그 어떤 제휴 관계도 보이지 않기 때문이다. 명확한 사회를 이루는 종에서도 가끔 침투성이 문제가 될 수 있다. 꿀벌domestic honeybee이 진화한 서부 아시아와 아프리카 지역에서는 벌집들끼리 혼란이 일어날 기회가 거의 없었다. 하지만 요즘에는 양봉업자들이 벌집들을 너무 가까이 두어 일부 일벌이 표류하다가 다른 벌집에서 일하게 되는, 노동력 손실이 일어나게 되었다.

대부분의 척추동물들 사이에서, 침투성은 짝을 찾는 개체들의 힘들고 드문 이동으로 제한된다. 이런 종들은 개체 알아보기 사회individual recognition society를 형성함으로써 외부자의 진입을 막는다. 다시 말해 각 개체는 모든 동료—그 집단에서 태어난 개체든 외부에서 받아들여진 개체든—를 개별적으로 알아볼 수 있어야 한다. 사바나코끼리나 큰돌고래의 머릿속에서 그 사회에 속한 철수, 영희, 영철이는 모두 철수, 영희, 영철이로 인식되어야 한다는 말이다. 물론 이들이 이름을 사용한다는 의미는 아니다. 하지만 어쩌면 돌고래는 이름이 있을 수 있다. 이 고래목 동물은 맞춤형의 '특징적 휘파람 소리signature whistles'를 이용해 친구의 관심을 끌 수 있는데, 일부 연구자는 이 휘파람 소리가 '이쪽으로 와, 철수야!'라는 뜻일 거라고 생각한다.[2]

당신은 물론 당신 집단에 속한 사람이 누구인지 다 알고 기억하고 있을 것이다. 식은 죽 먹기다. 동물들도 자기 사회에 소속되지 않은 개체를 확인하는 법을 배울 수 있다. 그리고 꼭 그런 것은 아니지만,

그런 개체는 적인 경우가 많다. 영장류학자 이사벨 벤케Isabel Behncke가 내게 말하기를, 어떤 보노보들은 커뮤니티들이 모이는 자리에서 다른 커뮤니티 개체들의 털을 손질해준다고 한다. 콕 꼬집어 국제 외교라고 할 수는 없지만, 털 손질은 사회 외부에서도 우정이 싹틀 수 있음을 보여주는 신호인 듯하다. 이 유인원들이 이런 개방성 때문에 소속에 대해 오해하는 일은 없다. 좀 까불고 놀다가 원래의 소속성을 고스란히 유지한 채 집으로 돌아간다. 침팬지들은 아프리카 타이 숲Taï Forest에서를 제외하면 외부자 친구를 사귀지 못한다. 거기서도 외부자에 대해서는 신중해야 하지만, 그곳에선 서로 다른 커뮤니티에 속한 두 암컷이 어울리기도 한다. 아마도 다른 커뮤니티로 이민 가기 전 어린 시절에 알고 지내던 사이로 보이는데, 남들 모르게 몰래 만난다. 둘이 서로 털을 손질해주는 것을 들키기라도 하면 죽임을 당할 것을 알고 있다는 듯이.[3] 그렇다면 사회는 서로 알고 있는 모든 동물을 포함하는 것이 아니라, '우리'와 '그들'로 구분되는 특정 개체들의 집합이라 하겠다.

놀랍게 느껴질 수도 있겠지만 자기와 같은 종류의 개체들에 대한 정보를 저장하고, 그 각각의 개체를 우리(언어를 사용하는 종)의 '시민citizen'에 해당하는 항목으로 분류한 다음, 집단 내 동료들을 더욱 세밀하게 분류할 수 있는 척추동물이 많다.[4] 개코원숭이를 생각해보자. 이들은 지위, 가족, 그리고 자기 무리 내부의 연합체를 알아볼 수 있고, 이런 분류를 이용해서 다른 개체들이 어떻게 행동할지 예측할 수 있다. 예를 들어 암컷들은 대체로 자신의 사회적 지위를 어미로부터 물려받아 모계matriline라는 지원망을 형성하는데, 아무리 적극적인 성격의 암컷이라도 높은 지위의 암컷 앞에서는 꼬리를 내릴 것임을 예상할 수 있다. 설사 그 암컷이 힘이 없고 내성적이라 해도 말이다. 실제로 생물학자 로버트 세이파스Robert Seyfarth와 도로시 체니Dorothy Cheney는 이렇게 말했다. "개코원숭이의 머릿속에는 독립적인 사회적 분류가 존재한다."[5] 이것이 모계뿐 아니라 그들의 사회(트룹)에도 적용되리라는 점은 의심의 여지가 없다.

아프리카의 버빗원숭이vervet monkey들은 어느 원숭이가 외부자인지 알아볼 뿐만 아니라 그 외부자가 어느 무리와 얽혀 있는지 알 때도 많다. 체니와 세이파스는 그들이 목소리로 서로를 알아보며 이웃 무리 구성원이 내는 울음소리가 엉뚱한 장소, 즉 또 다른 무리의 영역 쪽에서 들려오면 더 많은 관심을 갖는다는 것을 알아냈다. 그럴 때 그들은 강펀치를 기대하는 복싱 경기 관중처럼 미친 듯이 날뛴다. 이런 반응으로 추측하건대, 이 원숭이들은 목소리가 낯익은 이웃 원숭이가 다른 무리의 땅으로 잘못 들어간 경우를 파악할 수 있으며 그런 일은 보통 무리 간에 싸움이 붙었을 때 일어난다는 것도 알고 있는 듯하다. 요컨대 버빗원숭이는 자기 사회에 속하지 않는 개체들을 그냥 '나머지 모든 개체'라고 두리뭉실하게 분류하는 것이 아니라, 그들이 여러 사회로 나뉘어 있다는 것도 알고 있다.

개체 알아보기에 바탕한 소속 시스템이 작동하는 이유는, 구성원들 사이에서 자기 집단에 소속된 개체가 누군지 합의가 이루어지기 때문이다. 가끔은 의견이 엇갈릴 수도 있지만, 그런 일은 한 개체가 사회에서 추방당하거나 새로운 사회에 편입되는 과도기에만 제한적으로 일어난다. 가령 어느 암컷 말이 자기네 무리에 들어오려고 하면, 수컷 말들은 다른 짝에 대한 기대감에 흥분해서 들어오라고 재촉하지만 암컷들은 쫓아내려 할 수도 있다. 이러한 반대를 무마시키려면, 그 암컷은 그 무리의 개체들이 그저 자신을 알아보는 정도가 아니라 구성원으로 인정하도록 만드는 노력이 필요하다.

서로 다른 알아보기 수준

물론 집단의 동료들을 알아볼 수 있으려면, 각각의 구성원이 어떤 식으로든 구분 가능해야 한다. 동물계 전반에서 알아보기는 여러 가지 감각 양식sensory modality으로 일어날 수 있다. 대부분의 사회적 동물은 개체마다 발성이 다르다. 버빗원숭이의 울음소리도, 사자의 포효도 마찬가지다. 시각 또한 중요하게 작용할 수 있다. 꼬리감는원숭이 capuchin monkey는 자기 무리 구성원의 사진과 외부자의 사진을 신속하게 구분할 수 있다.[6] 점박이하이에나의 점무늬는 개체마다 다른데, 상황에 따라 위장용으로 사용되기도 하고 탁 트인 사바나 지역에서는 그것으로 멀리 떨어져 있는 개체를 확인하기도 한다. 점무늬 같은 뚜렷한 표시가 없는 침팬지는 사람처럼 얼굴, 그중에서도 특히 눈이 다른 개체들과 구분되는 핵심적 특징이 된다. 침팬지의 목소리 역시 사람의 그것처럼 각자 특색이 있다. 침팬지는 엉덩이 모양으로도 서로를 완벽하게 구분할 수 있는데, 인간도 이런 안목을 갖고 있는지는 아직 실험해보지 못한 상태다.[7] 말들은 지배적인 무리의 구성원들이 50미터 이내로 접근하는 것이 보이면 물웅덩이를 양보해준다.[8] 우간다의 원숭이들은 서로 매우 친해져서 붉은콜로부스원숭이red colobus monkey, 푸른원숭이blue monkey, 맹거베이mangabey, 붉은꼬리원숭이redtail monkey 등 모두가 종간interspecies 친구들을 중심으로 함께 논다.[9] 야생

동물보존협회Wildlife Conservation Society의 수석 환경보호 활동가 조지 샬러George Schaller는 사자들이 서로를 얼마나 잘 아는지를 연구하면서, 이들의 무리 내부와 무리 사이에서의 행동을 주의 깊게 관찰했다.

> 암컷들이 얼마나 넓게 흩어져 있는지, 서로 얼마나 자주 만나는지와 상관없이, 그들은 여전히 낯선 암사자들이 합류할 수 없는 폐쇄적인 사회적 단위를 구성하고 있다. 무리에 속한 구성원들은 망설임 없이 무리를 향해 곧장 달려가 다른 개체들과 합류하는 데 반해, 그렇지 않은 사자들은 쭈그리고 앉아 있거나 몇 걸음 앞으로 나갔다가 달아나듯 돌아서는 등 자기를 받아줄지 확신하지 못하는 듯한 행동을 보인다.[10]

사자들은 자기 무리의 구성원으로 확인될 때까지 낯설어 보이는 사자를 마구 때린다. 지금까지 사자나 그 외 동물들이 자기 사회에 속한 모든 구성원을 하나도 빠짐없이 알아보는지를 체계적으로 증명해낸 사람은 없지만, 이런 종류의 관찰을 바탕으로 생각해보면 그렇다고 가정해도 무리는 아닐 듯하다.

척추동물의 사회 진화에는 다른 개체들을 기억할 수 있어야 한다는 전제 조건이 반드시 필요했을 것이다.[11] 사실 포유류와 조류가 일반적으로 개체를 알아보는 능력을 가졌다는 것은 놀랄 일도 아닌데 물고기, 개구리, 도마뱀, 게, 바닷가재, 새우 등도 모두 그런 능력을 갖고 있기 때문이다.[12] 따라서 당연히 예상할 수 있는 부분이다. 심지어 사회를 이루어 살지 않는 동물에게도 개체 구분 능력은 중요하다. 영역 다툼을 위해서, 다른 개체를 지배하기 위해서, 짝을 찾기 위해서, 다른 개체의 새끼와 자기 새끼를 구분하기 위해서 말이다. 그래서 비사교적인 동물인 햄스터마저도 상대의 몸 이곳저곳에서 나는 냄새를 종합하여 각각의 개체에 대한 표상을 구성한다. 이는 마치 우리 인간이 얼굴 생김새로 한 사람에 대한 포괄적인 표상을 만들어내는 것과 비슷하다.[13] 황제펭귄Emperor penguin과 그 새끼들은 며칠 동안 떨어져 있곤 하는데, 부모가 물고기를 잡기 위해 집을 떠나기 때문이다. 이들은 수천 마리가 모여 있는 군집 속에서 서로를 어떻게 찾아낼까? 그건 바로 소리를 통해서다.[14] 우리가 시끄러운 칵테일파티에서 소음을 걸러내는 것과 비슷한 방식으로, 새들은 자기 혈육이 부르는 소리를 선택적으로 가려내어 '빙산 반대편에서 영희가 부르는구나' 하는 것이다.

햄스터나 펭귄 같은 동물들은 아무리 시끌벅적하게 모여 있다 해도 사회를 이룬 것은 아니다. 개체들이 제아무리 놀라운 기억력을 갖고 있다 해도 사회의 모든 구성원에 대해 포괄적으로, 혹은 적어도 최소 수준으로는 알고 있어야 한다면, 사회에서 살아간다는 것은 완전히 다른 문제가 된다. 그런데 최소라고 하면 대체 어느 정도인 걸까?

알아보기와 관계라는 주제에 대해 연구하는 생물학자들은 사회에서 가장 강력한 연결 관계인, 서로를 제일 잘 아는 개체 간의 상호작용 방식에 초점을 맞춰 연구해왔다. 이러한 선택은 합리적으로 보이지만, 그 결과 또 다른 흥미로운 연구 주제 하나가 무시당하고 말았다. 바로 한 사회에서 최소한의 상호작용만 하는 개체들은 서로를 실제로 얼마나 알고 있는가이다. 서로 접촉할 일이 전혀 없는 두 구성원은 상대방에 대해 완전히 무지할 가능성도 있음을 생각해볼 수 있다. 이런 접촉의 결여는 무관심, 경멸, 혹은 서로 다른 무리에 섞여 움직이기 때문에 애초에 관계가 시작될 수 없음을 말해주는 신호일 수 있다. 전략적 선택에 의해 서로를 무시하거나 피하는 것일 수도 있고, 백 번 정도 당신과 같은 커피숍에 앉아 있었던 사람과 당신의 경우처럼 각자의 일로 바빠서 서로 인사를 나눌 시간이 없는 경우일 수도 있다.

훨씬 더 간단한 이유일 수도 있다. 당신은 커피를 마시고 있는 그 사람을 인식하지 못하고 있지만 그래도 잠재의식적으로는 인식할지 모른다. 이런 적 없는가? 어느 날 나는 내가 즐겨 찾는 카페가 뭔가 달라졌다는 느낌이 들었다. 잠시 후 나는 늘 여기 와 있던 단골손님 한 사람이 없다는 사실을 깨달았다. 그렇게 자주 마주쳤던 사람이니 그의 얼굴을 잘 알고 있어야 했을 텐데도 도무지 구체적으로 떠오르지가 않았다. 우리가 잠깐 시간을 내서 커피숍의 단골손님을 한 개인으로 인지할 때, 우리는 그 사람을 개성화individuate하는 것이다. 추측건대 모든 개체를 개성화할 만한 인내심을 갖지 않은 동물이 많을 것이다. 우리는 수많은 타인에 관한 지식을 그저 도식적인 수준으로 저장하는데, 그런 과정이 부지불식간에 이루어지기도 한다.

사고실험을 하나 해보자. 인간이 모든 사람과 전적으로 그런 도식적인 방식을 통해 연결되어 있다고 가정해보는 것이다. 그럼 과학자는 우리가 각 개인의 구분되는 특징에 '익숙해지고 있다habituating'고 발표할 것이다. 우리의 무의식은 그 사람의 개인적 속성들을 인식하지만, 동시에 우리의 일상적인 의식은 그것들을 무시하고 있다는 말이다. 조용해질 때까지 우리가 주변의 소음을 알아차리지 못하는 것과 비슷하다. 이런 무의식적 수준에서의 개체 알아보기만으로도 한 종이 사회를 이룰 수 있다. 주변에 있는 개체들을 개별적으로 염두에 두지 않으면서도 말이다. 이 얼마나 이상하고 비인격적인 세상인가!

하지만 그러한 가능성에도 불구하고, 대부분의 척추동물 사회는 규모가 작아 내가 커피숍 단골손님을 인식했던 최소 수준이 아니라 매우 충분하게 서로를 알 수 있지 않을까 생각한다. 지속적으로 관심을 갖거나 자주 상호작용하기로 선택했든 아니든 말이다.[15]

기억력이 필요하다

개코원숭이나 버빗원숭이 무리의 구성원들은 충분히 가까이 붙어서 살기 때문에 몇 분마다는 아니어도 매일 서로를 볼 일이 생긴다. 똑같은 친숙한 얼굴을 매일같이 접하다 보면 개체 알아보기는 식은 죽 먹기일 것이다. 하지만 눈에서 멀어지면 마음에서도 멀어지는 법이라, 한동안 동료들과 떨어져 지내는 분열-융합 사회의 일부 동물에게는 가끔 동료들을 다시 기억해내는 것이 쉽지 않은 도전이 될 수 있다. 예를 들어 생물학자들은 특정한 내성적인 침팬지를 몇 달에 한 번 정도만 목격할 때가 있다. 이런 개체들은 커뮤니티의 구성원이기는 하지만 다른 개체들에게 괴롭힘을 당하는 암컷인 경우가 많다. 이들은 집단의 영역 한구석에서 혼자 지낸다. 다른 침팬지들도 이렇게 단독생활을 하는 개체를 가끔씩만 보고 지낼 것이다.[16] 이런 개체들까지 기억하려면 침팬지는 기억력이 좋아야 할 것이다.

인류학자들은 우리를 '근접성으로부터 해방된released from proximity' 종으로 지정했다. 우리는 타인들을 기억할 뿐 아니라 아주 오랜 기간

보지 못한 사람들과도 계속 (친구의 친구 같은 중재자를 통해서라도) 인연을 이어가기 때문이다. 우리의 경우는 쉽게 신뢰를 회복하거나 다시 의심을 키울 수 있다.[17] 이런 '해방'은 다른 포유류에게도 적용된다. 사회 구성원들은 오랜 기간 자리를 비운 후에도 평화롭게 재결합할 수 있다. 나이가 들어 생긴 변화에도 불구하고 동물들이 서로를 알아보고 곧바로 관계를 다시 이어갔다는 기록이 많이 남아 있다. 생물학자 밥 잉거솔Bob Ingersoll은 30년 이상 얼굴을 못 봤던 침팬지를 방문한 일을 회고했다. "처음엔 정말로 그 침팬지가 날 알아보지 못했고, 나도 마찬가지였습니다. 그런데 제가 이렇게 말했죠. '모나, 너 모나 맞아?' 그러자 모나가 즉각적으로 '밥, 안아줘, 안아줘'라는 신호를 보내더군요."[18]

기억이 항상 그렇게 오래가는 것은 아니다. 말은 자기 자식과 18개월 이상 떨어져 지내면 자식을 알아보지 못한다. 그즈음이면 그 망아지도 자기만의 사회(밴드)를 형성한 상태일 것이다.[19] 어쩌면 영구적으로 떨어져 사는 동물의 경우, 좋은 기억력은 부담이자 정신적 에너지의 낭비에 불과할 것이다.

기억은 다른 개체들의 기억장치memory bank에 스스로가 삽입되기를 원한다. 개체 알아보기 사회에서 구성원으로 인지되는 것은 물론이고 한 개체로서 정확하게 인식되려면, 궁극적으로 모두에게 알려져야 한다. 한 사회에 새로 합류한 외부자는 처음에는 낯선 신분이기에 위험에 직면하게 된다. 구성원 중에 이 신참을 알아보지 못하는 개체가 공격할 수도 있기 때문이다. 영장류학자 리처드 랭엄Richard Wrangham이 내게 지적해준 대로, 새로 온 개체들은 이런 어려움을 피하기 위해 이미 안면을 튼 개체들 근처에 붙박여 있을 가능성이 크다. 아직 자기를 모르는 개체들이 자기를 그곳에 속한 존재로 보게 하기 위해서다. 친구의 친구는 분명 자신에게도 친구라고, 적어도 동료라고 여기게 하기 위해서다.

사회에서 태어나는 어린 개체들 역시 이러한 곤경에서 예외는 아니다. 다른 개체들에게 익숙한 존재가 되는 과정은 일찍부터 시작된다. 일단 어미가 자기의 새끼를 가려낼 줄 알아야 한다. 새들은 새끼가 둥지를 떠나 다른 새끼들과 뒤섞일 수 있는 나이 정도까지는 자기 새끼를 식별하게 된다. 따라서 군집을 이루는 새들의 경우 어미들은 거의 새끼가 태어나자마자 다른 새끼들과 구분할 수 있다.[20] 하지만 어린 새끼가 사회의 일원이 되려면 어미만이 아니라 나머지 모든 개체도 그를 알아볼 수 있어야 한다. 다행히 새끼는 아무런 해도 끼칠 수 없는 존재이기에 어미를 제외한 모든 개체는 그를 무시한다. 그러다 다른 개체들에게 잠재적인 외부 위협으로 오해받을 수 있는 나이가 되면 문제가 생길 수 있다. 난쟁이몽구스dwarf mongoose 무리의 모든 성체는 청소년기에 도달한 어린 개체에게 자기 항문샘에서 나오는 분비물을 발라준다. 이는 아마도 그를 무리의 일원으로 받아준다는 신호일 것이다.[21] 이런 일이 일어나기 전에 모든 종의 어린 새끼들은 새로 무리에 합류한 개체처럼 자기를 제일 잘 아는 개체 근처에서 머문다. 친구의 친구는 친구가 분명하다는 것을, 그런 식으로 보여주는 것이다.

개체 알아보기와 사회 규모

내가 언급한 모든 포유류 사회는 한 가지 눈에 띄는 공통점을 갖고 있는데, 그건 바로 규모가 작다는 것이다. 보통 열 마리에서 스무 마리 정도가 한 사회를 이루며, 50마리를 넘는 경우는 드물다. 사자가 세렝게티를 휩쓸며 영양 무리를 사냥할 때 천 마리씩 떼 지어 다니지 않는다. 프레리도그는 우리가 국가를 통치하는 방식으로 영역을 지배하는 일은 결코 없고, 풍경을 가로질러 펼쳐져 있는 땅굴에는 모든 외부자를 물리칠 준비가 된 개체군만 들어가 있다. 그리고 유인원들은 영화 〈혹성탈출〉에 나오는 것처럼 군대를 만들어 봉기하는 일이 결코 없다.

어떤 경우에는 생태학이 최종적인 설명을 제공한다. 사자 천 마리가 모두 먹을 수 있는 양의 먹잇감을 매일같이 구한다는 것은 큰 골칫거리라서 그렇게 크게 무리 짓다가는 결국 굶어 죽게 된다는 것이다. 하지만 우리의 사촌인 척추동물 대부분이 보다 일반적인 이유로 작은 사회를 지속적으로 유지해왔다고 추측하는 것이 안전하다. 던바가 우정과 관련해서 깨달았듯이, 많은 수의 개체를 다 파악하기는 어렵기 때문이다.

함께 모여 사는 것에 경탄할 만한 능력을 보이는 인간을 제외하면, 침팬지 무리를 이루는 200마리 정도가 유인원 사회에서 가장 많은 수다. 척추동물 집단 중 이보다 규모가 훨씬 큰 경우는 대부분 사회가 아니라 집합체에 해당한다. 사회는 엄격하게 소속을 따지지만 집합체는 개체들이 아무 탈 없이 들락거릴 수 있다. 맨해튼에서 멀지 않은 곳에 서식하는 청어 무리는 한때 이천만 마리에 이르렀다. 그 정도면 맨해튼섬 크기와 맞먹는 규모다. 빨강부리쿠엘레아red-billed quelea의 경우 무리의 크기에 제한이 없다. 이 새들은 백만 마리씩 떼지어 아프리카 상공을 이리저리 날아다닌다. 그리고 그 아래로는 그와 같은 규모의 영양 무리가 천둥소리를 내며 지나간다. 둥지를 짓는 새들 중 가장 큰 군집을 이루는 것은, 칠레 과포섬Isla Guafo에서 400만 마리가 모여 새끼를 키우는 검은슴새sooty shearwater가 아닐까 싶다.

이런 집단은 기회주의자들로 이루어져 있다. 펭귄들은 한자리에 모여들기는 하지만, 부모와 새끼 사이의 유대를 빼면 자기가 누구와 함께 있는지 무관심하다. 한 야생동물 생물학자는 이렇게 말하기도 했다. "이주하는 동안 함께 모여 있는 영양들은 서로에게 낯선 군중에 불과하다."[22] 북미산순록caribou과 아메리카들소American bison도 마찬가지다. 곁에 자기 새끼들이나 몇몇 친구가 있더라도, 그 외에는 아는 개체가 없는 무리에 합류한 것에 불과하다.[23]

개체 알아보기를 통해 사회를 구성하는 포유류는, 친구든 적이든 기억할 수 있는 개체 수에 한계가 있게 마련이다. 따라서 그 한계에 가까워지면 기억력이 따라잡지 못하기 때문에 사회 규모가 제한된다.[24]

핼러윈 마스크를 쓴 개코원숭이처럼 생긴, 풀을 뜯어 먹고 사는 겔라다개코원숭이는 기억력의 한계를 잘 보여주는 사례다. 그들은 수백 마리씩 떼를 이루어 먹이를 찾아다니기 때문에, 다른 개체에 대한 기억력이 어마어마하다고 생각하기 쉽다. 하지만 영장류학자 소리 버그먼Thore Bergman은 이들이 녹화된 다른 개체들의 모습에 어떻게 반응하는지를 지켜본 후, 들소처럼 이들 역시 자기 주변의 무리에 속한 개체들에 대해서는 거의 무지하다는 결론을 내렸다. 그렇다 해도 완전히 무지한 것은 아니다. 이들이 알아볼 수 있는 다른 개체의 수는 20마리에서 30마리 정도로 제한되어 있다. 버그먼은 겔라다개코원숭이 떼 속에 한 마리에서 몇 마리 정도의 수컷과 몇몇 암컷 성체로 구성된 작은 무리들이 존재하는데, 이것들이 사회에 해당하는 것이 아닐까 추측했다. 이 무리troop, 엄밀히 말하면 단위사회unit가 수십 개 모여 먹이를 찾으러 같은 땅을 가로질러 이동할 때 떼를 이루는 것이다.[25] 겔라다개코원숭이의 우두머리 수컷은 자기 무리 외의 개체들은 알지 못하는 것으로 보인다. 서로에 대한 이런 몰이해 때문에 우두머리 수컷들은 하루 종일 자기 주변을 어슬렁거리는 많은 외부자 수컷을 자기 암컷을 노리는 잠재적 바람둥이이자 자신의 자리를 노리는 찬탈자로 취급한다.

이렇게 말하니 겔라다개코원숭이가 우둔해 보일지도 모르겠다. 하지만 여기서 중요한 교훈을 얻을 수 있다. 서로 알아보기에 의존하는 동물들은 자기 사회에 속한 모든 구성원을 최소한의 수준으로라도 인식해야 하기 때문에 엄청난 규모의 사회성은 엄두를 낼 수 없다는 점이다.[26] 우리 호모사피엔스는 다른 종들이 갖고 있는 이런 유리 천장을 없애버렸다. 지능이 아무리 좋다고 해도 사회 규모가 커지지 못했다면 인간은 결코 오늘날처럼 성공적이지 못했을 것이다.

인간에 대해 알아보기 전에 사회적 진화의 또 다른 정점에 해당하는 생명체에 대해 탐구를 계속 이어가보자. 그 대상은 바로 곤충 사회다. 이 절지동물은 사회를 이루어 사는 생명체 중 대다수를 차지할 뿐 아니라 이들이 이루는 군집 중에는 정말로 거대한 규모와 복잡성을 자랑하는 것도 있어서, 인간 사회를 비춰보기에 좋다. 그에 따르는 결론을 수수께끼 같은 글로 미리 살펴보자.

침팬지는 모두를 알아야 한다.

개미는 아무도 알 필요가 없다.

인간은 그냥 몇 명만 알면 된다.

그리고 이것이 그 모든 차이를 만들어냈다.

2 부

익명 사회

Anonymous Societies

5장

개미와 인간 그리고 사과와 오렌지

젊은 시절 열대우림에 처음 들어갔을 때, 내 마음을 가장 크게 사로잡은 존재는 원숭이도, 앵무새도, 난초도 아니었다. 그것들도 매력적이기는 했지만 진정 나를 사로잡은 것은 개미들이 동전 크기 정도로 잘라낸 이파리를 물고 30센티미터 정도의 폭에 축구장만 한 길이로 줄을 지어 퍼레이드를 하는 모습이었다.

꼭 곤충학을 좋아하지 않아도 개미의 팬이 될 수 있다. 현대 인류와 유전적으로 가장 가까운 종은 침팬지와 보노보지만, 우리와 가장 닮은 동물은 바로 개미다. 우리 종과 개미 종 사이의 유사성은 복잡한 사회에 대해, 그리고 그것이 어떻게 등장하게 되었는지에 대해 많은 것을 알려준다. 1만 4,000종이 넘는 개미들 사이에는 다양한 삶의 방식이 존재하고, 사회적 곤충 전반적으로도 그렇다. 사회적 곤충에는 흰개미termite, 집단생활을 하는 벌social bee, 특정 말벌 등이 포함된다.

아메리카 대륙 열대지방에 사는 잎꾼개미leafcutter ant는 사회적 복잡성을 구축할 수 있는 개미의 잠재력을 전형적으로 보여준다. 초록색 이파리를 물고 둥지 안으로 들어간 잎꾼개미는 그 이파리를 잘게 씹어 식량을 키울 배지로 만든다. 바로 거기서 재배된 곰팡이가 식량이 되는 것이다. 배지는 야구공만 한 것에서부터 축구공만 한 것에 이르기까지 다양한 크기로 만들어진 구형 정원이다. 유랑 생활을 하거나 심지어는 분열-융합 생활을 하는 개미들도 존재하지만, 잎꾼개미 같은 정착종들은 엄청난 규모로 정착해 살 수 있다. 어린 새끼를 동굴에 숨기는 종이나 잠을 잘 때마다 나무로 돌아오는 영장류를 제외하면, 은신처를 먹이 활동의 기반으로 삼는 종은 척추동물 사회에서는 흔치 않다. 하지만 개미 집단에서는 흔하다. 잎꾼개미의 정착지는 엄청난 규모를 자랑하기도 한다. 나는 프랑스령 기아나 정글에서 테니스 코트 크기의 둥지를 발견한 적도 있다. 이런 거대 도시는 인간의 도시가 직면한 것과 같은 문제점을 갖고 있다. 많은 자원을 둥지 안으로 끌어들이기 위해서는 엄청나게 많은 개미가 통근을 해야 한다는 점이다. 이 큰 둥지의 멀찍이 떨어진 구석으로부터 여섯 개 정도의 고속도로가 뻗어 나와 있다. 분명 그 길을 따라 일개미들이 매년 수백 킬로그램의 신선한 이파리들을 실어 날랐을 것이다. 한번은 상파울루 근처에서 또 다른 군집의 일부를 파헤쳐보려고 곡괭이와 삽을 쓰는 일꾼 여섯 명을 고용했다. 그 주 내내 개미들에게 물리며 시달렸지만, 그래도 나는 마치 옛날의 성채를 발굴하는 고고학자가 된 기분이었다. 몇 미터씩 멋지게 이어져 있는 터널을 따라 방이 나 있고, 그 안에 수백 개의 정원이 가꿔지고 있었다. 터널 중에는 지표면 아래로 적어도 6미터 깊이까지 내려간 것도 있었다. 이들을 사람 크기라고 가정하면 이 지하도 시스템은 몇 킬로미터 깊이에 해당한다.

어떤 종의 개미가 만든 둥지든 그 안에서 왕성하게 펼쳐지고 있는 활동을 관찰해보면, 사회적 곤충이 집단생활에서 얻는 대가가 많고 다양하다는 것을 어렵지 않게 느낄 수 있다. 일개미는 자기 영역에 대한 주장이 확실해서 심지어는 과감하게 우리 접시에 담긴 음식까지 넘보고, 정교하고 안전하게 만든 안식처에서 자손을 키운다. 농부형이든 목부형이든 수렵채집인형이든 상관없이 모두 의사소통에 뛰어나고, 끈질기고, 성실하고, 언제든 싸울 준비가 되어 있고, 과감하게 위험도 감수할 줄 알고, 대단히 조직화되어 있는 개미들은 훌륭한 병사들과 성실한 주부들로 노동력 부대를 결성한다. 이들은 군집 보호와 부양의 대가들이다. 잎꾼개미만 봐도 인간을 제외한 그 어떤 동물보다 복잡한 사회를 이루고 있고, 대규모 농사까지 짓는다.[1]

사람을 개미에 비유하면 화를 내는 이들도 있지만 다른 포유류와 비교하면 별로 반감이 없다. 우리 자신도 몸이 따뜻하고, 털이 나 있고, 새끼에게 젖을 먹이는 포유류이기 때문이다. 그럼에도 불구하고 포유류 사회에 대한 자연 다큐멘터리를 보다가 '옳거니! 저곳은 우리 사회랑 정말 닮았네!'라고 생각하는 사람은 거의 없을 것이다. 인간 사회와 다른 포유류 사회 사이에 유사성이 존재한다 해도 그 정도는 미미하다. 그보다는 차이가 눈에 띌 때가 많다. 예를 들면 수컷 코끼리가 사회에서 따돌림을 당하는 별난 경우 등이다(정확히 말하면 이 수컷 코끼리는 어느 사회의 구성원도 아니다). 우리와 친척 관계인 침팬지와 보노보는 어떨까? 이들은 우리와 얼마나 닮았을까? 신체적으로 보면 우리는 두 종 모두와 닮아 있다. 유전적으로 가깝기 때문이다.

하지만 사회생활 양식은 어떨까? 지금까지 밝혀진 유사성들은 대부분 진화심리학이나 인류학의 맥락에서 나온 경우가 많았는데, 인간만의 특성이라 생각했을 사회조직에 관한 세부사항을 들여다보기보다는 인지와 관련된 폭넓은 측면들에 초점이 맞춰져 있었다. 그러지 않았다면 우리는 사회조직은 인간에게 고유하다고 생각했을 것이다.[2]

이런 유사성들은, 겉보기처럼 크거나 배타적인 경우가 드물다. 침팬지와 보노보는 우리처럼 생각하지만 그런 유사성은 다른 동물로도 확대될 수 있다. 둘 다 우리처럼 거울에 비친 자신의 모습을 알아보지만 그건 돌고래, 코끼리, 까치도 마찬가지다. 그리고 의심스럽기는 하지만 개미 역시 그럴 수 있다는 주장도 존재한다.[3] 한때는 인간을 제외한 동물 중 도구를 만들어 쓰는 것은 침팬지가 유일하다고 생각했다. 잔가지를 덫으로 이용해 흰개미를 잡아먹는 것이 그 예다. 하지만 지금은 도구를 만들어 쓰는 다른 동물들을 알고 있다. 이를테면 잔가지로 쑤셔서 벌레를 잡아먹는 딱따구리핀치woodpecker finch 등이다.[4]

갈등을 해결하는 방법을 봐도 침팬지는 우리와 닮았다. 예를 들면 어떤 개체는 근력을 이용해서 영향력을 행사하는 반면, 어떤 개체는 지력을 이용한다. 한 가지 상황을 언급하자면, 암컷 침팬지는 화가 난 수컷이 싸움에서 돌을 쓰면 돌을 치워버려 더 이상 그것을 사용하지 못하게 만든다. 필요하다면 그런 일을 반복적으로 한다.[5] 적어도 이런 정치적 행동만큼은 침팬지, 보노보, 인간에게 고유한 것으로 보이겠지만 실은 그렇지 않다. 돌을 치우는 침팬지의 습성을 발견하게 된 것은, 우리가 유인원을 인간의 친척이라고 인정하는 만큼 연구할 가치가 있다고 생각한 데서 얻은 결과다. 어떤 과학자 말마따나,

전문가들은 지나치게 '침팬지 중심적chimpocentric'이었다.[6] 정치적 행동을 하는 또 다른 동물이 있음을 알려주는 사례는, 옐로스톤 국립공원에 있는 드루이드 피크Druid Peak 늑대 무리의 우두머리 암컷 '40F' 암살 사건이다. 증거를 살펴보면 우두머리 암컷이 무리의 늑대 두 마리를 가혹하게 공격한 후에 무리가 반란을 일으켜 그 우두머리를 죽였다는 정황이 있다. 이 사건을 추적한 연구자들은 이렇게 썼다. "우두머리 암컷의 삶과 죽음은 인간 독재자들에게 자주 적용되는, 다음과 같은 오래된 문구로 요약할 수 있다. 칼로 흥한 자는 칼로 망한다."[7] 이렇듯 늑대 세계의 정치도 매우 복잡해질 수 있다. 다른 종들에 대한 관찰도 자세하게 이루어진다면, 사회적 계략 측면에서 유인원이나 늑대에 버금가는 동물들이 더 많이 발견될 것이다.

우리는 침팬지, 보노보와 98.7퍼센트의 유전자를 공유하고 있음에도 서로 간의 차이점이 더 많이 눈에 들어온다.[8] 실제로 우리와 그들은 사과와 오렌지만큼이나 다르다. 앞서 말한 두 유인원 무리에서 개체 간의 관계는 엄격한 권력 위계질서에 따라 정해진다. 특히 침팬지 무리에서 이는 수컷에 의한 독재 형태로 나타난다. 양쪽 종 모두 암컷은 성숙하면 어린 시절에 자랐던 커뮤니티를 버리고 다른 커뮤니티에 합류하여 다시는 돌아오지 않는다. 암컷들은 가끔씩만 성적으로 수컷을 받아들일 수 있는 상태가 된다. 이 상태는 엉덩이가 부풀어 오른 것으로 분명히 알 수 있다. 암컷들은 이렇게 몸이 달아오르는 짧은 기간을 제외하면 수컷들에게 매를 맞거나 무시당할 가능성이 크다. 몸이 성적으로 준비가 되어 있는 동안에도 수컷에 의해 강요된 섹스를 한다. 이처럼 침팬지와 보노보 모두 짝 사이에 유대감이 없어 장기적인 가족생활이 불가능하기에, 새끼를 기르는 어미는 새끼의 아비는 물론이고 그 누구의 협조도 받지 못하는 경우가 많다.[9] 암컷들끼리도 딱히 친하게 지내지 않는다. 오히려 임신한 침팬지는 다른 암컷들이 새끼를 죽이지 못하게 남들이 모르는 곳으로 가서 새끼를 낳아야 한다.

앞으로 사회에 소속됨으로써 얻는 이득과 사회들의 상호작용 방식에 관한 인간과 다른 척추동물 간의 유사성을 지적하기는 하겠지만, 우리 유인원 사촌을 비롯해서 포유류의 사회생활은 대부분 완전히 비인간적이지는 않더라도 아주 이상하게 보일 수 있다. 그런데 사실 이상하기로 따지자면 우리도 그에 못지않다. 고속도로 통행 규칙이나 주택 관리비 같은 것으로 골치 아파야 하는 침팬지는 없다. 그리고 침팬지는 교통 체증, 공중위생, 조립라인, 복잡한 팀워크, 근무 할당, 시장경제, 자원 관리, 대규모 전쟁, 노예제 같은 것과 씨름할 일도 없다. 겉모습과 지능 같은 것으로 따지면 곤충들은 우리 눈에 외계인처럼 보이지만, 이런 일들로 씨름하는 것은 꿀벌과 흰개미 등 몇몇 사회적 곤충을 비롯해서 특정 개미 종과 인간의 사회밖에 없다.[10]

큰 사회 건설하기 – 개미에게 배우는 교훈

특정 사회적 곤충과 현대 인류 사이의 몇몇 유사점은 대체로 그들과 우리 사이의 한 가지 공통점에서 비롯되었다. 바로 개체 수가 많다는 점이다. 동물 행동을 연구하는 과학자들은 협소하게 종간의 진화적 관계에만 초점을 맞추는 경우가 너무 많았다. 사회의 특성 중에는 진화적 계보보다 규모, 개체 수와 관련이 있는 것이 많은데도 말이다.[11]

유인원을 비롯해 우리가 지금까지 살펴본 인간 이외의 척추동물 사회는 기껏해야 수십 마리 정도의 규모였다. 반면 거대한 잎꾼개미 둥지에는 수백만 마리 단위의 노동력이 보금자리를 틀고 있다.

일단 개체 수가 그 정도로 커지면 온갖 종류의 복잡성이 출현한다. 이런 규모를 감당하려면 복잡성이 꼭 출현해야 할 때가 많다. 침팬지나 들개 사회의 사냥 집단에서 보이는 조직화도 포식자 개미들이 사냥을 조직하는 정교한 방식과 비교하면 민망해 보일 정도다. 어떤 개미들은 사냥감을 움직이지 못하게 붙잡는 역할을 하고, 어떤 개미들은 그 사냥감에 치명타를 가하고, 어떤 개미들은 사냥감의 시체를 덩어리로 해체하는 역할을 하고, 어떤 개미들은 조직적으로 팀을 이루어 그 먹잇감을 나른다. 대부분의 척추동물은 이런 분업을 하지 않는다. 그리고 꼭 이런 식으로 움직여야 필요한 음식을 구할 수 있는 것도 아니다.

집과 기반시설을 만드는 것도 마찬가지다. 프레리도그의 땅굴도 정교하게 만들어져 동면실, 그리고 포식자들의 추격을 따돌리는 막다른 길 등이 지하에서 연결된다. 하지만 잎꾼개미의 둥지나 꿀벌의 벌집에서 보이는 엄청난 구조와 비교해보면, 이 설치류의 집은 석기시대 유물처럼 보인다.

하지만 당신은 이렇게 목소리를 높일 것 같다. 인간 사냥꾼들이 개미들 방식으로 먹잇감을 사냥해본 적도 없고, 인간의 거주지도 이 곤충들의 둥지와 닮지 않았다고 말이다. 사과와 오렌지는 물론이고 아무것이나 두 가지를 갖다 놓으면, 둘 사이에 유사점도 무수히 많고 차이점도 많다. 유사점이든 차이점이든 간에 사람이 어떤 것에 관심을 가질지는 그 사람의 관점에 달려 있다. 일란성 쌍둥이도 엄마 눈에는 똑같지 않다. 그리고 심리학에 관해 살펴볼 때 중요해질 이야기 인데, 외부자의 눈에는 같은 인종 간의 차이점이 보이지 않을지 몰라도 실제로는 같은 인종이라도 다 다르게 생겼다. 어쨌거나 이 점은 기억하자. 완전히 똑같은 것들을 비교하는 것은 끔찍하게 지루한 일이다. 가장 생산적인 비교는 일반적으로 별개의 것으로 취급되는 개념이나 사물, 혹은 행동 간에 유사점이 발견될 때 이루어진다. 가령 개체들이 또 다른 사회에 빠져들어 자신의 이해에 반하는 노동을 하는 개미의 노예 현상은 미국에서 있었던 노예제와 다르고, 미국의 노예제는 고대 그리스에서 전쟁에 패한 자들을 노예로 취하던 방식과 또 달랐던 것처럼 말이다.

사람과 개미는 똑같은 일반적 문제에 대해 서로 다른 해법에 도달했고, 가끔은 서로 완전히 다른 접근법을 이용하기도 했다. 서로 다른 인간 사회나 서로 다른 개미 사회 간에도 이런 차이점이 있을 수 있다. 어느 나라에서는 왼쪽 도로로 달리고, 어느 나라에서는 오른쪽 도로로 달린다. 아시아의 약탈자 개미들은 군집 안이 붐빌 때 들어오는 줄은 고속도로 중앙을 이용하고 바깥으로 나가는 줄은 도로 양쪽 가장자리를 이용하는, 사람들은 시도한 적 없는 3차선 방식을 쓴다. 두 가지 패턴 모두 수많은 개체가 먹이 활동에 다 나서지는 않고 또 그럴 수도 없을 때 적정한 장소에 물품과 서비스를 안전하고 효율적으로 보내는 일이 얼마나 중요한지를 보여준다.

물품과 서비스 분배에 대해 생각해보자. 인간은 여기서 큰 다양성을 보여준다. 마르크스주의 사회는 자본주의 사회와는 다른 방식으로 이 문제를 다룬다. 개미들도 자기들만의 해법을 갖고 있다. 예를 들어 붉은불개미red imported fire ant의 경우 물자의 흐름은 가용한 것이 무엇이고 필요한 것이 무엇이냐에 따라 조절된다. 수요와 공급의 시장 전략이다. 일개미들은 새끼들뿐 아니라 성체들의 영양에 대한 갈망을 파악해서 상황이 요구하는 바에 따라 자신의 활동에 변화를 준다. 먹을 것이 가득한 둥지에서는 정찰병들과 신병들이 둥지 내 방안에 있는 '중간상'들을 찾아가 샘플을 토해내는 식으로 행상을 다닌다. 그럼 이 중간상들은 다시 둥지를 여기저기 돌아다니며 원하는 개체들에게 먹을 것을 나누어준다. 중간상은 고객들이 고기(아마도 죽은 곤충)에 질렸다 싶으면 시장으로 가서 뭔가 달달한 것을 파는 판매자가 있나 찾아본다. 시장에 먹을 것이 과잉 공급되어 판매자가 더 이상 행상으로 물건을 팔지 못하게 되면 구매자와 판매자 모두 다른 일을 하거나 낮잠을 잔다.[12]

　개미 집단에서는 노동 분업이 어떻게 이루어질까? 어떤 업무는 그 일을 배타적으로, 혹은 다른 개체보다 더 자주, 더 정확하게 해내는 전문가 개체에게 맡길 수 있다. 노동 빈도에는 나이도 영향을 미친다. 젊은 개미들이 어린 새끼들이 있는, 자기가 자란 둥지 근처에 머물 때가 많기 때문이다. 이들은 식모 역할부터 유충들을 보살피고 먹이는 어미 역할까지 한다(노인이 손자를 돌보는 경우가 많은 인간과 대조적이다). 사람은 그 차림새로 하는 일을 추측할 수 있다. 정장 차림에 서류 가방을 들고 다니는 사람은 아마도 변호사일 것이다. 안전모와 도시락을 가지고 다니는 사람은 아마도 건축 현장 노동자일 것이다. 개미의 외모도 노동 분업과 관계있을 수 있다. 사무직 노동자를 젓가락처럼 호리호리한 모습으로 묘사하는 고정관념이 과연 옳은지는 의문이지만, 개미 종에서는 맡은 일의 유형에 따라 일개미의 몸 크기와 비율이 달라지는 경우가 많다.

개미를 비롯한 대부분의 사회적 곤충에게서 나타나는 가장 기본적인 전문화는, 보통 한 마리의 암컷(여왕 개체)만 새끼를 낳는다는 것이다. 이런 식의 전문화는 인간 사회에서는 유례를 찾아볼 수 없고, 오히려 회색늑대나 미어캣의 상황과 비슷하다. 여러 세대에 걸쳐 젊은 개체들이 형제자매를 돌보는 개미의 생활사적 측면이, 그 집단을 일상적 가족 이상의 '사회'라는 단어에 걸맞게 한다.

더군다나 개미 사회는 자매 공동체sisterhood다(이것이 바로 내가 일개미를 지칭하는 대명사로 종종 'she'를 사용하는 이유다). 척추동물에서도 이런 경우가 없지 않다. 사바나코끼리 역시 한 사회, 즉 핵심집단의 성체 구성원들은 항상 자매 관계는 아니지만 모두 암컷이다. 하지만 많은 개미에게 성별은 실질적으로 거의 중요하지 않다. 일꾼은 생식할 수 없기 때문이다. 잎꾼개미 일꾼들의 난소는 기능을 하지 않는다. 한편 수컷 개미는 수컷 꿀벌처럼 사회적으로 쓸모가 없다. 사회에 기여하는 일이라고는 짝짓기를 한 후에 죽는 것뿐이다. 반면 흰개미는 성적으로 동등하다. 둥지에는 여왕뿐 아니라 왕도 존재하며, 일꾼도 양쪽 성 모두로 이루어져 있다.

개미 왕국에서의 분업

가장 극단적인 잎꾼개미 종의 노동 분업은 유사한 사례를 찾아보기 힘들다. 일부 유충은 급성장growth spurt해서 병정개미로 자라 다른 개체들을 보호하는 역할을 맡는다. 몸집이 큰 병정개미는 추가적으로 먹이, 재료, 인력이 매끄럽게 유통될 수 있도록 고속도로를 청소하는 임무도 담당한다. 내가 상파울루에서 개미 둥지를 파헤칠 때 내 피부를 물어뜯던 덩치 좋은 잎꾼개미들이 바로 이 병정개미 계급에 속했다.

한편 병정개미를 제외한 모든 개체는 정원을 돌보기 위해 생산라인을 형성한다.[13] 중간 크기의 일개미들은 이파리를 잘라서 자기보다 살짝 작은 개미들에게 넘기고, 그럼 그 개미들은 길게 줄을 지어 이파리 조각들을 둥지로 나른다. 그 후 더 작은 개미들이 이파리 조각들을 더 잘게 자르고, 그럼 그보다 더 작은 개미들이 그것을 갈아서 곤죽을 만든다. 그렇게 만들어진 곤죽을 훨씬 더 작은 일개미들이 앞다리로 정원에 깔고, 그보다 더 작은 개미들이 거기에 곰팡이 다발을 심어 가지치기를 하며 관리한다. 가장 작은 개미들은 정원에서 먹지 못하는 곰팡이나 전염병균을 꼼꼼하게 솎아내는 작업을 한다. 이 개미들은 또한 자기 몸에서 만들어낸 자체제작 살충제를 정원에 뿌려 수확량을 높게 유지한다. 농작물을 심는 것에서부터 돌보고 수확하기까지의 이 모든 노동 중 하나라도 빠져서는 안 된다는 점은 농부라면 모두 공감할 것이다. 먹이 재배는 잎꾼개미와 몇몇 다른 곤충은 해본 일이지만, 척추동물 중에선 사람을 제외하면 아무리 똑똑하고 개체 수가 많다 해도 초보적 단계조차 시도해본 적이 없다.[14]

대량생산에 따르는 한 가지 문제점은 폐기물 처리다. 침팬지에게는 이런 문제가 생기지 않는다. 그럴 일이 없다. 인구가 적어 아직도 화장실이 아니라 숲에서 일을 보는 풍습이 남아 있는 티베트의 사람 공동체에서도 그런 문제가 생기지 않는다. 마찬가지로 침팬지 서식지에도 배설물이 쌓이지만 건강에 큰 문제를 일으키기 전에 토양에서 사라진다. 하지만 잎꾼개미 둥지에는 폐기물 처리 전담반이 필요하다.[15] 게다가 그들의 둥지는 신선한 공기를 계속 순환시키도록 만들어졌다. 1억 5천만 년 이상의 군집 진화 후, 개미들이 GDP 중 치안과 재활용 분야에 투자하는 비율은 인간의 그것보다 훨씬 커지게 되었다.

큰 사회와 작은 사회의 복잡성

개미 연구에서 한 가지 멋진 점은 잎꾼개미 같은 종이 이루는 복잡한 사회와 아주 단순하게 사는 종의 군집을 비교해볼 수 있다는 것이다. 어떤 군집은 규모가 정말 작다. 이를테면 집게턱개미trp-jaw ant, Acanthognathus teledectus 종의 군집에서 일꾼은 20마리 정도에 불과하다.[16] 이 종의 군집은 제각각 아메리카 열대우림 땅바닥에 떨어져 있는 잔가지의 텅 빈 속을 차지하고 있다. 잔가지 속이 일종의 개미굴인 셈이다. 이 군집에서는 그들과 규모가 비슷한 하이에나나 회색늑대 군집 혹은 작은 인간 부족과 마찬가지로, 고작해야 몇몇 개체가 협동해서 먹이를 사냥한다. 집게턱개미들에게는 고속도로도, 생산라인도, 복잡한 팀도 필요 없다. 그들은 물자 분배나 폐기물 처리 때문에 위기에 직면하는 경우도 없다. 위기가 있을 때는 그냥 달아나면 그만이다. 여왕개미를 제외하면 이들은 모두 크기도 같고 하는 일도 똑같다. 이들은 군집에서 필요로 하는 모든 일을 처리하기 위해 얼굴에 만능 맥가이버칼에 해당하는 부위를 갖추고 있는데, 그것은 바로 끝이 뾰족하고 길게 자란 '집게턱'이다. 이들은 사실상 혼자 사냥감을 죽여 집까지 끌고 올 수 있도록 설계되어 있다. 이들의 군집은 전문화가 거의 이루어지지 않는다. 서로 다른 역할을 맡기에는 개체 수가 너무 적을 뿐 아니라, 집단의 규모가 작은 경우 지나친 전문화는 오히려 위험하기 때문이다. 하나밖에 없는 무선통신병을 잃어버린 전투 중대는 불행한 결말을 맞이할 수 있다. 집게턱개미의 군집은 한마디로 규모가 너무 작기 때문에 그 일꾼들은 모두 만능이 되어야 한다. 개체 수가 많은 사회는 잉여 노동력이 발생하기 때문에 좀 더 특화된 노동력이 등장할 수 있다. 작은 마을보다 뉴욕 같은 대도시가 직종이 훨씬 다양한 것처럼 말이다.

잎꾼개미 이야기에서 더욱 놀라운 것은 이 종이 인류와 아주 비슷한 경로를 거쳐 농업을 진화시켰다는 점이다. 잎꾼개미와 그들이 가꾸는 곰팡이의 유전자를 분석한 바에 따르면, 그들의 선조는 6천만 년 전에 정원 농사를 향한 첫발을 내디뎠다.[17] 그때의 선조처럼 사는 개체들이 아직도 존재하는데, 그들의 사회는 거의 집게턱개미 사회 수준으로 변변치 않아 작은 야생 곰팡이 정원을 가꾸는 수십에서 수백 마리 정도의 일꾼으로 이루어져 있다. 사실 여러 면에서 이들은 자연에서 채집한 야생종을 기르고, 소박한 벽돌집 근처 작은 텃밭에서 자기가 필요한 것들만 조금씩 기르는 작은 규모의 인간 부족과 비슷하다. 호모사피엔스가 등장하기 훨씬 전인 2천만 년 전에 우리가 무시하기 쉬운 이 개미들 중 일부가 곰팡이를 재배했고, 그때부터 그 곰팡이는 개미의 보살핌이 있어야 살 수 있게 됐다.[18] 이렇게 바뀐 곰팡이는 더 이상 야생에서는 번식할 수 없게 됐지만 어마어마한 규모의 재배가 가능해졌다. 그리하여 이 개미들의 개체 수도 폭발적으로 증가했다. 인간 사회가 나일강 계곡 같은 장소에서 농사를 시작한 이후 작물화된 곡물 덕분에 인구 폭발을 경험했던 것과 비슷하다.

기반시설이나 폐기물 처리 시스템 등과 같이 대규모 사회에서 공통적으로 나타나는 여러 가지 특성은, 많은 개체들이 한 장소에 정착해 살 때 사실상 필수적인 요소들이다. 하지만 복잡성과 규모가 항상 연동하는 것은 아니다. 침입종인 아르헨티나개미가 이를 보여준다. 대부분의 아르헨티나개미 초군집은 그 어떤 잎꾼개미 둥지도 따라오지 못할 만큼 엄청난 규모를 이룬다. 하지만 일꾼들은 크기가 동일하고, 전문화되어 있지 않으며, 생산라인이나 정교한 팀워크를 꾸리는 소질도 없고, 거대한 중앙 흙집을 세우지도 않는다. 점박이하이에나나 보노보처럼 방랑하는 습성에 따라 사는 이 아르헨티나개미 초군집은 분열-융합 성향을 극한까지 끌어올려 발길 닿는 곳에 적절한 영토가 있으면 당장에 그곳을 둥지 삼아 먹이 활동을 벌인다. 아르헨티나개미 초군집의 이러한 단순성을 보면 이런 생각이 든다. 작은 부족 마을에 엠파이어스테이트 같은 빌딩이 들어설 일은 결코 없지만 (소수의 사람이 그런 복잡한 것을 만들고 관리할 수가 없으니), 도시가 거대하다고 해서 무조건 고층 빌딩이 솟아오르고 훌륭한 수도시설이 만들어지는 것은 아니라는 점이다.

아르헨티나개미 사회의 단순성에도 불구하고 각각의 초군집이 효과적인 하나의 단위로 남을 수 있었다는 사실은, 인간이 어떻게 거대한 사회를 이룰 수 있었는가라는 큰 질문의 답을 구하는 데 도움이 될 수 있다. 바로 이것이 다음 장에서 살펴볼 내용이다.

6장

궁극의 국수주의자

최초의 사회를 세운 존재가 곤충인가를 두고는 논란이 있지만, 오늘날의 사회적 곤충들이 사회 구축의 대가라는 점에는 의문의 여지가 없다. 곤충들은 신경계가 작음에도 불구하고 이런 성공을 거두어왔다. 인지 과정에는 뇌를 크게 필요로 하지 않는 부분이 많이 있고, 이에 따라 곤충들도 주관적으로 경험할 수 있는 정신적 능력을 갖고 있을 가능성이 높다. '자아'라는 느낌을 낳는, 세상에 대한 통합된 시각을 지닐 수 있다는 말이다. 그 자아라는 것이 우리의 관점에서 보면 대단히 단순한 것이겠지만 말이다. 물론 이들의 머릿속으로 들어가볼 수는 없는 노릇이니 확실하지는 않다.[1] 하지만 이들의 성공에 정말로 간단한 원리가 한몫했을지도 모른다. 바로 사회를 효율적으로 식별하는 방법이다. 이것을 아르헨티나개미처럼 잘 보여주는 종은 없다.[2]

조류 관찰자들은 별 특징 없는 새를 보면 약식으로 '갈색의 작은 것little brown job'이라고 부른다. 개미 중에 이렇게 불릴 만한 것이 있다면 바로 이 종일 것이다. 이 종의 원래 서식지는 아르헨티나 북부 지역이었지만 지금은 세계 곳곳으로 퍼져나갔다. 내가 샌프란시스코 근처에 살 때는 묽은 홍차 색깔의 아르헨티나개미가 우리 집 식료품 저장고에 매일같이 들끓었다. 지금은 베이 에어리어의 수백만 가정이 이 개미들을 보며 산다. 변변치 않은 턱을 가진 이 귀찮은 존재들은 아무것도 아닌 것처럼 보인다. 심지어 그 흔한 쏘는 침도 없다. 하지만 이 종은 사회적 진화의 정점에 해당한다. 버클리에 있는 우리 집에서 아르헨티나개미 한 마리를 잡아서 멕시코 국경까지 800킬로미터를 운전해 가서 떨궈놓는다 해도 그 개미는 잘 살아갈 것이다. 실제로 그 개미는 여전히 집에 있는 셈이니까. 말이 안 된다고 느낄지 몰라도 내 여권을 검사하고 있는 세관원의 발 근처를 떼 지어 다니는 개미들이 사실 북쪽의 우리 집 부엌에서 망나니짓을 하던 바로 그 개미 국가의 국민이었는지도 모른다.

반면 내가 똑같은 개미를 멕시코에서 북쪽으로 60킬로미터가량 되는 샌디에이고 외곽에 데려가 우리에게는 아무런 의미도 없지만 개미들은 목숨 걸고 지키는 경계를 단지 1, 2센티미터 넘어선 곳에 내려놓으면, 이 개미는 아주 다른 운명을 맞게 될 것이다. 잔디에 가려진 매우 작은 영역이라 사람들 눈에 띄지 않는 그곳에서 그 개미는 개미들의 국경 순찰대를 맞닥뜨릴 테고, 십중팔구는 잘 손질된 잔디밭 아래의, 블록에서 블록으로 이어지는 좁은 선을 따라 쌓여 있는 개미 시체 더미에 파묻힐 것이다. 사상 최대의 전장이라 할 수 있는 그 좁은 선에서 매달 100만 마리 이상의 개미가 죽어나간다.

이 개미 나라 국경 서쪽에는 호지스호Lake Hodges 군집이 자리 잡고 있다. 50평방킬로미터 넘게 펼쳐져 있는, 똑같은 아르헨티나개미 종의 왕국이다. 전문가들이 '큰 군집Large Colony'이라고 이름 붙인 이 개미 집단은 영토가 멕시코 경계에서 샌프란시스코를 지나 캘리포니아의 센트럴 밸리까지 이어지는 단일 사회다. 남부 캘리포니아 어느 뒤뜰에 100만 마리 정도의 아르헨티나개미가 살 수 있으니(깔끔하게 정돈된 잔디밭에 딱 한 발만 들여놓아도 개미들이 난리가 날 것이다), 그 큰 군집에는 분명 일개미가 수십억 마리는 있을 것이다. 곤충학자들이 이 개미 집단을 초군집 공화국republics supercolonies이라고 부를 만도 하다.

캘리포니아에 있다고 알려진 초군집은 네 개다. 앞에서 언급한 두 개 말고 두 개가 더 있는 것이다. 습도만 적절하다면 이들의 끝없는 성장을 멈출 것은 없어 보인다. 수 킬로미터씩 뻗어 있는 접촉 지역을 따라 벌어지는 전투만 없다면 말이다. 그 지역을 보면 1차 세계대전 때 서부전선을 따라 나 있던 참호가 떠오른다. 결국 호모사피엔스가 유일하게 제국주의적인 생명체는 아니었던 것이다. 이 초군집들이 전쟁을 치러온 시간은 놀라울 정도로 길다. 신문에 기록된 바에 따르면 이 종은 1907년에 캘리포니아에 유입되었다. 아마도 수송되어 들어온 별개의 실내용 화초 흙에 섞여 있었을 것이다. 그 몇 마리가 각각의 초군집을 출발시켰다. 이들의 영토는 그 후로 수십 년 동안 다른 개미 종들을 쓸어버리며 점진적으로 팽창하다가 결국에는 서로 맞닿게 되었다. 그리하여 전쟁이 시작된 것이다. 그 전선은 빙하처럼 느린 속도로 매달 몇 미터씩 이쪽저쪽으로 왔다 갔다 한다.

하지만 내부적으로는 이 막대한 규모의 초군집들이 매끄럽게 돌아가고 있어서 오히려 서로 간섭하고, 의견이 갈리고, 사기 치고, 이기적으로 행동하고, 노골적으로 공격적인 행동을 보이고, 살인도 저

지르는 인간 사회가 고장 난 시스템처럼 보인다.[3]

샌디에이고 근처의 전쟁 지역이 우연히 발견되기 전까지, 과학자들은 어디서나 평화로운 축복 속에서 살아가는 아르헨티나개미들만 마주쳤기에 그들 모두가 행복한 한 가족이라고 판단하고 있었다. 2004년에 연구자들이 서로 다른 지역에서 개미 표본을 채집했는데, 우연히도 그 지역들이 두 초군집의 영역에 속한 곳이었다. 두 집단의 개미들이 뒤섞이는 순간 격렬한 전투가 일어나 많은 수가 죽는 것을 보며 과학자들은 충격을 받았다. 이 일로 아르헨티나개미에 대한 전문가들의 생각이 180도 돌변했다. 이는 자연 속의 사회를 해석하는 것이 얼마나 힘든 일인지를 보여준다.

무지한 개미

뇌가 큰 척추동물이 일반적으로 한 사회에 개체 수십 마리까지 감당할 수 있는데, 눈곱만 한 신경조직을 가진 개미가 대체 어떻게 그보다 훨씬 큰 사회를 이룰 수 있는 걸까? 100만 마리 단위의 잎꾼개미 둥지도 규모를 가늠하기가 쉽지 않은데, 아르헨티나개미 제국의 규모는 정말이지 정신을 아찔하게 만든다.

늑대와 침팬지 등은 자기 사회의 동료 구성원들을 하나하나 알고 지내지만, 개미는 분명 그러지 못한다. 곤충이 부득이하게 서로를 개체로 인식하지 못하기 때문이 아니다. 일례로 북미산종이말벌Polistes fuscatus은 인간만큼이나 안면 인식에 뛰어나다. 이들이 처음 둥지 짓기에 합류할 때는 서로를 알아보는 것이 중요하다. 누가 새끼를 낳을 것인지를 결정하는 레슬링 시합 때문이다.[4] 시즌 막바지가 되면 군집의 규모가 200마리 정도로 커진다. 기억해야 할 얼굴이 많아지는 것이다. 하지만 그쯤 되면 무언가를 걸고 싸울 일이 거의 없기 때문에 십중팔구 이 종이말벌들은 더 이상 모든 개체를 파악하고 있지 않을 것이다.

하지만 이 종이말벌은 예외적인 경우다. 대부분의 사회적 곤충은 개체 알아보기를 하지 못한다. 즉 개미와 꿀벌 일꾼들은 각 개체를 개별적으로 인지하지는 못한다.[5] 개미 간 연합(예를 들면 적의 전투원을 꼼짝 못하게 붙잡는 팀)은 개인적인 문제와는 관계없이 이루어진다. 일꾼 개체가 할 수 있는 최선은 개체의 유형을 구분하는 정도다. 예를 들면 일개미와 병정개미를 구분하고, 번데기와 유충을 구분하고, 가장 중요하게는 여왕개미를 다른 모든 개체와 구분하는 것이다.[6] 사실 개미들 사이에서도 성격 차이가 드러난다. 예를 들면 어떤 일개미는 다른 일개미보다 더 열심히 일한다. 하지만 그렇게 부지런히 애써봤자 누구 하나 알아봐주지 않는다. 이것이 의미하는 바는 개미들은 우리 척추동물처럼 자신의 사회 내부에서 경쟁자와 맞서거나 동맹 관계를 구축할 필요가 전혀 없다는 것이다. 여왕개미를 제외하면 그 어떤 개미도 특정 개체를 편애하는 일이 없고, 군집 내의 모든 일개미는 동등한 존재다. 개미에게는 개체가 아니라 전체 사회만 중요하다.

아르헨티나개미를 자신의 초군집이 퍼져 있는 곳 어디에 옮겨와도 그전처럼 다른 개체들과 곧바로 상호작용할 수 있는 이유를, 개미들이 서로를 알고 지낼 필요가 없다는 사실로 설명할 수 있다. 새로 만나는 개체들은 그저 무작위로 우연히 그곳에 있게 된 자기 군집의 일원일 뿐이다. 전문가들이 아는 한, 아르헨티나개미는 중앙 둥지가 없기 때문에 죽는 날까지 자기 초군집 영역 여기저기를 마구 돌아다닌다. 하지만 개미들이 낯선 무리 속을 헤집고 다니는 영원한 이방인일 수밖에 없다면, 대체 어디서 자기 사회가 끝나고 그다음 사회가 시작되는지를 어떻게 알 수 있을까?

익명성

1997년에 두 명의 화학자가 해충구제 연구를 위해 실험실에서 아르헨티나개미와 바퀴벌레를 키우고 있었다. 그런데 실험실 조수 한 명이 바퀴벌레가 아르헨티나개미의 먹잇감으로 좋겠다는 생각을 했다. 이후로 순전히 행운에 따른 과학적 발견이 이어지게 된다. 어느 날 개미들이 바퀴벌레를 해체하지 않고 오히려 같은 개미들을 죽이기 시작했다. 원인은 곧 밝혀졌다. 그날 아침 한 연구원이 개미들에게 아프리카에서 온 또 다른 바퀴벌레 종인 갈색줄무늬바퀴벌레brown-banded cockroach를 먹이로 주었다. 그러자 그것과 접촉한 개미들이 하나같이 자기 동료들에게 그 자리에서 살육당하고 만 것이다.[7]

문제는 바로 냄새였다. 곤충 간의 소통은 대부분 페로몬pheromone이라는 화학물질을 바탕으로 이루어진다. 곤충들은 비상 신호를 보내거나 먹잇감이 있는 곳으로 가는 길을 알려주는 표지판 역할을 하는 화학물질 분비선을 갖고 있다. 군집의 소속성은 그 화학물질로 표시된다. 개미들은 햄스터처럼 체취로 개체들을 구분하지는 않지만, 체취를 집단 정체성을 나타내는 공유된 신호로 보고 동료와 외부자를 구분하는 것이다. 개미가 맞는 표지를 나타내는 한, 즉 그 개미의 냄새가 올바른 한(그러려면 탄화수소라는 분자들의 올바른 조합을 체표면에 갖고 있어야 한다) 군집의 개체들은 그를 동료로 인정해줄 것이다. 냄새(혹은 맛이라고 해도 좋다. 개미는 이 표지를 접촉을 통해 감지하기 때문이다)는 모든 개미가 반드시 달고 다녀야 하는 국기 배지와 비슷하다. 이곳에 있어선 안 될 개미는 낯선 냄새로 바로 감지된다. 개미는 항복의 백기를 갖고 있지 않기 때문에, 외부자 개미는 운 나쁘게 경계를 넘은 아르헨티나개미처럼 죽임을 당할 때가 많다. 아프리카에서 온 그 바퀴벌레는 아마도 우연히 어떤 개미들이 군집의 구성원들에게 신호를 보낼 때 사용하는 중요한 냄새 성분을 가지고 있었을 것이다. 먹잇감으로 던져진 그 바퀴벌레와 접촉한 아르헨티나개미에게 그 탄화수소 분자가 옮겨 갔고, 이것이 적군의 유니폼으로 갈아입은 효과를 내서 적으로 오인받게 된 것이다.

척추동물은 서로 직접 안면을 터야 한다는 제약이 있지만, 사회적 곤충은 냄새라는 신분 확인용 표지 덕분에 그 제약을 뛰어넘을 수 있다. 텅 빈 나뭇가지 속에 옹기종기 모여 사는 집게턱개미 군집이든 광범위한 영역에 걸쳐 수십억 마리가 흩어져 사는 아르헨티나개미 군집이든, 그 구성원들은 서로를 기억할 필요는커녕 한번 마주치거나 가까이 붙어 있을 필요도 없다. 자신의 집합적 정체성을 표시하고 다니는 종은 내가 '익명 사회anonymous society'라 부르는 것을 이루고 있다.[8]

표지는 몇몇 곳으로부터 유래했을 수 있다. 바퀴벌레의 사례는 환경이 군집의 정체성에 영향을 미칠 수 있음을 보여주는 증거지만 초군집의 모든 구성원이 단일한 환경을 공유할 가능성은 높지 않다. 초군집의 영토는 다양한 서식지를 가로지르며 킬로미터 단위로 뻗어 있는 반면 인접한 경계선은 센티미터 단위로 측정되는 것을 보면 군집의 정체성을 형성하는 데 유전적 요소가 가장 우선적인 역할을 하는 것이 틀림없다. 실제로 탄화수소 냄새는 유전자에 암호화되어 있고, 일반적으로 식생활에는 거의 영향을 받지 않는다.[9]

군집 표지에 대한 반응을 비롯한 개미들의 행동은 처음부터 유전에 의해 결정된 단순한 방식으로 미리 정해질 것이라 가정하기 쉽다. 실제로 행동 중 대부분의 측면은 종에 상관없이 내장된, 혹은 선천적인 요소를 갖고 있다. 유아기가 되면 마땅히 하는 말 배우기 같은 인간의 행동도 그렇다. 사회심리학자 존 하이트Jon Haidt는 이런 선천적 특성들은 경험 이전에 이미 조직화된 것이라고 설명했다.[10] 생명체가 다양한 상황을 겪을 가능성이 높으면 그의 신경계 청사진(경험 이전의 조직화)은 반드시 유연성을 허용해야 한다. 사회적 곤충의 경우 다른 동물과 마찬가지로 인간보다는 이런 유연성이 떨어진다. 하지만 곤충을 무시하지는 말자. 크기는 작을지언정 이런 유연성을 분명 갖고 있다.

개미에서는 이런 유연성이 자기 국적의 냄새를 알아내는 방식으로 확장될 수 있다. 이것은 노예만들기개미slave-making ant를 통해 입증되었다. 이들은 개미가 자신의 신분을 학습하는 방식을 이용해서 다른 개미들을 노예를 만든 다음 자기 군집의 온갖 잡일을 도맡긴다. 이들은 공격적으로 다른 개미 종의 둥지를 습격할 때가 많다. 이들에게 다 자란 성체는 아무 소용이 없다. 뼛속까지 국수주의자인 성체 개미들은 외국 국적을 받아들이느니 차라리 죽을 것이다. 대신 노예만들기개미는 그 군집의 어린 개체를 잡아간다. 특히 우리가 개미로 알아보는 상태로 바뀌기 전의 조용한 단계인 번데기를 선호한다. 번데기는 아직 자기 군집의 냄새를 모른다. 정상적인 상황에서 개미는 엄마인 여왕개미의 둥지에서 번데기 상태를 거쳐 나와, 자기 사회의 냄새를 신속하게 학습하고 평생 그 냄새를 기분 좋은 것으로 여긴다. 하지만 납치당한 개미는 속아 넘어간다. 알을 깨고 나온 병아리가 어미 대신 당신을 처음 보게 되면 당신을 어미로 각인하는 것처럼, 번데기에서 나온 개미도 자신을 유괴한 범인들을 자신의 동료로 각인한다. 노예만들기개미의 둥지에서 깨어난, 무언가 잘못되었음을 전혀 알지 못하는 개미들은 그 군집의 냄새를 자기 '국적'으로 받아들이고 충실하게 일하기 시작한다. 즉 노예개미가 되는 것이다. 우리에게는 냄새보다 개미 종 사이의 몸집이나 색깔 차이가 더 중요해 보이지만, 개미들은 그런 것은 아랑곳하지 않는다. 가끔은 노예개미가 무언가 잘못되었음을 알아차리고 달아나기도 하지만 보통은 유괴자들이 강제로 다시 데려온다.[11]

노예개미가 노예만들기개미를 순순히 받아들이는 것은 사실 별것 아니다. 개미 뇌의 진짜 적응력은 지금부터다. 사회 붕괴를 피하려면 각각의 노예와 노예만들기개미가 둥지에 있는 다른 노예개미들까지 모두 환영해야 한다. 노예만들기개미들이 아무리 다양한 군집을 털어서 노예를 납치해 왔다 하더라도 말이다. 각각의 개체가 만들어내는 냄새가 모두 다름에도 불구하고, 어쩐 일인지 노예만들기개미나 노예개미 모두 다른 개체들을 '자기' 사회의 구성원으로 알아보는 데 전혀 문제를 겪지 않는다. 이런 적응성의 밑바탕에는 몸 손질grooming이 깔려 있다.[12] 영장류 사이에서는 털 손질이 친한 개체와 유대감을 키우는 역할을 하지만, 전문가들의 추측에 따르면 개미에서의 몸 손질은 둥지 동료들의 냄새를 뒤섞어 모두의 몸에 표준적인 냄새가 배게 만듦으로써 사회 수준의 애착 관계를 굳혀주는 역할을 한다. 즉 노예만들기개미의 냄새 일부가 어린 노예개미들에게 묻어 그들을 군집의 일부로 받아들여지게 만들고, 노예개미들도 마찬가지로 다른 모든 개체의 냄새를 조금씩 바꾸어놓는 것이다. 이렇게 냄새가 혼합되는 것은 예상치 못한 결과로 이어진다. 노예개미가 실수로 자신의 진짜 동료와 자매가 살고 있는 고향 군집에 발을 들여놓게 되면, 적으로 간주되어 공격을 받는 것이다. 그리스 비극에서나 나올 법한 슬픈 이야기다.[13]

국가적 표지를 획득하는 일은 도시로 들어가는 열쇠를 받는 것과 같다. 즉 그것을 얻으면 모든 것이 가능하다. 나는 호주의 한 과수원에서 베짜기개미weaver ant의 둥지를 헐어서 5밀리미터 길이의 주황색 거미를 발견했다. 아프게 여러 번 물리고 난 후 그 거미 종이 코스모파시스 바이테니아타Cosmophasis bitaeniata임을 확인할 수 있었다. 거미집을 짓지 않고 베짜기개미 군집에 마치 그 일원인 듯 합류하는 거미다. 이런 정체성 도둑질이 가능한 것은 그 거미가 베짜기개미의 새끼들을 훔쳐내어 군집의 냄새를 흡수하기 때문이다. 그 거미는 국수주의의 악취에 휩싸인 채 아무런 방해 없이 둥지로 들어가 새끼를 돌보는 일개미들로부터 개미 유충을 빼앗아 잡아먹는다. 일단 그 군집의 정체성을 획득하고 나면 이 다리 여덟 개 달린 침입자는 성공을 보장받는다. 하지만 한 가지 위험이 도사리고 있다. 행여 이 거미가 생각 없이 그 둥지를 떠나 다른 베짜기개미의 둥지로 들어갔다가는 공격을 받게 된다. 거미로서가 아니라 침입해 들어온 개미로서 말이다.[14]

척추동물의 익명 사회

이 시점에서 한 가지 말하지 않은 것이 있음을 인정해야겠다. 사실은 개미처럼 익명 사회에서 살면서 개미와 비슷하게 냄새로 자기 사회를 표시하는 척추동물이 적어도 한 종 있다. 바로 벌거숭이두더지쥐naked mole rat다.[15] 두더지도 아니고, 그렇다고 쥐도 아닌 이 분홍색의 털 없는 주름투성이 설치류는 아프리카 사바나의 주민으로, 이 종을 연구하는 두 명의 선도적 전문가는 이렇게 시인하기도 했다. "동물의 아름다움에 관한 기준을 아무리 관대하게 잡아도 이 종은 그 기준에 부합하지 못할 겁니다."[16] 대부분의 포유류 사회에서 개체 수는 대략 200마리 정도가 한계인데, 이 종은 그 한계를 넘어설 수 있다. 그 이유를 이 냄새 표지로 설명할 수 있을지 모른다. 벌거숭이두더지쥐의 경우 기록된 가장 큰 사회는 개체 수가 295마리였다.

일개미와 달리 벌거숭이두더지쥐는 서로를 개체로도 알아본다. 일반적인 두더지쥐가 이렇게 개체를 알아봄으로써 얻는 것이 많은지, 친한 친구가 따로 있는지는 분명치 않다. 규모가 큰 군집에 속한 두더지쥐가 구성원들을 하나하나 다 기억할 수 있는지, 혹은 내 예측대로 덜 익숙한 개체를 만났을 때는 냄새에 의존해야 하는 것인지도 역시 밝혀지지 않았다.

벌거숭이두더지쥐에서 분명하게 드러나는 개미 같은 속성은 참으로 놀랍다. 유일한 냉혈 포유류cold-blooded mammal인 이들은 추운 밤이 되면 꿀벌처럼 함께 모여 몸을 떤다. 그렇게 서로 바짝 달라붙어 있는 동안 군집 전체에 배는 냄새가 생기는 것인지도 모른다. 이것은 개미 몸 손질의 기능과 비슷하다. 벌거숭이두더지쥐는 또 다른 아프리카 종인 다마랄랜드두더지쥐Damaraland mole rat처럼 덩치 큰 생식 담당 여왕과 노동 분업을 한다. 이런 점에서는 개미보다도 흰개미와 더 닮았다. 여왕은 왕 노릇을 할 수컷을 두세 마리 선택해서 그 수컷들하고만 짝을 짓는다.

이 두더지쥐들은 땅속을 좋아하는 성향이 있다는 점에서도 흰개미와 비슷하다. 그럼 필연적으로 지하의 기반시설이 중요할 수밖에 없기 때문에, 이들의 유일한 영양원인 구근과 덩이줄기에 대한 접근로를 확보하기 위해 수천 평방미터에 이르는 지하에 구불구불 이어지는 동굴을 판다. 일꾼들은 트룹 비슷한 단위로 군집을 이루어 다니는 대신 곤충들의 것과 비슷하게 생긴 중앙 둥지를 들락거린다. 직경이 0.5미터에서 1미터 정도 되는 그 둥지 안에 방들이 밀집되어 있다. 이 설치류는 미로 같은 동굴 속에서 몇 주마다 둥지의 위치를 옮기면서 유랑 생활을 한다. 일꾼 중에 몸집이 제일 큰 개체는 병사 노릇을 하는 경향이 있어서 뱀이나 낯선 냄새로 감지되는 벌거숭이두더지쥐로부터 군집을 보호한다.

사회 구성원임을 알려주는 표지가 다른 포유류에서도 발견된다고 해도 나는 놀라지 않을 것 같다. 특히나 사람이 감지할 수 없는 냄새나 소리를 이용하는 경우라면 말이다. 예를 들어 점박이하이에나는 덤불에 엉덩이를 비비는 페이스팅pasting이라는 행동을 한다. 각각의 하이에나는 자기 고유의 냄새가 있어서 이런 식으로 냄새를 교환하는 것은 자기 무리의 다른 개체들과 교감하는 방법이라 여겨진다. 그런데 다른 무리 구성원들의 페이스팅까지 섞이면 그 집단 고유의 냄새가 발생한다. 이론적으로 하이에나는 냄새로 무리들 구분이 가능하다. 하지만 설사 그렇다 해도 각각의 무리에 열 마리 남짓밖에 없기 때문에 하이에나는 누가 자기 무리이고 누가 그렇지 않은지 이미 잘 알고 있을 것이다. 무리의 냄새는 기껏해야 일종의 지원 역할을 할 뿐, 하이에나의 일상에서는 개체 알아보기가 핵심적인 역할을 할 것이다.[17]

익명 사회에 관한 가장 설득력 있는 증거는 새에 있다. 미국 남서부의 짧은꼬리푸른어치pinyon jay는 수백 마리씩 무리를 짓는다. 이는 새에서는 지극히 정상적인 행동이지만, 무언가 기막힌 일이 벌어진다는 단서가 된다. 짧은꼬리푸른어치 한 무리가 또 다른 무리와 만나면 구름처럼 하나로 합쳐지지만, 나중에는 분명하게 원래의 두 무리로 다시 깨끗하게 나뉘는 것이다. 이를 보면 사바나코끼리가 떠오른다. 사바나코끼리는 무리들끼리 평화롭게 뒤섞이고 어떨 때는 아주 많은 수가 모일 때도 있지만, 항상 다시 원래의 핵심집단으로 돌아간다. 하지만 코끼리의 핵심집단은 그저 몇 마리로 구성되는 데 반해 짧은꼬리푸른어치는 500마리 정도가 한 무리를 이룬다. 물론 새의 기준에서 500마리는 그저 그런 규모에 불과하지만, 자세히 조사해보면 짧은꼬리푸른어치 무리는 그렇게나 많은 개체가 잘 조직되어 있는 사회다. 각각의 '무리 사회'가 1년 내내 복합적인 확대가족의 소속성을 유지하고 있는 것이다.[18] 한 무리는 평균 23평방킬로미터 정도의 지역에 집중적으로 머물지만 세력권을 형성하지는 않는다. 영역이나 그 안에 들어 있는 먹이를 지키지 않고, 이웃의 영공으로 들어갈 때도 많다. 연중 많은 시간 동안 무리는 빽빽하게 떼 지어 다니면서 씨앗과 곤충을 사냥한다. 번식 철이 되면 평생 짝을 바꾸지 않는(이 어치는 사람보다 더 철저하게 일부일처제를 지킨다) 쌍들이 각기 무리의 땅 한 구역으로 흩어져서 둥지를 틀고 새끼를 기른다. 하지만 심지어 그때도 무리에 대한 소속을 유지한다.

  새의 사회가 어떻게 이렇게 분명하게 무리로 분리된 상태를 유지하는지, 그리고 그 구성원들이 빽빽하게 떼 지어 있을 때와 둥지들로 흩어져 있을 때 동료들을 어떻게 확인하는지는 누구도 확실히 말할 수 없다. 부드러운 비음인 '근거리' 울음소리를 비롯해서 어치의 발성이 개체마다 다르다는 것은 확실하다. 하지만 그렇다 해도 어치가 개체들을 알아본다고 여기기는 어렵다. 그럼 날아다니는 동안에도 수백 마리의 다른 개체들을 파악할 수 있어야 한다는 얘기가 되기 때문이다. 실제로 연구를 통해 어치가 무리 구성원 전부를 알아보지는 못한다는 것이 입증됐다. 자기 짝과 새끼, 그리고 무리의 우세한 구성원들과 먹이나 둥지 재료를 두고 성가신 일이 생겨 한숨 돌리고 싶을 때 기댈 수 있는 몇몇 개체 정도만 알아볼 뿐이다. 가설을 근거로 생각하면, 구성원 전부가 아니라 일부만 알고 있어도 500마리가 한 무리로 엮이기에 충분해 보인다. 어쩌면 어치는 자기가 아는 어치의 근거리 울음소리가 적어도 하나만 들리면 편안함을 느끼는지 모른다. 하지만 사회 내의 그런 동맹 관계가 무리 전체를 온전히 유지시켜주지는 못한다. 시간이 지나면 이 사회는 파편화되거나 다른 무리와 영구적으로 결합해버린다.

  이렇게 많은 새가 관여되어 있는 것을 보면 개체 알아보기 이상의 무언가가 작동해서 새들을 한 무리로 유지해주는 것이 분명하다. 짧은꼬리푸른어치가 익명 사회를 형성하는 것은 거의 분명하다. 그리고 사실 이들의 발성 레퍼토리에는 무리 소속성을 알려주는 지표일 가능성이 높은 것이 두 개 정도 있다. 어치는 포식자가 나타나면 '랙rack' 소리를 반복한다. 이 소리는 굉장히 다양해서 어떤 새가 내는 소리인지, 그 새가 어느 무리에 속해 있는지 확인하기에 부족함이 없을 정도다. 그보다 더 중요한 것은 어치가 날면서 내는 '카우kaw' 소리다. 조류 관찰자들이 짧은꼬리푸른어치를 확인할 때 귀 기울여 듣는 이 소리도 마찬가지로 무리마다 다르다. 그래서 이 소리가 표지 역할을 하지 않을까 추측해볼 수 있다. 나는 카우 소리나 랙 소리 혹은 양쪽 모두 새의 정체성을 표현하고 있으며, 어치들이 자신의 소속성을 유지하는 방법도 이것으로 설명할 수 있다고 확신한다.

짧은꼬리푸른어치가 일시적 무리보다 영구적인 사회에서 살게 되는 이유는 명확하다. 첫째, 안전이라는 보너스 때문이다. 각각의 어치는 힘든 시기를 대비해서 안전한 곳에 씨앗을 파묻어 숨겨두는데(인간처럼 짧은꼬리푸른어치도 도둑질이란 것을 한다), 땅을 파는 동안 나무 위 보초병들이 여우 같은 포식자가 오지 않는지 망을 봐준다. 구성원들은 협력을 할 수도 있다. 엄마 새들이 둥지에서 새끼를 지키는 동안 아빠 새들은 모두 함께 사냥을 나갔다가 한 시간에 한 번씩 돌아와 각자의 둥지로 먹이를 나른다. 혼자 사냥할 때보다는 집단으로 사냥할 때 더 많은 벌레를 잡을 수 있다. 새끼 새들은 둥지를 떠난 후에는 탁아소 집단을 형성하여 서로 어울리고, 어른 새 두 마리가 하루 내내 눈을 부릅뜨고 경비병 역할을 하는 동안 나머지 부모 새들은 자기 새끼에게 먹일 먹이를 찾으러 간다. 탁아소 집단의 어린 개체들은 1년 후 거기서 빠져나와 혈기왕성한 청소년 집단에 합류한다. 그리고 거기서 짝에게 헌신할 준비가 될 때까지 머문다. 짝짓기는 새로운 무리에 받아들여진 이후에 이루어지는 경우가 많다. 이렇듯 짧은꼬리푸른어치의 삶은 시기에 딱딱 맞춰서 조직화되어 있다.

익명 사회를 형성하는 또 다른 척추동물로는 고래목 동물들이 있는데, 그 사회가 가끔은 거대한 규모에 이를 수 있다는 증거가 축적되고 있다. 향유고래sperm whale가 이루는 사회가 특히나 매력적인 사례다. 오징어를 이빨로 씹어 먹는 종인 향유고래는 소설《모비 딕 Moby Dick》으로 유명세를 탔다.[19] 이 거대한 고래들은 내가 별개의 두 수준에서 독립적으로 작동하는 사회라고 인정하는 집단 형태를 이루고 있다.

언뜻 보면 향유고래는 척추동물로 치면 중간 정도 규모의 사회를 형성하는 것으로 보인다. 여섯 마리에서 스물네 마리 정도의 암컷 성체와 그 새끼들로 이루어진 단위사회들로 구성되어 있고, 그 단위들이 모두 함께 다닌다(수컷 성체는 수컷 코끼리처럼 자기 마음대로 돌아다니며 내키는 암컷과 짝을 맺고, 암컷만으로 이루어진 사회에는 참여하지 않는다). 단위사회는 수십 년에 걸쳐 지속된다. 대부분의 암컷은 평생 자기 단위사회에 머물지만 몇몇은 알 수 없는 이유로 다른 곳으로 옮겨 가기도 한다. 그리고 서로 친척 관계가 아닌 개체들이 함께 있는 단위가 많아진다.

어린 향유고래는 코다coda라는 짧은 딸깍 소리를 배운다. 이것은 모스부호 메시지에서 뽑은 글자 한두 개 정도로 생각하면 된다. 어떤 코다는 단위사회마다 살짝 다르다. 그들은 자신의 단위사회가 다른 단위사회와 가까워지면 이런 소리를 낸다. 이런 신호를 통해 단위사회들끼리 서로를 알아보고 서로의 움직임을 조화시킬 수 있는 것 같다.

놀랍게도 이 단위사회는 무리(클랜)의 일부다. 이런 관계 때문에 향유고래를 이중으로 깔끔하게 정의할 수 있게 된다. 다섯 무리가 태평양에 퍼져 있으며, 각각의 무리는 특정 코다 집합으로 표시된다. 수백 개의 단위사회로 이루어진 무리는 수천 평방킬로미터에 걸쳐 흩어져 있다. 이 고래들은 일상생활은 자신의 단위사회에서 영위하지만, 무리의 소속성도 가치 있게 여긴다. 같은 무리에 속한 단위사회들만 서로에게 가까이 다가가며, 한동안 사냥도 함께 한다. 일종의 분열-융합으로 생각하면 된다. 다른 무리 출신의 고래들끼리 싸울 가능성은 크지 않다. 이런 대형 동물은 아주 쉽게 스스로를 다치게 만들 수 있기 때문이다. 더군다나 이들은 세력권을 형성하지도 않는다(대서양의 일부 무리는 멀리 떨어져 살지만). 그냥 서로를 피하는 것이다.

다른 동물 사회와 마찬가지로 향유고래의 단위사회도 여러 가지 이득을 제공해준다. 포식자로부터 보호해주고, 어린 새끼들을 공동으로 돌볼 수 있게 해주고, 축적된 지식을 공유할 기회를 제공해준다. 한편 무리에 속함으로써 발생하는 이점은 먹이를 찾는 방식에서 나타나는 것 같다. 함께 잠수하는 경우든, 이동하는 경우든, 아니면 섬 근처에 머무는 경우든, 공해상에 나가 있는 경우든 말이다. 그리고 이런 구체적인 상황에 따라 각각의 무리는 서로 다른 종류의 오징어를 잡아먹게 된다. 한 무리는 오징어를 찾기 힘든 따뜻한 엘니뇨El Niño 해에도 아주 잘 산다. 이것을 설명할 가설은, 이들은 자기무리의 다른 단위사회들과 함께 어울려 똑같은 사냥 기술을 이용할 때라야 능숙하게 먹잇감을 잡는다는 것이다.

이러한 먹이 찾기 방식의 차이점은 유전적으로 결정되는 것이 아니다. 수컷들에게는 어떤 무리의 암컷과도 짝을 지을 기회가 열려 있기 때문에 모든 무리의 유전적 기질은 같다. 사냥 전략은 문화적인 것이다. 고래들은 자기 무리의 연장자로부터 무리 고유의 사냥 방식을 학습한다. 돌고래들이 낚시 기술을 학습하는 것과 비슷하다.[20] 코다는 무척 단순하기 때문에 무리의 소속성을 착각할 가능성은 지극히 낮을 것이다.

개미 왕국의 새끼 치기

짧은꼬리푸른어치, 곤충과 비슷한 벌거숭이두더지쥐, 향유고래는 척추동물 사회 사이에서 나타나는 진화의 곁다리에 해당한다. 이들 사회는 대부분 개체 알아보기를 통해 작동한다. 그런데 개미의 익명 사회, 그중에서도 거대한 초군집을 거느리는 극소수 개미 종의 사회는 그 정교함, 효율성, 규모 면에서 두드러진다. 개미 군집의 정체성은 처음에 어떻게 자리 잡는 것일까? 그리고 아르헨티나개미는 어떻게 그런 정체성을 초군집 상태로 확장할 수 있을까?

개미 사회는 일반적으로 기존에 존재하던 사회로부터 싹터 나온다. 이 과정은 성숙한 군집에서 길러낸 날개 달린 여왕개미들이 하늘로 날아올라 수컷과 짝을 맺으면서 시작한다. 이 짝짓기는 다른 군집에서 날아온 날개 달린 수컷 몇몇과 이루어질 때도 있다. 그 후에 여왕개미는 땅으로 내려와 직접 작은 '개시용 둥지starter nest'를 파고 첫 번째 일개미들을 낳아 기른다. 이 일개미들이 사회의 원동력이 된다. 유전적 요소와 환경적 요소로 인해 이들은 여왕개미의 고향 군집을 비롯한 다른 모든 군집과 독립적인 냄새와 정체성을 만들어내게 된다. 세대를 거듭하면서 여왕개미를 수행하는 일개미들의 개체 수가 확장되다가 군집이 종 고유의 성숙 규모에 도달하면, 자손 생산의 임무 일부가 또 다른 세대의 사회를 탄생시키기 위해 떠나는 여왕개미와 수컷 개미들에게로 넘어간다. 이런 일이 해마다 일어난다. 원래의 여왕개미는 자기 군집에 남는다. 여왕개미가 남아 있는 한 이 군집도 계속 살아남는다. 이 기간이 아주 길어질 수도 있다. 잎꾼개미의 경우 사반세기에 이른다. 어느 군집에게 세상 모든 먹이와 공간을 준다 해도 자신의 여왕개미보다 더 오래 살아남지는 못한다.

아르헨티나개미 초군집의 개체 수는 끝없이 증가하기 때문에 이야기에 반전이 찾아온다. 여왕개미는 절대로 어디 날아가지 않기 때문에 거대한 초군집에 여왕이 한 마리가 아니라 수백만 마리나 있게 되는 것이다. 영역 전체에 흩어져 있는 둥지 방 사이를 걸어 다니는 이 여왕개미들은 자신의 원래 사회에 머물면서 더 많은 알을 낳고, 이 알에서 나온 개미들도 마찬가지로 그 사회에 남는다. 매년 이렇게 초군집이 범위를 확장하다 보면 비어 있던 구석구석이 남김없이 모두 채워지게 된다.

광대한 경우가 많은 초군집의 영역 전체에 걸쳐 똑같은 냄새가 만들어지는 한 사회는 탈 없이 유지된다. 이런 균질성이 달성하기 불가능해 보일 수도 있지만 이 시스템에 내장되어 있는 자동 조정 방법을 상상해볼 수 있다. 다수의 여왕개미 중 한 마리에서 군집 표지에 영향을 주는 유전자에 돌연변이가 생겼다고 가정해보자. 여왕개미의 행동이나 생김새에 영향을 주는 다른 유전자에 변화가 생긴다 해도 이 군집에서 여왕개미를 받아들이는 데는 아무런 문제가 없을 것이다. 하지만 이 여왕개미의 냄새가 더 이상 주변 개미들의 정체성과 부합하지 않는다면 개미들은 여왕개미가 알을 낳기 전에 죽여버릴 것이다. 그럼 돌연변이는 아무런 흔적도 남기지 않고 사라진다. 이 끊임없는 숙청의 결과로 아르헨티나개미는 대부분의 개미 종과 마찬가지로 한 둥지 내에서뿐만 아니라 수백 킬로미터의 거리를 두고도 공통의 정체성을 지킬 수 있다. 자신의 영토 한쪽 끝에서 반대쪽 끝까지 균일한 정체성을 유지함으로써 초군집은 일종의 영생을 달성한다. 캘리포니아의 네 군집이 한 세기 전에 캘리포니아주에 침범해 들어온 사회라고 생각해보라. 가끔씩 들리는 소문과는 반대로 이들에겐 성장이 늦춰질 기미가 전혀 보이지 않는다.[21]

당신이 '큰 군집'의 개미들이 모든 방향으로 끝 간 데 없이 무리 지어 다니는 캘리포니아에 서 있어도, 그것의 실체를 완전히 이해하기는 쉽지 않다. 일부 생물학자는 과연 초군집이 실제로 하나의 사회일 수 있는지 의문을 갖는다. 몇몇은 상황을 왜곡해 이렇게 주장하기도 한다. 초군집의 개체들은 결코 영역 전체를 가로질러 연속적으로 이어지는 경우가 없기 때문에 실제로는 사회가 아니라 여러 사회의 집합체에 불과하다고 말이다. 하지만 개미들이 그렇게 드문드문 분포되어 있는 것은 사회적 행동이나 정체성의 문제라기보다는 특정 지역의 서식지로서의 적절성 문제가 더 크다. 예를 들면 개미는 과도하게 건조한 땅은 피한다. 하지만 몹시 건조한 날에 잔디에 스프링클러로 물을 뿌려주면 두 곳에 흩어져 있던 개미들이 서로 영역을 넓히다 아무런 문제 없이 하나로 합쳐진다.

수십억 마리의 개미가 하나의 사회일 수 있느냐는 질문으로 압박하면, 전문가들은 조심스럽게 이렇게 대답할 공산이 크다. 초군집 안에서도 장소마다 유전적 다양성이 존재하고 서식지도 드문드문 흩어져 있지만, 이들은 마치 하나의 사회처럼 행동한다고 말이다. 나라면 당연히 하나의 사회라고 말하겠다! 하나의 사회로 인정하는 기준으로, 그 사회 구성원들이 누구를 자기 소속으로 받아들이는지 따져

보는 것만큼 합리적인 것이 어디 있을까? 그 개미들이 서로를 받아들이고 외부자를 거부하는 한, 얼마나 큰 땅덩어리를 차지하고 있고 그 구성원이 얼마나 다양한지 등은 문제가 되지 않는다. 온갖 다양한 인종과 정치적 견해를 가진 사람들이 서로 옥신각신하면서도 한 국가라는 깃발 아래 살고 있는 미국처럼 말이다.

개미의 경우 간단한 표지가 그 임무를 맡고 있다. 곤충학자 제롬 하워드Jerome Howard가 대도시의 잎꾼개미 일개미 한 마리를 그 무리의 한쪽 끝에서 잡아다가 몇 미터 떨어진 반대편에 갖다 놓으니, 거기 있는 개미들이 가끔씩 가던 길을 멈추고 그 신참을 조사했다. 어쩌면 수많은 고속도로와 샛길이 뻗어 있는 대도시의 개체들은 완전히 서로 뒤섞이지 않아서, 그들의 몸에 장소별로 미묘하게 다른 냄새가 축적되는지도 모른다. 국기에 아주 사소한 차이가 생길 수 있다는 말이다. 그럼에도 신참은 몇 초 정도 다른 개미들의 관심을 받다가 아무 문제 없이 자신의 일을 계속 이어갈 수 있었다. 여전히 군집에 속하는 개체로 인정받은 것이다.

아르헨티나개미들은 군집의 규모를 고려하면 충격적일 정도로 잘 통합되어 있는 듯하다. 이 종은 개체들이 서로 협동이나 상호작용을 거의 하지 않더라도 사회 구성원 자격을 유지할 수 있음을 두드러지게 보여준다. 이 종은 바다 여행도 아주 잘한다. 그래서 애초에 아르헨티나에서 미국까지 네 개의 초군집이 이동할 수 있었던 것이다. 비행기, 기차, 자동차를 통해서도 여기저기 잘 넘나드는 초군집들은 자신의 정체성을 계속 유지하면서 세계 전역으로 퍼져나갔다. 하와이 사람들이 미국 본토 시민들과 공통의 국적을 유지하고 있는 것처럼 말이다. '큰 군집'은 유럽 해안으로 넘어가 3천 킬로미터에 이르는 그곳을 장악했고 하와이를 비롯해 지구의 다른 구석구석으로도 퍼져 나갔다. 한편 다른 초군집들은 남아프리카, 일본, 뉴질랜드 같은 곳에 발판을 마련했다.

다른 지역에 침입한 아르헨티나개미 초군집에 속한 개미들의 무게를 모두 합치면 향유고래 한 마리의 무게를 넘어설 수도 있다. 이들의 사회는 어떻게 이렇게 커졌을까? 하나 이상의 대륙에 걸쳐져 있는 이들의 사회는, 고향에 남아 있는 아르헨티나개미 사회보다 너무나도 크다. 아르헨티나에 있는 이 개미 종 사회는 폭이 1킬로미터 정도다. 이것도 턱이 떡 벌어질 정도로 큰 규모지만 캘리포니아 기준으로 보면 별것 아니다. 차이가 너무 극명해서 중요한 진화적 변화가 있었을 거라 추측할 수도 있다. 외계인이 2만 년 전에 지구를 찾아와 몇몇 수렵채집인으로 구성된 사회를 발견한 후, 다시 몇 세기 후에 돌아와 인구가 십억 명이 넘는 중국이라는 나라를 보았다면 그들도 인간에 대해 그런 가설을 세웠을 것이다. 하지만 현대 인류와 아르헨티나개미의 초거대 사회가 만들어지는 데는 그 어떤 극적인 변화도 필요하지 않았다고 설명하는 편이 훨씬 더 간단하다. 양쪽 종 모두 그저 조건이 맞아떨어졌을 때 사회의 팽창이 확실해졌다. 이런 무한한 성장 능력이야말로 초군집을 다른 종의 사회와 구분해주는 특성이다. 아르헨티나개미가 화분에 고작 수십 마리만 딸려 와도 초군집(혹은 적어도 초군집의 한 조각)이 만들어진다. 사회의 무한한 성장 능력은 정말로 희귀한 것으로 오직 몇몇 개미 종과 인간, 그리고 잘해야 향유고래 정도만 가지고 있는 특징이다.

팽창에 대한 탐욕을 빼면 아르헨티나개미 사회는 다른 개미 종 사회와 별반 다르지 않다. 다른 모든 개미와 마찬가지로 이들은 자신의 공격성을 외부자로 향하게 하고 군집 동료들을 향해서는 거의 적대감을 보이지 않는다. 더군다나 아르헨티나에 있는 개미 사회는 바다 건너 있는 거대한 군집과 조금도 다를 것 없이 돌아간다. 다만 차이점이라면 아르헨티나에서는 고약한 개미 군집이 주변에 널려 있어 팽창에 한계가 있다는 것뿐이다. 외국에 나간 아르헨티나개미 초군집이 폭발적으로 팽창할 수 있었던 조건은 바로 경쟁이 없다는 것이었다. 캘리포니아로 들어온 그 초군집이 주 전체를 정복하는 동안 그들을 막아서는 것은 아무것도 없었다. 그러다가 그 초군집들끼리 서로 싸우기 시작하면서 팽창이 멈추었다.

다음 장에서는 인간 역시 선사시대에는 작은 연합체에 불과했지만 기회가 주어지자 규모의 성장이 이루어졌고, 이를 위해 근본적으로는 그 어떤 변화도 필요하지 않았다는 주장을 펼쳐 보이려고 한다. 제국의 성공에 필요한 모든 요소는 구석기시대 인류의 정신 속에, 정체성 표지에 대한 집착으로 이미 자리 잡고 있었다.

7장

익명 인간

생명의 역사에서 사람이 어슬렁거리며 커피숍에 들어가는 것만큼 놀라운 일도 별로 없다. 그곳 손님들이 전혀 모르는 사람들이라 해도 아무런 일도 일어나지 않는다. 우리는 한 번도 만나본 적 없는 사람과 마주쳐도 별일 없이 차분함을 유지한다. 이 사실은 마주 보는 엄지손가락opposable thumb, 직립위upright stance, 똑똑한 머리 말고도 우리 종만 갖고 있는 무언가가 있음을 말해준다. 사회를 이루어 사는 대부분의 다른 척추동물에게는 이런 일이 불가능하기 때문이다. 침팬지는 다른 침팬지들로 가득 찬 카페는 고사하고 알지 못하는 개체 한 마리만 마주쳐도 싸우거나 꽁지 빠지게 도망갈 것이다. 그런 상황에서 싸움의 위험에 직면하지 않고 살아남을 가능성이 있는 것은 젊은 암컷밖에 없다. 하지만 몸 상태가 섹스를 받아들일 수 있는 상태여야 할 것이다. 심지어는 보노보도 자기가 모르는 개체 옆을 무심하게 지나칠 수 없다.[1] 하지만 인간은 낯선 사람들과 함께 있을 때도 별일 없이 매끄럽게 활동하는 재주가 있다. 우리는 콘서트, 극장, 공원, 축제 같은 데 가서 낯선 사람들의 바다에 둘러싸이는 것을 좋아한다. 우리는 서로의 존재에 점점 더 익숙해지고 유치원, 여름 캠프, 직장 등에서 마음에 드는 사람과 친구가 되기도 한다.

우리는 타인에게서 우리의 기대에 부합하는 어떤 표시들, 즉 정체성의 표지로 작동하는 특징들을 알아봄으로써 익명성을 허용한다.[2] 우리의 표지 중에는 상상 가능한 정체성의 모든 측면을 나타내는 것들도 있다. 6캐럿짜리 다이아몬드 반지가 부와 지위를 말해주듯이, 화살촉을 만드는 별난 방식 같은 일부 표지들이 한 사람을 특징짓기도 한다. 하지만 이 책에서 사용되는 '표지marker'라는 단어와 그 동의어는 일반적으로 사람을 그들의 사회와 연관 지어주는 속성을 의미하게 될 것이다.[3] 표지 알아보기는 인간, 벌거숭이두더지쥐, 향유고래 등 소수의 척추동물과 대부분의 사회적 곤충만 가지고 있는 속성이다. 하지만 사회과학자 중에 이런 비교에 익숙한 사람은 거의 없을 것이다. 의식적 행동이 결여되어 있는 것처럼 보이는 개미가 정체성을 가지고 있다는 사실 자체를 받아들이기 힘들 것이다. 하지만 익명 사회를 이루는 개미를 포함한 사회적 곤충은 내성self-reflection 능력이 결여되어 있음에도 기초적이지만 놀라운 방식으로 우리를 닮았다.

대부분의 포유류, 실제로는 대부분의 척추동물은 사회를 표지하는 데 사용할 수 있는 믿을 만한 것이 결여되어 있다. 예를 들면 한 무리에 속한 말들의 걸음걸이가 같거나 울음소리 스타일이 똑같은 경우는 절대 없다. 표지가 없으면 대부분의 상황에서 척추동물들은 개별적 관계를 관리하는 데 초점을 맞추게 된다. 그런 친숙함이 존재하지 않는 개미와는 대조적인 부분이다. 사람은 그 중간에 해당한다. 사람은 사회의 모든 구성원을 파악할 필요 없이 핵심적인 인간관계만 골라 집중적으로 관리할 수 있다. 우리는 타인과의 사회적 역사를 바탕으로 가변적인 관계를 형성하며, 일부만 개인으로 대한다.[4] 이러한 차이를 몇 마디로 요약하면 우리는 드디어 4장 끝에서 선보인 공식으로 되돌아간다. 즉 사회로 기능하려면 침팬지는 모든 구성원을 알아야 하고, 개미는 아무도 알 필요가 없으며, 인간은 몇 명만 알고 있으면 된다.

우리들 각자가 연결되어 있는 이 '몇 명'은 우리의 배우자, 핵가족, 확대가족, 150명 정도의 친구, 그리고 그보다 덜 친한 수백 명과 같이 가장 친밀한 것에서부터 가장 추상적인 것으로까지 확장되는 사회적 관계다. 그 너머에 있는 사람들은 하나로 뭉뚱그려져 사회 전체와 동일시된다. 그 사회가 부족이든 국가든 말이다. 케냐의 엘몰로El Molo 부족처럼 규모가 매우 작은 경우를 제외하면, 모든 사회에는 낯선 사람들이 많이 포함되어 있다. 대단히 중요한 충성의 대상인 우리의 사회를 차치하면, 우리의 관계 대부분은 사람마다 각자 다른 사회 연결망으로 구성된다.[5] 그리고 그 목록 위로 우리와 특별한 제휴 관계를 공유하는 사람들이 겹쳐져 있다. 어떤 사람들은 자기들만의 표지를 자랑스럽게 드러낸다. 시카고 베어스 미식축구팀 팬들이 팀 모자를 쓰고 다니는 경우다. 그리고 물론 타인에 대한 우리의 지식은 우리 사회 내로 국한되지 않는다. 우리는 다른 사회의 구성원들을 그냥 알기만 하는 것이 아니라 그들과 친구가 되기도 한다는 점에서, 보노보나 사바나코끼리와 닮았다.

인간 사회의 표지

국기, 국가 그리고 그와 비슷한 노골적인 국가 상징은 사람들이 자기와 사회 사이의 연결 관계를 드러내고 인지하는 다양한 방식 중 가장 명확한 것에 해당한다. 의식적으로 만들어진 것이든 아니든, 사회의 모든 특징은 그것으로부터 일탈했을 때 구성원들이 무언가 잘못되었다고 느낀다면 표지 역할을 할 수 있다. 개미와 벌거숭이두더지쥐는 사회 구성원을 식별하기 위해 냄새에 의존하고, 향유고래는 발성에 의존한다. 반면 호모사피엔스는 거의 무엇이든 표지로 삼을 수 있다.

어떤 표지는 지속적으로 드러나고, 눈에 띄게 드러나는 경우도 많다. 사회적으로 정해진 옷차림이 그 예다. 어떤 표지는 가끔씩 드러나며 가치관, 관습, 개념 등과 관련이 있다. 어떤 표지는 의식적인 의도가 필요하다. 여권을 가지고 다니는 것이 그 예다. 반면, 사회에 따라서는 피부 색깔처럼 사회 구성원이 통제할 수 없는 단서도 있다. 표지는 한 사람과 직접적으로 관계된 것이 아니어도 상관없다. 집단의 정체성은 사람들 속으로만 스며드는 것이 아니라 벙커힐 기념관Bunker Hill 같은 장소나 자유의 종Liberty Bell 같은 사물 등 사회의 것이라 주장하는 모든 것으로 확장될 수 있다.[6] 역사적 사건도 국가의식에 들어간다. 몇몇 역사적 사건은 사회 그 자체만큼이나 오래된 것일 수도 있지만 항상 새로운 요소들이 들어온다. 미국의 경우 2001년 9월 11일의 테러 공격이 결정적인 순간이었다. 쌍둥이 빌딩이 있던 자리, 9/11이라는 숫자 등이 모두 미국인들이 자신을 바라보는 관점과 다른 사람들이 미국인을 바라보는 관점의 일부가 되었다. 이것을 보면 정체성의 새로운 측면이 얼마나 빠른 시간 안에 중요성을 획득하는지 알 수 있다. 한 사회의 표지는 외부자가 보기에는 시시하거나 엄청나게 이상해 보일 수도 있다. 예를 들면 밥을 먹을 때 인도 사람들은 손으로 먹고, 태국에서는 주로 숟가락을 이용하고 젓가락은 절대 사용하지 않는다. 취향이라는 변덕스러운 문제도 있다. 물론 외부자도 열린 마음으로 보면 그 아름다움을 이해할 수 있기는 하다. 인도 음악의 음조직tonal system이나 검은색 위에 검은색을 입히는 아메리카 원주민 푸에블로Pueblo족의 도자기 디자인을 생각해보라.[7] 어리석고 작위적인 것이든 그렇지 않은 것이든 이런 차이점 중 일부는 삶과 죽음을 가르는 결과를 낳을 수도 있다. 예를 들면 도로 주행을 왼쪽 차선으로 하느냐 오른쪽 차선으로 하느냐 하는 관습 같은 것 말이다. 어떤 표지는 세상 어딘가에 있는 무언가와 관련된 상징이다. 예를 들어 이집트의 상형문자는 무엇을 상징하는지 즉각적으로 알아볼 수 있다. 아주 이상하기 그지없는 표지가 그것을 사용하는 사람들에게는 논리적으로 느껴질 수도 있다. 강력한 포식자인 흰머리독수리와 곰은 각각 미국과 러시아의 힘을 상징하며 이런 표지와의 유대 관계는 강력한 사회적 응집력이 될 수 있다.

표지는 생명 활동에 의해 전적으로 결정되거나 강화될 수 있다. 수천 년 전 동물의 가축화가 이루어지면서 사람들 사이에 어떤 돌연변이가 퍼져나가 성인도 우유에 들어 있는 젖당을 소화할 수 있게 됐다. 탄자니아에서는 소를 치는 바라베이그Barabaig족은 우유를 맛있다고 느끼는 반면, 그 근처에 사는 수렵채집인 부족인 하드자Hadza족은 유제품을 먹으면 역겨움을 느낀다. 식생활에서 나타나는 이런 간극이 이 부족들 사이의 신체적·문화적 분리를 더욱 증폭시키고 있

음은 의심의 여지가 없다.[8]

인간의 표지 인식에 주로 관여하는 감각은 시각과 청각이지만 미각 또한 분명히 중요하다. 중국에는 이런 속담이 있다. "어린 시절에 먹던 음식을 사랑하는 것이 애국심이 아니면 무엇이겠는가?" 그리고 사람이 군침을 흘리는 음식의 종류는 무척이나 다양하다.[9] 나는 중국에서 튀긴 지네를 먹어봤고, 일본에서는 절인 말벌을, 태국에서는 어미 배 속에 들어 있는 새끼 돼지를, 콜롬비아에서는 구운 개미를, 남아프리카에서는 말린 누에를, 나미비아에서는 날흰개미를, 뉴기니에서는 딱정벌레 유충을, 가봉에서는 깍둑썰기 한 쥐고기를 먹어봤다. 이런 음식들을 맛있게 먹는 사람들 입장에서는 외부자가 역겨워하는 것이 오히려 충격으로 다가온다. 그리고 우리는 절대 개미처럼 냄새를 우선시하지는 않지만, 가끔 사람들은 다른 민족의 입 냄새나 체취에 불쾌감을 드러내기도 한다.[10]

내가 표지라고 부르는 속성 중 상당수는 '문화의 규정rubric of culture'에 해당한다. 이 말은 한 사회가 성취한 모든 지적 · 예술적 업적과 연관될 때가 많지만 넓게는 세대에서 세대로 전해지는 특질, 주로 능동적 가르침을 통해 전해지는 특질 전체를 의미한다. 그중 가장 많이 연구된 것이 규범이다. 규범이란 시민들이 가치관 및 도덕률과 관련해서 공유하여 이해하는 내용을 말한다. 너그럽고 도움이 되는 사람이 되어야 한다는 것이나 공정하고 적절한 것에 대한 믿음 등이 여기에 포함된다.[11]

음식에 대한 금기나 국기같이 눈에 금방 들어오는 문화적 규범이나 속성에 관심이 제일 많이 쏠리지만, 간과되기 쉬운 좀 더 미묘한 표지들 역시 매우 중요하다. 쿠엔틴 타란티노 감독의 2009년 영화

〈바스터즈: 거친 녀석들〉의 한 장면이 떠오른다. 나치로 가장한 영국 스파이가 독일 술집에 들어가 맥주 세 병을 주문하는데 독일 사람들처럼 집게손가락, 가운뎃손가락, 엄지손가락을 펴는 대신 가운데 있는 손가락 세 개를 폈다. 그리고 그 직후 심장이 멎을 듯한, 타란티노 감독 특유의 총격전이 벌어진다.

문화권 고유의 몸짓만으로도 책 몇 권을 채울 정도다. 이탈리아에서는 누구나 가릴 것 없이 쉬지 않고 손을 놀리고 있는 듯 보인다. 집게손가락과 엄지손가락을 붙여 'O'자를 만들고 한쪽 손을 몸 앞에서 수평으로 흔들면 완벽하다는 의미다. 한쪽 손으로 내려치는 동작은 조심하라는 경고 신호다. 양쪽 손을 위로 얼굴을 향해 흔들면 지겹다는 뜻이다. 심리학자 이사벨라 포지Isabella Poggi는 이런 손동작을 250가지 이상으로 분류했는데 그중 상당수는 이탈리아에만 있는 수세기 된 동작들이었고, 말로 하는 어휘보다 더 신뢰성 있는 의미일 때가 많았다.[12] 시각 장애인이 시각 장애인 청중을 대상으로 연설을 할 때도 몸짓이 저절로 섞여 나오는 것을 보면 몸짓은 말보다 더 원초적이라고 보는 것이 타당할 것이다.[13]

몸짓보다 훨씬 더 놓치기 쉬운 것은 비언어적 악센트다. 이것은 배운 것이 아니라 부지불식간에 흡수한 것이다. 이것은 사회마다 다양하게 나타남에도 불구하고 우리의 레이더망에 잡히지 않을 때가 많다. 찰스 다윈은 생의 마지막 10년 동안 《인간과 동물의 감정 표현The Expression of the Emotions in Man and Animals》을 출간했는데 거기에는 그가 발견한, 우리 인간 종 전체에 걸쳐 보편적으로 나타나는 가장 기본적인 감정들이 서술되어 있다.[14] 하지만 이런 감정을 전달할 때 관여하는 안면근육은 문화권마다 살짝 다르게 작동한다. 미국인들은 사진 속의 일본인과 일본계 미국인을 표정이 없을 때는 구분하지 못했지만 얼굴에 분노, 역겨움, 슬픔, 두려움, 놀람 등의 표정이 드러날 때는 자기와 국적이 같은 사람을 가려낼 수 있었다.[15] 또 다른 실험에서 미국인들은 손을 흔들거나 걷는 모습을 보고 그 사람이 미국인인지 호주인인지 알아맞히는 경우가 많았다. 어떻게 그럴 수 있었는지 설명은 못 했지만 말이다. 이는 몸 전체가 비언어적 악센트로 바뀔 수 있음을 암시한다.[16] 몸짓과 달리 이런 차이점은 냄새의 경우처럼 말로 표현하기가 불가능하다.[17]

이런 세부적인 부분까지 인식할 수 있는 능력은 반복적인 노출에서 비롯된다. 이들의 지각력은 2차 세계대전 당시 날아오는 나치 전투기와 연합군 비행기를 구분할 수 있었던 몇몇 사람의 능력과 비슷하다. 영국에서는 비행기를 구분하는 감별사 훈련이 절실한 과제였는데, 문제는 그런 능력을 가진 사람 중 누구도 자기가 어떻게 그런 일을 해내는지 설명할 수 없다는 것이었다. 그 훈련은 무엇을 찾아야 할지, 무엇을 추측해야 할지를 전혀 몰랐던 학생들을 대상으로 했을 때만 성공했다. 학생들이 제대로 알아맞힐 때까지 감별사가 계속 바로잡아주는 식으로 훈련이 이루어졌다.[18] 사회적 표지도 머리를 굴리는 방식이 아니라 이런 식으로 습득하고 인식되는 경우가 많을지도 모른다.

표지 알아보기

인간의 사회적 표지는 너무도 분명해서, 표지들 중 일부는 심지어 자기 종에서 표지를 사용하지 않는 동물도 알아볼 수 있다. 코끼리는 서로 다른 인간 부족을 알아보고 그들의 행동을 예상할 수 있다. 케냐의 코끼리들은 코끼리처럼 가죽이 두꺼운 후피동물을 창으로 찌르는 것을 통과의례로 삼는 마사이Maasai족은 두려워하지만, 코끼리를 사냥하지 않는 캄바Kamba족에게는 무신경하다. 마사이족이 다가오면 코끼리들은 키 큰 풀숲에 숨는데, 이때 체취로 그들을 구분하는 것일 수 있다. 마사이족은 소고기를 주식으로 하기에 채소를 좋아하는 캄바족과 체취가 다르다. 코끼리는 복장을 통해서도 부족을 구분할 수 있는 것으로 보인다. 마사이족이 즐겨 입는 빨간색 옷을 보면 공격하려 하기 때문이다.[19]

인간은 모두 안전과 안녕을 위해 정체성 표지를 진화시켰다. 성격에 대한 연구를 창시한 심리학자 고든 올포트Gordon Allport는 이렇게 설명했다. "인간 정신은 범주의 도움을 받아 생각해야 한다. (…) 평화로운 삶은 거기에 달려 있다."[20] 이러한 능력은 분명 동물로부터 내려온 유산에 뿌리를 두고 있다. 예를 들어 비둘기는 대상을 새와 나무 같은 범주로 나눌 수 있을 뿐 아니라, 피카소의 그림과 모네의 그림을 구분하도록 훈련시킬 수도 있다.[21] 모든 동물은 분류할 수 있다. 코끼리, 인간, 개코원숭이, 하이에나는 굳이 코의 생김새나 울음소리 같은 특성을 살피지 않아도 지나가는 코끼리를 코끼리로 알아본다. 하지만 집단 고유의 신체적·행동적 특성이 결여되어 있는 코끼리 '사회'는 '종'으로서의 코끼리만큼 눈으로 볼 때 명확하게 구분되지는 않는다.

대부분의 척추동물은 자신의 집단 정체성을 대놓고 드러내지는 않지만 누가 집단에 소속되어 있는지 알고 있기 때문에 표지를 바탕으로 하는 집단 못지않게 유효하고 단단한 사회를 이룬다. 사실 사람도 순수하게 개체 알아보기만으로 정의되는 집단을 이루기도 한다. 어린 시절 우리 동네에 있던 운동팀들을 예로 들어보겠다. 우리는 팀별로 유니폼을 맞춰 입을 형편이 안 되었기에, 모두 뒤섞여 한 줄로 서 있으면 외부자는 누가 어느 팀 소속인지 분간할 수 없었을 것이다. 하지만 우리끼리는 팀을 혼동하는 일이 절대 없었다. 팀을 구분하는 기준이 우리 머릿속에 들어 있었기 때문이다. 즉 우리는 서로를 하나하나 개별적으로 파악하고 있었다. 관중들도 우리가 경기하는 모습을 보며 누가 어느 팀 소속인지 알아맞힐 수 있었을 것이다. 늑대들이나 사자들이 상호작용하는 모습을 지켜보면 무리별로 구분이 가능한 것처럼.

사람들이 서로를 알고 있는 경우에도 표지가 있으면 좋은 점이 있다. 내 어린 시절 운동팀도 유니폼을 입을 수 있었다면 엄청 좋아했을 것이다. 유니폼은 팀의 자부심을 끌어올릴 뿐 아니라 선수들 사이의 차이점을 희석시켜 더 통일되고 위협적인 모습을 연출할 수 있다 (뒤에서 다룰 주제다). 유니폼은 경기에도 도움이 되었을 것이다. 경기가 빠른 속도로 진행될 때 곁눈질로 옷 색깔만 봐도 팀 동료를 확인할 수 있기 때문이다. 실수가 치명적인 결과를 초래할 수 있는 경우에는 신속하고 정확하게 팀 동료를 알아보는 것이 정말로 도움이 된다. 그렇지 않으면 공을 상대 팀에게 뺏길 수도 있고, 사회에서 비슷한 상황이라면 자원이나 목숨을 적대적인 외부자에게 뺏길 수도 있다. 팀에 새로 들어온 아이들도 만족스러운 차림새(유니폼)와 행동(그 유니폼 셔츠를 구한 것을 포함해서)을 보였다면, 그들을 잘 모르는 상태여도 우리는 그들을 팀의 일원으로 인정했을 것이다. 물론 처음부터 완전히 신뢰하지는 않았겠지만 말이다.

사회에 관해 말하자면, 표지들은 계속 추가되다가 결국 지워지지 않는 자기 정체성이 되고, 바로 그것이 만나보지도 못한 사람들이 공통의 세계관이라는 멍에를 지게 만든다. 그런 특성들이 우리의 주의를 요구하지 않는다 해도 말이다. 평소에는 표지가 너무도 익숙하고 당연한 것이어서 그에 대한 갈망을 느끼지 않지만, 외국으로 여행을 갔을 때는 '우리와 닮은' 타인을 애타게 만나고 싶어 고국 사람들이 모여 있는 술집이나 식당을 찾으려 한다. 그리고 그런 곳에서 그들을 만나면, 사실 알지도 못하는 사람인데도 마치 오래된 친구처럼 익숙하게 느끼고 반가워한다.

표지의 유용성에도 불구하고, 우리 사회와 외부자들을 구분하기 위해 표지를 추가하는 것 자체가 근본적인 변화를 가져오지는 않는다. 우리는 표지와 함께 사회가 되지만, 표지가 없어도 어느 정도까지는 사회로 지속될 수 있다. 하지만 사회 규모가 커지면 표지는 사회 유지의 필수적 요소가 된다. 각각의 사회 안에 존재하는 온갖 집단들을 구분하기 위해서도 표지를 갖는 것은 점점 더 가치 있는 일이 된다. 슈라이너Shriner(보건 활동, 자선사업 등을 하는 프리메이슨의 외부단체인 슈라인회 회원 – 옮긴이)의 페즈 모자나 시카고 베어스의 모자는 자연 속의 그 무엇과도 닮지 않았다. 자신을 보스턴 시민이라고 한 사람이 자신은 소방관 혹은 보수주의자라고 할 수도 있다. 이런 각각의 정체성은 다른 범주의 정체성과 충돌하지 않고 미국인으로서의 정체성과도 충돌하지 않는다. 우리는 정체성의 많은 측면을 표지와 함께 자랑스럽게 드러낼 수도 있지만, 대부분은 필요에 따라 드러냈다가 감췄다가 한다. 개미 집단의 경우에는 일개미와 여왕개미의 구분(일부 종에서는 병정개미까지) 말고는, 구성원들이 어떤 정체성을 기준으로 서로 나누어지지 않는다. 그리고 밝혀진 바와 같이 척추동물 사회도 표지에 의해 파벌들로 명확하게 나뉘는 일은 없다. 가령한 무리에 속한 늑대들의 털 색깔은 각기 다르지만, 검정색류 늑대와회색류 늑대로 나뉘는 경우는 절대 없다. 같은 이유로 수십억 마리에 이르는 아르헨티나개미 초군집은 균질한 연속체라 할 수 있지만, 인간인 당신과 나는 사회에 적응하는 방식에서 서로 다른 점이 수백가지는 될 것이다(일례로 아마도 당신은 나와 달리 개미를 연구하지 않을 것이다).

언어의 역할, 그리고 정말로 중요한 것

언어, 사투리, 억양은 인간의 표지 중 가장 집중적으로 연구된 것들이며, 또한 가장 강력한 표지일 것이다. 대부분의 사회, 그리고 유대인이나 바스크인 등의 수많은 민족은 자기 고유의 언어나, 한 언어속에서 자기 고유의 버전을 가지고 있다.[22] 진화언어학자evolutionary linguist 마크 파겔Mark Pagel은 성경에 나오는 바벨탑 이야기에 대해 썼다. 이 이야기에서 신은 사람들이 힘을 합쳐 하늘에 닿을 만큼 높은탑을 쌓지 못하게 하려고 그들에게 다른 언어를 준다. 파겔은 이 이야기의 역설을 이렇게 지적한다. "언어가 우리의 소통을 막기 위해 존재한다는 것이다."[23] 언어 간의 수많은 차이점에 더하여 모든 언어는 그 화자를, 그리고 그 화자가 자신을 어떻게 바라보는지를 나타내는 단어들을 제공한다. 그리고 다른 사회에 속한 사람들을 묘사하는 단어도 제공한다. 사회의 이름 그 자체를 비롯해서 딱지가 중요하다. 한 아프리카 학자의 주장대로[24] 이것은 '경이로운 힘'을 가지고 있다. 심지어는 여섯 살짜리 아이조차 자기 나라 출신이라고 들은 아이를 더 좋아한다.[25] 인간 사회가 직면할 수 있는 최대의 위협 중 하나는, 또 다른 사회가 똑같은 이름을 자기 것이라 주장하는 것이다. 오늘날에는 '마케도니아Macedonia'를 두고 뜨거운 논란이 벌어지고 있다. 마케도니아라는 나라에서 이 이름을 취해 자기 것으로 사용해왔지만, 수백만 명의 그리스인은 그것을 자신의 민족 집단을 지칭하는 데 사용한다.

그렇지만 꼭 언어적 차이가 있어야, 또한 언어적 차이만으로 사회가 별개로 유지되는 것은 아니다. 한 언어학자는 이렇게 주장한다. "일단 집단이 자신의 언어를 잃게 되면 일반적으로는 자신의 독립적 정체성도 잃게 된다."[26] 한 사회가 다른 사회를 힘으로 압도해서 그 사람들을 자신의 농노나 노예로 만드는 경우라면 분명 이런 주장은 사실이 될 수 있다. 이런 경우에는 언어를 비롯한 많은 표지가 소실 혹은 재구성된다. 하지만 자신의 고유한 언어를 잃고서도 정체성과 독립성을 유지하는 집단이 있다. 이는 언어가 정체성의 다른 측면들을 압도한다는 주장이 틀렸음을 입증한다. 부분적으로 수렵채집인 생활을 하는 아프리카 피그미Pygmy족은 지난 3천 년 동안 자신의 언어를 버리고 이웃에 사는, 농사짓는 부족의 언어를 받아들였다. 피그미족은 1년 중 얼마간을 이 부족과 함께 지낸다. 피그미족의 원래 언어는 주로 숲속의 동물과 식물을 묘사하는 단어를 포함하여 몇 개밖에 남지 않았지만 그럼에도 이 부족은 문화적으로 온전하게 남아 있다.[27]

중요한 것은 사람은 풍부하게 조합된 표지들 덕분에 말을 한마디도 듣지 않고도 자기 사회에 속하지 않는 사람을 가려낼 수 있다는 점이다. 그래도 언어가 인간의 정체성에서 중요한 부분임은 사실이다. 언어나 사투리는 어릴 때 배우지 않고서는 정확하게 흉내 내기가 거의 불가능하다. 그래서 누군가가 외국인임을 밝혀내는 데는 언어가 가장 우선적인 기준이 된다.[28] 성경 사사기 12장 6절에는 길르앗의 병사들이 희미한 억양으로 말하는 이스라엘 부족 사람들을 어떻게 몰살시켰는지가 나온다.

(길르앗 병사가) 그에게 이르기를 "'쉽볼렛shibboleth'이라 발음하라." 하여 에브라임 사람이 그렇게 바로 말하지 못하고 '십볼렛sibboleth'이라 발음하면 길르앗 사람이 곧 그를 잡아서 요단강 나루턱에서 죽였더라. 그때에 에브라임 사람의 죽은 자가 4만 2천 명이었더라.

언어가 정체성 '불시 점검'용으로 지니는 가치는 그것이 전달하는 뉘앙스의 수준에 의해 높아진다. 즉 사람들은 뉘앙스로 말에서 이해해야 할 내용보다 훨씬 많은 것을 얻는다.[29] 심지어는 어린아이조차 화자가 말 한마디를 마치기도 전에 화자의 모국어를 알아챈다.[30] 물론 이는 다른 표지에서도 마찬가지다. 우리는 자기가 어떻게 걷고 웃는지보다 동료들이 어떻게 걷고 웃는지를 훨씬 잘 인식하고 있다. 하지만 특히나 언어에 관심을 기울일 가치가 있는 이유는, 인간에게 자기 지역의 언어를 말하는 것은 자기 지역 사람처럼 처신하는 것과는 다른 방식으로 자부심을 드러내는 문제이기 때문이다.[31] 폴리네시아 인들의 풍습인 불 속 걷기fire walking 같은 전통만이 언어로는 전달할 수 없는 집단에 대한 헌신을 드러내지 않을까 싶다. 하지만 이런 극단적인 의식을 행하는 경우는 드문 반면, 말은 항상 하고 있기 때문에 그 억양만 보면 그 사람이 이곳 출신인지 외국인인지 바로 알 수 있다. 정체성의 다른 측면들은 이렇게 즉각적으로 직감적인 반응을 불러일으키는 경우가 거의 없다.

허용되는 변화, 튀는 행동, 이탈자

사람들은 자신들의 차이점을 대단히 다양한 방식으로 다룬다. 예를 들면 이디시어 언어학자 막스 바인라이히Max Weinreich는 "표준어는 육군과 해군이 있는 사투리다"(표준어와 사투리의 구분이 다분히 작위적임을 꼬집는 유머. 사회적 정치적 조건이 표준어와 사투리의 지위에 대한 공동체의 인식에 미치는 영향을 지적하고 있다 – 옮긴이)라는 재치 있는 말을 한 적이 있다.[32] 하지만 피그미족의 사례가 보여주듯이 사회가 말하는 방식으로 구별될 필요는 없다. 사회가 언어를 사용하는 방식을 보면, 해당 언어가 외국 관습의 특징을 용인할 뿐 아니라 오히려 그것을 고취할 수도 있음을 알 수 있다. 유럽처럼 여러 국가가 작은 공간에 밀집되어 있는 지역에서는 모국어 외에 다른 언어들도 함께 사용되는 경우가 흔하다. 보통은 이웃 국가, 거래하는 국가, 혹은 예전 식민국의 언어가 병용된다. 여러 언어를 사용하는 것이 최근에 생긴 현상은 아니다. 유럽과 접촉하기 전의 호주에서는 많은 사람이 여러 언어를 구사했다. 그리고 자신이나 한쪽 부모가 다른 사회의 사람과 결혼해서 그렇게 된 경우가 많았다. 스위스 같은 나라는 모국어가 몇 개씩 되기도 한다. 영국, 호주, 미국처럼 하나의 언어를 다른 나라와 공유하는 사회도 있다. 이들 각 사회 내부에는 또 여러 사투리가 있다.

문화를 기록하는 학문인 민족지학ethnography의 핵심은 사회들 사이에 나타나는 유사점과 차이점을 밝혀내는 것이 아니라, 사회에 속한 사람들이 언어나 다른 무엇에서 중요하다고 여기는 것을 밝혀내는 것이다. 언어학자는 두 개의 언어라고 판단한 것을 정작 화자들은 하나의 언어로 해석할 수 있고, 그 반대일 수도 있다.[33] 내가 아르헨티나개미 초군집에 대해 설명할 때 지적했던 내용은 다른 모든 생물종 사회에도 적용된다. 즉 구성원으로서의 정체성 신호를 무엇으로 삼을지는 해당 사회 개인들의 선택에 달려 있는 것이지, 외부자 눈에 중요해 보이는 것과는 상관없다. 개미 군집의 냄새를 살짝 바꿔보면, 어떤 변화는 차이를 만들고 어떤 변화는 그렇지 않다는 것을 알게 된다. 사람의 경우에도 언어에 변화가 생긴다고 해서 그것이 꼭 정체성의 위기를 불러오지는 않는다. 그 변화가 어떤 것이냐에 따라 결과는 달라진다.[34] 나는 자기 고국에서 종종 외국인으로 오해받는 페루 사람을 만난 적이 있다. 그 사람은 스페인어의 굴리는 'r' 발음을 제대로 하지 못했다. 이런 서투른 발음 때문에 그가 페루 사람으로서의 자격이 떨어지는지의 여부는 다른 페루 사람들한테 달렸다. 사회는 언어와 동등한 중요성을 지닌 차이를 위한 공간을 만든다. 한 가지 예를 들자면, 오늘날의 종교들은 국경을 가로질러 확장되고 공존하지만 전반적으로(항상 그런 것은 아니다) 사람들은 누가 어느 종교에 속하는지 혼란스러워하지 않는다.

사회의 구성원들은 공장에서 찍어낸 듯 천편일률적인 존재가 아니다. 사회는 유사성과 다양성을 허용한다. 다만 한 사람이 사회의 환영을 받으려면 그의 행동이 사회에서 허용하는 범주 안에 들어가야 한다. 이것은 수렵채집인 사회에서도 마찬가지였다. 부시면Bushman족 전문가 한스요아힘 하인즈Hans-Joachim Heinz는 이렇게 썼다. "사회에서 인정하는 행동 규범의 범위를 벗어나지만 않는다면 그 사람이 무엇을 어떻게 하든 그것은 그의 문제이지, 그의 이웃이 관여할 문제가 아니다."[35] 보통 무언으로 전해지는 사회적 지침이 평가에 영향을 미치고 우리의 선택을 제약한다. 일본의 속담처럼 튀어나온 못은 망치를 맞는 법이다. 그럼 자연스럽게 해석과 취향의 문제가 등장할 수 있다. 예를 들어 극우와 극좌는 마지못해 서로를 사회 구성원으로 인정하기는 하지만 서로에 대한 관용은 눈곱만큼도 찾아보기 힘들다. 한 사회의 구성원들은 서로에게 적절한 수준의 순응—일부 아시아 문화권에서는 분노를 노골적으로 표현하지 않아야 한다는 암묵적 합의 속에 어린 시절부터 그런 태도를 훈련시킨다—을 요구함으로써 이탈자와 외부자를 감지해낸다.

순응을 가치 있게 여기는 정도는 사회마다 다르다. 어떤 사회는 튀는 행동을 개성과 진취성의 신호라 여기고 북돋우며, 다를 수 있는 권리야말로 핵심 가치라 주장한다.[36] 하지만 개인의 자유를 최고로 치는 사회를 비롯한 모든 사회는 스스로를 안전하고 예측 가능하게 만들기 위해 구성원들에게 선택권 포기를 요구할 수 있다. 우리가 정확히 어디까지 서로로부터 배우고 흉내 내야 할지, 즉 경계를 얼마나 좁게 잡을지는 행동과 상황에 따라 더욱 엄격해질 수 있다. 중요한 행동 규범을 무시하는 사람에 대한 혐오감은 매우 커질 수 있고, 그래서 사람들은 외부자보다 오히려 사회 규범 이탈자를 더 가혹하게 대하기도 한다. 이러한 과잉반응을 심리학자들은 검은 양 효과black sheep effect라고 한다. 사회적 기대에 제대로 부응하지 않는 사람들은 과오의 정도에 따라 배척당하고, 낙인찍히고, 달라지라는 압력을 받고, 외부자 취급을 받기도 한다. 이런 질책이 사회에서 일어나는 일들의 고삐를 죈다.[37]

동물들도 이상한 행동에 대한 관용에 한계가 있다. 심지어는 개체 알아보기 사회를 이루는 종들도 최소한의 일탈만 용인해준다. 코끼리는 보통 아픈 개체들을 돌보아주지만, 침팬지와 더불어 절름발이나 건강이 안 좋은 개체를 학대하는 동물로도 알려져 있다.[38]

사회적 곤충은 아주 뛰어난 순응주의자다. 개미 군집은 동질감 유지를 위해 매우 폭 좁은 개성만 허용한다.[39] 이런 점은 냄새에만 근거해 자신의 익명 사회에 절대적으로 헌신하는 개미의 모습 속에 반영되어 있다. 정체성 부분에서 이렇게 융통성이 없는 것을 보면, 개미 군집을 초유기체superorganism라 부르는 것도 무리가 아니다. 세포가 유기체에 묶여 있는 것과 비슷한 방식으로 개개의 개미 역시 군집에 묶여 있다. 개미는 체표면에 있는 탄화수소 표지를 감지하여 서로를 확인하며, 건강한 개미 사회에서 표지가 다른 외부자 개미는 예외 없이 피하거나 죽여버린다. 한편 몸속 세포들도 세포 표면에 존재하는 화학물질을 감지하여 서로를 확인하며, 면역계는 잘못된 신호를 보내는 외부자 세포를 죽인다. 이를 바탕으로 보면 수조 개의 세포로 이루어진 당신의 몸은 일종의 미생물 사회에 해당한다.[40] 사람은 불만이 많아지면 자기 사회를 떠나 다른 사회로 적을 옮길 수도 있지만, 자신과 같은 냄새를 공유하는 둥지 동료들과 평생 얽혀 있는 일개미는 죽음에 이를 정도의 스트레스를 받아도 둥지를 떠나지 못한다. 몸에 헌신하는 세포와 군집에 그토록 헌신하는 사회적 곤충이 존경스럽기는 하지만, 인간의 관점에서 보면 개체가 더 큰 전체에 그토록 매몰되어버리는 것이 디스토피아적으로 느껴진다. 인간의 사회는 초유기체도 아니고, 우리는 그렇게 되기를 원하지도 않는다. 우리에게는 개인으로서의 선택권이 너무도 소중하다.

다른 동물 사회와 마찬가지로 인간 사회에서도 어린 아기들은 예외자에 해당한다. 아직 군집의 냄새를 갖지 못한 개미 유충과 마찬가지로 기껏해야 초기 단계의 정체성밖에 갖고 있지 않기 때문이다. 단지 살아 있다는 것만으로 사회에서 높은 자리를 확보하는 아기는 없다.[41] 개체를 알아보는 종의 어린 새끼들은 사회의 모든 구성원을 반드시 알아야 하고 또 모두에게 알려져야 하는 것과 대조적으로, 인간의 아기는 자기가 사회에 끼어들 수 있게 해줄 표지를 감지하고 학습해야 한다. 이런 재주를 익히기 전까지 우리 인간의 자손들은 안전하기는 하지만 약하고 무시당하는 존재다. 이렇게 어린 나이인 경우, 성인들은 그 부모나 친구를 보고 이들이 자기 사회 소속임을 알아차린다.

뇌에 가해지는 부담

인간도 몇몇 그룹에서는 여전히 개체 알아보기에 의존하는 것처럼, 개체 알아보기에 기초해 사회를 형성하는 종도 적어도 표지를 이용할 수는 있지 않을까? 영장류가 플라스틱 토큰을 비사회적 대상(음식 등)과 관련 짓는 법을 배울 수 있다는 것은 알려져 있지만,[42] 다른 사회적 주체social agent('agent'는 목적을 추구할 능력을 갖춘 독립적 존재를 말한다. 인간 사회에서 social agent에 해당하는 것으로는 사람, 국가, 기관, 문화 등을 들 수 있다 - 옮긴이)를 표지로 표상하는 그들의 능력에 대해서는 알려진 것이 별로 없다. 원숭이는 일반적으로는 자신을 외부자와 구분하기 위해 신호를 이용하지 않지만, 나는 그 무리에 표지를 도입해서 그것이 무리 내에서 유행할지 확인하고 싶다. 영장류에게 빨간 셔츠를 입혀놓으면 몸에 장애가 있는 개체가 아닌 한은 그 옷을 찢어버릴 것이다. 하지만 물감이라면 어떨까? 영장류도 무리의 동료들이 이마에 빨간 물감을 찍어 바르기를 기대하도록 학습될 수 있을까? 만약 그렇다면 그 무리는 외부자가 자기 '팀'의 표지를 하고 있으면 반겨 맞아줄까? 만약 어린 개체들도 빨간색 얼룩을 습득해서 개체와 개체를 구분하지 않고도 서로의 소속을 파악할 수 있다면, 초대형 원숭이 무리가 유지될 수 있을까? 그리고 만약 무리의 절반이 파란 물감을 바른다면 긴장감이 조성될까? 나는 이 질문들에 대한 답은 '아니오'라고 예상한다. 원숭이의 정신은 표지에 연결되지 않기 때문에, 표지로 인한 차이가 생겨도 알아보지 못할 것이다.

이제 우리가 표지를 이용해서 서로를 알아보고 서로에게 반응하는 인간이라는 점에 우쭐해지기 전에, 표지 알아보기에 필요한 인지 기능cognition에 대해 생각해보자. 원숭이가 정체성 표지를 이해하지 못한다고 해서, 그런 능력에 뛰어난 지능이 요구된다는 것은 아니다. 사회적 뇌 가설에서는 더 많은 사회적 관계를 다루기 위해서는 큰 뇌가 필요하다고 상정한다. 하지만 이 가설을 근거로 개체 수가 많은 사회가 만들어지려면 가공할 정신적 능력이 필요할 거라고 예측하는 사람들은, 하찮은 개미 때문에 난처해지고 만다. 개미 사회의 복잡성과 유연성을 생각해보면 개미는 고작 25만 개 정도밖에 안 되는 신경세포로 참으로 대단한 일들을 해내고 있는 셈이다. 찰스 다윈은 이렇게 말했다. "개미의 뇌는 세상에서 가장 놀라운 물질 원자 중 하나다. 어쩌면 인간의 뇌보다 더 놀라울지도 모른다."[43] 물론 인간의 표지는 개미보다 어마어마하게 많고 다양하다. 하지만 개미에게 정체성 신분증 역할을 하는 냄새는 우리가 추측하는 것보다 더 정교할 수 있다. 각각의 냄새는 군집마다 종류와 농도가 모두 다른 탄화수소 분자의 혼합물로 구성되어 있다.[44] 그렇다면 사실상 이 냄새는 하나의 표지가 아니라 표지들의 집합체에 해당하며, 개미가 그 냄새를 해석할 때 일부 분자는 다른 분자보다 더 큰 영향을 미칠 가능성이 크다. 개미는 또한 외부 군집의 냄새에도 예민하게 반응한다. 예를 들면 자기가 잘 아는 이웃 사회의 구성원과 한 번도 만나본 적 없는 군집의 구성원을 구분할 수 있다. 이 경우 정체를 알 수 없는 후자에게 더 격렬한 공격을 가할 가능성이 높다.[45]

인간의 표지는 극도로 복잡해질 수 있다고 주장할 학자가 많을지도 모르며, 실제로 일부 표지는 그렇다. 암송되는 불가사의한 종교 경전 같은 것이 그 예다. 인간은 사용하는 표지에 의미를 불어넣어 딱지 붙이기를 예술로 승화시키거나 다양한 수준에서 상징물을 만들어낼 수도 있다. 이런 욕구야말로 우리를 다른 동물과 구분해주는 특성이라 할 수 있을 것이다. 클로버shamrock(아일랜드의 국화 - 옮긴이)는 한때 아일랜드인에게 날씨를 미리 알려주는 식물이었고, 켈트족에게는 행운의 상징이었으며, 성패트릭이 드루이드Druid(고대 켈트족

종교였던 드루이드교의 성직자 – 옮긴이)에게 성 삼위일체를 가르칠 때 사용한 도구였다.

아메리카 인디언 부족을 연구한 인류학자 에드워드 스파이서Edward Spicer는 이렇게 지적했다. "각각의 사람은 어떤 상징에 대한 믿음, 좀 더 정확하게는 어떤 상징이 나타내는 것과 자신과의 개인적 관계에 대한 믿음을 발달시킨다."[46] 사회학자들은 상징 능력이 결여된 동물이 국적과 비슷한 것을 가질 수 있다는 개념을 받아들이기를 망설이며, 인류학자들은 인간성이 나타나는 데에 상징의 사용이 결정적인 역할을 했다고 생각한다.[47] 하지만 그 이면의 실상을 엿보게 해주는 사실이 있다. 대부분의 사람은 자기가 소중하게 여기는 상징의 의미를 잘 알지 못한다는 것이다.[48] 미국인들은 국가인 〈성조기여 영원하라The Star-Spangled Banner〉(직역하면 '별로 장식된 깃발'을 의미한다 – 옮긴이)를 소리 높여 부르면서도 정작 'spangle'(옷 장식 등에 사용하는 반짝이는 얇은 조각인 스팽글로 장식한다는 의미 – 옮긴이)의 의미가 무엇인지 알지 못하거나 그 단어를 기억하지 못한다. 사회인류학자 마리 워맥Mari Womack은 우리에게 그 사실을 이렇게 상기시킨다. "주술사, 사제, 마법사 등 상징 사용 전문가들조차 특정 상징이 대체 무슨 의미인지 정확하게 말하지 못할 가능성이 크다"[49]

사실은 무언가가 어떻게, 왜 심오한지 혹은 심오한 의미가 있기나 한지 꼭 이해하지 않아도 우리는 그것에, 혹은 그것의 부재나 타당성에 민감하게 반응할 수 있다. 사람들은 상징이 의미하는 바를 두고 괜히 머리에 과부하를 걸 필요가 없다. 그 상징의 의미가 무엇인지는 (의미가 있는 경우라면) 보는 사람의 생각에 달려 있는지도 모른다.

따라서 표지를 만들고 인식하는 데는 그리 많은 노력이 필요하지 않고 일단 학습하고 나면 표지는 추가적인 정신적 노력 없이, 그리고 관계를 유지해야 한다는 의무 없이도 무한히 많은 개체에게 적용될 수 있다. 사실 규모가 큰 사회에 속한 개미 종일수록 뇌의 크기는 오히려 작아진다.[50] 작은 군집에 속한 일개미는 온갖 일에 능숙해야 하기에 정신적으로 감당해야 할 일이 많다. 반면 대규모 군집의 병정개미는 적을 공격하는 일은 하지만 새끼 키우기를 하는 경우는 드물다. 그 일은 몸집이 더 작은 일개미가 담당하기 때문이다. 개미들은 서로를 개체로 인식하지 않는 덕분에 정신적 노력을 절감할 수 있을 뿐 아니라, 대규모 군집에서는 담당하는 기술도 줄어드니 지능에 대한 요구가 더욱 감소한다.

사람의 경우에도 자기 주변의 낯선 사람들이 합리적인 행동을 보이는 한은 그 사람에 대해 모르는 것이 축복일 수 있다. 만나는 사람마다 일일이 인사를 하며 자기소개를 하고 친분을 쌓아야 한다는 의무감을 느낀다고 상상해보라. 정신적 부담이 어마어마할 것이다. 반면 표지는 간단함 그 자체다. 인간이 여타 동물에 비해 전뇌forebrain가 커진 데에는 우리 사회의 표지를 관리해야 한다는 부담도 한몫했을지 모르지만 그것이 가장 중요한 원인은 아니었을 것이다. 공공장소에 앉아 있어보면 주변 사람들의 신체적, 문화적, 그리고 그 외 특성들을 별로 머리를 굴리지 않아도 인식할 수 있다. 심리학자라면 표지가 사회적 감시social surveillance의 인지 부하를 감소시켜준 덕분에 우리가 카페에서 이 책을 읽거나 친구와 대화를 나눌 수 있는 것이라고 말할 것이다. 심지어는 인원이 몇 명에 불과한 케냐의 엘몰로족처럼 작은 부족도 공통의 의복, 언어 등을 사용하는 덕분에 사회적 감시 비용이 낮아지는 이점을 누린다. 이 부족의 구성원들이 다 친할지는 몰라도 엘몰로족은 익명 사회인 것이다. 사실 농사의 출현 이후로 인간 뇌의 전체적인 부피는 아이의 주먹 크기 정도로 수축되어왔다. 어쩌면 이는 요리나 건축 등의 업무를 타인에게 넘기는 경우가 많아졌기 때문인지도 모른다.[51]

물론 인간은 환경에 맞추어 자신의 행동을 조정한다. 그 환경이 외부의 문화라도 그렇다. 인도의 시골에서 몇 달을 보내고 난 후 나는 무의식적으로 그곳의 억양을 사용하고, 말하는 동안에는 고개를 좌우로 젓게 됐다. 그 후 싱가포르에 있을 때는 그쪽 억양으로 갈아타서 강조를 위해 문장 끝에 '라lah'라는 단어를 덧붙이게 됐다. 말하기 패턴에 살짝 변화를 주자 그 지역 사람들이 내 말을 더 잘 이해하는 듯했고, 한번은 자랑스럽게도 인도 관광객과 싱가포르 가게 점원 사이에서 두 영어 사투리를 '통역'하며 대화를 돕기도 했다. 하지만 룬지lungi라고 하는 인도 남성들의 허리옷을 입지 못하는 것이나 나머지 온갖 것들 때문에 내 정체가 들통나지 않았다 해도, 그 사람들 귀에 내 말은 분명 외국인의 말투로 들렸을 것이다.

사람의 머리는 꽤 크다. 이것은 사회 규모보다는 자기에게 중요한 사람의 삶에 몰입할 수 있는 능력과 더 관련이 있다. 표지는 사회 규모에 가해진 제약을 걷어냈을 뿐만 아니라 사회생활도 덜 복잡하게 만들어주었다.[52] 그렇다면 왜 다른 척추동물들이 표지를 사용하는 것을 찾아보기가 힘들까? 그들의 사회는 개체 수가 적을 때 가장 잘 작동하기에 개체 알아보기 능력만으로 충분하기 때문인지도 모른다. 하지만 소규모 사회라 해도 모든 구성원을 개별적으로 다 파악하려면 단순하게 신뢰할 만한 표지만 의식하는 경우에 비해 더 넓은 정신적 대역폭이 필요하다. 익명 사회와 개체 알아보기 사회 사이의 차이점을 사과와 오렌지 격언의 또 다른 해석으로 생각해보자. 동물이 어떤 개체가 어느 범주에 속하는지 알아낼 때는 유사성을 파악하거나(색깔로 오렌지를 골라내는 것과 비슷하게 공유하는 표지를 가려내는 경우) 차이점을 파악한다(각각의 개체적 특성으로 구성원을 가려내는 경우). 전자의 경우는 집중력이 덜 요구된다. 개체 알아보기에 의존하는 동물들은 이런 인지적 부담을 피하기 위해 그들이 할 수 있는 일을 한다. 영장류학자 로리 산토스Laurie Santos가 내게 말하기를, 마카크원숭이macaque들이 대결 준비를 할 때는 양쪽 무리 모두 똘똘 뭉친다고 했다. 이런 식으로 떼를 짓는 것은 개체들을 보호해주기도 하지만 혼란을 최소화하는 역할도 한다. 반대쪽에 낯선 개체가 한 마리만 보여도 저 무리 전체가 외부자 집단이라고 쉽게 판단할 수 있기 때문이다. 마찬가지로 자기 친구가 어떤 원숭이에게 털 손질을 받고 있으면, 그 원숭이가 등을 돌리고 있어도 자기 집단의 구성원이라 추측할 수 있다.

대부분 사적인 사회관계망에 포함된 수십 명 간의 복잡한 개인적 상호작용은, 인간의 전형적 특징이자 다른 영장류에서 보이는 개체 알아보기 사회의 잔존물이다. 그리고 인간은 친구나 친척만 알고 지내는 것이 아니라 다른 많은 사람과도 다양한 수준의 친밀함으로 알고 지낸다. 따라서 대부분의 포유류는 각각의 사회 구성원을 하나의 개체로 대하고 그러한 개인적 지식으로부터 집단적 정체성을 구축하는 반면, 사람은 개미처럼 다른 구성원들을 무시하고 심지어 그에 대해 무지할 수 있는 선택지도 함께 누린다. 개미처럼 우리는 우리의 정체성을 공유하고 있는지를 바탕으로 이방인과의 관계를 설정한다.[53]

2부에서는 개미 사회가 어떻게 인간 사회처럼 개체 수 증가에 따라 복잡성이 증가하는 경향을 나타내는지 정리해보았다. 하지만 개미 둥지에 개미가 추가되는 것처럼 한 국가에 국민이 더 늘어나도 뇌에 추가적으로 부담이 가해지지는 않는다. 익명 사회의 구성원인 우리는 정체성 표지를 사용함으로써 낯선 이도 우리 구성원 중 한 사람이라 생각할 수 있는 재능을 타고났다.[54] 대륙 전체를 아우르는 거대함을 자랑하기도 하는 현대 인간 사회의 밑바탕에는 이런 상상력의 힘이 자리 잡고 있다. 그리고 이것은 우리 선조들의 소규모 사회—농사를 짓지 않았던 시절의 인간 사회도 포함된다—에서도 마찬가지였다. 그들은 실제로도 당신이나 나와 전혀 다를 것이 없는 사람들이었다. 따라서 오늘날의 사람들을 이해하기 위해서는 반드시 그때의 사람들을 이해해야 한다.

3 부

최근까지 남아 있는
수렵채집인

Hunter-Gatherers Until Recent Times

8장

밴드 사회

남아프리카공화국의 인류학자 루이스 리벤버그Louis Liebenberg가 나미비아 칼라하리사막 가우차 팬Gautcha Pan에 있는 !쿵 부시먼!Kung Bushmen('!'는 흡착음을 나타낸다)족 야영지 근처에 지프차를 댔을 즈음, 해는 어느덧 희미한 붉은색으로 바뀌어 있었다. 루이스가 나!니N!ani라는 이름의 젊은이에게 그의 부족 사람들이 독화살을 만들 때 사용하는 유해한 딱정벌레 유충에 대해 이야기했다. 그러자 나!니가 "네"라고 하면서, 걸어갈 수 있는 거리에 그 유충이 있는 곳이 있다며 그곳으로 데려다주겠다고 했다.

다음 날 아침 우리는 나!니를 차에 태우고 우거진 가시나무 덤불과 부풀어 오른 바오바브나무들이 드문드문 자리 잡은 평지를 가로질렀다. 부시먼족이 생각하는 걸어갈 수 있는 거리는, 우리가 생각하는 그것과는 분명 달랐다. 족히 몇 킬로미터를 가서야, 이파리에서 광이 나는 관목 밭에 차를 세웠다. 그곳에서 그는 부시먼족 전통의 땅 파는 막대기로 죽은 듯 창백한 유충들을 파내어, 독이 든 육즙을 짜서 화살촉에 바르는 법을 보여주었다.

나!니와 그의 !쿵 부족 동료들은 다른 부시면족이나 다른 곳에 사는 수렵채집인과 마찬가지로 농사를 짓거나 가축을 기르지 않는다. 이들은 독화살과 기타 간단한 도구로 사냥감을 수렵하고 드넓은 '걸어갈 수 있는 거리'에서 구할 수 있는 채소들을 채집하면서, 다시 말해 오로지 자연에서 구할 수 있는 음식에만 의존해서 살아간다.

초기 인류를 이해하려 한 사람들은 100년이 넘도록, 최근 수 세기 동안 수렵채집인들이 어떻게 살아왔는지를 보여주는 기록상의 증거에 의존했다. 그중 특별히 많은 관심을 모았던 것은, 수렵채집인들이 밴드라는 작은 집단을 이루어 이동하는 패턴이었다.[1] 각각의 밴드는 식량과 물을 구할 수 있는 곳에 야영지를 세우기 위해 여기저기 돌아다녔다. 나는 이런 유랑 수렵채집인들을 밴드 사회band society라고 부른다. 이 장과 다음 장에서 다루겠지만 이런 사회는 보통 몇 개의 밴드로 구성되어 있다.[2] 나는 밴드 사회를 부족tribe과 구분해서 사용한다. 부족이라고 하면 보통 단순한 정착 사회를 말한다. 이런 사회는 대부분 밭을 갈아서 농사를 짓기보다는 텃밭 같은 데서 식물을 재배하는 원예술horticulture에 의존한다. 그리고 가축화된 동물을 기르며 좀 더 이동성 있는 생활을 하는 목축인들도 부족에 해당한다. (북아메리카 인디언 중 상당수는 밴드 사회를 이루어 사는데도 영어로 tribe라고 표현되어 혼란스러운 점이 있다.) 인류의 기원에 대한 연구를 기준으로 보면 원예인과 목축인은 뒤늦게 나타났기 때문에 인간적 특성의 뿌리를 이해하고자 할 때는 중요성이 떨어진다. 농업은 최근에야 발명된 것이기에 현대의 국가들도 수렵채집인 사회가 어떻게 기능했는지를 바탕으로 해석할 필요가 있다.

고고학자 루이스 빈퍼드Lewis Binford는 알래스카 원주민 남성에게 밴드 사회에서 떠돌아다니는 삶을 짧게 요약해달라고 부탁했다. "그는 잠시 생각하더니 이렇게 말했습니다. '버드나무 연기와 개 꼬리요. 야영을 하는 동안에는 온통 버드나무 연기밖에 안 보입니다. 그리고 이동할 때는 개가 내 앞에서 흔들어대는 꼬리밖에 안 보이죠. 에스키모의 삶은 이 두 가지가 반반씩입니다.'"[3]

이 노인의 말은 인류학자들에게 수렵채집인이 중요한 만큼 대단히 시적이지만, 최근까지 수렵과 채집으로 삶을 이어온 사람들이 과연 과거 선조들의 삶의 방식을 정확하게 재현하고 있는가 하는 의문이 뇌리를 떠나지 않는다. 수 세기 동안 수렵채집인은 농부와 목축인이라는 존재에 적응하거나 아니면 그들에 의해 생산성이 떨어지는 거친 땅으로 밀려나야 했다. 우리는 최초의 탐험가들이 그들의 생활방식을 기록하기 전에 이미 그들이 심오한 변화를 겪었을지도 모른다는 사실을 알고 있다.[4] 심지어는 그 직전에 변화가 일어났을지도 모른다. 순례자들이 아메리카 대륙에 도착하여 플리머스 식민지 Plymouth Colony(영국 청교도단 필그림 파더스가 1620년 매사추세츠주에 건설했던 식민지 - 옮긴이)를 발견했을 때 제일 먼저 나와 그들을 반긴 인디언은 이미 영어로 말하고 있었다(영국 어부들에게서 배운 것으로 추측된다). 거의 2세기가 지난 후 메리웨더 루이스Meriwether Lewis와 윌리엄 클라크William Clark(1804년부터 1806년까지 미국을 횡단하여 태평양에 이르는 길을 개척한 탐험가들 - 옮긴이)는 대륙 횡단 탐험을 하다가 이미 말을 타고 다니는 부족들과 마주쳤다. 말은 북미 대륙에서 수천 년 전에 멸종했다가 유럽인에 의해 다시 도입된 동물이었다.[5] 초기 사진에 등장하는 인디언들은 이미 여러 번에 걸쳐 다른 모습으로 거듭났던 것이 분명하다.

모든 수렵채집인에 대해 똑같이 말할 수 있다. 키가 작고, 호리호리하고, 불그스름하게 그을린 피부색에 아이 같은 얼굴을 하고 있어서 다른 아프리카인들과 구분되는 부시면족은 인간의 진화 연구에서 특히나 귀한 대접을 받는다. 이들은 남아프리카 전역에 걸쳐, 인간이 진화했던 곳과 비슷한 종류의 사막과 사바나 거주지에서 살았다. 유전학적 증거를 보면 이들이 아주 먼 과거에 다른 인류 개체군으로부터 갈라져 나온 것으로 보인다.[6] 그럼에도 이들은 유럽인이 도착하기 오래전에 북쪽으로부터 온 반투Bantu족 목축인과 수 세기에 걸쳐 상호작용하며 영향을 받았다.

유럽인과 접촉하기 전만 해도 호주는 그 지역의 수렵채집인이 농업인을 만나볼 일이 없었던, 지구상에 몇 안 되는 주요 장소 중 하나였다. 호주 원주민은 인류가 아프리카를 벗어난 초기 시절 이후로 5만 년 동안 그 대륙을 차지했다. 이만하면 그들은 인류의 과거에 대한 믿을 만한 통찰의 원천이라 하겠다. 하지만 사실 가장 북쪽에 살았던 원주민들은 토러스해협 제도Torres Strait Islands에서 온, 타로Taro와 바나나를 재배하는 부족과 무역을 하고 결혼도 했다. 더군다나 1720년부터 한동안은 인도네시아 어부들의 선단 하나가 해삼을 잡으러 호주 북부에 왔다. 이 어부들이 몇몇 호주 원주민을 자기네 고향인 마카사르로 초대해 데려갔다. 그곳에서 호주 원주민은 통나무배dugout boat와 조개껍질 낚싯바늘 제작 방법을 배웠다. 그들은 또한 새로운 노래와 의식, 염소수염 기르기, 담배 피우기, 나무로 조각 만들기, 머리뼈에 색칠하기 등의 취향도 얻었다.[7] 그리고 당연히 모든 사람과 마찬가지로 호주 원주민도 문화적으로 정체된 이들이 아니었다. 그들은 부메랑을 발명하고, 꿈의 시대dreamtime(호주의 신화로, 세계 창조 때의 지복 시대를 의미한다 - 옮긴이)라는 영적인 주기도 생각해냈다. 다른 어느 곳에서도 찾아볼 수 없는 이 신화적 개념은 부메랑과 함께 호주 대륙 전체에 광범위하게 퍼져 있었다.

유럽인이 도착하면서 질병과 군사 행동도 같이 들어와 원주민이 대량으로 죽어나가면서 그들의 사회에 대해서는 대략적인 기록만 남게 되었다. 한 저명한 인류학자는 이렇게 결론 내렸다. "유럽 정착민들의 영향 아래 대부분의 호주 원주민 부족이 취했던 전통적인 무리 짓기 형태는 빠른 시간 안에 근본적으로 바뀌고 말았다."[8] 사회가 어떻게 서로 구분되는 상태로 각자의 정체성을 유지하는지 연구하는 사람들에게 이것은 심각한 문제가 아닐 수 없다.

유럽인과 수렵채집인 간의 접촉은 우리로서는 상상하기 힘든 문화적 충격이었다. 이 접촉으로 모든 것이 바뀌었을 것이다. 유럽인이 나타나기 전까지 호주의 수렵채집인은 자신들만의 지구 중심적 관점을 가지고 있었을 것이다. 코페르니쿠스에 의해 지구가 태양 주위를 돈다는 것이 입증되기 전까지, 수많은 문화권은 바로 그런 지구 중심적 관점을 유지하고 있었다. 19세기 탐험가 에드워드 미클레스웨이트 커르Edward Micklethwaite Curr는 이렇게 말했다. "해안가에 사는 부족들은 아마도 내륙에 사는 부족들보다 세상이 더 넓다고 생각했을 것이다. 그리고 넓은 사막 지대를 차지한 부족이 비옥한 땅을 차지해 빽빽하게 모여 살던 부족보다 사물에 대해 더욱 확장된 개념을 가지고 있었을 가능성이 크다." 내륙의 수렵채집인 사회에 대해 커르는 이렇게 썼다. "이들은 세상이 모든 방향으로 300킬로미터 정도 뻗어 있는 평면이며, 자신들의 나라가 그 중심에 있다는 개념을 갖고 있었다."[9] 그런데 유럽인의 배가 자기네 해안에 닻을 내렸으니, 그 호주 원주민들이 어떤 느낌을 받았을지 상상해보라. 그것은 우리에게 화성인의 우주선이 백악관 안마당에 내려앉는 것과 마찬가지인 일이었다. 그 순간 자신들의 사회와 서로에 대한 인식 등, 그들의 세계관 자체가 밑바닥까지 완전히 무너지고 말았을 것이다. 며칠, 몇 년에 걸쳐 점진적으로 무너진 것이 아니라, 머리를 망치로 맞은 듯 한순간에 말이다. 그 바람에 호주 원주민들을 각 집단으로 갈라놓았던 차이점들이 갑자기 별것 아닌 듯 느껴졌을 것이다. 수렵채집인 사회는 그 후로도 유지되었지만, 그들이 본래 가지고 있던 사회적 정체성과 차별성을 정확하게 복원하는 것은 불가능했다.

바로 이런 이유로 나는 수렵채집인에 관해, 그리고 그 뒤의 부족 사회에 관해 이야기할 때 과거 시제로 표현하려 한다. 그 사람들이 다 사라지고 없어서가 아니라 그들이 원래 가지고 있던 삶의 방식이 사라졌기 때문이다. 운 좋게 내가 짧은 시간이나마 함께 보낼 수 있었던 나!니 같은 소수의 수렵채집인은, 이미 사냥을 중단하고 한 장소에 정착하라는 요구를 받은 상태였다. 그럼에도 우리는 최근 몇 세기 동안 이어진 수렵채집인에 대한 연구가 우리 선조들이 살았던 모습을 대략적으로나마 밝혀줄 수 있다고 어느 정도 확신하고 있다. 북극권의 이누이트Inuit족에서 아프리카 하드자족에 이르기까지 밴드 사회는 다양한 형태로 나타나지만, 유랑 생활방식이라는 청사진을 따른다는 점에서는 서로 유사하다. 즉 야생의 먹거리를 찾아 넓은 지역을 다니는 것이 다른 사회적 구성 요소들과 함께 패키지에 포함되어 있다는 말이다. 이와 관련해서는 이어지는 글에서 논하겠다. 더불어 수렵채집인에게 사회란 무엇인지, 그리고 왜 그토록 많은 인류학자가 사회를 대단치 않게 생각하거나 간과해왔는지 알아보겠다. 그 과정에서 수렵채집인이 오늘날의 우리와 마찬가지로 익명 사회에서 살았음이 분명해질 것이다.

분열-융합과 인간 조건

밴드 사회를 다른 생활양식과 구분 지어주는 구체적인 특성은 수렵이나 채집이 아니었다. 사슴 사냥이나 송로 채집 같은 경우로 국한되기는 하지만 수렵과 채집은 요즘 사람들도 여전히 즐긴다. 유랑 생활만이 수렵채집인을 구분해주는 특성이었던 것도 아니었다. 훈Huns족 같은 유목 부족은 가축을 먹일 목초지를 확보하기 위해 연중 어느 시기에는 흩어져 야영하기도 했다.[10] 밴드 사회를 구분해주는 가장 큰 특성은 구성원들의 이동 패턴이었다. 유랑형 수렵채집인은 분열-융합의 원리에 따라 넓게 흩어져 살았고, 상당히 자유로이 돌아다녔다.

그럼에도 근래의 유랑형 수렵채집인의 경우 분열-융합이 전반적으로 조직화된 형태를 띠었는데, 추측건대 농업 발명 이전에 살았던 사람들도 그랬을 것이다. 사람들은 대부분 여기저기서 밴드로 무리를 지었다. 각각의 밴드 인원수는 평균 25명에서 35명 정도였고, 서로 친척 관계가 아닌 몇몇 핵가족으로 구성되어 있었으며, 3세대에 걸쳐 있는 경우가 많았다.[11] 한 사람이 다른 밴드를 찾아가는 경우도 있었지만 한 밴드와 장기적인 관계를 유지하는 경향이 있었다. 밴드를 옮기는 일은 보통 거의 힘들이지 않고 이루어졌지만 자주 있는 일은 아니어서 끝없이 유동적으로 이동하는 침팬지나 끝없이 무리가 변하는 특징이 있는 다른 분열-융합 생물종과는 거리가 있었다.

고유한 특성이 또 있었다. 인간 밴드의 구성원들은 매일 파티party라는 노동 집단으로 나뉘어 식량을 찾으러 나갔다. 그리고 매일 밤 자기네 밴드가 며칠에서 몇 주 정도 머물 야영지로 선택한 장소로 돌아왔다. 이렇듯 구성원들이 밴드에 오랜 기간 헌신하고, 밴드의 본거지가 자주 바뀐다는 점은 우리 종 고유의 특성이다. 다른 분열-융합 동물 중 이와 같은 특성을 가지고 있는 것은 회색늑대와 점박이 하이에나다. 몇 주에 걸쳐 동굴에 있는 새끼에게 먹일 고기를 가지고 돌아오는 이 두 종은 적에게 냄새를 들키지 않기 위해, 그리고 신선한 사냥터 가까운 곳에 머물기 위해 종종 본거지를 옮긴다는 점에서 인간 밴드와 공통점이 있다.

생태학자 에드워드 윌슨은 잘 보호되는 본거지를 확보하는 것이야말로 우리 인간성의 핵심이라고 주장했다.[12] 이런 관점에서 보면 초기 인류는 중심지로부터 나와 먹이를 구하러 다니는 개미와 비슷했다. 나는 이런 관점을 조금 수정할 것을 제안한다. 인간 밴드가 늑대가 만든 굴보다는 더 조직화된 야영지를 만들어 한 장소에 잠시 머문 것이 노약자, 어린이에게 휴식을 준 것은 분명하다. 하지만 야영지는 보통 수명도 길지 않았고 특별히 안전하지도 않았다. 사실 밴드들이 돌아다닌 이유에는 자신을 보호하기 위한 것도 있었다. 각각 파라과이와 벵골만 출신의 아체Ache족과 안다만 제도 원주민Andaman Islander 수렵채집인들은 지속적인 위협 속에 살았기 때문에(외부자들로부터의 위협) 자주 장소를 옮겼는데, 하루만에 장소를 옮길 때도 있었다. 밴드 구성원들은 힘을 합쳐 표범을 물리칠 수 있었다(떼를 지어 공격하는 개코원숭이 무리가 훨씬 더 효율적이긴 했겠지만 말이다). 그리고 한 가족이 모닥불 하나만 피우는 경우보다는 여러 가족이 야영지에서 모닥불을 여러 개 피우는 것이 포식자들의 접근을 막는 데 더욱 효과적이었으리라는 주장도 가능하다. 하지만 밴드 수준에서의 방어는 여기까지였다. 모든 사람을 보호하는 요새화는 사람들이 마을에 정착하고 난 후에야 확실하게 자리 잡았다.

사회를 망라해 이동하고 관계맺는 분열-융합 조직의 일부였던 유랑 밴드에서 생활한 우리의 내력은, 널리 퍼져나간 것이 정착 생활만큼이나 인간의 성공에 중요한 역할을 했음을 암시한다(이건 지금도 그렇다). 사람은 야영지에서 보내는 시간 덕분에 다른 분열-융합 종에서는 생각하기 힘든 장기적 대면 상호작용을 기반으로 사회생활과 문화생활을 갈고 다듬을 수 있었고, 동시에 이동성 덕분에 다른 그 어떤 육상 척추동물 사회도 달성할 수 없었던 수준으로 영토를 확대할 수 있었다. 이런 일을 하려면 같은 밴드에 속한 개인들의 일상적 관계를 감시하고 또한 멀리 떨어져 있는 다른 사람들이 무슨 일을 하는지 계속 파악하기 위해 타의 추종을 불허하는 지능이 필요했다.

다른 동물에서의 분열-융합은 밴드 사회의 분열-융합에 비해선 대단히 체계가 없어 보이지만, 침팬지(혹은 보노보) 무리와 인간의 밴드는 서로 융화될 수 없을 정도로 다른 것은 아니다. 사실 어떤 침팬지들은 임시 본거지에 정착하는 것에 가까운 행동을 보이기도 한다. 대부분의 침팬지는 숲에 살지만 일부는 사바나에 산다. 사바나는 우리 인간이 진화한 곳이다. 사바나 침팬지의 사회 패턴이 수렵채집인 밴드의 사회 패턴과 좀 더 비슷한데도 그것을 알아차리는 사람이 거의 없다. 우선 그 침팬지들은 거의 유랑형 수렵채집인만큼이나 많이 걸어 다녀야 한다. 영장류학자 피오나 스튜어트Fiona Stewart는 탄자니아에 있는 67마리 규모의 침팬지 커뮤니티 하나가 총 270에서 480평방킬로미터에 이르는 지역을 돌아다니리라고 추정했다. 그 침팬지들도 수렵채집인만큼이나 낮은 밀도로 분포되어 있는 것이다.

또한 사바나 침팬지 무리들은 숲 커뮤니티 무리들과 비교했을 때 소속성과 위치가 더욱 안정적이다. 여기에는 몇 가지 요소가 작동한다. 이 침팬지들은 우연히 다른 무리와 만나기가 쉽지 않다. 아주 멀리 떨어져 있는 경우도 있기 때문이다. 이들이 좋아하는 나무숲도 드문드문 멀찍이 떨어져 있어 몇몇 침팬지의 경우 한 장소에서 며칠씩 머물고 난 후에야 다른 장소를 찾아가볼 마음이 생길 때가 많다. 근래의 수렵채집인도 나무들이 모여 있는 곳에 야영지를 차리기를 좋아한다. 꼭 그늘 때문만이 아니라 나무 근처에서는 물과 다른 물자들도 구할 수 있기 때문이다. 한편 숲 커뮤니티에 속한 침팬지들은 이파리 많은 나뭇가지들을 구부려 잠자리를 만들 수 있지만, 사바나의 나무들은 그만큼 튼튼한 경우가 드물다. 그래서 사바나 침팬지들은 풀잎으로 다발을 묶거나 어린 나무를 접어, 부시먼족이 풀잎과 막대기로 짓는 임시 거처와 비슷한 구조물을 만들어 땅 위에서 잘 때가 많다. 이들은 한낮의 뜨거운 태양을 피하기 위해 동굴에서 시간을 보내기도 한다.[13] 이런 휴식처에 있다가 먹이를 찾으러 나선 침팬지들은 가지로 만든 창으로 작은 영장류를 사냥하고, 수렵채집인과 비슷하게 막대기로 식용 덩이줄기를 파내어 먹는다.[14]

침팬지와 우리의 공동 선조도 비슷한 일을 했으리라 상상해도 무리가 아니다. 그 이후로 길게 이어진 호미니드hominid 혈통은 말할 것도 없다. 개체들이 밤마다 똑같은 사회 구성원들과 함께 머무는 데 필요한 사회적 기술의 진화, 약 40만 년 전 우리 선조인 호모에렉투스가 불을 다루게 된 것, 그리고 잠들기 전에 먹을 것을 함께 나누는 협동 덕분에 인류는 정기적으로 되돌아올 만한 가치가 있는 안식처를 얻게 되었을 것이다.[15] 그렇게 해서 적절한 야영지가 형성되기 시작했을 것이다.

수렵채집인 사회의 진실

인류학자들이 수렵채집인 밴드가 더 큰 사회와 어떻게 동질감을 공유했는지에 대해서는 무시하면서 밴드에서 일어났던 일만 가지고 수렵채집인에 대해 쓴 글과 책이 넘쳐난다. 행여 밴드 간 유대 관계를 인정하는 경우라도, 그들이 내놓은 해답이란 고작 이 유랑민들에게는 사회라 할 만한 것이 없었다고 주장한다.[16] 이런 관점은 수렵채집인 문화는 밴드에 따라 다양했으며, 더욱 폭넓은 제휴 관계도 없었고, 분명한 경계는 전혀 찾아볼 수 없었다고 암시할 때가 많다.

나는 이런 주장이 의심스럽다. 우선 모든 사람은 우리가 사회라 부르는 집단 속에서 살고 있다. 더군다나 지난 몇 세기 동안 보고된 수렵채집인 밴드들은 사회와 제휴되어 있었다. 실제로 수렵채집인의 생활에서 사회 소속성이 중대한 측면이었다는 증거들이 매우 풍부하다. 이는 오늘날의 사회가 어떻게 존재하게 되었는지 이해하기 위해 꼭 필요한 증거들이기도 하다. 내가 사용하는 '밴드 사회'라는 용어는 한 밴드가 한 사회를 구성했음을 나타내기도 하고, 일반적으로 한 사회는 특정 밴드들에 걸쳐 확장되었음을 의미하기도 한다. 사람들이 그간 이에 대해 무관심했거나 해석을 잘못한 것이 놀랄 일은 아니다. 구달 같은 영장류학자가 공간적 배치나 외부자와의 대립 같은 현상으로부터 침팬지가 사회를 형성한다는 사실을 추론해내기 전만 해도, 분열-융합 동물들은 사회적 경계가 존재하지 않는 '개방 집단 종open-group species'이라는 공감대가 널리 퍼져 있었다.[17] 따라서 당시에는 분열-융합 형태로 이동했던 인간의 밴드 역시 사회적 경계가 없었을 거라고 여기는 것이 타당했다.

침팬지 사회뿐만 아니라 인간 밴드 사회의 구성원들도 한데 모이는 경우가 드물기 때문에 사회가 어디서 끝나고 어디서 다음 사회가 시작되는지 알아내기가 어려울 수 있지만, 각 사회 구성원 간의 분리는 명확히 이루어지고 있다.[18] 최근 몇 세기의 수렵채집인이 자기와 '동류인 사람들'과 함께 있을 때 안전함을 느꼈다는 이야기는 수없이 많다.[19] 그들이 어디 사람이냐고 물어보면 일반적으로는 넓은 지역에 흩어져 있는 몇몇(열 개 이상인 경우도 많았다) 밴드를 아우르는 공동체의 이름을 댔다. 이런 밴드 사회의 인구수는 수십 명에서 2000명 정도까지 다양했다.[20]

수렵채집인은 명확한 사회로 나뉘지 않는다는 견해를 뒷받침하기 위해 일부 인류학자는 호주 서부사막Western Desert 사람들의 사례를 제시한다. 그곳은 자원이 귀하고 인구도 희박한, 황량한 곳이다. 그 지역에 흩어져 사는 호주 원주민들은 이웃 간의 명확한 경계라는 개념이 전혀 없는 것으로 알려져왔다.[21] 하지만 이 주장은 의심스럽다. 인류학자 머빈 메깃Mervyn Meggitt은 중앙사막Central Desert과 서부사막에 사는 밴드 무리 중 하나와 대화를 나누었는데, 그 대화를 통해 그지역 사람들이 생각하는 '우리 대 그들'이 더할 나위 없이 명확하게 드러났다.

그 사람들은 이렇게 말한다. "피부가 검은 사람에는 두 종류가 있습니다. 왈비리Walbiri족인 우리와 그렇지 않은 불행한 사람들이죠. 우리의 법이 진짜 법입니다. 다른 검은 사람들은 뒤떨어지는 법을 가지고 있어서 계속해서 법을 어깁니다. 그래서 그 외부자들한테는 아무것도 기대할 수 없어요."[22]

서부사막 밴드들 사이에 혼인이 이루어지는 것은 분명한 사실이지만, 이는 일반적으로 모든 사회에 해당한다. 그들이 살아남기 위해 경계를 넘는 일을 허용했다는 것 역시 사실이다. 인류학자 로버트 톤킨슨Robert Tonkinson은 이렇게 썼다. "서부사막같이 환경이 열악한 지역에서는 특정 정체성을 주장할 필요성과 이웃과 잘 지내야 하는 필요성 사이에서 잘 균형을 맞추어야 한다."[23] 전적으로 동감이다! 그렇지만 서부사막 사람들은 다른 곳의 호주 원주민들만큼이나 분명하게 구분되는 집단으로 나뉜다.[24] 필요에 따라 예외적으로 외부자들에게 관대한 협동 정신을 보여주고 서로 친절하게 대한다 해도, 사회가 해체되지는 않는다. 프랑스와 이탈리아를 가르는 경계는 남한과 북한을 가르는 경계만큼 분명하지는 않지만 그럼에도 분명 존재한다.

우리는 국가nation(학자들은 'state'라고 부른다)는 정부와 법을 가지고 있고, 밴드 사회에는 둘 다 없었다고 생각한다. 하지만 수렵채집인은 현재의 우리처럼 자기 사회 사람들이 주변에 있을 때 편안함과 신뢰를 표현했고, 여러 가지 면에서 그들의 사회는 우리의 국가와 비슷했다. 19세기 역사가 에르네스트 르낭Ernest Renan은 국가가 현대에 와서 발생한 현상이라 믿었다. 하지만 공동의 기억을 유산으로 물려받고 집단적 정체성에 대한 갈망을 통해 강한 유대 관계로 맺어진 사람들이라고 정의된 그의 국가 개념은, 밴드 사회에 대한 적절한 묘사이기도 하다.[25] 그래서 약간의 정당화를 통해 많은 북아메리카 원주민 집단을 표현할 때 선택되는 단어가 '부족'에서 '국가'로 바뀌었다. 이들에게는 유대가 가장 중요하다.

현대의 국가 제도는 사회를 향한 열정을 큰 규모로, 효과적으로 불어넣지만, 국민의식national consciousness이라는 애착 정서는 깊은 역사를 가지고 있다.[26] 언어학자 로버트 딕슨Robert Dixon은 다음과 같이 국가에 대해 설명하면서, 외려 호주 원주민에 대한 정보를 준다.

> 밴드 사회는 사실 하나의 정치적 단위이지 유럽이나 다른 곳의 '국가'와 비슷하다고 보기는 힘들다. 국가의 구성원들은 자신의 '국가적 통일성national unity'에 대해 아주 잘 인식하고 있고, 그들 자신에게 '국가적 언어'가 있다고 생각하며, 자신의 것과 다른 관습, 신념, 언어에 대해서는 잘난 척하며 비판하는 태도를 가지고 있다.[27]

국가 및 다른 모든 인간 사회의 구성원들과 마찬가지로, 밴드 사회 구성원들 역시 자신들이 독점한 땅덩어리와 스스로를 동일시했다. 이들은 자신들의 세력권을 주장했고, 그 영역에 외부자가 들어오면 경계하고 종종 적대적인 태도를 보였다. 유랑 생활을 한다 해도 이 밴드 거주자들의 전체적인 움직임은 농업에 의존하게 된 사람들의 움직임만큼이나 제한적이었다.[28] 예외는 있었다. 세력권을 주장해서 얻을 것이 없으면 그런 주장도 사라졌다. 가령 미국 서부 그레이트

베이슨Great Basin 분지의 부족들은 세력권의 경계를 따지지 않고 비교적 자유로이 움직일 수 있었다. 그곳은 잣이 너무 풍부해서 그것을 지키겠다고 나서는 게 의미가 없었기 때문이다.[29] 하지만 일반적으로 각각의 사회는 수백에서 수천 평방킬로미터에 이르는 세력권을 차지하고 있었고, 그 경계는 살아 있는 사람들이 기억하는 시간 이전에 암묵적으로 정해져 있었다.[30]

자신이 속한 커뮤니티 공간 안에서는 어디로든 움직일 수 있는 침팬지(선호하는 장소는 침팬지별로 어느 정도 편향이 존재한다)나 보노보와 달리, 사람 집단은 보통 사회의 영역 중 어느 한 부분만 주로 이용했다. 그 공간은 거주자들이 자기 손바닥 보듯 훤히 아는 곳이었고, 때로는 물려받은 곳이기도 했다. 고향에 대한 애정은 그 물리적 공간 자체로부터가 아니라 그것과 사람의 연관성에서 기원한다. 호주의 인류학자 윌리엄 스태너William Stanner는 이런 개념에 생명을 불어넣었다.

영어 단어 중에는 호주 원주민 집단과 그 고향 땅 사이의 연결성이 어떤 의미인지 제대로 전달할 수 있는 것이 없다. 우리의 단어 'home'은 따듯함을 연상시키기는 하지만 '야영지', '난로', '고장country', '변치 않을 집', '토템의 장소', '생명의 원천', '영적 중심', 그리고 그 외의 많은 의미를 담고 있는, home에 해당하는 호주 원주민의 단어와는 맞아떨어지지 않는다.[31]

일부 인류학자는 각각의 밴드가 돌아다니는 땅을 '영토territory'라 부르지만 그들이 땅을 사용하는 방식은 이 단어가 의미하는 것보다 더 유연했다.[32] 별생각 없이 찾아와 문을 노크하며 설탕 한 컵만 달라고 부탁하는 이웃집 사람처럼, 사회적으로 올바른 사람이면 누구나 다른 밴드의 공간으로 어슬렁거리며 들어갈 수 있었다. 물자가 부족한 경우 허락을 구하기만 하면 밴드는 물과 공간을 공유했고, 방문자가 주변에 머물며 친구나 친척과 대화하는 것도 허락해주었을지 모른다. 같은 밴드 내의 사람들끼리 자유롭게 물자를 공유하고 빌리는 것처럼 호혜를 베푸는 것이 통상적이었다.

밴드들이 속한 사회 간의 호의보다는 밴드 간의 호의가 더 컸다. 사회는 필요해지면 자신의 권리를 더 확고하게 주장했기 때문이다. 같은 사회에 소속된 부시먼족 밴드들의 공간은 연속적이었던 반면, 부시먼족 사회와 사회 사이에는 아무도 살지 않는 땅이 존재했다.[33] 이와 비슷하게 침팬지 커뮤니티, 늑대 무리, 불개미 군집 등 다른 종들의 사회 간에도 아무도 차지하지 않는 곳이 존재한다.[34]

고대 인종

한 호주 원주민이 '다른 검은 사람들'에 대해 이야기했다는 사실은, 호주 원주민들은 누가 누구인지 명확하게 인식하고 있음을 보여주는 동시에 인종이라는 문제를 상기시킨다. 인간은 개체군 전체에 걸쳐 유전 형질이 신체적으로 아주 다양하게 발현되는데, 이것이 다른 동물에서는 유례를 찾을 수 없을 정도로 중요하게 취급되었다. 우리는 많은 국가, 그리고 그 안에 있는 집단들을 인종과 연관시킨다. 또 우리는 호주 원주민과 피그미족같이 각각 다른 지역 출신의 수렵채집인들에게서 뚜렷이 나타나는 신체적 차이에 정신이 팔린 나머지, 그들의 사회는 무시할 때가 많았다. 그렇다면 수렵채집인의 인종적 정체성에 대해, 그리고 그것이 그들에게 얼마나 중요했는지에 대해 한 번쯤 생각해볼 필요가 있겠다.

사회학자들을 비롯한 많은 사람이 인종은 사회적으로 구성된 것이라고 주장한다. 상상이 만들어낸 작위적 산물이라는 것이다.[35] 우리가 인종이라고 기술하는 무언가가, 대륙 전체에 걸쳐 신체적 특성이 점진적으로 변화함으로써 진화했을 것이라는 점을 고려하면, 이러한 주장은 합리적이다. 그러나 신체적 외관이 각기 다른 인구 집단 전체가 이동한 결과 사회가 서로 다른 혈통을 가진 사람들로 이루어지게 되었다는 맥락을 감안하면, 인종은 강력한 의미를 가질 수 있다. 다른 동물 집단은 이웃 간에 인종 같은 차이점이 생겨날 정도로 충분히 이동하지 않는다.

모든 호주 원주민은 같은 이주민들의 후손이므로 그 대륙에 있는 이웃 사회의 구성원들은 피부색을 포함해서 생김새가 다 비슷했다.[36] 해안가를 따라 인도네시아인과 이루어졌던 약간의 접촉을 제외하면, 유럽인과 접촉하기 이전의 호주 원주민 간에는 잘 구분되는 유전적 특성이 생겨나지 않았을 것이고 따라서 이들은 대부분 사회 간의 차이에 적절히 대응했을 것이다. 호주 원주민은 유럽인이 호주에 들어와 살기 시작한 후에야 '검은 사람black fellows'이라는 뜻의 애버리지니Aborigine가 되었고, 그때부터 다름에 대한 감각과 인종적인 자각을 발전시켰다.

인간 정신과 육체 진화의 도가니였던 아프리카에서는 상황이 달랐다. 아프리카 사람 간의 차이점은 오늘날 우리가 당연하게 여기는 많은 차이점만큼 선명해 보이지는 않았을지 모르지만, 그곳의 서로 이웃한 수렵채집인 집단들 일부는 두 전문가의 말에 따르면 "세계의 주요 선조 집단들만큼이나 유전적으로 서로 달랐다."[37] 이렇게 서로 닮지 않은 집단들이 가까이 붙어 살게 된 것은, 사람들이 나누어져서 매우 오랜 시간 동안 아프리카 대륙을 돌아다니다가 사회를 세웠기 때문일 수 있다. 그래서 지난 수천 년 동안 피그미족은 자기들과는 인종적으로 다른 농부들과 동맹을 형성했고, 부시먼족은 약 2000년 동안 코이코이Khoikhoi 목축인들 틈에서, 그리고 지난 1500년 동안 그들의 땅으로 들어온 검은 피부의 반투족 틈에서 살아온 것이다.

하지만 매우 다른 사람들과 오랫동안 접촉을 이어왔음에도 불구하고, 또한 자기들끼리는 무척 닮았음을 분명 모르지 않았음에도 불구하고 부시먼족은 스스로를 따로 이름을 부여받거나 친연성을 인정받을 만한 단일 단위라고 전혀 느끼지 않았다. 유럽인들이 인디언이란 이름을 붙여주기 전까지는 아메리카 대륙 원주민들이 스스로를 인디언이라 생각하지 않았던 것처럼 말이다. 즉 부시먼족이란 범주는 부시먼족은 인정하지 않는 범주였다. 그들은 자신을 !크옹!Xõ이나 !쿵 같은 사회의 일원으로 생각했다.[38] 심지어 지금까지도 이들은 자기가 살던 환경을 떠나 다른 곳에 일자리를 찾으러 갔을 때만 스스로를 부시먼족(혹은 산San족. 이것은 이웃에 사는 코이코이족이 경멸적으로 붙인 이름으로, 악당이라는 의미다)이라고 생각한다.[39] 인간들 사이의 다른 차이점과 마찬가지로, 인종이나 어떤 특성이 정체성의 표지가 되려면 사람들이 스스로 그것을 다르게 보기로 선택해야 한다.

인접해 사는 폭넓은 집단들 사이에서 신체적 차이점이 분명하게 드러나는 것은 아프리카의 수렵채집인들만이 아니다. 예를 들면 파라과이 동부의 아체족은 그 지역 다른 토착민들에 비해 얼굴색이 하얀 편이었다(지금도 그렇다). 물론 이 인종 내부에서도 약간의 차이점은 존재한다. 사람들은 가끔 어떤 생김새를 이페티Ypety 등의 단일 집단과 엮었다. 이페티는 아체족의 한 집단으로 다른 아체족에 비해 피부색이 더 검고 수염 숱이 많은 경향이 있다. 하지만 대개의 경우 우리가 오늘날 같은 인종으로 묶어서 생각하는 폭넓은 집단은, 이 수렵채집인들의 사고방식에서는 중요하지 않은 것 같다. 오직 완전한 외부자들만이, 이 수렵채집인들이 실제로는 여러 사회에 소속되어 있다는 사실을 무시하고 모두 한 집단으로 뭉뚱그려 생각했다(외부자들은 보통 유럽인이었다. 이들에게는 한 지역에 사는 모든 수렵채집인이 똑같아 보였다).

앞에서 말한 사실을 제외하면, 인종을 최근에 발명된 개념으로 보는 사회학자들의 생각은 옳다. 이런 점에서 인종은 뚜렷한 공통의 배경을 갖지 않은 수많은 개인의 전체적 생김새를 대략적으로 평가한 것이라 할 수 있다. 현대의 인종 집착 현상은, 뒤죽박죽 뒤엉켜 있던 정보들이 전에는 존재하지 않았던 개괄적 범주들로 나뉘면서 사람들이 혼란에 빠지는 바람에 생겨난 결과다. 한 지역의 수렵채집인들은 매우 엄격한 계보의 유산을 공유할 때가 많았지만, 역설적이게도 이들은 자신의 인종적 공통성에 대해서는 너무나도 무심했다. 이런 계보의 인종 중에는 사람 수가 너무 적거나 분포가 제한되어 있어 몇 안 되는 사회로 대표되는 경우도 있었다. 하드자족은 모두가 한 집단이었고, 우리가 아체족이라 부르는 집단은 네 개의 사회로, 지금 문화적으로는 멸종된 티에라델푸에고 제도의 야마나Yamana족은 다섯 개의 사회로 나누어져 있었다. 그리고 안다만 제도 원주민들은 열세 개의 사회로, 호주 대륙 전체에 퍼져 있던 호주 원주민들은 500~600개의 사회로 나누어져 있었다.

익명의 유랑자

침팬지나 다른 분열-융합 포유류와의 공통점에도 불구하고 수렵채집인 사회는 익명 사회였다. 다시 말해 이들은 구성원들에 대한 개인적 지식보다는 정체성 표지에 의존해서 사회를 유지했다. 개인들이 흩어져 있는 경우가 잦았기 때문에 어쩌다 만나는 낯선 이가 모두 다른 사회에 소속된 사람은 아니었다. 거의 한 세기 전에 부시먼족 틈에서 살았던 한 인류학자는 이렇게 썼다. "한 부족의 밴드들이 좀 더 넓은 지역에 퍼져 있는 경우에는 서로 알고 지내지도, 직접 접촉하지도 않았다."[40] 심지어 오늘날에도 1000명 정도로 구성된 하드자족은 각자 작은 밴드에 소속되어 있음에도 불구하고 자신들을 하나의 민족이라고 생각한다. 자기 사회의 영역에서 멀리 떨어져 사는 하드자족 사람과 알고 지내기는커녕 한번 접촉해보지도 못한 경우가 많은데도 말이다.[41]

이것이 암시하는 바는, 수렵채집인들이 자신의 사회가 공통의 정체성―언어, 문화, 그리고 그 밖의 표지들―을 바탕으로 통합되어 있다고 생각했다는 것이다. 인류학자 조지 실버바우어George Silberbauer는 1965년에 그/위G/wi 부시먼족을 '부족', 즉 사회라고 부르는 것은 다음과 같은 사실 때문에 그럴 만한 가치가 있다고 썼다. "언어 말

고도 이들의 문화 속에는 다른 공통의 특성이 존재한다." 안타깝게
도 그는 그 특성이 과연 무엇인지는 말하지 않았다.[42] 나는 수렵채집
인의 정체성에 관한 정보를 찾기가 어려워 고생하다가 2014년 여름,
하버드 대학에서 은퇴한 어빈 드보어Irven DeVore의 집에 잠깐 들렀다.
그는 부시면족에 관한 한 으뜸가는 권위자다. 80세 나이의 그가 흰
수염을 기르고 부족의 토템을 옆에 끼고 있으니 마치 마법사 같아
보였다. 그가 지적하기를 밴드들 사이의 상호 연결성을 보여주는 여
러 세부 사항 즉 공유하는 표지들이, 그들이 유럽에 노출된 이후 바
래지거나 바뀌지는 않았다 해도 사람들이 지금까지 그것들에 대해
질문을 던져본 적도, 기록해본 적도 없을지 모른다고 했다.

그렇게 된 한 가지 이유는 수렵채집인 사회의 많은 특성이 현대 관
찰자의 관점에서는 두드러져 보이지 않았기 때문인지도 모른다. 우
리는 지금도 사람들 사이에서 나타나는 아주 작은 차이점을 알아
볼 수 있고 그 중요성을 과장할 때도 많지만, 이제 세상에는 평균 이
상의 자극이 넘쳐나기에 우리의 감각은 과거에 겪어보지 못한 강도
로 시달리고 있다. 런던의 시계탑 빅벤Big Ben에서 뉴욕의 타임스스
퀘어Times Square에 이르기까지 우리의 사회적 표지들은 최대의 효과
를 내도록 대단히 과장되어 있다. 수렵채집인의 경우에는 일상적 경
험의 신호가 절제되어 있었다. 그들의 감각은 자연계와 그 안에 들어
있는 사람들에 관한 각각의 미묘한 뉘앙스로 채워졌었다. 우리 눈에
는 사소해 보이는 이웃 집단들 사이의 차이점이 그들에게는 지나가
는 영양 무리에 의해 구부러진 풀잎처럼 아주 선명하게 눈에 들어왔
을 것이다.

부시면족 간에 나타나는 사투리의 차이는 쉽게 알아차릴 수 있어

서 잘 연구되어 있다. 오늘날의 부시면족은 20여 개의 기본 언어 중 하나(혹은 그 사투리)로 말을 한다. 안타깝게도 수많은 다른 언어, 그리고 그 언어를 사용하던 부시면족 집단은 멸종되고 말았다.[43] 하지만 언어 말고도 부시면족 사회들을 구분 지어주는 여러 가지 표지가 존재한다. 인류학자 폴리 위스너Polly Wiessner는 어떤 물건들에 대해 설명했다. 그 물건은 미래를 예측하는 데 사용하는 신탁의 원반oracle disc, 사춘기 의식에 쓰이는 나무 포크, 그리고 여자들이 두르는 앞치마 등이다. 밴드들은 설령 상호 접촉이 없었다 해도 그런 것들을 통해 그들이 집단의 일부임을 확인할 수 있었다.[44] 자기가 속한 '밴드 무리', 즉 사회가 어디냐에 따라 !크웅 부시면족 각자는 다른 사투리를 쓰고 모양이 다른 화살촉을 만들었다. 위스너에 따르면 한 !크웅 밴드 무리 사람들은 다른 밴드 무리에서 만든 화살촉을 알아보고 "'우리 사람이 아닌' !크웅이 만든 것"이라고 했다. 한편 위스너는 인원이 1500~2000명 정도되는 또 다른 부시면족 집단인 !쿵도 자기 고유의 화살촉 양식을 갖고 있다는 것을 알게 됐다.

드보어는 부시면족 집단들을 구분해주는 어떤 차이점들은 그들이 바위에 그림을 그리고 조각하기를 멈추면서 증발해버렸을지 모른다고 지적한다. 이런 예술 활동이 이루어졌던 이유는 이미 잊힌 지 오래다. 부시면족은 일단 이웃한 반투족과 수 세기 전부터 물건을 거래하기 시작하자 도자기 그릇을 더 이상 만들지 않았다. 고고학자 가스 샘프슨Garth Sampson은 남아프리카에 있는 고대 야영지 천 곳에서 그릇 조각을 수집했다. 그는 어떤 지역들에서 독특한 토기 무늬를 발견하고는 각각의 지역이 지금은 모두 멸종된 서로 다른 부시면족 집단에 의해 사용되었을 것이라고 결론 내렸다. 예를 들면 홍합 껍질 모서리로 아직은 무른 상태의 점토를 눌러서 무늬를 만든 빗살 각인 comb-stamp 도자기는 한 지역에서만 집중적으로 발견되었다. 이는 그 기술이 분명 그 지역사회에서 발명되었다는 얘기다.[46]

다른 수렵채집인 사회 간에는 차이점이 더 많았다. 서부영화를 보면 카우보이가 얼굴에 출전용 물감을 바르고 부족의 상징물을 두른 인디언을 보고 "저기 아파치Apache 인디언이 온다"라고 소리치는 고전적인 장면이 등장한다. 이것은 현실과 그리 동떨어진 이야기가 아니다. 고고학자 마이클 오브라이언Michael O'Brien은 내게 이렇게 말했다. "인디언을 잘 아는 사람은 30미터 정도 떨어진 거리에서도 인디언이 신은 모카신 신발을 보고 오지브와Ojibwa족인지, 크로Crow족인지, 샤이엔Cheyenne족인지 알아볼 수 있습니다. 가죽을 다루는 방식에도 차이가 있지만 구슬 장식을 보면 확실하게 드러나죠." 도자기 그릇과 원뿔형 천막의 장식 디자인도 결정적인 표지 역할을 한다. 독수리 깃으로 꾸민 인디언의 전투모war bonnet도 마찬가지다. 깃털을 편평하게 벌려놓을 수도 있고 튜브 모양으로 세울 수도 있다. 어떤 부족은 깃털을 들소나 영양의 뿔로 대체했다. 코만치Comanche족은 아예 전투모를 치워버리고 대신 뿔 달린 들소 가죽을 통째로 썼다.[47]

호주 원주민의 경우 왈비리족은 "우리의 법이 진짜 법이다"라고 말하곤 했었다. 이는 한 집단이 다른 집단과 구분되는 데 있어 관습과 신념이 얼마나 중요했는지를 분명히 보여준다. 좀 더 미묘한 문제에 있어서 역사가 리처드 브룸Richard Broome은 호주 원주민에 대해 이렇게 썼다. "심지어는 몸짓도 잘못 해석될 수 있다. 어떤 집단에서 윙크와 악수로 통하는 행위가 다른 집단에서는 각각 그냥 눈을 씰룩거리는 것과 다른 사람과 접촉하는 것에 불과하기 때문이다."[48] 하지만 내가 수집한 정보로는 호주 원주민 사회(혹은 인류학자들의 어색한 표현대로 민족언어학적 집단ethnolinguistic group) 간의 명확한 차이를 보여주는 것은 언어 외에는 몇 개 되지 않는다. 그중에는 헤어스타일도 있다. 예를 들어 우라부나Urabunna족은 '그물 비슷한 구조'로 두건을 감싸고 다닌 반면, 그 이웃들은 에뮤(호주산의 날지 못하는 큰 새 – 옮긴이)의 깃털을 꽂고 다녔다.[49] 하지만 몸에 새기는 흉터(그들 버전의 문신) 같은 예술적 표현은 더 큰 지역 단위로만 변했던 것으로 여겨진다.

다른 지역 수렵채집인의 집단 정체성에 관한 흥미로운 정보가 있다. 지난 세기 초반까지만 해도 대부분의 경우 외부자를 지독하게 회피했던 안다만 제도 원주민 중 옹게Onge족은 몸에 물감을 발랐던 반면, 자라와Jarawa족은 피부를 은과 석영으로 뚫어서 문신을 했다.[50] 아프리카 피그미족 간에는 음악의 음색과 마침법cadence, 연주에 동반되는 춤, 그리고 연주하는 악기에서 차이가 있었다.[51] 네 개의 아체족 사회는 서로 다른 신화와 전통, 그리고 고유의 악기와 노래 스타일을 갖고 있었다. 그중 이페티 아체족이 대단히 특별했던(그리고 나머지 세 곳의 아체족 사회가 이들을 두려워했던) 이유는 이들이 인육을 먹었기 때문이라기보다는, 살아 있는 사람이 40명 정도밖에 안 되는 그 종족이 죽은 사람을 먹는 행위를 중심으로 정교한 의식과 전설을 계속 이어갔기 때문이었다. 60여 년 전 한 관찰자는 이렇게 썼다. "아체족 (이페티)은 죽은 자들을 먹으며 그들의 영혼이 산 자의 몸속에 쳐들어오지 못하게 막는다. (…) 식사가 끝난 후에 죽은 자의 영혼은 머리뼈가 타고 남은 재에서 올라오는 연기에 실려 하늘로 올라가 죽은 자의 땅인 '보이지 않는 숲Invisible Forest', '거대한 사바나Great Savanna'로 간다."[52]

식인 풍습을 제외하면 내가 수렵채집인 사회 간에서 찾아낸 차이점들 대부분은 사소해 보일 수 있지만, 그들에게 있어서는 정말로 큰 차이일 수 있다. 그들에게는 자기와 아주 비슷하게 생기고 아주 비슷한 것들을 갖고 있는 이웃 사회 사람이 삶에서 만난 가장 이상한 존재였을 수 있다. 여기에 더해 그들은 자신과 다른 이웃 사회 사람을 만나면, 오늘날의 당신이나 내가 외국인을 만나면 느끼는 불안과 두려움을 보다 큰 강도로 느꼈을 것이다. 요즘에야 우리 대부분이 외부자라는 존재에 익숙하지만, 오래전에는 인구밀도가 워낙 낮았기에 수렵채집인들이 외부자를 만날 일이 아주 드물었다.

유랑형 수렵채집인의 낮은 인구밀도는 사회 간 관계뿐 아니라 사회 내부의 관계에도 영향을 미쳤다. 이들의 사회는 다른 척추동물 사회보다 한 단계 더 크기는 했지만, 하루를 단위로 보면 자기 밴드 중 소수의 사람들하고만 같이 살았다. 이런 이유 때문에 각각의 밴드는 긴밀하게 결속된 이웃과 비슷했다. 이동하는 밴드라고 해도 말이다. 경제적, 정치적 유랑은 몰라도 사회적인 면에서의 유랑 생활은 지금의 우리가 봤어도 알아볼 수 있었을 것이다. 함께하는 것을 즐기는 것에서부터 작업 흐름workflow이나 집단 의사 결정group decision making 문제에 이르기까지의 모든 측면이 정교하게 조정되고 조화롭게 수행되어 그들을 도전적인 환경 속에서도 쉽게 성공하게 만들어주었다.

9장

유랑 생활

밴드 사회가 하루하루 어떻게 기능했는지에 관한 아이디어를 얻기 위해, 그냥 사회적 의미의 이웃이 아니라 2, 30명 정도의 거주자로 구성된 각각의 밴드에 대해 생각해보자. 이 밴드들은 독립적으로 작동해야 할 뿐만 아니라 지역의 공업 중심지로서도 역할을 해야 한다. 제철공장 같은 것이 아니라 최소의 규모로 조직된 생산 단위를 머릿속에 그려보자. 복잡한 공장은 아니었다. 사람들은 복잡하고 영구적인 기반시설 따위는 필요하지 않았다. 작은 사회를 이루는 동물, 특히나 그중에서도 가장 단순한 형태의 개미 군집처럼 이들은 주변에서 모은 재료를 가지고 간단한 형태의 거주지, 그리고 다른 필요한 것들을 만들었다. 약국 같은 것은 잊어버리자. 나는 호주 노던 테리토리Northern Territory에서 한 호주 원주민이 수렵채집인이던 자기 할아버지 방식으로 코의 울혈을 치료하는 것을 본 적이 있다. 그는 나무에서 베짜기개미의 텐트처럼 생긴 둥지를 끌어내 팔팔한 개미들을 빨아 곤죽을 만든 후 그것을 코에 갖다 대고 몇 번 쉿소리를 내며 들이마셨다. 내가 직접 해보니 빅스바포럽Vicks Vapo Rub(코가 막혔을 때 콧구멍 근처에 발라주면 코가 뚫리는 약 – 옮긴이)의 유칼리유 냄새가 강하게 났다.

밴드 사회 공장에서는 여러 명을 필요로 하는 업무가 거의 없었다. 창이나 별채 만들기처럼 단계별로 해야 하는 일도 보통은 한 사람(혹은 두 사람)이 처음부터 끝까지 전 과정을 다 책임졌다. 행여 협업이 필요한 경우라도 그 과정이 정교하게 이루어지는 경우는 드물었다. 물론 기린이나 매머드 사냥에는 몇몇 사람의 협동이 필요했을 것이고, 사냥감 해체에는 개미처럼 가용 인력 모두가 힘을 합쳐야 했겠지만 말이다.

이 공장에선 성별과 나이에 따른 노동 분업이 중요했다. 거의 일률적으로 남자들은 커다란 먹잇감을 사냥하거나 낚시를 했고, 수유를 비롯한 육아를 해야 했던 여자들은 사냥에 나서기가 사실상 불가능해 과일, 채소를 채집하거나 도마뱀, 곤충 등 작은 동물을 잡아 요리하여 밴드 사회가 섭취할 칼로리를 모았다.

성에 따라 조직되는 사냥 원정의 리듬은 거의 모든 다른 동물들의 이동보다 한층 더 복잡했다. 그리고 특정 개미 종 무리의 먹이 찾기 활동을 제외하면 침팬지 무리의 영장류 고기 습득 활동, 그리고 회색늑대나 점박이하이에나의 사냥감 추적이 동물계에서 가장 전문화된 사냥 원정이었을 것이다.

공장으로서, 각각의 밴드는 잉여적으로 조직됐다. 즉 수렵과 채집을 담당하는 무리가 여러 개 존재할 수 있었다. 가족들은 많은 잡일을 스스로 처리했다. 수렵채집인들은 배를 채우려면 기동성이 있어야 했기에 물건들을 모을 수 없었고, 따라서 우리가 생각하는 방식의 소유권은 없었다. 그들은 자기가 들어 올릴 수 있는 정도―오늘날 항공사들이 허용하는 기내 수하물 무게인 약 11킬로그램 정도―의 물건만 소유했다. (몇몇 예외는 있었다. 이누이트족은 개썰매를 이용해 더 많은 짐을 가지고 다닐 수 있었고, 북미 평원의 인디언들은 장대 두 개를 교차시켜 그 사이에 그물을 설치한 운반 기구인 트라보이스travois를 이용했으며, 또 다른 집단은 카누나 통나무배에 짐을 싣고 다녔다.) 불구덩이, 씨앗을 갈 때 사용하는 무거운 돌, 도구를 만들 때 사용하는 바위 등은 나중에 돌아올 때를 위해 남겨두고 갔다.[1]

밴드를 경제 단위로 만든 것은 사람과 사람 사이의 재화와 정보의 교환이었다. 만약 누군가가 무언가 필요해졌는데 그것을 만들 수 없다면, 다른 누군가가 주거나 빌려주리라 예상할 수 있었다. 이것은 준 사람이 언젠가 받은 사람이나 그 가족에게 무언가를 부탁할 수 있다는 이해를 바탕으로 이루어지는 교환이었다.[2] 생존에 가장 중요한 교환은 음식 교환이었다. 내가 말레이시아 반도에서 찾아가보았던 바텍Batek족은 음식을 함께 나누는 것을 자비로운 행동으로 보지 않았다. 그들은 나눔을, 모든 음식은 그것을 찾아낸 사람이 아니라 숲의 것이라는 사실을 반영한 행동으로 보았다.[3] 먹잇감을 잡은 사람은 그 고기를 밴드와 함께 나누어 먹었다. 아체족과 일부 피그미족에서는 사냥꾼이 자기가 잡은 고기를 한 입도 먹지 않았다. 이러한 관대한 행동은 동료가 많아도 절대 먹을 것을 나누지 않는 침팬지나 그나마 그보다 살짝 나은 보노보의 인색함과 극명하게 대조되지만, 합리적인 행동이기도 했다. 사냥꾼은 밴드 전체가 한 번에 먹을 수 있는 것보다 훨씬 큰 먹잇감을 사냥할 수 있었고, 동물의 고기는 그 자리에서 바로 먹어야 했기에 많은 사람에게 고기를 돌렸을 것이다. 그리고 받은 만큼 돌려주는 오래된 관습이 있었기에 사냥꾼은 다음에는 다른 누군가가 자기 가족의 배를 채워주리라 확신했을 것이다. 최초의 사회보장제도라 할 수 있겠다.[4]

이 공장의 긍정적인 면은 사람들이 작물을 재배하거나 잉여 음식을 먹어치우기 위해 몸부림치지 않아도 된다는 것이었다. 이들에게는 여가 시간이 남았고, 그 덕에 이 유랑 집단들에게는 '최초의 풍요 사회original affluent society'라는 별명이 붙었다.[5] 그들은 그 시간을 사회적 관계에 썼다. 그리고 밴드는 일반적인 인구 규모일 때 최적화되었다. 그 정도 규모에서는 평소에 모든 사람이 배불리 먹고 편안하게 지낼 수 있을 정도의 고기, 농작물, 물건을 조달해서 가공, 교환할 수 있었다. 한 밴드가 15명 이하이거나 60명 이상인 경우에는 문제가 발생했다.

밴드의 규모는 자체적으로 조절됐다. 개인과 가족의 관계는 상호의존적이었지만 그들은 내키는 대로 행동했다. 사람이 너무 많아진 밴드를 떠나 다른 밴드에 합류하거나 한동안 혼자 지낼 수도 있었다. 네바다의 웨스턴쇼숀Western ShoShone족의 경우 매년 가을이면 흩어져 지내는 것이 전통적 연례 행사였다. 가을이 되면 각각의 가족은 짧은 꼬리푸른어치가 좋아하는 것과 똑같은 견과류를 수집하기 위해 각자의 길을 갔다. 먹을 것이 희박해서 흩어진 것이 아니라 먹을 것이 흩어져 있어서 흩어진 것이었다. 그 덕분에 다른 곳에 사는 친구를 찾아가볼 핑계도 생겼다.[6]

만물박사

요즘 사람들은 크고(스티브 잡스 등) 작은(시계 수리공 등) 전문가들에게 크게 의존해서 살아간다. 그에 반해 밴드 사회 사람들은 작은 규모의 개미 군집이 사용하는 만물박사 전략을 따랐다. 이유는 같았다. 최소한의 노동력밖에 없는 상황에서 전문가에게 의존하는 전략을 사용했다가는 재앙이 뒤따를 수 있다. 그 자리를 대체할 훈련된 노동력이 없는 상황에서 그 일을 담당하던 구성원이 사망했을 경우에 특히나 그렇다. 아울러 소유 자체가 빈약했다는 점을 생각하면, 이들 각자의 머릿속에 유랑 생활방식에 대한 모든 것이 들어 있어야 했다. 물론 옳은 삶의 방식을 강화하는 데 있어 동료, 특히 나이 많은 사람들이 유용했겠지만 말이다.

스마트폰이나 자동차는 고사하고 연필 하나도 혼자서는 만들지 못하는 지금으로서는 이해하기 어려운 상황이다. 밴드 사회의 업무 분담은 나이나 성별에 따른 역할 분담 정도였다. 그것 말고 밴드 사회에서 유일하게 특화된 업무는 치료 주술사였다. 하지만 몇 년에 걸쳐 훈련해야 했던 호주 원주민 치유자healer조차 생활과 관련된 자질구레한 일들은 모두 자신이 직접 해결해야 했다.[7]

'모든 일을 머리 하나로one brain fits all'라는 접근 방식은 밴드 사회, 그리고 그 구성원들이 수행하는 노동의 복잡성에 한계를 지웠다. 요즘 나오는 이해하기 어려운 취급 설명서를 보면 구체적인 내용이 모두 영구적으로 기록되어 있는 경우라 해도 기술 전달이 쉬운 일이 아님을 알 수 있다. 게다가 수렵채집인에게는 기록할 문자조차 없었다. 나무 깎는 일에 능숙했던 부메랑 발명가는 다른 평범한 사람들도 손쉽게 부메랑을 만들 수 있는 방법을 찾아냈다. 그러지 못했다면 그 발명품은 한 세대 만에 사라져버렸을 것이다.

밴드의 모든 구성원은 똑같은 생존 도구를 가지고 다녔지만 그래도 창의력과 기술에서 개인 간 차이가 분명하게 드러났을 것이다. 1930년대에 철학자 군나르 란트만Gunnar Landtman은 다음과 같은 점을 파악했다. "부시먼족 중에서 어떤 여성은 다른 여성들보다 구슬 만드는 일에 더 능숙하고 성실하며, 어떤 남성은 밧줄을 꼬고 파이프를 뚫는 일에 능숙하다. 하지만 이런 일들을 어떻게 하는지는 모든 사람이 다 알고 있고, 평생 동안 이 일만 전문적으로 하는 사람은 없다."[8] 하지만 한 사람의 재능을 분명히 드러내는 일은 미묘한 문제였다. 야영지를 중심으로 이루어지는 삶에서는 서로에 대해 너무 잘 알고 있었기 때문에 밴드 사회는 누군가가 자기를 과시하는 것을 그냥 두고 보지 않았다. 수렵채집인들이 성공한 사람이나 재능 있는 사람을 괴롭혔다는 이야기는 끝도 없이 이어진다. 다음의 진술도 그런 점을 보여준다. "내가 무언가를 사냥하는 데 성공하면 우리 동료들, 특히 부시먼족은 보통 이렇게 소리친다. '완전 작은 놈이네!' 그리고 부상만 입고 달아난 사냥감을 보고는 아주 큰 놈이었다고 공언한다."[9]

이렇게 조롱은 해도 누가 제일 사냥을 잘하고, 누가 제일 채집을 잘하는지 모두가 알고 있었을 것이다. 그 사람이 아무리 겸손하게 처신한다 해도 말이다. 전문가를 알아보는 능력은 우리 종의 핏속에 흐르고 있다. 심지어는 세 살배기도 사람마다 능력과 지식이 다르다는 것을 파악하며, 네 살이나 다섯 살 즈음이면 어떤 문제를 풀기 위해 그에 적절한 사람을 찾는다.[10] 이런 성향은 우리의 머나먼 진화적 과거로부터 기원했을 가능성이 크다. 많은 종의 사회들이 그 구성원의 다양한 재능에서 이득을 보고, 일부 동물은 과제를 잘 해결하는 개체에게 자연히 끌리는 성향이 있다. 침팬지가 견과를 깨서 여는 법을 배울 때가 그렇다.[11]

!쿵 부시먼족 사이에서는 뾰족한 재주가 없어 생산성이 떨어지는 사람을 'tci ma/oa' 혹은 'tci khoe/oa'라고 한다. '아무것도 아닌 것', 쓸모없는 존재라는 의미다. 다른 사람에게 도움이 되는 재능이 있는 사람은 남성의 경우 '//haiha', 여성의 경우 '//aihadi'라고 부른다. 조잡하게나마 번역하면 '무언가를 갖고 있는 사람'이라는 뜻이다(정확한 발음은 부디 묻지 말기 바란다).[12] 전문가나 담당 역할이 없었던 밴드 사회는 손재주가 좋은 도구 제작자, 사람의 마음을 사로잡는 이야기꾼, 사회적 갈등을 잘 중재하는 사람, 사려 깊은 의사 결정자 등에게 기회를 제공했다. 남의 실패를 고소해하지 않고 남을 괴롭히지도 않았던 재능 있는 사람들은 올더스 헉슬리Aldous Huxley의《멋진 신세계Brave New World》에 나오는, 자신의 창의력을 억압당한 등장인물들의 운명을 피했다. 대신 이들은 멋진 짝의 마음을 끄는 등, 허용되는 선에서 자기 삶의 질을 높이는 데 자신의 재능을 사용할 수 있었다.[13]

어떤 심리학자는 중세기 후반까지만 해도 개성을 귀하게 여기지 않았다고 주장한다.[14] 하지만 부족 전체가 절대적으로 반대하는 것이 아닌 한, 유랑 수렵채집인은 특이한 선택에 대한 폭넓은 재량권을 갖고 있었다. 특히나 자기와 맞지 않는 밴드를 빠져나와 또 다른 밴드로 옮겨 갈 수 있는 자유가 주어진 상황에서는 더욱 그랬다.[15] 한 과제를 어떻게 수행할 것인가에서 나타나는 차이는 사람에 따라 용납될 수 있었다. 사냥감을 죽인 것이 자신의 화살임을 입증해 자신의

화살 만들기 실력을 은밀하게 과시하기 위해서라도 자기만의 특별한 방법으로 화살을 만들어야 했다. 개성에 대한 이런 자유는 분명 혁신의 원천이 되어주었을 것이다. 특히나 이런 재능 풀에는 몇몇 밴드에 걸쳐 수백 명이 포함되어 있었을 테니까 말이다. 심지어 각각의 가족이 그들만의 방식으로 도끼를 만들 때도 재주가 제일 뛰어난 한 사람의 방법을 모방했는지도 모른다.

수렵채집인 사회에는 전문가도 없었지만 가족이나 매일 함께 나가는 수렵 및 채집 집단 말고는 특별한 이익 집단도 드물었다. 정당이나 팬클럽도, 패션 추종자도, 비싼 사립학교 학생도, 히피족도, 여피족도, 괴짜도 없었다. 그리고 팀 유니폼에 해당하는 옷가지를 걸친 사람도 분명 없었다. 뜨개질을 즐기는 여성들의 모임도 정식적인 모임이 아니었고, 남자들만의 모임도 즐겁게 떠들며 놀지 않았다. 그런 제휴 관계와 가장 가깝다고 할 수 있는 집단은 밴드 그 자체였다. 사람들은 사회적 친화성social compatibility을 바탕으로, 그리고 어느 정도는 친족 관계를 바탕으로 밴드로 이끌려 들었다. 하지만 한 밴드의 구성원들은 보통 자신이 사회 내부의 다른 밴드와 별개라거나 그보다 우월하다고 믿지 않았다. 개인 간에는 경쟁이 있었을 수 있다. 하지만 라이벌을 갖고 있는 현대의 도시들처럼 밴드들도 라이벌이 있었다고 할 만한 증거를 나는 찾지 못했다(예를 들면 밴드들이 집단 스포츠로 서로 맞서는 경우는 절대 없다).[16] 구성원들의 개성이 뒤섞이는 것, 그리고 어쩌면 좋은 물웅덩이가 가깝다는 것 말고는 어느 한쪽의 밴드를 택해서 특별히 더 좋을 것은 없었다.

전체적으로 보면, 한 밴드 사회 내부에 무리 짓기 속성이 결여되어 있었다는 특징으로부터 사회가 그 구성원들에게 과도한 중요성을 띠었던 게 아닐까 하고 의심해볼 수 있다. 요즘의 우리는 집단 자아라고 불리는 변화무쌍한 정체성이라는 측면에, 즉 우연히 교회에 나가게 되었느냐 볼링팀과 함께 연습하게 되었느냐에 따라 변화하는 제휴 관계에 엄청난 노력을 쏟아붓는다.[17] 반면 밴드 구성원들은 핵가족을 빼고는 유일한 소속인 자신의 사회에 모든 열성을 쏟아부었을 것이다. 사회에서의 삶이 완벽하게 그들의 세계관을 표현했다는 증거 중 하나를 들면, 밴드는 신성한 믿음(보통 자연과 직접 관련된 것)을 삶의 다른 측면과 구분하지 않았다. 마찬가지로 의식, 유흥, 교육 등 가족 문제를 제외한 모든 문제는 사회 전반에 걸친 그들 관계의 본질적 부분이었다.[18]

오늘날의 사회와 마찬가지로 개인이 일부 구성원과 더 자주 상호작용한다는 사실은 별로 중요하지 않았다. 정체성과 제휴를 자신의 전체 사회에 집중시킨 덕분에, 모든 구성원 사이의 유대 관계가 현대 국가의 시민들이 누리는 유대 관계보다 더하지는 못하더라도 그만큼이나 분명해졌다.

논의에 의한 통치

캐나다의 인류학자 리처드 리Richard Lee가 한 부시먼족에게 부족에 우두머리가 있느냐고 물었더니, 그는 장난스럽게 이렇게 대답했다. "물론 우두머리가 있죠. 사실 우린 모두가 우두머리입니다. 각자가 자기자신의 우두머리죠!"[19]

밴드에 존재하지 않는 역할 중 하나가 지도자였다. 사생활이라고는 거의 없는 작은 집단에서 삶의 대부분을 보내는 사람들의 입장에서 다른 사람을 대신해 결정을 내리고 싶어 안달난 사람이 있으면 골칫거리였다. 다른 사람을 지배하려는 사람에게 대항하는 무기는 조롱과 농담이었다. 자신의 재능이나 우월함을 과시하는 사람의 기를 꺾을 때 종종 사용되던 무기인 조롱과 농담이 다른 사람 일에 참견하려는 사람에게도 사용됐다. 그렇다면 튀는 행동은 영향력 있는 사람이 되고 싶을 때 선택할 수 있는 옵션이 아니었던 셈이다. 밴드의 경제를 번창하게 하려면 한 인류학자의 말마따나 "명령이 아닌 설득"을 목표로 섬세한 사회적 기술이 필요했다.[20]

여기서도 역시나 겸손이 열쇠였다. 사회적으로 성공한 밴드 구성원은 지나치게 밀어붙이는 일 없이 토론을 섬세하게 인도하고 주어진 상황 안에서 더 큰 통찰력을 가진 사람들에게 주도권을 넘기기도 하는 외교관이자 토론 기술의 대가였다. 수렵채집인들이 오늘날의 우리보다 덜 경쟁적인 게임을 즐겼다는 것은 놀랄 일이 아니다. 줄다리기, 또는 부시먼족 소년들이 했던 막대기 멀리 던지기 등 몇몇 예외는 있지만 일반적으로 누가 이기는지는 중요하지 않았다.[21]

물론 우리 모두 때때로 그렇듯이 순간순간 필요에 따라 제한적으로 누군가가 주도할 수는 있다. 과감한 행동이 필요한데 그 문제를 토의할 기회가 없는 순간에는 그런 지도자가 등장할 수 있다. 동물 집단에서도 그런 일이 일어난다. 예를 들면 암사자 한 마리가 의욕적으로 얼룩말 사냥을 지휘할 때, 혹은 꿀벌 정찰대원이 돌아와 다른 벌들에게 정확히 어디 가면 꽃이 있는지 알리기 위해 8자 춤을 추는 경우처럼 한 개체가 즉각적인 가치가 있는 정보를 갖고 있을 때다.

밴드는 노골적으로 허세를 부리거나 타인을 지휘하려는 시도가 있으면 역전된 지배 위계reverse dominance hierachy라는 것을 통해 진압했다.[22] 자기중심주의자, 권력에 굶주린 자, 과시하는 자를 멈추게 하기 위해 대다수가 결탁한 것이다. 아무리 엄격한 영장류의 위계질서를 물려받았다 해도, 우리 선조들은 밴드 안의 그런 시도를 단합된 행동으로 물리쳤다. 침팬지나 점박이하이에나가 기분 나쁜 개체를 집단 공격하는 경우를 보면 그와 비슷한 전략이 아주 원초적인 형태로 드러난다.[23] 지배의 역전이 성공이 보장된 일은 아니었다. 우리 모두는 성공적인 독재자들도 결탁을 한다는 사실을 비싼 경험을 통해 알게 된다. 거친 아이들끼리 서로 편을 먹고 학교 운동장을 엉망으로 만들어놓는 경우처럼 말이다. 하지만 이런 파워게임을 통한 성공은 한계가 있다. 인류학자들은 수렵채집인들이 발로 투표했다고 표현한다. 한 밴드에서 시련을 겪으면 다른 밴드로 넘어가버렸기 때문이다. 모든 밴드를 정치적으로 통제할 방법은 없었기 때문에 자기를 괴롭히는 사람이 있으면 안전하게 피할 수 있었다.

어느 누구도 집단을 지배하지 못하고, 집단은 누군가에게 지배당하기를 거부했기 때문에 밴드 전체에 평등이 확립됐다. 동물 중에도 평등주의를 실현한 선례가 있다. 프레리도그, 큰돌고래, 사자의 경우도 지도자가 없고, 지배도 없다. 이와 대조적으로 침팬지의 경우는 우두머리 수컷이 아무리 배려심이 많아도 그 밑에서의 삶은 아주 힘들 수 있다. 지위가 낮은 수컷 침팬지들이 권력을 위해 경쟁하기 때문이다.

권력이나 영향력의 평등이라고 하니 머리에 떠오르는 것이 있다. 바로 사회적 곤충이다. 이들이 번잡함 속에서도 효율적으로 일하는 것을 보면 그 모든 활동을 관장하는 존재가 있으리라 여기기 쉽다.

그렇지만 아니다. 여왕이 군집을 다스린다고 생각하는가? 여왕은 어떤 군대도 지휘하지 않고, 둥지를 짓고 새끼들을 돌보는 개체들에게 명령을 내리지도 않는다. 여왕을 비참한 존재라 생각해야 한다. 한바탕 섹스를 즐긴 후에는 땅 밑에 갇혀 살기 때문이다. 공장처럼 알을 생산하는 것이 여왕개미의 유일한 역할이다. 한편 각각의 일개미는 무리 속에서 단독으로 작동하고, 어쩌다 자기 곁에 있게 된 다른 개미와 함께 업무를 수행하고, 자신의 선택에 따라 먹고, 자고, 일한다.

그렇다면 사회적 곤충은 평등주의자일까? 대부분의 군집 중심 종colony-centric species 일꾼들은 위태로울 정도로 먹이가 부족한 상황이 와도 먹이를 두고 다투지 않는다. 그럼에도 한 가지 사회적 불화의 경우에서만큼은 일종의 역전된 지배를 나타낸다. 꿀벌, 그리고 일부 개미와 말벌의 순찰대는 적법하게 알을 낳을 자격이 있는 여왕과 감히 경쟁하려 드는 동료 일꾼들이 낳은 알을 뭉개버린다.[24]

수렵채집인의 평등주의도 완전한 동등함을 의미하지는 않았다. 특히 가족 안에서 평등주의가 항상 적용되는 것은 아니었고, 일부 아버지는 가족 안에서 항상 철권을 휘둘렀다.[25] 그리고 물질적 부에서는 차이가 거의 없었지만 외교적 수완이나 다른 기술에서의 노련함의 차이 때문에 불평등이 생겨났다. 이런 면에서는 사자가 떠오른다. 사자는 지배 위계가 없는 평등주의 종이지만 사냥감을 두고 다툰다. 평등은 기회의 평등을 의미하지 결과의 평등을 의미하지는 않기 때문이다. 인간 사회에서 이것이 자발적으로 이루어지는 경우는 절대 없다. 사회인류학자 도널드 투진Donald Tuzin은 이렇게 말했다. "적어도 미국인들에게 '평등주의'는 온화한 제퍼슨식 민주주의를 연상시키는 말이다. 사슴가죽 옷을 걸친 투박하면서도 예의 바른 개척자들이 모두의 이익을 위해 조화롭게 함께 일하는 이미지를 떠올리는 것이다. 하지만 사실은 그 반대다. 보통 평등주의는 다소 야만적인 독트린이다. 사회 구성원들이 서로 평등한 상태를 유지하려고 분투하는 와중에 끊임없는 경계와 음모가 수반되기 때문이다."[26] 남에 대해 험담하는 것이 인간의 아주 원초적인 재능으로 간주되는 것은 놀랄 일이 아니다.

평등이 완벽하게 이루어지는 것도 아니다. 앞에서 보았듯이 육아, 요리, 사냥 등의 영역에서 성별과 나이에 따라 요구되는 것이 계속 변하기 때문이다. 하지만 부시면족의 경우 대부분 각각의 목소리에 귀를 기울여주었고, 특히나 성적으로는 오늘날 대부분의 사회보다 더 평등했다.[27] 밴드 사회에서는 쟁점이 발생하면 합의에 의해 결정이 내려질 때까지 관련된 모든 사람이 목소리를 냈다. TV가 발명되기 전까지는 분명 이것이 유흥의 주요 원천이었을 것이다. 이것이야말로 영국 수상 클레멘트 애틀리Clement Attlee가 말한 "논의에 의한 통치"의 원본이라 할 것이다.[28]

불화를 없애는 것이 일차적인 관심사였다. 밴드 구성원들은 행동을 규제할 공식적인 방법이 거의 없었지만 사람에게 허용된 행동이 무엇인가에 대한 공통의 믿음을 갖고 있었다. 오늘날의 우리는 그런 행동을 권리로 생각한다. 어떤 면에서 보면 이런 규칙에 동질감을 느껴 올바른 행동을 하고 집단의 중요한 문제에 참여하는 것이 시민의 자질을 보여주는 척도였다. "우리의 법이 진짜 법입니다." 한 왈비리족 사람이 한 말에서 법은 자기들의 '도덕률ethical code'을 의미한다.

집단적 결정

다른 종에서도 공동의 행동은 집단적 선택에 의해 결정된다. 먹잇감을 찾지 못한 미어캣은 '이동 신호'를 보낸다. 한 마리의 목소리만으로는 무리를 움직이지 못하지만 두 번째 미어캣이 그 소리를 따라 하면 무리가 새로운 장소를 향해 움직인다.[29] 이 상황에서 지배적인 미어캣이 무리의 다른 미어캣들보다 집단을 움직일 수 있는 힘이 더 강한 것은 아니다. 아프리카들개는 사냥을 나갈지 여부를 두고 의견을 표시할 때 재채기를 한다. 꿀벌과 일부 개미도 어디를 새로운 둥지로 고를지 결정할 때 그와 비슷한 일종의 투표를 한다. 누가 민주주의를 인간의 발명품이라 했던가?[30]

군대개미는 감독이 없는 조직화의 전형이다. 나이지리아에서 나는 실수로 30미터 폭으로 융단처럼 땅바닥을 덮고 있는 군대개미 떼로 들어가고 말았다. 충격과 공포shock-and-awe 군사 작전을 실행하여 살점을 발라내는 턱으로 사냥감을 잡으러 가고 있는 무리였다. 이 무리를 지휘하는 대장은 없다. 개미 집단은 군집 지능swarm intelligence에 의존하기에 각각의 개체는 기껏해야 한 조각의 정보만 기여한다. 어쩌면 페로몬을 이용해 먹잇감이나 적의 위치를 알리는지도 모른다. 하지만 무리를 지도하는 개체 없이도 수백만 마리의 개미가 결국에는 생산적인 결과를 만들어낸다는 점에서 보면, 군집 수준에서 등장하는 전체적인 패턴은 전략적으로 타당한 것이다.

군대개미에서 보이는 사회적 조화는 인간의 밴드에서 보이는 수준을 한참 넘어선다. 규모가 작은 인간 집단에서는 공동의 의사 결정이 효과적일 수 있지만, 우리 사회는 대규모로 무언가를 할 때 중앙 권력에 점점 더 의지하게 되었고 집단적 결정에 더욱 취약해졌다. 지도자는 사회의 아킬레스건이다. 개인적 이득을 위해 지도자의 자리에 오르는 경우가 많고, 타인에 대한 배려가 전혀 없는 오만한 사람이 인기를 끌 수도 있기 때문이다. 히틀러나 폴포트Pol Pot(캄보디아 공산당 지도자로 국민 대학살을 자행했다 - 옮긴이) 같은 사람은 사회를 망가뜨릴 수 있다. 한편, 좋은 뜻을 품고 있던 지도자의 죽음으로 그 자리가 비게 되었을 때도 사회가 혼란에 빠질 수 있다. 따라서 한 사회가 다른 사회를 물리치려 할 때는 그 사회의 왕을 죽이는 것이 전쟁을 대신하는 저렴한 대안이다. 개미 집단에는 제거할 수 있는 사령관이 없기에 아무리 발로 밟아 죽여도 그들은 끝없이 당신의 부엌을 습격할 것이다.

정보, 그리고 그 정보를 활용할 수 있는 능력은 행군하는 개미들 전체에 걸쳐, 그리고 밴드 안에 흩어져 있는 수렵채집인들 전체에 걸쳐 분산되어 있다. 소셜 미디어 덕분에 우리는 어느 정도까지는 이런 집단적 의사 결정 체제로 돌아가게 되었다. 감독하는 사람이 없어도 생각이 서로 비슷한 사람들끼리 거의 아무런 비용도 들이지 않고 전면적인 집단행동을 추구할 수 있게 된 것이다. 역사적으로 중요한 초기 사례를 살펴보면, 시위대가 마닐라의 EDSA(Epifanio de los Santos Avenue) 도로를 완전히 뒤덮은 후 2001년에 필리핀 법정은 조지프 에스트라다Joseph Estrada 대통령을 탄핵할 수밖에 없었다. 그토록 많은 사람을 거리로 끌어모은 것은 급속도로 오고간 "Go 2 EDSA, wear Blk(검은 옷을 입고 EDSA로 모이자)"라는 수백만 통의 문자메시지였다. 그런 문자메시지를 타당한 것으로 취급하는 행위는, 그것을 전달하는 사람들이 자기와 동등하다는 믿음이 있어야 가능하다. 그날은 미래학자 하워드 라인골드Howard Rheingold가 스마트 몹smart mob(누군가가 나서서 계획한 것이 아니라 뜻을 같이하는 사람들끼리 인터넷, 전자우편, 휴대전화 등으로 연락하여 자발적으로 모인 군중 – 옮긴이)이라고 말한 형태를 통해, 역전된 지배가 확실하게 다시 세상을 장악한 날이었다.[31]

인간에게 사회가 갖는 장점 – 밴드 속에 살아가기

동물이 사회에 소속되어 생기는 요긴한 이점들, 즉 구성원들의 부양과 보호는 우리 종에도 그대로 적용된다. 밴드 사회의 관점에서 이 문제를 고려해보자. 밴드와 사회의 기능이 서로 다르기 때문에 소속성은 유랑민들에게 믿을 만한 본거지(사실 이 본거지는 각각의 밴드마다 간격을 두고 바뀌기 때문에 하나가 아니라 여러 개다)라는 안정성과 유연한 이동성 사이의 균형을 부여해준다. 밴드는 일상적 상호작용의 단위였고, 그 친밀함은 접촉을 유지하는 원숭이들의 친밀도와 비슷했다. 밴드 안에서도 구성원들 사이의 유대 관계가 역동적이어서 수렵을 담당하는 무리와 채집을 담당하는 무리로 매일 분리되어 활동하는 것이 가능했다. 사람의 집단들은 함께 힘을 합쳐 적이나 포식자를 물리치고, 먹을 것을 구하고(그리고 대부분의 영장류와 달리 그것을 널리 공유하고), 아이를 돌볼 수 있었다. 보노보와 침팬지는 공동 육아에 신통치 못해 육아는 주로 여성이 책임졌지만 남성도 아버지로서 참여했고, 할아버지와 할머니도 참여했다. 암컷 큰돌고래는 나이가 많아서 새끼를 못 낳는 경우 육아를 보조하기도 하지만, 동물들 사이에서 나이 많은 개체가 육아를 담당하는 일은 흔치 않다. 인간에게서 가장 놀라운 점은 핵심적인 사회적 학습이 복잡하게 이루어져서, 아이들이 아빠와 엄마뿐 아니라 다른 어른들로부터도 교훈을 배워 자기 사회의 생활 리듬을 흡수한다는 점이다.

수렵채집인 밴드에서는 인간관계를 제공한 반면, 밴드들이 속한 사회에서는 누가 자기 사회 소속이고 누구는 아닌지를 가릴 수 있는 정체성을 부여해주었다. 각각의 밴드는 자질구레한 일상의 일들을 자체적으로 수행했지만, 사회는 심리적 안정감을 부여해주어 자기 지역 너머로 시장과 결혼 관계를 넓힐 수 있게 해주었다. 오늘날의 국가만큼 긴밀하고 지속적인 소속감을 주지는 않았지만, 문제점이나 기회가 알려지면 물품과 정보를 공유하며 함께 행동에 나설 수 있다는 믿음을 제공해, 생존의 측면에서도 사회는 엄청난 가치가 있었다.

밴드 사회의 수렵채집인들은, 공장처럼 효율적인 밴드로 흩어짐으로써 사소한 언쟁은 최소화하고 평등주의자로 남았다. 그렇다면 인간은 어떻게 공동의 정체성을 통해 부여되는 사회적 유대의 이점을 활용하여 문명을 건설하게 된 것일까?

그 과정은 수렵채집인들 자신으로부터 시작했다. 내가 이들의 사회에 대해 기술한 내용은 지금까지 나왔던 글들과 상당 부분 일치하지만, 불완전하다. 이들에게 가능성이 열려 있었다는 것이 어떤 의미인지 제대로 전달하지 못한 것이다. 인간의 분열-융합 방식은 먹을 것을 찾고 스스로를 지킬 수 있도록 다양한 재구성이 가능했다. 그래서 단순한 마을에서 도시에 이르기까지 다양한 형태로 전개되었다. 농부 못지않게 그 이전 수렵채집인의 생활방식 또한 환경에 따라 다양했다. 자원이 허락하는 한, 한 사회의 구성원들은 자연에서 계속 수렵 활동을 하며 한곳에 정착할 수 있었다. 이들은 차차 지도자의 권위를 받아들이는 것에 대한 혐오감을 제쳐놓을 수 있었고, 특정 과제에 대한 재능 과시는 정당한 자부심의 표현, 심지어는 필수적인 일로 자리 잡게 되었다. 뒤에 나올 장에서 밝히겠지만, 그 과정에서 사회 참여에 따르는 이점과 부담이 모두 강화된다.

10장

정착하기

호주의 에클레스산Mount Eccles과 빅토리아주 바다 사이에 약 3만 년 전 화산 분출로 용암이 깔린 평원이 있는데, 그곳에 주거지 수백 개의 고고학적 유해가 남아 있다. 이 구조물들은 열 개 남짓한 규모로 무리 지어 있고, 어떤 구조물은 아주 커서 아파트식으로 구획이 나누어져 있다. 수천 명의 사람이 이 작은 마을에 정착했고, 정착한 부족의 구성원들은 서로 경쟁하고, 싸우고, 지속적인 동맹을 결성하며 살았다.

마을 주변 지역은 큰 규모로 물이 관리되는 환경으로 바뀌어 개울과 강에 다양한 방식의 댐이 들어서고, 우회된 수로가 미로처럼 얽혀 통합된 배수시설을 이루고 있었다. 몇 킬로미터씩 펼쳐진 이 수로들은 아주 오래된 것으로 8000년이 넘는 것도 많은데, 600년에서 800년 사이에 전성기를 보냈다. 운하는 야생의 사냥감인 장어를 수확하는 데 사용됐다. 장어를 잡는 덫은 길이가 100미터에 달했고, 어떤 곳에는 돌담이 1미터 높이로 만들어졌다. 인공 습지도 만들어져 어린 장어는 사람이 먹을 정도로 몸집이 커질 때까지 그곳에서 자랐다. 장어가 워낙 풍부해서 남은 것은 장어 철이 아닐 때를 대비해 저장해두었다.[1]

호주 다른 곳의 원주민들과 마찬가지로 에클레스산 사람들에게도 재배해서 얻은 식량은 없었다. 모든 정교한 기반시설은 수렵채집인들의 발명품이었지만 집들은 영구적인 것으로 보이며, 그중 일부에는 1년 내내 사람들이 살았을지도 모른다. 후손들의 주장으로는 그랬다고 한다. 이 에클레스산 원주민들이 주는 교훈은, 농사가 시작되기 전에도 내가 말한 정착형 수렵채집인 사회에 살 수 있는 옵션이 있었다는 것이다.

밴드로 무리 지어 살았던 수렵채집인의 사회생활은 우리에게 수수께끼를 제시한다. 그들 삶의 많은 측면이 현대의 삶과 정반대인 것으로 보이기 때문이다. 우리 대부분은 자신이 존경하는 지도자를 기쁜 마음으로 따르고, 일부는 자기가 직접 지도자가 되기 위해 분투한다. 유랑형 수렵채집인은 그런 양쪽 모두를 경멸의 시선으로 바라보았다. 우리는 사회의 위계질서를 지지하고 사회적 지위의 차별을 조성할 뿐만 아니라 힘 있고 명망 있는 사람들을 우러러 보고, 가정교육을 잘 받고 부유한 사람들을 존경하며, 스타와 대통령의 사생활 추적에 지나치게 많은 시간을 할애한다. 카를 마르크스는 사회의 역사를 계급투쟁의 관점에서 바라보았지만 수렵채집인 밴드에는 투쟁할 계급이란 것 자체가 없었다. 수렵채집인은 소유하는 것이 거의 없었고, 소유한 것마저도 기꺼이 모두 내주며 살았다. 그렇다면 문명은 대체 언제부터 부의 축적에 가치를 부여하기 시작했을까? 우리의 개인적 야심은 대체 어디서 온 것이며 언제부터 존재한 것일까? 우리는 작은 군집의 개미처럼 다방면에 재주가 있는 존재가 되도록 만들어지지 않은 것이 분명한데 그럼 타인들과 다른 존재가 되고 싶다는 욕망, 가령 남보다 뛰어나게 잘해서 튀어 보이고 싶은 욕망은 언제부터 생겨났을까?

정착 생활을 하게 되자 사람들은 밴드에 살면서 이용했던 것과는 다른 정신적 도구에 의지해야 했다. 사회적 불평등, 업무 전문화, 지도자의 말에 잠자코 따르기 등 우리가 당연히 여기는 조건들이 정착형 수렵채집인들 사이에 전반적으로 퍼져 있는 상태는 아니었지만, 각각의 세대가 한 장소에 머물게 되면서 그런 조건들이 전면에 부각될 가능성이 커졌다. 그래서 인류학자들은 정착형 수렵채집인 밴드 사회를 소위 단순한 수렵채집인 밴드 사회와 대조해서 복잡한 밴드 사회로 기술한다. 하지만 분열-융합은 자체적으로 복잡성을 제공한다. 이런 복잡성에 해당하는 것으로는 희박한 먹거리를 추적하는 데 따르는 고단함뿐만 아니라 좋은 야영지를 찾아내는 일, 사회적 동등함을 유지하기 위한 몸부림 등이 있다. 이런 이유로 나는 '단순한' 혹은 '복잡한' 등의 수식어는 사용하지 않을 것이다. 나는 수렵채집인의 삶을 복잡하게(혹은 단순하게) 만든 궁극적 원인인, 이들이 살던 장소의 불변성과 조밀성에 초점을 맞출 것이다.

인류의 선사시대에 대한 서술 중 상당수는, 문명에서 권력과 역할의 구분이 등장하는 데 결정적 역할을 한 것은 먹거리 재배였다고 본다. 농업이 국면 전환의 핵심이었던 것은 사실이다. 하지만 카멜레온이 주변 환경에 따라 색깔을 바꾸듯 인간 또한 상황에 맞게 사회생활을 재구성했다. 평등과 나눔에서 권위와 훈계로, 방랑 생활에서 한곳에 뿌리내리기로 말이다. 이것을 믿기는 쉽지 않다. 그들이 지금 우리 삶의 방식을 보면 낯설어했을 것처럼 우리 역시 그들 삶의 방식이 낯설기 때문이다. 하지만 인간의 인식은 한때는 수렵채집인에게도 가용했던 사회적 옵션 전반에 걸쳐 조정 가능한 상태로 남아 있다.

모이기

사람은 서로의 머리 위로 밟고 올라섰을 때 만족을 느낄 수 있다. 이는 타인을 무시할 수 있게 해주는 익명 사회 덕분이기도 하다. 대부분의 동물은 사회 구성원과의 간격에 대한 관용이 대단히 부족하다. 개코원숭이는 무리와 함께 있어야 할 필요성에도 불구하고 가장 가까운 동맹을 제외한 다른 모든 개체와 신중하게 거리를 유지하는 반면, 군대개미는 말 그대로 항상 서로의 머리 위를 밟고 지나다닌다. 짧은꼬리푸른어치는 좀 더 유연해서 연중 일부는 아주 빽빽하게 무리를 지어 살고, 새끼를 키울 때는 짝을 지어 둥지에서 지낸다. 역설적이게도 분열-융합이 가장 왕성한 동물도 분산 가능성을 온전히 활용하지는 못한다. 인간, 늑대, 코끼리 외의 다른 종에서는 개체들이 한 번에 자기 근방에 받아들일 수 있는 개체 수가 몇 마리에 불과하기 때문이다. 제인 구달이 자기 연구 기지에 침팬지 커뮤니티 모두가 충분히 먹고도 남을 바나나를 쌓아놓았더니, 침팬지들은 그 자리에 정착하기보다는 뿔뿔이 흩어져버렸다(이 주제는 나중에 다시 다루겠다). 인간이었다면 그런 일은 발생하지 않았을 것이다. 최근까지 수렵채집인 밴드에서 살았던 사람이라 해도 도시 생활에 적응할 수 있다(사람들 모두가 그렇듯 문화적 충격을 견디기가 힘들 수는 있겠지만). 한편 그랜드 센트럴 터미널의 발 디딜 틈 없는 인파에 휩쓸렸던 관광객이라 해도 바로 그날 사람 하나 찾아보기 힘든 곳에서 기분 좋게 산책하기 위해 블루마운틴행 기차에 올라탈 수 있다.

인간에서 발현되는 분열-융합의 융통성 중 일부는 수렵채집인 밴드가 무려 수백 무리나 한자리에 모여들 때도 잘 드러났다. 그런 친목 모임은 모든 사람을 몇 주 정도 먹이기에 충분할 정도로 자원이 풍부한 계절에 가끔씩 열렸다. 그 시기 동안에는 사람들이 무리 속 원숭이들처럼 함께 어울렸는데, 차이점이라면 한 장소에 머무른다는 것이었다. 선택되는 장소는 물가나 다른 비옥한 장소였다. 보통은 방랑 생활을 하던 안다만 제도 원주민들도 매년 한 번 바닷가 근처에서 몇 주 정도 같이 있으면서 낚시를 했다. 이때 그들이 머무르던, 막대기와 야자나무 이파리로 지어진 거처는 직경이 10미터가 훨씬 넘고 높이도 몇 미터나 되어 브루클린의 내 아파트보다 더 컸다. 그 안에서 가족들은 각각 자신의 잠자리와 불을 마련했다. 이 공동 주거시설은 여러 세대에 걸쳐 유지되었기에 그 주변에 둘레 150미터, 높이 10미터가 넘는 수천 년 된 쓰레기더미가 남았다.[2] 또 다른 사례를 들어보자. 북아메리카에서는 매년 가을이면 어떤 부족의 밴드들이 함께 모여 들소 무리를 겁주어 절벽 너머로 내몰았다.[3] 그 어떤 침팬지 커뮤니티도 이런 식으로 하나의 거대한 집합체를 이루어 움직이지는 않는다. 유인원들은 사회적 참여를 작은 단위로 나누어 진행한다.

근본적인 수준에서 보면 밴드 회합 기간의 삶과 일상적 삶은 별 차이가 없었다. 보통 때도 각각의 밴드는 조금 떨어진 곳에서 야영하면서 '이웃' 상태를 유지할 때가 많았기 때문이다. 하지만 이 회합은 당시의 동창회에 해당하는 것으로 서로 가십거리를 나누고, 선물을 교환하고, 함께 노래하고 춤추고, 코끼리들의 회합이 그렇듯이 남자들이 여자를 차지하기 위해 어슬렁거리는 등 활기가 넘쳤다.[4] 밴드들 사이에서 이루어지는 가장 흔한 접촉은 가족이 개인적으로 아는 밴드를 방문하거나 한 사람이 여행을 하는 경우였지만, 이 회합은 사람들의 공통의 정체성에 윤활유 작용을 했다. 그저 상황에 의한 것이었다고 해도 분명 집단적 관습과 행동을 지지해주는 중요한 역할을 했을 것이다. 나는 이런 회합에서 집단에 영향을 미치는 결정이 내려졌다는 증거는 찾지 못했다. 하지만 이러한 활동은 분명 공동의 목적의식을 전달해주었을 것이다.[5]

이런 회합은 영구적 정착으로 나아가는 한 걸음이었고, 이것을 통해 사람들 사이의 제휴가 재확인되었을 것이다. 그러나 떠돌아다니던 수렵채집인들이 그냥 이동을 멈추는 형태로 이루어진 이 회합은 몇 가지 이유로 파국을 맞을 운명이었다. 그 근처의 식량 자원이 싹쓸이되고, 동물의 내장과 폐기물이 더미로 쌓이고(유랑민들은 이런 문제의 해결에 소홀했다), 사람을 무는 벌레들에게는 그 기회가 한바탕 신나는 축제나 다름없었기 때문이다. 그중에서도 최악의 문제는 수많은 개성이 부딪히다 보니 시기심과 분노가 전면에 부각된 것이었다. 결국 원수들을 하나로 묶지 못하는 재회에 무슨 의미가 있겠는가?

사실 인간이 밴드 사회의 평등주의적 생활방식을 확대하지 못했던 가장 큰 이유는, 대부분의 포유류와 마찬가지로 우리 역시 옥신각신 다투는 일이 많기 때문이다. 록 콘서트가 사회적 엔트로피로 이어질 수 있듯이 대규모 회합은 결국 난동으로 막을 내릴 수 있다. 이런 시기에는 살인 사건 발생이 정점을 찍는다.[6] 밴드들은 원래 있었던 곳으로 물러나고, 다른 곳에서 살던 친구들이 밴드에 새로 합류하면서 일종의 의자 뺏기 놀이가 일어난다. 소설가 살만 루슈디Salman Rushdie는 이렇게 말했다. "자유로운 사회는 움직이는 사회다. 그리고 움직임에는 마찰이 뒤따른다." 방랑 생활을 하던 수렵채집인도 마찬가지였다.[7]

비 오는 날의 심리 상태

일부 경우에서 밴드는 농업 수확량에 버금갈 정도로 야생 먹거리의 생산성을 늘리는 관행을 개발하기도 했다. 씨앗을 심고 동물을 가축화하지 않아도 환경으로부터 식량을 구하는 어떤 방식을 이용하면 한동안 한자리에 머물기가 쉬워졌다.[8] 1835년에 호주의 공유지 감독관 토머스 미첼Thomas Mitchell은, 달링강 옆으로 몇 킬로미터나 펼쳐진 불탄 평원의 풍경에 대해 기록했다. 그 풍경은 누가 봐도 곡물 밭과 닮아 있었다. 위라듀리Wiradjuri족은 돌칼로 그 곡물을 수확해서 더미로 쌓아 말렸다. 이것은 분명 유서 깊은 과정을 통해 이루어졌다. 구석기 식단에 어떤 음식이 들어 있었는지에 대해 말이 많지만, 이들은 곡물을 갈아 빵으로 만들어 먹었다.[9]

일부 사례를 보면 수렵채집인은 자연을 조작해서 생산성을 향상했다. 남아메리카의 아체족은 '구추guchu' 딱정벌레가 찾아오도록 야자나무를 베어 넘어뜨리고 잘라서 딱정벌레 애벌레 농장을 만들었다. 이 애벌레는 죽어가는 야자나무Pindo palm 속에서 10센티미터 정도로 크게 자란다. 밴드는 모든 사람이 통통하게 살이 오른 애벌레를 제때에 와서 수확할 수 있도록 유랑 경로를 잘 짜야 했다. 아체족은 이 별미를 무척 즐겼기 때문에, 내가 추측하기로는 만약 이들이 한 장소에서 안전하게 충분히 많은 양의 애벌레를 수확할 방법을 찾아냈다면 아예 그 자리에서 바로 애벌레 농부로 눌러앉지 않았을까 싶다.[10]

방랑하는 생활방식을 내려놓기 위해서는 정착 생활에 대한 지속적인 유인책이 필요했다. 곤궁한 시기에 대비하는, 남은 식량 저장법도 그러한 유인책에 들어간다. 곤충 중에 수확개미harvester ant는 잘 보호되는 지하 식품 저장고를 협력해서 만들어, 그곳에서 씨앗을 몇 달씩 신선한 상태로 보관한다. 하지만 대부분의 척추동물 사회는 그러한 집단적 만족 지연delayed gratification을 보여주지 못한다. 그래서 가령 짧은꼬리푸른어치는 자기 씨앗을 숨겨놓고, 무리에서 그것을 훔치려는 개체가 있으면 공격을 가한다.

인류학자 리처드 리는 부시먼족 사회의 관습에 대해 이렇게 설명했다. "!쿵 부족은 남은 음식을 따로 모아두지 않는다. 환경 자체를 자신들의 저장고라고 여기기 때문이다."[11] 그럼에도 지속적인 식량 공급을 산출하는 문화적 관습이 있다면 본거지를 장기적으로 뒷받침해줄 수 있다. 부시먼족과 하드자족 모두 고기를 말려서 보관함으로써(한자리에 오래 머물며 먹을 만큼 많은 양은 아니지만) 그 방향으로 작은 한 걸음을 내디뎠다.[12] 이누이트족은 물개 시체를 통째로 얼음에 보관했다. 이들에게 있어 집 바깥은 하나의 거대한 냉장고나 다름없었다. 웨스턴쇼숀족은 매해 가을마다 가족별로 흩어져 잣 열매를 즐겼고, 남은 것은 바구니에 담아두었다. 침울한 겨울이 되면 그들은 함께 모여 저장해놓은 잣을 먹었다. 이로써 그 힘든 계절을 맞이하는 음

식을 먹으며 사회적으로 어울리는 즐거운 시간으로 바꾸어놓았다.[13]

해마다 자연으로부터 음식을 모아 대량으로 축적할 수 있는 기회를 제공해주는 환경은 극히 드물었다. 자원이 있는 경우라고 해도 한 장소를 고집하는 데 따르는 위험은 클 수밖에 없었다. 이웃들도 정착하기로 마음먹어버리면 행여 상황이 악화됐을 때 다른 곳으로 이동할 수 있는 옵션이 사라져버리기 때문이다. 그 예로 에클레스산 원주민 부족과 일본의 조몬繩文이 있다. 이들은 한 해의 대부분, 혹은 전체를 정착지에서 살았다. 그 마을들 중 일부는 몇 안 되는 뉴기니 수렵채집인의 마을처럼 작고 단순했다. 뉴기니 수렵채집인은 원예를 하는 이웃들이 좋아하는 돼지와 참마를 기르기에는 너무 늪이 많은 땅에서 물고기를 잡아먹고, 사고야자sago palm의 중과피를 먹었다.[14] 북아메리카의 정착형 수렵채집인은 더 복잡했다. 플로리다 남서부의 칼루사Calusa족, 서던캘리포니아 해안과 채널 제도의 추마시Chumash족, 그리고 가장 잘 연구되어 있는 태평양 연안 북서부—울창한 숲을 이루는 오리건주에서 나무들이 제대로 성장하지 못하는 알래스카 지역까지—의 부족들이 여기에 해당한다.[15] 이 일대에 사는 부족들은 모두 해양식품을 대량으로 모아 저장해놓은 후 좋을 때나 안 좋을 때나 꺼내 먹었다.[16]

유럽인이 북아메리카로 왔을 때, 태평양 연안 북서부에는 수렵채집인이 빽빽이 모여 살고 있었다. 부시먼족과 호주 원주민이 스스로를 하나의 집단으로 본 적이 없듯이 그 지역 수렵채집인도 스스로를 집단으로 보지 않았기에, 내륙에서 유랑하며 살아가는 밴드와 정착해 살아가는 자신들을 구분해주는 단어가 없었다. 어쩌면 그런 단어가 없었던 이유는, 그 정착지에 이누이트족과 인디언 등 다양한 배경을 가진 인구가 함께 모여 살았고, 그 각각의 인구 집단도 여러 부족으로 구성되어 있었기 때문인지도 모른다. 그 대부분은 바다와 떨어져 살았지만, 연어에 의존해서 살던 일부는 강을 따라 이동하면서 영구적으로 정착할 곳을 찾았다.

태평양 연안 북서부의 일부 장소는 몇 세기 동안 200명에서 2000명 정도의 사람들이 차지하고 있었다. 그중 가장 발전된 사람들은 실로 인상적이었다. 그들은 일자형 공동주택뿐 아니라 다른 거주시설도 엄청난 크기로 지을 수 있었다. 기록상에서 가장 큰 것은 길이가 200미터에 폭이 15미터나 되었다. 이 정도면 현대의 유명 인사들이 사는 집만큼이나 넓은 공간이다. 물론 여러 가족이 공동으로 사용하기는 했지만 말이다. 작은 정착지에서는 하나의 일자형 공동주택을 지어 살기도 했지만, 큰 마을에서는 여러 개의 주택에 나누어 살았다.

사회 간은 작은 밴드 간보다 정체성 표지에 의해 더욱 깔끔하게 구분되었다. 그런 구분은 태평양 연안 북서부에서 특히 도드라졌고, 그런 사실이 잘 문서화되어 있다. 가장 놀라운 표지는 입술 장식labret이었다. 이것은 뺨이나 아랫입술을 뚫어서 끼우는 피어싱 장신구로, 상아 원반에서 여러 색깔의 구슬로 만든 것까지 다양했다. 입술 장식은 3000~4000년 전에 등장했고 그것을 착용한 사람의 사회적 경제적 지위를 알려주는 징표였지만, 주 목적은 부족과 거기에 속한 사람들을 연결시키는 것이었다.[17] 먼 북극의 알류트Aleut족은 문신, 코걸이, 목걸이, 파카에 사용하는 동물의 모피로 구분할 수 있었다. 또한 친목을 위한 만남이든 전투를 위한 만남이든 외부자와 접촉할 일이 있을 때는 새 부리 모양의 밝은색 장식 무늬가 있는 부족의 모자를 쓰는 것이 가장 중요한 표지였다.[18]

리더십

정착 생활의 복잡성 중 상당 부분은 유랑형 수렵채집인 집단을 일상적으로 분열시키는 개인 간 불화나 물류 문제와 관련이 있었다. 유랑인들에게 이것이 문제였음을 보여주는 관찰이 있다. 툰드라에서 열대우림에 이르기까지 수렵채집인 밴드의 주거지는 각양각색의 자원이 제공됨에도 불구하고 밴드의 규모는 수십 명 정도로 유지되었다. 이런 일관된 속성은 수렵과 채집을 둘러싼 피할 수 없는 문제가 아니라 사회적 문제 해결의 실패로 설명할 수 있다.[19] 예를 들어 일부 부시먼족 사회의 무리는 2세대나 3세대를 거칠 때마다 사회를 통제할 수 없어 기능을 상실했다.[20]

이런 역기능을 우회하기 위해 정착지의 사람들은 자기가 따를 만한 결정을 내리는 재주가 있는 사람들을 묵인하게 되었다. 구성원 간에 권력이나 영향력 면에서 거의 차이가 없는데도 잘 지내는 동물들이 있다. 개미는 일종의 집단 지능을 통해 작동한다. 사람은 개미가 아니다. 개미의 경우 표지만 가지고도 충분히 한 사회를 유지할 수 있다. 아르헨티나개미는 그 사회의 규모가 대륙을 가로지를 정도로 거대한데도 말이다. 밴드 사회를 포함해서 인간 사회에서는 예외 없이 사회적 갈등이 존재해왔다. 하지만 사람을 리드하거나 리더를 따르는 인간의 성향은 대체 어디서 온 것일까? 여기에는 분명 부모를 따르며 자랐던 어린 시절의 습성이 반영되어 있다. 오늘날 우리는 선생님, 직장 상사, 국회의원, 대통령 등 권위를 가진 인물들에 둘러싸여 산다. 요즘에는 사회가 제대로 기능하려면 사람들이 달라지는 상황별로 자신의 위치를 알고 그에 따라 행동해야 한다. 사람을 이끄는

역할이든, 따르는 역할이든 말이다.[21]

많은 척추동물 사이에서 무리를 지배하는 개체를 보면 리더가 떠오른다. 지배는 누가 누구와 어떻게 상호작용할지에 영향을 미친다. 하지만 권력의 표현과 자원의 통제는 높은 지위가 갖는 중요한 요소일지는 몰라도 제일 꼭대기 지위를 차지한 개체가 꼭 무리를 이끄는 것은 아니다. 대부분의 종에서 최고의 권력을 가진 개체는 집단을 위해 중요한 무언가를 동원하는 일 없이 다른 개체들을 괴롭히기만 할 가능성이 크다. 어떤 우두머리 개체는 영향력을 갖고 있을 때도 있다. 벌거숭이두더지쥐 여왕은 일꾼들을 떠밀거나 살짝 물기도 한다. 아마도 일을 하라고 재촉하는 것으로 보인다. 권력이 막강하고 서열이 높은 개체를 따라다니면 무언가 잘못됐을 때 다른 개체들로부터 자신을 보호할 수 있다. 일반적으로 우두머리 여우원숭이는 그날 하루 자신의 무리가 다닐 길을 정하는 역할을 한다. 하지만 말은 다르다. 말의 경우 길을 정하는 것은 리더 수말이 아니라 암말들이다.[22]

하지만 사람들이 보통 생각하는 리더는 사회에서 벌어지는 일들을 지휘하는 데 상당한 역할을 하는 자를 의미한다. 우두머리 수컷 늑대와 암컷 늑대가 하는 일이 바로 그것이다. 이들은 무리가 나아갈 길을 정할 뿐 아니라 먹잇감 사냥을 개시하고 외부자 늑대를 힘을 합쳐 공격하게 한다.[23] 코끼리의 핵심집단에서는 가장 나이 든 암컷 개체가 아무도 괴롭힐 필요 없이 가장의 지위를 얻는다. 다른 개체들은 외부자 중 누가 친구인가 등의 문제에서 그 암컷 가장의 축적된 지혜를 인정해 그의 의견에 따른다.[24] 암컷 코끼리 가장은 지위가 낮은 개체들 사이에서 긴장감이 조성되면 개입하기도 하고, 그 후에 상처 받은 쪽을 위로한다. 정치적 판단력이 있는 지배적 침팬지도 이런 일을 한다.[25] 그렇다고는 해도 그들의 영향력에는 한계가 있다. 인간 사회의 군주나 대통령만큼 사회 전체의 장기적인 행동 방침을 제시하지는 못하는 것이다(물론 오늘날에는 인간 사회의 리더들도 다른 사람들의 승인이 없으면 그렇게 하기가 힘들다).

이런 엄격한 의미의 리더십은 자연에서는 찾아보기 힘들다. 심지어 사람도 리더를 요구하지 않았던 예를 앞에서 확인한 바 있다. 수렵채집인 밴드에서는 일상적 활동에서 장기적인 계획에 이르기까지 모든 문제를 논의로 해결했다. 하지만 수십 명이 넘는 사람들이 장기간에 걸쳐 함께 모여 살 때는 이런 평등주의적 접근 방식이 통하지 않는다. 최초의 마을에서는 지나치게 참견하는 사람을 피해 다른 곳으로 가거나 함께 단합해서 그런 사람을 타도하기가 어려웠다. 기껏해야 마을에서 가장 먼 곳으로 떨어지는 정도가 최선이었다.

그런 환경에서는 누구를 리더로 할지 결정할 때 많은 요소가 영향을 미쳤다. 매력적인 성격은 사람들의 지지를 이끌어냈지만, 그런 성격의 사람이 밴드 사회나 작은 정착지에 등장하는 경우는 드물었다. 인구 100만 명 정도의 나라들에서도 존 F. 케네디 같은 사람은 드물다. 그래도 사람들 사이에 악감정이 쌓여 있을 때는 적당한 재능만 있는 사람이라도 책임 있는 자리에 앉혀놓으면 도움이 될 수 있다. 그런 시기에는 권위 있는 인물이 되려는 노력이나 그런 사람을 인정하겠다는 의향 모두 가치가 있다. 리더십이 효과적으로 작동하려면 이 양자가 함께 움직여야 한다. 사람들이 의견의 불일치는 묻어두고 위기 속에서 수완을 발휘하는 사람을 지지해주어야 하는 것이다.[26] 그때도 지금처럼 사람들은, 관심을 모으고 쟁점에 신속하게 반응하는 사람에게 끌렸을 것이다. 밴드 사회에서 처음 갈고 닦았던 이런 능력 중에는 대중 웅변술도 있었다. 리더십이 막 시작된 단계에서는 이것이 핵심 기술이었을 것이다. 떠버리 효과babble effect(쓸모없는 말이라도 많이 지껄이는 사람이 그러지 않는 사람보다 리더로 추대될 가능성이 높아지는 현상 - 옮긴이) 때문에 말이 많은 사람은 언제나 어떤 영향력을 미치게 된다. 평등주의 밴드에 속한 부시먼족 젊은이들은 그런 사람을 따르고 싶은 충동을 억눌렀지만 말이다.[27]

따라서 수렵채집인 정착지에는 조직화된 정부의 지도자 같은 사람은 없었어도 영향력 있는 사람은 있었다. 예를 들어보자. 에클레스산 주변의 어부 민족 우두머리는 귀한 사람으로 대접받았고, 전쟁을 선포하고 약탈품 중 가장 좋은 것을 차지할 수 있었다.[28] 신세계에서 왕에 제일 가까운 통치자는 칼루사족 추장이었다. 그는 한 건물 안에서 의자에 앉아 치안을 유지했다. 그 의자는 오늘날의 기준으로 보면 소박한 것이었지만 그 건물은 한 역사가에 따르면 2000명이 들어와도 붐비지 않을 정도였다고 한다.[29]

추마시족과 태평양 연안 북서부 집단의 추장들은 대단히 호사스럽기는 했지만 자신의 권력을 그리 강하게 내세우지는 않았다.[30] 이들은 군대를 등에 업은 큰 농업 사회의 우두머리들에 비해 조심스럽게 행동해야 했다. 그래서 사람들이 의무를 다하도록 북돋기 위해 강압하기보다는 잔치를 벌이는 등 설득과 보상에 더 크게 의지했다. 리더들은 정치적 공작이나 자기 자신의 이해관계를 지키는 일에는 언제나 달인이었다.[31] 하지만 추장들은 사회에 속한 사람들에게 보여야 할 겸손, 도덕성, 확고한 신념 등을 몸소 실천하면서 모범을 보이는 경우도 많았다. 이런 것들은 오늘날에도 존경받는 리더의 자질이며, 평등주의 시대가 남긴 유산인지도 모른다. 추장들은 사람들에게 함께 힘을 모아야 한다는 확신을 심어줌으로써 평등주의적 마음가짐이 유지되도록 했다. 하지만 이때도 그들의 영향력은 제한되어 있었다. 리더와 추종자 사이의 끝없는 밀고 당기기 속에서 작은 정착지의 구성원들은 자신이 어느 정도는 영향력을 행사할 수 있는 추장을 지지했다.[32] 태평양 연안 북서부의 추장들은 마을 생활의 평범한 측면에 대해 발언권이 있는 비공식 자문위원회의 지지를 구했다. 이것은 위원회를 통한 리더십이었다. 유랑 사회에서 밴드 전체가 감당했던 역할을 위원회가 맡은 것이다.

왔다 갔다 하는 생활양식

리더를 필요하게 만드는 골칫거리가 꼭 사회 내부에만 있는 것은 아니다. 어떤 위험은 구성원들 사이의 불화가 아니라 외부자들로부터 왔다. 역사적으로 가장 존경받는 리더들, 미국의 예를 들자면 조지 워싱턴, 에이브러햄 링컨, 프랭클린 루스벨트 같은 이들은 외부자로 인한 갈등이 만연해 국민들이 신뢰할 수 있는 누군가를 원할 때 등장했다.[33] 수렵채집인 사회에서도 외부자의 출현은 리더가 등장할 수 있는 조건이었다. 호주에 들어온 유럽인이, 조직적으로 총력전에 나선 수백 명의 호주 원주민에 대해 한 말에 따르면 그들에게는 강력한 우두머리가 있었다. 부시면족도 적에 대항해서 연합된 전선을 형성할 때는 리더를 받아들였다.[34] 지금의 보츠와나에 살던, 부시면족에 속한 =아우//에이=Au//ei 족도 마찬가지였다('='와 '//'는 흡착음을 나타낸다). 19세기 초반에 작성된 부시면족에 대한 기록을 보면,

=아우//에이족은 계절에 따라 사방이 방어용 말뚝 울타리로 둘러싸인 마을에 들어가 살았다고 한다. 그렇게 울타리 속에 있는 동안 먹을 것을 충분히 확보하기 위해, 입을 떡 벌리고 있는 깊은 구덩이 같은 미로 속으로 짐승의 떼를 몰아 사냥감을 도태시키는 혁신적인 방법을 만들어냈다.[35] 당시의 =아우//에이족은 걸핏하면 피의 앙갚음을 하던 전사들로 마차를 불태우고, 소를 훔치고, 다른 부시먼족으로부터 공물을 거두어들였다.

사회가 리더와 마을에서의 삶에 적응했다고 해서 그 변화가 영구적이었다는 의미는 아니다. 19세기 말엽에 =아우//에이족은 다시 리더 없는 떠돌이 밴드로 되돌아갔다. 1921년에는 무력 충돌을 지휘하는 축소된 역할을 가진 추장이 다시 등장했지만, 사람들이 정착해 살지는 않았다. 소를 키우는 오를람Oorlam족같이 무장한 부족이 침략해 들어오던 시기에는 리더들이 영향력을 키웠다.[36] 하지만 싸움의 필요성이 줄어드는 시기에는 리더에 대한 호감도 시들해졌고 사람들은 다시 평등주의적인 밴드 생활로 돌아갔다. 그렇다면 이것이 원래의 삶의 방식이라 추정할 수 있다. 다만 자기 방어에 대한 요구가 언제부터 생겨난 것인지는 알 길이 없다. 역동적인 =아우//에이족의 역사를 보면 사회조직의 변화가 거의 흔적을 남기지 않고 왔다 갔다 할 수 있음을 알 수 있다.

유랑 생활을 하던 아메리카 인디언들에게도 리더가 있었다는 것은 유명하다. 오늘날까지도 이어지고 있는 연장자 리더. 이동식 원뿔형 천막tepee과 원형 천막wigwam을 사용하던 이 수렵채집인 부족이 유럽인이 말과 총을 가지고 도착하기 전에 얼마나 자주 추장의 지도를 따랐었는지 알기는 불가능하다. 분명한 것은 위험이 다가오면 유랑 사회도 더 큰 사회적 복잡성을 받아들였다는 점이다. 대평원 인디언들Plains Indians은 전투에 대비해 사람을 엄선해서 전사들의 연합체(당시의 육군사관학교에 해당)에서 엄격한 훈련을 시켰다.

대부분의 시간을 유랑민으로 보냈던 =아우-//에이족과는 반대로 완전히 정착해서 살았다고 여겨지는 수렵채집인도 상황에 따라 왔다 갔다 했다. 자연으로부터 먹을 것을 구하던 정착민의 표준인 태평양 연안 북서부 인디언들도 항상 한자리에 머문 것은 아니다. 사람들은 사정에 따라 마을을 옮기거나 해체했다. 일부 일자형 공동주택은 계절에 따라 사용하던 거주지였고, 가족들은 화물 운반용 카누를 타고 다른 곳에 있는 집들로 이동해 다녔다. 임시 야영지가 있었다는 증거도 있다. 이는 이들도 사냥을 하러 돌아다녔다는 의미다. 어쩌면 요즘에 수렵, 사냥 등의 야외 활동을 좋아하는 사람들이 잠깐씩 텐트를 치며 움직이는 것과 비슷한 방식이었는지도 모른다.[37] 한 집을 정해서 틀어박혀 살거나 한 번도 머물지 않고 쉼 없이 방랑하는 등 극단적인 생활방식을 고수한 수렵채집인은 아마 거의 없었을 것이다.[38]

차이를 안고 살기

일단 사람들이 충분히 오랫동안 정착해서 더 이상 각각의 가족이 가지고 다닐 수 있는 양으로 재산이 제한되지 않게 되면 기술이 확대될 가능성이 열린다. 그에 뒤따른 사회질서의 혁명이 일상생활의 구조 자체에 영향을 미쳤다.

정착지에서 이루어진 상당수의 기술 발전 덕분에 식품 생산이 개선됐다. 예를 들어 태평양 연안 북서부의 경우 항해에 적합한 대형 카누, 생선을 대량 가공할 수 있는 장비, 그리고 건어물을 장기간 보관할 수 있는 밀봉 용기 등이 만들어졌다. 다양한 도구도 만들어져 물고기를 다양한 그물, 몽둥이, 창, 작살, 낚싯줄로 잡거나 둑을 쌓아 잡을 수 있게 되었다. 정교한 도구를 다양하게 사용할 수 있게 되자 소수의 사람이 전체가 먹을 만한 수확을 올릴 수 있게 됐다. 한 장소에 모여 사는 그 많은 사람이 모두 밖으로 나가 각자 먹을 것을 구해 오는 것이 사실상 불가능한 상황에서, 이는 대단히 중요한 변화였다. 집으로 살찐 돼지나 연어를 잡아 오는 전문화된 노하우는 수많은 사회적 임무 중 하나로 자리 잡았다.

돌을 깎아 화살촉을 만들거나 옷감을 짜는 등의 재주도 밴드에서 더욱 환영받게 됐다. 태평양 연안 북서부에서는 일부 직업이 대물림되어 부모가 자식에게 특정 기술을 전수해주기도 했다. 전문성에 대한 수요가 늘어났다는 것은 사회의 전체적인 기능을 더 이상 그 누구도 혼자서 이해할 수 없게 되었다는 의미다. 이는 또한 사회에 축적된 지식의 총합이 커진다는 의미이기도 하다. 한 장소에 머물게 되니 사회의 복잡성이 짊어지고 다닐 수 있는 물리적 짐의 제약에 얽매일 필요가 없게 되었고, 마찬가지로 머릿속에 담고 다녀야 하는 문화적 짐의 제약으로부터도 자유로워졌다.

에밀 뒤르켐Emile Durkheim의 선구적 연구 이후로 사회학자들은 전문화를 사회적 응집이나 연대를 강화하는 힘으로 여겨왔다.[39] 분명 맞는 말이기는 하다. 하지만 그가 염두에 두었던 응집력은 전적으로 정착지 사람들에게만 국한된 것이 아니었다. 밴드 사회의 만물박사들도 사람들의 결속에 기여하는 물품 교환에 의존했었다. 밴드 간에도 서로 다른 재능을 타고난 사람들 사이에서 거래가 일어날 수 있었지만 수많은 정착 사회에서 나타난 명확한 직업 구분은 이런 효과를 더욱 두드러지게 만들어 사람들을 더욱 상호 의존적으로 만들었다. 그리고 이런 경향은 현재까지도 진행형이다.[40]

맡은 일의 차이는 잘 모르는 사람이나 아예 모르는 사람과의 상호작용도 단순화시켰다. 정착지의 규모가 커지면서 그런 사람들이 더 흔해졌기 때문이다. 우리는 그 사람이 맡은 역할만 확인하면 그 사람에 대해 아무것도 몰라도 어떻게 대해야 할지 파악할 수 있다. 예를 들면 경찰복을 입고 있는 사람을 보면 경찰관으로 대하면 된다. 그와 비슷하게 일개미는 자기 군집의 병정개미를 만나면 그 개미와 전에 본 적이 있든 없든 적절하게 상호작용할 수 있다.

사람 외의 다른 포유류에서는 육아나 정찰 등의 임시 업무를 제외하면 특별한 업무를 전담하는 경우가 드물다. 만약 침팬지와 보노보 무리에서 견과 찾기가 전문인 개체가 견과를 까는 재주가 좋은 개체에게 견과를 넘겨주는 방식을 취하면, 그들의 삶이 더 나아지지 않을까. 수확개미 군집에서는 씨앗을 모으는 일개미와 그것을 모두가 먹을 수 있도록 자르는 더 큰 일개미가 따로 있는 경우가 많다. 하지만 척추동물 중에서 이런 업무 분담을 보이는 종은 벌거숭이두더지쥐 정도다. 벌거숭이두더지쥐는 비교적 큰 사회를 이루기 때문에 개미처럼 여왕, 왕, 일꾼, 병사 등으로의 분업이 가능하다.

우리 종에서는 사회적 지위를 바탕으로 한 전문화가 이방인 및 타인과 어떻게 상호작용할지에 관한 정보를 알려줄 뿐만 아니라, 온갖 종류의 전문 집단과의 연관성 및 타인을 어떻게 동일시할지에 관한 정보도 알려준다. 유랑형 수렵채집인 사회의 경우, 이런 사회적 분화social differentiation는 성별과 나이에 따른 것 외에는 덜 중요해지는 경향이 있다. 하지만 수많은 호주 사회의 사람들은 스킨skin과 반족半族, moiety이라는 집단에 속했다. 아이들은 부모 중 한 명의 스킨에서 순서상으로 다음 스킨에 배정되었고, 조상과의 연관성과 동식물 종과의 유대를 바탕으로 반족에 배정되었다. 이런 연관성이 이들이 어떻게 사회생활을 하고 누구와 결혼할 수 있는지 결정해주었다.

정착형 수렵채집인들 사이에서는 시간이 지나면서 전문가 집단이 번성하는 경우가 많았다. 고대의 의식과 숨겨진 진실을 제공하는 비밀 사회, 샤먼 사회 등이다. 한 가지 그럴듯한 시나리오는 이런 다양한 동일시가 사회 그 자체와의 원시적 제휴로부터 만들어져 긴급성, 위상, 지속 기간이 떨어지는 수십 가지 공동 사업을 만들어냈다는 것이다. 돌고래, 하이에나, 그리고 일부 영장류 등의 포유류에서 새끼를 키우고 보호하기 위해 암컷들이 사회적 네트워크를 형성하는 것을 제외하면, 동물이 자신의 사회 안에서 사람과 비슷하게 제휴하는 경우를 보기 힘들다는 것이 신기하다. 과일을 좋아하는 것과 같은 비슷한 취향이나 생각을 가진 동료들과 연대감을 느끼는 경우도 없다. 침팬지가 사람처럼 함께 사냥을 하거나 전투를 벌일 때 연대감을 느끼는지도 알기 힘들다.

인간 정착지의 무리 짓기 속성은 내부의 경쟁을 줄이고, 사회적 자극을 만족스럽게 감당할 수 있는 정도의 덩어리로 나누었을 것이다. 심리학에서 나온 최적 차별성optimal distinctiveness이라는 개념이 이것을 설명하는 데 도움이 된다. 사람은 어딘가에 소속되어 있다는 느낌과 자기가 고유한 존재라는 느낌 사이에서 균형을 이룰 때 자존감이 가장 높아진다. 즉 집단의 일부라는 느낌을 받을 만큼 타인과 충분히 닮았으면서도 동시에 특별한 존재로 여겨질 만큼 타인과 충분히 다르기를 소망한다.[41] 큰 집단에 소속되는 것은 중요한 일이지만 그것으로는 특별함에 대한 욕망을 충족시키지 못한다. 그래서 좀 더 배타적인 집단과 연결됨으로써 자신을 군중과 분리시키려는 동기를 갖게 된다. 유랑형 수렵채집인 사회는 규모가 작아서 이런 문제가 생길 일이 드물었다. 반족이나 스킨 같은 몇몇 집단에 소속되는 것 외에 개성과 개인의 사회적 유대만으로도 수백 명 단위의 사회에서는 모든 사람이 자신의 고유함을 느끼기에 충분했다. 업무나 모임과 자신을 동일시함으로써 차이를 표현해야 할 필요가 없었던 것이다. 사실 그런 것이 배척되었을지도 모른다. 하지만 정착 사회의 규모가 커지면서 사람들은 자신을 차별화하려는 욕구가 커졌다. 처음으로 사람들은 누군가에 대해 알고 싶을 때 이렇게 묻기 시작한 것이다. 당신은 어떤 일을 하시나요?[42]

우월감 느끼기

좀 더 극적인 것일 수도 있는 두 번째 변화는, 그저 지도자에게 순종하는 것을 넘어 사회 구성원 간에 사회적 지위의 차이가 등장했다는 것이다. 밴드나 일부 가장 단순한 형태의 사회에 속한 사람들은 먹을 것과 보금자리라는 단기적인 필요를 충족시키는 것이 만족스러운 목표라 여겼고, 이런 최소한의 기준이 충족되지 않았을 때만 사는 것이 힘들다고 생각했다. 유랑인들의 빈약한 여행용 짐은 대부분 실용적인 것들이라 대체로 다른 물품으로 교체가 가능하고 빌리거나 바

꿰 쓰기도 편했던 반면, 정착형 수렵채집인들의 물건은 훨씬 다양하고 수도 많아졌다. 밴드 사회에서는 소유라는 것이 애매모호한 개념이었지만 정착지에서는 시간이 흐르면서 개인이 통제할 수 있는 방식으로 자원을 집중시킬 수 있게 됐다. 그리하여 물질주의가 크게 유행할 때가 많았다. 사람들은 재산을 소유하는 것에 그치지 않고 물려주기도 했으며, 그중에는 다른 사람들이 손에 넣을 수 없는 것도 있었다.[43] 태평양 연안 북서부의 인디언들은 무엇이든 자식에게 물려줄 수 있어서 심지어 노래를 부르거나 설화 같은 이야기를 말할 권리까지 물려주었다.

부와 영향력의 위계가 확장되면서 소유는 지위를 말해주는 신호로 자리 잡았다. 밴드 사회에서 강조되었던 '일상적인 나눔의 윤리'의 종말을 알리는 조짐이 보이는 가운데 특히나 우두머리는 자신의 지위를 크게 뽐냈다. 대부분의 경우 우두머리는 공동체의 생산성을 이용해 잉여 생산물의 일부를 취함으로써 자기 지위를 공고히 다졌다. 우두머리가 자신의 지위와 부를 자식이나 자기가 선택한 누군가(대부분의 우두머리는 남성이었다)에게 물려주기 시작하면서부터는 불평등의 대물림이 이어졌다. 유랑 밴드에서 이런 행동과 물건이 생겼다면 무척 난처했을 것이다. 우두머리가 하는 일은 자기가 빌려준 것을 관리하는 것 말고는 거의 없었기 때문이다. 태평양 연안 북서부의 추장들은 포틀래치potlatch(태평양 연안 북서부 인디언들이 선물을 나누는 행사 - 옮긴이)라는 기념행사에서 자신의 경제적 영향력을 보란 듯이 과시했다. 이는 정치적 이득을 위해 계산된 투자 행위였다. 추장은 몇 년이나 걸려 모은 좋은 음식이나 물건을 남에게 주거나 심지어 파괴함으로써 "자기가 모은 만큼이 아니라 자기가 베푼 만큼"(미국의 인류

학자 모턴 프리드Morton Fried의 글) 부자로 인정받고 사람들을 감명시키게 된다.[44]

정착지의 사람들은 자유 시간을 최대로 늘리는 것에서 권력과 자부심을 획득하는 쪽으로 목표를 수정했다. 태평양 연안 북서부에서는 마스크, 집안 장식, 토템 기둥 등을 만드는 장인들이 자신의 일을 전업으로 하는 몇 안 되는 사람 중에 포함되었고, 귀족 바로 아래 단계의 지위라는 충분한 보상을 받았다.

자신의 의지를 평범한 시민들에게 강요할 권력을 갖고 있지 않았던 태평양 연안 북서부의 귀족들은 일을 처리할 대비책을 갖고 있었다. 바로 노예였다. 노예는 포로로 잡혀 온 이들이나 그 후손으로, 다른 부족을 습격해서 얻은 약탈물의 일부였다. 부족의 구조가 복잡해짐에 따라 사람들은 소속된 부족은 물론, 재산이나 영향력 위계에서의 지위도 함께 표시하게 되었다. 어떤 권리도 없고 사회 구성원으로 인정받지도 못한 노예들만 입술 장식을 하지 않았다.

밴드 안에서 평등하게 살아가던 사람들이 불평등에 너무도 쉽게 적응한 것을 보며 나는 크게 놀란다. 사람들은 노예제를 받아들였고, 귀족들은 권위 있는 사회적 지위를 위해 경쟁했고, 고압적인 우두머리들은 폐위되었다. 하지만 정착 사회의 일반 대중 사이에서 봉기가 일어났다는 기록은 없다. 어쩌면 엘리트 집단이 자원에 대한 통제권을 불평등할 정도로 많이 차지했음에도 불구하고, 그런 구조 속에서 모든 사람이 보호를 받으며 먹고살 수 있었기 때문이었는지도 모른다. 어떤 경우였든 밴드에서는 권력에 굶주린 자들을 진압하기 위한 봉기가 일어났을 수 있지만, 정착 사회에서는 그러기가 점점 더 힘들어졌다. 그저 관련된 사람이 더 많아지고 의견이 다양해져서만은 아니었다. 지지 세력을 결집하기도 더 어려워졌다. 똑똑한 우두머리들은 다른 엘리트뿐만 아니라 뭐 건질 것이 없나 자기 주변을 어슬렁거리는 사람이나 아첨꾼을 활용할 수도 있었다. 칼루사족 추장은 군장교 한 명과 성직자 한 명이 뒤를 봐주었다. 일단 지위의 차이에 따라 삶이 이루어지기 시작하자 잘 알려진 인간의 심리적 속성이 발휘되었다는 점은 의심할 여지가 없다. 사회적 혜택에서 소외된 사람들이 높은 위치에 있는 사람들은 그럴 자격이 있어서 그런 거라고 생각하면서 현재 상황을 합리화하기 시작한 것이다.[45] 우리 종의 정신적 도구 상자에 들어 있는 고대의 도구 중 하나인 지위 차이에 대한 순응은, 침팬지의 권력 위계와 비슷한 것에서 진화했는지도 모른다.

정착지와 선사시대의 권력 차이

과거의 어느 시점 이전에는 분열-융합이 분명 우리 선조들이 선택할 수 있는 유일한 생활방식이었을 것이다. 이렇게 말하는 이유는 그런 생활방식을 침팬지, 보노보, 인간이 공통으로 갖고 있었기 때문이다. 이것을 가장 간단하게 설명하는 방법은 이 세 종의 공통 선조 역시 그런 생활양식을 갖고 있었다고 가정하는 것이다. 초기 원인proto-human이 밤마다 세웠던 야영지는 우리가 한 장소에 주거를 정하는 데 필요한 사회적 재능을 키우는 인큐베이터 역할을 했을 것이다. 하지만 우리와 나머지 두 유인원은 600만 년 전에 갈라졌다. 우리 선조들을 인간이라 부를 수 있기 훨씬 전의 일이다. 인간의 진화 혈통을 얼마나 거슬러 올라가야 정착지가 처음으로 나타날까?

정착지에 뿌리내리는 것은 리더십과 불평등같이 정착에 부수적으로 따라오는 사회적 특성과 함께 인간에게는 분수령이 되는 단계로 묘사되어왔다. 농업 발달 이후 정착형 삶의 잠재력이 완전히 달성되었음은 사실이다. 하지만 나는 상황만 허락했다면 그런 식의 관습이 인간의 여명기 때부터 생겨나지 못할 이유가 없었다고 본다. =아우//에이족이 보여준 융통성만 봐도 그렇다.[46] 밴드에 속한 사람들이 경기장을 편평하게 유지하기 위해 지속적인 노력을 기울인 것만 봐도 평등주의는 인류가 원래 타고난 조건이라기보다는 근래 들어서 완성된 하나의 옵션임을 알 수 있다. 결국 붙임성 좋은 보노보들도 어느 정도까지만 평등주의자다. 보노보가 리더는 물론이고 괴롭힘 같은 것도 용납하지 않는 것은 사실이지만 그들도 경쟁할 수 있고, 기껏해야 커뮤니티 내에서 숫자로 밀릴 때만 참고 견딜 때가 많다. 권력과 자원을 두고 벌어지는 충돌은 우리가 항상 표출해온 인간의 유산 중 일부다. 만약 사람들이 아주 오랫동안 전문화와 사회적 지위에 관한 관습을 받아들이는 데 개방적이었다면 왜 근세기에 존재했던 수많은 수렵채집인은 정착하지 않고 평등주의적 밴드를 이루어 살았을까? 농업인들이 아주 질 좋고 비옥한 땅을 차지하기 전에는 수렵채집인들이 이동을 덜하고 정착 생활을 더 많이 하지 않았을까 예상한다.

호주 원주민들이 이방인의 눈에는 마치 누군가가 잘 경작해놓은 밭처럼 보이는 곳에서 얻은 야생의 풀로 빵을 만들어 먹을 수 있었다는 사실은, 정착형 수렵채집인과 농부를 구분하는 것이 본질적으로 사소한 문제에 불과함을 보여준다. 전통적으로 인류학자들은 태평양 연안 북서부의 부족들을 수렵채집인이라는 이름으로 밴드 사회와 한데 묶었지만, 가장 중요한 것은 식량 재배 여부가 아니라 수확을 믿을 만하게 유지할 수 있었느냐다.[47] 유랑 생활에서 정착 생활로, 그리고 수렵과 채집에서 농사로의 전환은 점진적으로 이루어졌다. 비옥한 초승달 지대Fertile Crescent의 수렵채집인들은 점진적으로 양을 기르고 밀을 재배하기 전에도 수 세기 동안 마을에 머물러 살았다. 하지만 일단 농업을 시작하자 자연에서 얻는 것보다 훨씬 많은 식량을 생산할 수 있었다. 인구 성장과 그에 동반되는 문화적 사치라는 관점에서 보면, 많은 정착형 수렵채집인은 문명의 막다른 골목이었다. 이들 사회 대부분에 영양을 공급해주던 수생생물들을 가축화하는 것은 비현실적이었다. 이 생명체들의 번식을 통제해서 팽창하는 사회를 먹여 살릴 방법도 없고, 이 사회들이 야생 식량의 원천으로부터 먼 곳으로 퍼져나갈 방법도 없었기 때문이다. 그와는 대조적으로 여러 가지 작물과 가축은 기르기에 적당한 환경을 찾아내거나 만들어낼 수만 있다면 원래의 서식지가 아닌 다른 곳으로 가져갈 수 있었다. 양치기들은 양을 먹일 목초지를 찾아낼 수 있었고, 농부들은 땅을 갈고 물을 대서 곡물을 재배할 수 있었다. 그리하여 이들의 공동체가 어디에나 자리 잡고 살게 된 것이다. 그렇다고 농업인들이 항상 생산량을 늘리려는 의욕이 앞섰던 것은 아니다. 북아메리카 대륙은 부분적으로는 옥수수를 재배하는 농부들이 차지하고 있었지만 수 세기가 지난 후에도 이 부족들의 기술은 태평양 연안 북서부의 수렵채집인들보다 더 나을 것이 없었다.[48]

사육·재배되는 음식에 의지해 살아가며 대규모로 확대된 익명 사회의 생활방식에 맞춰진 편견을 갖고 있는 우리는, 선조들도 우리와 비슷하게 단순함으로부터 진보하는 것을 좋아했으리라 생각하기 쉽다. 하지만 수렵과 채집에서 농사로의 전이는 그런 식으로 이루어진 것이 아니었다. 마을에서든 밴드에서든 먹거리를 손수 키우는 일을 일보 전진이라 여기는 수렵채집인은 거의 없었다. 한 호주 원주민 여성은 백인 정착자에게 이렇게 얘기했다고 한다. "당신네들은 밭을 갈고 씨앗을 심는 그 온갖 수고를 다 하지만 우리는 그럴 필요가 없어요. 모든 것이 다 우리를 위해 마련되어 있거든요. 우리는 그냥 익을 때가 되면 가서 따 오기만 하면 돼요."[49] 20세기 중반에 안다만 제도에 다녀온 한 여행자가 쓰기를, 그곳 원주민들은 코코넛 재배에 대해 그와 비슷한 반응을 보이며 이렇게 물었다고 한다. "뭐 하러 나무를 10년이나 돌보면서 키웁니까? 섬과 바다에 온갖 먹을 것이 넘쳐나는데 말입니다."[50] 추마시족 수렵채집인들은 삽이나 곡괭이 한 번 만져보지 않고도 농사짓는 이웃 부족이 기른 옥수수를 물고기와 바꿔 먹을 수 있었다. 계절에 따라 농부로 일하면서 수 세기를 살았기에 농업 기법들을 직접 체험해서 잘 이해하고 있는 아프리카 피그미족조차 전업으로 농사를 짓는 일은 절대 없었다. 나중에 밝혀졌듯이 수렵과 채집을 포기하는 것은 삶의 질에서 보면 전혀 진보가 아니었다. 농사가 등장한 이후로 사람들은 식물을 기르고 수확하기 위해 고생하는 과정에서 체구가 작아지고, 몸도 약해지고, 병치레도 잦아졌다. 소에 마구를 채워 쟁기로 농사짓는 법이 발명되기 전까지 그런 상황은 바뀌지 않았다.[51]

아주 작고 간단한 텃밭 가꾸기가 아니면, 경작에는 초기 농업인들이 예측하지 못한 또 다른 문제점이 있었다. 사회가 식물의 덫에 걸려들 수 있다는 점이다.[52] 이것을 덫이라 하는 이유는 일단 팽창하는 사회가 농업에 손을 대기 시작하면 다시 수렵채집인으로 돌아가는 옵션이 사라져버리기 때문이다. 물론 라코타Lakota족과 크로족, 그리고 남아메리카의 일부 작은 부족의 수렵채집인들은 한때 농사를 짓다가 포기하기도 했다.[53] 하지만 사회의 인구가 크게 증가하거나 다른 농업 사회와 함께 자리 잡게 되면 자연에서 얻는 음식만으로는 충분치 않았다. 농업이 없으면 굶어 죽는 상황이 되고 마는 것이다.

신뢰할 수 있으며 집중된 식량 공급이 이루어지는 농업 이전의 정착지는 문명을 위한 시험장이었다. 그곳 사람들은 현대의 정치적·조직적 의미에서 국가를 향한 작은 발걸음을 내디뎠다. 그곳은 유랑 밴드를 비롯해 기존에 존재하던 수렵채집인의 온갖 생활양식을 모두 실험해볼 수 있는 훌륭한 장소였던 것이다. 역사적으로 근세기의 모든 수렵채집인은 우리와 비슷했다. 완전히 진화한 인간이었고, 지금은 우리 대부분이 버린, 그래도 여전히 몸속에 온전히 남아 있는 다양한 사회적 가능성을 보여주었다. 그래서 유랑형 수렵채집인이나 정착형 수렵채집인 모두 현대의 인류를 이해하는 데 유의미한 존재다. 내가 심리학에서부터, 사람들의 사회 구축 방식에서 나타나는 국제 관계까지 다양한 주제를 다룰 때 이들을 다시금 들먹이는 이유도 이 때문이다.[54]

인간 종의 지속적인 생물학적 진화에도 불구하고, 나는 머나먼 과거로부터 이어진 긴 여정에서 우리의 사회적 잠재력에 근본적 변화가 있었다고 생각할 이유는 거의 없다고 생각한다. 이미 초기 인류부터 작은 밴드로 흩어져 살거나, 오랜 시간 소규모 거주지를 잡아 정착할 수 있는 융통성을 진화시켰던 것이 분명하다. 오늘날의 기준으로 보면 초라한 수준이었다고 해도 말이다. 양쪽 생활양식 모두 정체성 표지를 중심으로 이루어졌고, 이것이 익명 사회로 가는 길을 텄다. 이 익명 사회는 오늘날의 그것에 비하면 단순했지만 본질적으로는 다른 부분이 거의 없었다. 우리의 익명 사회가 어떻게 등장하게 되었는지, 정착 생활에서 비롯되었는지 아니면 유랑 생활에서 비롯되었는지를 알려면 머나먼 선사시대를 추적해보아야 한다. 인류가 부시먼족이나 호주 원주민 등 수렵채집인으로 살던 때보다 더 앞선 시절, 지구에 갓 등장한 존재였던 시절을 말이다.

4 부

인간 익명 사회의
오랜 역사

The Deep History of Human Anonymous Societies

11장

팬트후트와 암호

잘 손질된 골프 코스가 인도양 위쪽 절벽까지 이어져 있는 남아프리카공화국의 해안 쪽 가든 루트garden route(남아프리카공화국 남단의 자연 녹지대 - 옮긴이)를 따라 모셀베이Mossel Bay의 리조트 타운 가장자리에는 외부자 출입이 통제된 피너클 포인트Pinnacle Point 공동체가 있다. 그 절벽의 측면을 따라 아래로 내려오면 그 동네 타조 농장 주인이 만든 의자들이 자리 잡고 있다. 애리조나 주립대학의 고고학자 커티스 마리안Curtis Marean이 주문해서 제작된 의자다. 그 길의 일부가 방수포로 덮여 있는데 그곳은 초현실적인 세상이다. 방수포 뒤로 오른쪽에는 얕은 동굴이 있다. 이곳에서 연구자들은 곧 부서질 듯한 책상에 앉아 노트북을 두드리기 바쁘다. 왼쪽으로는 침전물이 쌓여 만들어진 작은 언덕이 화창한 바다 쪽 전경을 막고 서 있다. 이 언덕을 투광조명이 비추고 있고 그 위로 작은 주황색 깃발들이 촘촘히 박혀 있다. 다른 과학자들이 천천히 이 언덕을 계단 모양으로 깎아내고 있다. 세 사람의 측량사가 최첨단 기구 스탠드를 컴퓨터 데이터 전문가와 발굴자 사이에 배치하고 새로운 항목이 발견될 때마다 좌표를 측정하며 몇 초마다 이렇게 소리친다. "들어갑니다. 됐습니다!" 마치 최면을 거는 것 같다. 고고학자들은 16만 4000년 전에서 5만 년 전 사이에 이곳을 들락거렸던 사람들이 남긴 흔적들을 빠짐없이 추적하기 위해 함께 연구하고 있다. 유물들은 대부분 광물, 돌, 조개껍질 등으로 만들어진 간단한 공예물이다. 이런 것들은 초기 선조들의 생활방식에 관해 우리가 확보할 수 있는 최고의 정보에 해당한다.[1] 나는 그 연구 결과가 궁금해서 피너클 포인트를 방문했다. 그 머나먼 시절의 인류가 현대의 인류와 똑같은 부류라는 증거가 있을까?

우리, 그리고 우리와 제일 가까운 현존하는 친척인 침팬지와 보노보가 모두 사회를 이루어 살기 때문에 피너클 포인트 사람들 역시 그랬으리라 생각하는 것이 합리적이다. 이곳과 다른 유적지에서 나온 증거들은 비록 흩어져 있는 불완전한 것들이기는 하지만 머나먼 과거에 이미 사람들이 익명 사회로 넘어갔을지도 모른다는 사실을 가리키고 있으며, 그런 일이 어떻게 일어났는지에 대한 강력한 단서를 제공해준다. 하지만 그 해답은 고고학적 자료가 아니라 우리가 말을 배우기도 전에 서로에게 말했던 것에 들어 있을지도 모른다.

500만~700만 년 전에 한 유인원 혈통으로부터 우리 선조가 갈라져 나오고, 보노보와 침팬지로 진화한 다른 혈통도 갈라져 나왔다. 그리고 이 선조들의 뒤를 이어 아주 다양한 후손들이 진화해 나왔다. 그런데 사람들이 이런 혈통들을 원시적인 것에서 복잡한 것 순으로 자동으로 일렬 배열해버리는 바람에 그런 다양성이 지나치게 단순화되고 말았다. 이런 선형적 사고는 진실을 왜곡한다. 수백만 년 전에는 대부분의 시기에 인간과 비슷한 여러 종이 동시에 번성하며 나뭇가지처럼 무성한 가계도를 이루고 있었다. 그러다가 그 가지 중 하나만 남고 나머지는 모두 종말을 맞이하는 바람에 우리만 유일한 생존자로 남게 된 것이다.

가장 초기 종이었던 오스트랄로피테쿠스속australopithecines과 그 조상들은 초보자의 눈으로 보면 다른 유인원들과 비슷하게 생겼다. 우리가 속한 호모속genus Homo은 약 280만 년 전에 기원했다. 호모에렉투스Homo erectus를 비롯한 이 초기 인류 중 일부는 아프리카를 떠났고, 훗날 유럽과 서남아시아의 네안데르탈인과 '호빗hobbit'이란 별명을 가진 인도네시아의 난쟁이 인류 호모플로레시엔시스Homo floresiensis 등이 다른 곳에서 진화했다. 하지만 호모사피엔스는 우리의 최초 선조들처럼 아프리카에서 기원했다. 아르헨티나개미가 캘리포니아와 유럽에서는 침입종이듯이, 아프리카를 제외한 다른 모든 곳에서 우리 인류는 침입종에 해당한다.

과거에 대한 답 찾기

초기 호모사피엔스가 어떻게 살았는지는 풀기가 거의 불가능한 수수께끼다. 그리고 이들이 자신과 타인을 어떻게 알아보았는지는 지금의 증거로는 훨씬 더 해독하기 힘든 수수께끼다. 우리의 시야를 가로막는 것이 더 존재한다. 인류가 피너클 포인트에서 야영한 시기 중 상당 부분을 포함해서 이 지구 위에 거주한 기간 중 많은 시간 동안 호모사피엔스가 곤경에 빠져 있었다는 점이다. 여러 세기에 걸쳐 혹독하게 건조한 기후가 이어지면서 인류의 숫자가 줄어들었다. DNA 데이터를 보면 불과 수백 명밖에 남지 않았던 시점도 있다. 이는 오늘날 멸종 위기에 놓인 여러 종의 개체 수보다 더 적은 숫자다.[2] 우리가 멸종에 얼마나 가까웠는지 생각하면 겸손해질 수밖에 없다.

고고학적 증거는 훨씬 부족하다. 수렵채집인들은 세월의 풍파를 견딜 물건을 만들 이유가 없었기 때문이다. 우리는 몇 분이면 다 마셔버릴 탄산수를 담기 위해 긴 세월 보존 가능한 병을 만들지만 말이다. 동굴 깊숙한 곳에서 살아남은 벽화들을 보면 그곳이 그들에게 중요한 장소였음이 분명하게 드러난다. 아마도 영적인 부분과 관련이 있었을 것이다. 하지만 우리가 4만 년이나 된 그런 작품들을 확보할 수 있었던 것은, 보존에 이상적인 동굴 환경 덕분이었다. 행운의 여신이 고고학자들에게 미소를 지어 보인 것이다. 심지어는 침팬지들도 고고학적 자료를 만들어낸다. 침팬지들이 씨앗을 깨뜨려 열기 위해 사용했던 망치 중에는 4300년 전 것으로 밝혀진 것도 있다.[3] 나무 아래 쌓여 있고, 표면에 반복적으로 후려쳐서 닳은 흔적이 있는 것을 보고 그것들이 도구, 즉 망치였음을 알 수 있었다.

고고학자들 역시 초기 인류를 이해하려면 석기에 크게 의존할 수밖에 없다. 하지만 근래의 수렵채집인들 모습에서 짐작컨대, 석기는 초기 인류의 여행 가방에서 작은 부분만 차지했었던 것 같다. 그들이 남긴 유물은 대부분 사라져버렸다. 예를 들어 호주 원주민이 색깔 있는 모래로 사막 바닥에 그렸던 그림은 바람이 불면 사라져버렸다. 의식에 사용되었던 나뭇가지, 치아, 뼈, 가시, 이파리 등도 썩어서 사라졌거나 다른 쓰레기들과 구분이 불가능해져버렸다. 따라서 피너클 포인트가 그들의 잠자리였으리라 추정할 수는 있지만 거기서 잠자리 관련 유물 발견을 기대할 수는 없고, 오직 바구니를 만들었는지 혹은 실로 천을 짰는지 등을 추측해볼 뿐이다. 그 사회의 매우 중요한 속성 중 상당수, 특히나 그들이 자신의 사회적 관계를 다룬 방식과 관련된 흔적은 아무것도 없다.

제대로 모양을 갖추지 못한 기초적인 형태거나 수명이 짧은 재료로 만들어진 집들이 있었던 선사시대의 정착지는 찾기도 힘들다. 에클레스산 근처의 수로와 집의 돌벽은 그중 일부가 불과 2세기 전까지만 해도 사용되었지만, 지금은 대부분 돌무더기로 변하고 말았다. 하지만 장기간 머무는 데 적당했을 것으로 보이는 수만 년 정도 된 오두막의 자취가 유럽에서 발굴된 바 있다. 프랑스 테라 아마타Terra Amata 같은 유적지에서는 인류가 현재의 모습으로 진화하기 한참 전인 수십만 년 전 것으로 보이는 구조물들이 발견되었다고 보고되었다. 어떤 사람들은 그것들이 돌로 나뭇가지를 떠받쳐서 만든 건물의 거대한 잔해라고 주장한다. 사실이라면 그 건물은 여러 사람을 수용할 수 있을 정도로 컸을 것이다.[4]

수렵채집인들이 가장 최근에 이룩한 혁명은 정착하는 삶이 아니라, 고고학자들이 정착지나 적어도 사람들이 자주 모였던 장소에 대한 증거를 찾을 수 있을 정도로 오래가는 유물을 만들어낸 것이다. 지금까지 알려진 건축물 중 가장 오래된 것, 그것도 거대한 것은 터키 아나톨리아 지역 남서부 산마루에 자리한 괴베클리 테페Göbekli Tepe다. 이 구조물의 건축은 식물이나 가축 기르기가 시작되기도 전인 적어도 1만 1000년 전에 시작되었다. 한 고고학자가 "언덕 위의 대성당"이라고 선언한 괴베클리 테페는 지금까지 알려진 것 중 가장 오래된 종교 유적이다.[5] 높이 3미터에 무게는 7톤까지 나가는 T 자형

석회암 돌기둥이 경사지 위에 원형으로 배치되어 있고, 이 돌기둥에는 거미, 사자, 새, 뱀, 그리고 다른 위험한 동물종들의 양식화된 형상이 새겨져 있다. 가능하지 않은 일 같지만 이 형상들 모두 간단한 부싯돌 연장으로 만든 것이다. 그 지역에 자주 나타났던 영양들이 한여름에서 가을 사이에 수렵채집인들을 그 구석진 시골로 끌어들인 것이 분명하다. 고고학 탐사를 통해 괴베클리 테페가 야생의 풀에서 수확한 곡물로 만든 최초의 빵과 맥주가 등장한, 잔치의 중심지였음이 밝혀졌다.[6] 그런 엄청난 구조물을 만들기 위해 건축자들은 분명 거의 평생을 그곳에서 살았을 것이다. 아직 그 근처에서 비슷하게 오래된 거주지가 발견되지는 않았지만, 남쪽에서 연구를 진행하고 있는 다른 연구자들이 약 1만 4500년 전 수렵채집인의 집과 머리 장식물을 상당수 발굴했다. 괴베클리 테페보다 훨씬 더 오래된 유물인 것이다. 나투프Natufian 정착지는 마을 생활, 그리고 거기에 동반되는 사회적 지위의 불평등이 먹거리 재배에 성공하기 훨씬 이전에 생겨났음을 입증해주었다. 그 자체로 마을 생활의 증거인 부의 격차는 3만 년 전으로 거슬러 올라가는 모스크바 근처의 정교한 매장지에서도 확인할 수 있다. 이 매장지의 시신에 걸쳐져 있는 옷은 수천 개의 상아 구슬로 장식되어 있는데, 그것을 만드는 데 수년은 걸렸을 것이다.[7]

그보다 더 이른 시기의 고고학적 발견이 드물다는 점을 들어 석기시대 사람들은 결코 정착 생활을 하지 않았고 미술, 음악, 의식도 없었으며 복잡한 무기, 그물, 덫, 배 같은 것도 거의 없었고 심지어 말도 할 수 없었다고 주장하는 사람들이 있다. 어떤 사람은 인류가 최근에 들어서야 추상적 사고와 복잡한 추론이 가능한 지능을 진화시켰다고 주장한다. 그것이 사실이라면 최초의 호모사피엔스는 실수를 연발하는 어수룩한 만화 캐릭터에 불과한 존재로 전락하고 만다.

하지만 그들은 그 이상이었다. 피너클 포인트 연구진은 지난 15년 동안 상당한 양의 문화 유품을 발굴했다. 내가 그곳에 가 있던 이틀 동안에도 그들은 식사하고 남은 잔해인 조개껍질, 그 조개를 요리하는 데 사용한 화덕, 오커ocher라고 하는 붉은 안료, 주머니칼 크기의 규암 날quartzite blade 등을 발굴했다. 지층 여기저기서는 실크리트silcrete(토양층 내부나 상부에 생겨 경화 또는 고체화된 실리카가 풍부한 듀리크러스트층 – 옮긴이)를 열처리해서 만든 작은 돌칼bladelet들이 발견되었다. 이것들은 이쑤시개처럼 가늘어서 화살촉이나 창끝 말고는 다른 용도를 생각하기 어렵다.

어쩌면 간단한 물건인지도 모른다. 하지만 그것을 보면 적어도 해안가를 찾아왔던 사람들에게 미적 감각이 있었다고는 말할 수 있다. 11만 년 전부터 벌써 그들은 바다에서 모은 고둥helmet shell과 밤색무늬조개dog cockle 같은 것들을 동굴로 가져오기 시작했는데, 그것들을 보면 오늘날 해변에서 예쁜 것들을 줍는 사람들이 떠오른다.[8]

고고학적 자료를 보면 그 초기 시대를 거치는 동안 호모사피엔스의 삶이 향상되었고 지난 4~5만 년 동안에는 특히나 그랬음을 알 수 있다. 유물의 숫자가 늘고 더 정교해졌으며, 그중에는 라스코Lascaux 동굴벽화라는 걸출한 작품도 있다. 그 벽화를 보며 피카소는 이렇게 말했다고 한다. "우리가 새로 배운 것은 아무것도 없군." 디자인이 개선되고 더욱 다양해진 도구들도 고고학적 자료에 큰 자국을 남겼다.

사실 현대의 수렵채집인이 가지고 다니는 도구 중 상당수가 이 시기에 기원했을 가능성이 있다. 지난 10년 동안 남아프리카공화국의 한 동굴에서 근래의 부시먼족이 생활필수품이라 여길 만한 유물들이 고고학자들에 의해 발굴되었다. 무려 4만 4000년 동안 묻혀 있던 것들이다.[9] 그중에는 딱정벌레 유충과 덩이줄기를 파낼 때 사용한 막대기, 뼈로 만든 송곳, 숫자를 세기 위해 홈을 파놓은 나뭇조각, 조개껍질이나 타조 알로 만든 구슬, 화살촉(그중 적어도 하나는 오커로 장식되어 있었다), 화살촉을 화살대에 붙이는 데 사용하는 수지, 그리고 화살끝에 독을 바를 때 사용하는 도구가 있었다. 몇 세기 전의 부시먼족 누구라도 그 물건들을 아주 잘 알고 있었을 것이다.

근래의 부시먼족도 그 물건들을 알아보겠지만 동시에 분명 조금 낯설게 여길 것이다. 동시대의 다른 부시먼족 사회에서 만들어진 도구도 조금 낯설게 여기듯이 말이다. 따라서 그 유물들도 장소마다 제작 방식이 살짝 달랐을 것이며, 그런 차이가 당시의 특정 부시먼족 사회와 신속하게 연관 지어졌을 것임을 짐작할 수 있다.

피너클 포인트의 유물들은, 일반적으로 더 최근의 인간 사회와 관련된 것이라 여겨지는 양식화된 장식에 초기 인류도 관심이 있었을지 모른다는 힌트를 준다. 그들은 16만 년 전부터 오커(산화철)를 동굴로 가지고 들어와 불에 구웠다. 오커를 가열하면 강렬한 핏빛으로 변하기 때문에, 그것을 구웠다는 것은 장식에 쓸 의도였음을 거의 확실하게 보여준다. 추마시족 같은 북아메리카 인디언을 비롯한 전 세계 수렵채집인은 자신의 정체성을 드러내는 디자인으로 온몸에 오커를 칠했다. 부시먼족을 포함해 많은 아프리카인이 지금도 그렇게 한다. 연구자들은 피너클 포인트에서 해안을 따라 100킬로미터 떨어진 곳에서 10만 년 된 오커 작업장을 발굴했다. 숫돌, 돌망치, 전복 껍질에 저장된 염료 등이 완벽하게 갖추어져 있었다. 또한 블롬보스Blombos 동굴에서는 긁어서 기하학적 무늬를 새겨 넣은 오커 덩어

리와 염주처럼 줄로 꿸 수 있게 구멍을 뚫어놓은 달팽이 껍질이 나왔다.[10]

피너클 포인트와 블롬보스 동굴의 유물과 생활 조건은 4만 4000년 전의 부시먼족 눈에도 매우 원시적으로 보였을지 모른다. 이 두 선사시대 간의 차이가 워낙 극명하기에 수많은 인류학자가 4만 년에서 5만 년 전 사이의 문화적 변화는 상당한, 그리고 다소 갑작스러운 진화적 돌연변이를 바탕으로 이루어진 것이 분명하다고 주장해왔다. 이런 주장은 설득력이 떨어진다. 우리 종이 등장한 지 한참 후인 그 1만 년의 간격 동안 지금의 인지 능력을 갖춘 현대 인류가 갑자기 튀어나왔다고 믿는 것은 말이 안 된다. 그런 생각은 산업혁명 초기의 사람들은 현대인들과 비교할 때 불결하고 투박한 삶을 살았기 때문에 그 18세기 사람들의 정신적 능력은 현대인들에 비해 현저히 뒤떨어졌다고 생각하는 것과 비슷하다.[11] 두 명의 과학자가 이 문제를 깔끔하게 정리했다. "고고학적 자료는 옛사람들이 무엇을 했는지를 말해줄 뿐, 그들이 무엇을 할 수 있었는지는 말해주지 않는다."[12]

긁어서 무늬를 새긴 뼈와 조개껍질 목걸이를 국기國旗의 석기시대 버전이라고 지적한 고고학자 린 워들리Lyn Wadley는 인간이 행동학적으로 현대 인류가 된 것은 추상적 정보를 뇌 바깥에 저장하기 시작한 순간부터라고 주장했다.[13] 물론 여기서 문제는 우리 선조들이 오커 디자인이나 구슬과 화살촉 스타일을 무엇으로 생각했는지 입증할 방법이 전혀 없다는 점이다. 그들에게 그런 것들은 정보를 담고 있는 것이었을까, 아니면 아무 생각 없이 끼적거린 낙서 비슷한 것이었을까? 피너클 포인트 동굴에서 자주 발견되는 특정한 종류의 조개껍질 등 실용성 없는 물품은, 어쩌면 당시에 표지로서 귀한 대접을 받았던 것인지도 모른다. 고대 이집트 미술에서 고양이가 자주 등장하듯 중요한 것은 또다시 등장하는 경향이 있다. 소속 사회를 나타내는 유물인 경우 그냥 다시 등장하는 것이 아니라 특정 집단과 관련한 유적지에 한정해서 등장한다. 하지만 초기 인류 패턴의 수수께끼를 풀기에는 유적지의 수가 너무 적다.[14] 우리가 할 수 있는 최선은 어떤 물체를 보면서 이것이 근래에 수렵채집인의 표지로 사용되었으니 당시에도 그 용도로 사용되었을지 모른다고 추론하는 것뿐이다.

최초의 부시먼족이 표지로 구분되는 사회를 갖고 있었을 가능성이 크다는 사실은 익명 사회의 기원이 더 오래되었을지 모른다는 가능성을 열어준다. 어쩌면 호모사피엔스의 탄생이나, 그 이전의 인류로 거슬러 올라갈지도 모른다. 케냐의 이스턴 리프트 밸리Eastern Rift Valley에 있는 한 연구진은 32만 년이나 거슬러 올라가는 복잡한 기술 혹은 상징적 행동으로 해석할 수 있는 것의 증거를 발견했다. 이 고고학자들은 그곳에서 발견된 염료를 만들기 위해 갈아낸 흔적이 보이는 흑요석obsidian 도구와 오커가, 사람들(아마도 호모사피엔스)이 집단 정체성을 표시하기 위해 사용한 것인지도 모른다는 의견을 제시했다. 오커와 흑요석 덩어리가 그 소유자에게 아주 귀한 것이었다는 점은 분명하다. 그곳까지 아주 힘들게 끌고 온 것이기 때문이다. 흑요석은 최고 91킬로미터나 떨어진 곳에서 가져온 것이었다.[15]

동굴이 우리 선조들이 자신의 정체성을 표현한 최초이자 유일한 장소였을 리는 만무하다. 나는 피너클 포인트 사람들이 자신의 것임을 선포하기 위해 나무에 조각을 하고 바위에 그림을 그렸을 것이라고 확신하지만, 그런 장식은 오랜 풍파에 사라져버렸을 것이다. 호모사피엔스의 탄생 이후로 아프리카는 오늘날 대륙 여기저기서 펄럭거리는 깃발들만큼이나 수많은 사회적 징표로 가득했을 것이다. 경고용이든, 축하용이든, 혹은 땅에 대한 숭배를 위한 것이든 말이다. 내가 이렇게 확신하는 이유는 다른 영장류에 대한 연구가 암시하듯이 사람들은 표지에 의지하도록 진화하기가 대단히 쉬웠기 때문이다.

진화하는 표지

표지에 첨부된 문화와 상징이 이제는 인간 사회에 차고 넘치는 것을 보면, 최초의 인류가 표지 없이 사회를 이루었으리라고 상상하기는 힘들다. 하지만 익명 사회가 존재하는 데 상징적 문화와 많은 인구가 필수적인 것은 아니다. 개미 군집의 정체성은 군집의 크기를 불문하고 상징적 정보 없이도 명확하고 단순한 화학적 정보를 통해 제시된다. 이들의 공통의 냄새는 우리와 남을 구분할 수만 있으면 된다(적과 또 다른 적을 구분하는 개미의 경우에는 상황이 조금 더 복잡해진다). 까악까악 우는 짧은꼬리푸른어치나 딸각 소리를 내는 향유고래, 냄새를 풍기는 벌거숭이두더지쥐도 모두 마찬가지다.

최초의 인간 사회에서 사용한 단순한 표지가 꼭 애국심이나 사람이 과거와 어떻게 연결되어 있는지 등의 추상적인 것을 담을 필요는 없었다. 그런 속성은 나중에 추가되었는지도 모른다. 표지는 반드시 무언가 심오한 의미를 담고 있어야 한다는 가정을 버리기만 하면, 인간 익명 사회의 여명을 머릿속에서 그리기 쉬워진다.

최초의 표지의 기능은 누군가가 어디에 속하는지를 잘못 알아볼 가능성을 줄이는 것이었다. 모든 사회 거주자는 사람을 잘못 알아보아 위험에 처할 수 있다. 오류는 양방향으로 이루어질 수 있다. 잠재적으로 위험한 외부자를 구성원으로 혼동해서 공격을 받거나, 아니면 위기의 상황에서 구성원을 자기 소속이 아닌 것으로 결론 내려 공격할 수도 있다. 만약 문제의 개인이 자기가 위협이 아니라는 명확한 신호를 준다면 그런 실수를 양쪽 다 피할 수 있다.

이런 표지가 발달된 이면에는 한 집단에 소속된 사람들끼리의 행동 일치 욕구가 자리 잡고 있었는지도 모른다. 우리의 초기 선조들은 다른 많은 동물종과 마찬가지로 사회 학습에 뛰어났을 것이다. 이런 재능은 문화, 즉 사회적으로 전달되는 정보의 총합을 만들어낼 수 있다. 여기에는 이웃 무리보다 더 늦게 잠자리에 드는 미어캣 무리의 습성이나 물고기 사냥법을 후손에게 물려주는 돌고래나 고래의 전통이 포함된다.[16] 사람들은 어느 곳에서는 미국 국기에 대한 맹세를 배우고, 어느 곳에서는 젓가락 사용의 달인이 된다.

따라 하기는 사회적인 종이나 머리가 좋은 종에만 국한되지 않는다. 거미의 위협을 받는 귀뚜라미는 경험 많은 귀뚜라미를 보며 숨는 법을 배운다.[17] 하지만 사회를 형성하는 종에서는 사회 학습이 특히 중요할 수 있다. 한 연구에 따르면 파란색으로 염색된 옥수수보다 분홍색으로 염색된 옥수수를 더 선호하도록 훈련된 무리에서 자란 원숭이가 파란 옥수수를 좋아하는 무리로 소속이 바뀌면, 양쪽 옥수수 모두 쉽게 구할 수 있는 상황에서도 파란 옥수수를 더 선호한다.[18] 침팬지 커뮤니티에서는 어린 개체들이 나이 든 개체들의 행동을 모방한다는 사실로 인해 행동방식의 차이가 나타나게 된다. 이를테면 돌을 이용해 견과류를 깨어 먹는 방식, 나뭇가지를 개조해서 흰개미를 사냥하는 방식, 씹은 이파리를 이용해 손이 닿는 거리에서 살짝 떨어져 있는 물을 빨아들이는 방식, 혹은 털을 손질할 때 서로를 붙잡고 있는 방식 등이다.[19]

하지만 인간의 관습과 비교해보면 침팬지 문화에서 나타나는 다양성은 단순하고 종류도 몇 안 된다. 그리고 사회적 수용social acceptance의 문제에서 중요하지도 않다. 침팬지들은 이파리를 이용해 물을 빨아들일 때 어떤 기술을 사용하는지를 가지고 누가 어디에 속하는지 따지지 않는다. 돌고래 역시 물고기 사냥 전략의 차이에 별 관심을 두지 않는다. 침팬지가 그 지역의 전통, 이를테면 서로 손을 잡고 털 손질을 해주는 전통에서 벗어난다 해도 동료들이 그것을 알아차린다는 증거는 없다. 당연히 전통에서 벗어나는 행동을 하는 개체를 피하거나, 고치려 들거나, 야단치고 죽이는 경우도 없다.[20] 장애가 있는 개체를 가끔씩 외면하는 경우를 제외하면 침팬지들은 익숙하지 않은 행동을 봐도 경계하지 않는다. 즉 이들은 행동의 차이를 표지로 인식하는 단계에 도달하지 않았다는 얘기다. 새로운 커뮤니티로 적을 옮긴 암컷은 자기도 모르는 사이에 드러나는 나쁜 매너로 인해 고통받는 일 없이 새로운 커뮤니티의 습관에 적응하는 것으로 보인다.[21] 커뮤니티는 그 암컷의 한 개체로서의 존재에 적응하게 된다. 이러한 수용은 그 암컷이 그 커뮤니티 방식에 동화되는지 여부에 바탕을 둔 것이 아니다.

그런데 한 가지 대단히 흥미로운 예외의 가능성이 존재한다. 침팬지들이 서로 연락을 유지할 때 내는 커다란 울음소리, 즉 팬트후트다.

어떤 종에서는 느슨하고 일시적인 집단조차 순간의 필요에 따라 똑같은 발성 신호를 사용한다. 예를 들어 새는 함께 지내는 시간 동안에는 서로의 울음소리에 맞출 수 있다.[22] 때로는 이런 발성 맞추기가, 사람들이 기반을 공유한다는 징표로 서로의 발성 패턴과 행동양식을 동기화할 때 나타나는 일종의 거울 반응하기mirroring에 가까울 수 있다. 심지어 원숭이는 자신의 행동을 따라 하는 사람을 더 선호한다.[23] 침팬지의 경우 다른 개체들의 목소리를 구분할 뿐만 아니라 그들의 팬트후트 소리를 귀 기울여 듣고 자신의 발성법도 미세 조정한다. 그래서 한 커뮤니티 전체에서 정확히 똑같은 팬트후트 소리를 공유하게 된다.[24] 사실 팬트후트의 '억양'은 각 커뮤니티의 레퍼토리에서 지울 수 없는 일부로 자리 잡는다.[25]

팬트후트는 커뮤니티마다 차이가 있지만, 유인원들이 그 밖의 억양으로 자기네 구성원인지를 확인하지는 않는 것 같다. 사투리로 사람의 출신지를 파악하는 사람과는 다르다. 팬트후트는 사회 구성원들을 불러 모으고 동원하는 데 도움이 되는(대부분의 새 무리에서도 발성이 이런 식으로 사용된다) 집단 조정 신호group-coordination signal 역할을 하는 것으로 여겨진다. 한 장소의 소유권을 주장하거나 먼 거리에서 서로의 행동을 조정하는 종에서는 발성이 이런 기능을 하는 경우가 흔하다. 일례로 큰창코박쥐greater spear-nosed bat는 각 집단 고유의 꽥꽥 소리를 이용해 외부자 박쥐와 거리를 두면서 자기네 영역의 과일 열린 나무로 가도록 동료들을 유도하고, 나무에 이르러서도 소유권을 주장하기 위해 계속 꽥꽥 소리를 내는 것으로 추정된다.[26]

침팬지는 이웃에 사는 침팬지들의 팬트후트 소리를 아주 잘 알기 때문에, 그들과 맞닥뜨렸을 때 결과를 예측 수 있다. 침팬지는 자기 커뮤니티의 팬트후트 소리를 들으면 팬트후트로 반응한다. 잘 알고 있는 외부 커뮤니티의 팬트후트 소리가 들리면 침팬지들은 전진한다. 그 소리를 듣고 자기들이 수적으로 우세하다는 판단이 들면 공격으로 이어질 수도 있다. 낯선 팬트후트 소리가 들리면 조심스럽게 후퇴하는 경우가 많다. 이 유인원들에게는 자신이 모르는 침팬지 커뮤니티의 등장보다 더 괴로운 것이 없다.[27] PET 스캔(양전자방출단층촬영술)을 해보면 침팬지 뇌의 흥미로운 반응을 볼 수 있다. 아직 설명되지 않은 패턴이 있는데, 그 패턴에서는 팬트후트가 후측두엽posterior temporal lobe을 활성화시키지 못한다는 점에서 침팬지의 다른 울음소리와 차이가 있다.[28] 어쩌면 외부 집단이 쌀쌀한 환대를 받는 것은 이 뇌 영역이 감정과 관련되어 있기 때문인지도 모른다.

집단 조정 신호는 신통치 않은 표지다. 꼭 개별 구성원을 외부자와 구분하기 위한 것이라기보다는, 활동 조정과 영역 주장에 사용되는 표지라 할 수 있다. 우리 인간도 이런 것을 갖고 있다. 요즘에는 국기나 기념물이 유인원의 울음소리나 늑대나 개미가 묻혀놓는 냄새처럼, 각 사회의 영역을 알려주는 역할을 효과적으로 하고 있다. 팬트후트 같은 집단 조정 신호를 동료 구성원을 알아보는 표지로 전환하는 것은 식은 죽 먹기다. 가령 그런 신호를 주고받는 방식을 살짝 맞춤화customization함으로써, 신원을 파악하기 힘든 개체의 구성원 여부를 확인할 수 있을 것이다. 집단 정체성, 즉 소속성을 알릴 필요가 있을 때 제시할 수 있는 것이라면, 팬트후트는 물론 다른 무엇이라도 암호 역할을 하는 간단한 표지가 될 것이다.[29]

암호

초기 인류의 표지가 암호였다는 주장은 단순하기는 하지만 하나의 가설이다. 우리와 가까운 친척인 보노보는 하이후트high hoot라는 발성을 갖고 있다. 각각의 보노보 커뮤니티는 침팬지가 팬트후트를 이용하는 것과 상당히 비슷한 방식으로 이 울음소리를 사용하는 것으로 보인다.[30] 그렇다면 이 유인원들과 인간의 공통 선조도, 내가 앞에서 말한 집단 조정 신호로 사용한 울음소리를 갖고 있었을 것이라고 생각하는 것이 합리적이다. 이제 사람들이 암호에 의존해 서로를 인식하는 경우는 드물지만, 전쟁 기간 동안에는 자기 소대에 접근하는 병사에게 같은 편임을 확인시켜주는 신호를 보내는 것이 현명한 행동일 것이다. 비슷한 맥락에서 남아메리카 오리노코 분지Orinoco basin의 야노마미Yanomami족 사람은, 자기 마을로 돌아올 때 '친구'라는 단어를 크게 외친다.

이런 측면에서 볼 때, 사실 전문가들은 침팬지를 과소평가하고 있는지도 모른다. 침팬지가 서로 만날 때마다 항상 팬트후트로 인사를 나누는 것은 아니더라도, 그 울음소리는 커뮤니티의 정체성을 알려주는 임시방편의 표지로 작용할 수 있다. 영장류학자 앤드루 마셜Andrew Marshall이 내게 동물원 침팬지 커뮤니티의 팬트후트 발성을 제대로 내지 못했던 한 침팬지 이야기를 들려주었다. 이 사회 부적응 개체는 털 손질 시간에 참여할 수 없었고, 다른 개체들이 모두 배불리 먹을 때까지 먹이에 접근할 수도 없었다. 그러다 결국 다른 수컷들이 그 개체를 못으로 내몰았고, 그 개체는 그곳에 빠져 죽고 말았다. 이상한 울음소리가 집단 따돌림의 이유였다는 것을 증명하기는 불가능하지만, 그런 견해가 맞는 것 같다.

초기에 인간이 사용한 암호는 오커로 몸에 만들어놓은 표지였을 수도 있다. 이것은 국기를 몸에 두른 것에 해당한다. 하지만 그런 표지는 못 보고 지나치기 쉽기에 나는 팬트후트 비슷하게 울려 퍼지는 소리를 사용했을 가능성이 더 높다고 본다. 그것이 사실이라면 단어가 탄생하기 전에 사투리가 먼저 존재했을 것이다. 언어는 글쓰기가 등장하기 전에는 고고학적 자료에 전혀 흔적을 남기지 않았다. 우리 종이 언제부터 말을 시작했는지는 누구도 확신할 수 없지만, 생산적인 대화를 나눌 수 있기 전에도 서로를 신뢰할 수 있는 방법이 필요했기 때문에 암호가 먼저 진화했는지도 모른다.[31] 어린 시절에는 그런 소리를 내는 방법을 반드시 익혀야 했을 것이다. 그것이 씨앗을 깨어 먹는 행동을 모방하는 것보다 더욱 필수적인 일이었을 것이다. 새로 사회에 편입된 신참자들에게도 필수적이었을 것이다. 물론 사회는 어린아이나 이주자가 그 소리를 제대로 발성할 수 있을 때까지 어느 정도 기다려주어야 했을 것이다.

나는 우리 선조들이 숲에서 나와 아프리카 사바나로 진출하기 시작하면서 최초의 암호가 구체화되어 나타났을 것이라고 추측한다. 소화관, 치아, 도구 등으로 판단하건대 우리 선조들은 침팬지와 보노보보다 고기를 더 많이 먹었으며, 따라서 사바나의 먹잇감을 사냥하거나 사체를 찾기 위해 광활한 땅을 돌아다녀야 했을 것이다.[32] 침팬지들은 은둔한 커뮤니티에 속한 개체들에 한해서만 가끔씩 보았겠지만, 광범위하게 흩어져 있는 밴드 사회에 속한 사람들은 가장 멀리 떨어져 있는 밴드의 구성원을 몇 년 만에 보는 경우도 있었을 것이다. 전에 서로 만나본 적이 있다 해도 시간이 흐르면 겉모습도 변하고 기억도 흐려져 깜박 몰라볼 수 있어서, 위태로운 상황이 닥칠 수도 있었을 것이다. 이럴 때 믿을 만한 암호를 사용해 그런 딜레마를 피하고, 심지어 만나본 적 없어 전혀 알지 못하는 구성원도 받아들일 수 있었을 것이다.

개체의 기억에 의존하는 동물의 경우 아주 광범위하게 이동하다 보면 사회가 흩어져버릴 것이라 예상할 수 있다. 오랫동안 떨어져 있는 개체들끼리는 완전히 낯설어지지는 않아도 서로를 잊어버리게 될 것이기 때문이다. 인간 사회는 암호를 이용해 아는 동료는 물론 얼굴을 모르는 동료까지 외부자와 구분할 수 있어서 그런 운명을 피할 수 있었다.

표지는 누구인지 잊어버린 사람들과도 사회적 연결을 유지시켜주고 심지어 생판 모르는 사람들이 주위에 있을 때도 마음 편하게 해주어, 공간적인 면뿐 아니라 인구 면에서도 사회를 확장시켰다. 침팬지 커뮤니티의 규모는 아무리 커야 200개체 정도이고, 보노보는 그보다도 작다. 우리 선조들의 사회는 그보다 훨씬 컸음을 말해주는 증거들이 있다. 두 명의 인류학자는 뇌 부피 추정치를 바탕으로, 인류가 호모에렉투스와 초기 호모사피엔스 시절에 사회관계망 규모에서 침팬지를 뛰어넘었다고 결론 내렸다.[33] 인간 사회의 규모가 그때 이미 200명을 훨씬 넘어섰다는 의미다. 고고학적 증거에 바탕을 둔 또 다른 연구는 사람속이 등장한 280만 년 전에 이미 인간 사회가 수백 명 규모에 도달했다고 추정했다.[34] 이때는 인간의 식단에 처음으로 더 많은 고기가 포함되기 시작했을 때다. 양쪽 연구 결과 모두 표지가 우리의 유서 깊은 유산이라는 것을, 그것이 동굴벽화 같은 최초의 복잡한 유물 훨씬 이전에 등장했음을 암시하고 있다.

암호가 간단한 수준이었을 때부터 우리 선조들의 사회가 서로 모르는 구성원들을 포함하고 있었는지, 혹은 표지가 더 정교하고 다양해진 이후에야 낯선 사람들과 어울리는 게 가능해졌는지는 알 길이 없다. 어느 경우든 간에 그 시점 이후로 초기 인류는 서로 얼마나 자주 마주치는지, 집이 얼마나 떨어져 있는지와 상관없이 구성원들끼리 얼굴을 알고 지내야 한다는 요구로부터 자유로워졌다. 사람들이 처음으로 완전히 낯선 사람과도 편하게 어울릴 수 있게 된 것이다. 나는 이것을 우리 종이 '익숙함familiarity으로부터 해방되었다'라고 표현한다.[35]

살아 움직이는 게시판

필요에 따라 주어지는 암호는 인간의 진화에서 결정적인 발전이었을 것이다. 이 부분이 기존에는 간과되어왔다. 수백 명 규모의 사회는 대부분의 포유류 기준으로 보면 큰 사회지만 오늘날의 사회와 비교하면 터무니없을 정도로 작다. 당시 우리 선조들은 같은 종류의 위용 있는 라이벌 사회와 직면하면서 그런 규모를 돌파하려 했을 것이다. 그러면서도 사회의 소속성을 확보하려면 하나의 신호였던 것을 전체적인 시스템으로 진화시켜야 했다.

표지가 하나밖에 없을 때의 문제점은 사회가 속임수나 실수에 취약해져 외부자가 몰래 내부로 들어올 수도 있고, 사회 전체의 소속성 자체가 혼란에 빠질 수도 있다는 것이다. 다른 동물 사회를 보면 너무 쉽거나 너무 적은 신호에 의존하다가 일이 틀어지는 사례가 아주 많다. 자기 몸을 개미의 암호인 군집 냄새로 적신 다음 개미 둥지로 마음대로 들어가는 거미를 생각해보라. 하지만 인간 사회가 다른 사회의 정체성을 몰래 복제해서 경쟁 사회를 장악하는 모습을 상상하기는 힘들다. 이런 것이 불가능한 이유는 우리의 초기 암호들이 흉내 낼 수 없는 더욱 다양한 표지들로 가려져 있었기 때문이다. 복잡한 의식 같은 것이 그 예다. 사람들이 서로를 인식하는 표지의 혼합물을 속이는 것보다 개미 냄새를 구성하는 분자의 혼합물을 해킹하는 것이 훨씬 간단하다.[36] 따라서 큰 비용이 들어가는 표지는 필요하지 않았지만 진화적 시간의 흐름 속에서 어떤 특정한 표지, 그리고 한 사회의 전체적인 표지 꾸러미는 복제하기가 엄청나게 어려워졌다. 그래서 '친구'라는 단어를 크게 소리치지 않아도 사람들은 자신의 정체성을 의심할 여지 없이 분명하게 드러낼 수 있게 된 것이다.[37] 또한 한 개인이 누군가가 자기네 소속이 아님을 보여주는 결정적인 신호를 놓쳤다 해도 다른 누군가가 그 실수를 파악할 수 있었다. 집단의 힘으로 외부 침입자를 골라내는 사례는 곤충에서도 발견된다. 둥지를 지키는 첫 번째 감시병을 무사히 통과한 외부자 개미는 그다음에 만나는 감시병 중 하나에게 감지되고 만다.[38]

인간 사회에서 단순한 몸짓이 아니라 다른 형태의 암호였던 최초의 보편적 표지는, 사람 몸에 있는 것이었을 것이다. 사람은 자신의 정체성을 나타내는 살아 움직이는 게시판으로 진화했다. 우리를 다른 영장류와 구분해주는 벌거숭이 피부와 머리카락은 다른 사람들이 자신을 한눈에 알게 해주는 캔버스에 해당했다. 이것은 한 개인으로서, 그리고 사회의 구성원으로서 자신이 어떤 사람인지 보여주는 역할을 했다.[39]

내가 가봉에 있을 때 한번은 다양한 아프리카 부족의 사진이 담긴 책을 그 지역 사람들에게 보여준 적이 있는데, 그 사진을 보며 사람들은 떠들썩해졌다. 호기심 어린 눈빛으로 사진을 바라보았고, 뜨거운 의견 교환도 이루어졌다. 그 지역 사람들의 손가락은 자기들 눈에는 괴상해 보이는 보석, 깃털 장식이 된 모자, 그리고 다른 세부 사항들을 짚었다. 하지만 그중 손이 제일 많이 간 사진은 낯선(명백히 우스꽝스러워 보이는) 헤어스타일이 담긴 사진이었다. 인간은 어째서 매만지기 쉬운 머리카락 뭉치를 진화시켰을까? 인간의 머리카락은 털이 짧은 다른 영장류들이 하는 털 손질 정도가 아니라 아예 정교하게 다듬고 모양을 낼 수 있다. 헤어스타일을 문화권마다 서로 다르게 할 수 있었다는 것이 이유가 아니면 무엇이겠는가?

모든 시대에 걸쳐 인류는 머리카락을 다듬고 매만져야 했다. 머리카락이 눈을 가리는 것을 막기 위해서라도 그래야 했다. 한 역사가에 따르면 고대 중국에서는 관리하지 않은 머리카락은 여지없이 야만인, 미치광이, 유령 등 인간 공동체에 속하지 않는 존재임을 말하는 신호였다.[40] 기원전 210년에 사망한 진나라의 창시자 진시황의 무덤에 들어 있는 흙을 구워 만든 병사들의 형상에는, 각자의 민족적 기원을 암시하는 두건이 정교하게 표현되어 있다. 브라질의 카야포Kayapo족에 대해 한 인류학자는 이렇게 말했다. "각각의 사람이 자기만의 고유한 헤어스타일을 갖고 있다. 이것은 자신의 문화와 사회 공동체의 상징으로 자리 잡고 있다(그리고 그런 만큼 자신의 시각에서는 인류가 성취한 최고 수준의 사회성을 보여주는 상징이다)."[41] 어떤 북아메리카 인디언들은 머리를 짧게 깎는 반면 다른 인디언들은 이마를 가로질러 한 줄로 앞머리를 내린다. 또 어떤 인디언들은 정수리 부분을 삭발한다(혹은 모호크Mohawk족처럼 옆쪽을 민다). 머리카락은 다양한 방식으로 가르마를 타거나 땋거나 혹은 비버 가죽을 두르거나 뿔 모양으로 다듬을 수 있다.[42] 머리카락이 꼬여서 절대 길게 자라지 않는 부시먼족 등도 공을 들여 머리를 꾸민다.

우리 종의 털 없는 피부도 자신의 정체성을 과시하기에는 더할 나위 없이 적절하다. 다윈은 여성을 더욱 섹시해 보이게 하기 위해 털 없는 피부가 진화했다고 생각했다. 수컷 침팬지는 그런 생각에 동의하지 않을지도 모르겠지만 말이다. 털이 없어지자 사람들은 새기고, 그리고, 칠하고, 뚫고, 문신하고, 상처를 내어 자신이 누구인지 정의할 수 있는 피부를 갖게 됐다. 불에서 만든 오커 크레용과 함께 개인 맞춤형 피부 장식이 시작되어 스타일의 차이가 만들어졌을지도 모른다. 이를 두고 인류학자 세르게이 칸Sergei Kan은 천연의 피부가 사회적 피부로 바뀌었다고 아주 적절하게 표현했다.[43] 미얀마 북부 여성들은 외부자들이 매우 싫어하는 얼굴 문신을 하고 있기 때문에 자기 부족 사람들과 결혼할 것이 거의 확실하다.[44]

1991년에 오스트리아와 이탈리아 사이의 산악에서 발견된 5300년 된 미이라인 아이스맨Iceman은 등과 발목에 상처를 내고 숯을 찔러 넣어 만든 14세트의 문신을 갖고 있었다.[45] 아이스맨이 죽기 오래전부터 우리 몸을 게시판으로 사용하는 것이 가능했을 것이다. 제멋대로 자라는 우리의 수염과 더벅머리가 언제부터 시작되었는지는 누구도 알 수 없지만 인간의 피부가 거의 벌거숭이가 된 것은 120만 년 전부터다. 이는 호모에렉투스 초기 시절에 해당한다.[46]

만화에 등장하는 선사시대 혈거인(보통은 남자)을 보면 외모에는 눈곱만큼도 신경 쓰지 않는 듯하다. 스스로를 자연을 뛰어넘은 존재로 여기는 우리는, 그 시절 사람들은 씻지 않아 지저분하고 머리카락도 덥수룩하게 헝클어져 있었을 거라고 상상한다.[47] 좀처럼 사라지지 않는 이런 상상은 사실이 아니라 편견, 하나의 믿음에 불과하다. 사회성이 있는 영장류는 몇 시간씩 서로 털을 손질해주는데, 지저분함은 나쁜 건강의 표시가 되기 때문이다. 머리를 다듬는 것은 영장류의 몸단장과 청결의 인간 버전으로, 그 동기는 단장을 해주는 사람과 받는 사람 사이의 유대감 강화가 아니라 자신의 정체성을 완벽하게 알리고자 하는 데 있었다. 거울이 생기기 전에는 자신의 외모를 단장할 때 완전히 타인의 도움에 의지해야 했다. 영장류학자 앨리슨 졸리 Alison Jolly가 말했듯이 "몸 뒤쪽을 단장할 때"는 더욱 그랬다. 헐거인은 그냥 단정한 데서 그치지 않고 우아한 모습이었을 것이다. 졸리는 이렇게 말했다. "2만 5000년 전의 조각상들을 보면 여성들이 벌거벗은 모습으로 아름답게 땋은 머리를 하고 있다."[48]

근 수천 년 동안 피부와 머리를 만지는 것이 자기 자신을 걸어 다니는 광고판으로 만들려는 집착의 일부로 자리 잡았다. 전 세계 곳곳의 사람들이 머리에서 발끝까지 몸에 여러 가지 신호를 담았다. 두개골의 형태를 뒤틀고, 목, 귓불, 입술을 늘리고, 치아를 깎고, 손톱을 장식하고, 발 크기를 줄였다. 처음에 옷을 입은 이유도 예의 때문이 아니라 몸단장을 위해서였을 것이다. 정체성을 소유할 한 가지 방법이 더 추가된 것이다.

때때로 있었던 정체성 표현이 시간이 지남에 따라 다른 사람들에 대한 경험에 필수적인 표지들의 총체로 확대되었는지도 모른다. 그 덕분에 누가 누구인지 계속해서 파악할 필요가 없어졌고, 그런 식으로 정체성을 드러내는 것이 하나의 의무로 자리 잡았다. 사회가 성장하여 인구가 많아지고 흩어져 살게 됨에 따라 모든 사람이 집단에 애착을 가지고 있는지를 지속적으로 확인할 필요가 생겼고, 따라서 사회의 특정한 일상이 더 이상 내킬 때 따라 하는 것이 아니라 강요되는 것이 되었다는 말이다. 그때부터 사회에서 받아들일 수 없는 행동을 하거나 받아들일 수 없는 옷을 입은 사람을 보면, 친구들조차 충격을 받게 되었을 것이다. 외부자와의 비교도 방정식의 일부가 되었다. 낯선 것이라고 무엇이든 비방하지는 않았지만(가령 한 사회가 다른 사회의 제품을 갈망할 수 있었다), 외부자에게서 모방한 충성 신호는 추방 사유로 충분했을지 모른다.

사회 동료 구성원의 모습을 관념적으로 상상할 수 있는 능력 덕분에 사람들은 굳이 주변 사람들을 일일이 알아보지 않고도 구성원으로서의 모습과 맞아떨어지는 사람들 속에 편한 마음으로 섞일 수 있게 되었다. 곁을 지나가는 낯선 사람들에 대해 일일이 다 깊이 생각해보아야 하는 상황이었다면 배우자나 소중한 친구들과 행복한 시간을 이어나가기 힘들었을 것이다.[49]

문화 라체팅

우리의 사회생활에 관한 본질적 세부 사항들이 우리의 표지 세트에서 핵심적인 부분이 되었다.[50] 인간은 문화를 갖게 되었다. 이것은 사회마다 다르고, 서로가 서로에게 가르쳐주는 풍요롭고 복잡한 시스템이었다. 문화는 사람이 어디에 소속되어 있는지 확인해주는 역할에서 그치지 않는다. 구성원들을 안전하게 보호하고 먹여주며, 침팬

지들은 알아차릴 수 없는 방식으로 깊은 의미를 포함한다.[51]

우리 선조들이 문화적 행동을 창조하고, 변형하고, 다양화시킨 결과 온갖 종류의 사회적 특성이 등장하게 됐다. 이런 방법으로 사람들은 자기가 하는 모든 일을 점진적으로 혁신하고 개선한다. 이것이 문화 라체팅cultural ratcheting(문화가 서서히 변화하여 어떤 상태에 도달하고 나면 다시 원상태로 되돌리기 어려워지는 현상 – 옮긴이)이라는, 인간만의 독특한 특성이다.[52] 지난 5만 년 동안 라체팅이 증가되어왔고, 특히나 지난 1만 년 동안에는 더욱 두드러져 결국에는 세기 단위가 아니라 연 단위로 변화가 일어났다. 일부 개선 사항은 사회 전반에 공유되었다. 마치 오늘날 유행하는 스마트폰 모델이 전 세계에서 공유되듯이 말이다. 그 과정에서 사람들은 자기가 좋아하는 것은 무엇이든 자신의 정체성을 나타내는 표지로 바꾸었고, 결국은 외부자들이 그대로 따라 하기가 거의 불가능할 정도로 복잡한 그물 같은 상징체계를 만들어냈다.

우리는 이런 지속적 새로움이 없는 세상을 상상할 수 없지만 그중 상당 부분은 현대 소비 자본주의consumer capitalism의 결과물이다. 이렇게 지속적으로 표지를 고치는 것이 인간의 삶에서 의무적인 것은 아니다. 초기 사회가 드물게 남긴 고고학적 발자취를 살펴보면 인간이 존재하던 기간 대부분에서 혁신은 대단히 드문 일이었다. 소소한 변화가 있기는 했지만 앞으로 나아가는 경우는 거의 없었다. 지금까지 살았던 인간 세대 중 99퍼센트는 자기 부모나 조부모와 아주 비슷한 경험을 하며 살았다. 긴 세월 동안 알아차리기에는 너무도 작은 변화들만 있었던 것이다. 그 예로 피너클 포인트에서 분명하게 드러난 라체팅은, 수천 년 동안 비슷하게 생긴 돌을 견과를 깨는 망치로 사용해온 침팬지의 변화율 0보다 겨우 털끝만큼 높은 데 그쳤다.

초기 인류는 인원이 적어서 혁신이 거의 없었는지도 모른다. 문화적으로 정교해지기 위해서는 충분한 인구가 필요하다. 앞서서 내가 수렵채집인들은 자립적으로 행동했다고 주장했지만, 일을 하는 방법에 대한 기억이 전적으로 각자의 머릿속에만 저장되었던 것은 아니다. 우리는 상상 가능한 모든 것을 서로에게 지속적으로 상기시킨다. 그럼 모든 사람이 기억의 책임을 나누게 된다. 이것을 집단기억collective memory이라고 하자. 책이나 인터넷 같은 것이 없었던 우리 선조들은 서로에게 의지했다. 소통을 많이 할수록 잊어버리는 것도 적어져, 각자가 각각의 과제를 달성하는 방법을 아주 세부적인 부분까지 알아야 하는 부담이 덜어졌다. 인간의 학습은 불완전하고 기술은 시간이 지나면 퇴보할 수 있다.[53] 하지만 충분한 수의 사람이 서로 접촉하면 그저 밴드에서 밴드로가 아니라 이웃한 사회들에 걸쳐 집단기억이 효과적으로 확대될 수 있다.

5만 년 전보다 더 앞선 시기에는 사람이 드물었기 때문에 집단기억이 별로 효과를 보지 못했을 것이다. 업무 전문화가 작은 사회를 위험에 빠뜨릴 수 있는 것과 마찬가지로, 타인의 지식에 지나치게 의존하는 것 역시 사람 수가 적을 때는 위험할 수 있다. 운이 나쁘면 기본적인 생존 기술이 아예 사라져버릴 수 있기 때문이다. 이것을 태즈메이니아 효과Tasmanian effect라고 한다. 인류학자 중에는 8000년 전에 해수면 상승으로 태즈메이니아가 섬으로 고립된 이후로 호주 원주민이 불 지피기, 낚시 등의 기술을 잊어버렸을 것이라 생각하는 이가 많다.[54]

네안데르탈인 역시 낮은 인구밀도로 인해 어려움을 겪었다. 뇌가 우리보다 컸음에도 이들이 이루는 사회는 단순했다. 이런 단순함은 그들의 어리석음 때문이라고 여기기 쉽지만, 가혹한 북부 환경에서 사냥한 먹잇감으로는 아주 적은 인구만 먹여 살릴 수 있었기에 초기 호모사피엔스와 같은 판에 박힌 생활에 갇혀 있었던 것인지도 모른다.[55]

인원이 적을 때 발전을 가로막는 또 다른 방해물은 메아리 원리echo principle였는지도 모른다. 과거가 시대를 거치며 어떻게 메아리치는지 전달하기 위해 붙인 이름이다.[56] 내구성이 좋은 물건은 버려질 수는 있어도 완전히 잊히는 일은 절대 없다. 앞선 세대가 남긴 증거는 어느 곳에나 있기 때문에 사람들의 집단기억을 과거로 확장시킨다. 작은 조각상이나 흙 속에 박힌 도끼 같은 것은 어제 만들어졌을 가능성도 있지만 1000년 전에 만들어졌을 가능성도 있다. 선조들이 남긴 디자인이 시야에서 사라질 일이 절대 없었던 초기 인류는 계속해서 그런 디자인으로 돌아갔다.

인구가 많은 현대 문명의 제품들은 어디에든 넘쳐나고 먼 과거의 물건보다 훨씬 질도 좋기에, 요즘에는 옛날로 돌아가는 관행이 사라지고 있다. 내가 어렸을 때 콜로라도에는 땅에 화살촉이 흔했다. 그래서 기념품으로 간직하기는 했지만 그것을 어떻게 만드는지 알아낼 생각은 해본 적이 거의 없다. 하지만 초기 아프리카인 그리고 그들처럼 인구밀도가 낮았던, 유럽에 최초로 정착한 인간들에게는 메아리 원리가 구세주였을지도 모른다. 과거가 남긴 파편들을 자세히 연구한 덕분에 도구나 조각상 만들기 같은 재능이 그들의 삶에서 영원히 사라져버리지 않았던 것이다. 장구한 시간 동안 수많은 공예품이 거의 변화 없이 그대로 복제되었던 이유를 이것으로 설명할 수 있을지도 모른다.

4~5만 년 전에 물질적 재화가 급증한 것은 그 시기에 인간 뇌가 근본적인 수준에서 업그레이드되었기 때문이 아니라, 인구가 폭등했기 때문이라고 보는 것이 타당하다. 아프리카 전역의 온화한 기후와, 당시나 그보다 조금 앞선 시기에 인류가 구세계 전체로 퍼져나간 덕분이었다.[57] 그 결과 집단기억이 활성화되면서 정체성과 관련된 실용적 기술 및 그 밖의 측면이 급성장하게 되었다.[58] 그 시기 인류는 외부자들과 접촉할 일이 그 어느 때보다 많아졌기에, 그들로부터 자신의 정체성을 지키기 위해 목걸이나 미술품 같은 소속성 표현이 가능한 물건에 큰 변화가 나타났다. 이런 표지는 신속하게 퍼져나갔는데, 이에 대해 인류학자 마틴 웝스트Martin Wobst는 '우리가 이것을 만들었다'는 메시지를 담은 물건 제작이 연쇄반응을 촉발했을 수 있다고 추론했다. 예를 들어 한 사회에서 무늬를 첨가한 그릇이 나오면 무늬 없는 그릇이 나오는 다른 사회들과 구분되는 정체성이 즉각 전달되고, 그 결과 자기 사회의 정체성을 강조하는 스타일의 혁신이 여기저기서 일어났다는 것이다. 그 후로 빠른 속도로 새로운 버전의 물건들이 불쑥불쑥 튀어나왔을 것이고, 결과적으로 물건 제작자들은 사회를 문화적으로 풍요롭게 만드는 역할을 했을 것이다.[59]

우리의 정체성은 부분적으로는 외래 집단과의 접촉, 즉 그들의 행동과 생산품에 대한 반응으로 형성된다는 점에서, 나는 한 가지 규칙을 제시하고자 한다. 경쟁 사회와의 상호작용이 많을수록 한 사회가 나타내는 표지의 숫자, 복잡성, 눈에 띄는 정도가 커진다고 말이다.[60] 여러 사회가 한데 모여 있었던 경우에는 혼동을 피하고 스스로를 보호하기 위해 서로 더 안 닮은 모습으로 발전되었을 가능성이 높다.

태평양 연안 북서부의 수많은 부족이 서로 다른 입술 장식을 가졌던 것도 이러한 맥락에서 설명할 수 있다. 1000개 이상의 부족이 빽빽하게 모여 사는 뉴기니 전역에서 서로 다른 장식과 의상과 의식이 나타나는 것도 마찬가지 이유일 것이다. 그와 대조적으로, 인구밀도가 낮은 호주의 원주민들은 비교적 서로 비슷한 모습을 하고 있다.

각 사회를 구분해주는 미술과 장식, 언어와 활동의 멋진 불협화음은 점점 더 정교해졌다. 이 모든 다양성의 기원은 우리 종의 시작과 함께 발생한 익명 사회로의 근본적 전환 시기, 혹은 그보다 이른 시기로 거슬러 올라간다. 인간 사회가 이용한 표지들은 오늘날의 침팬지와 보노보에서 여전히 보이는 것과 비슷한 행동으로부터 점진적으로 진화했을 것이다. 제일 먼저 암호가 있었을 것이다. 그 뒤로 몸 전체를 하나의 캔버스 삼아 소속성을 표현한 표지들이 등장했을 것이다. 하지만 고고학적 자료에 그것들의 흔적은 거의 없다. 수만 년 전 인구가 증가하고 상호 교류가 충분히 이루어지면서 집단기억과 집단생산이 가능해졌고, 그와 동시에 매우 정교한 사회적 특성이 만들어짐에 따라(이는 부분적으로는 이웃과 자신을 구분하기 위한 목적이었다) 사회는 더욱 복잡해졌다.

다른 영장류의 개체 알아보기 사회로부터 온갖 문화적 화려함을 갖춘 인간의 완전한 익명 사회로 나아가는 길은 기나긴 여정이었다. 단순한 표지와 미리 정해진 사회적 삶을 사는 개미 세계에서는 이러한 문화적 화려함을 찾아볼 수 없다. 익명 사회로의 진화는 대뇌겉질cerebral cortex에서 하위의 뇌줄기brainstem로 확장되는 거대한 뇌 회로 재배열 프로젝트의 일부였다. 필수 신경회로의 상당 부분은 표지와 그것을 공유하는 집단의 자극과 그 반응의 초보적 상호작용 상태를 벗어나게 되었다. 그 이후로 우리의 개조된 뇌는 개인과 사회에 대한 우리의 표상을 우리의 행동에 활력을 불어넣는 감정 및 의미와 연관시키게 되었다. 진화론자들은 대체로 이런 상호작용에 대해 언급하지 않지만, 심리학을 통해 그 진상이 드러나고 있다.

5 부

사회의 기능
(혹은 비기능)

Functioning (or Not) in Societies

12장

타인의 감지

수렵채집인과 함께 시간을 보내보면 밤 내내 잠만 잔다는 것이 현대적 개념임을 깨닫게 된다. 나는 나미비아로 여행을 갔다가 조각으로 새겨놓은 듯한 은하수 아래서 부시면족이 흡착음, 비음, 새처럼 지저귀는 소리 같은 정교한 목소리로 나누는 대화에 귀를 기울인 적이 있다. 그들의 오두막은 깜빡이는 모닥불 빛에 간신히 눈에 보였다. 그들은 전해 내려오는 이야기나 그날의 일들을 열정적으로 공유했다. 해가 떠 있는 동안에는 일상적인 일에 초점을 맞춘 말만 했지만, 밤은 이야기를 나누는 시간이었다. 그 이야기들은 적절한 사회생활에 대한 큰 그림을 전달하고 있었기에, 사람들이 더욱 큰 사회와 연결되어 있음을 확인시켜주었다.[1]

몇 년 후 프린스턴 대학 심리학 및 신경과학 교수 우리 하슨Uri Hasson이 등을 굽히고 일련의 뇌 스캔 영상을 컴퓨터로 보여주는 동안 그 뒤에 서 있으니, 부시면족이 나누던 활력 넘치는 이야기들이 머릿속에 생생하게 떠올랐다. 하슨은 영화 관람자들의 대뇌겉질 활성을 관찰하고 있었고, 그 뇌 스캔 영상들은 해석의 여지가 있었다. 관람자 중 일부는 영화에 나오는 남편이 바람을 피운다고 의심하는 상태일 수 있었고, 다른 일부는 아내가 거짓말을 하고 있다고 생각하는 상태일 수 있었다. 하지만 관람자들이 영화를 보면서 서로 대화를 나눈 경우에는 그들의 대뇌겉질이 동기화되었다. 뇌의 똑같은 부분에 불이 들어온 것이다. 하슨은 이 마음과 마음의 결합을 "사회적 세상을 창조하고 공유하는 메커니즘"이라고 부른다.[2] 별이 빛나던 그 밤에, 부시먼족이 표출하던 즐거움 역시 그런 마음의 융합에서 나온 것이었을 것이다.

나는 모든 사회는 거기에 속한 사람들의 상상 속에서 사회적으로 구축되는 공동체라고 주장해왔다. 이것은 사회의 세부적인 작동 방식에도 적용된다. 인간은 자기가 하는 모든 일을 일종의 이야기로 바꾸어놓고 그것이 전하는 바를 바탕으로 자신의 삶을 해석한다. 더 나아가 그 이야기는 사람들의 지속적인 상호작용을 통해 확장되어 모든 사람이 참여하는 사회적 규모의 이야기로 바뀐다. 태어나는 순간부터 우리는 이 더 큰 이야기가 제시하는 기대의 그물망으로 들어간다. 그 속에는 일, 돈, 결혼 등에 대한 규칙과 기대가 담겨 있다. 사회가 가장 아끼는 사회적 표지에 활력을 불어넣어 사람들이 기능하는 바탕이 될 틀을 만들어냄으로써 세상에 의미를 부여하는 것이다. 후대로 전해지면서 약간씩 변형되는 그 큰 이야기는 우리가 사회를 인식하는 방식, 그리고 우리가 자신을 외부자와 나누기 위해 긋는 선에 영향을 미친다.[3] 그 선은 우리가 큰 이야기에 어떻게 지배받느냐가 아니라 그것을 뒷받침하는 심리학, 그리고 그것이 타인과의 동일시에 어떤 영향을 미치는가에 의해 설정된다. 인간 정체성의 형성, 그리고 그런 정체성에 대한 우리의 반응이 우리의 삶을 이끌며, 과학자들은 그것이 어떻게 이루어지는지 이해하려 노력한다.

지금까지 나는 사회의 기원과 그 진화를 단계별로 설명했다. 얼마나 다양한 종이 사회를 만들고 그 소속성으로부터 그들이 얻는 것은 무엇인지 동물계에서부터 시작해 고찰해보았다. 그다음에는 우리 종 사회의 융통성에 대해 살펴보면서 수렵채집인이 정체성 표지를 통해 서로 구분되는 사회를 이루었고, 그런 표지는 인류의 기원 이후로 사회의 조직 원리로 자리 잡았음을 밝혔다. 우리는 머나먼 과거의 탐험을 통해 정체성의 신호들이 단순한 암호로 시작했을 가능성이 크다는 것을 알게 됐다. 하지만 이야기는 다른 사람의 정체성을 알아보는 것 이상으로 훨씬 복잡해졌다. 표지, 그리고 그 표지가 수립한 집단과 인간의 관계는 밑바탕에 깔려 있는 풍부한 심리학과 함께 진화했다.[4]

깃발을 위해 목숨을 바치다

"인간은 실험으로 각인시켜놓은 오리 새끼처럼 깃발을 따릅니다." 동물의 행동방식을 렌즈 삼아 인간 행동을 연구하는 선구자 이레네우스 아이블아이베스펠트Irenäus Eibl-Eibesfeldt의 말이다.[5] 증거에 따르면 표지를 학습하고 그것을 이용해 사람, 장소, 사물을 분류하는 것은 본능적이다. 경험하기 전에 이미 조직되어 있는 것이다.

이오지마Iwo Jima섬에 미국 국기를 게양한 감동적인 이야기 등이 표지의 의미와 중요성을 더해주기는 하지만, 꼭 그런 의미를 알지 않아도 우리는 잠재적인 표지에 감응할 수 있다. 그런 신호가 한 사람과 꼭 연관이 있어야만 열정적인 반응을 불러일으키는 것도 아니다. 이 신호의 존재(마음을 뒤흔드는 국가)나 부재(미국인들이 미국의 상징 흰머리독수리를 총으로 쏘아 죽이는 도시를 상상해보라)는 뇌의 감정중추인 둘레계통limbic system을 활성화시킨다. 강력한 표지를 환기시켜주면 이런 신경회로가 불길처럼 폭발할 수 있다. 파괴 행위에 국가적 기념물의 파괴가 동반되는 경우에는 폭력의 수준이 더욱 끔찍해진다.[6]

적절한 구경꾼과 맥락만 주어지면 단순하기 이를 데 없는 물체나 단어만으로도 강력한 감정적 반응을 일으키기에 충분하다. 예를 들어보자. 두 팔을 90도로 걸어서 변의 길이가 같은 십자가 모양을 만든다고 해보자. 겉으로 보기에는 지극히 평범한 모양 같지만 홀로코스트 생존자는 이것을 보고 나치 문양을 떠올려 실신할 수도 있다. 이 만卍 자 모양은 사람이 그 상징적 의미에 대해 굳이 시간을 내어 생각해보지 않아도 공포를 유발할 수 있는 것이다. 일단 일종의 파블로프식 조건반사를 통해 고통스러운 반응이 촉발되면 그 반응을 없애기는 불가능하다. 괴상한 전통음식을 보고 구역질이 나는 것을 막을 수 없는 것과 비슷하다. 코르시카섬에서 한때 인기를 끌었던, 속에 구더기가 꿈틀거리는 살아 있는 치즈walking cheese를 떠올려보라. 그러나 만 자 모양이 널리 사용되던 당시에는 나치주의자들이 그것이 그려진 깃발을 보면서, 우리가 구기 종목 경기에서 국기를 보면서 느끼는 벅찬 마음과 유사한 감정을 느꼈을 것이다.

사람들은 깃발을 정말 사랑한다. 오늘날에도 "심지어 온순한 덴마크 사람조차 자기네 국가 상징 색을 보면 미쳐버린다." 역사가 아르날도 테스티Arnaldo Testi의 말이다. 그는 이어서 이렇게 말한다. "세속주의 민주공화국에서는 왕이나 신 같은, 대중을 하나로 묶어주는 상징이 존재하지 않기 때문에 국기가 거의 신성에 가까운 중요성을 갖는다."[7] 이러한 열광은 우리의 가장 근본적인 집단의식과 얽혀 있다. 사람들은 깃발을 위해 싸우거나 죽는 것을 개인의 기쁨이자 영광으로 여긴다.

우리는 어떻게 고작 색깔 패턴, 모양, 소리가 사람의 뇌에 열정이나 공포를 촉발하는지 아직 제대로 이해하지 못한다.[8] 하지만 어린 시절부터 나타나는 이런 반응은 당연한 일이다. 미국의 경우 국기가 교실에도 전시되어 있고, 유치원에서도 국기에 대한 맹세를 암송하는 일이 흔하다(지금은 아동이 이것을 거부할 수 있다). 여섯 살 정도가 되면 아동은 국기를 불태우는 것을 나쁜 일로 인식하며, 머지않아 자기 국가에 대한 자부심을 가진다.[9]

어디에나 존재하는 국가 정체성의 신호들은 모든 사람에게 비슷한 경험을 부여한다. 그것들은 우리가 다른 것에 정신이 팔려 있을 때조차 우리의 느낌을 길들인다.[10] 역경과 마주하면 상징은 등대가 되어 우리를 행동에 나서도록 격려한다. 미국이 걸프전에 참전한 1990년 이후에 미국의 국가가 히트 싱글이 되었다. 그리고 2001년 9/11 테러 이후에는 미국 국기의 판매량이 급증했다.[11]

아기는 사람을 어떻게 분류하는가

인간 집단 간의 상호작용을 뒷받침하는 심리학 중 상당 부분은 우리가 개별 민족과 직접 연관된 표지에 어떻게 반응하는지에 관한 것이다. 하슨을 포함한 심리학자들의 노력 덕분에 우리 뇌가 사회화하는 과정의 일부로 타인에 대한 정체성 인지가 구축되었음이 밝혀졌다. 첫 번째 단계는 어떻게든 타인을 인지하는 것이다. 당신이 컴퓨터 앞에 앉아 체스를 하다가 상대방이 컴퓨터 프로그램이 아니라 사람임을 문득 깨닫게 되었다고 해보자. 그럼 당신의 정신 활동이 내측앞이마겉질medial prefrontal cortex(대뇌의 앞부분)과 상측두고랑superior temporal sulcus(측두엽에 있는 홈)을 비롯해서 사람과의 상호작용을 담당하는 뇌 영역으로 옮겨 갈 것이다. 또한 실제로는 상대가 컴퓨터 프로그램인데 사람이라는 틀린 정보가 주어질 때도, 우리의 정신 상태는 사람과의 상호작용을 담당하는 뇌 영역으로 옮겨 간다.[12]

사회적 존재인 우리는 타인에 대한 인식에 의존한다. 인간, 침팬지, 보노보는 모두 분열-융합 사회에서 자란 덕분에 정신적 명민함을 얻었는데, 그로 인해 우리는 사람들 사이의 작은 차이점이나 공통점을 알아차릴 수 있다.[13] 이것은 심리학자들이 한 명의 개인으로서, 그리고 집단의 구성원으로서 사람들이 서로를 어떻게 대하는지 연구한 끝에 도달한 매력적인 결론이다. 거의 모든 연구가 독립적인 사회가 아니라 도시 환경에 놓인 인종에 관한 것이었어서, 내가 여기서 제시하는 사례들에는 그런 편향이 반영되어 있다.[14] 어쨌든 그런 인간의 속성은 수렵채집인이 오늘날의 사회보다 더 균질한 사회를 경험하던 과거에 자기 사회와 다른 사회의 표지에 대한 반응으로 진화했을 것이다. 그렇다면 언어나 장식물 같은 사회적 표지들이 비슷한 결과를 내리라 가정하는 것이 합리적이다(어째서 인종과 사회에 대한 인간의 심리적 반응이 거의 비슷해야 하는가에 대해서는 나중에 다룬다).

사람이 자기 집단을 알아보는 것은 아주 어린 시기에 시작되는, 억누를 수 없는 능력이다.[15] 엄마 배 속에서는 양수를 통해, 그리고 출생 후에는 모유를 통해 전달되는 분자로부터 유아는 마늘, 아니스 향신료 등 맛이 강한 성분을 비롯해서 엄마가 먹는 음식에 맛을 들이게 된다. 엄마가 속한 민족 집단의 맛을 선호하게 되는 것이다.[16] 한 살짜리 아기는 자기 집단의 언어를 구사하는 사람을 관찰하면서 자기가 그 사람과 비슷한 음식을 좋아할 것이며, 자신과 출신이 달라 보이는 사람은 다른 식생활을 하리라 예상한다. 두 살 즈음에는 이런 예상이 선호도로 굳어진다. 그 나이 이후의 아동은 자기 집단의 구성원들이 먹는 것은 튀긴 전갈이든 참치 샌드위치든 가리지 않고 좋아하게 된다.[17] 이것은 익숙한 것, 따라서 안전한 것에 대한 편애의 표현이다. 아기가 조금만 이상한 것을 봐도 울음을 터뜨리는 것을 본 적이 있는 사람은 잘 알 것이다.

심지어는 생후 석 달 된 아기도 자기와 같은 인종의 사람에게 곧장 다가간다.[18] 다섯 달 즈음이면 이런 선호도가 자기 부모와 같은 언어, 같은 사투리를 쓰는 사람에게로 확장된다. 아기는 자라면서 이상한 억양은 이해하기 피곤하다고 느끼며 말에서 느껴지는 차이에 민감해진다.[19] 생후 여섯 달에서 아홉 달 사이에는 아기가 얼굴에 있는 단서를 바탕으로 다른 인종에 속한 사람들을 개별적으로 분류하는 일에 능숙해지지만 그 이후로는 그런 능력이 떨어진다.[20] 이런 일은 다섯 살 이후 외국어를 배우는 능력이 떨어지는 현상보다 앞서서 일어난다. 나는 헤어스타일이나 의상 같은 현저하게 드러나는 정체성 표지에 대한 아기의 반응도, 그와 비슷하게 쇠퇴하리라 예상한다.

병아리가 엄마 닭(불행히도 병아리가 공을 엄마로 생각하는 경우라면 공)

에 본능적으로 반응하는 것처럼 소속 표지에 대한 반응 역시 인간 아기의 본능적 반응이라는 점에서는 아이블아이베스펠트가 옳다. 이러한 각인imprinting은 각각의 종 고유의 시간대에 일어난다. 똑똑한 인간보다는 병아리에게 이런 본능이 더 강하게 새겨져 있다고 믿고 싶겠지만 그런 구분은 분명하지 않다. 인간만이 아니라 모든 생명체는 생존하기 위해 유연성을 필요로 하기 때문이다. 병아리는 알을 깨고 나온 후 엄마의 겉모습에 반드시 적응해야 한다. 이것이 병아리에게 새로운 관점을 준다.[21] 혹시나 엄마 닭이 잡아먹힌 경우 병아리는 다른 암탉을 각인할 수 있다. 꼭 똑똑한 척추동물이어야만 이런 만일의 사태에 대비할 수 있는 것은 아니다. 심지어는 개미도 성숙하기전에 다른 종 일개미가 자신의 군집으로 들어온 경우 그 외부자의 정체성에 적응해 그를 동료로 대하는 법을 배운다.[22]

우리는 자기가 속한 사회의 구성원을 알아보고, 자기가 어떤 민족이나 인종으로 태어났는지 파악하는 데 대부분의 동물보다 더 유연할지 모른다. 하지만 그것은 정도의 차이일 뿐이다. 어떤 척추동물은 다른 종에 대한 능력을 연마할 수도 있다. 인간 아기를 생후 6개월에 원숭이들에게 노출시키면 원숭이를 개체별로 구분하는 일에 능숙해진다. 사람이 키운 원숭이도 이와 비슷하게 사람을 구분하는 능력을 평생 보여준다.[23] 나는 1960년대에 버빗원숭이가 개코원숭이와 함께 살면서 짝을 맺는 것이 관찰되고, 곰이 사자와 어울려 노는 이상한 경우가 관찰된 것도 어린 시절에 엉뚱한 종에게 노출되어서가 아닐까 궁금하다.[24]

간단히 말하면 아기는 언어를 말하고 이해하기 전부터 어른이 가르쳐주지 않아도 인종이나 민족을 전혀 힘들이지 않고 구분할 수 있다. 하지만 이렇게 우리가 사회나 민족 같은 기본적인 집단 소속성을 가려내는 능력을 타고났다 해도, 그런 집단을 어떻게 생각하느냐의 문제는 개미가 냄새를 통해 군집의 특성을 확인하는 일보다 훨씬 복잡하다. 사람은 인간을 비롯한 살아 있는 것들의 범주가 그들의 핵심에서 발현되었다고 파악한다. 이제 이 부분을 살펴보자.

인간의 본질과 '외부자들'

약 생후 3개월부터 아기는 살아 있는 모든 것에 본질essence을 부여하기 시작한다. 그것은 그 존재의 핵심에 자리 잡고 있는 근본적인 것으로, 그 존재를 다른 것이 아닌 자기 자신으로 만들어주는 것이다.[25] 이런 정신적 구성물은 물활론자animist로서 정령이 세상을 조직한다고 확신했던 수렵채집인의 우주론에도 드러나 있다. 이들은 동물과 식물, 그리고 서로에게 본질이 스며 있다고 여겼다. 예를 들어 파라과이의 아체족은 아기는 엄마 배 속에 있는 동안에 엄마에게 고기를 공급해준 남자에 의해 본질이 주어진다고 생각했다.[26]

사람들은 어떻게 보이고 어떻게 행동하느냐에 기초해 종에게 본질을 부여한다. 중요한 것은 그런 특성 자체가 아니라 특성을 뒷받침하는 본질이다. 그것이 뇌가 차이를 처리하는 방법이다. 아이는 등받이를 잘라내어 의자를 테이블로 만드는 것은 아무렇지 않게 받아들이지만, 생명체는 다르다는 것을 안다. 나비는 날개를 뜯어내도 나비라는 것을, 백조는 오리가 키웠어도 여전히 백조라는 것을 안다.

우리는 백조의 속성이 마치 그들의 원자에 새겨져 있는 것처럼 여긴다. 유전학자들도 이런 관점을 뒷받침하기 위해 백조의 DNA 얘기를 꺼낸다. 하지만 유전자는 변할 수 있으며, 이행도 가능하다. 이를테면 한 백조 종이 다른 백조 종으로 진화하는 경우다. 본질은 변하지 않는다고 믿는 사람들은 그런 중간 단계를 인정하지 않는다. 실험을 해보면 아이들은 사자가 호랑이로 점점 변하는 연속 이미지를 보면서 그것을 사자나 호랑이 둘 중 한 종이라고 인식하지, 사자이면서 동시에 호랑이라고는 생각하지 않는다. 그 고양잇과 동물이 어느 시점에 사자에서 호랑이로 바뀌느냐에 대한 의견은 제각각 다르지만 말이다.[27] 본질은 생명체를 우리가 그것이 속해 있다고 생각하는 범주 속에 단단히 박아놓는다.

내가 초기 인류 시절의 사회들이 현대의 대부분의 집단과는 다르다고 믿는 이유가 바로 여기에 있다. 독서 클럽이나 볼링팀에 가입하는 것은 전적으로 자신의 선택이며, 이 두 집단 중 하나에서 배우자를 선택할 수밖에 없다고 생각하는 사람은 아무도 없을 것이다. 그리고 인류학자 프란시스코 길화이트Francisco Gil-White의 지적대로,[28] 건축가 집단과 변호사 집단이 서로를 상대로 폭동을 일으키거나 전쟁을 선포하리라고 예상하는 사람도 없을 것이다. 나는 자기 나라보다 자신의 신념이나 뉴욕 양키스에 더 충성하는 일부 사람이 있음을 부정할 마음은 없다.[29] 그러나 양키스 셔츠, 고스goth(1980년대에 유행한 록 음악으로 세상의 종말, 죽음, 악에 대한 내용을 담았다 – 옮긴이) 의상, 직장 유니폼 같은 것을 버린다고 한 사람의 존재 가치가 약화되지는 않는다. 스포츠에 강박적으로 매달리거나 반문화적인 젊은이들은 인생의 한 시기를 통과하고 있을 뿐이다. 그와는 대조적으로 세 살 때부터 사람들은 자신의 사회, 그리고 자신의 인종과 민족을 근본적이고 변경 불가능한 정체성의 요소라고 이해한다. 우리가 속한 종이 불변이 듯 그런 것들도 본질에 의해 영구적으로 고정된 것이라고 여기는 것이다.[30] 죽음이 우리를 갈라놓을 때까지 우리와 함께하는 것은 결혼보다도 오히려 국가적·민족적 정체성이다. 이는 한마디로 타고난 것이기 때문이다.

이를 바탕으로 단일 종인 인간이 여러 부류로 나뉘게 되었으며, 외부자들(다른 사회의 사람들, 그리고 요즘에는 다른 인종과 민족)은 아예 다른 생물 취급을 받는다. 인간의 정체성 표지는 백조와 오리를 구분해주는 특성만큼이나 신뢰할 만한 것으로서 자손들에게 전달되며, 따라서 그들의 소속성도 시간의 흐름 속에서 이어진다. 그럼에도 불구하고 우리는 한 개인이 또 다른 집단의 일원일 가능성을 열어둘 수 있는데, 핏속 깊은 곳에 민족성이 있다고 여길 수 있기 때문이다. 이것은 고래가 생김새와 달리 어류가 아니라 포유류인 것을 받아들일 수 있는 것과 마찬가지다. 한 특이한 사람을 자기 집단에 속한다고 생각하려면 그 사람이 자기 집단의 구성원에게서 태어났고, 그 사람의 자식 또한 자기 집단의 구성원이 되리라는 확신이 있어야 한다. 다른 집단의 생활방식에 푹 젖어들어 자기 혈통을 숨기려 해볼 수도 있지만, 아무리 정교하게 위장한다 해도 잘 아는 사람들은 그 안에 남아 있는 본질을 느낄 것이다. 자신의 본질을 몰아내는 것은 거의 불가능하다. 그것이 가능할 것이라는 생각은 아기 백조를 교육해서 오리로 만들겠다는 것만큼이나 터무니없다.

오리가 키운 백조처럼, 입양 혹은 결혼을 통해 다른 집단으로 들어간 사람은 어떨까? 그런 가족 구성원도 따듯한 대접을 받을 수는 있지만 완전히 그 집단의 사람으로 받아들여지기까지가 아주 길고 험난한 여정이 될 수 있다. 그 사람 내면의 본질이 스며 나오기 때문에 우리는 독수리처럼 날카로운 눈으로 그 차이를 감지할 수 있다. 예를 들면 이민자의 후손 같은 경우다. 심지어는 여러 세대에 걸친 집단 내 결혼으로 태어난 사람이라도 완전히 융합되지 못할 수도 있다.[31] 미국인들은 두 인종의 부모에게서 태어난 사람에게 '혼혈biracial'이라 는 딱지를 붙이는데, 백인 엄마와 아프리카계 미국인 아빠를 둔 아이 가 피부색이 아무리 밝아도 백인이 지배하는 미국 사회의 맥락에서 아프리카계 미국인으로 이해되는 이유도 이것으로 설명할 수 있다. 이런 관점은 한때 공식적으로 '피 한 방울의 원칙one-drop rule'으로 알 려지기도 했다. 선조 중에 흑인의 피가 눈곱만큼이라도 들어 있으면 그 사람은 흑인이라는 것이다.

혼돈으로부터의 질서

인종 집단에 대한 현대의 집착이 어떻든 간에, 실질적인 신체적 차이 가 정체성을 따지는 유일한 기준은 아니다. 흑인의 피가 한 방울 섞 인 사람이라도 어느 백인 못지않게 피부가 하얄 수 있다. 그리고 이 스라엘과 팔레스타인의 끝없이 이어지는 충돌을 이해해보려는 외부 자의 눈에는 두 진영 사람들이 아주 비슷한 외모를 하고 있어서 혼 란스러울 수 있다. 심지어 하레디Haredi(이스라엘에서 가장 보수적인 유대 교 신자 집단 – 옮긴이) 랍비와 이슬람교 이맘imam(이슬람교의 성직자 – 옮 긴이)은 똑같은 모양으로 수염을 기른다. 유전학적으로 분석해보면 이 두 민족은 한 혈통으로, 그들 자신도 닮은 점을 숨기려고 아주 힘

들었을 것이다.[32]

하지만 존재하는 신체적 차이점을 무시하기는 힘들다. 사실 우리는 이런 차이를 머릿속에서 과장하는 경향이 있다. 지난 1만 2000년 동안 우리의 사회적 참여 규칙은 단일민족으로 이루어진 이웃한 수렵채집인 사회처럼 협소하게 정의된 집단들에 적응해오다가, 나중에야 오늘날 우리가 생각하는 인종들에 적응했다. 이제 인종이라는 개념은 느슨한 신체 묘사와 맞아떨어지는 사람들에게 광범위하게 적용된다. 우리는 과감하게도 이런 신체 묘사를 하얀 피부, 검은 피부, 갈색 피부, 노란 피부, 빨간 피부 등의 색으로 명확하게 나눌 수 있다고 주장한다. 피부색이 얼마나 쉽게 바뀔 수 있는지만 봐도 이런 범주 구분이 얼마나 작위적인 것인지 입증할 수 있다. 20세기 초반만 해도 유대인, 그리스인, 폴란드인은 고사하고 이탈리아인도 백인이라 여기는 미국인이 거의 없었다. 당시 미국인들이 사람들 사이의 미묘한 차이점을 감지하는 능력을 과장되게 생각했기 때문일 것이다. 한편 당시의 영국인들은 아프리카인뿐 아니라 인도인과 파키스탄인도 흑인이라 불렀다.[33]

이 조잡하게 정의된 인종의 피부색 범주를 부시먼족, 아체족 등 내가 말하는 '계보상의 인종genealogical race'과 비교해보자. 부시먼족, 아체족 등은 여러 개의 사회로 나뉘어 있기는 하지만 시간을 거슬러 추적해보면 각각 하나의 인구 집단으로 생각할 수 있다. 서로 다른 생김새를 가려내는 우리의 소질은 아주 오래된 것일지도 모르지만, 차이에 대한 예민함이 애초에 피부색같이 우리 종 전체에서 다양하게 나타나는 인종적 특성에 반응하기 위해 진화했을 가능성은 낮다. 피부색은 대부분 먼 지리적 거리에 걸쳐, 심지어는 대륙에 걸쳐 미묘한 단계적 차이를 나타내기 때문이다.

분명 인종이나 민족 같은 범주가 한 가지 인간적 특성만으로 만들어지는 경우는 드물다. 아이가 사자가 호랑이로 변하는 이미지를 보면서 그 동물을 사자나 호랑이 둘 중 하나로 여기지 사자이자 동시에 호랑이인 것으로 여기지 않는 것처럼, 사람은 두 집단(대부분의 연구에서는 인종)의 중간에 해당하는 얼굴을 두 집단 중 하나에 속하는 것으로 판단한다. 하지만 우리는 또한 정체성의 다른 미묘한 측면들에도 예민하다. 그런 측면들로 인해 범주의 모호함이 줄어들면서 범주가 객관적 실재보다 더 날카롭게 정의된다. 연구자들이 두 인종의 중간에 해당하는 얼굴이되 헤어스타일은 아프로(Afro, 1970년대에 유행했던 흑인들의 둥근 곱슬머리 - 옮긴이)나 콘로(cornrows, 흑인들이 흔히 하는 여러 가닥으로 땋은 머리 - 옮긴이) 등을 한 사람들을 보여주었더니, 실험 참가자들은 확신에 찬 모습으로 그들을 흑인이라고 주장했다. 그들을 헤어스타일과 관련된 인종 범주에 넣은 것이다.[34]

어린 시절 하얀 피부에 금발 직모였던 유럽 혈통의 여성 레이철 돌레잘Rachel Dolezal이 아프리카계 미국인으로 통해 흑인 인권단체 NAACP의 스포캔 지역 지부장이 될 수 있었던 것도, 그런 분류법을 이용했기 때문이다. 그녀는 머리에 두르는 두건의 스타일과 질감에 특별히 신경을 쓰고 얼굴을 항상 햇볕에 그을린 색으로 유지해서, 자신을 흑인 혈통이 섞인 사람으로 보이게 만들었다. 2015년에 그녀의 이중성이 폭로되기 전까지 그녀가 자칭한 정체성에 의문을 제기하는 사람은 거의 없었다.[35] 하지만 그녀에게 흑인의 피가 한 방울도 섞이지 않았다는 것이 밝혀지자 그녀가 겉모습에 가꾸어놓은 인종적 표지는 아무 의미 없는 피상적인 것이 되고 말았다.

헤어스타일은 대단히 강력한 딱지 역할을 하기 때문에 만약 인종적으로 중간적 특성을 보이는 사람이 검은 피부 인종이 주로 하는 헤어스타일을 하고 있으면, 우리는 그 사람의 피부를 실제보다 더 검다고 느낀다.[36] 똑같은 길이의 선분이라도 그 끝의 화살표가 향하는 방향이 안쪽이냐 바깥쪽이냐에 따라 다른 길이로 느껴지는 것처럼 말이다.[37]

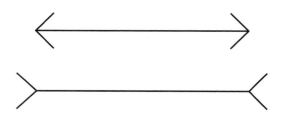

이런 착시가 일어나는 이유는 뇌가 사회적 범주를 포함해서 범주와 관련한 혼동을 싫어하기 때문이다. 우리가 어떤 사람의 정체성을 헷갈려 하면, 임기응변에 능한 회백질은 우리가 유용하다고 생각하는 정보와 맞아떨어지는 범주에 그 사람을 끼워 맞춘다. 헤어스타일과 함께 유대인식 베레모, 시크교도식 터번, 그리스 미망인의 검은색 의복 등도 그런 정보에 해당한다. 수렵채집인은 어쩌면 더 미묘한 식별 표지를 활용했을지도 모르는데, 그들 사이에는 신체적 외모상의 차이가 별로 없었고 있다 해도 그리 중요하지 않았기 때문이다. 사람들은 범주화라는 이런 정신적 과정을 통해 인위적인 범주를 사회적 실체로 바꾸어놓는다.

앞에서 나는 표지가 집단을 알아보는 속도를 어떻게 끌어올리는

지 설명했었다. 놀라운 점은 그 정보가 얼마나 신속하게, 또 부지불식간에 받아들여지는가 하는 것이다. 우리는 따로 애쓰지 않아도 한 사람이 가지고 있는 표지들을 총체적으로 인식한다. 인상적인 머리 뭉치를 하고 있고 프린스턴 대학 심리학과 하슨의 사무실 근처에 사무실을 갖고 있는 열정적인 불가리아인 알렉스 토도로프Alex Todorov는 우리 의식으로 들어오기에는 너무 짧은 시간인 10분의 1초 동안만 얼굴을 바라봐도 그 사람의 감정 상태, 성별, 인종, 그리고 토도로프가 장담한 바에 따르면 민족과 사회까지도 모두 무의식적으로 판단된다는 것을 보여주었다.[38] 표지를 신속하게 알아보는 우리의 능력 덕분에 우리가 쏟는 의식적 노력을 말하는 인지 부하cognitive load도 분명 줄어들었을 것이다. 그리고 사회심리학의 선구자 솔로몬 아시Solomon Asch가 1940년대에 알아차렸듯이, 우리는 들려오는 멜로디를 안 들으려야 안 들을 수 없는 것처럼 이러한 인상에 대한 인지를 차단할 수도 없다.[39]

표지가 자신의 역할을 제대로 못 하는 경우에는 가끔 사람들에게 정체성의 징표를 강요하기도 했다. 유대인들은 중세시대 프랑스에서는 노란색 배지를 착용해야 했고, 나치가 통치하던 유럽에서는 '다윗의 별' 배지를 착용해야 했다. 당국에서 제시한 근거는 배지가 불명예를 나타내는 역할을 한다는 것이었지만, 눈에 보이는 표지를 강요한 이유는 그렇게 하면 한 민족의 사람들을 잘못 알아보는 일이 없을 것이기 때문이었다. 말이 그 어떤 몽둥이나 돌에 못지않게 사람에게 해를 끼칠 수 있고, 사람의 입에서 입으로 전해지는 소문이 가족 전체에게 딱지를 붙일 수 있다는 것은 입증된 사실이다. 바로 이것이 반유대 정권 아래서 많은 사람이 몰락하게 된 배경이다.

결정적인 순간에 사람들은 낯선 외부자를 자기 사회 구성원으로 오인할까 봐 불안해져서 실수를 하기 쉽다. 이상해 보이는 사람이 있으면 실제로는 자기 사회 구성원인데도 아니라고 결론 내려버리는 것이다. 아주 쉽게 예측 가능한 이런 경향에 심리학자들은 "내집단 과도 배제 효과ingroup-overexclusion effect"라는 다소 거추장스러운 이름을 붙였다.[40] 때로는 내집단 배제가 재앙으로 이어질 수 있다. 제2차 세계대전 당시의 뉴스는 이렇게 전하고 있다.

함부르크에서 온 한 열차에 타고 있던 독일 난민들이 나치 당국에 의해 강제 추방당한 유대인으로 오인받아 르보프 근처의 유대인 수용소 '죽음의 방'에서 게슈타포 장교들에 의해 몰살당하는 사건이 발생했다고 오늘 자 〈맨체스터 이브닝 크로니클Manchester Evening Chronicle〉이 전했다. 그 기차가 도착했을 때 굶주리고 지쳐 있던 독일 난민들의 모습은 가스실에서 죽음을 맞이하기 위해 그 수용소로 들어가던 굶주리고 지친 유대인들의 모습과 별 차이가 없었다. 게슈타포 경비병들은 새로 온 사람들을 지체 없이 발가벗긴 후에 가스실로 보냈다.[41]

잠재의식적 불안

정신은 우리가 만나는 사람들의 정체성을 어떻게 처리할까? 일단 사람을 동물, 컴퓨터, 혹은 다른 사물과 구분하고 나면 뇌는 개인에 관한 정보를 받아들이는 모드로 바뀌어 그 사람이 위협인지 아닌지부터 판단한다. 불확실한 세상에서는 그런 판단이 필수적이다. 예상치 못했던 누군가를 우연히 만난 수렵채집인이나 전쟁에 나선 부대의 경우 그런 판단은 삶과 죽음을 결정하는 문제다. 하지만 그렇게 불안한 상황이 아니라도 그런 판단은 우리 신경계의 배경 활동의 일부로 늘 일어난다.

그 뒤로 이어지는 정신적 반응은 그 사람이 누구이고, 우리가 그 사람의 집단과 얼마나 친숙한가에 달려 있다. 우리가 알지는 못하는 사람이지만 우리 집단이 신뢰하는 다른 집단의 구성원으로 확인되면 그 사람의 정체성 표지에 익숙한 덕분에 그 낯선 사람이 덜 낯설게 느껴진다.[42] 그 사람을 한 명의 개인으로 이해하기 위해 노력을 기울이든 기울이지 않든, 그 사람의 신념과 행동에 대해 어느 정도 안심할 수 있게 된다. 그 사람이 어둡고 기분이 나빠 보이면 경계를 늦추지는 않겠지만 말이다.

싫어하거나 익숙하지 않은 사회에서 온 사람은 행동에 상관없이 잠재의식적 불안을 야기할 수 있다. 적어도 우리는 그 존재로 인해 불편함을 느끼게 된다. 부시먼족은 땅속에 묻힌, 이상하게 만들어진 화살촉 같은 외부자의 흔적만 봐도 불안을 느꼈다. 그것을 만든 사람의 행동을 예측할 수 없기 때문이다.[43] 그/위 부시먼족을 연구하는 한 연구자는 "낯선 사람이 동료 그/위 부시먼족으로 확인되었을 때 보이는 안도감과 긴장 완화"를 지적했다.[44]

낯선 사람(우리 사회의 구성원이든 아니든 우리가 모르는 사람)과 외국인 혹은 외부자(아는 사람이든 모르는 사람이든 다른 사회의 구성원) 간에는 아주 큰 차이가 존재한다. 우리 종에서는 이 둘이 명확하게 구분된다. 우리는 같은 수업을 듣는 외국인 교환 학생과는 친구가 될 수 있는 반면, 정체불명의 옆집 이웃과는 한 번도 만나지 않을 수도 있다. 하지만 심리학자들은 낯선 사람과 외국인을 종종 혼동한다. 영어에서 이런 구분이 분명하지 않다는 것은 불행한 일이다. 예를 들어 'xenophobia(외국인 혐오)'라는 단어는 우리가 낯선 사람과 외국인에게 보이는 부정적 반응에 무차별적으로 똑같이 적용되고 있다. 사실 인간 정신은 낯선 사람과 외국인에게 다르게 반응하도록 진화되었을 가능성이 크며, 특히 낯선 외국인에 대해서는 가장 강력하게 반응한다.[45]

생각 없이 즉각적으로 사람들을 분류할 수 있는 우리의 능력은 분명한 적응상의 이점을 갖고 있다. 앞에서 살펴보았듯이 이런 능력은 행동을 예측할 수 없는 사람에 대해 경계심을 갖게 해주며, 자기와 닮은 사람 앞에서는 긴장을 풀게 해준다. 우리의 평가는 잠재의식 속에서 일어나며, 뼛속까지 깊은 영향을 미친다. 예를 들면 한 실험에서 사람이 피하주사를 맞는 동영상을 보여주었는데, 주사를 맞는 사람이 자기와 다른 인종인 경우에는 대부분의 참가자가 땀을 덜 흘리고 뇌의 양쪽 앞뇌섬anterior insula 영역이 덜 활성화되었다. 이는 공감 능력의 감소를 보여주는 신경 반응이다.[46] 침팬지도 자기 커뮤니티에 속한 개체의 하품에만 같은 하품으로 반응하는 등 선별적 공감 능력을 보여준다.[47] 이런 반응은 인간의 상호작용에서 기본이 되는 것이 무엇인지를 보여준다. 즉 인간은 자기 집단에 속한 개체가 본질적으로 더 우월하다는 듯, 자기 집단이 다른 집단보다 더 인간답다는 듯 행동하며, 자기 집단 소속이 아닌 사람을 만나면 관심을 두지 않는다. 극단적인 상황에서는 외부자로 여겨지는 사람을 보고 있는 사람의 뇌 활성이 동물을 바라보는 사람의 뇌 활성과 똑같아 보이기도 한다. 일단 한번 외부자로 찍히면 미묘한 차이는 다 무시되고 아예 인간이라는 범주에서 퇴출당할 수도 있다. 이런 반응들이 인간의 고정관념이라는 위태위태한 건물의 뼈대를 이루고 있다.

13장

고정관념과 이야기

고정관념은 정신이 사용하는 편법이다. 이는 세상을 이해할 수 있도록 경험을 범주로 나눌 때 생기는, 피할 수 없는 결과다. 일상적으로 접하는 것들에 대해 이런 식으로 예상하지 않는다면 우리는 백합의 향기나 벌의 따끔한 침을 예상하지 못해 쉴 새 없이 놀랄 수밖에 없다.[1] 고정관념에 현대적 의미를 부여한 기자 월터 리프먼Walter Lippmann은 이에 대해 이렇게 썼다. "우리는 잘 알려진 유형을 표시하는 특성을 알아차린 후에 그림의 나머지 부분은 머릿속에 있는 고정관념으로 채워 넣는다."[2]

그래서 우리는 네 개의 다리와 좌석을 갖춘 한 물체를 보면, 그것을 앉고 싶은 욕망을 충족시켜주는 의자로 분류하고는 더 이상 생각을 확장하지 않는다(언젠가는 종이로 만들어진 그런 물체에 앉았다가 그것과 함께 땅바닥에 무너지면서, 깜짝 놀라며 의자에 대한 고정관념을 깰 수도 있다).

물론 일반적으로 고정관념은 가구가 아니라 사람에게 적용된다.

고정관념은 타인에 대한 평가의 부담을 덜기 위해 뇌가 만들어낸 단순화된 예측으로, 사회적으로 공유된다. 우리의 예측 중에는 사람의 마음을 다치게 하지 않는 것도 있다. 우리는 별생각 없이 카페의 바리스타에게 돈을 건네며, 다른 데 정신이 팔려 있거나 정신없이 바쁠 때는 그를 아주 노골적으로 사람이라기보다는 카페인 공급 기계로 대한다. 바리스타도 그것을 문제 삼지 않고 마찬가지로 우리를 길게 줄을 선 손님 중 하나로 대할 수 있다. 한편 우리는 또한 사회와 그 안에 속해 있는 민족 집단에 관한 고정관념을 만들어 그들이 우리에게 어떻게 행동하고 우리 집단에 대해 어떻게 생각할지를 편견으로 재단할 수 있다.[3] 우리가 상상하는 타인의 본질은 입증 가능한 인간의 표지와 일치할 뿐 아니라, 그 표지를 가진 사람들에 관한 우리의 믿음과 편견 등 낡은 인습과도 일치한다. 이런 일반화는 사람에게 해를 끼칠 수 있다. 특정 사회의 사람이나 특정 배경을 가진 사람을 바람직하지 못한, 노골적으로 틀린 가정 아래 예속시키기 때문이다.[4]

우리의 개인적 편견은 우리 생각보다 더 광범위하게 퍼져 있다. 우리의 고정관념을 드러내는 강력한 도구 중 하나가 바로 암묵적 연합 검사Implicit Association Test다. 사람과 단어가 무작위로 짝지어진 일련의 이미지를 스크린 위에 번쩍이며 보여주는 검사다. 사람 이미지는 보통 검은 얼굴이나 하얀 얼굴이다(두 인종 집단으로 해도 상관없다). 이미지를 보는 사람에게 얼굴 유형과 어떤 종류의 단어를 연관시켜 반응하게 한다. 예를 들면 검은 얼굴과 함께 보여지는 단어가 평화, 기쁨 등 긍정적인 의미일 때만 버튼을 누르고 폭력, 질병 같은 부정적인 단어면 누르지 말라고 한다. 반대로 하얀 얼굴인 경우에 그렇게 반응하라고 할 수도 있다.

결국 거의 모든 사람이 인종 프로파일러인 것으로 밝혀졌다. 검은 얼굴이 부정적 단어와 함께 제시되는 이미지나, 하얀 얼굴이 긍정적인 단어와 함께 제시되는 이미지에 버튼을 누르라는 과제는 거의 모든 미국인이 신속하고 별 어려움 없이 해냈다(실수도 적었다). 반면 그 반대의 반응을 하라는 과제는, 고정관념은 옳지 못하며 자기는 편견이 없다고 자부하는 사람들도 힘들어했다. 이런 결과는 자신의 편견을 거의 인식하지 못하고 있던 대부분의 실험 참가자에게 그야말로 충격 그 자체였다. 이 검사를 발명한 사회심리학자의 말에 따르면 더 충격적인 부분은 다음과 같다. "숨겨진 편견에 대해 인식하더라도 이것이 그런 편견을 근절하는 데는 도움이 되지 않는 것으로 보인다."5 훈련을 해도 결과가 개선되지 않는다는 말이다.

뮤지컬계의 유명한 작곡-대본 콤비인 리처드 로저스Richard Rodgers 와 오스카 해머스타인Oscar Hammerstein은 뮤지컬 영화 〈남태평양South Pacific〉에 나오는 노래를 통해, 편견이 애초에 우리 머릿속에 어떻게 들어오는지를 다음과 같이 표현했다.

너는 눈이 이상한 사람,
그리고 피부 색깔이 다른 사람을
무서워하도록 교육받아야 해.
아주 신중하게 교육받아야 하지.
너무 늦기 전에 교육받아야 해.
여섯 살, 일곱 살, 혹은 여덟 살 전이어야 해.
너의 가족이 미워하는 사람들은 모두 미워하도록
아주 세심한 교육을 받아야 한다고!

틀린 얘기다. 아이들에게 그런 것을 체계적으로 가르칠 필요는 없다. 고정관념 학습은 아이가 발달시키는 패턴 감지 능력의 연장선상에 있는 것이다. 독립하기 위해 노력하는 미성숙한 생명체의 일차적 과제인 것이다.

아이에게 있어 사람들을 범주로 구분하는 것은 시작에 불과하다. 아이는 그런 범주를 자기가 직접 보는 사람들의 행동 패턴과 연관시킬 뿐 아니라 그 사람들의 어떤 행동도 다른 사람들이 말하는 내용과 연관시키며, 더 나아가 그런 행동이 좋다고 평가받는지 나쁘다고 평가받는지와도 연관시킨다. 이런 구분은 아무런 동기가 없어도, 즉 상대방을 적이나 경쟁 관계로 느끼지 않아도 일어난다. 이런 편견은 완전히 작위적인 집단 간에도 쉽게 등장한다. 예를 들면 아이들을 무작위로 두 집단 중 한 곳에 배정하면, 아이들은 다른 집단에 속한 아이들이 나쁜 짓을 더 많이 한다고 생각한다.[6] 사실상 집단, 특히나 국가나 민족같이 지속적이고 중요한 집단에 관한 것은 어린 시절부터 경험 법칙으로 채워지는 정신의 파일에 기록된다. 경험 법칙이란 이탈리아 사람은 파스타를 먹는다는 등의 악의 없는 내용부터 멕시코 사람은 천한 일을 한다는 문제 많은 결론에 이르기까지 다양하다.

심리학자 로런스 허슈펠드Lawrence Hirschfeld는 이렇게 주장한다. "인종차별은 아이에게 일어나는 일이 아니라 아이가 하는 일이다."[7] 세 살이 되면 아이들은 그냥 인종을 알아보기만 하지 않고 거기에 고정관념을 잔뜩 싣는다.[8] 아동이 부모뿐 아니라 여러 타인의 태도를 동화해서 관점을 형성해나감에 따라 이런 일은 가차 없이 일어난다. 사실 엄마와 아빠는 놀랄 정도로 영향력이 작을 때가 많다.[9] 진보적인 부모를 둔 아이들도 자기 사회의 편견들을 흡수한다. 아이들은 작은 선입견 기계다. 성인들과 똑같은 부정적인 태도를 갖고 있지만 그것을 숨기는 일에 서투를 때가 많을 뿐이다.[10]

자기 자신이 어디에 속하는지 알아내는 것도 아이에게는 중요한 일이다. 이를 위해 아이들은 우선 타인을 관찰한다. 거울에 반사된 자신의 모습을 보기보다는 대부분의 관심을 자기 부모나 자기를 돌보는 사람 등 같은 인종의 사람들에게 쏟는다.[11] 하지만 다른 민족 사람에게 입양되거나 외국인 보모의 손에 자란 경우 아이들은 자신의 배경, 그리고 사람들이 자기에게 기대하는 행동에 관한 정보를 타인이 자기를 대하는 태도로부터 알아내는 듯하다.[12] 아이가 타인이 자신에게 강요하는 정체성을 받아들이는 것은, 자신의 자리를 찾겠다는 인간의 강렬한 욕구가 만들어내는 증상이다. 당신의 뇌가 아프리카 세네갈 정글이나 마카오의 복합 주거단지에 사는 아이의 머릿속에 이식된다 해도, 분명 당신은 그곳의 사회적 환경을 고향처럼 편하게 여기며 자랄 것이다. 아이는 두 문화를 흡수할 수도 있다. 하지만 이 경우 어른이 됨에 따라 자신을 두 사회 중 주로 어느 한 곳의 구성원으로 느끼게 될 가능성이 크다.[13]

특정 선입견이 유전에 의해 설정되지는 않지만 쉽게 편견에 빠지는 우리의 특성이 선천적이라는 점은 골치 아픈 효과를 낳는다. 일단 고정관념이 형성되고 나면 수정하기 어렵다는 것이다. 한 선도적인 심리학자 집단은 이렇게 결론 내린다. "이 안타까운 사실이 서로 다른 언어 집단과 사회 집단 사이의 만연한 갈등을 근절하기 어려운 이유를 부분적으로나마 설명해줄지도 모른다."[14]

신속한 판단

우리는 일반적으로 모든 문제에 있어 신속한 판단을 내린다. 프린스턴 대학의 심리학자 알렉스 토도로프는 우리가 10분의 1초 정도의 시간 안에 한 사람을 범주로 분류해 특히 그 사람의 신뢰성에 관한 고정관념을 형성함을 알아냈다. 우리 집단에 속하지 않은 외부자의 경우에는 가장 신속하고 피상적인 평가가 이루어진다. 외부자는 불안을 촉발하는 편도체를 흥분시킨다. 편도체는 벌을 손바닥으로 휘둘러 쫓아내거나 심장이 두근거릴 때 활성화되는 뇌 영역이다. 한 신경과학자는 우리가 잠재적 위협으로 여기는 것에 대해 나타내는 항진된 반응은 "변화에 저항하고 쉽게 일반화에 빠지게 한다"라고 했다.[15] 놀라운 것은 누군가가 우리의 의식에 인식되기도 전에 그런 의견이 형성될 수 있다는 점이다. 우리가 눈 깜짝할 새가 아니라 오랫동안 얼굴을 자세히 들여다본다고 해도 그저 이미 무의식적으로 형성된 결론을 정당화하는 결과밖에 나오지 않는다. 사실 인지가 일어나는 그 결정적인 최초의 순간에 우리는 그 사람을 보는 것이 아니다. 대신 우리는 그 사람에 대한 고정관념을 인식해서 우리 상상 속에 복제품을 세운다. 그리고 이 복제품은 실제 사람의 진짜 속성들을 대부분 덮어버린다.

어떤 사람에게 고정관념에서 벗어난 부분이 있다면 그것이 바로 개성을 측정하는 기준이 된다. 가치 있는 정보라는 생각이 들지 않는가? 하지만 우리는 우리 사회나 민족 집단의 사람들에 대해서만 그것을 진지하게 고려한다. 그런 특전이 있는 사람들에 대해서만 방추이랑fusiform gyrus에서부터 세부적인 개성을 받아들인다. 방추이랑은 측두엽과 뒤통수엽에서 안면 인식을 담당하는 영역이다. 예를 들어 만약 우리가 애매한 얼굴을 보고 거기에 '아프리카의'라는 꼬리표를 붙인 다음 흑인이라고 해석했다면, 우리 자신이 흑인인 경우 그 사람에 대해 좀 더 완벽한 인상을 형성할 가능성이 크다. 우리가 그 사람과 생각도 비슷할 경우, 이를테면 정치적 성향이 비슷할 경우 그럴 가능성이 더욱 높아진다. 그에 대한 반응으로 신경 흥분이 내측앞이마겉질의 아랫부분으로 이동한다. 우리가 자기 자신에 대해 생각할 때 활성화되는 부위다.[16]

이런 자동 필터 시스템의 대가는 외부자 이해에 있어 병목현상이 생긴다는 것이다. 외집단 사람에 대해 이름 같은 사회적 세부 사항을 학습하는 등 추가적 노력을 기울여야겠다고 마음먹을 수 없다는 이야기는 아니다. 하지만 자기와 '동류'가 아닌 사람들에게 개성을 부여할 때 우리가 얼마나 어설픈지 생각해보면 마틴 루서 킹Martin Luther King의 꿈(그는 연설에서 자신의 아이들이 피부색이 아니라 인격으로 평가받는 나라에서 살기를 바란다고 했다 – 옮긴이)은 여전히 요원하다. 선의를 가진 사람도 다른 집단에 속한 개인들을 오직 그 사람이 갖고 있는 특성만으로 판단하지 못할 때가 많다.

말하자면 우리는 일단 표지로 책을 판단하고, 그 검열을 통과한 책만 안에 담긴 내용을 주의 깊게 살펴보는 식으로 사람을 대한다. 게다가 우리는 자기 집단 사람을 만난 경우에는 몇 분, 며칠, 몇 달 후에도 그 사람을 정확하게 기억하지만, 자기 집단 사람이 아닌 경우에는 그 사람에 대해 파악한 구체적인 내용이 있더라도 기억에서 희미해지고 만다. 그로 인해 생기는 한 가지 슬픈 사실이 있다. 불법 감금의 상당수는 피의자와 인종이 다른 고발자의 목격 증언에 바탕을 둔

경우가 많다는 것이다.[17]

　그럼에도 불구하고 사회 내부, 그리고 사회 간의 관계에서 한 가지 긍정적인 면은 어떤 신호가 충분히 강력하면 악성 선입견을 대체할 수 있다는 점이다. 예를 들어 인종 혹은 민족이 다른 사람이 우리 스포츠팀의 셔츠를 입고 있다면 그 셔츠가 그 사람에 대한 평가에 대단히 중요한 영향을 미칠 수 있다. 공동으로 충성하는 대상이 있으면 그가 외부자라는 점은 잊어버릴 수 있는 것이다.[18] 안타깝게도 이런 변화는 우리 중에서도 그 셔츠를 입는 사람들에게만, 그것도 일시적으로 영향을 미친다. 그 외부자와 같은 민족인 다른 사람이 다른 팀의 셔츠를 입고 있는 것을 보는 순간, 편견은 금방 되돌아온다. 부정적인 관점을 억누르려 하면 '코끼리를 생각하지 마' 효과 때문에 역효과가 일어날 수 있다. 코끼리가 아닌 다른 것으로 억지로 관심을 돌리려 하다가 결국 코끼리 생각만 더 나는, 즉 편견이 더욱 활성화되는 효과가 나타나는 것이다.[19] 고정관념을 극복하려는 과정에서 에너지를 너무 소모해 지치는 바람에 일어나는 역작용이다.[20]

　서로 다른 민족 집단이나 사회가 서로에 대해 더 잘 알아가면 그런 문제를 완화할 수 있지 않을까 생각할 수도 있다. 하지만 미국 역사 전반을 훑어보면, 흑인이 많이 사는 곳이라서 흑인과의 접촉이 잦아도 그것으로는 인종적 선입견을 넘어서기에 충분하지 않음을 알 수 있다. 심리학자 킴벌리 맥린Kimberly MacLin과 오토 맥린Otto MacLin은 이 문제를 맨해튼의 교통 문제에 비유한다. 맨해튼 보행자들은 지나가는 수천 대의 자동차를 보지만, 차를 소유할 이유가 전혀 없기에 차들을 구분하지 못한다. 기껏해야 '택시'라는 딱지가 붙은 차만 알아본다.[21] 그와 마찬가지로 외부자들이 그저 자주 노출된다고 해서 우리가 그들을 고정관념이 아닌 기준으로 구분하게 되지는 않는다. '사과와 오렌지'(종류가 전혀 달라 본질적으로 비교가 불가능하다는 의미 - 옮긴이) 격언을 새로운 방향으로 확장해보자. 외부자들을 공평하게 대한다는 것은, 그들은 모두 사과로 뭉뚱그려 보고 우리 자신은 온갖 다양한 감귤류로 바라보기 쉬운 성향을 극복한다는 의미다. 일부러 노력하지 않고는 외부자들의 세세한 부분까지 신경 쓰기가 어렵다.

편견이 아주 심한 사람이나 순진한 어린아이만 자신의 편견을 과시한다. 어른이 되면 우리 대부분은 자기가 인식하고 있는 선입견과 그것이 유발하는 불안을 합리화하거나 아주 깊숙이 감추어 스스로도 그것을 알아차리지 못하게 된다. 하지만 암묵적 연합 검사를 해보면 극단적인 외국인 혐오증이 있는 사람이 아니어도 외부자를 향한 선입견이 그대로 드러난다. 두 사회심리학자의 말을 빌면 그 영향은 "폄하에서 비하, 그리고 단절"까지 다양하다.[22] 거의 모든 가게 주인, 고용인, 교통경찰, 그리고 통행인은 내집단 구성원과 외집단 구성원을 구분하고, 특정 외집단에 대해서는 더욱 경계하는 반응을 보여 잘 도와주지 않을 가능성이 높다. 사람들은 하나의 개인으로 느껴지는 사람들을 염려하기가 더 쉽기 때문에(이것을 식별 가능한 희생자 효과identifiable victim effect라고 한다) 외부자를 공평하게 대하는 데 문제가 생긴다. 한 사람을 다른 사람과 구분하는 데 들어가는 부담 때문이다. 그럼에도 대부분의 사람은 자기가 잘못된 행동을 하고 있다는 생각을 눈곱만큼도 하지 못한다. 이런 역학은 사회 간에, 그리고 사회 안의 다른 민족 간에 일어나는 모든 상호작용에서 펼쳐진다. 그리고 그것이 대인 관계에 미치는 영향은 추정이 불가능할 정도로 크다.[23] 이 모든 편견은 그것이 잘못되었음을 보여주는 정보에도 불구하고 꿋꿋하게 버틴다. 다만 예외는 있다. 우리는 자기가 싫어하는 나라에 친구가 있으면 그 친구가 자기 나라 국민에 대한 우리의 평가를 개선해주지 않아도 그 친구는 선입견에서 배제한다.[24]

이런 부정적인 측면에도 불구하고, 완전히 낯선 이들을 대할 수 있는 인간의 능력은 사회 내부와 사회 간에 이루어지는 긍정적 상호작용을 용이하게 하는 역할을 한다. 이런 역할은 구성원들끼리 서로에 대해 반드시 알고 지내야 하는 종에서는 불가능한 방식으로 이루어진다. 사람은 누군가를 외부자로 인식하고도 그 사람과 생산적인 관계에 들어갈 수 있다. 대단치 않은 적대적 반응은 유순하게 넘길 수 있기에 거리를 두면서 관계를 이어갈 수 있는 것이다.[25] 그러나 이것은 부분적으로만 좋은 소식이다. 어떤 도발이나 기회가 주어질 경우, 외부자들보다 자기네 사람들을 조금 더 잘 대해주던 일상적 편견 이상의 질투나 혐오가 생기면서, 외부자 전체를 반대하는 행위를 정당화하려 하기 때문이다.[26]

순응을 요구하는 사회적 압력은 고정관념을 자기 충족적 예언self-fulfilling prophecy으로 바꾸어놓을 수 있다. 내면화한 사회적 고정관념에 자신을 맞추려고 열심히 노력하게 되는 것이다. 이를테면 미국에서는 흑인은 운동을 잘하고, 아시아인은 수학을 잘한다는 것이 상식이 되었다. 이 때문에 그들이 갖고 있는 다른 잠재력은 과소평가되고, 그들 스스로 그런 고정관념을 더욱 강화시킨다.[27] 재능의 차이가 이런 고정관념을 만들어낸 것인지, 아니면 고정관념이 재능의 차이를 부추긴 것인지는 아직 밝혀지지 않았지만, 개인이 그런 기대에 어긋나는 행동을 하면 자기 집단 동료들로부터 반발을 살 수 있다.[28] 이것이 의미하는 바는 우리의 편견이 외부자 집단에 국한되지 않는다는 것이다. 우리는 자기 자신에게도 어떠어떠한 방식으로 행동해야 한다는 기대를 갖고 있다.

결국 이 문제의 핵심은 우리는 그렇지 않다고 믿을 때도 사실은 편견이 섞인 행동을 한다는 것이다. 이런 충동은 분명 외부자들과의 관계가 좋은 때라도 자기 집단의 이익에 가장 잘 부합하게 행동하도록 진화한 결과일 것이다. 그 옛날에도 외부자들과의 유대가 깨졌을 경우에는, 노골적인 차별이 전면에 등장했다.

기억, 망각, 의미 그리고 이야기

우리가 타인에 관해 자동적으로 반응한다는 것이 연구를 통해 분명하게 밝혀졌다. 우리의 긍정적·부정적 느낌과 편견은 사람을 만난 거의 즉시 촉발되는 것이다. 나는 표지에 대한 우리의 반응 역시 전적으로 자동적일 것이라 예상한다. 그 후에 그에 대한 설명을 요구받고 나서야 표지가 상징하는 의미를 상세히 설명하며 우리의 반응을 합리화하는 것이다. 표지의 의미가 중요하지 않다고 주장하려는 것이 아니다. 우리가 듣고 자라는 개념과 이야기는 우리 정체성의 여러 측면에 영향을 미치고, 사회와 세상에서 자신의 자리를 어떻게 해석할지를 안내한다. 앞에서 나는 인간이 모든 것을 이야기로 바꾸어 놓는다고 했다. 사람들이 전달하기로 선택한 중요한 문화적 세부 사항, 가령 최초의 성조기는 벳시 로스Betsy Ross가 별과 줄무늬를 수놓아 만들었다는 이야기에는 정서적 무게도 있기에 나중에 다시 떠올리고 이어가기 쉬워진다. 이런 이야기는 고정관념과 비슷하다. 매듭처럼 뒤엉킨 정보를 단칼에 쳐내어 타인과의 관계에서 정말로 중요한 것이 무엇인지 떠올리게 해줌으로써 정신적 노력을 절약하게 해주기 때문이다.

한 사회의 이야기는 사람들의 포부, 그리고 그들의 과거를 전해준다. 이를테면 올림픽 대회 출전 선수들의 성공담이 그렇다. 하지만 가장 중요한 이야기는 여러 세대를 거치며 전해진 오래된 이야기다. 이탈리아인들은 아직도 로마제국을 기념한다. 인도인들은 분명 마우리아 왕조 같은 초기 왕조에 대해 이야기할 것이다. 특히나 한 사회의 탄생에 관한 이야기는 미국 독립 선언서에 서명한 조상을 둔 사람이든 미국에 갓 귀화한 시민이든 모두에게 영감과 즐거움의 원천이 될 수 있다.

하지만 기원에 관한 이야기는 사건을 있는 그대로 전하는 법이 없다. 집단적 역사의식에 해당하는 것을 만들어내는 것은 까다로운 작업이다. 중요한 것은 진실이 아니라 이야기다. 이 이야기는 집단과 그 집단의 가치관을 위해 자랑스러운 과거, 그리고 위기의 순간에 발휘되었던 용맹함을 담는다. 여기서 모든 남자와 여자가 인생에서 마주하는 변치 않는 질문인 '나는 누구인가?'가 '우리는 누구인가?'로 바뀌게 된다.[29]

10세기경에 베트남이 중국의 한 왕조로부터 갈라져 나온 후에 당시의 학자들은 나라의 역사에 대한 이야기를 적었다. 이 이야기는 그런 기능을 아주 멋지게 해냈다. 그 후로 수 세기 동안 훙 왕조Hung Kings로 알려진 베트남의 개국 왕조는 베트남 유산의 일부로 여겨졌지만, 고고학적 자료에 의해 그 왕조가 중세에 꾸며진 이야기임이 밝혀졌다.[30] 9세기 전반부의 중국 혁명가들도 중국 인구에서 가장 큰 부분을 차지하는 한족에 대해 꾸며진 이야기를 만들어냈고, 그 결과로 생긴 것이 신화 속의 중국 초대 황제Yellow Emperor다.[31]

역사가 없는 국가는 행복하다.[32] 17세기 사상가 체사레 베카리아Cesare Beccaria의 말이다. 나는 이 말이 과거가 완벽하게 기록되어 있으면 집단기억이 갖는 유대적 기능을 저해한다는 뜻이라고 해석한다. 역사를 다락방에서 발견한 기념품 상자 속의 내용물이라 생각해보자. 우리는 그 안에서 자기가 원하는 것은 꺼내고, 잊는 게 낫겠다 싶은 것은 그냥 묻어둔다. 그 안에 있는 것들을 엮어서 나온 이야기가 완전무결한 사실이든 완벽한 허구이든 아니면 그 중간 어디쯤이든 간에, 그에 대해 의문을 제기하는 것은 얼굴을 찌푸릴 일이거나 금지된 일이다. 잘 다듬어진 역사는 사람들을 좋게 평가해주고 미래를 구체화해준다. 하지만 교묘한 리더는 다락방 상자의 내용물을 조작해서 열혈 추종자들을 만들어낼 수도 있다.[33] 한편 사람들은 자신들이 공유하는 이야기의 모든 세부 사항을 기억에 저장한다. 역사가 에르네스트 르낭은 이렇게 생각했다. "국가의 탄생에서는 망각, 그리고 감히 말하건대 역사적 오류가 필수적이다."[34] 그래서 터키는 아르메니아 집단학살을 완고하게 부정하는 것이다. 미국 독립전쟁에 대한 설명 역시 영국인의 눈으로 보면 많은 오류를 안고 있고, 혁명의 대의명분에서 프랑스의 지지가 어떤 역할을 했는지도 과소평가되어 있다.[35]

글로 쓴 설명이나 불편한 사실을 밝혀낼 메커니즘이 없었던 시대의 수렵채집인은 선별적 기억의 대가였다. 그들은 이야기를 즐겼지만 선조들의 업적보다 자연에 더 관심이 많아 그에 대해 말했다. 모든 사회가 역사를 중요하게 취급하지는 않는다. 밴드 사회의 사람들은 특히나 역사에 관심이 없었다. 불 피우는 방법 등 일상에 필수적인 부분들은 최대한 성실하게 전달했지만, 지나간 날에 대해서는 망각이 절대적이었다. 문자 사용 이전의 사회에서는 과거의 역사가 기억할 만한 가치가 있는 전설로 남는 경우가 드물었다. 그 시절 사람들은 시간을 모습이 변화하는 달처럼 끝없이 순환하는 것으로 보았기 때문이다. 철학자 조지 산타야나George Santayana의 말처럼, 역사는 반복되는 것이라고 여긴 것이다.[36]

이것은 요즘의 우리가 역사에 매력을 느끼는 지점과 흥미로운 대조를 이룬다. 밴드 사회는 현재 시제 속에서 살아 숨 쉬었고, 나는 수렵채집인이 옛날이야기를 했다는 증거는 거의 발견하지 못했다. 그래도 호주 원주민들이 3세기 전에 도착했던 인도네시아 어부들에 대해 전한 이야기는 있다.[37] 내가 인류학자 폴리 위스너에게 옛사람들이 과거(그들 자신과 그들의 땅과 관련된 연대기도 포함한)에 무관심한 이유를 물었더니, 과거가 중요성을 띠게 된 것은 가령 미국 헌법 같은 정치체제가 만들어져 그것을 합리화시키고 세대를 거쳐 전달할 필요가 생긴 이후부터라고 했다.

우디 거스리Woody Guthrie는 이렇게 노래했다. "이 땅은 당신과 나를 위해 만들어졌어요This land was made for you and me." 한 공간 그리고 그 안에 들어 있는 사물이 공동의 소유라는 느낌은 한 사람이 사회와 느끼는 유대감에 필수적이었을 것이다. 앞에서 말했듯이 수렵채집인은 거의 항상 세력권을 형성했다. 따라서 그들은 국가의 사회적 기풍에서 핵심적인 역할을 하는 건국의 아버지 이야기가 아니라, 땅과 성스러운 장소에 대한 애착을 담은 이야기에 크게 공감했을 것이다. 샤이엔족이 사우스다코타주에 있는 베어뷰트Bear Butte를 숭배한 것이 그런 경우다. 이런 친밀감은 사람들이 어떻게 문화적 생존의 문제로 자신의 조국을 위해 기꺼이 목숨을 바치려 하는지를 잘 보여준다.[38] 그들이 갖고 있는 세상에 대한 지식이 적용되는 곳은 바로 그런 곳으로, 그들의 신성불가침한 삶의 방식이 그 흙 속에 스며들어 있다. 사실 이야기와 공간은 서로 연결될 수 있다. 기억 전문가들은 자신의 기억을 머릿속에서 가상의 장소나 풍경 속에 배정한다. 기억 속의 풍경과 실제 풍경 모두 해마에 암호화되어 있다.[39] 호주의 꿈의 시대는 이런 기억의 전통에 해당한다. 거기에 담긴 강력한 이야기들은 장소들과 아주 상세하게 연결되어 있기에 호주 원주민들은 지도 없이도 자기네 땅의 지형을 재구성할 수 있었다.[40]

오늘날에는 국토의 일부를 개인적으로 소유한 사람이 많음에도 불구하고, 국토는 함께 공유하는 것이라는 신념은 여전히 유지되고 있다. 제임스 조이스James Joyce가 만든 가상의 인물 레오폴드 블룸Leopold Bloom의 말처럼 "한 국가의 국민은 똑같은 장소에 사는 사람들"이라고 해도, 영적인 유대감을 느끼기 위해 자기 사회의 영토 구석구석을 모두 발로 밟아볼 필요는 없다.[41] '우리'를 반대쪽에 사는 '그들'과 분리하는 정체성의 경계선처럼 영토의 경계는 우리의 상상 속에 고정되어 있다. 그 상상 속 영토가 그 누구도 전부 둘러볼 수 없을 정도로 광활하다 해도, 그것은 대부분의 사람을 직접 만나지 못하는 수많은 동포로 이루어진 거대 공동체만큼이나 실체적이다. 그리고 조국에 대한 감정을 자극하는 말들이 우리의 국가를 우아하게 꾸미고 있다. 피지의 "황금빛 모래와 햇빛으로 물든 해안", "아, 그들은 끝이 없다"는 불가리아의 아름다움과 사랑스러움, "에덴을 아름답게 복사해놓은" 칠레의 시골. 그리고 가이아나(남아메리카 대륙 북부에 있는 나라-옮긴이)는 "산과 바다 사이, 그리고 땅 사이에 보석처럼 맑게 자리 잡고" 있고, 레소토(남아프리카공화국에 둘러싸인 내륙 국가-옮긴이)는 "가장 아름답다." 사람들은 외국의 땅을 흠모할 수도 있지만, 그런 감정이 국가의 탄생과 자신을 엮어주는 깊은 유대감을 이기는 경우는 거의 없다.[42]

그렇다고 영토가 있어야만 사람들이 자신의 집단과 자신을 열렬히 동일시한다는 것은 아니다. 인도 북부 로마니Romani족에서 기원한 방랑자들을 보통 집시라고 하는데, 이 민족 집단은 1000년 전에 유럽 전역으로 흩어진 이후로 영토 없이 지내왔음에도 불구하고 공통의 문화를 계속 유지하고 있다. 하지만 고향, 혹은 적어도 고향이라 주장할 만한 땅이 없는 경우에는 민족이든 다른 어떤 집단이든 무력해 보일 수 있다.[43] 그래서 영토를 빼앗긴 유대인이나 팔레스타인인이 자신의 땅을 찾아 나서는 웅장한 이야기들이 정서적으로 공감을 불러일으키는 것이다.

이야기, 그리고 그와 엮여 있을 때가 많은 영토는 사회를 하나로 묶는 접착제다. 부시먼족은 야영지에 모여 있는 동안 서로에게 중요한 이야기를 하면서 마음이 단단히 연결되어 '집단심group mind'이 생겨났을 것이다.[44] 학교에서든 모닥불 곁에서든 세대를 거치며 전해진 이야기, 그리고 땅과 사람에 대한 이야기는 우리의 공통적인 훈육과 운명을 틀 지었다. 이런 이야기들은 우리가 그 속에 함께 있다는 사실, 혹은 타인 즉 우리가 아닌 그들은 그 속에 들어 있기는 하지만 우리의 이익에 부합하지 않는 방식으로 있다는 사실을 상기시킨다. 호머Homer의 외눈박이 거인 사이클로프스Cyclops 이야기이든, 모세가 홍해를 가른 이야기이든 전통적인 이야기들은 기억이 잘되고 타인들의 믿음과 혼동할 일이 없다. 사실일 것 같지 않은, 별난 전통적 이야기는 외부자의 눈에는 필연적으로 터무니없어 보이겠지만 집단 내부 사람들은 의문 없이 받아들인다.[45] 이런 신화의 역할은 논리의 전달이 아니라 감정을 촉발하여 자기가 사는 장소와 서로에 대한 유대감을 형성하는 것이다. 이야기가 어떤 식으로 제시되는지도 중요하다. 차분한 목소리로 크게 말하거나 시끌벅적하게 구호처럼 말하면 기억되기 쉽지만, 설명을 제대로 못 하고 망치면 이야기를 희화화하는 죄를 범할 수 있다. 이야기를 제대로 전달하는 것은 우리 양육 과정의 공통적 관행이자 우리 영혼의 일부가 된다.

자기 땅에 대한 유대감은 사람들이 공유하는 소속에 대한 감정적인 끌림을 강화시킨다. 자기 자신 및 타인에 대한 이야기와 고정관념이 삶에 의미를 부여하는 정체성을 만들어내는 것처럼 말이다. 앞으로 알게 되겠지만 유대감의 구성 요소들은 모두 우리의 우월한 자아상 유지에 지렛대로 사용될 수 있기에 가공할 힘을 가진다. 그것들이 그토록 무서운 이유는, 우리와 경쟁하거나 우리를 공격하는 집단에 대항하는 무기가 될 수도 있기 때문이다.

14장

거대한 사슬

수렵채집인 중 말레이시아 자하이Jahai족은 스스로를 '멘라menra' 즉 '진짜 사람'이라고 부른다. 캐나다의 비버Beaver 인디언이 스스로를 부르는 이름인 '다나자Dana-zaa', 네팔의 쿠순다Kusunda족이 사용하는 단어 '미하크mihhaq'도 같은 의미다. 에드워드 윌슨은 이렇게 말한다. "심지어는 칼라하리사막의 온화한 산족(부시먼족)도 스스로를 !쿵(인간)이라 부른다." 그렇다. 심지어 그곳에서도 '인간'이라는 호칭은 모든 부시먼족이 아니라 !쿵 사회에 속한 부시먼족에게만 적용된다.[1]

한 사회의 사람들이 스스로에 대해 우월감을 가질 수 있다는 것은 놀랄 일이 아니다. 하지만 우리는 이런 느낌이 대단히 극단적이고, 때로는 터무니없을 수도 있다는 사실을 깊이 생각해보는 경우가 드물다. 비평가 에른스트 곰브리치Ernst Gombrich는 이렇게 말했다.

나는 한 현명한 불교 수도승을 알고 있다. 한번은 그가 연설에서 자기 동포들에게 말하기를, 자기가 세상에서 제일 똑똑하고 강하고 용감하고 재능이 많다고 뽐내는 사람을 보면 우습고 창피하다는 생각이 든다고 했다. 그러나 그가 '나' 대신 '우리'가 세상에서 제일 똑똑하고 강하고 용감하고 재능 많은 사람이라고 하자, 그의 동료들은 열정적으로 박수를 치며 그를 애국자라고 불렀다.[2]

자기 사회에 대한 우월감을 구축·유지하며, 그 속에서 다른 사회에 속한 사람들을 인식하는 것은 인간의 보편적 행동양식이다. 자기 나라가 가장 위대하다는 개념은 분명 미국인들이 발명한 것이 아니다. 사회심리학자 로저 지너소롤라Roger Giner-Sorolla는 이렇게 말한다. "아이들에게 자기 나라의 발명품, 영웅, 자연 경관 등을 경쟁 국가의 그것들과 꼼꼼히 비교해보기 전에는 조국에 대한 감정적 평가를 자제하라고 가르치는 합리적인 나라가 어딘가에는 있을지도 모른다. 하지만 그 나라는 분명 당신과 내가 자란 곳은 아닐 것이다."[3] 자기 사회에 대한 우월감은 국가적인 주제들로 다시 구체화되어 자국 역사와 영웅에 대한 찬사, 국민들의 근면과 헌신과 용기 및 국가가 제공하는 평화, 안보, 해방, 그중에서도 가장 남용되는 단어인 자유에 대한 자부심으로 나타난다. 많은 사람이 자기 사회와 다른 사회를 이치에 맞게 비교할 수 있다는 생각 자체를 터무니없게 여긴다. 유사점이 분명한 경우라 해도 말이다. 다른 면에서는 거의 차이가 없는 사람들이 서로 다른 사회적 세부 사항 때문에 상대방에 대해 거만한 태도를 가질 수 있는데, 이런 현상을 프로이트Freud는 "사소한 차이에 의한 자아도취narcissism of small differences"라고 했다.[4] 사회 구성원들에게 왜 자기 사회의 방식이 최고인지 굳이 설득해야 하는 경우는 드물다. 그들은 삶이 어떻게 되어야 하는지 전적으로 알고 있으며, 그런 방식의 삶이 가치 있다고 이미 확신하고 있기 때문이다.

우월감은 전체 그림의 일부에 불과하다. 사람들이 낯선 사람을 너무 쉽게 평가 절하할 수 있다는 불편한 사실이 상황을 더 복잡하게 만든다. 만약 외계인이 지구에 찾아와 인간 행동을 목격한다면, 인간의 사회적 능력이 서투르다고 평가할 것이다. 우리는 동물을 사람처럼 대하기도 하는 반면, 사람은 커피 자판기나 열등한 종류의 동물 취급할 때도 있으니 말이다. 사람이 동물을 의인화하는 기술(예를 들어 사냥꾼들은 사슴이 다음에 어디로 이동할지 예측하기 위해 사슴의 생각을 상상해볼 때가 많다)을 생각하면, 다른 사람들을 너무도 쉽게 비인간화하는 인간의 성향이 더욱 충격으로 다가온다.[5] 많은 수렵채집인이 스스로를 부르는 호칭을 살펴보면, 사람이 자기네 사람이나 자기가 잘 알고 신뢰하는 다른 집단에 비해 외부자를 얼마나 열등한 존재로 보는지 알 수 있다. 심지어 독일의 'Deutsch', 네덜란드의 'Dutch' 등의 여러 국가가 자기 국민을 청할 때 사용하는 단어도, '인간'에 해당하는 자국 언어에서 유래한 것이다.

집단을 자기만의 고유한 본질을 갖고 있는 것으로 인식하게 만들어진 인간의 정신 구조는, 모든 인간이 평등하다고 인정하지 않는다. 다른 생물 집단에 위계질서가 있듯이 인간 집단도 그렇다고 보는 것이다. 중세시대에는 이런 위계질서가 '존재의 거대한 사슬Great Chain of Being'이라고 표현되었다. 왕족이 그 사슬의 제일 위에 자리 잡고 (그 위로는 오직 신과 천사밖에 없다) 그 아래로 다른 인간들이 있는데, 아리스토텔레스는 그중 일부는 "야수가 인간보다 열등하듯 동료 인간들보다 훨씬 열등하다"라고 말했다.[6] 이런 위계는 아래로 곤두박질

치며 자연계 전체로 이어진다. 그리고 조지 오웰George Orwell이 소설 《동물농장Animal Farm》에 풍자적으로 썼듯이 "어떤 동물은 다른 동물들보다 더 평등하다."[7]

이 척도는 고대 그리스의 상아탑이 빚은 것이 아니었다. 사람들은 양피지에 글자를 쓰기 전부터 이미 직관적으로 우주를 그런 식으로 이해했다.[8] 즉 이는 인간 심리의 기본 특성일 가능성이 큰 것이다. 아동들이 사람을 동물보다 우월하다고 생각하고, 외부자는 동물에 가깝다고 생각하는 것이 연구를 통해 밝혀졌다.[9] 수렵채집인 부족이 스스로를 인간이라고 표현할 때가 많았던 것을 보면, 규모가 작고 이웃 집단과 공통점이 많았던 사회에서도 이런 사고방식이 일반적이었음을 알 수 있다(오늘날 티베트에서 야크를 키우며 사는 사람과 당신 사이보다 훨씬 공통점이 많았다).[10] 그들이 외부자들에게 동물 혹은 비인간을 의미하는 별명을 붙였다는 사실은, 적어도 일부 외부자는 다른 종으로 취급할 권리가 있다고 느꼈음을 암시한다. 그리고 그런 세계관은 자연히 그들의 관계에도 영향을 미쳤다.

순위 매기기

사람들이 외부자를 순위 매기는 방식에 대해서는 심리학자들이 할 말이 아주 많다. 우리가 다른 집단에게 부여하는 지위는 그 사람들이 감정을 어떻게, 얼마나 잘 표현하느냐에 대한 우리의 믿음과 관련이 있다.[11] 우선, 약간의 배경이 있다. 행복, 두려움, 분노, 슬픔, 역겨움, 놀람. 보통 이 여섯 가지가 기본 감정basic emotion이다. 천성적으로 타고나는 이 감정들은 유아기에 처음 표출되며, 문화에 따라 조금씩 조정될 뿐 전 세계 어디에서든 공통적으로 볼 수 있다.[12] 우리는 이런 감정들을 결합해 2차 감정secondary emotion을 만들어낸다. 이것은 문화적인 영향을 받는, 타인에 대한 감정이다. 우리는 이 2차 감정을 이용해서 서로의 의도를 해석하고, 다른 사람이 우리를 한 명의 개인이나 집단의 대표자로 어떻게 생각하는지에 반응한다. 이 복잡한 정서 중에는 희망, 명예 등 긍정적인 것도 있지만 민망, 연민 같은 부정적인 것도 있다. 이런 공통의 2차 감정은 한 사회의 구성원들을 하나로 묶는 데 중요하다. 구성원들은 자부심이나 애국심을 통해 만족을 얻고, 수치심이나 죄책감을 피하기 위해 희생이 필요한 상황에 함께 행동에 나선다.[13] 2차 감정은 기본 감정과 달리 지력을 필요로 하는, 학습되는 감정이기에 자신의 정체성을 흡수하는 아동기에 서서히 등장한다.[14]

사람은 모든 인간이 기본 감정을 표현하며, 그런 감정의 일부는 동물도 갖고 있음을 직관적으로 알아낸다(행복한 강아지가 꼬리를 흔드는 장면을 상상해보라).[15] 그런데 2차 감정에 대해서는 다르게 생각한다. 세련됨, 자제력, 공손함 등의 특성과 함께 2차 감정은 인간 고유의 것이라 여길 뿐만 아니라 자기네 구성원이 아닌 사람들에게서는 덜 발달되어 있다고 여긴다. 심지어 거대한 사슬 바닥 근처에 있는 사람들에게는 과연 그런 복잡한 감정이 있을지, 동물적인 기본 감정을 통해서만 행동하는 것이 아닐지 의심한다.[16] 우리는 그런 사람들은 미묘한 감정 수용력뿐 아니라 자제력도 부족하고, 합리적 대처 능력도 없다고 간주한다. 그들이 어떤 잘못에 대한 유감(2차 감정)을 표명하는 증거를 무시하고 그들의 진실성을 의심한다.[17] 우리는 자신의 당당한 지위를 도덕적 인품과 연관 지어 생각하기 때문에, 천한 사람들을 부도덕과 연관 지어 그들은 윤리 강령을 따르지 않는다고 생각한다(따를 능력 자체가 없다고 생각할 때도 많다). 따라서 도덕적 결함이 있는 그들은 공정함의 경계 밖으로, 정의의 사각지대로 밀려나고 만다.[18] 이렇게 비인간화된 사람들은 우리의 마음에 2차 감정을 거의 촉발시키지 못하기에, 우리 자신의 감정적 장애 즉 냉담함이 문제를 더 악화시킨다.

외집단 구성원을 불평등하게 대하는 성향은 잘못된 소통으로 더 악화된다. 이는 언어적 소통 능력뿐 아니라 외부자의 얼굴에 드러나는 기본 감정을 읽어내는 능력도 부족하기 때문이다.[19] 우리는 자기와 비슷한 사람들의 얼굴 표정은 세세한 부분까지 다 관찰하지만, 자신을 불편하게 만드는 외부자와 교류할 때는 가장 극단적인 표정만 감지한다(특히 분노나 혐오 등). 연구에 따르면 미국 백인들은 백인의 얼굴보다는 흑인의 얼굴에서 분노를 더욱 신속하게 파악했고, 인종이 불분명한 얼굴을 제시했을 때는 그 얼굴에 분노가 드러나 있으면 흑인이라고 결론 내리는 비율이 높았다.[20] 타 민족을 위험과 연관시키는 성향이 최고로 높은 사람들, 즉 인종차별주의자들은 가장 피상적이고 가장 신속하게 평가를 내린다. 이들에게는 피부색이 검을수록 더 위험한 사람이다.[21] 1994년 6월 27일, 〈타임Time〉지는 살인으로 고발당한 O. J. 심슨의 얼굴 사진을 올렸다. 얼굴이 더 검게 나오도록 수정한 사진이었다. 〈뉴스위크Newsweek〉지가 똑같은 사진을 손보지 않고 그대로 올리는 바람에 〈타임〉지의 색 수정이 분명하게 드러났다. 사람들의 격렬한 항의에 〈타임〉지는 그 신문을 가판대에서 수거할 수밖에 없었다.

외부자를 언제 신뢰할 수 있는지 판단하는 것조차 쉽지 않을 수 있다. 최근에 터키인과 미국인을 대상으로 진행한 연구에서 참가자들은 서로의 거짓말을 잡아내지 못했다.[22] '속을 알 수 없는 중국인'이라는 상투적인 표현도 있듯이, 유럽인은 중국인의 감정을 읽을 수 없다 보니 그들을 미성숙하다고 생각한다. 반면 유럽인과 다른 행동 규칙을 갖고 있는 중국인은 유럽인이 과잉 반응을 보이는 경향이 있다고 여긴다. 이런 차이의 사회적 결과는 실재한다. 나는 관광객들이 '속을 알 수 없는' 중국인이나 인도네시아 토박이의 얼굴에 미묘하게 드러난 짜증을 못 알아보고 큰 소리로 불평하는 모습을 본 적이 있다. 중국이나 인도네시아에서는 감정을 절제하는 것이 일반적인 예의다.[23] 일부 아시아인은 유럽인과 미국인이 자기들을 소극적으로 보는 것에 대응하기 위해 눈꺼풀에 생기는 주름을 수술로 제거했다.[24]

외부자 집단에 대한 우리의 감정적 반응은 두 가지 인식에 기초해 있다. 하나는 따듯함에 대한 평가로, 첫인상에 의해 거의 순식간에 결정된다. 나머지 하나는 역량competence에 대한 평가로, 위계상에서 그 집단의 위치를 파악하면서 천천히 결정된다. 한 민족으로서의 힘인 역량은 우리를 도울 수도 있고 우리에게 해를 입힐 수도 있다.[25]

우리는 이런 본능적 평가에 따라 다르게 반응한다. 따듯하지만 역량이 떨어진다고 짐작되는 타인에 대해서는 연민을 느끼고(이탈리아인이 참가한 실험에서 그들의 쿠바인에 대한 반응), 우리에게 냉담할 것 같지만 역량 있는 타인은 부러워하고(같은 실험에서 이탈리아인의 일본인과 독일인에 대한 반응), 우리를 따듯하게 대하고 역량도 있을 것 같은 집단에 대해서는 상호 교류를 갈망한다. 마지막으로 우리가 가끔 분노 섞인 혐오감, 즉 경멸감을 숨김없이 표시하는(많은 유럽인의 루마니아인

에 대한 반응) 대상은 우리에게 적대적이고 미숙하다고 여겨지는 사람들이다.[26]

루마니아인을 비롯해 폄하되는 민족들은 혐오감을 야기하는 바람에 위계의 밑바닥에서 거의 사회적 해충 같은 위치를 차지하게 되었다. 이런 사례를 들라면 수천 가지는 댈 수 있다. 아체족 수렵채집인은 농사짓는 이웃을 구아야키Guayaki라고 부른다. '흉악한 쥐'라는 뜻이다.[27] 제3제국(히틀러 치하의 독일 – 옮긴이)의 한 정치 이론가가 "인간의 얼굴을 하고 있다고 해서 다 인간은 아니다"라고 말했듯이, 나치는 유대인을 거머리와 뱀에 비유했다.[28] 1994년 르완다 대량 학살 기간 동안 후투Hutus족은 자신들과 큰 차이가 없고 키만 살짝 큰 라이벌 민족 집단인 투치Tutsis족을 바퀴벌레에 비유했다. 흑인을 유인원과 동일시하는 전략은 유럽인이 최초로 서아프리카와 접촉했을 때 시작됐다. 이런 터무니없는 관점은 아주 옛날이야기면 좋겠지만, 암묵적 연합 검사를 해보면 미국인의 마음속에 여전히 그런 편견이 남아 있음을 알 수 있다.[29] 이것은 누군가를 향해 돼지처럼 행동한다거나 올빼미처럼 똑똑하다고 하는 것같이 툭 던지듯 내뱉는 비교와는 다르다.[30] 한 민족을 인간 이하의 혐오스러운 존재로 인식하면 그 사람들을 그렇게 대하게 된다. 아부그라이브 교도소 전쟁 포로들의 운명도 그랬다. 2003년과 2004년에 미국인 교도소 관리자들은 이들을 데리고 대단히 모욕적인 사진을 촬영했다. 이들의 불행은 아예 무시되거나 남의 고통이 곧 나의 기쁨이라는 식으로 다루어졌다.

혐오는 복잡한 감정이다. 이 감정은 특정 사람이나 동물만이 아니라 오염된 것이나 불결한 것이면 무엇으로도 향할 수 있다. 살아 있는 치즈 같은 기이한 전통음식을 비롯해서 깨끗하지 않은 동물을 떠올리게 하는 물건이나 사람도 혐오 대상에 포함된다.[31] 사람을 향한 혐오와 불결한 물체에 대한 혐오는 본질적으로 상호 호환이 가능한 것으로 보인다. 이것은 뇌의 두 영역, 즉 대뇌겉질이 깊숙하게 접혀 있는 부위인 섬엽insula과 뇌의 신속 대응 시스템의 일부이자 측두엽에 묻혀 있는 아몬드 크기의 신경조직 덩어리 쌍인 편도체의 활성이 만들어내는 산물이다. 그런 활성이 일어나는 동안 사람 간 상호작용에 관여하는 뇌 조직 덩어리인 내측앞이마겉질은 마치 우리가 그저 물건을 대하고 있다는 듯 활성화되지 않는다.[32] 나는 게슈타포가 기차를 타고 온 독일인들을 유대인으로 잘못 알아보고 마치 해충 구제하듯 가스실로 보낸 것이, 부분적으로는 비위생적인 만원 열차 안에 오랫동안 있었던 그들의 모습이 혐오를 샀기 때문은 아니었나 싶다. 한때 미국에서 밑바닥 인생 사람들은 의무적으로 식수대와 화장실을 따로 쓰게 했다. 청결함이 극도로 중요하게 여겨졌기 때문이다.

불결하다거나 해충 같은 존재로 비하될 때가 많은 이민자들은 극단적인 외국인 혐오증에 특히나 취약하다. 사실 혐오는 외부자와의 접촉에 강제로 병목현상을 도입하여 질병이 사회로 들어오지 못하게 막는 방법으로 진화된 것인지도 모른다. 조류독감과 에볼라 같은 전염병은 오늘날에도 공포를 촉발한다.[33] 외부자가 차단된 영토는 섬처럼 기능해서 일부 기생충이 파고들기 힘들어진다.[34] 정복 과정에서 질병은 의도치 않게 무기 역할을 할 수 있다. 식민지 개척자 사회는 원주민들이 면역성을 갖추지 못한 질병을 전파할 때가 많았다. 콜럼버스와 접촉했던 아라와크족은 천연두에 굴복하고 만 수많은 아메리카 부족 중 하나다.[35]

바닥에서 살아남기

소외된 민족들이 더 강력한 이웃 민족과 관계를 맺는 데 성공하든 못 하든, 이들은 낮은 지위 때문에 경제적 약점과 함께 심리적 약점도 떠안게 된다. 자기가 열등하다는 생각 때문에 깊은 우울에 빠져들 수 있는 것이다. !크웅 부시면족의 스스로에 대한 최근의 생각을 들여다보면 그런 점이 잘 드러난다.

신은 처음에는 모든 사람을 비슷하게 만들었다가 나중에는 서로 다르게 만들어 일부가 다른 일부를 위해 일하게 했다. 신은 제일 먼저 백인을 만들고 그다음에 흑인을 만들었다. 그리고 남은 재료를 긁어모아 부시면족을 만들었다. 부시면족이 체구가 작고 다른 사람들에 비해 감각도 떨어지는 것은 바로 그 때문이다. 신은 동물을 창조할 때도 똑같은 방식으로 했다. 처음에는 큰 동물을, 다음에는 작은 동물을 만들고, 남은 찌꺼기로 제일 작은 동물을 만들었다.[36]

하지만 외부자들에게 두들겨 맞고 자부심도 약한 사람들이라 해도 자기 집단의 삶에 가치와 의미를 부여해줄 무언가를 찾아 차별성을 확보하려 한다.[37] 예를 들어 내가 !크웅 부시면족에 대해 아는 것으로 판단하건대, 그들이 자신들의 자연에 대한 지식에 자부심을 갖고 있다 해도 나는 놀라지 않을 것이다.

외국의 우세가 명확한 상황에서도 한 사회의 가치와 정체성을 지킬 수 있다는 사실은, 인간으로 존재하는 것이 무슨 의미인가라는 생각 자체에 해석의 여지가 있음을 분명히 보여준다. 각각의 사회나 민족 집단은 자신들의 표준이나 본질적 특성을 자신들에게 유리하게 왜곡한다. 따라서 다른 사회나 민족 사람들을 비인간화하지 않고도 우리는 그들이나 우리 자신에게 다른 속성을 부여할 수 있다.[38] 중국인은 자기 나라를 훌륭한 공산 사회로 인식하는 반면, 미국인은 미국이 개인주의 국가라는 점에 자긍심을 느낀다. 우리는 외국인이 우리보다 더 똑똑하고 야심 차고 표현이 풍부하다는 것을 인정할 수 있는데, 우리 스스로가 자기만족적이고 솔직담백하며 내성적 성격이 적절한 수준이라는 식의 변명이 가능할 때다. 자신의 단점들을 '인간만의' 특성이라고 부름으로써 우리는 스스로를 위계의 꼭대기에 최대한 가깝게 데려다 놓을 수 있다. 우리는 다른 사람들이 자신들을 위해 많이 노력하고 있지만, 우리가 두각을 나타내는 범주에서는 부족하다고 합리화한다. 그들은 결국 기계처럼 일만 하다가 우리 집단이 중요하다고 생각하는 삶은 누리지 못하게 되거나, 도덕적 원칙 면에서 부족해질 것이라는 식으로 말이다.[39]

동물 그리고 진화에서의 선입견

인간이 싫어하는 외부자를 역겨운 해충처럼 여긴다는 사실은, 사람에 대한 편견과 생물 공포증creature phobia의 근본적 심리가 같을 수도 있음을 암시한다. 나는 스탠퍼드 대학 정신의학과 교수 바 테일러Barr Taylor가 거미 공포증 환자를 치료하는 것을 하루 동안 지켜본 적이 있다. 테일러 박사는 그 여성 앞에서 한 번에 한 부위씩 점진적으로 거미를 그려 보였다. 처음에는 거미 머리를, 다음엔 복부를, 그

다음엔 각각의 다리를. 여성은 그렇게 거미의 세세한 부분들을 받아들였고, 그러다 보니 전에는 두려웠던 존재가 일상적인 존재로 변해 갔다.[40] 익숙함이 이해, 혹은 적어도 내성을 낳는 것이다. 외부자를 한 사람의 개인으로 적절히 파악하는 데 실패하면, 이해하지 못하는 사람들에게서 느끼는 불편한 감정이 드러날 수 있다. 그 사람의 눈을 똑바로 쳐다보는 것에 역겨움을 느끼는 것이다.[41]

외집단을 해충과 동일시하는 경향은 다른 영장류에게서도 찾을 수 있다. 수컷 마카크원숭이는 암묵적 연합 검사의 유인원 버전에서 같은 무리 구성원들은 과일과, 외부자 원숭이들은 거미와 선뜻 연관 지었다.[42] 그렇다면 외부자를 해충처럼 바라보는 비인간화는 언어 발생 이전에 생겨났다고 생각할 수 있다. 우리가 거대한 사슬 안에서 사회와 민족 집단에 순위를 매기는 것도, 여러 동물 사회에서 개체 간의 관계를 조직하는 위계 서열에서 발생했다고 보는 것이 타당하다. 마카크원숭이나 개코원숭이의 경우, 외부자 무리를 자기 무리보다 위계상 아래에 있다고 인식하며 괴롭힌다. 인간이 외부자 집단을 비인간화하는 성향도 여기서 비롯되었다고 보는 것이 설득력이 있다.[43]

하지만 인간을 제외한 다른 종에서는 정교한 선입견을 생각하기가 어렵다. 그 한 가지 이유는 인간이 외부자를 평가할 때 필수적인 2차 감정을 다른 동물도 갖고 있는지 생물학자들이 알지 못하기 때문이다. 하지만 그 문제는 차치하더라도 외부자의 따듯함, 역량, 감정적 깊이, 지위 등을 피상적으로나마 평가하려면 일단은 관계 구축이 가능해야 한다. 그런데 가령 침팬지는 이것이 불가능하다. 외부자 동물을 만나면 달아나거나 죽이거나 둘 중 하나이기 때문이다(혼자인 암컷을 만난 경우는 예외다).

익명 사회의 출현이 외부 사회에 대한 인간의 인식에 영향을 미쳤다는 사실에는 의심의 여지가 없다. 표지는 사실상 우리 스스로가 진정한 인간임을 확고히 하기 위해 널리 알리는 우리의 특성이다.[44] 우리 몸을 캔버스 삼아 우리의 신분을 보여주는 행위는 네안데르탈인, 그리고 지금은 우리 가계도에서 사라진 다른 선조들의 반응에서 시작되었을 것이다. 그들은 약한 턱, 튀어나온 얼굴, 납작한 이마, 이례적 행동 등으로 자신의 신체를 뚜렷하게 표시했다. 그렇다면 한때는 정말로 종 자체가 달랐던 외부자에 대한 우리의 반응이 결국은 같은 종의 다른 사회에 속한 외부자에게로 확장된 것이라 할 수 있겠다.[45]

우리가 외부자를 그런 식으로 평가하고 두려워한 것은 머나먼 과거에는 현명한 반응이었을지 모른다. 특히나 외부자와의 접촉이 드물어 그들에 대한 대략적인 지식밖에 없고, 학습을 통해 그들을 알아가기에는 수명이 너무 짧았던 4~5만 년 전에는 더욱 그랬을 것이다. 따라서 우리 선조들은 고정관념(불확실한 정보의 과부하를 피하기 위한 짐작에 지나지 않은 것이었다 해도)을 만들어 외부자가 득이 될지 해가 될지 예측하는 지침으로 삼았을 수 있다. 낯선 도덕관념, 욕구, 표현 양식 등을 갖고 있고 자신과의 유대 관계가 불확실하거나 아예 존재하지 않는 사람들의 성격을 일일이 파악하는 것보다는 선입견에 의존하는 것이 덜 위험했을 것이다.

철학자 이마누엘 칸트는 우리의 도덕적 관심사에 반드시 인류가 들어 있어야 한다고 주장했다.[46] 지금쯤이면 인간의 마음은 그런 관점을 기꺼이 받아들이지 않는다는 것이 명확해졌을 것이다. 우리가 매일 바다 건너 먼 곳에서 전쟁으로 죽어가는 사람들의 소식을 들으면서도 맛있게 저녁 식사를 즐길 수 있는 이유는, 우리가 자신을 거대한 사슬의 정점에 놓기 때문이라고 설명할 수 있을지도 모른다.[47] 다른 사람들은 정신적·감정적 능력이 떨어지고 윤리의식이 결여되어 있다고 판단하는 데 따르는 한 가지 결과로, 우리는 그들과 일반적인 방법으로 상호 교류하는 것을 스스로 차단해버린다. 외부자를 열등한 존재라고 심리적으로 판단하면 잔혹 행위를 저지르기가 쉬워지는데, 이것은 순수하게 진화적 측면에서만 보자면 상당한 이점일지 모른다. 일단 그런 짓을 저지르고 나면, 우리가 부당하게 취급한 그 사람들을 인간보다 못한 존재로 바라보는 것이 죄책감을 덜어주는 자기 보호 메커니즘이 되는 것이다.[48] 자신의 행동이 악랄하다는 사실을 깨닫지 못한 채 여러 세대가 흘러갈 수도 있다. 과연 우리의 선별적 기억이 그런 깨달음을 허락할지는 모르겠지만 말이다. 사실 우리가 다른 사람들의 유감 표명에 의문을 가지듯이, 우리가 하나의 사회로서 미안하다고 말해야 한다는 발상도 놀랄 정도로 최근에 생겨난 것이며, 쉽게 이루어지지도 않는다.[49] 미국의 2009년 국방예산법Defense Appropriations Act 구석진 곳에 다음과 같은 사과문이 나온다. "미국 시민이 아메리카 원주민을 대상으로 가한 여러 건의 폭력, 학대, 방치 등에 사과한다." 이 사과문은 신문 1면에 실리지 않았다.

지금까지 나는 한 사회나 민족의 개별 구성원을 특징짓는 사회적 고정관념에 대해 설명했다. 아직 우리는 우리의 편향이 전체로서의 집단에 대한 우리의 인식을 어떻게 좌우하는지 살펴보지 않았다. 이어서 한 사회가 어떻게 단일한 존재로 보일 수 있는지, 어떻게 사회가 하나의 목소리로 반응할 수 있는지, 그리고 어떻게 사회가 단일한 대오로 행동에 나설 수 있는지 알아보자.

15장

거대한 통합

전쟁 전의 나치 독일에서 권력을 과시하는 가장 큰 행사는 뉘른베르크에서 개최된 집회였다. 매년 나치에 도취된 수십만 명의 사람이(결국 그 숫자는 거의 100만 명에 육박했다) 수백 킬로미터 떨어진 곳에서도 보일 정도로 밝은 130개의 서치라이트가 비추는 광장을 가득 메웠다. 열띤 연설이 진행되는 동안 바그너Wagner의 천둥 같은 음악 소리에 맞추어 거대한 깃발과 플래카드 아래로 군대가 끝없이 행진을 이어 갔다.

이 장관을 보면 나치가 독일인을 존재의 거대한 사슬 정점에 세우고 있음이 분명하게 드러났다. 하지만 이 장면이 실린 뉴스 영화를 보고 있던 다른 나라 사람들 역시 외집단 구성원들은(이 경우에는 독일인) 그저 그런 존재라고 결론 내리는 인간의 편견에 빠져들었다. 이 화려한 행사는 연대를 과시하는 한 편의 쇼였기 때문에, 나치에 공포를 느끼는 사람들에게는 그 디스토피아적 쇼에 참가한 사람들이 모두 똑같은 것을 바라보고, 똑같이 행동하는 획일적인 곤충 군집과 다름없어 보였다. 실제로 조지 오웰은 민족주의를 "인간을 곤충처럼 수백만 혹은 수천만 명 단위로 분류해 그들 전체를 자신 있게 '선하다' 혹은 '악하다'라고 낙인찍을 수 있다고 가정하는 습관"이라고 했다.[1]

뉘른베르크의 인파처럼 위압적이지 않다 해도, 외부 집단은 일일이 구별할 수 없는 개미 떼처럼 보일 수 있다. 낯선 외모, 낯선 행동 방식을 갖고 있는 그들은 모두 비슷해 보이기 때문이다. 이것은 자기 집단 사람들에 대한 반응과 극명한 대조를 이룬다. 오늘날 이 문제는 사회 내부, 그리고 사회 간으로도 확장된다. 백인들은 아시아인이 다 똑같이 생겼다고 하고, 아시아인들 역시 백인들을 그렇게 본다. 이것은 숲을 보느라고 나무를 놓치는 꼴이다. 즉 인종별로 공통된 특성만 파악하고 한 개인의 개별적 특성은 무시한다는 말이다.[2] '그들은 신뢰할 수 없는 존재다.' 이런 선입견이 수렵채집인 사회 시절에도 오늘날만큼이나 광범위하고 흔하게 퍼져 있었다.

일단 타인들을 범주 속에 억지로 집어넣고 나면 함성을 지르는 적성 국가의 군중이나 우호적 국가의 지지자들이 상상 속에서 하나로 합쳐진다. 마치 개개의 사람이 자기만의 고유한 성격과 야망을 가지고 오랫동안 스스로 버틸 수 있는, 프랑켄슈타인 같은 존재의 몸속에 들어 있는 수많은 세포라도 되는 것처럼 말이다. 심리학자들은 집단이 높은 실체성entitativity을 갖고 있다고 말한다. 실체성이란 하나의 실체로 지각되는 성질을 말한다.[3] 뉘른베르크에서 휘날리고 울려 퍼지던 깃발과 음악 같은 상징의 위압적인 과시는 그러한 효과를 더한다. 그런 것은 외국인들을 더 단합되어 있는 것처럼 보이게 할 뿐 아니라 더 능력이 뛰어나고 더욱 냉혹한 위협이 되는, 따라서 더 믿을 수 없는 존재로 보이게 만든다.⁴ 집단의 힘, 그리고 그 집단이 우리와 파괴적인 경쟁을 벌일 가능성에 대한 우리의 평가는 다시금 우리가 그 집단을 적으로 생각할지, 혹은 동맹이나 궁핍한 의존자 등으로 생각할지에 영향을 미친다.⁵

뉘른베르크의 팡파르를 창조해낸 자들은 분명 외부 세계에 강한 인상을 남기게 된 것에 기뻐했겠지만, 그들 계획의 핵심은 독일인의 국가에 대한 동일시를 강화하는 것이었다. 물론 참가자들의 목적은 분위기에 취하는 것이었다. 외국인들의 상상 속에서 그 독일인들의 모습이 변했던 것처럼 독일인들 역시 자신의 상상 속에서 모습이 변했을 것이다. 그 결과는 완전히 달랐겠지만 말이다. 대부분의 시간에 사람들은 한 명의 개인으로서 기여하고, 서로를 인간으로 바라봄으로써 사회와의 유대감을 표현하여 갈망하는 인정을 받으려 하지만, 통합된 군중의 일원이라는 느낌을 받을 때는 집단에 완전히 동화되는 기쁨에 장악당한다. 자신의 개성을 표출하려는 충동은 미뤄두고 개개인의 차이도 잊은 채, 하나의 전체로 통합되었다는 느낌만 온몸의 혈관을 타고 흐르게 하는 것이다.

자신의 사회를 실체가 있는 존재로 여기는 것은 정상적인 경험이다. 국가의 기념행사에서 벌어지는 가두행진, 불꽃놀이, 깃발 흔들기 등은 이런 경험을 더욱 강화한다.⁶ 이러한 인식은 어딘가에 소속되고자 하는 욕구와 함께 유아기부터 시작된다. 이런 편안한 소속감은 나이가 들면서 사회와의 강력한 유대감으로 바뀐다.⁷ 전체의 일부라는 느낌은 우리로 하여금 다른 구성원과 자신의 공통점을 과장하게 만든다. 그들을 별개의 개인으로 생각하든 않든 상관없이 말이다. 그 느낌은 또한 우리 사회와 그보다 훨씬 더 획일적으로 느껴지는 외부 사회와의 차이점을 더욱 두드러지게 만든다. 외부 사회가 우리를 겁주거나 화나게 할 때는 더더욱 획일적으로 보인다. 그렇게 우리가 구체적인 부분에 무관심해짐으로써 우리 집단에 통합되어 있다는 느낌은 더욱 강화된다.

권력을 잡고 있는 자들도 이러한 실체성에 기여한다. 제3제국 때의 히틀러처럼 극단적인 경우에는 리더가 하나의 상징, 다른 모든 사람의 정체성을 체화한 토템폴처럼 무시무시한 존재가 된다. 사람들은 외국의 지도자도 그런 대표자로 바라볼 수 있다. 이런 관점은 외부자들을 복사본으로 취급하는, 즉 지도자는 원본이고 나머지 사람들은 모두 그 판박이라고 생각하는 고정관념을 더욱 강화한다.

대표자와 사회를 이런 관점으로 바라보는 데에는 외부자들이 실제로 다 똑같다는 증거가 필요하지 않다. 우리가 어떤 국적이나 민족 집단의 사람들이 똑같다고 믿고 있을 때 그중에 적대적인 사람을 한 명 만나면 우리는 나머지 사람들도 모두 적대적일 것이라 생각해버리기 쉽다. 국제 무대에서 한 사회의 지도자가 그 사회를 대표하는 것과 마찬가지로 처음 접한 사회 구성원도 그 사회를 대표하는 존재로 받아들여진다. 우리가 싫어하는 성격적 특성에 대해서는 특히나 그렇다.8 우리가 다른 위협을 일반화하는 방식도 비슷하다. 벌 한 마리에게 쏘이고 나면 벌은 모두 침을 쏜다고 추론하는 것이 적응에 유리하다. 그래서 벌을 만나면 아예 처음부터 때려서 죽이는 것이 편하다. 우리가 사회를 하나의 종으로 취급해 반응할 때도 마찬가지로 이런 단순화된 반응이 나올 수 있어서, 때로 외부자는 그만큼 불리할 수 있다. 구성원들이 잘못하다가 쏘이느니 안전하게 가자는 식으로 반응하기 때문이다.

사회가 자아가 되다

사회가 하나의 실체라는 느낌에 대해 고려할 때는 잠시 뒤로 한 걸음 물러나 가장 개인적인 것에서 가장 추상적인 것에 이르기까지 대단히 폭넓은 인간의 유대 관계를 검토해보는 것이 도움이 될 수 있다. 집단의 크기에 따라 서로 다른 양식으로 작동하는 상호작용은 오래전부터 중요한 것이었다.[9] 가장 긴밀한 관계는 결혼한 부부나 부하와 상사의 관계라 할 수 있다. 다음으로는 함께 과제를 수행하는 몇명 간의 관계다. 수렵채집인의 경우 함께 식물을 채집하거나 먹잇감을 사냥하는 무리가 여기에 해당했다. 오늘날에는 동일한 목적을 위해 매끄러운 판단과 결정이 필요한 직장 내 협업 관계라고 할 수 있다. '어디 가면 이런 덩이줄기를 파낼 수 있을까?'라는 문제가 '이 자동차를 시장에서 어떻게 마케팅해야 할까?'로 바뀌었을 뿐이다.

　다음으로는 20~30명 정도로 구성된 오리지널 수렵채집인 밴드가 있다. 요즘으로 치면 학급, 업무 부서, 동호회 정도의 규모에 해당한다. 이렇게 집단의 규모가 커지면 갈등 관리가 어려워지지만 개개인들끼리는 확실하게 잘 아는 사이이기에 여전히 잘 결속된다. 밴드 사회의 경우에는 그 사회에 충성하는 사람이 수백, 수천 명이었다. 오늘날로 치면 교회 모임, 학회, 학교 등 더 넓은 범위에 걸쳐 정보와 자원의 교환이 이루어지는 공동체의 인원수에 해당한다. 이 단계에서는 서로 직접 상호작용하는 관계를 한참 넘어서는 사람들까지 모인다. 익명의 군중은 대부분 상징적인 방식으로 서로를 확인한다.

학급이 수렵채집인 밴드와 같다거나, 학회같이 수명이 짧은 집단이 밴드 사회와 같다고 하면 아무래도 도를 넘는 얘기가 될 것이다. 하지만 학급 친구들과의 친밀함에서 느끼는 만족과 수십 명의 열렬한 동료들과 함께 학회를 여는 좀 더 추상적인 즐거움에서 느끼는 만족은, 각각 초기 밴드와 밴드 사회의 상호작용 방식을 반영하고 있는지도 모른다. 어쨌거나 표지들이 서로를, 그리고 외부의 개인들을 통합된 전체의 일부로 바라볼 수 있는 조건을 설정해주기에 대부분의 개인에게 있어 사회 그 자체는 아무리 인원이 많다 해도 1차적인 영향력을 유지한다.

따라서 사람들은 자기 사회와 그 동료 구성원들을 모두 중요하게 여긴다. 그리고 사회는 단순히 구성원들의 합으로가 아니라 하나의 실체로 인식된다.[10] 우리는 자신이 사회가 지속되는 데 한몫하고 있다고 생각하며, 스스로를 역사, 전통, 법칙, 관행 등 사회의 모든 표지를 전달하는 매개체라고 여긴다. 이런 것들은 미래를 우리와 연합시킨다.[11] 사람들은 자손은 물론 이런 연합을 통해서도 삶을 이어간다고 말할 수 있다.[12] 초기 민족지학자 엘스던 베스트Elsdon Best는 뉴질랜드 원주민들 사이에서 보이는 한 가지 현상에 대해 다음과 같이 보고한 바 있다.

마오리Maori족의 관습을 연구할 때는 이 원주민들이 자신을 자신의 부족과 완전히 동일시하기 때문에 항상 1인칭 대명사를 사용한다는 점을 염두에 두어야 한다. 그래서 약 열 세대 전 자기 부족이 치렀던 전투를 언급할 때도 이런 식으로 말한다. "제가 거기서 적들을 물리쳤습니다."[13]

같은 이유로 우리는 자국의 병사들이 전사하면 고통, 분노, 두려움 등의 반응을 보인다. 자국의 운동선수들이 올림픽에서 승리를 거두면 기뻐하는 것도, 우리 자신이 승리했다는 짜릿함 때문이다.[14] 시민들과 하나로 통합되면 자부심과 함께 힘과 영광에 대한 자각이 물밀듯이 밀려든다. 어떤 사람은 이런 종류의 민족 중심적 사랑ethnocentric love이 옥시토신의 기능이라고 주장한다. 옥시토신은 편도체의 불안 반응은 약화시키고 자기와 유사한 타인에 대한 공감은 강화시키는 호르몬이다. 깃발과 관련된 긍정적인 감정 역시 강화시킨다.[15] 그런 연대와 하나 됨의 순간이 한 사람의 일생에서 최고의 순간이 될 수도 있다. 미국인들은 인간이 달에 첫발을 딛는 순간 그런 공감을 느꼈고, 영국인들은 왕이나 여왕이 왕위에 앉는 순간 우리성에 사로잡혔다. 서로가 공유하는 정체성으로 기분이 들뜰 때 우리는 서로 간의 차이를 잊고 집단감정이라는 강렬한 효과를 통해 서로를 더욱 가까이 끌어당긴다.[16] 그럴 때 누군가에게 어떤 기분이 드느냐고 물어보면 굉장히 행복하다고 할 것이다. 하지만 그 사람이 이어서 자기 나라를 대상으로 한 테러리즘 행위에 대해 들으면, 극단적인 슬픔이나 분노를 표현할 가능성이 크다. 집단감정을 가진 사람은 자부심과 관심과 에너지를 국가적 수준으로 집중시키기 때문에, 그에게 국가는 본질적으로 자아의 일부다.

때로 집단감정이 전염병처럼 확산되며 고조되는 경우도 있다. 흥분한 원숭이들이 과일나무에 모여들거나 흥분한 팬들이 경기장에서 환호를 지르는 경우처럼 말이다.[17] 유랑형 수렵채집인들은 집단감정이나 유대감을 키우기 위해 꼭 요즘 규모의 군중이 필요하지는 않았다. 그들의 사회와의 유대감은 우리들이 한자리에 모였을 때 정점을 찍었을 것이 분명하다. 구성원들은 물건 교환과 동지애 구축뿐만이 아니라 좀 더 근본적인 공동체와의 동일시를 통해 연대를 확인했을 것이고, 그 모임은 집단적 자부심과 애국심 형태의 신성함을 제공했을 것이다. 모든 밴드 사람들은 잔치, 이야기, 노래, 춤을 통해 통합을 재확인했을 것이다.[18]

이런 활동들을 수행하며 자신의 개성을 집단에 이양하는 것은, 자신이 집단에 받아들여져야 한다는 욕구에서 비롯되었는지도 모른다. 이는 우리가 존경하는 사람의 목소리나 몸짓뿐 아니라 감정까지도 그대로 따라 하려는 사실에서도 드러난다. 우리는 같은 인종이나 민족 사람을 대상으로 이러는 경향이 있다.[19] 이것은 의도한 것이 아니라 부분적으로는 전운동겉질premotor cortex에 들어 있는 거울뉴런mirror neuron에 의해 유도된다.[20] 이 거울뉴런은 우리가 유전적인 이유가 있는 행동을 하거나 다른 사람이 그런 행동을 수행하는 것을 볼 때 흥분한다. 신생아는 다른 사람들의 슬픔, 두려움, 놀람을 흉내 낸다.[21] 동물들도 다른 개체를 따라 하여 집단 수준에서 같은 감정적 반응을 일으키는 경우가 있다. 흥분한 원숭이 무리가 그 예다. 침팬지들은 동영상에 나오는 유인원들의 장난기나 분노를 따라 한다.[22]

하나로 행동하기

얼마 전에 나는 일본 도쿄의 텟포주 이라니 신사에서 1월의 상쾌한 공기를 즐기고 있었다. 수백 년 된 문과 아치형 옥상이 인상적인 곳이다. 그때 하얀색 훈도시와 머리띠만 착용한 100명이 넘는 사람들이 안뜰의 얼음을 채운 물통 주변에 모여 기도하기 시작했다. 그중 30명 정도가 물통 안으로 들어가 무릎을 꿇고 앉자 얼음장 같은 물이 그들의 허리까지 차올랐다. 그들은 배를 젓는 동작을 하면서 두 음조의 합창 같은 기도를 하다가 다음에는 우르릉거리는 소리를 냈다. 그들이 그렇게 차가운 물속에서 몇 분 있다가 나오자, 다음 사람들이 들어갔다.

이 의식은 간추미소기Kanchu Misogi라는 겨울 몸 정화 축제다. 나는 인간의 사고 과정을 연구하는 듀크 대학의 고급통찰센터Center for Advanced Hindsight에 소속된 파노스 미트키디스Panos Mitkidis와 함께 그 행사를 구경하며 서 있었다. 미트키디스는 사람들이 혹독한 조건 아래서 어떻게 협심해서 행동하는지를 연구하는데, 그날은 추운 날씨였음에도 불구하고 땀을 흘리며 데이터를 수집하고 있었다.

의식ritual은 그 자체로는 확연히 드러나는 실용성이 없는 연속적인 행동의 반복으로 구성되어 있다. 일부 포유류 종에서 보이는 대규모 집회가 우리가 자연에서 목격하는 것 중에서 의식에 가장 가까운 것이다. 그때 회색늑대는 서로의 등 위로 뛰어올라 깽깽거리고, 점박이 하이에나는 꼬리를 곤두세우고 서로 몸을 문지른다. 이런 집회 행동은 활력을 불어넣어 혼자 있을 때였다면 피했을 위험, 가령 다른 무리나 부족을 향한 공격을 감수하게 만든다.[23] 이런 과감함은 우리 종에서는 '불연속성 효과discontinuity effect'라고 부르는 것을 느슨하게 반영하고 있는지도 모른다. 불연속성 효과란 다른 집단과 상호작용하는 집단은, 그 집단을 구성하는 개인들이 일대일로 상호작용할 때보다 더 경쟁적이고 덜 협조적이 되는 경향을 말한다.[24] 물론 사람과 동물 사이에는 차이가 있다. 사람들은 깃발 같은 상징물을 중심으로 모일 때가 많다. 노예개미는 예외일 수 있지만, 페로몬이라는 깃발을 공유하는 일개미들은 군집을 이루어 둥지를 여기저기 돌아다니다가 새로운 하인들을 잡으러 행진한다.[25]

인간은 단순히 서로의 말과 감정을 따라 하는 것을 훨씬 뛰어넘어 의식화된ritualized 패턴을 우리의 상상보다 훨씬 많이 따른다. 어린 시절에 우리는 다른 사람들의 복잡한 행동을 반복해서 따라 하는 데 능숙해진다. 이것은 보통 집단에 대한 헌신을 보여주려는 목적이다. 아이가 학교 친구들 패거리에 들어가기 위해 그들이 만들어낸 규칙을 무엇이든 따르는 것을 생각해보라. "우리 똑같이 입었어." "오케이, 좋아!"[26] 중요하지도 않은 것들을 정확하게 수용하는 것, 즉 의식을 똑바로 치르는 것은 인간이 자신의 사회에 대한 소속성을 주장하는 독특한 방식이다.[27]

미트키디스는 격렬한 의식에 참가하는 사람들은 평범한 사회적 표지가 갖고 있는 정체성 확인 효과를 뛰어넘는 수준으로 연대가 고양된다는 것을 알아냈다. 이런 의식이 참가자들을 응집시키기 때문이다. 이런 종류의 행동이 강화된 형태가 남학생 사교 모임에서 신참을 대상으로 이루어지는 노골적인 괴롭힘이다. 이런 모임은 그런 고된 과정을 통해 집단적 통합을 구축한다. 공식적인 헌신의 표현이 규칙적으로 반복되면 운명을 함께하겠다는 욕구가 생겨 아주 위험한 행동을 연합해서 저지를 수도 있다. 컬트 숭배자들과 갱 조직이 이와 비슷한 방식으로 일체감을 불어넣는다. 세대에 걸쳐 구성원들의 헌신을 강요하는 마피아 같은 조직이 특히 그렇다.

겨울 몸 정화 축제보다 훨씬 더 극단적인 의식은 정체성 융합identify fusion이라는 집단감정의 급진적 실현을 야기할 수 있다. 이런 '공포 의식'에 참가하는 사람들은 자신과 자신의 집단을 진정한 하나라고 여겨 집단의 기준을 엄중하게 유지하는 한편 서로에 대한 헌신을 고취한다.[28] 이런 종류의 의식은 수행되는 경우가 드물었고, 수행되더라도 선택된 소수에 의해 이루어지는 경우가 많았다. 오늘날의 국가에서는 이런 의식이 고강도 군사 프로그램이나 실제 교전 기간 동안에만 이루어진다.[29] 수렵채집인과 부족 집단은 큰 희생을 요구하고 거짓으로 꾸미기도 힘든 이런 의식을 자주 수행했다. 적대적인 외부자들과 장기적 갈등에 휘말린 경우에는, 이런 의식에서 몸에 흉터를 내어 고통스럽고 비가역적인 표지를 공유하기도 했다. 다가올 역경에서 경험하게 될 극심한 고통을 이런 식으로 미리 체험함으로써 함께 행동을 취할 준비를 한 것이다.

　개미 생물학자로서 나는 아마존 북부의 사테레마웨Sateré-Mawé족이 아직도 행하고 있는 전사 입문 의식에 특히나 흥미를 느낀다. 사내아이들을 1인치쯤 되는 마름모꼴의 독개미에게 물리게 하는 의식이다. 어떤 사람들은 이 개미를 총알개미라고 부르는데, 그럴 만한 이유가 있다.[30] 나도 물린 적이 있는데, 그 개미가 독을 완전히 주사하기 전에 몸에서 털어냈음에도 불구하고 충격으로 쓰러져버렸다. 5분에 걸쳐 고문 수준으로 그 총알개미 수십 마리에게 물리는 사테레마웨족 사내아이들의 고통은, 전투에서 여러 번 부상당하는 것에 필적할 것이다.[31] 사테레마웨족이 호전적인 것이 전혀 놀랍지 않다.

　물론 꼭 의식 같은 것이 있어야만 서로를 돌보려는 의지가 생기는 것은 아니다. 위기의 순간이 되면 우리는 늑대 무리와 마주친 말 떼처럼 결연하게 한데 뭉칠 수 있다. 공동의 선을 위한 싸움에 헌신하는 것은 기쁨과 영감의 원천일 수 있지만 위험한 일이기도 하다. 한 국가의 국민은 국가가 나아갈 방향에 대해 다수와 의견이 다르더라도, 일단 그들과 단결하는 반응을 보일 수 있다. 집단으로부터 거절당할까 봐, 겁쟁이로 보일까 봐, 혹은 그냥 집단적 황홀감에 발맞추기 위해 자신의 생각은 잠시 묻어두는 것이다.[32] 발달심리학자 브루스 후드Bruce Hood는 이에 대해 다음과 같이 말했다. "우리가 어떤 자아를 가지고 있다고 믿든, 그 자아는 타인에게 휩쓸린다."[33]

모든 사람이 통합의 과시에 참여하지는 않는다. 협동과 신뢰가 확대될 수도 있지만 항상 모든 구성원이 그런 태도를 받아들이는 것은 아니다. 행여 일부가 공개적으로 그런 태도에 반할 경우, 국기를 몸에 두르고 있는 다수는 그것을 문제 삼을 것이다. 개인적인 관점을 옹호하는 자세는 인기가 없는 수준을 넘어 심지어 반역으로 여겨질 수도 있다. 중세 유럽에서는 그런 자세를 극악무도한 배신, 가죽을 벗기거나 배를 가를 정도의 중죄라고 여겼다.[34] '우리는 여기 함께 있다'가 '너는 우리 편 아니면 적이다'라는, 보다 극단적인 무언가로 바뀌는 것이다.[35] 나중에 그런 변화에 대해 해명해보라는 요청이 들어오면 굴복하거나, 그것 말고는 선택의 여지가 없었음을 밝히는 편이 낫다. 나치 전범들은 그저 명령을 따랐을 뿐이라고 변명했는데, 그렇게 하면 판단력을 버리고 사회의 맹목적인 신념에 따라 행동했을 뿐이라는 명목으로 사면받을 가능성이 있었기 때문이다.

한 실험에서 사람들이 권위자의 지시를 받고 난 후 다른 사람들에게 전기 충격을 가하기로 결정하자, 뇌 활성이 약화되었다. 이는 지시에 따라 행동하는 사람들은 감정적으로 자신을 그 결과로부터 분리시킨다는 것을 암시한다.[36] 우리가 지시자의 말에 귀 기울이는 수준을 넘어 집단감정에 취하면, 책임의식이 완전히 증발할 수 있다. 그렇게 되면 혼자서 하라고 하면 책임지기 싫어서 하지 않을 일을, 집단적 열정에 휩싸여 하게 될 수 있다.[37] 모두가 비슷비슷하다는 느낌, 그 사람이 그 사람이라는 느낌이 우리의 익명성을 안전하게 만들어준다. 뉘른베르크 군대 대열에 있든 전장의 혼돈 속에 있든, 병사들은 서로 구분이 안 되는 복제 클론처럼 행동하도록 훈련받는다.

군중이 어떠한 계획도, 명확한 리더도 없이 한데 모인다 해도 군대 개미 떼처럼 집단적 창발성을 나타낼 수 있다. 사람의 무리는 그에 속한 개인들이 기여하는 바가 거의 없어도, 마치 의지를 가지고 목적을 달성하는 것 같은 모습을 보여준다. 하지만 군중의 그런 반응은 아주 현명하게 조화되면서도 어리석을 수 있다. 부적응적이거나, 이득은 되지만 부도덕할 수 있다는 말이다. 리더가 없는 집단은 다른 사람의 눈치를 보지 않고 자신의 주장을 펼칠 자유가 주어져 전체 여론을 취합할 수 있는 조건에서만 건강한 결정을 내릴 수 있다. 그렇지 않은 경우에는 흔히들 집단지성이라고 부르는 것이 차라리 폭도 지배라고 불러야 마땅한 상황이 되어 개개인의 의지가 집단의 히스테리에 굴복해버린다.[38] 평소에는 아무런 힘이 없던 사람들이 이런 집단에 합류하면 막강한 힘을 휘두를 기회를 얻어 집단폭력과 집단학살을 야기할 수 있다.

큰 성공을 거두어 질투를 받았던 민족, 적대적인 외부자가 보기엔 냉혹하지만 능력 있다고 비쳐진 유대인은 나치 정권 아래서 정점에 이른 전형적인 반응에 직면했다. 홀로코스트 전에는 사람들이 내키지는 않아도 유대인을 존중했고 그들의 사업장을 애용했다. 그러다 문제가 커지면서 유대인에 대한 공격이 시작됐고, 피해자인 그들에 대한 비난도 거세어졌다.[39] 이런 패턴은 역사 전반에 걸쳐 반복되었다. 1988년 자바(인도네시아공화국의 중심 섬 - 옮긴이)의 격변기 동안에는 비슷한 이유로 중국인 거주자들이 공격을 받았다. 1992년 로스앤젤레스 폭동에서는 한국계 미국인들이 집단적 히스테리의 표적이었고, 이런 히스테리는 때때로 집단살인으로 이어졌다.[40] 긴장이 고조되어 있을 때 일어나는 일은 합리성과는 거리가 멀다.[41] 평범한 사람들도 조금만 자극을 받으면 빈약하기 그지없는 정당성에 기대어 다른 사람을 해칠 수 있다는 것은 참으로 당혹스러운 일이다. 르완다의 집단학살 사건 이후 대부분의 후투족은 투치족이 좋은 이웃이었음을 인정했다. 이러한 기존의 관점에 생긴 변화에는 투치족을 바퀴벌레에 비유하는 분위기가 확산된 것만 있지 않았다. 살인 충동을 정상적인 것으로 취급하는 바람에 각종 편견이 수면으로 떠오르게 되었다. 어느 르완다 사람은 이렇게 말했다. "폭력이 시작되자 그런 편견이 소나기처럼 우리 위로 쏟아졌습니다."[42]

생각이 깊은 소수의 사람도 그리 나을 것이 없다. 집단사고가 등장하면 형제애와 우리성을 갖고 싶은 욕망에 가려 건강한 해결책이라는 목표가 빛을 잃을 수 있다.[43] 집단의 기대에 부응하기 위해 사실 인지를 왜곡할 수 있는 것이다.[44]

인간 조건의 비극은 우리 집단의 행동이 외부자들이 우리에 대해 느끼는 두려움과 선입견을 정당화할 수 있다는 것이다. 우리는 정말로 서로 비슷하게 하나의 단위로 행동할 수 있다. 긴장이 고조되었을 때는 행군하는 군인들처럼 완벽하게 발을 맞추어 움직일 수 있는 것이다. 이러한 긴장감이 우리 사회는 물론 외부 사회에서도 협동, 혹은 적어도 사회의 행동 방침에 대한 묵인을 고무시킨다. 그 결과 우리의 운명은 서로 연결되어 있고, 타인들과는 반목할 수밖에 없다는 느낌이 강화된다.

이런 느낌은 일상적인 행동으로 이어질 수 있다. 원예인이자 사냥꾼인 에콰도르의 히바로Jivaro족은 '다르게 말하는' 사람(즉 다른 부족)을 죽인 다음 특별한 도구를 이용해 그 희생자의 머리 크기를 줄이는 것이 의무였다.[45] 외부자를 향한 이러한 사악함은 근래의 역사에서 부시먼족이 보여준 비교적 관대한 모습과 대조된다. 하지만 히바로족은 잔인하고 부시먼족은 친절하다는 표현은 분명 이의 제기의 여지가 있다. 특히 개개인을 생각하면 더욱 그렇다. 하지만 고정관념은 소위 인구 집단 수준에서 발생하는 집단개성의 실질적 차이를 반영한다.[46] 동물에서도 이것이 사실임이 입증되었다. 예를 들면 같은 꿀벌이라도 소속된 집단에 따라 공격성에서 현저한 차이를 보인다.[47] 인간의 경우 집단개성은 좀 더 분명하게 드러나는 사회적 표지와 똑같은 방식으로 나타난다. 개인들을 서로 비슷하게 보이게 하고 비슷하게 행동하게 만드는 반복적인 사회적 상호작용의 결과로서 말이다. 영국인이 미국인보다 더 보수적이라는 것은 잘 알려져 있다. 그리고 미국인은 프랑스인보다 반응을 더 잘해서 화가 잘 폭발한다.[48] 그리고 !쿵 부시먼족은 그/위 부시먼족보다 분노를 더 노골적으로 표현하고, 평균적으로 부시먼족은 다른 남부 아프리카 원주민보다 소심한 편이다.[49] 이런 '확연한 성격'들이 사회가 하나의 실체라는 인상을 더욱 강화한다.

사회들을 서로 다른 각도에서 검토하는 동안, 나는 반박의 여지가 없는 심리학적 사실 한 가지를 묵과하고 있었다. 사람들의 행복은 대부분 가족의 유대 관계에 크게 좌우된다는 점이다. 지금까지 인간 사회가 처음 시작된 이후로 어떻게 기능해왔는지, 그리고 인간이 자신이 소속된 사회와 다른 사회에 어떻게 반응하는지 알아보았으니, 이번에는 한 발 옆으로 비켜서서 가족과 사회의 관계를 탐험해보자.

16장

친족을 제자리에 놓기

한 사회는 부모와 그에 의존하는 한 세대의 자녀로 구성된 단순한 핵가족 이상이라는 주장은 이치에 맞다. 하지만 그렇다고 해서 가족과 사회가 비슷한 심리학적 생물학적 토대를 갖고 있을 가능성이 배재되는 것은 아니다. 사회는 친족이 확장된 집단이 아닐까? 실제 혈통 면에서든, 마음속 심리적 면에서든 말이다. 그렇다면 확대가족이라는 넓은 의미에서는 친족을 무엇이라 생각해야 할까? 가족도 우리가 사회에 기대하는 것과 똑같은 종류의 소속성과 명확한 정체성을 갖고 있을까? 우리의 생물학적 친족에 대한 지식은 얼마나 완전하고, 광범위하고, 보편적이고, 정확할까? 그리고 가족과의 관계에서 적용되는 논리와 감정을 그대로 사회와의 관계에도 적용할 수 있을까?

물론 가족은 인간 삶에서 다른 종에서는 찾아볼 수 없는 방식으로 중추적인 역할을 한다. 가령 아버지는 자식 곁에 머무를 것이라고 기대할 수 있다. 반면 돌고래, 코끼리, 침팬지, 보노보 등은 모두 자기 아버지가 누구인지 모르고 자란다. 인간의 가족 관계에서는 부모도 전체 그림의 일부에 불과하다. 부모만 자식과 손자, 손녀의 삶에 관여하는 것이 아니라 부계 측과 모계 측의 가족도 계속해서 관계를 이어가기 때문이다. 우리는 우리의 형제자매뿐 아니라 양쪽 부모님의 형제자매도 알고, 그 모든 사람의 배우자와 자식도 다 알고 지낸다. 사람들은 평생 동안 짝을 짓는 데서(적어도 그러려고 노력하는 데서) 그치지 않고 유대를 통해 친족 네트워크에 편입된다.[1]

생물학자와 인류학자가 이런 네트워크에 대해 조사한 내용들이 사회적 행동, 그중에서도 주로 협동과 이타주의 탐구의 중요한 토대가 되었다. 1960년대에는 생물학자들이 친족 선택kin selection 이론에 대해 상당한 연구를 축적한 상태였다. 이 이론은 생물종이 친척의 유전자를 다음 세대로 전달하는 데 유리한 행동을 진화시킨다고 주장한다. 그 이후로 과학자들은 친족 관계가 가족뿐 아니라 사회에도 핵심적인 원동력 역할을 한다고 이해해왔다. 사회가 상상 공동체라면, 인간의 정신은 사회를 가족이 확대된 것으로 상상한다는 견해도 있다. 우리는 사회 구성원들을 마치 친족처럼 바라볼 때가 있기 때문이다.

사실 사람들이 친족과의 유대를 표현하는 방식과 사회와의 유대를 표현하는 방식에는 중첩되는 부분이 있다. 하지만 동물계와 인간계에서 모은 증거들은, 친족과 사회 구성원을 파악하는 것은 별개의 일임을 암시하고 있다. 때때로 중첩되기는 하지만 각각은 일반적으로 서로 다른 문제이기에 다른 해법이 탐색된다.

자연에서 보이는 친족과 사회

친족 선택이 작동하려면 개체들은 반드시 군중 속에서 자신의 친족을 가려내거나 적어도 우연으로라도 친족에 이로운 일을 할 수 있는 능력이 있어야 한다. 개미나 다른 사회적 곤충의 경우에는 이것이 문제가 되지 않는다. 일반적으로 사회 그 자체가 친족이기 때문이다. 그런 종에서는 군집이 하나의 핵가족을 구성하여 여왕을 어미로 해서 여러 세대의 자손들이 함께 살아간다.

하지만 개미 군집을 넘어서면 하나의 친족으로서의 사회라는 개념이 애매해진다. 가족이라고 잘못 불리는 경우가 많은 사바나코끼리 핵심집단은 외부자의 합류를 허용하며, 그 후로 그 외부자는 완전히 평등하게 대우받는다.[2] 핵심집단이 친족으로 구성되는 경우가 많은 것은 역사가 낳은 부수적인 특징일 뿐이다. 형제자매는 함께 자라기 때문에 함께 붙어 지내는 경향이 있다. 회색늑대 무리는 가족으로 구성될 수 있지만 이들 역시 외부자를 영구적 구성원으로 받아들일 수도 있음이 입증되었다.[3]

어떤 단일 혈통이 이어지더라도 그것은 일시적일 수 있다. 늑대나 미어캣 같은 종도 마찬가지다. 이들의 사회는 육아와 기타 노동을 보조할 수 있는 여러 세대의 어린 개체들을 거느린 단순한 가족들로 이루어진다는 점에서 사회적 곤충 군집과 비슷하다. 하지만 가까이 들여다보면 번식기를 맞은 다른 집단의 수컷과 암컷이 무리를 들락거린다. 때로는 평화롭게, 때로는 싸움을 통해서 말이다. 이런 이유로 10년, 20년, 50년 후에는 같은 땅에 사는 같은 집단이라도 구성원들이 그 집단의 창립자와는 아무런 혈연관계가 없는 개체들이 될 수도 있다.

회색늑대와 사바나코끼리, 그리고 큰돌고래에서 고산지대 고릴라에 이르기까지 많은 포유류가 예외 없이 여러 혈통의 친족으로 구성된 사회를 이루고 있다.[4] 사실 친족 관계가 아예 없는 사회도 존재한다. 말의 무리에서는 친족 관계인 성체가 있을 가능성이 낮다. 말 사회의 형성 방식에서 빚어진 결과다. 성숙 과정에 있는 암수 말들은 코끼리처럼 어린 시절 친구들과 유대 관계를 맺는 것이 아니라, 자기가 태어난 사회를 박차고 나온 후에 만난 개체들과 유대 관계를 맺는다. 그래서 말 성체들은 자기가 자란 곳에 있는 친족과의 관계도 상실한다. 친족 선택 이론에 따르면 동물은 자신의 친족을 위해 목숨을 걸 수도 있다. 하지만 친족 관계가 없는 말 사회의 구성원들도 아주 오랫동안 서로의 곁을 지키며, 늑대가 망아지에게 다가가지 못하게 하려고 협력하기도 한다.[5]

포유류 사회 중 가장 안정적인 축에 속하는 것으로 큰창코박쥐의 보금자리 커뮤니티roosting community가 있다. 이 커뮤니티에는 친족 관계가 전혀 없다. 이들의 서식지에 있는 각각의 동굴에는 여러 사회가 들어와 산다. 별개의 장소에 보금자리를 차리는 이들의 사회는 어린 시절에 처음 만난 8~40마리 정도의 암컷 성체와 한 마리의 소모용 수컷으로 구성된다. 암컷들은 친족 관계가 아예 없을 수도 있지만 그럼에도 서로를 잘 대해준다. 자신들이 공유하는 영역에서 함께 먹이를 찾고 16년 남짓한 평생 동안 집단에 엄청나게 헌신하는 것이다. 행여 새끼 박쥐가 동굴 천장에서 떨어지기라도 하면 어미가 구하러 올 때까지 그 새끼를 외부자 박쥐들로부터 보호해줄 정도다.[6]

분명 사회는 친족 관계 여부와 상관없이, 가령 새끼를 보호할 수 있다는 이점으로 인해 구성원들을 한데 모을 수 있다. 친족 관계는 특정 사회에 머물게 되는 강력한 동기는 될 수 있으나, 한 사회가 결실을 맺으며 지속되기 위해 반드시 존재해야 하는 것은 아니다. 공존함으로써 공동의 이익을 얻을 수 있느냐가 한 사회를 성공시키는 핵심 요소다.

인간을 제외한 유인원의 경우는 어떨까? 청소년기의 보노보와 침팬지 암컷들이 다른 커뮤니티로 적을 옮기면, 더 이상 주변에 친족이 없어도 유대 관계를 아주 잘 맺는다(특히나 보노보). 반면 수컷들은 자신의 친족 주변에 머물지만 그래도 가장 가까운 동맹은 형제자매가 아닌 경향이 있다.[7] 오히려 성격이 잘 맞는 개체들끼리 뭉친다. 가령 사교성 있는 침팬지들은 그들끼리, 난폭한 침팬지들은 그들끼리 모이는 것이다. 이는 분열-융합 사회에서 자유롭게 방랑길을 떠날 수 있다는 실용적인 이점을 제공해준다.[8]

더군다나 인간과 인간 외의 동물 모두에서 유전적으로 다양성이 있는 사회는 친족 관계를 따지는 것이 비현실적인 경우가 많다. 아기와 엄마의 관계를 생각해보자. 아기가 파악하기에 이보다 더 간단한 가족 관계는 없을 것이다. 하지만 심지어 여기에도 장애물이 존재한다. 아기는 자신의 엄마를 유모, 할머니, 그리고 육아를 자주 도와주는 다른 사람들과 구분하는 법을 배워야 한다. 사회를 이루어 협동으로 새끼를 키우는 종에서는 이렇게 새끼를 함께 돌보는 개체들이 존재한다. 인간은 해결책을 갖고 있다. 배 속의 아기는 엄마 목소리를 듣고 기억하기에 출생 후 3일 안에 그 목소리와 연관되는 얼굴과 유대 관계를 형성한다.[9] 아빠를 비롯해서 다른 친족들과는 이런 식으로 쉽게 관계를 맺을 수 있는 지름길이 없다고 봐야 한다.

가족 구성원들끼리는 서로 닮았다는 단서가 있기에 예를 들어 햄스터는 가족과 가족이 아닌 햄스터를 구분할 수 있을 뿐만 아니라, 냄새로 한 번도 만나본 적 없는 친척을 감지할 수도 있다.[10] 한 연구에서는 침팬지들이 잘 모르는 아기 침팬지들의 사진을 보고 그 어미 사진을 알아맞히는 확률이 우연에 의한 확률보다 높게 나왔다.[11] 그러나 직계가족 사이에서도 닮은 정도는 다르다. 사람의 경우 아빠가 자기 자녀와의 닮음을 과대평가하는 것으로 알려져 있다. 연구자들은 외부자가 유아의 부모를 우연보다 높은 확률로 맞힐 수 있음을 입증했지만, 그럼에도 제대로 못 맞히는 경우가 넘쳐난다.[12] 자라는 동안 사람은 가족이 누구인지 알아보게 되지만, 이는 외모나 유전적 관계의 증거 때문이 아니라 다른 사람들이 누가 누구라고 말해주는 내용 및 태어나면서부터 함께 있었다는 사실 때문이다.

친족을 알아보는 데 따르는 어려움을 차치하더라도 인간과 그 밖의 동물에게 친족의 의미가 대체 무엇인가 하는 의문이 남는다. 인간은 어머니, 형제 등으로 친족 관계의 범주를 개념화한다. 그리고 개코원숭이에 대해 밝혀진 내용을 고려하면 다른 척추동물들도 그럴 가능성이 크다.[13] 하지만 자기 누이와 상호작용하는 개코원숭이의 생각이 사람이 누이와 상호작용하면서 일어나는 생각과 동일할 것 같지는 않다. 개코원숭이는 닮은 친족 관계보다는 제휴 관계에 더 의존한다. 원숭이들의 유대 관계는 파악 불가능한 실제 계보보다는 친밀한 익숙함에서 나오기 때문이다.[14] 암컷은 자신의 모계 혈통 즉 자신의 자녀, 자매, 엄마 등을 파악하고 있다. 하지만 실제로 누구를 자신의 네트워크에 포함시킬지는 그 암컷의 취향에 달려 있다. 그래서 친족 대신 성격이 맞는 개체를 선택할 수 있다.[15]

그렇다면 누구로 결정될까? 셰익스피어는 이에 대해 이렇게 적절하게 표현했다. "자연은 야수에게 자신의 친구를 알아보는 법을 가르친다." 동물들은 종종 어린 시절에 같이 어미 근처를 맴돌던 개체들과 지원 관계를 구축한다. 그중 일부가 친족일 가능성이 높기는 하지만 꼭 친족이라는 법은 없다. 형제자매일 수도 있지만, 놀이 친구일 가능성도 있는 것이다. 삶이 우연하게 친족 중심으로 돌아갈 수도 있다. 예를 들어 수컷 개코원숭이가 성적 유희를 기대하며 예전의 암컷 친구 곁을 지키는 경우 그 과정에서 암컷의 새끼와 친구가 되는데, 사실 그 새끼는 그 수컷의 자식일 확률이 꽤 높다.[16]

그렇다면 대부분의 경우 동물은 생물학적 가족보다는 사회적 유대를 추구한다고 보는 것이 옳다. 관계의 심리학에 대한 연구를 보면 사람들은 친구와 친족에게 비슷하게 반응하고 그 가치를 동등하게 평가한다.[17] 옛말에도 있듯이 친구는 당신이 선택한 가족이다. 친구가 가족이 될 수 있다는 사실은 가족 규모가 작거나 가족 자체가 붕괴된 사람, 혹은 나이가 들어 가족 구성원을 모두 잃어버린 사람에게는 대단히 중요할 수 있다.[18]

밴드 사회는 여러 혈통을 포함하고 있었고, 친구 관계가 친족 관계만큼이나 중요한 사회적 선택의 원동력이었다. 부부는 관례상 어느 한쪽의 조부모, 그리고 형제자매 한두 명 정도가 소속되어 있는 밴드에서 자녀를 키웠다. 그 외의 혈연관계 즉 형제자매, 사촌, 삼촌, 이모 등은 여러 밴드에 퍼져 있었다.[19] 밴드를 하나로 유지시킨 것은 공존 가능성이었다. 다른 분열-융합 종과 마찬가지로 사람도 생각이 비슷한 사람들을 찾았다.[20] 한 인류학자의 보고에 따르면, 오늘날까지도 수렵채집 활동을 계속하는 부시먼족의 "밴드들은 두드러진 개성을 갖고 있다. 어떤 밴드는 조용하고 진지한 성격을 가진 사람들로 이루어져 있고 어떤 밴드는 동성애자로 이루어져 있으며 신랄한 유머를 즐기는 사람들로 이루어진 밴드도 있다.”[21] 그렇다고 밴드 구성원들 성격이 모두 비슷하다는 의미는 아니다. 밴드 구성원들에게는 여느 사교 집단과 마찬가지로 누구도 좋아하지 않는 왕따를 돌봐야 하는 경우도 생기고, 서로 낯을 붉힌 사람의 가족을 봐야 하는 짜증나는 경우도 생긴다.

타인이 자기와 가까운 친족일 가능성을 평가할 때 근접성은 심리적으로 결정적인 요인이 될 수 있다. 사람은 어린 시절에 자주 접촉했던 사람과는 섹스를 피하는 경향이 있는데, 근친상간을 피하기 위한 체험적 관례로 보인다.[22] 유랑형 수렵채집인들도 어린 시절의 영역 밖에서 짝을 찾는 경향이 있다. 자기 밴드와 어느 정도 거리가 있는 밴드 거주자를 선택해 결혼하는 것이다. 자기 친척이 아닐 가능성이 크기 때문이다.[23]

친족 관계 IQ

사람과 동물 사이에서 나타나는 분명한 차이는, 사람 아기는 어휘를 익히게 되면 가족은 물론 가계도 안의 친족도(심지어 얼굴 보기 힘든 친족까지) 배울 수 있다는 점이다.[24] 가장 오래되고 널리 퍼진 단어는 아마도 ‘마마’와 ‘파파’일 것이다. 이 두 단어는 생후 6개월밖에 안 된 어린 아기도 부모에게 정확하게 적용할 수 있다.[25] 하지만 그 단어 뒤에 숨어 있는 의미에 대한 이해는, 다른 아이들에게도 엄마와 아빠가 있다는 것을 발견하면서 시작된다.

유아는 친족 관계를 이해하는 능력이 대단히 빈약하여, 충분히 성숙해서 복잡한 인간관계를 언어를 통해 표상할 수 있게 된 후에야 그것을 이해할 수 있다. 즉 삼촌 같은 친족 관계를 이해하려면 몇 년이 걸리며 그것은 구구단 암기만큼이나 고된 일일 수 있다. 하지만 구구단은 세계 어디서나 똑같지만 아이가 복잡한 친족 관계에 대해 무엇을 배울지는 그 사회가 무엇을 요구하느냐에 달려 있다. 즉 문화권마다, 그리고 역사의 흐름에 따라 바뀔 수 있는 것이다. 현대 영어에서 'first cousin'은 아버지 형제의 아들이나 어머니 자매의 딸을 의미한다. 중세 영어에서는 이 둘을 각각 다른 단어로 구분했었다. 한 사회의 사람들 사이에서도 가족의 범위나 친밀도에 따라 친족을 이해하는 방식이 다를 수 있다. 규모가 작거나 사이가 소원해진 가족의 경우, 다른 가족이 당연하게 여기는 친족 관계 파악에 곤란을 겪을 수 있다(6촌이라고? 그게 대체 뭐지?). 가족 관계 전문가인 생물학자 데이비드 헤이그David Haig가 한번은 내게 이렇게 농담을 한 적이 있다. "아버지와 자기의 관계를 이해하는 아이는 똑똑하죠. 그리고 아버지의 의붓형제 쪽 사촌과 자기의 관계를 이해하는 아이는 훨씬 더 똑똑합니다."[26]

과학자들이 친족 관계에 큰 의미를 부여하는 것을 보면서 대체 자신의 가계도를 제대로 파악할 소질이 있는 사람이 몇이나 될까 궁금해질 법도 하다. 친족 관계에 대한 지식을 측정하는 IQ 검사를 통과할 사람이 몇이나 될까? 1940년대에 나온 난해한 곡 〈나는 나의 할아버지I'm My Own Grandpa〉는 가수의 아버지가, 그 가수의 아내가 다른 사람과 결혼해서 낳은 딸과 결혼하는 내용으로 시작한다. 아주 복잡하게 뒤엉킨 사건들을 통해 이 가수는 노래 제목에 담긴 진실을 깨닫기에 이른다. 이 가사를 따라잡으려면 골치가 지끈거린다. 만약 이 노래를 친족 관계 IQ 검사로 사용한다면 아마 많은 사람이 탈락하지 않을까 싶다.

친족 관계에 대해 아주 세세한 부분까지 다 알지 않아도 생활을 영위하는 데는 별문제 없어 보인다. 1과 2 너머의 수를 세는 단어는 갖고 있지 않은 부족처럼, 일부 사회는 복잡하게 얽힌 친족 관계 파악에 다른 사회보다 덜 집착하는 것 같다. 적어도 이들의 어휘를 통해 파악되는 친족 관계를 보아서는 그렇다. 동부 폴리네시아 일부 지역의 거주민들은 친족 관계를 표현하는 단어가 몇 개밖에 없다. 아마존의 피라항Pirahã족은 그보다 더 간단해서 양쪽 부모, 네 명의 조부모, 그리고 여덟 명의 증조부모를 통칭하는 단어만 있다. 마찬가지로 '자식'을 의미하는 단어로 손자와 증손자까지 통칭한다. '형제자매'를 의미하는 단어에 형제자매의 자식까지 포함시킨다. 피라항족의 언어에서는 재귀recursion를 사용하지 않는 것으로 보인다. '어머니의 아버지의 어머니' 같은 표현이 없다는 얘기다. 먼 친척을 표현하려면 이런 반복적 표현이 필요한데 말이다.[27]

언어적으로는 이렇게 단순하게 표현하지만 피라항족이 가족 구성원 간의 차이를 이해하지 못한다고 할 수는 없다. 현재 나와 있는 증거만으로는 확실하지 않지만 인디언들에게는 자매를 사촌과 구분해 줄 구체적인 용어가 없다 보니, 한 여자가 친족 계보에서 어디에 해당되며 그 여자의 나이가 몇인지, 누가 그 여자를 낳았는지를 직관을 통해 이해하는 것 같다. '사촌'이라는 범주는 피라항족의 이해 범위를 넘어서는 것일 가능성도 있다. 뉴턴이 중력이라는 단어에 의미를 부여하기 전에는 대부분의 사람이 그 개념을 알아차리지 못한 것처럼 말이다. 피라항 사람들이 숫자처럼 자기네 언어에는 해당 용어가 없는 범주에 대해 생각하고 소통하려 할 때 짜증을 경험하는 것을 보면, 이런 추측이 타당해 보인다.[28]

핵심은 이렇다. 아이가 한 사회에서 통용되는 가족 관계를 이해하는 데 몇 년이라는 시간이 걸리지만, 너무 어려서 말도 못하는 3개월짜리라 해도 같은 사회나 민족의 구성원은 용케 잘 알아본다는 것이다. 우리가 친족 관계 이해에 어려움을 겪는 것은, 친족이라는 것이 경계가 명확한 별개의 집단이 아니라는 점에서 비롯된다. 한 세대씩 거슬러 올라갈 때마다 친족은 얼마든 추가될 수 있다. 아이가 민족 집단과 인종 집단은 비교적 쉽게 알아본다는 사실은, 우리 진화 과정에서 친족보다 더 폭넓은 집단이 필요했음을 말해주는 증거다. 직계 가족 너머의 가족 관계보다는 사회, 그리고 그 사회의 표지 역할을 하는 차이점이야말로 인간의 정신세계에서 필요 불가결한 요소다.

유사 친족에서 확대가족으로

뛰어난 관계 IQ를 가진 사람이라 해도 자신의 실제 가계도에 대한 지식은 어느 수준을 넘기지 못할 것이다. 친족에 대한 기억은 일반적으로 어린 시절에 만나본 증조부모 등 자기 평생에 살아 있던 사람들에 대한 기억으로 제한되어 있다. 그보다 더 먼 선조들에 대해 기억하는 사람은 거의 없다(무언가 자랑할 만한 일을 했던 선조가 아닌 한은). 심지어 조상을 섬기는 관습이 있는 사회라 해도 조상들의 계보를 완벽하게 통달하기를 요구하는 경우는 거의 없다. 그냥 선조들을 전체적으로 존경할 것을 요구할 뿐이다.

대부분의 수렵채집인 밴드는 구성원 간의 정확한 생물학적 관계를 아는 것을 더더욱 강조하지 않았다. 과거 및 과거 사람들과의 관계 자체가 빈약해서 생물학적 관계에 대한 정보가 잘 전해지지 않기 때문이었다.[29] 부시먼족 사이에서는 선조들에 대해 언급하는 것이 재수 없는 일이어서 금기시되었다. 그래서 그들은 먼 혈연관계를 이해하려 들지 않았다. 호주 원주민은 결코 죽은 사람들에 대해 얘기하는 법이 없었기에, 그들은 한 세대 만에 잊혔다. 일부 호주 원주민 사이에서 일어난 언어 변화에 이와 관련한 놀라운 이유가 있다. 어떤 사람이 죽고 나면 그 사람 이름과 비슷한 소리가 나는 어휘는 피해야 해서 새로운 단어를 발명한 것이다.[30]

수렵채집인 사회에서는 문화와 그 외의 표지들이 유전적 특징을 압도했다. 일부 아메리카 인디언 부족의 가족은 전투에서 데려온 아이들을 입양할 수 있었다. 부족의 예비 전사를 보강하는 관습이었다. 그 입양아들을 부족과 묶어준 것은 혈연관계가 아니라 그 아이들이 다른 아이들과 함께 배운 부족의 관습이었다. 이렇게 입양아들을 양육했다는 것은 가족과 사회 모두 문화적으로는 균질하고 유전적으로는 다양했다는 의미다.[31] 집단의 역사를 발명할 수 있듯이, 계보를 중요시하는 경우 계보도 발명할 수 있었다. 명확한 계보를 가지고 있다고 주장한 중앙아시아 부족들이, 알고 보니 같은 부족 사람들끼리도 전체 인구 집단보다 친족 관계가 더 가까울 것이 없었다.[32]

수렵채집인들 사이에서 역할을 한 것은 친족과 관련된 용어였다. 밴드 사회에서는 문화적 친족이라고도 불리는 유사 친족fictive kinship

이 흔했다. 이것은 각각의 사람에게 타인과의 상징적 관계를 부여하는 방법이다. 그래서 사람들은 동료 사회 구성원을 지칭할 때 '아버지', '삼촌' 등의 단어를 사용했고, 모든 아버지와 삼촌은 동등했다.[33] 부시먼족이 유전적 부모, 조부모, 형제자매 같은 가까운 친족을 가치 있게 여겼지만 그들을 지칭하는 단어가 없었던 이유를 이것으로 설명할 수 있을지도 모른다.[34] 부시먼족이 친족에 대해 말할 때는 꼭 혈연으로 얽힌 관계를 의미하는 것이 아니라 친족 명칭을 공유하는 사람들, 즉 유사 친족 관계를 시사한다. 남성은 아무리 친족 관계가 멀어도 누이처럼 여겨지는 여성하고는 결혼할 수 없다. 유사 친족의 주요 가치는, 결혼 같은 중요한 문제부터 누가 누구와 선물을 교환해야 하는가 등에 이르기까지 모든 것과 관련된 규칙을 기반으로 사회적 네트워크를 유지하는 것이었다. 우리에게도 친족 관계를 이렇게 바라보는 관점의 흔적이 남아 있다. 가족이 아닌 사람을 마치 가족인 것처럼 딱지 붙일 때가 있으니까 말이다.

먼 혈연관계에 너무 많은 중요성을 부여하지 말아야 할 한 가지 이유는 유전적으로 측정해보면 직계가족만 중요성을 띠기 때문이다.[35] 어느 수준에서 보면 우리 모두는 친척 관계다. 제일 가까운 계보 너머에서는 공유 DNA라는 측면에서 볼 때 친족과 일반 대중과의 구분이 신속하게 사라져버린다. 수학적으로 계산해보면 사촌의 경우 12.5퍼센트 정도의 유전자를 공유한다. 육촌은 겨우 3퍼센트에 불과하다. 한 공동체 안에서 두 사람을 무작위로 뽑아 비교해봐도 그 정도의 유전자는 공유할 수 있다. 따라서 사람의 친족 관계 IQ는 제일 가까운 소수에 집중될 공산이 높다.

하지만 실제로 보면 누구를 가족으로 여길 것인지는 문화의 영향을 받는다. 일례로 라틴계 남성들은 확대가족에 의지하는 부분이 크다.[36] 그렇다 해도 직계 범위를 넘어서는 가족의 소속성에 대해 절대적인 기준을 설정해놓은 문화는 거의 없다. 직계가족을 부를 때, 사촌 중 한 명이 나와 똑같은 명칭으로 그들을 부를 거라고 생각하는 사람은 거의 없다. 물론 일부는 겹칠 수 있지만 말이다. 그럼에도 친족끼리는 서로 도와야 한다는 의무감이 조성되어 있는 경우라면, 그런 폭넓은 혈연관계와 연결되어 있는 것이 생존과 번식에 유리하다. 물론 친족 관계가 아닌 사람들끼리도 도울 수 있기 때문에 서로에게 도움을 기대할 수 있다. '서로를 가족처럼 대하라'는 말은, 군대나 종교 단체같이 유대가 긴밀한 집단에서는 구성원 간에 협동이 매우 흔히 일어난다는 사실을 드러낸다.[37] 한편 유전적으로 가까운 가족이라고 해서 무조건 쉽게 신뢰할 수 있는 수준의 도움을 주는 것은 아니다. 당신이 형제나 자매와 얼마나 많이 충돌했는지 떠올려보라. 형제자매들이 부모의 관심을 얻기 위해 경쟁한다는 사실을 놓고 보면 놀랄 일도 아니다.[38] 찰스 디킨스Charles Dickens는 《황폐한 집Bleak House》에서 "위대한 인물들조차 못난 친척들이 있다는 우울한 진실"에 대해 언급했다. 하지만 그 인물들 중 관대하지 못한 사람이 있으면 가족들이 들고일어나서 그 사람을 벌할 수 있다. 이 때문에 가족으로서의 의무에서 빠져나가기가 쉽지 않다. 대부분의 경우 아무리 불쾌한 존재라 해도 친족은 평생 친족으로 남는다.[39]

수렵채집인 밴드가 실제 계보에 대해 거의 관심이 없었다면 요즘의 우리는 어째서 확대가족 관계에 이렇게 집착하고 의지하게 된 것일까? 자기가 가지고 다닐 수 있는 것 이상의 물건을 소유하지 않던 삶의 방식을 버린 수렵채집인들에게는 가계도가 중요한 관심사가

됐다. 정착해서 사회적 지위와 재화를 상속받을 수 있게 되자 자신의 가계도를 알고 있어야 할 이유가 생긴 것이다.[40] 그와 마찬가지로 산업사회에서도 공유할 부가 있을 때 확대가족이 제일 크게 육성되었다.[41] 이러한 사회의 규모 역시 광범위한 관계를 구축하는 사람들에게 혜택을 부여했다. 그리고 친족 네트워크는 사람들이 그런 관계를 구축하는 데 언제라도 사용할 수 있는 수단이었다. 확대가족을 인지할 수 있는 기술과 그런 관계를 파악하고 가치를 매길 수 있는 기술은 인간의 진화 과정에서 근래에 추가된 것이다. 그런 기술 습득에는 복잡한 소통과 학습이 필요하고, 또 그것은 각각의 사회가 무엇을 기대하느냐에 크게 좌우된다.

사람과 그 사회와의 관계가 혹시 머릿속에서 생긴 사무 오류는 아닐까? 머릿속에 친족이라는 개념이 잘못 표상된 것은 아닐까? 그럼 사람들이 자신의 사회를 거대한 가족으로 잘못 해석한 셈이 된다.[42] 일부 수렵채집인은 이렇게 사회를 친족에 가깝게 표상하는 방식을 실제로 적용해, 사회 전체가 유사 친족을 이루었다. 각각의 개인은 다른 모든 구성원을 친족 용어로 확인할 수 있었다.[43] 이런 보편적 친족 관계는 모든 사람을 자신의 혈육처럼 대하는 태도를 간단하게 줄여 말하는 '형제애brotherhood' 같은 단어에 희미한 반향으로 남아 있다.[44] 하지만 앞에서 보았듯이 수렵채집인 밴드에서는 친족이라는 것이 혈연과 거의 아무런 관계가 없고, 사회와는 더욱 관계 없는 은유였다.

우리 종에게는 혈연관계가 먼 타인들로 구성된 사회가 일반적이다. 그 어떤 사회도, 심지어는 작은 부족의 모계사회라도 곤충 군집처럼 한 어머니에서 나온 자녀들로만 구성된 경우는 없었다. 하물며 친족 선택 이론으로 그 성공이 설명되고 있고, 어미인 여왕과 그 딸인 일꾼 개체들이 긴밀한 유전적 관계로 얽혀 있는 사회적 곤충에서도 여왕은 몇몇 수컷과 짝을 맺어 아빠가 다른 자손을 생산한다. 더욱 인상적인 사실은 아르헨티나개미 사회도 긴밀한 가족 관계로만 구성되어 있지 않다는 점이다. 그 거대한 초군집에는 유전적으로 다양한 여왕이 존재한다. 하지만 그 어떤 개미도 자기의 직계가족을 더 선호하지 않고, 심지어는 어느 여왕이 자기 엄마이고 어느 개체가 자신의 형제자매인지도 알아보지 않는다. 다른 개미 종들과 마찬가지로 친족 관계가 아니라 군집과의 동일시가 각 일꾼의 성실함이 초점을 맞추는 부분이다.[45]

인간 사회도 과연 가족 관계의 단순한 확대 버전인지 의심스럽다. 사람이나 다른 종에서 사회가 형성되던 최초의 시절에 가족의 유대가 어떤 역할을 했을 가능성을 배제할 수는 없지만 말이다. 어쩌면 침팬지, 보노보, 인간이 서로 갈라지기 한참 전에 최초의 유인원이 자기 새끼를 향한 애착을 다른 개체들로 확장하자 사회 형성의 조짐이 활기를 띠게 되었는지 모른다.[46] 영장류는 여왕개미처럼 많은 자손을 생산하지 않기 때문에 적대적인 외부자로부터의 보호 등과 같은 집단생활의 이점을 최대한 살리기 위해 집단의 규모를 가족 크기 이상으로 확장해야 했을 수도 있다. 일부 인류학자는 사회나 민족의 징표인 표지(옷차림, 헤어스타일 등)가 가족 구성원 간의 닮음을 대체했다고 주장한다.[47] 나는 이런 주장은 설득력이 부족하다고 생각한다. 친족이 일관되게 다 닮은 경우는 드물기 때문이다. 하지만 아주 깊은 역사의 관점에서 바라보면 사회는 일종의 모계사회에 해당하는 것인지도 모른다.

친족이 강력한 힘이라는 것을 부정할 수는 없다. 직계가족에게 느끼는 의무감은 사회에 대한 헌신과 마찬가지로 뇌의 물리적 작동 방식 속에 공고하게 자리 잡고 있다. 사회와 가족은 내재적으로 서로 다른 삶의 측면과 관련되어 있을 뿐이다. 친족에 지나치게 집중하지 말고 사회의 심리적·생물학적 밑바탕에 초점을 더 맞추어 궤도 수정을 한다면, 과학자들에게도 이득일 것이다.

지금까지 명확해진 바와 같이 사회에 대한 인간 심리는 대단히 광범위하다. 앞에서 우리는 어떻게 사회 구성원들이 특정한 생물학적 종과 같이 본질을 갖고 있는 존재로 인식되는지 분석해보았다. 또한 우리가 그러한 인식을 바탕으로 타인에 대한 평가를 얼마나 가차 없이, 신속하게, 배타적으로 내리는지도 살펴보았다. 우리의 편견은 우리가 타인의 감정 능력, 따듯함, 역량을 얼마나 인간적 혹은 동물적으로 인식하느냐에까지 직접적으로 확장된다. 우리는 또한 이런 평가들이 인구 집단의 수준에서 어떻게 펼쳐지는지도 살펴보았다. 우리는 개인 간의 차이를 무시하고 다른 사회의 구성원들이 서로 다 비슷하며 하나의 전체를 구성하고 있다고 인식하는 경향이 있다(그리고 그보다는 덜하지만 어느 정도는 자기 사회의 구성원들에 대해서도 그런 생각을 갖고 있다). 마지막으로 우리는 가족에 대한 심리가 사회에 대한 인식과 어떤 방식으로 연관되어 있는지도 고려해보았다. 우리가 내린 결론은 다음과 같다. 공유하는 유전자라는 확고한 기반을 갖고 있는 생물학적 친족 관계와 달리 사회는 순수하게 상상으로 구성된 공동체에 불과하지만, 인간 심리 및 사고에 근본적이고 중요한 역할을 맡고 있다는 것이다.

그 이유는 누구를 사회 구성원으로 선택할 것인가는 생존에 결정적인 영향을 미칠 수 있기 때문이다. 선택한 사람들이 우연히 혈연관계이든 아니든 상관없이 말이다. 외부자로 인식되면, 모든 것은 백지로 돌아간다. 우리가 다룰 다음 주제는 사회 간의 경쟁 및 협력 가능성이다.

6 부

평화와 충돌

Peace and Conflict

17장

충돌은 필연적인가?

나는 우간다의 키발레 국립공원에서 영장류학자 리처드 랭엄의 연구진과 트레킹을 하다가 야생 침팬지와 처음으로 만났다. 무화과나무에서 열매를 찾느라 곡예를 부리는 10여 마리의 침팬지들이 내지르는 소리에 내 심장은 마치 몸 밖으로 튀어나올 듯 두근거렸다. 그유인원들의 굵은 몸통은 생각보다 훨씬 위협적으로 보였다. 하지만 그럼에도 서로 손을 잡고, 껴안고, 술래잡기를 하는 등의 모습은 사랑스러웠다. 그것은 부분적으로는 사교 모임이었고, 부분적으로는 명상 모임이었다. 나는 마치 친구들 사이에 있는 것처럼 평화로워진 내 모습을 발견하고 놀랐다.

하지만 랭엄의 《악마 같은 수컷Demonic Males: Apes and the Origins of Human Violence》과 제인 구달의 글 등 내가 가지고 온 읽을거리들 때문에 그런 희열이 한풀 꺾이고 말았다. 구달이 1974년에 얼마나 충격을 받았을지는 상상만 할 수 있을 뿐이다. 탄자니아의 곰베 국립공원은 몇 년 동안 비교적 무탈하다가 피의 학살이 시작되었다. 한 침팬지 커뮤니티가 점진적으로 또 다른 커뮤니티를 파괴해갔고, 이것이 일방적인 4년짜리 전쟁으로 이어졌다. 이 침팬지들의 폭력은 인간의 행동에서 나타날 수 있는 최악의 국면을 떠오르게 했다. 이런 국면이 닥치면 사회 구성원들은 누군지 알지도 못할 때가 많은 외부자들에 대해 집단적으로 반응해서 폭력 행사에 대한 꺼림직함을 내던져버린다.

이런 폭력 능력은 인간을 침팬지 및 다른 종들과 이어주는 실이다. 볼테르Voltaire는 이렇게 썼다. "훌륭한 애국자가 되려면 나머지 인류와는 적이 되어야만 한다는 것은 통탄할 일이다." 판속genus Pan으로 분류되는 침팬지는 항상 판류Pankind의 나머지 개체들과 기꺼이 전투를 벌일 준비가 되어 있는 것 같다.[1] 하지만 볼테르의 직설적인 결론이 틀린 말은 아니어도 너무 나간 감이 있다. 적어도 인간의 경우에는 그렇다. 인간은 자원을 획득하고 압제자를 쓰러뜨릴 다양한 옵션을 공격성, 관용, 집단 간의 협업 등으로 유연하게 선택할 수 있다. 인간 사회가 이런 옵션들을 어떻게 선택하는지가 6부의 주제다. 제일 먼저 살인과 신체 상해에 초점을 맞추는 이번 장은 다시 자연을 관찰하면서 그로부터 인간 행동에 관해 어떤 통찰을 얻을 수 있을지 살펴보려 한다. 우리는 자기 과거의 어두운 면에 병적인 매력을 느끼는 경향이 있다. 우리는 그 속에서 과연 인간 사회에서 폭력은 피할 수 없는 운명인지 알고 싶어 한다.

구달이 곰베 국립공원에서 피의 살육을 목격하기 전까지, 보고된 침팬지 간 충돌은 한 사회 내부의 일이었다. 그 안에서 수컷들은 지위를 두고 싸우다가 때로 죽음에 이르기도 하며, 암컷들은 라이벌 암컷의 새끼를 죽이는 경우가 있다는 것이었다. 한편 침팬지 사회 간의 폭력은 알아차린 사람이 아무도 없었던 것은 아니지만, 대부분은 침팬지 사회 자체가 없다고 여겼다. 침팬지들이 자신의 공간을 철두철미하게 지킨다는 사실은 고사하고, 엄격하게 설정된 경계 안에서 살아간다는 사실도 몰랐다.[2] 어디서 들었던 얘기 같지 않은가. 침팬지 사회에 대해 무지했던 시절의 영장류학자들은, 아르헨티나개미들이 영역의 경계를 따라 서로 살육하는 모습을 목격하기 전 시절의 곤충학자들과 비슷했다. 사회 소속성에 따른 행동은 일상에서 늘 관찰되는 것이 아니기 때문에, 사회는 대단히 중요한 요소임에도 간과되기 쉽다.

놀라울 정도로 잔인한 행동

사회 간의 공격성은 사회 구성원들 사이에서 일반적으로 나타나는 공격성과는 다르다. 침팬지 커뮤니티 안에서 공격성은 주로 개체 간의 싸움으로 나타나고, 가끔은 몇몇 개체가 동맹을 맺고 한 개체를 괴롭히기도 한다. 하지만 한 커뮤니티가 크게 양쪽으로 갈라져 싸우는 경우는 아직까지 보고된 바가 없다. 예를 들어 한 침팬지 패거리가 자기 커뮤니티에 소속된 또 다른 패거리에 접근할 때 대단히 신중한 모습을 보이기는 하지만 결코 노골적으로 적대적인 모습을 보이지는 않는다. 집단적 폭력의 표적은 외부 사회다.

침팬지들 사이에서는 그런 폭력이 이웃에 대한 급습 형태로 일어난다. 이들은 분열-융합 사회를 이루기에 공격에 취약하다. 소리를 통해 저항할 수 있을 만큼 규모가 있는 패거리에게는 급습이 이루어지지 않고 수컷이든 암컷이든 혼자 있는 개체가 그 대상이 된다. 그런 공격이 급습 패거리의 목적인 듯 보인다. 그에 속한 침팬지들은 중간에 멈춰 먹이를 먹지도 않고 아예 배고파 보이지도 않는다. 그런 패거리가 은밀한 공격을 벌이고 무탈하게 돌아가는 것을 막기 위해 순찰대가 경계를 따라 계속 망을 본다. 때로는 조용하게, 때로는 허세를 부리며 떠들썩하게 움직이면서 본다. 순찰대와 급습 패거리는 거의 수컷으로 구성되어 있다. 수컷은 영역에 대한 경쟁심이 살벌하기 때문이다.[3]

급습은 난데없이 일어난다. 급습 패거리는 그렇게 점차 외부자들을 죽여 없앰으로써 결국에는 표적 사회를 약화시키거나 때로는 곰베 국립공원의 경우처럼 완전히 제거할 수도 있다. 그 결과 자신들의 영토를 인접 영역으로까지 확장시킴으로써 새끼 양육에 필요한 먹이에 접근하기가 용이해지고 그 덕에 더 많은 암컷을 끌어들일 수도 있다. 심지어는 패배한 집단에서 살아남은 암컷 한두 마리를 데려오기도 한다.[4]

사회 간의 충돌이 폭력이라기보다는 힘을 테스트해보는 시험의 장인 동물도 있다. 여우원숭이 무리의 경우 암컷들은 둘러싸고 달려들고 떠들썩하게 소란을 피우며 대결을 하고, 수컷들은 꼬리를 흔들어 위협적인 냄새를 퍼뜨린다. 미어캣은 꼬리를 빳빳이 세우고 출전의 춤을 추며 얼굴을 맞대고 뛰어오른다. 하지만 이런 종들에서도 양쪽 힘이 대등해서 어느 쪽도 물러서지 않으면 문제가 커질 수 있다. 패배한 쪽은 상처 입고, 죽임을 당하고, 때로는 자신의 소유물을 빼앗길 수도 있다. 몇몇 다른 종은 폭력의 수준에 제한이 없다는 점에서 침팬지와 더 비슷하다. 점박이하이에나나 벌거숭이두더지쥐 무리 간의 싸움은 피바다로 이어질 수 있다. 공격 전략이 침팬지와 가장 가까운 것은 또 다른 분열-융합 종인 신세계 거미원숭이New World spider monkey다. 이 종의 수컷들은 연합해서 이웃 집단을 급습하는데, 나무 위에 사는 동물치고는 특이하게도 마치 급습에 나선 침팬지들처럼 조용하게 살금살금 일렬로 다가가는 전략을 사용한다.[5] 하지만 포악함만으로 따지면 침팬지와 가장 대등한 존재는 회색늑대다. 이들은 어김없이 외부자 무리의 구성원들을 죽인다. 먹잇감을 찾아 뻔뻔하게 다른 무리의 영역에 들어가서 그럴 때가 많다.[6]

늑대는 엘크를 사냥할 때는 목을 물어 신속하게 죽이지만 외부자 무리의 구성원을 죽일 때는 그런 방식을 쓰지 않는다. 옐로스톤 공원에서 활동하는 늑대 연구자들을 찾아갔을 때, 나는 한 늑대 무리가 다른 무리에 속한 늙은 암컷 한 마리와 그 동행을 죽인 것을 알게 됐다. 두 마리 모두 복부와 가슴을 물려 죽었다. 보아하니 여러 시간에 걸쳐 고통을 받은 것 같았다. 곰베 국립공원에서 벌어진 폭력에 대해 구달은 이렇게 회상했다. "놀라울 정도로 잔인한 집단적 공격이 있었다. 침팬지들은 같은 침팬지를 대상으로 같은 커뮤니티 안에서는 결코 하지 않을 짓, 사냥감을 죽이려 들 때나 하는 짓을 했다."[7] 이것은 침팬지를 과소평가한 것이다. 외부자를 향한 침팬지와 늑대의 포악성은 사냥감을 쓰러뜨리거나 자기 커뮤니티 안의 라이벌을 죽일 때의 포악성을 뛰어넘을 수 있다.

매일 공격성을 경험하는 침팬지에 비하면 사람 간에는 폭력이 훨씬 드물다.[8] 그러나 인간 사회 간의 충돌은 극단적인 타락을 불러올 수 있는데 아마도 늘 그래왔던 것 같다. 수단 북부 제벨 사하바Jebel

Sahaba의 고대 묘지 유적지에서 초기 수렵채집인들 사이에 벌어졌던 대량 살육의 흔적이 나왔다. 1만 3000~1만 4000년 전에 묻힌 58명의 남성, 여성, 아동 시신의 흔적인데 15~30회 정도 창과 화살에 찔려 죽은 것으로 보인다. 사람을 죽이는 데 필요한 정도를 훨씬 뛰어넘는 공격을 가한 것이다. 이는 한 공동체가 잔혹하게 몰살되었음을 암시한다.[9] 호주 원주민 300명 이상이 전면전을 벌여 서로를 살육했다는 이야기도 있다. 초기 유럽인 여행자들은 이런 이야기도 전했다. "남녀 모두가 두 시간 동안 쉬지도 않고 피범벅이 되어 미친 듯이 무차별적으로 싸웠다." 그리고 승자들이 패자들을 야영지까지 쫓아가서 때려 죽였다. 마지막은 이렇다. "그들은 부싯돌과 조개껍질, 그리고 도끼로 시신을 사지 절단하는 충격적인 훼손을 벌었다."[10] 역사를 통틀어 전사들은 쪼그라든 머리, 머리 가죽, 성기에 이르기까지 희생자들의 다양한 신체 부위를 전리품으로 삼았다. 이는 외부 집단의 생명력을 취해 자기 민족의 본질을 강화하려는 목적일 때가 많았다.[11] 화살 구멍이 과도하게 많이 나 있고 사지가 기괴하게 훼손된 흔적을 보면, 침팬지들이나 옐로스톤 국립공원 늑대들이 먹잇감을 공격할 때보다 더 끔찍하게 인간이 외부자를 해치는 장면이 떠오른다. 서로에 대한 폄하가 서로를 악마화하는 수준으로 변하는 순간 평소 같으면 정신병적 폭력이라 했을 것이 정상적인 폭력으로 변하고, 극악무도한 일로 비난받았을 일이 기념할 일이 된다.

다른 동물들의 경우와 마찬가지로 공격이 피의 살육으로 바뀌는 핵심적 이유는, 바로 집단 정체성이다. 이웃한 유랑형 수렵채집인 밴드들은 십중팔구 같은 사회 소속이라 서로에게 적대감을 드러내지 않았을 것이다.[12] 물론 모든 사람이 잘 어울리는 것은 아니니 개인 간의 충돌은 있었겠지만, 밴드 전체가 같은 사회 내의 다른 밴드를 적대적으로 여기지는 않았다. 집단적 공격성은 일반적으로 다른 사회를 향했다. 이런 폭력성의 범위와 형태는 인류학에서 오랫동안 논란을 불러일으킨 주제다. 확실한 것은 유랑형 수렵채집인들은 위험이 큰 교전은 피했다는 것이다.[13] 이들의 상황은 규모가 작은 군집의 개미와 비교할 만했다. 이 개미들 역시 영구적인 구조물이 없었고, 보호해야 할 소유물도 거의 없었다. 그래서 외부자가 위협할 때는 그냥 피해서 떠나는 것이 상책이었다.[14] 유랑민들이 더 위험한 행동을 실천에 옮기는 경우는 치명적인 경쟁과 갈등이 빚어졌을 때뿐이었다. =아우//에이 부시먼족이 19세기에 공격적인 이웃들과 싸움에 들어갔던 것이 그 예다. 제벨 사하바에서 발생한 것으로 보이는 대학살은 밴드 사람들 사이에서는 드물었는데, 아마도 그곳에는 수렵채집인들의 정착지가 있었을 것이다. 분열-융합 생활을 하는 침팬지나 거미원숭이와 마찬가지로, 인간 유랑자들은 은밀한 공격을 선호했다.

급습은 잘못된 행동에 대한 응징이라고 정당화될 때가 많았다. 아마도 상대 진영의 주술 행위나 영토 습격을 응징의 이유로 삼았을 것이다.[15] 그런 짓을 저지른 사람들이 누구인지 확인할 수 있는 경우라 해도, 보통은 쉽게 손에 잡히는 사람들을 닥치는 대로 표적으로 삼았다. 표적을 무차별적으로 선택한 것은 외부자들을 모두 동일하고 교환 가능한 존재로 취급했기 때문이다(유랑민들의 경우, 아마도 공격자들이 잘 아는 외부자들이었을 것이다). 외부 집단에 침입해서 그런 식으로 신속하게 공격하면 해를 입지 않고 빠져나올 수 있었다. 사람들은 일단 하나의 범주로 환원되고 나면 모두 동일한 표적이 된다. 성경에 나오는 "눈에는 눈, 이에는 이"라는 표현은 어느 눈이고, 어느

이인지 구별하지 않는다. 한 명이나 몇 명 정도의 외부자가 저지른 부당한 일이라도 그와 같은 종류의 사람들을 가리지 않고 공격할 수 있는 권리를 준다고 여겼다. 이런 사회적 대체social substitution는 역효과를 낳는다. 같은 집단 사람들 눈에는 희생자들이 각자 아무런 죄도 없는 고유의 인간이기에 그들에게 가해진 고통은 집단 모두에게 해로 느껴지고, 따라서 불가피하게 보복을 지시 한다.[16] 우리가 알고 있는 동물 중에 이런 식으로 외부자 집단에 대한 보복을 지시하는 종은 없다.

수렵채집인들이 소유하는 재화가 거의 없었음을 생각하면, 그런 싸움에서 폭력 충동의 즉각적 충족 외에 대체 어떤 이득을 얻을 수 있었을지 의문이다. 침팬지 사회와 마찬가지로 인간 사회에서도 공격자들은 주로 자식을 키우는 데 필수적인 자원들을 생산하는 사적 영토를 지배하는 남성들이었다. 그런 소중한 자원 중 하나가 아이를 낳는 여성이었기에, 급습하는 동안 여성을 빼앗기도 했다. 물론 영토 그 자체도 취할 가치가 있는 자산이었지만, 수렵채집인들의 영토 합병에 관한 기록은 찾아보기 힘들다.[17] 인류학자 어니스트 버치Ernest Burch가 이누피아크Iñupiaq족 에스키모에 대해 남긴 구체적인 자료에서 그 이유에 대한 단서를 찾을 수 있다. "대다수 사람은 자기네 땅이 가장 살기 좋은 곳이라고 생각했고, 그 땅이 특별한 이유에 대해 장황하게 설명할 수도 있었다."[18] 어쩌면 인간이 본거지 구석구석에 대한 지식을 습득하면서 자라던 전통 사회에서는 '남의 떡이 더 커 보인다'라는 관점이 별로 통하지 않았는지도 모른다. 이미 손바닥 보듯 잘 알고 있는 자기 지역보다 어마어마하게 좋은 땅이 아니라면, 남의 땅을 탐할 이유가 없었을 것이란 말이다. 그럼에도 라이벌 집단이 완전히 파괴될 때까지 급습은 계속 일어났고, 땅덩어리가 주인 없이 오랫동안 비어 있는 경우도 없었다. 지금 우리 눈으로 보기에는 밴드 사회들이 다 작아 보일지 몰라도 그 상대적 규모가 성공에 분명 중요한 역할을 했을 것이다. 규모가 큰 집단은 자신의 힘을 직접 보여주지 않더라도 작은 집단을 살던 곳에서 쫓아낼 수 있었을 것이다. '힘을 통한 평화'라는 모토의 선사시대 버전이라 할 수 있겠다.

폭력과 정체성

공격성을 통해 얻는 또 다른 이득은 통합의 강화다. "전쟁이 국가에 양분을 공급하고, 국가를 강화하고, 국가를 지지하는 수단이 아니면 무엇이겠나?" 마르키 드 사드Marquis de Sade는 프랑스대혁명 이후에 이렇게 썼다. 이 글을 보면 뉘른베르크에서 열렸던 나치 집회가 떠오른다.[19] 구성원들의 적개심이 외부자를 향해 있을 때 자기 사회와의 동일시가 고조된다. 목표와 운명을 공유한다는 느낌, 모두 하나로 일어선다는 느낌이 활성화되는 것이다.[20] 미국 남북전쟁 당시 북군도 그 전쟁을 통해 하나 됨의 느낌을 구축했다. 랠프 월도 에머슨Ralph Waldo Emerson은 이렇게 읊조렸다. "전쟁 전까지만 해도 우리의 애국심을 보여주는 것은 불꽃놀이, 거수경례, 휴일과 여름 저녁을 위한 세레나데 정도였다. 지금은 수천 명의 죽음과 수백만 남성과 여성의 투지가 이 애국심이 진짜임을 보여주고 있다."[21]

'민족중심주의ethnocentrism'라는 용어를 만든 사회학자 윌리엄 그레이엄 섬너William Graham Sumner는 한 세기 전에 열띤 논의가 이루어진

다음과 같은 구절을 썼다. "외부자와의 전쟁이라는 긴급 사태가 벌어지면, 전쟁을 치러야 할 우리라는 집단이 행여 내부의 불화로 약화될까 봐 내부에 평화가 자리 잡는다."[22] 섬너는 외부와의 전쟁과 내부 평화는 상호 의존적인 끔찍한 게임을 만들어낸다고 보았다. 외부자들과 경쟁이나 충돌이 일어나면 사람들의 관심이 자기들끼리 벌이던 경쟁과 충돌에서 집단으로서의 정체성으로 옮겨 간다는 것이다.[23]

외부자들을 향한 폭력이 사회를 온전히 유지시키기 위해 부과되는 의무이든 아니든, 자기 자신을 외부자, 특히나 적이라 여기는 존재와 대비시키면 우리 사회를 일상의 중심에 놓는 데 도움이 된다는 사실은 잘 알려져 있다. 우리는 스스로를 보호하려는 욕망을 통해 하나로 뭉치게 된다. 이스라엘의 심리학자 다니엘 바탈Daniel Bar-Tal은 모든 사회는 악의와 사악함을 상징하는 역할을 해줄 집단을 고른다고 말한다. 실제로 그런 위협적인 집단이 있다 해도 그에 대해 과장하는 경향이 있다.[24] 근래에는 러시아, 북한, 이란이 미국에게 그런 역할을 해주고 있다. 행여 적이 사라지는 상황이 닥치면 사람들은 당황하다가 새로운 적을 찾아내거나 발명해낸다. 우리는 테러리스트, 일자리를 빼앗는다고 여겨지는 망명 신청자나 불법 체류자, 잘못된 신념을 갖고 있다고 인식되는 우리 사회 구성원 등으로 분노의 대상을 손쉽게 바꿔가며 거기에 맞서 하나가 되어 일어선다. 이런 증오는 집단의 자기 정체성 안에 깊숙이 새겨져 있기에 포기하기에는 너무 소중하다. 수많은 이스라엘 사람과 팔레스타인 사람이 이런 고치기 어려운 증오를 품고 있다. 그래서 양쪽 진영은 각각 놀라운 연대를 보이며 서로의 차이를 확인하는 데 총력을 다한다.

설상가상으로 우리는 위험을 평가하는 능력에 결함이 있기 때문에 외집단에 대한 반응이 과도한 경우가 많다. 이 문제는 사람들이 정보를 선별적으로 수용하는 경향 때문에 더욱 심각해지는데, 이는 국가나 인종 간의 관계에 좋지 않다. 우리 사회에 해를 끼치는 외부자들이 있고, 또 좋은 일을 하는 그만큼의 외부자들이 있어도 우리는 해를 끼친 쪽을 더 기억할 가능성이 크다.[25] 테러 때문에 죽을 확률보다 욕실에서 미끄러져 죽을 가능성이 훨씬 높은데도 테러리스트에 관한 뉴스가 나오면 선입견이 촉발된다. 인간 정신이 그 옛날 작은 집단으로 모인 사람들에게 해가 될 것을 파악하기 위해 진화했음을 고려하면, 우리가 이런 과민성을 가진 것이 수긍이 간다. 다시 말해 악의적 위협에 대한 과민성은 머나먼 과거가 남긴 흔적인데, 이 때문에 사람들은 너무 성급하게 적대 행위로 빠져들 수 있다.[26]

하지만 어쩌면 두려움의 원인이 물리적 해에 대한 불안만은 아닌지도 모른다. 두려움을 이해할 때는 정체성의 역할을 과소평가하지 말아야 한다. 여기에는 우리가 싫어하거나 두려워하는 외부자의 정체성을 우리가 어떻게 파악하느냐도 포함된다. 사람들은 실제로는 아무런 근거가 없음에도 불구하고 부정적인 고정관념에 혹하기 쉽다(한때 부족들 사이에서 이웃 부족에 사람을 잡아먹는 무서운 사람들이 산다는 믿음이 흔했던 이유를 이것으로 설명할 수 있을지도 모른다).[27] 인간 표지의 강력한 측면에 의해 강렬한 감정이 강화될 수 있다. 특히나 상징적 힘을 가진 대상이나 그 대상을 취급하는 방식에 의해 그렇게 될 수 있다.[28] 외부자가 우리 국기를 존중하는 경우에 우리는 그를 신뢰할 만한 사람으로 인식하고 그 보답으로 따뜻하게 대한다. 반대로 외부자가 우리 상징을 함부로 대하면 분노한다. 다른 나라에서 우리 지도자를 인형으로 만들어 두들겨 패는 소동을 벌이는 경우를 생각해 보라. 우리가 테러에 대해서는 극심한 공포를 느끼나 미끄러운 욕조에 대해서는 그렇지 않은 이유는, 테러리스트가 우리를 직접 위험에 빠뜨릴 것 같아서라기보다 우리 사회를 상징하는 중요한 대상을 해칠 수 있기 때문이다. 쌍둥이빌딩과 펜타곤을 생각해보라. 9/11 테러가 반복될지도 모른다는 두려움이 집단감정을 삼엄한 경계 태세로 돌입시켜놓았다.

폭력에서 멀어지기 – 자연으로부터의 교훈

모든 질문 중에서도 가장 중요한 질문이 남아 있다. 앨프리드 로드 테니슨Alfred Lord Tennyson이 "이빨과 발톱이 피로 물든"이라고 묘사한 자연의 특성이 사회에도 적용되느냐 하는 것이다. 세상을 집단으로 나누면 필연적으로 사람들 사이가 소원해질 수밖에 없는 것일까? 실제로 개미의 경우에는 그렇다. 개미들에게는 사회로 뭉쳐 충돌하는 것 말고는 다른 대안이 없다. 즉 개미들은 이웃 군집보다 먼저 자원을 차지하기 위해 예외 없이 전투를 벌인다. 사람들 역시 마찬가지라고 생각할 수도 있다. 이유는 단순하다. 이 세상에는 사회가 살아갈 수 있는 공간에 제한이 있기 때문이다. 한 사람이 차지할 수 있는 공간에 한계가 있듯이 말이다. 사회가 외부자에 대한 경쟁 우위를 통해 번영하는 것이라면, 사회가 외부자를 위해 무언가를 기꺼이 포기한다고 해서 얻을 것이 없다. 그런 행동의 보답으로 확실한 보상이 정해져 있는 경우가 아니라면 말이다. 그래서 "호모 호미니 루푸스Homo homini lupus"라는 라틴어 격언이 있는 것이다. '인간은 인간에게 늑대 다'라는 뜻이다.

동물도 어떤 상황에서는 외부자에 대한 경계심을 내려놓을 수 있다. 호전적인 회색늑대도 조화에 근접한 행동이 보고된 적이 있다. 점박이하이에나처럼 이동 중인 사냥감 무리를 쫓을 때는 외부자들의 영역을 통과할 수 있다. 솔직히 이것이 영역 소유자가 관용을 베푸는 것인지, 아니면 외부자가 엉큼하게 무단침입을 하는 것인지 구분하기는 힘들다. 더 확실한 사례는 캐나다 앨곤퀸 주립공원에 사는 늑대들의 행동이다. 40년 전에 이곳 늑대 무리들 사이에서 다른 어느 곳에서도 볼 수 없는 전통이 시작됐다. 이 늑대들은 1년 내내 자신의 영역을 차지하고 있는 대신 매년 겨울마다 사슴 마당deer yard(겨울에 사슴들이 모이는 장소 – 옮긴이)이라는 공원 근처의 작은 땅으로 이동하는 사슴을 따라간다. 모든 늑대가 먹고도 남을 만큼 사슴이 많은 그곳으로 늑대 무리들이 명랑한 분위기로 모여드는 것은 아니지만, 평소의 열 배나 되는 밀도로 모이는데도 평화롭게 지낸다. 한번은 두 늑대 무리가 한동안 합쳐져 있었는데도 사고가 일어나지 않았다. 그리고 세 늑대 무리가 하루 동안 하나의 사슴 시체로 배를 불리면서도 소란이 일어나지 않았다. 이렇듯 신중함 속에 서로에게 무관심한 태도는 미니멀리즘적인 파트너 관계로 볼 수 있다. 우리는 일반적으로 외부자에게 호전적 태도를 보이는 종들이 순전히 본능을 바탕으로 행동한다고 생각하지만, 이 사례는 그러한 태도가 유연하게 바뀔 수 있음을 보여주는 증거다.

친화성으로 찬양받는 종 중에는 사바나코끼리와 큰돌고래가 두드러진다. 코끼리의 경우 보통 과거에 한 집단에서 갈라져 나왔기에 역사를 공유하는 두 핵심집단이 서로에 대한 애착이 가장 강하다. 그 두 집단의 구성원들은 만나면 귀를 펄럭거리고 제자리를 빙빙 돌며 코 울음소리를 내는 등 반가움을 표시하는 인사 의식을 치른다. 이 두 핵심집단의 구성원들은 서로를 잘 알며 어떤 개체들은 아주 친한 친구 사이다. 플로리다의 돌고래들은 서로 다른 커뮤니티에 들어가도 친근하게 상호작용한다. 하지만 이런 동물종들도 항상 사이가 좋기만 한 것은 아니다. 수컷 큰돌고래의 싸움 흉터는 영역 경계에서 일어나는 충돌 때문인 것으로 보인다. 사바나코끼리들은 잘 모르거나 좋아하지 않는 핵심집단이 있으면, 그들의 초저주파 신호 소리를 엿들으면서 그들과 거리를 둔다. 종종 규모가 큰 핵심집단이나 강한 암컷 가장을 둔 핵심집단이 나무나 물구덩이에서 세가 약한 핵심집단을 몰아내기도 한다. 이런 세 과시는 개별 구성원의 건강과 번식, 그리고 사회 그 자체의 생존에 영향을 미칠 수 있다.[29]

사회들이 평화로운 관계를 유지하는 것으로 가장 유명한 종은 보노보다. 보노보 커뮤니티들은 공공연하게 뒤섞인다. 각각의 커뮤니티는 활동 범위를 갖고 있지만 보노보는 침팬지처럼 그 범위를 엄격하게 지키려 하기보다는 경계를 넘나들며 사교를 위한 방문을 하고, 새끼들도 어미를 따라 경계를 넘는다. 심지어 보노보는 같은 커뮤니티 구성원보다 낯선 개체에게 먹이를 주는 것을 더 좋아한다. 이는 보노보가 외부자와의 관계를 구축하는 데 얼마나 열성적인지 보여주는 징표다.[30] 하지만 그렇기는 해도 보노보가 사교를 위해 방문할 때 완전히 무신경한 것은 아니다. 다른 영역에 급습하는 침팬지처럼 몰래 움직이는 것은 아니지만, 영역은 분명히 존재하기에 그 경계를 넘어설 때는 신경을 쓸 만큼 쓴다. 그들이 나타나면 영역의 거주자들이 미친 듯이 쫓아와 소리 지르고, 물고, 할퀴는 식의 반응을 할 수도 있다. 보통은 다시 차분해지지만 행여 사교 모임이 성사될 것 같지 않은 경우 방문자들은 집으로 돌아간다. 게다가 어떤 커뮤니티들은 함께 어울리는 것이 전혀 목격되지 않는다. 두 개체의 사이가 나쁠 수 있는 것과 마찬가지로 어떤 사회들끼리도 서로 해소할 수 없는 차이가 있다. 이런 상황이라면 보노보들은 자신의 영토 경계를 엄격하게 지킨다.[31]

이런 면을 제외하면 왜 보노보 사회는 일반적으로 그렇게 관대할까? 이렇듯 폭력을 찾아보기 힘든 이유는 그들의 서식지가 일반적으로 먹이가 풍부하기 때문이라고 여겨진다.[32] 이것이 사실이라면, 즉 호시절에만 보노보 커뮤니티들이 친구 사이라면 그 좋은 사이도 깨질 수 있다. 겨울에 모두의 배를 채울 정도로 사슴이 넉넉하지 않으면 앨곤퀸 주립공원의 늑대 무리들 사이의 휴전 상태가 붕괴될 수 있는 것처럼 말이다. 충돌이 일어나는 시기에는 강력한 보노보 커뮤니티에 소속된 것의 장점이 분명하게 드러난다. 다행히도 모든 보노보가 집으로 삼고 있는 콩고 지역은 그런 힘든 시기가 흔치 않은 듯 보인다. 어쨌든 보노보도 싸울 줄 몰라서 안 싸우는 것이 아니다. 인류학자 세라 허디Sarah Hrdy는 포획된 보노보들에 관해 이렇게 냉담하게 보고한 바 있다. "그들 사이에서 실랑이가 있고 난 후에는 음낭이나 성기를 꿰매어주기 위해 가끔 수의사를 부르기도 했다."[33] 가끔씩 폭력을 휘두르는 것에 더해 야생에서는 서로를 죽이기도 한다. 몇몇 보노보가 패를 지어 자기 커뮤니티의 수컷 한 마리를 공격한 사례가 있다. 시체가 발견되지는 않았지만 연구자들은 그 수컷이 살해되었다고 생각한다.[34]

폭력성이 가장 낮은 종이라 해도 동물이 외부자와의 관계를 관리하는 수준은 사슴 마당의 늑대 사례처럼 외부자를 무시하거나 피하는 정도가 고작이다. 향유고래는 낯선 무리들 사이에서 살지만 그들이 다니는 길은 피해 다닌다. 체구가 워낙 육중하기 때문에 서로 충돌했다가는 자칫 생명이 위험해질 수 있기 때문이다. 겔라다개코원숭이는 외부자를 무시하는 방면에서 대가다. 우두머리 수컷이 다른 무리의 짝 없는 수컷들이 말썽을 부리지 않나 경계하는 것을 제외하면, 서로 무관심하게 뒤섞인다. 이것은 사방에 풍부하게 널린 풀을 먹는 영장류 사이에서는 먹이 차지를 위한 경쟁이 전혀, 혹은 거의 일어나지 않음을 암시하는지도 모른다.[35]

평소에는 외부자를 만나면 싸우려는 종도 기꺼이 관용을 발휘하는 순간들이 있다. 사자 무리가 둘로 쪼개져서 각자가 원래 영역의 일부를 차지하게 되면 서로가 정착할 수 있도록 숨 돌릴 틈을 마련해주는 듯 보인다. 하지만 1, 2년 후에는 전에 같은 무리에서 짝이었던 사자들조차 완전히 이방인인 듯 서로에게 적개심을 보인다.[36] 개코원숭이와 고산지대 고릴라의 경우 수컷들이 섹스를 받아들일 수 있는 암컷을 두고 다툴 일이 없으면 무리가 함께 뒤섞이고 어린 새끼들도 함께 어울리게 놔둔다. 프레리도그도 자기 영역 밖의 공동 먹이터에서는 긴장을 푼다. 그런 곳은 땅굴을 파기에는 땅이 너무 거칠어 굳이 영역으로 삼아 지킬 가치가 없기 때문이다.

그럼 침팬지는 어떨까? 영역 집착이 강한 수컷들이 랭엄이 말한 그 악마 같은 본성을 역전시켜 이웃들과 공존할 수 있을까? 외부 커뮤니티를 잘 수용하는 종을 목록으로 뽑아보면 이 종은 제일 밑바닥에 있을지도 모른다. 기껏해야 어떤 무리가 외부자를 급습해서 죽이는 경우가 덜한 것이 고작인데, 이 경우도 평화를 추구해서라기보다는 그럴 기회가 드물어서라고 보는 편이 맞다. 침팬지들은 큰 무리를 유지하기 때문에 공격에 취약하게 노출되는 경우가 드물다.[37]

침팬지와 보노보가 유전적으로 인간과 가깝다는 사실을 고려할 때 우리가 기본적으로 외부자를 신뢰하지 않고 해치고 싶은 욕망을 느끼는 것은 침팬지와 공유하는 유산인 반면, 이런 거리낌을 제쳐놓고 다른 사람들과 유대를 형성할 수 있는 능력은 보노보와 공유하는 재능이라 결론짓는 것이 타당해 보인다. 이 두 사촌 종은 우리의 양어깨에 각각 자리 잡아 착한 충고와 나쁜 충고를 귀에 속삭이는 천사와 악마다. 다행히도 인간은 침팬지에서 흔히 보이는 충동적인 폭력은 줄일 수 있었다. 이러한 뛰어난 감정 조절 능력과 타인에 대한 관용은 우리가 보노보와 함께 공유하는 적응 형태다.[38] 하지만 자연이 보내는 메시지는 낙관적이지 못하다. 조건이 맞을 때, 즉 소유물이나 짝을 차지하기 위한 경쟁이 거의 없거나 그렇게 할 만한 가치가 없을 때는 동물 사회들도 서로 잘 어울리거나 적어도 서로를 해치지는 않는다. 하지만 이런 이상적인 상황이 지속되는 경우는 드물다. 예를 들어 앨곤퀸 주립공원의 늑대들은 여름이 되어 사슴들이 다시 넓은 지역으로 퍼져 사냥이 어려워지면 폭력적 성향으로 되돌아온다.[39] 무리가 다시 먹잇감을 두고 경쟁할 수밖에 없는 상황이 되면 고약한 습관이 부활하는 것이다.

경쟁이 격렬해질 때 여러 종에서 벌어지는 상황, 그리고 외부 세력과 정체성이 충돌할 때 인간의 반응을 고려할 때, 이웃과의 평정 유지는 영원한 숙제라고 하겠다. 플라톤은 전쟁의 종말을 목격한 자는 죽은 자밖에 없다고 주장했는데, 분명 맞는 말이다. 윌리엄 그레이엄 섬너의 설명대로 전쟁은 사람들을 하나로 통합할 수 있다. 그리고 골치 아픈 일이기는 하지만 그런 선별적 집중력을 이끌어낼 수 없는 사회는 위기의 순간에 무방비 상태가 될 것이다.

그럼에도 이것만큼은 분명하다. 사회는 그 경계 내에서 구성원 간의 협동이 필요한 만큼 외부자를 향해 적대적일 필요는 없다는 점이다. 서로 적대적인 사회들도 대부분의 시간은 싸우지 않으며 불안정한 평화나마 유지한다. 다른 사회 사람들과 그들의 생활방식, 그들의 상징을 존중하지 않을지 몰라도 끊임없이 상대방의 국기를 불태우며 살지는 않는다는 말이다. 사슴 마당에 모여든 늑대들처럼, 사람들도 갈등을 잠시 제쳐두고 자기 할 일을 한다. 격렬하게 충돌하는 기간에도 짧은 시간일망정 서로 관용하기로 합의를 이루는 때가 있는데, 1914년의 크리스마스 휴전이 그 예다. 독일군과 연합군은 그날 하루만큼은 서부전선을 따라 무인 지대(두 적군 사이의 중간 지대)로 자유롭게 들어가 캐럴을 부르고 함께 술을 마셨다. 마카크원숭이를 통해 입증된 바와 같이 외부자를 자기보다 열등한 존재로 본다고 해서 그것이 꼭 적대로 이어지는 것은 아니다. 앞에서 이 원숭이들은 외부자들을 즉각적으로 해충(거미)과 연관 짓는다고 했었다. 이런 편견은 일반적으로 공격을 유발하기보다는 서로에게 공간을 내어주는 결과를 낳는다.[40] 다른 사회에 대해 부정적인 고정관념을 형성하고 그 구성원들을 마치 종 자체가 다른 것처럼 취급하기 쉬운 인간의 성향도, 마찬가지로 꼭 폭력으로 이어지는 것은 아니다. 인간은 마카크원숭이에 비하면 외부자에 대해 덜 편협한데, 이것이 기초적인 형태의 동맹이 인간에게서 처음으로 등장하는 데에 디딤돌이 되었는지도 모른다.

역경이 자신의 사회를 중심으로 뭉치는 동기를 부여하는 것은 분명하지만 전쟁은 전략적 선택일 뿐이고, 우리는 적을 두고도 죽이고 싶다는 충동을 느끼지 않을 수 있다. 사실 국제적 연합이 가능하다는 사실 자체가 자신의 사회를 좋아하고 충성을 다하는 것이 외부자를 탐탁지 않게 여기는 심리와는 별개임을 보여주는 증거다. 무언가는 반대편 없이도 존재할 수 있다.[41] 서로에 대한 반감이 아주 깊숙이 자리 잡은 경우만 아니면 인간 사회 간의 협동은 자연에서 관찰되는 그 어떤 협동도 능가할 수 있다. 다음 장에서는 이런 따듯한 관계가 번성할 수 있는 조건이 무엇이고, 그것이 인간성에 대해 말해주는 바가 무엇인지 살펴보겠다.

18장

남들과 잘 어울려 놀기

다른 탐험가들처럼 나도 낚싯바늘을 필요한 무언가와 바꾼 적이 있다. 나는 그것을 콜롬비아의 태평양 연안 근처 우림에 사는 한 부족이 만든 통나무 카누와 바꾸었는데, 그 거래가 성사되었을 때 너무나도 놀라웠다. 비록 그를 위해 내 입맛에는 맞지 않는 발효 음료를 삼켜야 했지만 말이다. 이 거래가 평범해 보일지 몰라도 자연계의 사회 간에 나타나는 갈등을 고려하면, 양쪽 모두 기꺼이 적개심을 내려놓았을 뿐 아니라 외부자를 해로운 존재로 보지 않았다는 점에서 상당히 특별하다.

독자들도 지난 장의 내용을 바탕으로 추정하고 있을지 모르겠지만 동물 사회 간의 긍정적인 접촉도 모두 문제를 안고 있고, 이들 사이의 실질적인 협업은 드물거나 아예 없다. 이들의 긍정적인 관계는 일방향일 경우가 많다. 보노보가 관대하게 낯선 개체에게 음식을 주는 행위는 거래나 합의의 한 당사자로서 하는 행위라기보다는 화해의 손길이라고 보는 것이 맞다. 보노보는 외부자로부터 관용 말고는 아무런 보답도 기대하지 않는 듯 보인다. 두 커뮤니티가 하나가 되어 무언가를 함께 해내는 것은 생각도 못 할 일이다. 사바나코끼리와 큰돌고래 사회들도 단순한 동지애를 넘어 파트너 관계가 될 수 있다는 증거는 보이지 않는다. 그나마 동맹에 가장 가까운 형태를 향유고래에서 찾아볼 수 있는데, 다른 단위사회와 함께 팀을 이루어 각각이 따로 할 때보다 더욱 효과적으로 오징어를 사냥한다.[1]

인간 사회들은 자원을 두고 벌이는 경쟁을 줄여 서로를 적대시하지 않고 함께 협력함으로써 훨씬 큰 이득을 얻는데, 다른 동물에서는 좀처럼 찾아보기 어려운 일이다. 예를 들면 인간 사회는 외부의 도움을 얻어 환경으로부터 더 많은 것을 추출함으로써 결핍을 풍요로 바꾸어놓을 수 있다(향유고래 두 단위사회가 오징어를 사냥할 때처럼). 외부자로 인한 실질적인 위험이 있는 상황에서 인류는 어떻게, 어째서 그런 특성을 진화시켰을까. 그리고 동맹 관계를 유지해야 할 필요성과 각자 별개의 사회로 남아야 한다는 압박 사이에서 어떻게 균형을 찾을 수 있었을까. 수렵채집인들에게서 나온 증거가 이런 쟁점을 해소하는 데 도움이 될 것이다.

동맹의 다양성

수렵채집인의 가장 놀라운 형태의 협업 중 하나는, 장어를 수렵하던 호주 에클레스산 지역 원주민 간에 이루어졌다. 서로 다른 군디치마라Gunditjmara 언어 방언을 사용하던 적어도 다섯 집단 사람들이 함께 광대한 수로水路 작업을 해서 장어를 잡을 수 있었다. 이들 사이에서도 피를 보는 일이 없지는 않아서 가끔은 전쟁이 터졌다. 하지만 태평양 연안 북서부의 호전적인 인디언들에 비하면 이 호주 원주민들은 모두 생선에 의지해 살면서도 서로를 거의 동료처럼 대했고, 그를 통해 얻는 공동의 이득도 분명 있었다. 모든 사람의 성공이 공동 노동을 통한 수로 유지에 달려 있었다. 말하자면 장어 수확은 국제적 작업이었다.[2]

어떤 수렵채집인 동맹은 방어라는 공동의 목적 달성을 위해 인력을 동원하는 경우도 있었다. 다른 동물들에서는 공동의 적에 대한 단결이 알려진 바 없는데, 이런 행동이 인간 사회들을 하나로 결합하는 것을 정당화해주었다. 외부자의 위협이 있을 때 단일 사회의 구성원들이 단합하는 것과 같은 이치다. 뭉뚱그려 이로쿼이Iroquois라고 불리던 아메리카 인디언들은 초보적인 농사를 짓던 사냥꾼들로 현재 뉴욕주 서부 지역에 해당하는 땅을 차지하고 있었다. 이들은 유럽인이 도착하기 전인 1450년에서 1600년 사이에 연맹을 맺었다.[3] 이 연맹에 속한 부족들은 자급자족하는 독립적인 생활을 했지만 외부자에 대한 공동의 방어가 필요할 때는 서로의 관계를 지휘하고 조정할 수 있는 큰 위원회를 결성했는데, 결국은 유럽인도 그런 외부자 중 하나가 되었다.[4] 이 부족들은 이런 경우 말고도 북아메리카나 전 세계 다른 곳의 부족이나 수렵채집인과 마찬가지로 자신의 이해관계에 따라 계속 변화되는 방식으로 협동했다.[5]

인간의 경우 집단 간 관계를 통해 풍요를 창조하는 수단이 교역일 때가 많았다.[6] 이것은 보편적으로 어디서나 가능한 관계다. 아라와크족은 콜럼버스가 자신들은 경험해보지 못한 다른 사회에서 왔지만,

기꺼이 자신들과 물물교환을 하리라고 추측했다. 하지만 불행하게 도 그들은 상호 이익을 추구하다가 결국 종말을 맞게 된다. 강제 노동, 총, 질병 등으로 죽어가다가 더 이상 독립적인 실체로 남지 못하게 된 것이다. 아메리카 원주민들의 영토를 가로질렀던 루이스와 클라크는 죽임을 당할 수도 있었다. 그 원주민들은 보통 외부자에 대해 적대적이었기에 아무런 죄책감 없이 그럴 수 있었다. 하지만 그들의 눈에 그 두 유럽인은 유망한 무역 파트너로 보였다. 파트너로서의 유대 관계를 장기적으로 유지하려면 정교한 상호작용이 필요하다. 서로가 서로를 독립적이면서도 힘과 중요성 면에서 동등한 존재로 바라보는 것이 이상적이다. 아니면 더 강한 집단이 다른 집단에게 불리한 조건을 강요할 수 있다.

아라와크족의 운명을 보면 외부자와의 접촉은 대단히 긴장해야 할 일이라는 생각이 든다. 인간은 항상 제일 먼저 자기 사회에 의존해왔다. 자기 사회 내 구성원들과는 정체성을 공유하기 때문에 사회적·경제적 교환이 쉽기 때문이다. 일 처리 방식, 가치관, 언어 등이 서로 다른 사람들끼리의 협상에서는 상대가 표리부동한 짓을 하거나, 서로를 잘못 이해할 위험이 커진다. 현대 사회의 인종 간 상호작용에 대한 연구로 판단하건대, 차이 극복에 주의력을 많이 빼앗기면 그만큼 실수할 가능성이 높아진다.[7] 행여 일이 틀어지기라도 해서 거절이나 보복을 당할 수도 있으니 불안은 더욱 커진다.[8] 따라서 가능하면 자급자족이 바람직하다. 그래서 짝을 찾는 것부터 식량을 조달하고, 적을 막는 것에 이르기까지 모든 일이 내부적으로 해결되는 경향이 생긴다.[9]

사회가 꼭 무역과 문화 교류에 개방적일 필요가 있는 것도 아니다.

일부 부시먼족은 이웃들과 순조롭게 협동했지만, 일부는 그렇지 않았다.[10] 사회와 사회를 가르는 경계선을 사람, 정보, 원재료, 상품 등의 이동을 조절하는 병목bottleneck이라 생각해보자. 이런 자산들은 한 사회 안에서는 방해 없이 자유롭게 이동하지만 사회와 사회 사이에서는 그 흐름이 통제되며, 그 규모가 대단히 삭감될 때도 많다. 병목은 일단 자리 잡고 나면 접촉에 의해 얻는 이득이나 손실에 따라 넓어질 수도, 좁아질 수도 있다. 외부자 사회에 반감이 있는 경우에는 그 영향력이 지역 문화를 망쳐놓는다는 생각에 병목이 좁아졌다. 하지만 그런 경우라 해도, 그 기원을 막론하고 바람직한 재화나 혁신을 적극 받아들이는 것을 막을 수는 없었다. 초기 고고학적 자료인 새로 발명된 석기 도구들이 광범위하게 퍼져나간 것도 그런 흐름으로 설명할 수 있다.

일을 계속 돌아가게 하기

인간 사회 간에 협업이 언제 처음 이루어졌는지를 정확히 알아내기는 힘들다. 수렵채집인들과 농부들은 수 세기 동안 서로의 사회에서 나오는 재화들을 거래해온 것으로 추측되나, 안타깝게도 그들 간 교역은 확실한 증거를 남기지 않았기 때문이다. 한 장소에서만 나오는 돌을 깎아 만든 도구가 그곳에서 수 킬로미터 떨어진 곳에서 발견되었다면, 그것을 사회 간 교역의 증거로 삼을 수도 있다.[11] 하지만 그 도구는 외부자 간 교역이 아니라 다른 방법을 통해 거기 도착했을지도 모른다. 어느 용맹한 사람이 그것을 가지고 그 먼 거리를 갔거나,

그 지역까지 영토로 하는 한 사회의 구성원 간 교환의 결과일 수 있다는 말이다.

아니면 그것은 한 사회에서 다음 사회, 그다음 사회로 이어지는 전달 연쇄transfer chain라는 것을 통해 이동했을 수도 있다. 고대 중국의 도자기가 사람들 손을 거쳐 결국 보르네오 안쪽의 외딴 마을까지 전해진 것이 그 좋은 예다.[12] 이렇듯 모든 이동이 항상 교역으로 설명되는 것은 아니다. 소라게의 일종인 에콰도리언소라게Coenobita compressus는 몸이 집보다 커질 때마다 더 큰 조개껍데기로 이사를 간다. 그런데 소라게가 선택한 조개껍질은 그 전에 또 다른 소라게가 버린 것일 때도 많다. 누군가가 버린 싸구려 보석을 다른 누군가가 가져가서 쓰는 경우와 비슷하다. 조개껍질은 이 소라게에서 저 소라게로 바뀌가며 1년에 평균 2410미터를 이동한다. 인간의 척도로 보면, 각각의 조개껍질이 매일 1킬로미터씩 여행하는 것과 마찬가지다.[13]

설치류가 땅에 묻는 견과도 전달 연쇄의 한 사례다. 이 경우에는 도둑질을 통해 전파된다. 다람쥐는 다른 다람쥐가 나중에 먹으려고 묻어놓은 도토리를 훔친다. 견과 씨앗은 이런 식으로 이곳에서 저곳으로 수 킬로미터를 돌아다니다가 싹을 틔우거나 그 도둑 중 한 마리에게 먹힌다.[14] 일부 개미와 꿀벌은 다른 군집을 약탈한다. 이들은 외부자 일꾼 개체로부터 먹이를 강탈하고 사라진다.[15] 이런 사례들을 보면 도둑질은 인간이 등장하기 전부터 교역을 대신해서 물건을 먼 곳으로 이동시켰던 유서 깊은 방법임을 알 수 있다.

초기 인류 사회가 상업과 약탈 중 어느 쪽에 더 의존했는지는 알 길이 없지만 폭력만으로 자신이 원하는 것을 변함없이 꾸준히 구하기는 어려웠을 것이다. 이는 인간의 필수품이 다람쥐나 꿀벌의 필수품보다 더욱 복잡하고 다양했음을 반영한다. 일단 사람들이 화살촉이나 몸에 칠하는 물감 같은 재화에 의존하기 시작하자 먹을 것과 마실 물만으로는 관심사를 충족할 수 없었다. 원하는 모든 재화가 한 사회가 통제하는 땅덩어리에서 나올 가능성은 크지 않았다. 따라서 장기적인 교역 의사가 있는 외부자와의 관계 구축은 더 이상 사치도, 보노보가 외부자에게 먹을 것을 선물하는 것 같은 우호의 몸짓도 아니라 하나의 필요조건이 되었다.[16]

하지만 상업은 보노보가 외부자와 편안하고 상냥하게 접촉했던 것과 비슷하게 시작했을지도 모른다. 어쩌면 그 전부터 상호 간의 관용만으로 재화의 양방향 흐름이 가능했을지도 모른다. 밴드 사회는 외부자가 자기네 땅에 들어와 직접 자원을 수확해 가는 것을 묵인할 때가 많았다. 그런 무단 침입자들을 완벽하게 막는 것 자체가 가능하지도 않았다. 블랙버드blackbird(찌르레기류의 검은 새 – 옮긴이)는 영역이 작아서 그 중앙에서 모든 곳을 구석구석 살펴 다른 개체의 침입을 차단할 수 있지만, 인간과 그 외 동물 사회는 영토가 너무 넓어 그러기가 불가능하다. 미어캣 집단은 뻔뻔스럽게도 주인이 자리를 비운 굴에 들어가 잠을 자기도 한다. 거주자들은 침입자들을 발견해도 기껏해야 영토의 중심지에서 몰아낼 수 있을 뿐이다.

하지만 수렵채집인은 환경을 읽는 데 능숙했다. 아메리카 인디언과 부시먼족은 며칠 지난 발자국도 찾아낼 뿐만 아니라 그것만으로 발자국 주인의 성별과 나이를 알아냈고, 그게 정확히 누구인지 알아낼 때도 많았다.[17] 침입자가 있었다면 나중에라도 발각될 가능성이 컸다는 말이다. 따라서 외부자 집단의 땅에 들어갈 경우 먼저 승인을 받는 것이 응징을 피하는 신중한 방법이었다. 또한 외부자는 그냥 몰래 들어가서는 원하는 것을 찾지 못할 때가 많았고, 언제 어디를 가야 그것을 얻을지에 대해 해당 지역 사람들에게 최신 정보를 받아야 했다. 외부자가 땅에 들어오지 못하게 막는 것은 실질적으로 불가능했을 뿐만 아니라 일반적으로 그럴 필요도 없었다.[18] 외부자들은 긴급한 문제를 해결하기 위해 자원을 이용해도 좋다는 허락을 구할 수 있었다. 수렵채집인들 말을 들어보면 물구덩이가 말라붙은 이야기, 사냥감이 한 영역에서 다른 영역으로 넘어가버린 이야기 등이 잔뜩이다. 어쨌거나 방문객에게 관용을 보이는 데는 조건이 있었다. 양쪽 모두 지속적으로 은혜를 갚으리라 예상할 수 있어야 했다. 그리고 그런 상호 호혜가 사람들을 진중하게 행동하게 만들었다.

 자원을 지키느냐, 그에 대한 접근을 허용하느냐에 따르는 비용과 편익에 의해 수렵채집인들의 영토에 대한 소유욕에 차이가 났다.[19] 어떤 경우는 침팬지처럼 '사로잡지 않고 모두 죽이기' 접근 방식을 취했고, 어떤 경우는 개코원숭이처럼 선별적으로 자원을 지킨 반면, 어떤 경우는 보노보처럼 외부자에게 개방적이어서 온갖 종류의 권리를 협상할 수 있는 가능성이 열려 있었다. 하지만 소유자가 누구인지 애매한 경우는 드물었다. 귀한 자산은 경쟁을 과열시킬 수 있었고, 그중에는 상징적 중요성 때문에 숭배되는 재료도 있었다(의식에 사용하는 염료 같은 것). 하지만 일반적으로 외부자의 영토를 점령하려 드는 것보다는 그것을 이용할 수 있는 권리 협상을 하는 것이 훨씬 경제적이었다. 이런 이유로 인간 사회들은 늘 서로 접촉해서 친숙해지려는 분위기였다.

 귀한 자원을 엄청나게 풍부하게 가지고 있는 사람들은 관대해질 여유가 있었다. 보공나방bogong moth은 매년 호주의 스노이산맥Snowy Mountains을 따라 날아오른다. 그 수가 어찌나 많은지 시즌이 무르익은 시기에 찾아온 외부자들은 산비탈에 자리를 배정받아 1인당 하루에 1킬로그램씩 그것을 잡아서 먹을 수 있었다. 이런 전통이 1000년 동안 지속됐다. 그 정도 무게의 나방이면 지방 함량이 빅맥 햄버거 서른 개와 맞먹는다. 시즌이 끝날 즈음이면 뼈만 앙상했던 사람들이 통통해져서 집으로 돌아갔다. 그 지역 사람들에게 갚아야 할 신세를 진 셈이었다.[20]

최초의 시장

자신의 영역으로 재화를 수확하러 들어오는 외부자에 대한 관용이 교역의 전신이었는지는 모르겠으나, 일반적인 의미의 무역은 서로 얼굴을 마주 보며 재화를 교환하면서 시작되었다. 단순한 최초의 시장은 서로의 사적 공간을 존중하면서 교환이 공평한지 무작위로 확인해볼 수 있게끔 영역의 경계에서 열렸다.

하지만 무엇이 공평한 것이었을까? 같은 밴드 사회에 속한 사람 간의 관습적인 거래는 주먹구구로 대충 이루어졌다.[21] 서로에 대한 충분한 신뢰가 있었기에 정확히 같은 가치를 교환해야 한다는 생각이 없었다. 기독교인들이 크리스마스 선물을 서로 교환할 때처럼 말이다. 행여 한쪽이 좀 부족한 것을 내놓았더라도 다음에 만회할 수 있었다. 하지만 사회 간 교역은 예측 가능성이 떨어지고, 실랑이는 더 많이 벌어지기에 관계가 틀어질 위험이 높았다.

정착지의 규모가 커지자 사회 내부에서 대충 교환하던 태도도 약해졌다. 상대가 낯선 사람이거나 거의 알지 못하는 사람인 경우, 또한 그들이 아주 다른 물건이나 서비스를 제공할 경우, 그것에 구체적인 가치를 매겨야 했다. 그 결과 사회 내부의 상호작용도 사회 간 교역과 비슷해졌다. 캘리포니아 추마시족의 정착지에서는 구슬을 일종의 통화로 사용해서 재화에 현대적 의미의 가치를 부여했다.

근래의 수렵채집인 밴드 사회들 사이에 폭넓게 연결이 이루어진 것은 주로 교역을 통해 불이 붙은 전달 연쇄로 설명할 수 있다.[22] 약초, 숫돌, 오커 같은 물품들이 호주 원주민 집단 간을 넘나들었고, 때로는 대륙 전체를 가로지르기도 했다. 아메리카 인디언들의 재화와 마찬가지로 이것들의 가치도 그 재화의 이동 거리가 멀어질수록 높아졌다.[23] 진주조개 껍질이 장신구 용도로 내륙에 도착했을 때는 마치 마법의 물건처럼 보였을지도 모른다. 어떤 물품은 원래의 용도대로 사용되지 않았다. 호주 북부에서는 몇 세기 전부터 부메랑을 만들지 않았다. 하지만 이 미사일 같은 도구를 무기가 아니라 타악기로 사용하는 유행이 북부 지역을 휩쓸자 계속해서 부메랑을 만들던 남부 사람들이 부메랑을 다른 재화와 교환할 수 있게 되었다.[24]

밴드 사회들은 원재료와 생산품 외에 온갖 아이디어도 거래했다. 유행어부터 향상된 도구 제작법에 이르기까지 온갖 것이 먼 거리까지 복제될 수 있었다. 호주 원주민 사내아이들의 통과의례 때 수행되었던 포경수술은 아마도 1700년대에 인도네시아 교역자들로부터 배웠을 것이다. 이 수술은 호주 전역으로 넓게 퍼져 나갔고, 일부 지역에서는 남성 성기 전체의 표피를 벗겨내는 극단적인 형태로 발전하기도 했다.[25] 호주 원주민들은 또한 서로의 노래와 춤을 따라 했다.

1897년에 처음 보고된 사례가 문서로 잘 기록되어 있는데, 워카이아Workaia족의 몰롱가Molonga 의식이다. 핵심 등장인물들이 정교하게 만든 복장을 하고 며칠 밤 동안 환상적인 공연을 펼치는 것이다. 그 후로 25년 동안 몰롱가는 호주 중심부에서 1500킬로미터에 걸쳐 퍼져나갔다. 워카이아 말은 그 부족 사람밖에 이해할 수 없는데도 말이다.[26]

서로 사회적으로 연결되어 있다는 인식이 사회들이 문제없이 상호작용하게 해주는 동력이 되었다. 수렵채집인들은 동맹을 맺기 위해 사회 간 결혼을 주관하는 일이 많았다. 배우자들은 고향을 방문할 수 있었기에 일종의 이중국적에 해당하는 자격을 갖고 있었는데, 이는 다른 동물에서는 유례가 없는 일이다.[27] 서로를 이해하는 것이 핵심이었다. 집단 간 상호작용의 역사 덕분에 많은 수렵채집인이 이웃의 언어로 말할 수 있게 되었다. 호주 원주민과 대초원 인디언 모두 외교에 사용되는 수화sign language를 널리 공유했다. 일부 수화 동작은 아주 멀리서도 볼 수 있었기에 협상가들은 서로의 창이 닿지 않는 거리에서도 소통할 수 있었다.[28] 이 수화 동작은 추가적인 기능도 가지고 있었다. 급습에 나선 전사들이 소리를 내지 않고도 서로 신호를 교환하며 조직적으로 공격할 수 있었던 것이다.

교역과 문화적 차이

공통점이 많은 개인들이 서로 교류하기 편한 것처럼 사회들 역시 서로 유사점이 많을수록 우정을 쌓기 쉬웠다.[29] 예를 들면 이로쿼이 연맹에 속한 부족들은 언어와 문화가 비슷해서 파트너 관계를 맺기도 간단했다. 고고학자들은 사회 간 상호작용을 '상호 영향권interaction sphere'으로 설명한다. 상호 영향권 안에서는 서로 비슷한 가치관과 정체성의 다른 측면들이 재화의 거래를 촉진시킨다.[30] 교역이라는 행위 자체가 사회 간 유사점을 더욱 강화시키는데, 교환하는 재화가 단순한 원재료 이상의 것일 경우 더더욱 그렇다. 이를테면 집단들이 서로 무언가를 만드는 새로운 방식을 교류하거나 생산품 자체를 교역하는 경우다.

하지만 심리학자들의 발견에 따르면, 자신이 가치와 의미가 있는 존재라는 느낌을 구성원들 스스로 유지하려면 소속 사회가 충분한 차별성을 유지해야 한다. 바로 여기서 수많은 역사의 궤적에 영향을 미친 균형 잡기 행동이 등장한다. 공통점은 플러스 요인이지만 어느 선까지만 그렇다. 상호 교류가 너무 많아지면 이는 집단 고유의 정체성에 대한 위협으로 비칠 수 있다. 설상가상으로 여러 사회가 똑같은 희귀한 재화를 원해서 그것을 두고 싸우게 되는 경우에는 서로 비슷하다는 것이 역효과가 날 수도 있다.

앞에서 최적 차별성 이론을 소개했었다. 개인들은 자기 사회 구성원들로부터 존중받을 수 있을 만큼 그들과 닮으려고 노력하지만, 동시에 자신을 특별하다고 느낄 수 있을 만큼 차별성을 추구한다는 이론이다. 그렇다면 이웃 관계를 구축하는 과정에서 사회들 역시 그와 유사하게, 닮은 점에서 오는 강한 유대감과 차별성에 따르는 자부심 사이의 균형을 유지하려 할 것이라는 합리적 가설을 세울 수 있다. 활력 넘치는 사회, 혹은 정서적으로 안정된 사람이 되려면 같으면서도 달라야 한다. 심지어는 매우 비슷해 보이는 사회들이라도 각자의 고유한 차별성을 내면에 반드시 보존해야 한다.

한 이론은 사회 간에 중첩되는 부분을 줄이면 경쟁도 줄일 수 있다고 주장한다. 아마존에서 서로 가까운 곳에 사는 부족들이 식생활에서 차이가 나는 현상을 이 이론으로 설명할 수 있다.[31] 그리고 각 사회의 경제적 역할이 뚜렷하게 나뉘면 소중한 차별성에 대한 욕망이 생산적으로 충족될 수 있다. 애초에 동일한 재화를 제공하는 당사자들끼리는 교역을 할 이유가 별로 없다. 한 사회는 구성원들이 너무 많이 만들어 남은 도구들을 자기네가 직접 만들기 어려운 물품과 교환할 수 있다. 수렵채집인 밴드의 구성원들은 오직 성별과 나이에 따라 정해진 일반화된 기술을 연마했는데 이런 밴드도 다재다능한 능력이 필요했음을 고려하면, 전문화는 사회 내 개인들 사이에서 발생하기 전에 이미 사회 수준에서 발생했을지도 모를 일이다.

이런 능력의 차이가 수렵채집 사회 전반에 퍼져 있었던 것은 아니지만 증거를 보면 그런 경우가 많았음을 알 수 있다. 호주의 역사가 제프리 블레이니Geoffrey Blainey는 호주 원주민에 대해 이렇게 썼다. "각각의 지역은 다른 지역으로부터 존경받는 기술이나 재주를 사용하여 특정 물건을 생산하는 경향이 있었다." 이런 식으로 서로 다른 집단들이 창, 방패, 그릇, 숫돌, 보석 등을 만들었다. 블레이니는 이렇게 덧붙였다. "이런 전문 영역 중 상당수는 여러 세대에 걸쳐 존재했고, 그런 전문화의 기원이 심지어 부족 신화의 주제이기도 했다."[32] 태평양 연안 북서부에서는 칠카트 틀링깃Chilkat Tlingit 부족이 짠 담요와 다른 부족이 만든 자귀가 해안을 따라 교환되었다(혹은 도난당했다). 사육·재배되는 식량에 의존했던 다른 작은 부족 사회들도 서로 교류했다는 수많은 사례가 보고되어 있다. 예를 들면 수단의 퍼Fur족

은 목축을 하는 다양한 부족에게 수수를 제공하고 그 대가로 우유와 소고기를 받았다.[33]

최적 수준의 차별성을 달성함으로써 사회는 우선 장기간에 걸쳐 독립적이 되고, 그 구성원들은 상호 이득을 위해 악감정을 피하고 서로에게 손을 내밀 이유가 많아졌을 것이다. 각각의 사회는 그 구성원들이 외부자들에게 얼마나 노출되었는지, 서로 얼마나 많이 재화를 교환하고 의지했는지에 상관없이 자신의 경계는 보존했을 테지만 말이다. 호주 서부사막에서 근근이 먹을 것을 구하며 살아가던 이들과 에클레스산 주변에서 장어들이 가득한 수로를 관리하며 잘 먹고 지내던 어부들도 그렇게 교류하며 살았을 것이다. 벤저민 프랭클린Benjamin Franklin은 경제적으로든 사회적으로든 교역으로 인해 망한 국가는 없다고 말했다.[34] 북아메리카 대초원North American Great Plains의 만단Mandan족과 히다차Hidatsa족은 그들의 문화적 중심지가 교역의 허브로 바뀌어도 정체성을 명확하게 유지해, 다른 부족들이 그들의 언어를 배워야 하는 상황이 되었다.[35] 이로쿼이 연맹 소속 부족들은 자치권이나 땅을 양도하는 일이 없도록 관계를 느슨하게 유지했다. 사실 일반인들 사이에는 접촉이 거의 없었기 때문에, 상호 의존하고 있어도 각 부족의 독립성은 오히려 강화되었다.

닮은 점이 없는 사람들끼리도 서로 이득을 볼 수 있는 방법을 찾아낸다. 사실 차별성이 클수록 교류의 길은 더 신속하게 트일 수 있다. 호주 원주민은 18세기에 북쪽 해안을 찾아온 인도네시아 어부들을 환영했고, 부시먼족은 2000년 동안 뒤섞여 살았던 반투족 목축인들과 재화를 교역했다.[36] 피그미족과 그 이웃의 농부들은 한 단계 더 나아가 관계를 체계적으로 정립한 덕분에 정글에 먹잇감이 부족해도,

경작하는 토지의 질이 좋지 않아도 양쪽 모두 살아남을 수 있었다. 상당한 시간을 수렵채집인으로 근근이 먹고살던 모든 피그미족 집단은 각각 한 마을과 연합을 맺게 되었다. 각 집단이 연중 어느 때는 밭일을 거들기도 하면서 마을의 농부들과 평생 관계를 유지하는 가운데, 사냥한 고기와 채집한 꿀을 제공하는 대가로 곡물이나 다른 재화를 얻었다. 피그미족과 농부들 사이의 연대는 워낙 뿌리가 깊고 오래되어 일부 농부들은 피그미족이 자신들을 처음 숲으로 안내했다고 믿는다.[37]

외부자의 생활양식이 자기 집단에 해를 가할 수 있을 때 구성원들이 외부자를 흉내 내지 않도록 막아주는 것이 표지의 역할 중 하나라는 주장이 있다.[38] 나는 이런 주장이 굉장히 의심스럽다. 물론 외부의 영향력이 해로울 수는 있다. 해로운 약물이 경계를 넘어오는 경우처럼 말이다. 하지만 이웃들이 서로 극명하게 다른 경우라 해도 양쪽은 상대방으로부터 자기에게 알맞은 것들만 받아들이는 경향이 있기에, 상호 교환이 재난을 불러오는 일은 없다. 또한 사람들은 부조화스러운 관계를 요긴한 관계로 바꾸어놓을 수 있다. 자기 집단과 닮은 점이 없는 집단과의 소통이 처음에는 불리하게 작용할 수 있음은 분명하다. 하지만 그렇게 다르기 때문에 그쪽 집단이 필요로 하는 것도 다를 가능성이 크다. 때문에 한쪽이 다른 쪽을 자기보다 열등하다고 생각하는 경우라 해도 양쪽이 같은 것을 두고 라이벌이 될 가능성이 낮아지며, 피그미족과 농부 사이처럼 상호 보완적인 관계가 될 수 있다.

사회 간의 유사점과 차이점은 작은 것이든 큰 것이든 분명 외부자에 대한 사람들의 관점에 영향을 미친다. 따듯하다거나 능력이 있다는 등의 평가가 그런 경우다. 이것은 다시 외부자를 가공할 위협적인 존재로 바라볼지, 아니면 신뢰를 가지고 협상할 수 있는 존재로 바라볼지에도 영향을 미친다. 일단 초기 인류가 타인들과 잘 어울리기 위한 옵션을 가다듬고 나자 오늘날의 사회들처럼 다양하고, 미세하게 조정되고, 시간에 따라 조정이 가능한 사회 간 상호작용이 등장했다. 이로쿼이 연맹을 구성한 부족들은 그 연맹이 맺어지기 전에는 서로에게 폭력적이었다. 사실 이들 사이의 평화는 전쟁을 통해서만 가능했다. 이들을 연구하는 한 전문가는 엄숙하게 이렇게 말했다. "때로 누군가가 싸움을 멈추게 하는 가장 좋은 방법은, 그 사람이 멈출 때까지 그 사람과 싸우는 것입니다."[39] 하지만 그 부족들이 협상을 통해 휴전에 들어가자, 멀리 떨어져 있는 다른 부족들이 긴장하기 시작했다. 역설적이게도 사회 간에 화합이 이루어지면 지역 전체에 걸쳐 폭력을 불러올 수 있는데, 그 우호 조약에서 소외된 사람들에게는 더욱 위험한 적이 생기는 셈이기 때문이다.[40] 한 적이 다른 적을 대체하는 것이다.

아직도 편도체의 신경회로는 아주 오래된 투쟁-도피 반사를 준비하고 있다. 서로 안 좋은 선입견을 가진 사회 간에 이런 기본적 욕구를 극복하고 상호 신뢰를 확립하기란 매우 어렵다. 바로 이것이 외교의 핵심 문제다. 관계가 아주 좋은 집단 간에도 순화된 형태의 편견이 존재하기에, 더 나은 거래를 위해 서로 다툴 때는 그 편견이 작동한다. 우리가 집단적 정체성으로 인해 자기 잇속만 차리는 극악무도한 존재가 되면 좋았던 관계가 악화되고, 어려운 시기에 적이 탄생하기 딱 좋은 토양이 마련된다.[41] 집단 간 경쟁이 민족중심주의를 만들어내는 것은 아니다. 하지만 경쟁이 민족중심주의의 더욱 혐오스러

운 면을 이끌어내는 것은 사실이다.[42]

자원이나 기회가 고갈되었을 때 우리는 어떻게 충돌을 피할 수 있을까? 집단적 잔학 행위를 감안하더라도, 근래 몇 세기 동안 사회 간 공격 행위로 인해 죽을 확률이 전 세계적으로 감소했다. 국가 간 접촉이 증가하면서 평화가 조성되었다고 할 수 있다. 다시 말해 각 국가가 국경 너머에서 끌어다 쓰는 재능과 자원이 더 많아지고 있는 것이다.[43] 이상적으로는 결핍의 시기에도 이런 상호 연결성과 상호 의존성이 유지되어야 할 것이다. 동물 사회는 결핍의 시기가 되면 평온하던 관계가 붕괴되는 경향이 있다. 하지만 전쟁으로부터 얻을 수 있는 사회적·물질적 이득이 큰 이런 시기에 충돌을 피하려면, 선의 이상의 것이 필요하다. 끔찍하게 싫은 적수 간이라도 충돌보다는 평화를 통해 얻는 이득이 장기적으로는 더 크다는 사실을 인식하고, 그러한 이득을 키워나가려는 노력이 필요한 것이다. 국제 질서를 위한 이런 최소한의 규칙을 따르기를 거부하는 국가에 대해서는, 모든 국가가 반대해야 한다. 이것은 고귀한 목표다. 현대 전쟁의 위험성을 생각해볼 때 이것이 부디 달성 가능한 목표이기를 바란다. 다른 종에서는 평화를 보존하기 위해 사회가 조정에 나서는 경우는 없다.

사회 간에 보이는 관계의 변덕스러움은 사회 안에서도 볼 수 있는데, 사람들 사이의 관계는 절대로 정적이지 않기 때문이다. 구성원들의 정체성은 아주 장기적인 변화의 궤적을 겪는데 이는 대략적으로 예측 가능하며, 그 변동은 사회의 흥망성쇠와 관련이 있다.

7 부

사회의 삶과 죽음

The Life and Death of Societies

19장

사회의 생활사

"우리는 한 사회가 태어나고 죽는 순간을 대략적으로 판단할 방법조차 알지 못한다." 한 세기도 전에 프랑스의 저명한 학자 에밀 뒤르켐은 이렇게 한탄했다.[1] 한 사회가 어떻게 세워지고, 어떻게 발달하고, 어떻게 새로운 사회로 대체되는지 등 사회와 관련된 굵직굵직한 질문들은 분명한 실용적·학술적 중요성을 갖고 있지만, 뒤르켐이 저 발언을 한 1895년 이후로 지금까지 명확한 해답은 나오지 않고 있다. 뒤르켐은 동시대의 생물학자들조차 사회의 삶과 죽음에 대해서는 해명한 것이 거의 없다고 지적했다. 어떤 유기체 집단의 생활사에 대한 훌륭한 연구가 있기는 하지만, 현재까지도 자연과학 분야는 이 주제에 대해 전반적인 연구가 필요하다고 생각하지 않고 대체적으로 무시해왔다. 한편 사회학자들과 역사가들은 초기 이집트든 이전의 체코슬로바키아든, 한 사회의 탄생이나 해체를 그 사회가 속해 있던 시간과 장소에 국한된 문제로 취급하는 경향이 있다.

물론 악마는 디테일에 있다. 그럼에도 불구하고 자연계 전반에서 나타나는 사회의 흥망성쇠를 보면, 우리의 사회 집단이 생겨나고 사라지는 것 역시 개개 생명체의 육체와 마찬가지로 진화에 의해 설계되었음을 알 수 있다. 사회의 이러한 성쇠는 구성원들이 타인의 정체성을 인식하는 방식과 연결되어 있다. 동물의 행동, 그리고 사람들이 변화하는 사회적 환경 속에서 자신의 정체성을 표현하는 방식은 사회적 손실 및 재건과 긴밀하게 연관되어 있다. 정신적 외상, 그리고 이것이 사회의 생활사에서 슬픈 필연인가 하는 중요한 주제는 이 심오한 정체성에 관한 문제다.

사회가 탄생하고 변화하는 역학은 각각의 종 고유의 방식으로 펼쳐지며 그 종에 관한 기본적인 역사적 연대기를 구성한다. 그 이야기는 종의 구성원들이 서로 상호작용하고 서로를 확인하는 규칙, 그리고 특정 시기에 가용한 자원에 따라 달라진다. 여기서 하나의 주제가 떠오른다. 생명은 식량, 피난처, 짝짓기 등에 대한 욕구를 지속적으로 충족해야 한다는 것이다. 그러지 못하면 물리적·사회적 스트레스 요인이 커지면서 사회의 쇠퇴를 촉진시킨다. 대개 감당할 수 없는 규모로 사회가 커질 때 이런 현상이 심각해진다. 규모가 큰 사회는 그보다 작은 이웃 사회를 침략할 수도 있지만, 개체 수 증가는 내부 구성원 간의 경쟁을 심화시키고 게다가 누가 누구인지 전부 파악해야 하는 개체들의 부담도 커진다. 어느 종의 사회가 이런 문제가 생길 정도의 규모로 커지면, 개체들이 관계를 관리하고 행동을 조화시키기가 어렵게 된다.[2] 그로 인해 충성의 대상이 사회 전체에서 보다 작은 무리로 옮겨 가게 되고, 결국 하위집단으로 쪼개진다.

하위집단이 독립적인 사회로 분리되는 것은 척추동물에서는 관습상 필요한 일이다. 예를 들면 사자 무리의 규모가 너무 커져서 구성원들을 모두 먹여 살리기 부담스러워지면 몇몇 암사자는 그 무리를 떠난다. 그리고 공격적인 수사자가 새로 무리에 합류할 경우 자식이 죽임을 당할까 봐 무리를 떠나는 암사자들도 있다. 규모가 너무 커진 무리에 속한 사자들은 자기가 아는 최고의 개체들과 함께 새 출발을 해야 한다는 압박을 받는다. 개체 알아보기에 의존하는 종에서는 전형적인 모습이다.[3] 이것은 내가 분열이라고 부르는 현상과는 현저한 차이가 있다. 분열은 무리를 자유롭게 떠났다가 다시 합류하는 사자나 침팬지나 인간 같은 분열-융합 종에서는 늘 일어나는 일시적 분리 현상이다. 그에 비해 사회가 둘로 분할되면 다시 하나로 뭉칠 가능성은 거의 없다.[4]

침팬지와 보노보의 새로운 출발

우리의 친척인 침팬지와 보노보에 대한 지식 중 새로운 사회의 탄생 방식에 관한 것은 심각한 빈틈으로 남아 있다. 새로운 사회의 탄생은 보기 드문 사건이다. 일반적으로 척추동물 사회는 100년 단위는 아니어도 수십 년 단위로 한 번씩 생긴다. 이렇게 보기 드문 사건이라는 것이 문제다. 일단 데이터가 귀하다. 설상가상으로 그렇기 때문에 사회의 탄생이나 파괴에 결정적 역할을 한 사건을 목격하고도 대수롭지 않게 넘어가기 쉽다. 드문 일이기 때문에 어쩌다가 생긴 이례적인 일로 취급하는 것이다. 이런 사건은 사회 외부로부터의 새로운 개체 유입, 혹은 사회에 속해 있던 핵심 개체의 죽음일 수 있다. 어느 쪽이든 집단의 안정성을 위협할 수 있다.

그 좋은 사례가 제인 구달이 1970년대 초에 보고한 곰베 국립공원 침팬지들 사이의 잔혹한 충돌이다. 당시에는 사람들이 당황하기만 했지만, 결국 이 사건을 통해 사회가 어떻게 쪼개지는지를 해명할 수 있게 되었다. 이제 영장류학자들은 무엇이 그렇게 끔찍한 폭력의 출발점이 되었는지 알고 있다. 구달과 그 조수들의 눈앞에서 벌어진 일은, 한때는 하나의 사회였던 것이 두 개로 쪼개지는 분할이었다. 그것은 길게 이어져온 과정의 종착지였다. 무언가 잘못되었다는 최초의 조짐은 1970년에 목격되었다. 커뮤니티의 일부 침팬지가 나머지 침팬지보다 서로 더 잘 어울리면서, 커뮤니티는 두 개의 하위집단으로 나누어지고 있었다. 이 하위집단을 나는 '분파faction'라 부르겠다. 구달이 그보다 10년 전에 처음 곰베 국립공원에 왔을 때는 느슨한 형태로라도 분파가 존재한다는 증거는 없었다. 어쨌거나 1971년에는 이 분파들이 확실하게 굳어져서 한 분파는 습관적으로 영역의 북쪽을 차지하고, 나머지는 남쪽을 차지했다.[5]

처음에는 이렇게 분파로 나뉘어도 구성원들은 사이좋게 잘 어울렸다. 두 분파의 대장 수컷들은 만나면 격분하며 서로 달려들었지만, 원래 커뮤니티 안에서는 우두머리 수컷의 지위를 두고 서로 도발할 때가 많기 때문에 대수로운 일이 아니었다. 하지만 1972년에는 분파들이 서로 완전히 갈라서 더 이상 섞이지 않는 독립적인 사회를 세웠다. 침팬지들이 소속성이 다른 두 개의 사회로 분리되었음을 알아차린 구달은, 그 두 커뮤니티에 각각 카사켈라Kasakela와 카하마Kahama라는 이름을 붙였다. 이렇게 갈라선 이후로 폭력이 시작되었다. 결국 더 강한 카사켈라 침팬지들이 카하마 침팬지들이 살던 남

쪽을 급습하여 카하마 커뮤니티를 사라지게 만들고 그 영토의 상당 부분을 차지했다.[6]

내부에 분파가 생기고 그 뒤로 분할이 일어난 곰베 국립공원 침팬지들의 두 단계 과정은 사회를 이루어 사는 영장류에게는 보편적인 현상으로 보이는데, 지금까지 적어도 20여 종의 원숭이 무리에서 이런 현상이 보고되었다.[7] 이런 일이 왜 일어나는지는 추측만 해볼 뿐이다. 인간처럼 다른 척추동물들도 동맹이나 짝을 찾고, 적을 피하거나 맞서 싸운다. 분열-융합을 통해 이동하는 침팬지나 보노보는 자신의 이해관계와 제일 잘 맞아떨어지는 분파를 고를 수 있다. 일반적으로 유인원은 영역 내 어느 곳에 가든 사회적 기회를 만들어내 폭넓게 관계를 맺는다. 이런 행동은 커뮤니티 전체를 하나로 묶는 데 도움이 된다. 하지만 개체 수 급증으로 스트레스가 커지면 구성원들이 자기가 감당할 수 있고 자기와 잘 맞는 개체들에게 더 관심을 가지게 되고, 그러면 반드시 분파가 생겨난다. 침팬지 분파도 그렇게 생겨나지만, 여전히 커뮤니티의 일부다. 분파 간에 사회적 유대가 많이 남아 있는 경우에는 별다른 사고 없이 서로 잘 뒤섞인다. 하지만 떨어져 지내는 시간이 많아지다 보면 각각의 침팬지가 다른 분파의 침팬지와 맺고 있던 동맹 관계도 결국은 시들게 된다. 우리가 광신도 집단에 들어간 친구와 결국 연락을 끊게 되는 것처럼, 분파가 형성된 지 몇 달 혹은 몇 년이 지나면 관계가 완전히 단절되기에 이른다. (4장에 나왔듯이 몇몇 예외는 존재한다. 가령 서로 다른 커뮤니티에 소속된 암컷들은 비밀리에 우정을 지속하기도 한다).[8] 이렇듯 한 커뮤니티에서 독립적인 두 개의 커뮤니티가 만들어지고 나면, 이 두 사회는 두 개의 개미 군집과 마찬가지로 공존할 수 없게 된다.

영장류학자들은 침팬지들 사이에서 분할이 구체적으로 어떻게 전개되는지는 거의 알지 못한다고 시인했다. 그런 분할이 목격된 사례도 곰베 국립공원 사건이 유일하다. 보노보 커뮤니티의 분할도 딱 한 번 보고된 바 있을 뿐인데, 곰베 사건과 꽤 유사했다. 연구가 시작되었을 때 이미 보노보 커뮤니티 내에 두 분파가 형성되어 있었기에, 그것이 어떻게 왜 형성되었는지는 밝힐 수 없었다. 그 두 분파가 각자 독립된 커뮤니티로 분할되기 전 9년 동안은, 암컷 두 마리가 진영을 옮기고 수컷 한 마리도 일시적으로 그렇게 한 것을 제외하고는 안정적이었다. 시간이 흐르면서 분파 간에 시끄러운 다툼이 일어났다. 그리고 분할이 일어나고 1년 동안은 두 커뮤니티가 거리를 두고 지내다가, 그 후 보노보 커뮤니티들이 흔히 그렇듯이 우호적인 관계가 되었다.[9]

사회 분할은 사회의 개체 수가 상방 한계에 다가갔을 때 촉발되는 것이 틀림없다. 침팬지 커뮤니티는 120마리를 크게 넘기는 경우가 드물고, 보노보 커뮤니티의 규모는 그보다 조금 작다. 그 정도면 성숙한 커뮤니티라 할 수 있는데, 이웃 커뮤니티를 지배할 수 있을 정도의 규모이기 때문이다. 하지만 그런 규모에 도달하면 어려움이 따른다. 사회 내부의 관계들이 껄끄러워지는 것이다. 사자 무리 규모가 지나치게 커지면 구성원들이 서로 다 잘 알고 지내기 힘들어져 관계가 불편해지는 것과 비슷하다. 그렇다면 사회가 성숙했을 때 분할이 일어난다고 생각할 수 있겠다. 하지만 모든 분할이 그런 조건에서 일어나는 것은 아니다. 적어도 곰베의 분할은 그런 경우가 아니었다. 분할 당시 성체의 수가 30마리에 불과했기 때문이다. 그렇다면 사회를 쪼개는 압박은 어느 때라도 생겨날 수 있음이 분명하다. 곰베에서 연구자들은 연구를 위해 침팬지들을 끌어들이려고 바나나를 공급했다. 처음에는 이것이 좋은 아이디어 같았지만, 결국에는 이것이 사회를 분할시키는 뜻하지 않은 결과를 낳은 것으로 보인다. 침팬지들은 대부분 다른 개체들과의 경쟁을 피하기 위해 흩어져서 지낸다. 먹을 것들이 군데군데 흩어져 있는 것도 이런 전략과 맞아떨어진다. 하지만 곰베의 침팬지들에게 바나나가 제공되자 상황이 달라졌다. 같은 장소에 있는 바나나를 두고 다툼이 일어나게 되었고, 그 결과 훗날 카사켈라를 결성해 카하마를 쓸어버릴 개체들이 그곳을 장악하면서 갈등이 고조된 것이다. 그 후 바나나를 치워버려 먹이가 부족해지자 두 분파 간의 적대감은 더욱 격화되었다.

권력을 향한 싸움도 분할을 재촉하는 한 요인이다. 우두머리 수컷 리키Leakey가 죽어 권력 공백이 생기자 몇 달 후 곰베 침팬지 커뮤니티의 분파가 확고하게 자리 잡았다. 2인자였던 험프리Humphrey는 찰리Charlie와 그의 형제 휴Hugh의 지배권을 인정하려 들지 않았다. 이 수컷들 사이의 갈등이, 나머지 모든 개체에게 어느 한쪽을 선택해야 한다는 압박으로 작용했을 것이다. 그리고 개체들은 뛰어난 사회적 안정성, 방어력, 먹이, 짝을 제공해줄 수 있는 쪽을 선호했으리라 상상해볼 수 있다. 아니면 각각의 침팬지가 그냥 어느 한쪽의 우두머리 수컷이 선호하는 영역을 선택했을지도 모른다. 험프리는 북쪽 영역을 선호했고, 이쪽이 결국 카사켈라 커뮤니티의 영역이 되었다. 우두머리 자리를 두고 벌어지는 싸움은 고산지대 고릴라에서 말과 늑대에 이르기까지 다양한 종의 사회를 분할시켜왔다. 개코원숭이 집단은 암컷들이 마음에 드는 다른 수컷을 선택하거나, 압제적인 암컷에게 반기를 들면 분할될 수 있다.[10]

사회적 적대감이 항상 사회 분할의 요소로 작용하는 것은 아니다. 대다수의 개미를 비롯한 사회적 곤충 전체에 걸쳐, 여왕 개체는 사회적 충돌이 없어도 새로운 둥지를 만들기 위해 태어난 둥지를 스스로 떠난다. 꿀벌과 군대개미 사회는 규모가 크지 않으면 기능할 수 없어서 분할을 통해 군집을 형성하기는 해도, 그 분할 메커니즘이 다른 동물의 그것과는 다르며 공격성도 필요하지 않다. 일꾼 개체들이 두 집단으로 나뉘어 절반은 원래의 여왕과 남고, 나머지는 그 여왕의 딸인 새로운 여왕을 따라간다. 충성하는 여왕이 이렇게 달라져도 모든 일은 매끄럽게 진행된다.[11] 척추동물들 사이에서도 화기애애한 분할이 존재한다. 규모가 너무 커진 코끼리 핵심집단은 가장 암컷의 죽음으로 통제되지 않는 상황에 빠질 때가 많다. 그럼 그 불안정성으로 인해 구성원들이 서열상 죽은 가장 암컷과 제일 가까운 몇몇 암컷을 중심으로 갈라지게 되고, 이 분파들이 서로 점점 더 멀리 떨어지다가 결국은 독립적인 핵심집단이 된다. 그런 이후에도 때로 그 집단들은, 항상 그렇지는 않지만 친한 관계를 유지한다. 향유고래 역시 큰 갈등 없이 새로운 사회를 형성한다. 이들은 한 단위사회의 성체가 15마리 이상으로 늘어나 활동이 부담스러워지면 분할한다. 단위사회는 하위집단으로 나뉘어 훨씬 더 먼 곳까지 방랑하다가 그대로 갈라서게 된다. 이 과정에서 사회적 긴장은 발생하지 않는다. 하지만 이런 경우를 제외하면 척추동물 사회의 분할 과정에서는 어느 정도 악감정이 발생할 수밖에 없다.

아직은 밝혀져야 할 것이 많지만, 또 다른 침팬지 사회의 분할이 이루어지고 있어서 좀 더 자세한 기록이 가능할 것 같다. 우간다의 한 침팬지 커뮤니티는 개체 수가 200마리로 정점에 도달했다. 이는 지금까지 최고 기록이다. 분파가 형성된 것은 적어도 18년 전이다. 이 커뮤니티가 지금까지 지속되어왔다는 사실은, 구성원들이 커뮤니티로 독립을 이루기 전부터 아주 오랜 세월 자신의 사회적 선호도를 가려내왔음을 암시한다.[12] 나는 각각의 분파를 은근한 불에 끓고 있는 요리라고 생각한다. 끓던 요리가 식어서 혼자서 기능할 수 있는 사회로 굳어지기 전까지, 개개의 구성원은 섞여 있는 요리 재료에 적응하는 것이다.

사회를 세우는 다른 방법들

사회를 만들어내는 방법은 분할만 있는 것이 아니다. 우리 종을 포함한 일부 포유류는 여왕과 몇 마리의 수컷이 따로 떨어져 나와 사회를 형성하는 대부분의 개미나 흰개미처럼, 짝을 지어 나와 사회를 세울 수 있다. 분할과 비교하면 이런 방식은 개체들을 위험에 처하게 할 수 있다. 사회에 소속됨으로써 얻는 보안은 아주 크나큰 기회(단독생활을 유지할 수 있는 자유로운 공간)가 열리거나 위험에 빠지는 경우(한 집단이 경쟁 집단의 공격을 받아 내몰리는 경우)가 아니고서는 좀처럼 포기할 수 없는 혜택이다. 포유류 중에서 정상적인 사회 형성 주기의 일부로 단독생활에 들어가는 종은 벌거숭이두더지쥐밖에 없다. 앞으로 닥칠 시련에 대비해 통통하게 살을 찌워놓은 그들은 자기가 태어난 둥지를 떠나 새로운 군집을 시작할 땅굴을 파기 위해 위험을 무릅쓰고 땅 위로 오른다. 그리고 직접 판 땅굴 속에 혼자 있는 자기를 발견해줄 한 마리, 혹은 몇 마리의 짝을 기다린다.[13] 프레리도그와 점박이

하이에나는 일반적으로 분할을 통해 사회를 형성하지만 가끔은 한 쌍이 다른 개체들이 차지하지 않은 땅에서 사회를 시작하기도 한다. 임신한 회색늑대도 간혹 단독생활을 하는 경우가 있다. 하지만 혼자서 사냥을 하고 적을 막는 것은 힘에 부치기에, 이런 단독생활을 오래 지속하는 경우는 드물다. 수컷 한 마리가 합류한다 해도 불안정한 상황이 그다지 나아지지는 않는다.

유사시에는 침팬지도 혼자서 그럭저럭 살아갈 수 있다. 기니의 한 장소에서는 수컷들이 가끔 자신이 태어난 커뮤니티를 버리고 나온다. 이것은 원래 암컷에서 보이는 행동이다. 수컷 탈영병의 경우에는 암컷처럼 또 다른 커뮤니티에 합류하는 옵션이 없다. 아마도 그랬다가는 그 커뮤니티의 수컷들에게 죽임을 당하기 때문일 것이다. 하지만 기니는 공간이 부족한 곳은 아니다. 커뮤니티 영역들 사이에서 안전한 피난처를 찾아낼 수만 있다면, 그곳에 머물면서 이민 갈 곳을 찾아다니는 암컷을 만나 짝짓기를 시도할 수 있다. 그런 암컷이 수컷과 함께 남아 새 커뮤니티를 만들기 시작할지는 아직 밝혀지지 않았지만 분명 확률은 낮다.[14]

장기간 동안 사회에 소속되는 것이 인간에게 갖는 중요성은 일단 제쳐두고, 우리 종이 '강제적 상호 의존성obligatory interdependence'(인간이 장기적으로 생존하기 위해서는 다른 사람들의 도움과 정보와 공동의 자원에 의존해야 한다는 것 -옮긴이)을 갖고 있다는 주장은 조금 과장된 것이다.[15] 어린 시절에 나이가 많은 사람들에게 의존하는 것을 제외하면 사람은 혼자서, 혹은 부부나 가족 단위로 독립하는 것이 때때로 편하다. 앞에서 시즌마다 가족 단위로 쪼개지는 웨스턴쇼숀족에 대해 언급했는데, 이들의 밴드는 매년 다시 함께 모인다. 1992년에 24세의 도보 여행자 크리스 맥캔들리스Chris McCandless가 알래스카에서 시도한 것과 같은 지속적인 고립 생활을 하다가 살아남은 사람은 거의 없다. 그의 비극적 결말은 존 크라카우어Jon Krakauer의 책《인투 더 와일드Into the Wild》에 소개됐다. 단독생활은 너무도 위험하기 때문에, 운둔하는 한 부부가 아예 처음부터 하나의 사회를 통째로 세울 가능성은 0에 가깝다.[16] 1983년에 나온 윌리엄 피슬리William Peasley의《마지막 유랑자The Last of the Nomads》에는 만딜드자라Mandildjara족 수렵채집인 야퉁그카Yatungka와 와리Warri의 흥미진진한 이야기가 등장한다. 두 사람은 자신들의 관계를 부족의 법이 인정해주지 않자 독립해 나와 호주에서 둘이서만 살아간다. 이 두 사람은 가뭄에 거의 죽을 지경까지 갔다가 몇 년 후 구조된다.[17] 날씨만 뒷받침해주었다면 지금쯤 손자 손녀를 두었을지도 모른다. 하지만 그랬다 하더라도 이제 막 싹을 틔운 사회나 마찬가지인 그곳 후손들이 근친교배라는 위험에 빠지게 할 수는 없었을 것이다. 그렇다면 전체적으로 봤을 때 단독생활은 최후의 보루라고 보아야 한다. 이 옵션은 숫자에 달려 있다. 개미 군집은 여왕 후보 그리고 그와 짝을 맺을 수컷을 수백 마리 단위로 생산하기에, 여왕들이 거의 모두 죽어도 번식을 이어갈 수 있다. 하지만 그 어떤 척추동물도 이 정도로 다산을 하지는 않는다.

인간이든 다른 종이든 한 쌍이 실패한 곳이라도 작은 규모의 집단이라면 가능성이 있을지도 모른다. 한 사회에서 탈출해 나온 몇몇 동물이 독립적인 집단 형성에 성공하면 이를 '출아budding'라고 부른다.[18] 멀리 갈 필요가 없는 것이 이상적이다. 몇몇 늑대나 사자가 예전에 속해 있던 사회의 영역 한 구석을 차지할 수도 있을 텐데, 그럼 이미 손바닥 보듯 잘 알고 있는 영역에 접근할 수 있다는 이점을 누릴 수 있다. 이런 소규모 집단이 먼 곳으로 갔다가 우연히 누구도 차지하지 않은 젖과 꿀이 흐르는 땅을 찾아낸다면 이득이 엄청날 수 있다. 이런 큰 성공을 거둔 쿠데타의 사례가 바로 아르헨티나개미의 침입이다. 원래는 몇 줌에 불과했던 개미 떼가 폭발적으로 성장해 결국 수십억 마리의 초군집을 이루었다. 선사시대에 있었던 인류의 이동도 이런 식이었다. 다른 모든 침입종과 마찬가지로 초기 인류는 경쟁자가 거의 없거나 아예 없는 장소를 찾아냈을 때 가장 큰 성공을 거두었다. 북아메리카의 일부 부족은 이런 식으로 시작했다. 약 5000년 전 아북극 지역의 애서배스카Athabaskan족이 지금의 멕시코와 미국 남서부로 이동해 와서 아파치족과 나바호Navajo족의 선조가 된 것이다. 강인한 사람들이 정말로 멀리 떨어진 땅까지 가서 정착한, 훨씬 극적인 경우도 있다. 최초의 뗏목을 타고 아시아에서 호주로 갔던 사람들이 바로 그런 경우다. 예전 사회의 구성원들과 완전히 단절된 그들은 새로 발견한 땅을 독차지할 수 있었다. 그 험난한 여정에서 끔찍할 정도로 많은 배가 물속에 잠기고 겨우 한 척 정도가 살아남았을 것이다.

자연에는 다른 방식의 사회 형성 과정도 존재하지만 대체로 우리 인간에게는 해당하지 않는 듯 보인다. 미어캣이나 아프리카들개의 경우에는 한 무리에서 빠져나온 몇 마리의 수컷이 또 다른 무리에서 나온 몇몇 암컷과 합류하면서 새로운 무리가 시작될 때가 종종 있다. 이런 단체 미팅 형식의 접근 방식은 아예 처음부터 시작하는 신출내기 사회에 비해 다수에 의한 상대적 안정성을 담보할 수 있다.[19] 말무리는 서로 기원이 다른 개체들이 떠돌아다니다가 미니 버전의 용광로melting pot(인종 혹은 문화적으로 융합된 집단 - 옮긴이)라 할 만한 동맹을 이룰 때 생겨나기도 한다. 이와 가장 유사한 인간의 사례를 들자면 떼죽음을 당한 여러 집단 출신 사람들이 하나의 공동체를 이루는 경우다. 아메리카 인디언들과 탈출한 아프리카인 노예들이 신세계 도처에 세웠던 마룬 사회Maroon society가 그 예다.[20]

인간 사회 붕괴시키기

그렇다면 인간을 비롯한 대부분의 척추동물 사회가 탄생하는 일반적인 방법은 분할로 보인다. 분할은 종과 상관없이 명확한 이점이 따라온다. 결국 분할로 생기는 두 집단 모두 일반적으로 개체 수가 많아진다는 점이다.[21] 하지만 인간 사회의 분할은 꿀벌 사회의 그것처럼 스트레스 없는 자동화된 과정으로 이루어질 가능성이 높지 않다. 곤충 사회에서는 불만을 품은 반란자 집단이 봉기하는 경우가 없지만, 인간은 걸핏하면 싸우는 척추동물이기 때문이다. 수렵채집인 밴드 사회를 붕괴시킨 요소들이 무엇이었는지, 오늘날의 국가를 비롯한 정착 사회 해체에 그것들이 어떤 작용을 했는지 평가해볼 수 있는 정보들은 충분하다.

가족 분쟁, 혹은 사생활이 거의 없는 것에서 오는 사회적 과잉 자극 등 국소적인 문제가 유랑형 수렵채집인들 사이에서 분할을 진행시키지는 않았을 것이다.[22] 그런 갈등은 밴드 사람들이 영역 안에서는 대단히 유동적으로 이동할 수 있었던 점을 고려하면, 사회 붕괴 같은 고통을 겪지 않고도 해결 가능했을 것이다.[23] 제대로 기능할 수 없어서 밴드가 분할되어도 모든 사람이 자신이 누구인지에 대한 의식, 즉 정체성은 고스란히 간직했다는 점도 시사하는 바가 크다. 사람들이 자기 사회 안에서 누구와 함께 어울리는 것이 더 편한지 정리한 이후에도 삶은 계속 이어졌다. 사회적 분할은 오히려 수많은 밴드에 걸쳐 더 광범위한 집단들 사이에 나타난 균열의 결과였을 것이다. 영장류 및 다른 포유류에서 관찰되는 2단계 행동 과정, 즉 분파가 형성되어 어느 한쪽에 점점 더 애착을 갖게 되고 그로부터 몇 년 후 분파들이 서로 단절되는 과정이 우리 종에도 역할을 했을 것이다.

무엇이 인간 사회에서 분파를 만들어내는지는 아직 수수께끼다. 다른 척추동물에서 분파 형성을 이끈 수많은 요인이 인간 사회에서는 별로 중요하지 않았던 것처럼 보이기 때문이다. 다른 종의 분할에서 중요하게 작용한 식량, 물, 짝, 그리고 안전한 피난처의 부족이 인간 사회의 붕괴 촉진에 도움이 된 것은 사실이지만, 그렇다고 필수적인 요소는 아니었다. 또한 곰베 국립공원 침팬지들은 우두머리 자리를 두고 경쟁하는 수컷들 중 누구를 선호하느냐에 따라 운명이 갈렸지만, 밴드 사회에는 리더가 없었기에 특정 개인이 분할을 강제할 수 없었다. 그랬다가는 사람들이 반대하여 들고일어났을 테니까 말이다.[24] 한편 밴드 사회에서는 기본적으로 서로 멀리 떨어져 사는 사람들이 협동할 필요가 거의 없었기에, 활동 조정에 따르는 어려움도 크게 문제가 되지는 않았다. 또한 밴드 사람들은 자신의 직계가족 말고는 혈연을 거의 중시하지 않았기 때문에, 인구 증가로 생물학적 친족의 유대가 약해지는 것 역시 문제가 되지 않았고 어쨌거나 아버지, 이모 등으로 부를 수 있는 유사 친족은 여전히 사회 곳곳에 존재했다. 사회 규모의 성장도 침팬지나 보노보 커뮤니티에서만큼 문제가 되지 않았다. 1000명 이상이 된 후 관계 유지가 더 힘들어지긴 했지만 심각한 수준은 아니었다. 크고(의식, 언어) 작은(매너, 몸동작) 공통의 표지를 잘 활용했기 때문이다.

사실 인간은 사회 전반에 걸쳐 표지를 공유함으로써, 분할 전에 분파로 나뉘는 포유동물의 패턴을 다른 방향으로 전개되게 만들었다. 개체 알아보기 사회에서 익명 사회로의 전환이 이루어진 것이다. 이 전환이 사회가 분리되는 방식에 차이를 만들었을 것이다. 사회 붕괴에서 표지가 맡았던 결정적인 역할이 선뜻 다가오지 않을 수도 있다. 공통의 표지는 다른 영장류라면 관계 단절로 이어질 수 있는 개체 간의 긴장을 완화시키는 힘을 갖고 있다. 역사에서 계속 반복되는 주제를 보면 인간이 서로를 강력하게 동일시하는 경우에는 가장 가혹한 조건 아래서도 그저 버텨내기만 하는 것이 아니라 함께 힘을 합쳐서 번영했다.[25] 사람들을 굶기거나 박해해도, 혹은 한데 모아놓거나 멀리 떨어뜨려놓아도, 직계가족 관계를 제외하면 이들을 가장 끈질기게 하나로 묶어주는 유대감은 사회에 대해 느끼는 정체성이다. 원숭이 무리troop나 프레리도그의 코테리coterie였다면 관계가 영구적으로 무너져버렸을 상황에서도 인간은 표지 덕분에 다른 구성원들에 대한 신의를 유지할 수 있는 회복 탄력성을 갖게 되었다. 일단 우리 선조들은 내부자와 외부자를 가리는 데 표지를 사용하고 난 후부터, 다른 사회와의 경쟁에서 이기는 데 있어 큰 인구가 갖는 이점을 고려해 한없이 사회의 몸집을 키울 수 있게 되었다. 사회적 곤충도 표지만 신뢰할 수 있다면 작은 사회든 천문학적으로 큰 사회든 그 사회와 유대감을 형성하는 데 더 많은 노력이 들어가지 않는다. 아르헨티나개미는 영역에서 모든 경쟁자들을 제거하며 대륙 전체로 번져나간 이후에도 자신의 초군집에 속한 개체들과 계속 정체성을 공유한다.

하지만 개미 사회를 정의하는 고정된 분자 표지와 인간 사회를 하나로 묶는 셀 수 없이 다양한 표지는 서로 구분할 필요가 있다. 표지 덕분에 사람이 견고한 사회를 만들 수 있는 것은 사실이지만 시간이 지나면 표지가 부여해주는 안정성을 신뢰할 수 없게 된다. 우리의 표지는 돌에 새겨진 것이 아니라 변화가 가능하다. 이것이 사회계층 구분, 지역적 변이 등등을 이끌어낸다. 침팬지와 달리 호모사피엔스에서는 인구 규모가 문제가 되지 않지만, 수많은 개인 간의 상호작용이 드문 경우에는 표지에서 지장을 초래할 만한 차이가 등장할 수밖에 없다. 초기 인류가 밴드로 흩어지면서 맞이했던 상황도 그러했다. 사회 표지의 변화가 더 많이 축적되는데 구성원들이 거기에 맞춰 조정되지 않으면, 그 사회는 분파로 갈라질 가능성이 높아진다. 그럼 결국 모든 사회는 한계점에 도달한다. 이어서 살펴보겠지만, 밴드 사람들 사이에서는 이런 일이 일찌감치 일어났다.

20장

역동적인 '우리'

인류학자들이 1950년대에 기록한 바에 따르면, 호주 앨리스 스프링스의 북쪽과 서쪽 사막에 살고 춤과 미술로 유명한 왈비리족은 자신들이 땅과 결부된 동일한 종교적 유대감을 과거부터 유지해왔다고 믿고 있었다.[1] 하지만 그들이 느꼈던, 또한 우리가 느끼고 있는 사회적 안정성은 환상에 불과하다. 우리는 문화적 기억상실증을 앓고 있다. 이 선택적 기억 때문에 우리는 소중한 정체성의 딱지가 아로새겨진 우리 민족의 본질이 암반처럼 견고하다고 상상한다. 하지만 사실 표지는 유동적이다. 미국 성조기에 들어간 별의 숫자는 13개에서 50개로 늘어났지만 그렇다고 국민들이 국가에 대해 느끼는 유대감이 손상되지는 않았다. 사실 별의 숫자 증가는 오히려 자랑스러운 일이었다. 심지어는 노예제도처럼 한 사회의 삶에서 본질적으로 보였던 행동방식조차 변하거나 사라진다. 장기적으로 보면 중요한 것은 우리가 어느 한 순간에 귀하게 여기는 특정 표지가 아니라, 한 사회를 외부자와 확실하게 구분해주는 것은 무엇이든 유행하는 표지가 될 수 있다는 사실이다. 이는 사회가 변화에 개방적이라는 의미다.[2] 선사시대에 인간의 문화 라체팅이 가속된 이후로 사회들은 꾸준하게 개선되거나, 재해석되거나, 전면적으로 재구성되어왔다. 일을 어떻게 해야 제대로 하는 것인가 하는 기준은 시간의 흐름을 따라 계속 변하지만 그로 인해 사회가 불안정해지지도, 그 사회와 다른 사회 사이의 불연속성이 침해받지도 않는다. 하지만 이런 사회적 탄력성이 작동하지 않을 때는 우리가 발을 딛고 선 지반이 불안정해진다.

개선과 혁신

그렇다면 장기적으로는 사회를 정의하는 표지보다는 사회와 사회를 나누는 경계가 더 중요해진다. 하지만 그래도 구성원들은 자기 사회의 탁월한 속성이라 여기는 것에 영향을 미치는 변화가 최소화되는 쪽으로 행동한다. 문자 사용 이전의 민족들도 영적 믿음에서 춤에 이르기까지 정체성의 수많은 요소를 세대를 거쳐 오랜 세월 동안 놀라울 정도로 정확하게 보존했다. 코네티컷 대학의 인류학자들에 따르면 반복과 의식화ritualization는 "초심자에게 깨뜨려서는 안 될 '규범codes'을 구성하는" 역할을 해서 세세한 부분들까지도 거의 확실히 보존되게 만들었다.[3] 굳이 수렵채집인들의 의식이나 이야기를 확인해보지 않아도 이를 알 수 있다. 초기 그리스인들은 알파벳이 발명되기 전에도 '일리아드Iliad'와 '오디세이Odyssey' 이야기를 구전으로 전했다. 인내심이 있어야 배울 수 있는 이런 종류의 문화적 측면에도 사람들은 일반적으로 잘 대처한다. 이것을 성숙함이라고 부르자. 대부분의 사회에서 중심이 되는 통과의례는 어른의 행동과 책임감을 받아들이는 것을 상징하기 때문이다. 하지만 이런 연속적인 전통을 가지고 있음에도 불구하고 수렵채집인들은 어떻게 행동할 것인가에 대한 불변의 기준을 갖고 있지 않았고, 수 세기에 걸쳐 표지를 강화할 수 있는 수단도 분명 없었다. 고고학적 증거는 초기 인류의 변화 속도가 거의 인식 불가능할 정도로 미미했음을 말하고 있지만, 그래도 이들이 진공 속에서 아무 반응도 없이 정적으로 산 것은 아니다.

생존에 반드시 필요한 기술들은 확고하기 그지없는 모습으로 남아 있었다. 석기 도구의 유형이 아주 오랜 시간 동안 일관되게 유지되었던 것이 가장 극명한 증거다. 그래도 사람들이 생계 수단을 바꾸어야 할 때가 오면, 그런 변화를 멈출 수는 없었다. 물론 일부는 어떤 끔찍한 결과가 찾아오든 상관없이 고집스럽게 자신의 방식을 고수했겠지만 말이다. 예를 들어 그린란드의 바이킹들은 산발적인 교역을 통해 고향에 속박되어 있었고, 교회로부터 농사를 짓는 관습을 지키라는 압박을 받았던 것 같다. 그 공동체 중 몇몇은 고래와 물개를 사냥하는 이누이트족의 관습을 받아들이지 않고 밖에서 들여온 가축을 키우려고 어설프게 시도했다가 굶어 죽었을지도 모른다.[4]

그런 바이킹의 사례는 예외적인 것이며, 새로운 기회를 추구하려는 의지는 인간의 트레이드마크다. 푸메Pumé족은 이런 능력을 보여주는 놀라운 모범 사례다. 농사를 짓기 어려운 베네수엘라 대초원에서 수렵채집인 밴드를 이룬 푸메족은 도마뱀, 아르마딜로, 야생식물 등을 마음껏 먹고 살았던 반면, 강을 따라 정착한 푸메족은 카사바와 플랜틴plantain을 텃밭에서 키워 먹었다. 푸메족 사이의 이런 차이는 거의 아무런 의미도 없었다. 이들 모두는 밤을 새워 똑같은 토자Toja 의식을 치르고, 똑같은 언어를 공유했으며, 서로를 같은 푸메족이라 여겼다.[5]

인간의 정체성이 유연하다는 것은, 동물종은 하는 일이나 생태학적 역할에 따라 정체성이 차별화되지만 우리 사회는 생존 방식의 차이가 그런 차별화의 초석 역할을 하지 않는다는 의미다. 인간 사회들은 각기 다른 영양분 섭취 방법을 채택함으로써 경쟁을 줄일 수 있었다. 예를 들면 내륙에 있는 사회는 사냥에, 그와 이웃한 해안가 사회는 어업에 의존하는 합리적인 선택을 했고, 그 각각의 사회에 속한 사람들은 그런 선택을 자신을 정의하는 일부로 보았다. 반면 똑같은 장소를 차지해 똑같은 음식을 먹고 똑같은 도구를 만들었던 사회들 사이의 겉으로 드러난 유일한 차이는, 신화나 의상의 자의적 변형밖에 없었다.

정체성의 변화가 모두 어떤 목적이 있어서 생기는 것은 아니다. 사람들은 할 수 있는 한 최선을 다해 전통적 방식을 따르지만, 세대를 거치는 동안 그것이 무심코 바뀌거나 잊힐 수도 있다. 때로는 그로 인해 상황이 안 좋아질 수도 있는데, 앞에서 말했듯이 바다에 대해 해박한 지식을 갖고 있었던 태즈메이니아 사람들이 물고기 잡는 법을 잊어버린 것이 그 예다. 전통을 글로 기록하면 전통 상실의 속도가 늦춰지기는 하지만 그렇다고 그것이 완전히 멈춰지지는 않는다. 가장 귀하게 여기는 전통이라 해도 말이다. 잘 기록된 사건이라고 해도 그것을 비유적으로 생각할 때는 빈약한 기억력과 새롭게 자리 잡은 사고방식 때문에 그 과거에 대한 인식이 영향을 받을 수 있다. 서로의 기억에 의지했던 문자 이전 사회의 구성원들은, 이야기가 입에서 입으로 전해지는 과정에서 그 내용이 계속해서 왜곡되는 '이야기 전하기 게임'을 실생활에 옮긴 셈이다. 그들에게 있어 이런 왜곡은 그들이 하는 일 전반에 걸쳐 일어날 수 있었다.

언어 그 자체에 생기는 변화가 이런 점을 대단히 생생하게 증명한다. 전 지구적으로 소통이 이루어지고 있는 이 시대에도 풍부한 언어와 그에 속한 방언의 다양성은 계속된다. 미국에서는 중서부 주 사람들의 말투에 가까운 것을 미국 영어의 표준으로 삼는다. 하지만 영어를 사용하는 전 세계 인구는 자기만의 언어 구사 패턴을 유지하고 있으며, 자기 고유의 궤적에 따라 언어의 변화를 겪었다. 미국 중서부 주 사람들 스스로도 '자신들의' 표준으로부터 일탈을 계속한다. 1960년대에는 오대호Great Lakes 주변에서 모음 소리의 변화가 시작됐다. 특정 단어에서 소리가 길어지는 것이 특징이었는데 예를 들면 'trap'이 'tryep'처럼 발음되기 시작한 것이다.[6] 언어학자들은 이런 언어 변화를 대단히 좋아해서 !쿵 부시먼족 밴드에서부터 영국 왕실에 이르기까지 온갖 사회의 언어 변화들을 기록한다(우리의 표준어인 서울말 역시 다양한 변화를 겪고 있다. 유튜브에서 '서울말 변천사'로 검색해보면 불과 수십 년 사이에 현저한 변화가 있었음을 알 수 있다. 예전 말은 얼핏 들으면 북한 말처럼 들린다 – 옮긴이).

언어, 요리법, 몸동작 등 정체성 표지가 되는 것은 무엇이든 이런 식으로 모습을 끊임없이 바꿔나간다. 어떤 변화는 똑같은 일을 매일 똑같이 반복하다 보니 지루해져서 생긴 결과라고 볼 수 있다.[7] 새로움은 교역이나 도둑질을 통해 물건이나 개념이 유입되면서 생겨날 수도 있고, 사람들 사이로 어떤 경향이 확산되면서 생겨날 수도 있다. 수필가 루이스 메난드Louis Menand는 이에 대한 증거를 이렇게 요약했다. "우리는 다른 사람들이 무언가에 끌리는 것을 보고 그것에 끌린다. 그리고 우리가 오래 좋아한 것일수록 더 좋아한다."[8] 우리는 치맛단 스타일에서부터 스마트폰 앱에 이르기까지 정기적으로 유행을 받아들이는 것을 당연시하지만 수렵채집인은 그러지 않았고, 그들의 문화는 현대적 삶의 변화하는 하위문화를 뽐내지도 않았다. 하지만 그들은 미묘하게나마 다른 다양한 방식으로 살갗에 그림을 그렸고, 음악을 연주했다. 인간이 새로운 사회적 선택을 잠정적으로 지지했다는 것은 의심할 여지가 없는 사실이며, 시간이 흐르면서 그것을 더더욱 좋아하게 되었다.

완전한 새로움 역시 자신의 자리를 찾았다. 무언가 급진적인 것을 생각해낸 수렵채집인들을 상상해보자. 그 혁신이 이루 말로 표현할 수 없을 정도로 가치 있는 것이었다면 누구에게서 나온 것이든 널리 퍼져나갔을 것이다. 하지만 그렇지 않은 경우라면 그에 대한 개인의 반응은 그 혁신을 고안해낸 사람이 누구냐에 따라 달라졌을 것이다. 사람들은 자기와 가치관이 맞아떨어지는 사람을 따르고 싶어 하지만, 별난 동료의 행동을 조금 눈감아주었을지도 모른다.

수렵채집인 밴드에는 명확한 리더가 존재하지 않았지만 어느 정도 영향력이 있는 누구에 의해서라도 새로움이 하향식으로 도입될 수 있었다. 이런 역할 모델이 존경하는 타인의 행동을 따라 하고 싶은 무의식적 충동을 자극하는 식으로 작동해서 모든 사람의 선택을 새로운 방향으로 유도했을 수도 있다.[9] 예를 들면 사람들은 영적 능력을 갖고 있는 누군가의 충고를 따랐을지도 모른다. 안다만 제도 원주민들을 관찰했던 인류학자가 들려준 다음의 이야기가 그런 사실을 잘 보여주고 있다.

오랜 세월 자리를 지켜온 관습이 미래를 내다보는 사람의 '계시'에 의해 하룻밤 만에 바뀌었다가 그 새로운 관습 자체도 시간의 흐름에 따라 그다음 '계시'에 의해 전복될 수 있다. 옹게Onge족 사이에서 그런 일이 일어나는 것을 나는 본 적이 있다. 앞날을 내다보는 것으로 유명했던 에나가그헤Enagaghe가 어느 날 선언하기를 사냥감 노획물을 어떻게 전시해야 하는지에 관해 정령으로부터 명령을 받았다고 했다. 그래서 이제 더 이상은 사냥꾼의 잠자리 살짝 위로 오두막의 경사진 지붕을 따라 수평으로 매달아놓은 막대기에 돼지의 턱뼈를 차례로 꽂아두는 일을 해서는 안 됐다.[10]

현대에는 문화적 변화의 상당수가 10대로부터 비롯된다. 10대들은 '적절한' 행동이란 것에 의문을 제기함으로써 이런 변화를 선도해왔다. 비록 이들의 선택이 아무런 반발 없이 용인되고 사회 전체로 확장된 것은 아니지만, 히피에서 스킨헤드에 이르기까지 주류 문화에 영향을 미쳐왔다. 구세대는 자신의 영향력이 약해지기 전까지는 이런 세대적 변화를 억누른다. 신세대와 구세대 사이의 전쟁은 영원히 존재해온 것처럼 보이지만, 수렵채집인 사회에서도 그런 전쟁이 있었는지는 분명하지 않다. 밴드에서 살아가는 사람들의 설명은 대부분 아이들이 전통에 저항하거나 새로운 전통을 만들어간 이야기보다는, 그들이 어떻게 전통을 배워나갔는지에 초점을 맞추기 때문이다. 하지만 아이는 결국 아이이고, 인간의 아이가 독립적인 존재로 성장하는 데 있어 반항심은 필요 불가결한 요소로 보인다. 아이들이 일반적으로 그렇듯이, 수렵채집인 아이들도 새로운 경험에 마음이 열려 있어 헤어스타일을 가지고 장난을 치거나, 아무도 가보지 않은 곳으로 탐험을 나서기도 했을 것이다.[11] 머나먼 과거에 등장했던 멋진 개념, 방법, 물건 등은 십중팔구 젊은 사람들이 도입했을 것이다.

외집단의 탄생

밴드 사회가 어떻게 쪼개졌는지에 관한 세부적 내용이 불완전하다는 것은 충분히 예상할 수 있는 일이다. 한 밴드 사회가 분할되는 순간을 딱 맞춰 포착하기는 거의 불가능하니까 말이다. 사실 그 순간은 한 번도 포착되어본 적이 없다. 그렇다면 언어의 탄생 빈도를 사회가 얼마나 오래 지속되었는지 말해주는 대략적인 기준으로 삼을 수 있을 것이다. 분자시계molecular clock의 흐름에 따라 종간에 유전적 부동genetic drift(유한한 크기의 집단에서 세대가 되풀이되고 있는 경우, 도태와 관계없이 우연히 유전자가 집단적으로 없어지거나 고정되는 등의 현상이 일어나 집단의 유전적 조성이 변하는 것 - 옮긴이)이 일어나는 것처럼 언어에도 시간의 흐름에 따라 부동이 일어난다. 이런 언어적 부동을 측정해보면 언어가 평균적으로 500년마다 나뉜다는 것을 알 수 있다.[12] 하지만 언어학자들이 고유의 언어라고 판단하는 것을 모든 사회가 발달시키지는 않는다. 일부 사회에서는 방언의 차이만 나타나니 밴드 사회의 수명을 500년으로 보는 것은 과대평가일 수 있다. 하지만 밴드 사회 수명에 관한 몇 안 되는 추정치를 보면 500년이라는 수치가 그렇게 터무니없지도 않다는 것을 알 수 있다.[13] 그리고 인간 사회의 수명만 그 정도인 것도 아니다. 침팬지 커뮤니티의 수명도 그와 비슷하다.[14]

최종적인 분리는 대략 5세기에 한 번 일어날지 몰라도 그 서곡이 되는 사건들은 충분히 오랜 시간에 걸쳐 일어나기 때문에 어떤 일이 일어났었는지 보여주는 증거가 많이 남는다. 나는 이 파편적인 정보를 우리가 이해하고 있는 인간 집단의 분할에 관한 일반적인 내용과 결합해봄으로써, 인간이 존재해온 대부분의 시간 동안 사회의 생활사가 어떤 식으로 돌아갔는지 전체적인 그림을 그려보려 한다.

밴드 사회에서는 다른 곳에서 무슨 일이 일어나고 있는지 정확하게 알지 못했기에 '이야기 전달 게임' 효과가 약화되었다. 사회 구성원들끼리 접촉이 드문 경우에는 이야기가 매우 왜곡된다. 익명 사회에서는 멀리 떨어져 사는 개인들이 서로 알고 지낼 필요가 없지만, 표지가 똑같은 상태로 유지되려면 멀리 있는 구성원들이 무슨 일을 하는지는 알 필요가 있다. 어떤 요소는 넓게 흩어져 사는 밴드 사회 사람들 사이에서 나타나는 공간에 따른 변화spatial variation를 증폭시킬 수 있다. 영역의 경계에서는 당연히 외부의 개념과 물품에 노출되는 경우가 더 많다. 외부 사회와의 접촉은 많고, 자기 사회 내 다른 밴드들과의 접촉은 최소화된 외곽 밴드의 경우에는 동포들과 점점 달라지게 된다.[15] 상황을 더 복잡하게 만드는 것이 있다. 경계마다 서로 다른 이웃과 접해 있다는 점이다. 그래서 밴드들은 장소에 따라 극명하게 다른 문제와 기회를 마주하고, 이 때문에 같은 사회 내 다른 밴드들과의 정체성 차이는 점점 더 벌어진다.[16] 그리고 그 결과 영역의 변방에 사는 사람들은 점점 소외되기에 이른다.[17] 바로 이들 사이에서 분파가 탄생했다.

잠재적 파괴성을 지닌 다양성에 직면해서도 사회를 하나로 묶는데 도움이 되는 인간의 속성이 있다. 바로 그런 차이와 마주쳐도 그것을 알아보지 못한다는 점이다. 철학자 로스 풀Ross Poole은 그에 대해 다음과 같이 완벽하게 표현했다. "중요한 것은 모든 사람이 똑같은 국가를 상상한다는 것이 아니라, 모든 사람이 똑같은 국가를 상상한다고 상상한다는 것이다."[18] 차이를 인식하게 되는 때(수렵채집인의 경우 축제를 위해 밴드들이 한자리에 모이는 재회의 기간)라 해도 대립이 예상되면, 오늘날 우리가 그러듯이 정체성 문제에 관한 의견 차이는 공개적으로 표현하기를 꺼렸을 것이다.[19] 하지만 어느 시점에 가면 한때는 그냥 우연이고 중요하지 않은 것으로 여겨졌던 차이점들이 중요해져 무시할 수 없을 정도로 불편해질 수 있다. 재회 기간은 활발하게 수다가 오가는 시간이었다. 분명 다른 사람들의 괴짜 같은 행동도 도마에 올랐을 것이다. 거의 안면이 없는 구성원이 무언가 예상치 못한 행동을 하는 것을 보았을 경우 특히나 그랬을 것이다. 사람들은 잘 모르는 사람들이 하는 행동에 대해서는 부정적인 동기가 있을 거라고 생각하는 경향이 있고, 당연한 얘기지만 규모가 큰 사회일수록 (수렵채집인 사회라 해도) 서로 잘 알지 못하는 사람이 더 많다.[20] 마음이 이리저리 흔들리기 쉽고 그것을 다잡아줄 리더도 존재하지 않는 상황이면, 별개의 독립적 분파가 등장하기 딱 좋은 무대가 마련된다. 이런 분파를 형성 중인 외집단outgroups in the making이라 부르자.

한 침팬지의 운명이 최근 생겨난 분파 중 어느 쪽에 합류하는지, 즉 결국 어디서 누구와 함께 살게 되는지에 따라 결정되는 것과 마찬가지로, 사람의 운명 또한 어느 분파를 선택하느냐에 좌우되었다. 아마도 배우자 선택보다 이것이 더 중요한 문제였을 것이다. 하지만 선택을 내리는 데 있어 수렵채집인들이 할 일은 거의 없었다. 자기 앞에 어떤 일이 놓여 있는지 알 길이 없는 경우에는 특히나 그랬다.

사회 분할을 겪는 동물들과 마찬가지로 초기 인류도 그 전에는 사회 분할을 경험한 적이 없다가 처음 경험하게 됐을 가능성이 크다. 이들은 변화하는 상황을 제대로 이해할 수도 없었고, 이상적인 결과가 무엇인지 정확히 파악할 수도 없었다. 설상가상으로 의사 결정에 관한 연구를 보면, 인간은 많은 것이 위험에 처해 있는 상황에서조차 자신의 이익에 가장 잘 부합하는 것이 무엇인지 확실히 알지 못한다. 그래서 예를 들면 실제로 믿지 않으면서도 그저 인기가 있다는 이유만으로 한 개념을 받아들일 때가 많다.[21] 정체성 문제에 관한 한 일의 선후가 뒤바뀔 수 있다. 한 선택이 좋은 선택인지 나쁜 선택인지는, 어쩔 수 없이 그 문제에 관해 먼저 어떤 입장을 취하고 난 뒤에야 비로소 판단이 가능할 때가 많다는 뜻이다.[22]

그럼에도 대부분의 수렵채집인이 어떤 분파를 선택했을지는 십중팔구 예측이 가능하다. 인간은 친숙한 타인과 함께 있는 데서 만족을 찾는다. 밴드 사회의 경우는 자기 밴드나 근처의 다른 밴드 사람들에게서 그런 만족을 찾았을 것이다. 사람들이 영역 안의 어떤 일반적 장소, 즉 홈그라운드에 대해 느끼는 유대감은 그 자체로 사람들을 하나로 묶는 요소였을 것이다. 곰베 국립공원의 침팬지 분파조차 같은 땅덩어리를 좋아하는 침팬지들을 중심으로 형성됐다. 인간 분파가 형성된 곳이 사람들이 대부분의 시간을 보냈던 장소와 일치할 가능성이 높은 이유는, 최신식 표지들이 그것들의 발생지로부터 퍼져나갔을 것이기 때문이다. 이런 확산 때문에 수렵채집인 분파는 오늘날의 많은 문화적 특성과 마찬가지로 지역적이었을 것이다.

다른 분파라고 서로 꼭 적대적일 필요는 없었다. 분명 분파가 형성되자마자 즉시 적대적이지는 않았다. 처음에는 여전히 서로 잘 어울렸던 곰베 침팬지들과 마찬가지로, 사람들도 원래 상호 연결되었던 사회와의 정체성을 그대로 유지했었다. 근래에 왈비리족은 사이좋은 네 개의 하위집단으로 구성되어 있다. 각각의 하위집단은 꿈과 의식rituals에 관한 나름의 의견을 갖고 있지만 그래도 서로 사이가 좋다. 반면 코만치족은 고유의 방언, 춤, 군사적 연합을 가진 세 개의 분파로 나뉘었다.[23] 인간의 정신이 사회를 마치 생물종처럼 취급한다는 사실을 고려할 때, 내 생각에 인간은 한 사회 내의 다양성을 동물종 내부의 차이처럼 다루지 않나 싶다. 개의 여러 가지 품종을 개라는 한 주제의 변형으로 보는 것처럼, 우리 사회 내부의 다른 분파 구성원들을 우리와 같은 '종류'의 또 다른 버전으로 인식할 것이라는 말이다.[24]

분파가 짜증의 원천이 되었을 때는 골칫거리가 생겨났다. 심리학자 존 달러드John Dollard는 이렇게 단언했다. "어느 사회에서나 항상 정확한 사회적 인식과 변화를 막는 가장 중요한 방어기제는, 기존의 모든 행동 형태의 올바름에 대한 엄청난 확신이다."[25] 적절한 행동과 불쾌한 행동이 무엇인지 결정하는 주체는 사회 구성원 자신이었음을 다시 한 번 짚고 넘어가는 것이 중요하다. 거의 모든 차이가 이런 '올바름' 반응을 폭발시켜 분파의 구분을 확정 짓는 과정을 개시할 수 있다.

사회의 분할은 수많은 자잘한 특성들이 쌓여서, 혹은 특히나 신경 쓰이는 한 가지 큰 차이 때문에 촉발된다고 생각할 수 있다. 닥터 수스Dr. Seuss는 그의 동화 《스니치The Sneetches》에서 배에 별 모양이 있는 사람들이 그렇지 않은 사람들과 어울리지 않으려고 하는 세상을 묘사했다. 배의 별 모양처럼 중요한 것으로 바뀔 가능성이 있는 작은 변화 중에서도 으뜸은 언어다. 바벨탑 이야기만 봐도 이 점은 분명하다.[26] 수렵채집인 사회들은 그 규모가 커지면서 몇 개의 방언이 생겨날 수 있었다.[27] 1970년대에 한 언어학자는 호주 지르발Dyirbal족 중 영역 북쪽에 사는 사람들은 고유의 방언을 가지고 있을 뿐 아니라 자신들을 다른 이름으로 부른다고 보고했는데, 이는 사회 분할이 머지않았다는 뜻이었다.[28]

검은 양 효과도 사회 분할의 한 요인이었음이 분명하다. 구성원 중에 별나게 튀어서 자기 사회의 정체성을 모욕하는 듯 보이는 사람이 있으면 그를 향한 반감이 커진다. 심리학자들은 이런 검은 양 같은 존재를 개별적으로, 또는 범죄자가 된 반항적인 10대 등의 집단으로 묶어 연구한다. 그런데 미국의 사회학자 찰스 쿨리Charles Cooley는 이렇게 말했다. "행렬과 발을 맞추지 않는 사람이 사실은 다른 음악에 박자를 맞추고 있는 것이라면?"[29] 이런 이탈자도 함께 어울리는 동료들 사이에서는 검은 양 취급을 받지 않을지도 모른다. 사람들은 일부 사회적 변이는 솎아내고, 일부는 허용 가능한 다양성으로 흡수한다. 하지만 허용 기준이 사회 전반에 걸쳐 동일하지 않을 수 있다. 일탈한 것으로 보이는 자가 생각이 비슷한 사람들 사이에서는 잘 살 수 있으며, 그들이 마치 다른 드러머의 박자에 발을 맞추듯 그의 선택을 모방할 수도 있다. 이페티 아체족이 죽은 자를 먹는 행위에는 영적인 의미가 담겨 있었음에도 불구하고 다른 아체족 집단들은 그것을 잘못 이해하고 두려워했는데, 바로 그 행위가 아체족이 하위집단들로 해체된 요인이었을지도 모른다.[30]

지리적인 장벽 때문에 충분한 차이가 생긴 경우, 한 사회는 일탈 행동에 대한 어떠한 반응도 없이 쪼개질 수 있다. 호주에 처음 도착했던 원주민들처럼 기존 사회로부터 완전히 고립된 사람들은, 그 장소에 적절한 어느 방향으로든 변화할 수 있었다.[31] 다른 곳에서는, 기존 사회 동료들과 어느 정도 접촉이 있었음에도 불구하고 지형학적 특성 때문에 분열되는 경우도 있었다. 아체족의 또 다른 집단은 1930년대에 그들의 영역을 가로질러 고속도로가 뚫리는 바람에 분할되었다. 그 도로를 오가는 외부자들에게 두려움을 느낀 그들은 그곳을 멀리 피해 다녔다. 그 바람에 그들을 이어주던 사회적 결속이 거의 사라져버려 이비티루주Yvytyruzu 아체족과 노던Northern 아체족으로 나누어지게 되었고, 결국 그들은 서로를 별개의 민족으로 생각하게 되었다.[32]

궁극의 단절

19세기 미국의 상원의원 에드워드 에버렛Edward Everett은 로마제국의 몰락에 대해 이렇게 설명했다. "사회가 적대적인 원자들로 해체되자 이 원자들의 움직임이라고는 상호 반발력밖에 없었다."[33] 수렵채집인 사회에서도 각각의 분파가 서로를 적대적인 원자로 바라보면서 상대방의 행동이 사회가 인정하는 경계를 넘어섰다고 여기게 되자 사회 분할의 시동이 걸렸다. 그 경계가 무엇인지를 두고 생기는 의견의 불일치만으로도 분할이 촉발될 수 있었다. 사회가 자고로 삶이란 이래야 한다는 이야기를 전달함으로써 세상에 의미를 부여한다면, 기존에는 하나였던 이야기가 두 개로 쪼개지는 셈이었다.

　사회 분할의 구체적 모형을 제시한 사람은 없었지만 사회심리학자 파비오 사니Fabio Sani가 동료 스티브 레이처Steve Reicher와 함께 진행한, 서로 다른 종류의 집단 안에서 발생하는 분파 형성에 관한 연구는 사회 전체에서 작동할 수 있는 그 요인들을 제시한다.[34] 영국성공회는 1994년에 여성을 성직에 임명하는 것이 교회의 본성에 반한다고 생각한 구성원들이 다른 교파를 만들어 자신의 갈 길을 가면서 분열되기에 이르렀다. 같은 시기의 또 다른 사례를 보자. 이탈리아 공산당이 주류로 입성하면서 이름을 새로 지었는데, 이 때문에 소수 분파가 갈라져 나와 원래의 정당 강령과 심벌을 그대로 유지하는 새로운 정당을 차렸다. 두 상황 모두에서 개혁을 통해 자신의 정체성을 강화할 수 있다고 느낀 구성원들은 그러한 변화를 피할 수 없는 것이라 여기고 적극 이용했다. 반면 다른 구성원들은 개혁을 그들을 정의하는 무형의 본질을 파괴하여 연대를 위협하는 해로운 일탈로 해석했다. 자신의 정체성이 전복되리라는 믿음이 이들과 개혁을 지지하는 사람들 사이를 쐐기처럼 쪼개는 역할을 한 것이다.

과거나 지금이나 대부분의 분할은 양쪽 진영의 정체성 변화로 촉발되는 것이라 생각할 수도 있다. 하지만 사니의 연구는 불균형이 존재할 수 있음을 암시하고 있다. 변화를 최소화하는 쪽을 지지한 보수적인 분파는 오늘날 우리가 국수주의자라고 부르는, 변화를 혐오하는 사람들을 끌어들였을 수 있다. 수렵채집인 시대에는 아마도 영역의 가운데 지역에 자리 잡아 외부로부터 차단된 채 사회의 오래된 속성과 원래의 이름을 그대로 유지할 수 있었던 사람들이 그에 해당했을 것이다. 그들의 관점에서 변화는 한 마리의 검은 양에서 기원한 위험한 행동의 확산으로 보였을 것이다. 그런 변화에 불만을 품은 사람이 처음에는 한 명에 불과하다가 결국에는 집단을 이루어 부적절한, 심지어는 악의적인 행동을 하는 분파가 되었을 것이다. 그런 분파는 생각이 비슷한 사람들로 구성되었기에 강력한 헌신을 끌어낼 수 있었고, 사회 전체가 아니라 보다 좁은 범위에서 형성되었기에 연대감이 쉽게 생겼다. 하지만 영역의 가장자리를 차지하고 있던 급진적인 분파는 자신들의 관점이 사회 통합적이라고, 즉 자신들이 촉진하는 변화가 사회 강화에 필수적이라고 여겼기에, 그들의 눈에는 개혁을 거부하는 보수적인 사람들이야말로 반체제 인사로 보였을 것이다.

양립할 수 없어 보이는 차이점을 중심으로 분파가 형성되면, 양쪽 진영 모두 상대방의 관점에서 상황을 이해하려는 노력을 거의 하지 않는다. 심리학 연구에 따르면 심지어 막 분파가 형성되어 서로 간의 차이가 사소한 상황에서도 상대 진영 생각에 대한 관심이 줄어드는 현상이 생긴다고 한다.[35] 그 결과 소통이 단절되고 분파는 더욱 강화된다. 타인을 하나의 개인으로 바라보기가 어려워지는 데서 그치지 않고 서로 파괴적으로 작용하게 되는 것이다. 우리의 동기는 순수하고 그들의 동기는 잘못되었거나 심지어 사악하다고 확신하고 있을 때는, 그들 중 하나를 개성을 가진 존재로 바라보는 것이 자기 신념에 의문을 품게 되는 원인이 될 수 있기 때문이다. 그렇다면 한 사회를 갈라놓는 결정적 요인은 식량이나 주거지 부족이 아니라(그런 결핍이 사회 종말의 한 요인은 될 수 있다), 한때는 모두를 하나로 묶어주던 집단적 정체성에 생긴 결함이라고 할 수 있다.[36]

우리는 앞서 사람들이 사회를 마치 별개의 생물종처럼 생각한다는 것을 살펴보았다. 사실 한 사회가 둘로 쪼개지면서 탈바꿈하는 것을 '의사 종 분화pseudospeciation'라고 하는데, 실제로 한 종이었던 인간이 두 종으로 바뀌는 셈이기 때문이다.[37] 이런 분할 과정에서 표지는 유전자와 비슷한 역할을 한다.[38] 생물학자에게 종의 기원을 연대순으로 정리하는 일이 만만치 않은 과제이듯이, 인간 사회에는 변화가 늘 만연했기에 선사시대에 누가 누구로부터 분할되어 나왔는지 알아내기도 쉽지 않다. 더군다나 인간 사회는 서로 손쉽게 물건을 교역하고, 빌리고, 훔치고 했기 때문에 인류학자의 난관은 더욱 크다.[39] 《종의 기원Origin of Species》에서 살아 있는 것에 대해 한 다윈의 마지막 말이 사회에도 그대로 적용된다. "아름답기 그지없고 경이롭기 그지없는 무한한 형태가 진화해왔고, 지금도 진화하고 있다."[40] 인간 사회의 분할을 뒷받침하고 있는 심리학을 더 자세히 살펴보면 이런 아름다움이 쉽게 찾아온 것이 아님을 확인하게 될 것이다.

21장

외부자의 발명과 사회의 죽음

사회의 해체는 재창조의 시간이다. 어느 역사를 봐도 사회의 파탄은 결혼 생활의 파탄과 똑 닮아 있다. 분열이 불가피해진 상황이 닥치면, 사람들은 몇 년 동안 억눌러왔던 의견들을 마구 쏟아내기 시작한다. 이런 의견들은 하루는 아닐지라도 한 달 전까지 주장했던 내용과 정반대되는 것일 수도 있다. 사회 규범에 순응해야 한다는 압박이 감소하거나 아예 사라지면, 그동안 사회에서 선호되지 않거나 이단이라 여겨졌던 상호작용 방식을 탐험해볼 자유를 양쪽 진영 모두 얻게 된다. 그렇게 기존에는 용인되지 않았던 행동들이 전면에 등장하면서, 각각의 집단이 이제는 서로가 외부자로 보일 정도로 낯설어지게 된다.

그 증거로, 딸 사회daughter society들에서 일어나는 많은 변경(다시 한번 생물학 용어를 빌리자면 형질 치환character displacement)은 그들이 각자의 길을 가고 난 후 초기 몇 년 동안에 일어난다. 이때 새로운 표현의 자유도 생긴다. 언어가 가장 빠른 속도로 변화하다가(분명 연구가 덜 되었을 뿐 정체성의 다른 많은 측면도 마찬가지일 것이다) 그 후로는 비교적 안정적인 상태가 된다.[1] 사실 사회 간 차이는 지리적 분리로 인한 서로에 대한 무지의 결과가 아니라, 서로에 대한 인식과 상호작용의 결과일 때가 많다. 즉 차이는 사회가 분할된 후에 두드러지는 것이다. 새로 생겨난 사회가 제공하는 독립적인 사고와 발명의 기회 덕분에 구성원들의 인식이 자신들의 것이라고 찬양할 수 있는 주제로 모아지면, 이러한 형성기는 곧 황금기가 될 수 있다. 바로 이러한 황금기에 만들어진 미국의 독립선언문과 헌법은, 국가의 통치 방식에 의문이 제기될 때 여전히 미국인들이 참고하는 기준으로 남았다. 지금까지 알려진 바를 바탕으로, 나는 정체성 변화가 지금은 물론이고 우리의 진화 과정에서도 일어났을 것이라고 믿는다.

하지만 분할 직후 정체성의 재작업 과정에 생기가 도는 데는 그보다 더 깊은 심리적 원동력이 존재할 것이다. 표류하는 느낌, 한때 더 큰 사회에서 제공해주던 의미와 목적으로부터 자신의 운명이 단절되었다는 느낌 때문에 사람들은 그와는 다른 강력한 정체성과 본질을 찾아 나서야 한다는 마음이 다급해졌을 것이다.[2] 그리고 더 나아가 서로에 대한 동일시도 분명 중요했을 것이다. 노숙자나 비만인은 사회에서 소외감을 느낄지언정 그들만의 정체성으로 사회를 만들어내지는 않는다. 마찬가지로 병들거나 장애가 생긴 침팬지나 코끼리가 다른 개체들로부터 따돌림을 받는다고 자기들끼리 사회를 만들지는 않는다. 이 이탈자들이 유대감을 형성하지 못하는 이유는 자기와 같은 상황에 처한 다른 개체들을 호의적인 시선으로 보지 않기 때문이다. 이들에게는 심리학자들이 긍정적 차별성positive distinctiveness

이라고 표현하는 것이 부족하다.[3]

심리학자들의 통찰에 따르면, 이제 막 만들어진 사회의 구성원들은 자신을 긍정적으로 차별화하기 위해 수고를 아끼지 않는다. 그러기 위해 소중한 특성들을 즉흥적으로 만들어내거나 오래된 특성들을 특별한 방식으로 표현한다. 이 과정은 종의 발산divergence of species을 연구하는 생물학자들이 격리 기구isolating mechanism라 부르는 특성의 발달 과정과 비슷하다. 다른 사회와의 남아 있는 공통점은 무엇이든 부정되거나 무시될 수 있다. 이혼한 후 서로 말도 섞지 않는 전 부부처럼, 사회들도 접촉을 중단할 수 있다. 이는 이들이 공유하던 역사에 대해 이야기하기를 꺼리거나 그 역사 자체가 잊힌다는 의미다.[4] 외부자의 시선으로 보기에는 새로 탄생한 사회들이 아무리 비슷해 보인다 한들, 이들의 재결합은 빠른 시일 안에 불가능해진다.

분할, 그리고 '우리'와 '그들'에 대한 인식

사회 분할에서 한 가지 놀라운 측면은 예전 동지들 사이의 관계가 개인 수준에서 하나도 빠짐없이 재구성되어야 한다는 것이다.

분할을 통해 누가 어디에 속하는지 명백하게 이해되었을 것은 틀림없다. 그래야만 각각의 분파가 처음부터 질서와 독립을 유지할 테니까 말이다. 침팬지의 경우는 이런 정체성의 재구성이 파괴적인 성격을 띠기에 카사켈라 커뮤니티가 카하마 커뮤니티를 더욱 끔찍하게 공격한 것이다. 당시 살육당한 개체들과 살육한 개체들의 사이는 예전에 그저 알고 지냈던 정도가 아니라 친구였던 경우도 많았다. 절

친한 친구 간이었던 휴고Hugo와 골리앗Goliath은 침팬지 커뮤니티가 갈라지면서 각각 반대 진영에 속하게 됐지만(골리앗이 패배한 진영에 속했다), 두 커뮤니티 사이가 점점 더 멀어지는 동안에도 서로 계속 털손질을 해주었다. 휴고는 골리앗을 죽이는 일에 참여하지 않았지만 또 다른 수컷인 피건Figan은 참여했다. 제인 구달의 설명으로는 골리앗이 피건의 어린 시절 영웅 중 한 명이었는데도 말이다.[5]

골리앗을 죽음의 운명으로 내몬 것은 침팬지들이 동료들을 파악하는 방식에서 일어난 변화였다. 서로를 범주로 나누는 방식에 변화가 생긴 것이다. 한 영장류학자의 말처럼 유인원이 범주화에 능숙하다는 사실은 다음과 같은 내용을 상기시킨다. "침팬지는 인간과 마찬가지로 세상을 '우리'와 '그들'로 나눈다."[6] 이 주제에 대해 구달이 취했던 입장을 더 살펴보자.

> 침팬지는 집단 정체성에 대한 인식이 대단히 강해서 누가 자기네 소속이고 누가 그렇지 않은지를 명확하게 알고 있다. (…) 그리고 이것은 단순히 '낯선 개체에 대한 두려움'이 아니었다. 카하마 커뮤니티 구성원들은 카사켈라 커뮤니티의 공격자들과 잘 아는 사이임에도 불구하고 잔혹하게 공격당했다. 마치 다른 커뮤니티로 갈라섬으로써 집단 구성원으로서 대접받을 '권리'를 몰수당한 것 같았다. 더군다나 그런 공격 패턴 중에는 같은 커뮤니티에 속한 구성원들끼리의 싸움에서는 절대 보이지 않는 팔다리 비틀기, 피부 벗겨내기, 피마시기 등이 포함되어 있었다.

구달은 이렇게 결론 내리고 있다. "따라서 이 희생자들은 사실상 비침팬지화된dechimpized 것이다."[7] 사람에게서 나타날 수 있는 비인 간화와 마찬가지로 '우리와 같은 종류'에 속한 존재라는 인식을 꺼 버릴 수 있는 능력이, 바로 새로운 사회의 구성원들이 예전 사회 동료들과의 분리를 되돌릴 수 없이 확정하는 메커니즘이 된다.[8] 이런 인식 변화는 분할 그 자체보다 앞서서 일어나는 점진적인 과정일 수 있다. 예를 들어 마카크원숭이 무리의 분할 과정에서 싸움은 초기에는 서로 다른 분파에 속한 개체들 사이에서 벌어지다가, 분할이 가까워지자 집단적으로 행동하는 분파 간의 대결로 변했다. 원숭이들이 더 이상 상대 원숭이들을 개별적인 존재로 취급하지 않고 하나의 덩어리로 취급하는 것 같았다.[9]

대체 곰베 국립공원에서 무슨 일이 일어났기에 결국 한 집단이 서로 다른 두 집단으로 분리된 것일까? 분파로 나뉘었어도 서로를 용인하며 몇 년을 보내다가 결국 남아 있던 유대 관계마저 잘라내게 만든 분기점이 무엇이었을까? 어쩐 일인지 이들은 모두 예전의 동료 구성원들을 비침팬지화된 타자로 재구성했다. 모든 침팬지가 다른 분파 구성원들에 대한 관점을 바꾸도록 만든 무언가를, 과학자들은 놓친 것일까?

자기 무리의 모든 개체와 지속적으로 접촉을 유지하기 때문에 중요한 사건을 놓칠 일이 드문 원숭이들의 경우에는, 어떤 결정적 사건이 그들 무리의 분할에 한몫할 법하다. 하지만 흩어져서 지내는 침팬지들은 집단에서 일어나는 사건들을 속속들이 알기가 불가능하다. 어떤 중요한 사건을 모든 침팬지가 목격할 수 있는 것도 아니고, 다른 침팬지를 통해 그에 대해 알아차리게 되는 것도 얼마 없다. 이 때문에 우리는 침팬지 및 보노보 사회의 분할과 사람 사회의 분할 사이에서 나타나는 결정적인 차이점에 주목하게 된다. '나는 누구와 같은 편인가?' 혹은 '이제 다른 개체들은 외부자들인가?' 하는 문제에 대해, 우리의 친척 유인원들은 기껏해야 우연히 자기와 가까이 있게 된 커뮤니티 구성원으로부터 얻은 얼마 안 되는 정보를 바탕으로 단독으로 결정해야 한다. 반면 인간의 경우는 언어 이전에 전개된 사회 분할의 역학이 어떻게 진화했는지 몰라도 다른 곳에서 어떤 일이 일어났는지 확인할 수 있고, 누구를 사회에서 추방하고 누구를 남겨야 하는지에 대해 자신의 의견을 제시하거나 남의 주장을 지지할 수 있다.

곰베 국립공원 커뮤니티를 최종적으로 갈라놓은 것이 무엇이었든 간에 한 가지는 분명해 보인다. 각각의 침팬지가 다른 모든 개체와 개별적으로 관계의 변화를 꾀하지 않았다면 비침팬지화는 일어나지 않았을 것이라는 점이다. 아마도 분할이 일어날 즈음에는 다른 분파의 침팬지들을 대하는 방식을 한꺼번에 수정할 준비가 되어 있었을 것이다. 짜잔! 이 한순간의 정체성 이전으로 과거의 동료들이 외부자들이 되면서 한 사회가 탄생한 것이다. 침팬지나 회색늑대 같은 공격적인 동물의 경우 누가 자기네 소속이고 아닌지를 구분하는 경계에 변경이 일어나면, 과거의 관계는 거의 아무런 중요성도 띠지 않게 되었을 것이다. 한때는 사랑받던 골리앗이 일거에 낯선, 심지어는 위험한 이방인이 되고 만 것이다.

물론 침팬지, 늑대, 그리고 다른 대부분의 포유류는 자신의 정체성을 붙여놓을 표지를 갖고 있지 않다. 하지만 우리 종이 진화하여 행한 것은(이 조잡한 가설에 조금이라도 신빙성이 있다면) 이 집단적인 정체성 전이를 구성원들이 자신의 분파와 연관 짓게 될 고유의 특성과 연결시킨 것이다. 이러한 관점의 변화가 스트레스 라인을 만들어내고 이것을 따라 사람들은 여전히 같은 사회에 속해 있는 동안에도 충돌하게 된다. 일단 사람들이 한 동포 집단이 도저히 용납할 수 없는 끔찍한 행동을 중심으로 뭉쳤다고 생각하게 되면, 그 집단은 구제불능의 타인이 되어버린다. 그럼 비호감인 그들의 표지가 그들을 인식할 때 제일 먼저 떠오르게 되기 때문에 선입견이 극명하게 부각된다.

익명 사회를 이루는 다른 종도 아주 비슷한 방식으로 행동하지만 일부는 사람보다 형식 면에서 훨씬 조직적이고 고통도 수반되지 않는 전략을 사용한다. 꿀벌 군집 분할의 경우, 분봉으로 두 개로 나누어진 벌 집단은 처음에는 동일한 정체성 표지, 즉 같은 냄새를 공유한다. 지금까지 알려진 바로는 그 두 집단이 다시 결합하지 않는 딱 한 가지 이유는 그중 한 집단이 원래의 벌집에서 너무 먼 곳으로 날아가버리기 때문이다. 아직 연구된 부분은 아니지만 일단 두 군집이 각각의 장소에 정착하고 나면 먹이의 차이, 그리고 각각의 여왕벌에서 태어난 자손들의 유전적 차이 때문에 정체성 표지인 냄새가 서로 점점 달라진다는 것이 합리적 추측이다. 그 결과 각각의 군집은 뒤늦게 자기 고유의 정체성을 확립하게 된다.

내란이 일어났던 경우들을 살펴보면 터무니없는 비인간화와 노골적인 잔혹함에 이르기까지, 자기 사회에 소속된 다른 사람들에 대한 반응의 변화가 당혹스러울 정도로 순식간에 발생함을 알 수 있다. 가장 잘 보고된 예는 분파의 등장이 아니라 현대의 민족성에 관한 것으로, 이런 문제의 극치를 보여준다. 폴란드계 미국인 역사가 얀 그로스Jan Gross가 밝혀낸 바에 따르면, 보통의 시민도 여느 침팬지와 마찬가지로 완전히 소름 끼치게 관계를 단절할 수 있다. 그로스는 예드바브네Jedwabne 이야기를 재구성했다. 예드바브네는 폴란드의 한 도시로, 1941년 어느 하루 동안 그곳에 살던 유대인 거주민이 1500명 넘게 살육당했다.[10] 수렵채집인 사회에서 이런 정도의 폭력이 흔했으리라고 생각하지는 않지만 그들도 탈퇴해서 빠져나간 분파를 열등한 존재로 보았을지 모른다. 그 분파의 구성원들이 새로 채용한 방식이 무엇이냐에 따라 시작부터 혐오감이라는 반응이 나왔는지도 모른다. 사회의 해체라는 검이 벼려져 있기 때문에 이런 관점은 어지간해서는 바꾸기가 힘들다. 그래서 빠른 시간 안에 서로 확실하게 갈라서게 된다.

퇴짜를 맞았다는 느낌은 심리적으로 큰 충격이 될 수 있다. 자기가 거부했던 사람으로부터 거부당하는 것도 고통이나 우울을 불러일으킬 수 있는 것처럼, 자기가 싫어하는 집단으로부터 거부당하는 것도 마음이 아프다. 이를 입증해주는 연구 중에 다음과 같은 제목으로 나온 것이 있다. "KKK단(미국의 극우 백인우월주의 결사 단체 – 옮긴이)이 나랑 안 놀아줘요The KKK Won't Let Me Play."[11] 여기서 예상되는 결과가 있다. 한 분파와 자기를 강력하게 동일시하는 사람들은 다른 분파로부터 푸대접을 받을수록 자기 분파와 더 긴밀한 유대 관계를 형성한다는 것이다.[12] 퀘벡, 웨일스, 스코틀랜드, 카탈루냐 등에서 분리주의 운동에 합류하는 사람들은 과도한 세금과 시민권 억압 등 자신이 불공정하다고 인식하는 것에 대해 크게 분개하면서 그것을 중심으로 하나로 뭉친다. 이런 것이 단층선을 더욱 선명하게 만들어 그 선을 따라 사회가 쪼개질 수 있다.[13]

대부분의 경우 긴밀한 유대 관계는 사회가 분할될 때도 잘 버텨내는 경향이 있다. 함께 자란 가족 구성원들은 비슷하게 생각하는 경우가 많아서 같은 분파를 선택할 확률이 높다. 수렵채집인들이 분할 이후 자기 사회 안에서 평균적으로 친족과 더 가까웠던 이유도 이것으로 설명할 수 있을지 모른다. 이런 패턴은 다른 영장류의 분할 이후에도 나타난다.[14] 부족의 정착지에서는 이런 경향이 더욱 선명하게 드러난다. 부족에 속한 사람들은 확대가족을 통해 물품을 공유하고 재산을 물려주기 때문에 대부분의 분할이 가족의 구분을 따라 깔끔하게 이루어진다.[15] 물론 친족이나 동맹 관계인 사람들이 사회 분할에서 서로 반대편에 서게 되면, 이들은 심각한 시험에 들게 된다. 충성심을 다른 분파로 돌린 사람은 누구든 기존의 관계와 단절될 위험을 감수해야 한다.[16] 역사에는 형제가 형제를 죽인 이야기가 널려 있다. 미국 남북전쟁 때 그런 가슴 아픈 사연이 그 어느 때보다 많아 형제들의 전쟁으로도 불리는데, 가족과 마을의 결속이 쪼개지며 그 후로도 여러 세대에 걸쳐 관계가 손상되었다.[17]

초기 수렵채집인들이 분할을 마무리 짓게 만든 분기점이 무엇이었는지는 모르지만, 기록으로 남은 인간 역사와 다른 영장류로부터 얻은 증거를 보면 눈곱만큼의 적대감도 없이 분할되는 경우는 드물었다. 언어의 등장으로 우리 선조들이 냉정한 협상을 통해 관계를 폐기하는 것이 이론적으로는 가능해진 후에도 마찬가지였다. 곰베 커뮤니티 분할로 이어진 사건들 중에도 싸움이 있었지만, 그런 싸움은 침팬지들에게는 일상이었다. 작은 위안이라면, 그 커뮤니티가 분할되고 나서 죽이는 일이 시작되었다는 점이다.

인간 사회의 분할을 화해가 불가능해져 완전히 갈라서는 이혼에 비유하는 것은, 분할 이후까지 고려하면 적절하지 않을 수도 있다. 일부 다른 포유류 사회와 마찬가지로 인간 사회도 분할 과정에 꼭 노골적인 폭력이 개입되는 것은 아니고 그 이후에도 폭력이 관계를 저해하는 것은 아니다. 사바나코끼리는 사회 분할이 일어나는 동안 혼란과 불확실성에 직면할 수 있고 전반적인 관계의 재구성을 견뎌야 할 수도 있다(보노보도 마찬가지인 듯하다). 하지만 이 종과 우리는 늘 그렇지는 않아도 사회 분할 이후 다시 유대 관계를 회복할 때가 많다. 따라서 이런 종류의 분할은 10대 자녀와 부모 간의 갈등에 비유하는 것이 더 적합할 듯하다. 양쪽 모두 독립을 달성하기 위해 반드시 거쳐야 할 걱정 많은 성장기인 셈이다. 대단히 격앙된 상황에서 분할된 것이 아니라면, 양쪽 진영은 지금은 확실히 갈라섰다 해도 나중에는 관계를 개선할 가능성이 있다.

매직 넘버

수십만 년 동안 인간 정체성의 변덕스러움이 작은 규모의 사회 분할을 만들어낸 것은 확실하다. 사실 그 규모가 너무도 예측 가능해서 일부 인류학자는 500을 '매직 넘버'라고 선언했다. 지구 어디에서나 대략적인 평균으로 작용한 이 수치는 한 밴드 사회에 사는 사람의 숫자였다.[18] 120이 침팬지 커뮤니티가 불안정해지는 한계 수치로 보이는 것과 마찬가지로, 선사시대 호모사피엔스가 안정된 사회를 유지할 수 있었던 인구수의 대략적 상한치는 500이었다고 보는 것이 타당하다.[19]

한 사회가 적어도 500명 정도의 사람을 포함해야 하는 실용적인 이유를 추론해볼 수 있다. 어떤 계산에 따르면 이 정도 규모의 인구면 가까운 친척이 아닌 배우자를 선택할 기회가 생긴다고 한다.[20] 수십 마리 규모의 사회를 이루어 사는 많은 포유류는 위험을 무릅쓰고 쉬지 않고 외부 사회에 합류하려는 욕구를 보이는 반면, 인간은 그런 일이 드문 이유를 이것으로 설명할 수 있을지 모른다. 고를 수 있는 짝이 풍부한 덕분에 역사적으로 대부분의 사람은 자기가 태어난 사회에서 평생 머물 수 있는 선택지가 생긴 것이다. 하지만 더 큰 규모가 아니라 하필 이 규모에서 사회 분할이 일어나게 된 이유는 무엇일까? 규모가 더 커지면 짝을 고를 수 있는 선택지도 훨씬 더 넓어지고 사회 방어에도 이점이 있었을 텐데 말이다. 이 수치는 자연 속에서 살아가는 사회의 견제와 균형checks and balances을 반영하지는 않은 듯 보인다. 수렵채집인이 살았던 정글과 툰드라 지역은 포식자와 가용한 식량 등의 생태적 요소가 천지 차이이기 때문이다. 수렵채집인이 차지했던 영역은 속한 생태계에 따라 총면적에서 차이가 나서 북극 지역 사람들의 영역이 더 넓었지만 사회의 인구는 어딜 가든 대략 비슷했다.

밴드 사회의 인구수 상한선이 낮았던 것은 인간의 개성 표현을 관장하는 심리학의 함수였는지도 모른다. 여기서는 균형 유지가 필수적이었다. 구성원들은 같은 공동체라는 느낌을 공유할 수 있을 정도로 서로 충분히 닮았다고 느끼는 한편, 자신을 독특한 존재라고 여길 만큼 충분히 달라야 했다. 10장에서 주장했듯이, 사회 구성원 모두가 몇몇 밴드에 속해서 살아갈 때는 자신을 돋보이게 만들려는 동기가 거의 생기지 않았다. 그래서 수렵채집인들 사이에서는 파벌이 잘 생기지 않았다. 하지만 인구가 늘어나자 이들도 더 협소한 집단과의 연줄을 통해 생기는 차별성을 욕망했다. 이렇듯 정체성 다변화에 대한 욕구가 증가하자 분파의 등장이 촉진되고 결국에는 밴드 사이에 불화가 일어나 관계 단절로 이어졌을 것이다. 한곳에 정착해서 결국 인구가 대규모로 늘어난 사회였다면 상황은 달랐을 것이다. 밴드 사람들과 달리 정착지의 사람들은 대부분 다양한 사회적 집단과 이어질 기회를 찾을 수 있었다. 이런 집단은 분파가 아니라 사회가 기능하는 데 필요한, 다소 폭넓게 용인되는 집단이었다. 직종 모임, 전문가 단체, 사교 클럽, 그리고 사회 위계나 확대 친족extended kin 사이에 존재하는 모임이 이런 사회적 집단에 해당했다.

나는 지금까지 인류학자들이 말하는 매직 넘버 500이 대체 무엇이 특별한 것인가라는 질문은 남겨두었다. 이 정도 인구가 되면 사회에 속한 모든 구성원이 서로를 아주 어설프게나마 알고 지내기도 부담스러워져, 상호작용할 때 표지에 크게 의존하게 된다. 바꿔 말해, 집단의 구성원 수가 500명이 넘어야 사람은 진정한 익명성을 느끼기 시작한다. 개미에게는 이것이 별 영향을 미치지 않지만, 사람에게는 개인으로서 중요한 존재이고 싶은 욕망을 깎아내리는 효과를 낳는다. 이러한 자존감 상실 때문에 사람들은 자기에게 닥친 새로움을 받아들임으로써 자신의 차별성을 강화하려는 욕구를 느꼈을 것이다. 치밀한 조직도 없고, 대규모 정착 공동체의 감시도 없는 상황에서 이러한 새로움은 분할을 자극했을 것이다. 사회적 정체성의 이런 특성은, 구석기시대 당시의 삶에 이상적이었던 크기로(이 크기가 이상적이었던 이유는 아직 완전히 이해할 수 없지만) 밴드 사회가 유지되도록 진화된 것인지도 모른다. 아니면 사람들 개개인의 사회적 상호작용 강화를 위한 적응일 수도 있는데, 이 경우라면 500이라는 숫자는 심리적 특성이 낳은 우연의 결과일 것이다. 양쪽 시나리오 모두 중요하게 작용했을 가능성이 커 보인다.

사회는 어떻게 죽는가

사회는 생기고 사라지기를 반복한다. 개미와 흰개미의 군집은 보통 여왕 개체와 함께 죽는다. 군집의 모든 세대는 새로운 여왕 창립자와 함께 새로이 출발한다. 일부 포유류 사회는 거의 결정적인 종말에 도달한다. 회색늑대나 들개, 혹은 미어캣 무리의 번식 쌍이 독자 생존 가능한 후계자를 남기지 않고 죽을 경우 그 사회는 운을 다하게 되는 것이다. 하지만 그렇다 해도 포유류 구성원들은 곤충과 달리 계속해서 살아남을 수 있고, 운이 좋으면 흩어져서 다른 곳의 무리에 합류할 수도 있다.

　분할이 이루어지면 대부분의 척추동물 사회는 손쓸 수 없는 막다른 길에는 부딪히지 않는다. 이상적인 조건 아래서는 사회가 마치 계속 세포 분열하는 아메바처럼 번식할 수 있다. 생물학자 크레이그 패커Craig Packer는 아프리카에서 50년 넘게 연구하는 동안 몇몇 사자 무리가 열두 세대에 걸쳐 분할하는 것을 지켜보기도 했다.

　불멸에 가까운 사회로는 아르헨티나개미 및 몇몇 다른 개미 종의 초군집을 들 수 있다. 그 구성원들은 지구 전체로 퍼져나가면서도 군집의 정체성을 유지한다. 하지만 추측건대 이들도 어느 시점에 가서는 새로운 초군집을 형성하게 될 것이다. 그런 일이 일어나려면 같은 초군집에 속한 개미들의 정체성이 공존 불가능할 정도로 변해야 한다. 사람은 결별을 조장하는 행동을 선택할 수 있지만 개미의 경우는 그런 행동을 시험해보는 일이 절대로 없기 때문에, 정체성 다변화는 유전적 변화가 밑바탕이 되어야 한다. 어쩌면 군집의 냄새에 영향을 미치는 돌연변이를 갖고 있는 여왕개미가 운 좋게 고립된 지점에 숨어 있다가 그런 일이 일어날지도 모른다. 정말 기대하기 힘든 일이기는 하지만, 그런 여왕개미가 그곳에서 자기만의 고유한 정체성 냄새를 갖는 둥지를 세워 그것이 초군집으로 자라날 수도 있다.

척추동물 중에서는 플로리다 해안을 따라 자리 잡고 있는 큰돌고래 커뮤니티가 영속성 면에서 개미 초군집과 어깨를 나란히 한다. 물론 이 커뮤니티가 개체 알아보기 사회임을 고려하면 규모 면에서는 상대가 안 되지만 말이다. 새러소타만Sarasota Bay의 외딴 곳을 계속해서 차지하고 있는 한 커뮤니티는 연구가 진행된 40여 년 동안 그 영역을 다음 세대로 물려주면서 120마리 정도의 규모로 안정적으로 유지되었다. 영역을 물려받는 것이 사회 구성원들이 얻는 가장 큰 혜택인 종이 많다. 유전적 증거를 보면 그 커뮤니티는 그곳에서 수백 년간 자리 잡고 있었음을 알 수 있다.[21]

하지만 사회는 잠재적으로는 무한히 분할을 반복할 수 있다 해도 어느 시점에 가서는 반드시 종말을 맞이할 수밖에 없다. 심지어는 무한히 분열하는 아메바도 먹을 것이 감소하면 힘겨운 싸움에 직면한다. 굶어 죽을 정도가 되면 분열이 일어날 때마다 두 마리 아메바 중 한 마리는 죽고, 남은 한 마리가 다시 분열한다. 유전적으로 이렇게 프로그래밍된 덕분에 아메바의 전체 숫자는 환경이 감당할 수 있는 최대 개체 수인 포화 밀도carrying capacity로 유지된다.[22]

이런 극명한 사망률을 보면 곰베 국립공원 침팬지들에게 일어났던, 한 커뮤니티가 다른 커뮤니티를 완전히 쓸어버린 비극이 떠오른다. 여기에는 그럴 만한 이유가 있었다. 아메바와 마찬가지로 맬서스주의적 현실이 적용된 것이다. 아무리 느리게 규모가 늘어나는 종이라 해도 그 개체 수는 몇 세대 만에 포화 밀도에 도달한다. 따라서 환경의 변화만 없다면 살기 적당한 땅덩어리에는 수천 년에 걸쳐 같은 개체 수의 침팬지 커뮤니티가 존재할 것이다. 침팬지가(혹은 사자나 인간도) 개체 수 정점을 찍기 전에는, 분할되어 나온 사회가 큰 싸움 없이도 정착할 공간을 찾을 수 있다. 하지만 일단 포화 상태에 도달하면 이웃 사회 간에만 아니라 사회 내부적으로도 자원을 차지하기 위한 충돌이 불가피해진다. 이 때문에 구성원 간에 긴장이 조성되다가 결국에는 붕괴를 맞게 된다. 또한 포화 상태에서는 규모가 큰 사회가 쪼개져도 구성원들의 상황은 조금도 나아지지 않는다. 분할되기 전과 마찬가지로, 자원을 두고 계속해서 싸움을 벌이게 된다는 말이다. 분할 자체로는 개체 수 증가에 따르는 스트레스를 해소할 수 없다.

하지만 사회 분할은 막힌 길을 돌아갈 수 있는, 야만적일 정도로 실용적인 방법을 제공할 수 있다. 모든 개체가 서로 경쟁하던 침팬지 커뮤니티가 반으로 갈라지면, 카사켈라 커뮤니티가 카하마 커뮤니티를 몰살한 경우처럼 상대방을 제거한 딸 사회는 모든 자원을 독차지하는 동시에 내부 구성원 간의 충돌을 줄이는 효과를 본다. 이것은 굶주리는 아메바의 도태 전략을 폭력을 통해 실천한 경우다. 사회는 일반적으로 언젠가는 포화 밀도에 도달하고, 그 이후에는 정말로 잔혹한 일들이 기다리고 있는지 모른다. 지금은 갈라져 나간 예전 사회의 동료가 나를 끌어내리지 않았다 해도, 다른 사회가 그럴 수 있다. 수학자가 아니라도 결국 시간이 지나면 대부분의 사회가 죽을 운명임을 어렵지 않게 이해할 수 있다.

무자비한 생존의 수학은, 진화의 원인이라는 궁극적인 의미에서 보면 사회 분할의 뿌리에 경쟁이 자리 잡고 있음을 말해준다. 하지만 장소에 따라 표지가 얼마나 많이 바뀌는지 생각해보면 밴드 사회의 분할은 인구압에 상관없이 어느 시점에 가서는 피할 수 없는 일이었음이 분명하다. 그렇다면 이런 의문이 생긴다. 땅덩어리가 인구로 완전히 포화된 상태라 경쟁과 충돌에서 떨어져 나와도 차지할 수 있는 장소가 남지 않아 있지 않은 경우라면 어떨까? 인간은 외부자와의 경쟁이 가장 시급한 해결 과제일 경우에는 똘똘 뭉치는 경향이 있다. 적에게 포위되어 사회 전체가 통일된 전선을 형성하고 있는 경우에는 내부에서 충돌하는 시각의 등장이 가로막힌다. 따라서 사회 분할의 전제 조건인 분파의 등장도 가로막힐 것이다. 이런 식으로 결속된 사회는 외부의 영향이 빗발치듯 쏟아져도 느리게 변하기는 할지언정 단일하고 일관된 정체성을 유지할 수 있다.[23] 그럼에도 나는 이런 상황이 사회 분할을 늦추기는 해도 멈추지는 못하리라 생각한다. 사실 딸 사회들이 빽빽하게 밀집되어 사회적 마찰로 인해 사회 분할을 피할 수 없는 경우, 더 취약한 쪽이 해를 입을 것이 거의 확실하다. 곰베 국립공원 숲에서도 이런 일이 일어났을 것이다. 카하마 커뮤니티에게는 후퇴할 수 있는 남은 공간이 없었다. 선사시대의 수많은 인간 사회도 이런 종말을 맞이했을 것이다. 보통은 급습으로 인해 세력이 약화되다가 얼마 남지 않은 생존자(보통은 여자)가 이웃 집단에 합류하면서 종말을 맞이할 때가 많았을 것이다.

작가 L. P. 하틀리Hartley는 "과거는 외국이다The past is a foreign country" 라고 주장했다.[24] 인간 정체성의 변화를 지배하는 전형적인 규칙을 보면 사회는 내재적으로 노후화될 수밖에 없다. 위세를 떨치는 사회라고 해도 시간이 흐르면 그 사회의 원래 창시자들이 봤다면 너무도 낯설게 느껴져 거부할 형태로 변하게 된다. 충분한 시간이 주어지면 사회는 필연적으로 변화한다. 생물종이 진화를 거듭하다 보면 결국에는 살아 있는 세대가 자신의 조상 종을 몰라볼 정도가 되어 고생물학자들이 새로운 종명을 지어줄 필요가 있다고 생각하듯이 말이다.

따라서 역사의 여명기 이전에는 사회가 서로 갈라서 일부는 전멸당하고 승자도 시간이 흐르면 결국에는 알아볼 수 없을 정도로 바뀌어 다시 분열하는 과정이 셀 수 없이 반복되었다. 당장에는 중요하지만 궁극에는 잊힐 이유로 인해 이루어진 모든 분열은 괴롭고 비통한 마음을 만들어내는 원천이었을 것이다. 이런 사회 분할은 사랑이나 인간의 죽음 운명처럼 근본적인 삶의 리듬의 일부였지만 우리의 이해 범위를 넘어설 정도로 긴 세대에 걸쳐 느리게 진행되었다. 사회는 그 개개 구성원과 마찬가지로 승자든 패자든 너나없이 모두 덧없는 존재다.

이런 주기가 탄생시킨 사회가 얼마나 될까? 생겼다가 사라진 언어의 총 숫자 추정치를 대략적인 지표로 삼아 계산해보면 수십만 개 정도가 나온다.[25] 모든 사회가 별개의 언어를 갖고 있었던 것은 아니기에 보수적으로 잡아 100만 개가 조금 넘는 사회가 생겼다 사라졌다. 그 각각의 사회를 이루던 구성원들은 자기 사회가 대단히 중요하고, 영원히 존재할 것이며, 선조들보다 큰 성공을 거두리라 확신했었다. 당신의 사회도 그런 사회 중 하나다.

따라서 사회의 분할과 죽음은 확실한 현상이다. 검토를 해보면 대부분의 척추동물 종에서는 이 과정이, 안심하고 서로 어울릴 수 있게 만들어주는 표지와는 상관없이 일어난다. 침팬지는 사회적으로 학습한 전통을 갖고 있지만 그렇다고 이상하게 행동하는 개체들을 차별하지는 않는다. 이뿐 아니라 그들이 일부 구성원은 받아들이고 일부는 거절하는 관습을 만들어내서 커뮤니티의 단절을 초래한다고 생각할 이유도 없다. 하지만 인간의 경우에는 사회의 일원이 되면 사회의 규칙과 기대에 맞추어 적절히 행동해야 할 의무가 뒤따른다. 그런데 그 규칙과 기대 자체도 계속해서 변한다. 인간 사회는 최초로 표지를 채택한 이후로, 정체성에 관해 대안적 관점을 가진 분파를 중심으로 계속 쪼개져왔다. 우리의 심리는 한때는 익숙했던 것을 낯선 것으로 바꾸어놓음으로써 이러한 변화를 지휘한다.

수렵채집인 선조들의 사회가 어떻게 탄생했는지 기록하는 과정에서 나는 국가의 흥망성쇠 과정에서 특징적으로 나타나는 것들에 대해서는 말을 아꼈다. 바로 그 문제가 8부에서 다룰 주제 중 하나다. 그 문제에 뛰어들기 전에 먼저 국가라는 거대한 사회를 존재하게 만든 사회적 경로를 짚고 넘어갈 것이다. 뒤에서 보겠지만 문명의 성공을 이끈 것은 결코 온건파가 아니었다. 이제 서로가 서로를 정복하면서 살았던, 그래서 결국에는 인종과 민족을 합병해낸 사회들이 그림 속으로 들어온다. 이들의 투쟁이 남긴 효과에는 오래된 것도 있고 현재진행형인 것도 있지만 오늘날까지도 지구 구석구석에서 계속 이어지고 있다.

8 부

부족에서 국가로

Tribes to Nations

22장

마을이 정복 사회로

약 1만 년 전에는 마지막 빙하기가 끝에 가까워져 기후가 따듯해지면서 일부 수렵채집인이 농사에 의존하기 시작했다. 고고학자들은 이런 변화를 신석기시대 혁명Neolithic Revolution이라고 부르는데, 이는 전 세계 여섯 개 지역에서 독립적으로 일어났다. 그 첫 번째이자 가장 현저한 사례는 약 1만 1000년 전 중동 지역 메소포타미아에서, 두 번째 사례는 약 9000년 전 현재의 중국 지역에서 나타났다. 그리고 뉴기니에서는 약 7000년 전에, 멕시코 중심부와 페루를 중심으로 한 안데스산맥 지역에서는 5000년에서 4000년 전 사이에, 미국 동부에서는 4000년에서 3000년 전 사이에 그러한 변화가 일어났다.[1]

시작은 초라했으나 그중 네 곳에서 어마어마한 왕국이 등장했다. 중국, 중동(나는 인도도 여기에 포함시켰다. 인도는 이 지역에서 가져온 농작물로 유지됐기 때문이다), 멕시코(마야 문명으로 시작해서 나중에는 아즈텍 문명) 그리고 안데스다(잉카에서 정점을 찍었다). 도시, 정교한 건축물과 문화 등을 생각하면 한 문명이 탄생하는 과정만큼 장엄한 이야기도 없으며, 이는 구체적인 부분까지 세세하게 알아볼 가치가 충분하다. 부족으로 정착해서 시작된 사회가 수렵채집인의 밴드 규모 너머로 커진 이후에는 우리 이야기의 전개 속도가 빨라진다. 이 부족이 문명으로 넘어가는 데 필요한 전제 조건이 겉보기보다 단순하다는 아주 단순한 이유 때문이다.

다른 포유류에서는 규모나 정교함 면에서 현대의 국가에 견줄 만한 것이 전혀 보이지 않는다. 자연에서는 사실상 자기들만의 문명이라 할 수 있는 것을 발달시키는 존재는 일부 사회적 곤충밖에 없다. 문명이 존재하고 확산된 데에 핵심적인 역할을 한 것은 분명 익명 사회로의 진화였다. 하지만 우리 인류가 거대한 사회를 발달시킨 능력이나 그 사회를 유지하는 방법을 익명성만으로 설명하기에는 부족하다. 다른 추가적 요소들이 있는 것이 분명하다. 예를 들어 충분한 식량 공급 같은 것은 너무도 분명하게 드러나는 요소다. 사회적 문제 해결, 구성원들에게 자신을 차별화할 수 있는 넉넉한 방안 제공 등은 중요성이 훨씬 떨어지는 요소다. 우리가 문명이라 부를 만한 것을 달성하는 데에는 그보다 훨씬 더한 것이 필요했다. 바로 폭력, 그리고 권력의 음모다.

역사책에는 화려한 국가들의 이야기가 넘쳐난다. 그들의 충돌과 파트너 관계, 다양한 등장인물, 그리고 앞으로 나아간 정부와 그러지 못하고 실패한 정부의 분투 이야기가 가득하다. 우리는 그 세부 사항들을 개인적으로 받아들이는데, 그 이유는 보통 그것이 우리 민족 이야기라서 우리에게 중요하기 때문이다. 하지만 그럼에도 불구하고 국가와 그보다 앞서 존재했던 대부분의 사회 사이의 차이는, 종류의 문제가 아니라 정도의 문제였다.

사회의 규모와 복잡성이 커짐에 따라 한 가지 전환이 가장 중요한 변화로 작용했기에, 나는 국가에 앞서 존재했던 '대부분'의 사회에 대해 말하겠다. 사회들이 서로를 흡수하기 시작했다. 그로부터 우리가 오늘날 알고 있는 형태의 국가에 이르는, 신석기시대 혁명에 의해 열린 길은 참으로 짧았다. 이 정복 사회conquering society들이 뿌리를 내리기 위해서는 가장 기본적인 자원에서 시작해 몇 가지 요소가 필요했다.

식량과 공간

사람을 더 많이 거느리려면 그만큼 많은 식량이 필요하다. 이 자명한 진리 덕분에 충분한 식량 공급이 사회 성장의 원동력이 되었으리라는 가정을 어렵지 않게 해볼 수 있다. 그런데 사실은 그렇지가 않다. 인도 뉴델리의 시장 주변에서 소란을 부리는 원숭이들을 생각해보자. 도시의 마카크원숭이들은 농사를 지어서 나온 과일에(그리고 고기와 채소에도) 의지해서 살아간다. 길거리 노점상에서 훔친 것들이다. 상대적으로 풍족한 먹거리가 더 큰 원숭이 개체군을 지탱해주는 것은 사실이지만 그럼에도 무리의 규모는 도시나 시골이나 숲이나 별반 차이 없이 유지된다.[2] 그저 도시의 무리 숫자가 더 많아서 공간을 빈틈없이 빽빽하게 채우고 있을 뿐이다. 여전히 아르헨티나에 살고 있는 아르헨티나개미도 마찬가지다. 이 군집들은 적대적인 수많은 이웃 군집에 둘러싸여 있기 때문에 아무리 먹을 것이 많아도 아주 크게 성장할 수는 없다. 물론 캘리포니아의 아르헨티나개미는 이런 제약에서 벗어났다.

인류는 분명 도시 원숭이 같은 상황으로 끝나지 않았다. 나일 계곡은 수천 명쯤 되는 미니 이집트의 고향이 아니라 람세스 2세를 낳은 웅장한 이집트의 고향이다. 그렇기는 해도 지구 전체를 넓게 바라보면 사람은 사실 농사로 지은 것이든, 풍족한 야생의 자원에서 나온 것이든 신뢰할 만한 식량 공급원이 있는 경우는 큰 사회 하나를 만드는 대신 작은 사회를 여러 개 퍼뜨리는 식으로 반응했다. 예를 들어 1930년대에 외부자들이 뉴기니 산악지대로 처음 하이킹을 가보았더니 그곳에 이미 수십만 명의 사람이 자리를 잡고 살고 있었다. 몇 킬로미터 정도만 걸어가면 또 다른 정착 부족의 영역에 닿을 수 있었다. 각각의 부족은 자신의 영역에서 만들어지는 식량에 의존하고 있었고, 거기에는 그 섬에서 재배되는 식물이나 동물도 포함되어 있었다. 탐험가들은 아마존 분지나 다른 곳에서도 똑같은 패턴을 발견했다. 이 원예인 부족들은 대부분 태평양 연안 북서부의 수렵채집인보다는 문화가 덜 화려했지만 이들 역시 마을에서 살거나, 적어도 피난처로 사용할 중앙 오두막을 갖고 있었다(몇몇 부족, 특히 아프리카와 아시아 일부 지역의 부족은 가축을 몰고 다니며 사는 유목민이었지만). 과거에 있었던 이런 부족 집단 중 소수가 오늘날의 거대 사회로 옮겨 가는 전환점이었음이 밝혀질 것이다. 이 부족들이 어떻게 조직되었고, 어떤 특별한 점이 있었기에 이 소수의 집단이 규모와 복잡성을 키우게 되었는지 이해하는 것이 우리의 다음 여정이다.

마을 사회

부족에서의 삶은 한 편의 거대한 연속극일 수 있었다. 정착형 수렵채집인들과 마찬가지로 이곳 사람들 사이에서도 사소한 말다툼과 폭력이 끊이지 않았다. 저녁 메뉴로 무엇을 먹을 것인가 등 가족 모임을 망칠 수 있는 문제부터 마법을 썼다는 비난, 배우자에 관한 싸움, 책임 할당에 관한 다툼도 있었다.[3] 이런 의견 충돌이 마을의 분열을 촉발할 수 있었고, 사람들은 가끔 너무 기분이 상해 서로를 피하려고 최대한 멀리 이사하기도 했다. 마을에 살았던 많은 사람들은 삶에서 한 번이나 그 이상 이런 사회적 재앙을 경험했을 것이다. 예를 들어 미국 남서부의 선사시대 마을들은 보통 15년에서 70년까지 지속되었다.[4] 마을 분열의 한 사례는 후터파교도Hutterites에서 나왔다. 지금의 독일 지역에서 16세기에 등장한, 이 현존하는 재산공유 종파는 우리가 일반적으로 부족이라 칭하는 집단의 기준에서 보면 비교적 최근에 생겨난 편이다. 몇 세기 동안 이민을 다니던 후터파교도는 1874년 러시아에서 미국 서부로 이민을 갔고, 그곳에서 최고 175개 정도의 부락에서 살았으며 각각의 부락은 농장을 하나씩 운영했다. 부락이 몸집을 불리면서 사회적 스트레스가 커지면 결국 구성원들은 부락을 나눌 준비를 했고, 이러한 조정은 평균적으로 14년마다 이루어졌다. 이러한 전환은 문자 발생 이전의 마을 분할보다 더 질서 있는 방식으로 이루어졌지만 그 역학은 다를 바 없었다.[5]

부족들이 함께 모여 살려면 갈등을 개선하거나 적어도 관리할 수 있는 해법이 필요했는데, 원예에 의존하던 대부분의 부족은 정착형 수렵채집인과 비슷한 전략을 고안했다. 반복적으로 등장한 한 가지 접근법은 수용 가능한 사회적 차별social distinction에 차원을 더함으로써 사람들 사이의 경쟁을 줄이는 것이었다.[6] 이런 사회적 차별 중에는 하는 일과 지위의 차이도 있었다. 따라서 어떤 부족들이 처음에 밴드의 수렵채집인과 마찬가지로 평등주의적 관점을 가지고 있었더라도, 그런 관점을 계속 유지하기는 어려웠다. 또한 구성원 간의 차이 키우기에 기여하는 것이 사회적 집단의 일원이 될 수 있는 기회를 마련해주었다. 전 세계 부족을 통틀어 이러한 차별은 뉴기니에서 정점을 찍었다. 가장 복잡한 차별을 이룬 곳은 엥가Enga다(지금도 그렇다). 이 지방 사람들은 루브 골드버그Rube Goldberg(아주 단순한 일을 일부러 실행 불가능할 정도로 복잡하게 만드는 것을 비유하는 표현 - 옮긴이)식으로 정교해 보이는 사회적 생활을 관리한다. 각각의 엥가 부족에는 1000명 남짓한 사람이 사는데 이들은 전체가 하나의 민족으로서 자신들의 역사를 기념한다. 하지만 모든 부족 구성원은 자신들만의 텃밭을 차지한 씨족clan과 하위씨족subclan 출생이다. 그리고 가끔씩 이 씨족들 사이에 사소한 다툼이나 전면적인 싸움이 벌어지기도 한다. 그럼에도 각각의 부족은 오랫동안 온전하게 존속되고 있다.[7]

사회적 문제에 대한 중앙집중적 관리 방식 역시 인간의 정착지에서는 거의 필연적으로 생겨난다. 가장 단순하고 초보적인 수준이라 해도 말이다. 앞서 정착형 수렵채집인에 대해 설명한 바와 같이 한 장소에 편안하게 자리 잡은 사람들은 밴드에서 살던 수렵채집인보다 권위 과시에 대해 조금 더 참을성이 있었다. 하지만 그 '조금 더'가 아주 '살짝 더'일 때가 많았다. 각각의 마을은 촌장을 두는 경향이 있었지만 촌장의 중요성은 마을 간에 충돌이 일어났을 때라야 부각되었고, 그런 시기에도 그는 마을 사람들을 이끌기보다는 그들을 설득하는 데 대부분의 시간을 썼다.

하지만 인류학자 제임스 스콧James Scott이 《통치받지 않는 기술The Art of Not Being Governed》이라는 책에서 묘사한 동남아시아 산악지대 부족들에게도 통치가 존재하지 않은 것은 아니다. 이 책의 제목은 저지대로부터 아메바처럼 퍼져 올라오는 강력한 문명에 집어삼켜지지 않으려던 부족들의 노력을 암시할 뿐이다. 이 산악 거주자들에게도 족장들이 있었고 그중에는 독재자도 있었다.[8] 다른 곳에서는 누가 권력을 쥘 것이냐 하는 주제로 논쟁이 일어나기도 했다. 항상 어떤 사람이 책임지고 사회적 문제를 지휘해야 하는 것은 아니었다. 수단 남부와 에티오피아의 냥가톰Nyangatom족은 여러 마을에 흩어져 사는 목축인이다. 각각의 마을은 목축에 적당한 장소를 찾기 위해 1년에 몇 번씩 이사를 다닌다(이들은 야생동물을 쫓는 대신 가축화된 소를 몰고 다니게 되어 더 이상 수렵을 하지 않는 수렵채집인이라 할 수 있다). 냥가톰족에는 몇몇 전문가가 존재한다. 예를 들면 소를 거세하는 사람, 전사의 가슴에 상징적인 흉터를 만드는 사람 등이다. 이들은 상설적 통치자를 두지 않아도 평화를 유지하며, 모든 남성이 또래의 다른 남성들과 함께 부족의 지도자 역할을 돌아가며 시도해본다.[9]

정착지에 사는 부족 사람들의 경우—수렵과 채집으로 살든, 원예로 살든, 휘발유 기반의 농사로 살든— 사회적 마찰 때문에 한 장소를 차지하는 인구수는 100명 혹은 수백 명에서 많게는 뉴기니 산악지대처럼 수천 명 정도로 제한되었다. 뉴기니 산악지대 사람들의 경우 내가 상상했던 바대로 집과 집 사이에 간격을 두어 갈등을 줄였다. 반면 타원형 주거지에서 서로의 위로 거의 포개지듯 해먹을 치고 살던 남아메리카 열대우림의 야노마미족은 그보다 규모가 작아서

30명에서 많아야 300명 정도였다.[10]

어떤 상황에서는 사회 하나에 그런 마을 하나가 전부였다. 하지만 마을 단위 위로 상위집단이 존재하는 경우가 많았다. 후터파교도, 야노마미족, 그리고 나무집으로 유명한 뉴기니의 코로와이Korowai족 등은 모두 하나 이상의 마을로 구성된 부족의 사례다. 이렇게 지역적인 정착민 무리는 구조적 기능적으로는 유랑형 수렵채집인 사회에 가까웠다. 이것을 부족 사회tribal society 혹은 마을 사회village society라고 부르자.[11]

밴드 연구는 좋아해도 밴드 사회는 별로 인정하지 않았던 인류학자들은, 마을도 전체를 집단적으로 연구하기보다 개개의 마을을 중심에 두었다. 이런 편향이 생긴 이유는 우선 마을의 자율성 때문이다. 수렵채집인 밴드가 다른 밴드에 대해 발언권이 없었던 것과 마찬가지로, 그 어떤 마을도 다른 마을에게 이래라저래라 참견하지 않았다. 심지어 같은 부족 소속이라 해도 말이다. 연구자들이 개개의 마을에 초점을 맞춘 또 다른 이유는 마을 간의 관계가 극적일 수 있기 때문이었다. 즉 마을들은 서로 간의 충돌로 유명한 경우가 많았다. 야노마미족 마을 간에는 복수 살인도 일어났다.

그러나 마을 사람들에게는 부족도 똑같이 중요했다. 야노마미족 마을들은 지독한 앙숙 관계에 있었다. 마치 치열하게 싸우는 매코이 가문과 햇필드 가문처럼 말이다(2012년에 나온 영화 〈햇필드 가문과 매코이 가문Hatfields & McCoys〉은 남북전쟁에서 진정한 전우였던 햇필드와 매코이가 가문 간의 갈등으로 서로의 연을 끊고 전쟁을 벌이는 내용이다 – 옮긴이). 야노마미족의 경우 여러 가문이 관여되어 있었다는 점이 다르기는 했다. 그렇기는 해도 마을들은 계속해서 서로의 관계를 재조정했다. 싸

움이 벌어졌다가도 결혼, 잔치, 교역을 통해 화해하는 일이 반복됐
다. 모두는 다른 야노마미족 마을에 친구를 두고 있었고, 수렵채집인
밴드 구성원들과 마찬가지로 다른 마을로 적을 옮길 수도 있었다. 하
지만 텃밭 가꾸기(뉴기니의 경우 돼지 키우기)에 헌신적이었던 마을 사
람들은 홀가분하게 야생의 식량을 구하러 다녔던 유랑민들에 비하
면 그렇게 선뜻 마을을 옮기기는 어려웠다. 사실 마을 사람 한 명이
마을을 바꿀 수도 있었지만 마을들이 통째로 합칠 수도 있었다. 이런
역학은 수렵채집인 밴드와 동일하게 작용해서 마을의 분열과 융합
이 사회적 관계에 의해 주도되었다.[12] 마을 사회와 밴드 사회의 가장
큰 차이점은, 마을들은 위치를 옮겨 다닐 뿐(보통은 신선하고 깨끗한 밭
자리로) 쪼개지고 합쳐지는 경우는 덜했다는 것이다.[13]

이런 식으로 바라보면 마을과 밴드는 크게 다르지 않았다. 밴드에
속한 사람들과 마찬가지로 마을 거주자들은 자기가 속한 더 큰 사회
에 대해 생각할 필요가 없었지만, 그 사회는 드물게나마 사람들에게
필요해질 때를 대비해 거기에 존재했다. 이들의 공동 정체성은 사회
적 규모에서 난국이나 기회가 등장했을 때 전면에 나타났다. 현재의
에콰도르에 있었고, 다른 마을 사람들의 목을 잘라 압축 머리shrunken
head로 가공해서 보관한 풍습으로 유명한 히바로Jivaro족 마을들은 외
부자 부족을 급습할 때는 힘을 합쳤다. 1599년에는 이런 종류의 공
격이 최대 규모로 이루어져 여러 마을 출신으로 구성된 2만 명가량
의 히바로족이 조직화된 공격으로 3만 명가량의 스페인 사람을 학
살하면서 외부의 통치로부터 자신의 영토를 해방시켰다.[14] 이런 마
을 사회는 수렵채집인 사회와 마찬가지로 사회 전체를 아우르는 단
어도 갖고 있었다. 예를 들어 야노마미는 그들이 스스로를 부르는 이

름인 반면, 야노마미 타파Yanomami tapa는 모든 마을을 지칭한다. 많은 밴드 사회가 자기 자신에게 붙인 이름과 마찬가지로 야노마미와 히바로 같은 이름 역시 '인간'을 의미한다.

집단적 정체성 표지는 지구 곳곳에서 다른 사회들을 하나로 묶었던 것과 마찬가지로, 이렇게 부족으로 무리 지어 모인 마을들도 정의해주었다. 야노마미족이 좋은 예다. 공통의 의복, 주택, 의식, 그리고 구성원들이 공유하는 다른 특성 등 사람들이 알아보는 공통점 덕분에 마을의 분열과 융합이 가능했다. 한 마을 사람들의 관계가 교착 상태에 빠져 갈라서게 됐을 때, 이 분열은 수렵채집인 밴드의 분열과 아주 비슷했다. 개인들은 서로에 대해 적대감을 느끼기는 했지만 똑같은 언어로 말하고, 똑같은 방식으로 살았기 때문에 결국은 동일한 사회의 일원으로 남았다.[15] 하지만 한 부족의 여러 마을 간에 차이점들이 축적됐다. 수렵채집인 밴드와 마찬가지로 정착형 부족도 이런 경우에는 일이 영구적으로 틀어졌다. 오늘날의 야노마미족은 정체성 변화의 결과로 각각 수천 명 단위의 부족 몇 개로 갈라지는 듯 보인다. 일부 언어학자는 여전히 비슷하기는 하지만 그래도 조금씩 다른 다섯 종류의 야노마미 언어를 구분할 수 있다. 야노마미족 스스로도 이렇게 갈라지고 있다는 것을 인식하고 있고, 멀리 떨어진 마을 출신의 이상한 야노마미족 사람을 보면 조롱한다.[16]

유목 생활을 하는 냥가톰족과 정착 생활을 하는 엥가족과 야노마미족은 전체 인구가 수천 명에 달할 때가 많았음에도 용케도 온전히 유지되어왔다. 이는 일반적인 밴드 사회보다 큰 규모다. 하지만 이와 동시에 야노마미족이 자기들 사이에서 나타나는 차이점에 대한 아량이 없었다는 것은 제국 건설로 이어진 부족이 그리도 드물었던 한 가지 이유를 말해준다. 이웃 부족들에게 둘러싸여 있었다는 것만 장애물이 아니었다. 부족은 수렵채집인과 똑같은 문제에 직면했다. 내부 구성원들의 정체성이 충돌하기 시작한 것이다.

하지만 부족이 간신히 일관된 정체성을 유지한다 해도, 인구 증가만으로는 사방으로 뻗어나가는 문명을 만들지 못한다. 넉넉한 식량과 공간, 능력 있는 리더십, 풍부한 사회적 분화 등으로 출생률이 높아진 가장 이상적인 조건 아래서도 마찬가지다. 이런 특성들만으로는 부족하다는 것은, 거대한 인간 사회가 동질한 사람들의 후손이 아니라 다양한 유산과 정체성을 가진 인구 집단으로 구성되어 있다는 사실로 입증된다. 이런 면에서 보면 수렵채집인 사회와 부족 사회가 다양화된 표지 적응에 실패한 것은 국가가 거둔 대성공과 극명하게 대조된다. 사실 문명의 탄생을 이해하려면 문명이 어쩌다가 다양하게 혼합된 시민으로 구성되어 결국 오늘날의 민족과 인종으로 이루어지게 되었는지를 반드시 이해해야 한다.

거리낌 없이 합치지는 않는 사회들

문명의 불균질성에 대한 한 가지 유력한 설명은, 사회가 몸집을 불리는 과정에서 사회들의 자발적 합병이 수반되었다는 것이다. 하지만 증거는 그것이 사실이 아님을 말해주고 있다. 동물 전반에서는 사회의 합병이 아주 드물어서 사회 간 경쟁이 거의 없는 종에서도 없다시피 하다.[17] 보노보와 침팬지를 예로 들어보자. 이들 커뮤니티에서 나타나는 유일한 '합병'은 이 단어의 의미를 왜곡시킨다. 영장류학자 프란스 드 발Frans de Waal이 내게 말하기를 보노보들은 서로 낯선 사이라도 사전에 아무런 준비 없이, 또한 거의 아무런 소동도 없이 커뮤니티를 구축할 수 있다고 한다. 분명 낯선 개체들과 쉽게 친구가 되는 보노보의 성격 덕분에 서로 적응하는 과정이 단순해졌을 것이다. 하지만 이런 식으로 마련된 사회는 동물원에 갇힌 상태가 만들어낸 인공적 산물에 불과하다. 자연에서는 서로 사이가 좋은 보노보 커뮤니티들이라 해도 소속성은 구분한다. 그에 비하면 사람에게 잡힌 침팬지들을 한 커뮤니티로 통합시키기까지의 과정은 악몽이나 다름없다. 서로 조심스럽게 얼굴을 익히는 데에만 몇 달이 필요하고, 그 과정에서 피를 보는 작은 충돌도 숱하게 일어난다. 외부자를 끔찍이 혐오하는 침팬지들이 서로에게 적응하는 이유는 딱 하나다. 원래 속했던 커뮤니티를 상실해버린 침팬지들은 사람에게 잡힌 보노보들과 마찬가지로 난민 신세라 다른 선택의 여지가 없기 때문이다. 야생 원숭이들의 영구적 합병으로 기록된 몇 안 되는 사례는, 무리가 대량으로 살해당해 몇 마리밖에 안 남은 후에야 일어났다. 그 생존 개체들도 동물원의 유인원들과 마찬가지로 일종의 난민이었기에 과거 사회를 포기하고 또 다른 사회에 합류할 수밖에 없었다. 이런 연합은 전체 인간 집단들 사이에서 보이는 대규모 합병에 견줄 만한 수준이 아니다.[18]

일반적인 조건에서는 사회적 곤충도 마찬가지다. 즉 성숙한 군집들끼리 합치는 것은 이들의 기풍에 맞지 않는다.[19] 내가 아는 한, 건강한 사회들끼리 영구적 합병이 일어나는 경우는 아프리카 사바나 코끼리밖에 없다. 그리고 이런 경우도 대단히 드문 편이어서 한때는 하나의 핵심집단이었다가 둘로 쪼개졌던 집단 간에만 일어난다. 이

코끼리들은 갈라서고 나서 때로는 몇 년이 지난 후에 자신의 소속성을 재구성함으로써 서로 결코 잊지 않고 있었음을 확인하는 듯 보인다.[20] 이런 경우가 아니고는 일단 사회가 분명한 형태를 갖추어 구성원들이 서로를 동일시하고 머릿수도 견딜 만한 수준으로 유지되면, 그 사회는 다른 모든 사회와 별개로 남는다.

인간도 마찬가지다. 일단 사회 구성원들의 정체성이 자리를 잡고 나면 또 다른 사회와 자유롭게 합병이 일어날 가능성은 대단히 낮다. 예를 들어 나는 상당수의 외부자가 수렵채집인 밴드에 흡수되었다는 증거를 지금까지 본 적이 없다. 외부자들과 그들이 합류했을 만하다고 여겨지는 사회 사이에 문화적 유사성이 밀접한 경우라 해도 그렇다. 따라서 수렵채집인 사회의 밴드들끼리나 한 부족의 다른 마을들끼리는 합병이 일어날 수 있다 해도, 사회들은 엄격하게 별개로 유지되었다고 보는 편이 맞다. 합병에서 난관이 되는 요인은, 서로의 이질적 정체성에 적응하는 데 따르는 복잡성이다. 유일한 합병 사례들은 일종의 난민 상황을 상기시킨다. 즉 사람 수가 너무 줄어들어 자체 존속이 어려워졌을 때 연합 사회가 등장한 것이다. 1540년대부터 18세기에 이르기까지 유럽인과 그들이 몰고 온 질병으로 인해 죽어간, 또한 대대로 살던 곳에서 쫓겨난 아메리카 인디언들에게 연합은 숙명이었다. 세미놀Seminole족과 크리크Creek족 연합이 그 유명한 예다. 이 난민 인구는 일단 결합한 후로는 그 연합 집단에서 우세한 부족의 이름과 생활방식을 따를 때가 많았지만, 그 외 사람들의 사회적 표지도 몇 가지 허용해주었다.[21]

심지어는 외부자의 생활방식을 따른다고 해도 합병으로 이어지지는 않았다. 예를 들면 다르푸르(아프리카 동북부 수단공화국 서부의 지방

명 – 옮긴이)의 퍼Fur족은 일반적으로 가축을 키우기 힘든 건조한 땅에 사는데, 그중 여분의 소를 가진 운 좋은 가족은 가축을 먹여 살리기 위해 이사를 가서 바가라Baggara라는 집단에 합류한다. 하지만 이것은 정체성 변화가 아니다. 바가라는 사실 부족명이 아니라 목축 생활양식에 해당하는 아랍 용어다. 다르푸르 지역의 수많은 부족이 이런 생활양식을 추구한다. 따라서 퍼족은 한 가족은 그 부족들 틈에서 목축인이 되어 그들로부터 동맹으로 인정받을 수 있지만, 그래도 결국은 그들과 다른 부족 사람으로 남는다. 심지어 바가라에 속한 어느 부족 사람과 결혼한 퍼족이라도, 자라온 환경이 다르기에 그 부족에서 나고 자란 사람으로 오해받는 경우는 없다.[22]

인간은 외부자와 파트너 관계를 맺을 능력이 있음에도 불구하고, 인간 사회들이 동맹의 결과로 완전히 합병되는 경우는 절대 없다. 심리학자들이 밝혀낸 바에 따르면 서로에게 크게 의존하는 사회들이 오히려 자신과 다른 사회와의 구별을 더 확실히 하려는 경향이 있다.[23] 이로쿼이 연맹은 공동의 적(처음에는 다른 인디언이었다가 나중에는 유럽인)과 싸우는 데 중대한 역할을 했다. 이 연맹의 부족들은 합쳐진 영토의 서로 다른 경계를 지키는 임무를 맡았다. 하지만 이 여섯 부족이 서로 독립적이었다는 사실은 의심의 여지 없이 분명하다.[24] 이런 식의 연합은 자부심의 원천일 수 있었지만 그렇다고 그들의 원래 사회의 중요성이 감소하지는 않았다.

그렇다면 이 점은 확신할 수 있다. 수렵채집인 연합 밴드에서 거대한 제국에 이르기까지 온갖 사회가 더 거대한 사회를 만들기 위해 자신의 자주권을 거리낌 없이 포기하는 일은 결코 없었다는 것이다.[25] 서로 다른 사회들이 하나로 합쳐진 것은 자발적 합병에 의한 것이 아니라, 공격을 통해 다른 사회의 사람과 땅을 취득함으로써 이루어진 것이다. 그리스 철학자 헤라클레이토스Heraclitus가 전쟁이야말로 만물의 아버지라고 한 말은 참으로 옳았다. 중동에서 일본, 그리고 중국에서 페루에 이르기까지 한 사회가 문명을 창조하는 유일한 방법은 폭력이나 힘의 우세를 통해 인구수 폭발을 영토 확장과 결합하는 것이었다.[26]

외부자 받아들이기

인간 사회가 외부자를 흡수하는 일이 처음부터 공격으로 시작되지는 않았을 것이다. 가끔씩 외부자를 구성원으로 받아들이면 양측 모두 이득을 볼 수 있었던 점을 고려하면, 충분히 무해하게 시작되었을 것이다. 외부자 수용은 다른 여러 종에서도 섹스 파트너를 찾을 때 필수적이었다. 밴드 사회는 대개 구성원들이 내부에서 짝을 고르기에 충분할 정도로 인구가 많았지만 집단 간 파트너 관계를 다지기 위해, 그리고 오랜 시간에 걸친 근친교배를 최소화하기 위해 약간의 이동이 일어났을 것이다.[27]

초기 인류에게도 외부자를 데려오는 일은 쉬운 문제가 아니었을 것이다. 그렇게 짝으로 들어온 사람(여자일 때가 많았다)이나 입양된 난민이나 자기 집단에서 따돌림을 당해 들어온 사람은 새로운 집단에 적응하기 위한 노력을 감수했을 것이다. 사회가 신참자의 기술로부터 얻는 것이 있다면 그의 특이한 행동 중 일부가 환영받았을 수도 있다. 직접 만들 수 없는 도구를 교역으로 얻느니 차라리 그 도구

제작자를 붙잡는 것이 훨씬 나은 옵션이니까 말이다! 하지만 사람들이 외부자와의 접촉 과정에서 자신의 정체성을 얼마나 공들여 가꾸고 지키는지를 고려하건대, 신참자는 그 사회의 행동양식에는 거의 아무런 영향도 미치지 못했을 것이다.[28] 신참자가 자신의 생활방식을 바꾸는 데 서툴거나 그러기를 싫어하면 아주 힘겨운 삶을 살아야 하거나 집단으로부터 거부당할 가능성도 있었다. 또한 그러지 않더라도 외부 출신이 새로운 사회에 맞추어 자신의 정체성을 바꾸는 데는 한계가 있었다. 소속성의 전환은 결코 완벽할 수 없다. 맞추려고 아무리 노력해봐도 내면에 있는 본질은 여전히 변경 불가능한 이방인으로 남는다.[29] 인류학자 나폴레옹 샤농Napoleon Chagnon은 야노마미족 틈에서 몇 년을 지낸 후에 다음과 같이 썼다.

> 그들이 나를 외부자나 인간 이하의 존재로 바라보는 경향이 점점 줄어들어 나는 점점 더 진짜 사람, 그들 사회의 일원이 되어갔다. 결국 그들은 마치 입국 허가장이라도 내어주듯 나에게 이렇게 말하기 시작했다. "당신은 거의 인간입니다. 거의 야노마미족이에요."[30]

한 사회에 새로 소속된 사람 그 누구도 그 사회의 모든 표지에 완벽하게 적응할 수 없다는 사실이, 샤농에 대한 야노마미족의 인식에 신빙성을 더해준다. 신참자가 그 사회 구성원들이 가장 중요하게 여기는 변화를 잘 완수해서 그들 틈에서 자리를 확보하더라도, 숨길 수 없는 신호들이 튀어나와 그 사람의 출신이 드러나게 된다.

그나마 이런 식으로 일부 외부자를 추가한다 해도, 한 민족 집단 전체가 드러나기에는 턱도 없었다. 한 가지 불편한 진실이 있다. 민족은 정착했던 사람들 사이에서 말고는 폭넓게 나아가지 못했던 산업, 즉 노예 산업을 통해 처음 등장했다는 것이다.

노예 들이기

노예제도는 거의 전적으로 인간만의 행동이다. 물론 앞에서 보았듯이 노예를 만드는 개미도 존재한다. 다른 척추동물 중에서 노예제도와 조금이라도 비슷한 행동을 하는 것을 찾자면 랑구르원숭이langur monkey를 들 수 있는데, 새끼를 한 번도 낳아본 적 없는 암컷이 다른 무리에서 새끼를 한 마리 훔쳐 키우기도 하기 때문이다(부모 노릇을 해본 적이 없는 이 암컷 아래서 그 새끼가 살아남기를 기대하기는 어렵지만).[31] 아프리카 서부에서는 급습에 나선 수컷 침팬지가 가끔 암컷을 죽이기보다는 들들 볶아서 자기 영역으로 데리고 온다. 하지만 암컷은 그날 바로 기회가 생기자마자 빠져나와 집으로 간다.[32]

　밴드 사람들에게 외부자를 영구적으로 잡아두는 것은 확실한 옵션이 될 수 없었다. 탈출이 너무 쉬웠기 때문이다. 그래도 급습에 나서서 생존한 여자들을 취하는 경우가 있었다. 이런 여자들은 싸움의 승자와 결혼하는 것 말고는 다른 대안이 거의 없었다. 몇몇 밴드나 작은 부족 사회에서는 노예제도가 일상적이었는데, 대초원 인디언들은 노예로 삼을 사람들을 붙잡기만 한 것이 아니라 상품으로 거래하기도 했다.[33] 이런 포로들이 도망치는 경우도 있었지만, 자신의 기존 정체성이 너무 오염되어 집으로 돌아가지 못했을 수도 있다. 1937년에 야노마미족에게 붙잡힌 11세의 스페인 소녀가 바로 그런 예다.

헬레나 발레로Helena Valero는 24년 후에 달아났지만, 스페인 피는 절반만 물려받은 그녀의 자녀들은 스페인 공동체로부터 외면당했다. 그녀가 인류학자 에토레 비오카Ettore Biocca에게 비통한 마음으로 얘기했듯이 그녀도 인디언이고 그녀의 자식들도 인디언이기 때문이었다.[34] 1785년에 코만치족에게 붙잡힌 한 여성은 멕시코 치와와주 주지사의 딸이었음에도 불구하고 구출되는 것을 거절했다. 그녀는 코만치족 문신을 새긴 얼굴로 집으로 돌아가면 불행해질 수밖에 없을 거라는 말을 전했다. 지울 수 없는 종류의 사회적 표지를 갖게 되면 평생을 그 사회에 헌신할 수밖에 없다. 그리하여 그 멕시코 여성은 고향 사람들과는 다른 사람이 되어버렸다.[35] 이 두 경우 모두 붙잡힌 사람은 유럽인이었지만, 부족 사람이 다른 부족에 붙잡혀 간 경우에도 똑같은 문제에 직면했다.

정착민들이 모두 노예를 부린 것은 아니었지만, 정착지가 포로들을 수용할 수 있을 정도로 조직화되자 그들을 구속할 방법이 중요해졌다. 심지어 태평양 연안 북서부 인디언들조차 정착지에서 수백 년을 살게 되자 맹렬하게 노예제를 시작했다. 때때로 그들은 매우 먼 마을까지 원정을 가서 사람을 납치해 왔다. 그럼 그 노예는 도망치는 것은 거의 꿈도 꿀 수 없었다.[36]

노예제는 신참자와 그를 받아들이는 사회 간의 불평등 관계를 극단으로 끌고 가서 포로에 대한 완전한 지배권을 사회에 부여했다. 포로들은 외부자로서의 지위를 그대로 유지했고 사회와 자신의 동일시를 금지당하거나, 동일시하지 않도록 설득당했다. 놀랄 일도 아니지만 인간의 삶에서 표지가 얼마나 중요한지 고려하면, 붙잡혀 온 남녀들에게 노예로서의 정체성을 확실하게 하는 일종의 낙인을 강요했을 수도 있다. 실제로 미국과 중세 유럽에서는 문신이나 달군 인두를 사용해서 낙인을 찍는 경우가 흔했다. 머리카락을 미는 관행도 널리 퍼져 있었다. 헤어스타일은 정체성을 말해주는 표식으로 자존심의 문제였기 때문에, 머리카락을 잃게 만드는 것은 의도된 심리적 타격이었다. 여기서 한 술 더 떠서 노예들로 하여금 사악한 입문식을 치르게 만들고 이름에 성을 붙이지 못하게 하는 사회가 많았다. 이런 관행은 노예가 품을지 모르는, 예전 사회와 다시 이어질 수 있다는 희망의 싹을 잘라버리고 모든 사람에게 이 노예가 의미 있는 정체성을 상실한 천한 지위임을 알리는 역할을 했다.[37] 일단 노예를 영원히 고향으로 돌아갈 수 없는 하자품으로 만들고 나면, 주인은 그 노예를 고향으로 데려가 그 사회에 대한 그의 지식을 이용해 더 많은 노예를 사냥해 올 수 있었다.[38] 노예들은 휴전이나 거래를 협상할 때도 상대 사회의 말을 알고 있기에 대단히 유용했다. 역사상 가장 잘 알려진 포로 중 한 명은 새커거위아Sacagawea다. 19세기 전환기에 히다차족에게 납치당한 쇼숀족인 그녀는 나중에 루이스와 클라크의 안내자 역할을 하게 된다.[39]

노예를 부림으로 해서 얻는 이득은 막대했다. 잠깐 동안의 공격으로 인질을 포획하면 평생의 노동력을 확보할 수 있었다. 태어날 때부터 시간과 비용을 들여 한 사람을 키울 필요 없이, 그저 짐을 나르는 짐승에 들어갈 비용으로 말이다. 사실 북아메리카 인디언들에게는 부릴 동물이 없었기 때문에, 태평양 연안 북서부 부족의 노예는 구세계 사회의 말이나 소처럼 경제적으로 중요한 역할을 했다. 실제로 역사를 보면 노예를 노골적으로 짐승에 비유하는 경우가 넘쳐난다. 무엇보다 이런 비유는 자기네 사람들만 온전한 인간으로 여기고 외부자들에게는 그보다 덜한 정도의 인간성만 부여하는 인간의 성향이 아주 오래된 것임을 적나라하게 드러낸다. 심지어는 평등주의자였던 수렵채집인조차도 외부자를 인간 이하의 존재로 바라볼 수 있었다. 노예제는 이런 개념을 일상화하는 한편, 이런 비인간들에게 상품으로서의 가치를 부여한다. 한 학자는 태평양 연안 북서부 인디언들의 다른 부족에 대한 관점을 이렇게 설명한다. "그들은 연안을 따라 사는 자유로운 사람들을 아직 잡지 않은 연어나 베어내지 않은 나무와 비슷한 존재로 바라보았다. 그리고 어부가 연어를 잡아 요리를 만들듯이, 목수가 나무를 베어 오두막을 짓듯이, 포식 동물 같은 전사들은 그 자유인들을 잡아다 자신의 재산으로 삼을 수 있었다."[40]

동물 취급을 받은 노예의 사회적 지위는 극단적이기는 했지만, 정착 사회 사람들 사이에서 종종 나타나던 위계의 불균형이 직접적으로 확장된 것에 해당했다. 정체성을 박탈당하고 사회적 지위가 밑바닥 중에서도 밑바닥이던 노예들은 인간의 마음속에 그려진 서열의 밑바닥에 딱 맞아 들어갔다. 미리 운명으로 정해진 듯한 이 위계질서 덕분에 아리스토텔레스 시대 이전부터 수천 년을 거치는 동안 노예들의 최악의 지위는 자연스러운 것으로 받아들여졌다. 사실 노예들을 아주 먼 곳에서 잡아 온 이유 중 하나는, 그들의 외모가 달라서 열등한 존재로 취급하기가 그만큼 쉬웠기 때문이다. 노예는 대부분 엘리트 계층 소유였지만, 사회적 지위가 낮은 구성원들에게도 노예의 존재는 대단히 큰 혜택이었다. 노예 덕분에 이들은 자기가 사회의 밑바닥이라는 시선, 그리고 거기에 따라오는 천한 노동으로부터 자유로워질 수 있었다. 이것은 수렵채집인 밴드가 노예로 삼을 포로를 잡는 일이 드물었던 또 한 가지 이유를 암시한다. 모든 사람이 똑같은 업무를 수행하고 여가 시간을 즐길 수 있는 상황에서 누군가를 붙잡아 두는 것은 의미 없는 일이고, 노예 감독이라는 일거리만 늘어나기 때문이었다. 그런데 모든 노예가 푸대접을 받은 것은 아니고, 쓰레기 치우기나 돌 캐기 등 천하고 위험한 일만 한 것도 아니다.[41] 노예들은 최고의 환경이 갖추어져야 일을 제일 잘했고, 리더의 노예들은 리더의 지위에 걸맞은 자격을 얻었다. 하지만 맡은 역할이 무엇이었든 노예들은 정체성 확인의 기준점이었다. 예를 들어 역사가 시다 퍼듀Theda Perdue는 체로키 인디언들Cherokee 사이에서는 노예들이 사회의 관습에서 벗어난 일탈자로서의 역할을 수행했다며 다음과 같이 설명했다. "사회 구성원들은 정상이 무엇인지 규정하는 방식보다는 일탈이 무엇인지 규정하는 방식을 통해 자신의 정체성을 확립할 때가 많았다."[42]

일단 사회가 노예에 의존하게 되자 더 많은 노예를 잡아 오는 일에 계속 몰두하게 되었다. 노예가 낳는 자식들만으로 노예를 충당할 수 있는 경우는 드물었기 때문이다. 남자 노예는 쉽게 다룰 수 있게 일상적으로 거세가 이루어졌고, 양쪽 성별 모두 스트레스 때문에 생식 활동이 억눌렸다. 노예만들기개미가 자체적으로 번식할 여왕개미가 없는 노예개미들을 새로 충당하기 위해 반복적으로 급습에 나서고 때로는 같은 둥지를 다시 털기도 했던 것처럼, 노예를 부리는 인간들도 노예 수를 유지하려면 급습을 더 많이 나가야 했고 때로는 예전에 급습했던 '열등' 사회를 다시 급습하기도 했다.

정복 사회

노예의 존재 자체는 한 사회로 하여금 자신의 경계를 확장해서 그 인원수와 낯섦strangeness을 포용할 것을 요구했다. 이것은 대단히 급진적인 성취다. 하지만 노예제가 시행되었던 수렵채집인 사회와 부족 사회 대부분의 노예제 초기 형태는, 가끔씩 노예 몇 명을 추가하는 수준에 불과했다. 따라서 노예들은 수적으로 크게 열세였지만, 앞으로 사회에 등장하게 될 다양성의 조짐이었다. 실제로 노예라는 존재로 인해 사람들은 상당한 숫자의 외부자를 사회 내부에 들인다는 개념을 이해하게 되었다. 하지만 사회가 어떻게 인구 집단 전체를 집어삼켜 그들을 동료 구성원으로 여기게 되었는지는 여전히 의문으로 남아 있다.

이 과정이 시작되게 만든 것은 전쟁 도발 동기의 변화였다. 사람들이 야생의 것이든 재배한 것이든 풍부한 식량 공급원 주변에 뿌리내리게 되면 탐욕스러운 이웃들로부터 자신을 보호해야 하는 경우가 많았다. 태평양 연안 북서부 부족들은 큰 집을 짓고 살았고, 생선 어획량이 풍부해 비축량도 많았다. 이런 것들은 모두 빼앗길 수 있었다. 이들은 또한 스스로를 지키거나 남들에게서 전리품을 훔칠 수 있는 인력도 소유하고 있었다.[43] 전 세계 고대 마을들의 방어시설 흔적은, 외부자의 위협으로부터 스스로를 지켜야 할 필요성이 있었음을 말해주는 증거다.[44] 정착지의 존재만으로도 두려움과 불신이 증폭했을 공산이 크다. 한 장소에 많은 사람이 집중되어 있으면 잠재적으로 위험한 통일체로 보였을 것이기 때문이다. 외부자의 입장에서 보면 논리적인 반응이었다. 개인들이 가까이 붙어 있으면 조화로운 행동

에 신속하게 나설 수 있으니까 말이다.[45]

재화의 밀도가 높다 보니 수비적인 태도가 필요했고 인구뿐 아니라 공간적으로도 사회는 팽창했다. 유랑형 수렵채집인은 사람을 노예로 취하는 경우는 고사하고 땅을 빼앗는 일도 드물었지만, 부족 사회의 호전적인 집단은 생산성 높은 영토를 무력으로 합병해서 거주민들을 그곳에 살려두면 전리품을 몇 배로 챙길 수 있음을 알게 됐다. 일단 사람들이 반복된 급습으로 무너뜨릴 수 있는 밴드 사회보다 더 큰 집단을 이루어 살기 시작하자, 외부자 집단을 완전히 파괴하거나 그런 일을 목적으로 삼는 경우는 드물어졌다.[46] 이런 면에서 보면 유대인 없는 세상을 꿈꾼 나치의 비전이나, 시아파Shia 무슬림 절멸에 전념했던 ISIS 등 지난 세기의 역사가 더욱 정도를 벗어난 일로 보인다.[47] 성경에서는 소돔과 고모라의 가나안 사람 모두가 남녀노소할 것 없이 죽임을 당하였다고 했지만, 유전적 연구로 밝혀진 바에 따르면 그들은 현재의 레바논인의 선조다.[48]

정복한 인구 집단으로부터 얻을 수 있는 보상을 생각하면 사람들을 완전히 쓸어버리는 것은 말이 안 되는 행동이다. 그러는 것보다는 노예로 만드는 것이 경제적으로 더 남는 장사지만, 사회 전체를 식민지로 예속시켜 지속적으로 조공이나 노동력을 착취한다면 더더욱 남는 장사라는 계산이 나왔다. 그 어떤 다른 동물도 식민지 정복에 비견할 만한 행동은 보이지 않는다. 개미 사회에서도 그런 일은 일어나지 않는데, 항복 이후에 식민지 예속으로 이어지기가 불가능하기 때문이다. 모든 개미 종에서 전리품 처리에는 오직 두 가지 옵션밖에 없다. 패배자들을 노예로 취하거나, 모두 쓸어버리거나. 후자의 경우 사람과 마찬가지로 동족 포식이 흔했다.[49]

밴드에 속한 수렵채집인은 정복을 성사시킬 수 없었지만 부족은 그럴 수 있었다. 그렇다고 모든 부족 사회가 영토를 무단으로 빼앗기를 좋아했던 것은 아니다. 태평양 연안 북서부의 인디언들은 노예를 잡아 오기 위해 두루 돌아다녔지만, 외부자들과 그 땅을 장악하는 경우는 매우 드물었다. 그와는 대조적으로 확장과 지배에 열성적인 문화를 가진 부족은 인근 영토를 차지하고 있는 자들과 싸움이 잦았다. 근처에 사는 적대적인 이웃은 그보다 먼 곳에 사는 이웃보다 더 큰 위협임과 동시에 통제하기도 더 쉬웠기 때문이다. 이런 전략을 이용하여 승리한 집단을 족장 사회chiefdom라고 하고, 그 리더를 족장이라고 한다.

족장 사회는 결코 소수집단 사회 이상의 존재였던 적이 없다. 하지만 유럽의 탐험가들은 족장 사회를 수백 개씩 발견했고, 그중에는 수천 명으로 이루어진 경우도 있었다. 예를 들어 북아메리카 동쪽에는 옥수수 농사와 토루earthwork 언덕으로 유명했던 족장 사회들이 차지하고 있던 땅이 많다. 하지만 모든 족장 사회가 농업에 의존한 것은 아니었다. 예를 들어 플로리다의 칼루사족Calusa은 정착형 수렵채집인의 족장 사회였다.

족장 사회는 정체성 표지의 진화와 마찬가지로 사회 발달에 대단히 핵심적인 전환점이었다. 신석기혁명 이후 족장 사회로 인해 활기를 띤 패턴, 즉 외부자 사회를 몰락시키거나 노예로 만들거나 죽이는 대신 정복해서 식민지로 예속시키는 패턴이 없었더라면 그 어떤 문명도 존재하지 못했을 것이다.

다른 사람들을 정복하려면 마을에 능력 있는 감독자가 필요했다. 앞에서도 언급했듯이 부족의 리더십은 일반적으로 약했지만 가끔씩 강력한 리더십을 갖춘 사람이 등장하기도 했다. 인류학자들이 빅맨Big Man이라고 이름 붙인 이런 인물들은 보통 자신이 뛰어난 전사임을 입증한 이후 추종 세력을 얻었다. 부족들 사이에 지속적인 불화가 있었던 뉴기니에는 수많은 빅맨이 있었고, 지금까지도 그렇다. 부족 사람들에게 가해지는 위협이 무엇이냐에 따라 이들은 영향력을 달리하다가 사라졌다. 앞서 이야기한 =아우//에이 부시먼족도 이런 식으로 밴드에서 빅맨 사회로 거의 곧장 이행했다가 다시 되돌아왔다. 이웃에서 먼저 공격할 것 같은 위험이 감지되면 빅맨은 우두머리 수컷 침팬지처럼 폭력적 기술에 의지해 광범위한 영향력을 행사했다.[50] 전쟁에 대비해 다수의 사람을 조직화해야 할 상황에서는 빅맨은 없어서는 안 될 존재로 보였고, 따라서 다수는 사회학자 윌리엄 섬너의 말처럼 "우리 집단we-group" 강화를 위해 빅맨을 중심으로 통합되는 것을 묵인했다.

빅맨은 다른 마을을 장악함으로써 족장이 될 수 있었는데 이런 일이 항상 적을 점령함으로써 일어나는 것은 아니었다. 때로 탐욕스러운 빅맨은 서로 친한 자율적 마을 간의 공평한 동맹 관계를 강제로 영구적 연합으로 묶어 그 전체를 군사 기지화해 자신의 영역을 확장하기도 했다.[51] 강압적인 족장 사회는 한때는 독립적이던 수많은 마을뿐 아니라 다른 족장 사회도 장악해 수만 명, 혹은 그 이상의 인구에 도달했다.

하지만 오래 지속된 족장 사회는 없었다. 지속되려면 족장이 장기간에 걸쳐 반란 사태를 막아야 했다. 빅맨과 마찬가지로 권력이 약한 족장은 계속해서 사람들의 존경을 이끌어내야 했지만 신임이 지속되는 경우는 드물었고, 그 존경심이 자동적으로 족장의 자식들에게 연장되는 경우도 거의 없었다. 족장에게 있어 가장 확실한 방법은 전투를 계속 유지함으로써 사람들에게 공격받을지 모른다는 공포를 심어주는 것이었다. 하지만 평화로운 시기에도 족장 사회가 지속되려면 족장의 지위, 그리고 그가 선택한 후계자가 확실하게 자리를 잡고 있어야 했다. 어떤 동물 집단에서는 지위가 대물림된다. 암컷 점박이하이에나나 개코원숭이는 자기 어미의 사회적 지위를 물려받는다. 인간에게는 현재가 정당한 상황이라고 여기는 심리적 기질이 있어서 리더들이 장기간에 걸쳐 지지받을 수 있게 돕는지도 모른다. 리더들에게 권력 과시는 기본적인 업무 중 하나였고, 왕족들의 호화로운 의복을 추적해보면 초기 족장들의 머리 장식까지 거슬러 올라간다. 오늘날 가장 심하게 억압받고 사는 사람들은, 높은 신분이 정당하며 그런 중요한 위치에 있는 사람들은 똑똑하고 능력 있다고 가정하는 경향이 있다.[52] 선천적으로 타고난 듯 보이는 이런 믿음은 권력자를 쓰러뜨리고 싶은 충동 때문에 스스로를 위험에 처하게 하는 일을 막으려고 진화했는지도 모른다. 정착지에 밀집된 사람들이 항상 독재자, 폭군, 그리고 왕권신수설 같은 개념에 쉽게 휘둘리는 이유도 이것으로 설명할 수 있을지 모른다. 신만이 리더를 좌지우지할 수 있다는 믿음이 리더의 지도권을 확실하게 보장해주는 것이다.

많은 사람에 대한 지배력을 유지하는 일은 항상 고되었다. 특히나 그들이 여러 집단에 나뉘어 속해 있는 경우 더욱 그랬다.[53] 세를 확장하는 족장 사회가 기능을 유지하기 위해서는 패배자들을 어느 정도는 비인간화하더라도 노예처럼 폄하할 수는 없었다. 그래서 패배자들은 기존의 정체성을 완전히 잃지는 않았고 다수가 자신의 땅에 가족 및 공동체와 함께 남았다. 이런 상황에서는 노예와 달리 패배자의 인구도 증가할 수 있었다. 하지만 족장 사회에서의 삶은 힘겨울 수 있었다. 독립적인 마을의 거주자들은 밴드 구성원들과 마찬가지로 그럭저럭 먹고사는 정도 이상을 얻으려고 노력할 하등의 이유가 없었다. 하지만 정복당한 측의 사람들은 노예보다 한 단계 나은 상황이기는 해도 착취해야 할 자원으로 여겨질 때가 많았다. 더 큰 사회로의 통합은 시장market 관계가 마을에 피운 모닥불 너머로 확장되었다는 의미였고, 이론적으로 보면 예속된 사람들로부터 취한 상품이 경제에 활력을 불어넣어 모든 사람을 이롭게 했다. 하지만 전리품은 족장 쪽 사람들에게 더 많이 돌아갔고, 이것은 다시 추가적인 정복 활동으로 이어졌다. 그리고 사제에서 미술가에 이르기까지 식량 활동과는 완전히 단절된 사회 영역이 확장되면서, 자원에 대한 그들의 수요가 커지는 것이 족장 사회의 탐욕을 더욱 악화시키는 요소로 작용했다.

밴드 사회와 마을 사회에서는 사회를 구성하는 밴드와 마을이 자체적인 행동 능력을 온전히 갖추고 있었고, 대부분의 시간을 그렇게 행동했다. 하지만 족장 사회가 되자 인구 집단 간의 그런 느슨한 연결 관계가 과거의 것이 되어버렸다. 따라서 족장 사회는 사회를 하나의 단위로 통합하는 과정에서 형성 단계formative step에 해당했다. 오늘날 우리가 견고한 국가라고 생각하는 것에 대한 리트머스 시험이었던 셈이다. 족장 사회로 시작한 사회들이 여러 세대에 걸쳐 지속되려면 다른 동물종에서는 불가능한 일을 달성해야 했다. 과거에 별개로 존재했던 집단들이 완전히 하나로 녹아들지는 못하더라도 서로에 대한 관용을 지속하는 일이었다. 반反직관적으로 들릴지 몰라도 이런 '완전체의 형성formation-of-the-whole'은 아주 비슷한 사람들이 아니라 다양한 기원의 사람들이 공존하며 서로 의존하게 된 사회에서 가장 강력하게 일어났다. 가장 풍성한 성공을 거둔 족장 사회로부터 등장한 국가 사회state society는 특히나 그랬다. 배경이 서로 다른 사람들을 하나로 뭉치게 만드는 데 있어 국가 사회의 정치조직과 안정성, 그리고 영향력이 어땠는지 알아보자.

23장

국가의 건설과 붕괴

5500년 전에 지금의 이라크 지역인 유프라테스강 동쪽에서 서로 연결된 몇 개의 소도시로 구성되어 있던 우루크Uruk는 인구가 늘면서 점점 복잡해지고 있었다. 그중 가장 큰 소도시는 수천 명을 거느리고 있었고, 전에는 볼 수 없던 다양한 재화와 서비스가 그들 삶을 뒷받침해주었다. 그곳에는 거리, 사원, 작업장이 존재했다. 그 지역에서 출토된, 설형문자가 새겨진 수많은 평판을 보면 삶의 많은 측면이 꼼꼼하게 관리되었음을 알 수 있다.[1] 우루크는 족장 사회로 시작했다가 새로운 조직 방법을 취하면서 극명한 변화를 겪게 된, 학자들이 말하는 최초의 국가 사회(혹은 '국가nation')의 한 예다. 최초의 국가 중에는 현대의 기준으로 보면 작은 마을에 불과한 것도 있었지만 그럼에도 오늘날 우리가 충성을 맹세하는 그런 종류의 사회였다.

국가들은 처음 등장한 순간부터 몇 가지 중요한 속성을 공유했다. 그중 가장 중요한 것은 국가 사회의 리더는 기존에 족장들에게 부담을 주던 수많은 거추장스러운 것을 피할 수 있었다는 점이다. 족장은 세력 기반에 한계가 있어서 비교적 쉽게 타도될 수 있었다. 족장 사회의 치명적인 결함은 족장에게 권한을 위임할 능력이 없었다는 것이다. 족장 사회의 규모가 커지자 거기에 예속된 마을의 전직 족장들은 자신의 지위를 유지할 수 있었지만, 최고 족장은 그들 각각을 직접 감독해야 했다. 합병된 영토 종단에 하루 이상의 시간이 걸리기 시작하자, 대체로 리더의 지배력이나 설득력에 의존하던 조잡한 감독 방식은 실용성이 떨어지게 되었다.[2]

그러다 국가의 등장과 함께 모든 것이 변했다. 국가의 수장은 자신의 의지를 관철할 수 있는 독점적 권리를 주장했을 뿐 아니라 공식적 기반시설을 바탕으로 그런 주장을 뒷받침할 수 있었다. 국가에서는 분업과 통제의 계층구조가 통치와 관련된 제도로까지 연장됐다. 그리하여 자랑스러운 관료제의 탄생과 함께 사회가 응집력을 끌어올리고 광범위한 영토를 다스릴 수 있게 된 것이다. 한 국가가 다른 국가를 정복하면 기존 국가의 영토는 보통 지방으로 편입되고 그 수도는 행정 중심지로 개조되었다.[3] 각자가 특정 업무의 대가인 정부 요원들은 필요에 따라 할당되었다. 이러한 감독 시스템으로 인해 사회는 전보다 더욱 강압적으로 통치될 수 있었다. 초기 국가에서는 수도와 외곽 지역의 소통 과정에서 발생하는 시간 지연이 불리한 조건으로 작용했지만 말이다. 사실 기반시설이 충분하면 리더나 정권이 최악의 충격 속에 전복되더라도 국가는 계속 살아남을 수 있다.

국가는 다른 몇몇 세부 사항에서도 족장 사회와 차이가 있다. 우선, 진짜 법이 제정되었다. 권력이 약한 리더를 둔 사회에서도 사람들이 사적으로 범죄에 대한 처벌을 시행했었지만 국가에서는 권위를 가진 자가 처벌을 부과했다. 다음으로, 상위 계층이 찾는 사치품을 비롯한 사유재산의 개념이 온전히 달성되었다. 사실 족장 사회에서도 일부가 세력을 얻으면서 사회계층의 차이가 나타났지만, 국가에서는 그런 불평등이 극에 달했다. 권력과 자원에 대한 차별적 접근 권한은 노력을 통해 획득하거나 물려받을 수 있었고, 어떤 사람들은 다른 사람들을 위해 일하게 되었다. 마지막으로 국가는 족장 사회보다 더 공식적인 방법으로 조공, 세금, 노동을 뽑아낼 수 있었다. 그리고 그 대가로 구성원들이 그 어느 때보다 사회에 의존할 수밖에 없게 만드는 기반시설과 서비스를 제공하게 되었다.

국가 사회의 조직과 정체성

전 세계 국가들은 권력의 집행 같은 본질적 특성뿐 아니라 기반시설과 서비스 등의 조직화에 있어서도 유사점을 갖고 있다. 다른 모든 사회와 마찬가지로 국가 또한 문제 해결을 위한 조직이고 큰 문제에는 복잡한 해법이 필요할 때가 많다.[4] 그에 따라 우리가 이미 사회적 곤충에서 발견한 여러 가지 패턴을 국가에서도 포착할 수 있다. 인간 사회든 개미 사회든 규모가 꽤 커지면 구성원들을 부양하고 보호하기 위한 일들이 복잡하고 다양해지며, 그 결과 그런 의무 수행을 위한 수단도 복잡하고 다양해진다. 보급품, 병력, 인력을 재화와 서비스가 필요한 장소에 때맞춰 운송할 수 있는 방법을 찾아야 한다. 이런 기본적인 필요 충족에 실패하면 재앙이 뒤따를 수 있다. 따라서 인상적인 도심지를 갖춘, '문명'이라는 이름을 붙일 만한 국가의 건설 방법이 하나만 있는 것은 아니지만 사실 가능성의 범위는 상당히 제약되어 있다.[5] 국가와 그 도시들이 확장되면 땅을 사용하는 방식에 더욱 짜임새가 생기고, 학교에서 경찰에 이르기까지 여러 기관이 더욱 정교해지며, 일자리가 급격히 늘어난다.

규모의 경제도 개선된다. 예를 들면 구성원들을 먹이고 그들이 살 집을 지어주는 데에 비용이 덜 들 수 있다. 이런 비용 저하가 잉여 자원을 낳는데 개미는 이것을 전투에 투자하고, 인간은 이를 군사력에 투자할 수 있다. 물론 우리 종은 이런 잉여 자원을 과학, 예술, 그리고 타지마할, 피라미드, 허블 망원경 같은 비본질적 프로젝트에 전용할 수도 있다. 이런 프로젝트에는 개미 수준의 협동과 근면함이 요구된다.[6] 사실 세계 문명들은 섬뜩할 정도는 아니라도 매우 놀라울 만큼 유사하다. 심지어 완전히 별개의 역사를 가졌어도 그렇다. 역사가 겸 소설가 로널드 라이트Ronald Wright는 이렇게 썼다.

1500년대 초에 일어났던 일은 진정 특별한 것이었다. 그 전에도 없었고, 앞으로도 두 번 다시 없을 일이다. 1만 5000년 이상 완전히 별개로 진행되고 있던 두 개의 문화적 실험이 드디어 얼굴을 마주하게 된 것이다. (…) 멕시코에 발을 디딘 코르테스Cortés(에스파냐의 탐험가로 멕시코 제국을 단기간에 무력으로 정복한 인물 - 옮긴이)는 그곳에서 도로, 수로, 도시, 궁전, 학교, 법정, 시장, 관개공사, 왕, 사제, 사원, 소작농, 장인, 육군, 천문학자, 상인, 스포츠, 극장, 미술, 음악, 책을 발견했다. 세부적인 내용은 다르지만 본질에 있어서는 비슷한 고도의 문명이 지구 반대편에서 독립적으로 진화해온 것이다.[7]

이런 혁신 중 상당수는 대규모의 인구를 먹이고 재울 수 있게 해주었을 뿐 아니라 타인에 대해 생각하는 방식에 영향을 주어 사회 유지에도 기여했다. 몇몇 수렵채집인 밴드의 제휴 유지도 현실적으로 어려웠던 만큼, 사회가 팽창하여 때로는 대륙 전체를 아우를 정도의 규모에 다양한 부족을 거느린 국가로 변하자 공동의 정체성 유지가 더욱 어려워졌다. 예나 지금이나 이것은 연결성connectivity의 문제다. 정체성이 파괴적으로 변화하는 것을 늦추려면 전체 인구가 반드시 서로 연결되어 있어야 한다. 국민들이 서로에 대해 더 최근의 소식으로 더 많이 알수록 좋다. 사람들은 변화를 멈추거나 변화에 적응할 수 있지만, 그러기 위해서는 사회 내부에서 효율적인 정보 교환이 이루어져야 한다.[8]

인간의 상호작용을 급증시킨 한 가지 요인은, 우리 종이 개인적 공간과 관련한 유연성을 진화시켰다는 점이다. 앞에서도 설명했듯이 이러한 유연성은 최초의 인간 정착지에서도 대단히 중요했지만, 오늘날에 와서 그 정점에 도달했다. 마닐라와 다카(방글라데시의 수도 – 옮긴이)의 인구밀도는 거의 20평방미터당 한 명꼴이다. 일부 수렵채집인 사회의 인구밀도보다 100만 배나 높은 것이다. 우리가 타인과 가까이 있을 때 얼마나 편안하게 느끼느냐는 어떻게 자랐느냐에 달려 있다. 하지만 광장공포증(군중에 대한 공포)이나 고독공포증(혼자 있는 것에 대한 공포) 같은 장애만 없다면, 사람들은 서로 붙어 살아도 거의 병적인 면을 보이지 않는다.[9]

근접성proximity은 사람들이 타인과 정체성을 조율하는 아주 저급한 방법 한 가지에 불과하다. 심지어 필수적인 것도 아니다. 결국 어느 국가든 그 인구 중 일부는 작물을 재배하기 위해 도시가 아닌 시골에 살아야 한다. 사회는 자신의 영토 전체에 걸쳐 접촉을 유지하는 다른 방법을 발전시켰다. 유라시아 지역에서 말을 가축화하고, 메소포타미아인이 문자를 발명하고, 페니키아인이 대양을 오가는 배를 만들고, 잉카인과 로마인이 장거리 도로를 만들고, 유럽에서 인쇄 기술을 발명하는 등의 혁신은 모두 사회의 안정과 팽창을 촉진했다. 이런 혁신은 재화의 수송을 용이하게 하고, 중앙 권력의 통제를 확장시켰을 뿐 아니라 정보, 특히나 정체성에 관한 정보의 확산을 개선해주었다. 이것은 국가에만 해당하는 이야기가 아니다. 일단 말을 갖게되자 타타르Tartar족 같은 유목민이나 쇼숀족 같은 수렵채집인은 선조들이 도보로만 움직였을 때보다 훨씬 먼 거리에 걸쳐 정체성을 온전히 유지할 수 있었다. 물론 국가가 서로 닮지 않은 사람들을 더 많이 받아들이면서 그 복잡성은 훨씬 더 증가했지만 말이다.

고대 로마로 넘어가보자. 로마제국 전성기에는 제국의 외딴 지역까지 의류, 액세서리, 헤어스타일 등 다양한 패션에서부터 도자기, 바닥 모자이크, 치장 벽 등의 공예, 그리고 일상적 풍습, 의례 전통, 종교적 관습, 요리법, 집의 설계와 발전된 배관 및 중앙난방 방식 등에 이르기까지 온갖 것이 하나의 정체성으로 확고하게 연결되어 있었다. 로마제국과의 동일시는 도시, 도로, 송수로 배치 같은 공공사업으로도 이어졌다. 지방이 로마화Romanization라는 획일적인 표준을 따랐다는 말을 하려는 것이 아니다. 다른 모든 사회와 마찬가지로 로마는 다양성을 인정했고, 영토 전체에 걸쳐 사람들은 자기 혈통과 계급을 반영하는 현지의 장식 곡선flourish을 사치스럽기 그지없는 로마 정체성의 상징과 함께 사용하여 로마제국과의 동일시를 표현했다.[10] 표지를 이렇게 광범위하게 수용하기 위해서는 부족 사회에서 가능했던 그 어떤 것보다 효율적인 소통 방법이 필요했다.

돌아가면서 리더를 맡든, 위원회를 통해서든, 한 사람이 단독으로 이끌든 리더십의 형태와 상관없이 리더는 사회구조를 다듬는 데 도움을 주었고, 그의 임무 중에는 국민 정체성 강화도 있었다. 때로는 영향력 있는 리더가 사회에서 용인할 수 있는 행동을 무엇으로 할지 결정하기도 하고, 때로는 자신의 기벽을 유행시키기도 하고, 때로는 자신이 선택한 행동을 강요하여 언어에서 옷에 이르기까지 모든 것의 표준을 정할 수도 있었다. 부족 사회와 족장 사회의 리더들은 그 지위가 취약했기에 민중의 목소리 역할이 가장 우선적이고 무해하며 중요한 덕목이었다. 유능한 리더는 확실한 본보기를 설정함으로써 시민들에게 정체성과 운명을 공유한다는 느낌을 부여해 다양한 사람들이 모여 있는 경우에도 유대감을 강력하게 유지시킴으로써 자신의 지위를 안전하게 다질 수 있었다. 하지만 일단 인구 집단이 확실하게 리더의 지배 아래 들어가면 그의 권위가 증폭되는 경향이 있다. 왕은 포틀래치에서 촌장들이 그랬듯이 후한 인심을 보여주어야 한다는 의무감을 느끼는 경우가 드물었다. 역사적 사건들을 보면 리더의 영향력은 도로, 인쇄기 등 정보 소통 수단에 대한 확실한 통제력을 반영하는 경우가 많았다.

사회에서 국가 조직이 발현할 즈음 종교의 역할이 사람들의 정체성을 더욱 강화하는 방식으로 변화했다. 수렵채집인은 치유 능력과 영적 능력이 깃든 사람들을 존경했지만, 그들의 물활론적 철학은 추종자들에게 거의 아무것도 요구하지 않았다.[11] 대부분의 부족과 족장 사회는 이런 면에서 별 차이가 없었지만 국가는 인구가 많아서 구성원들을 더 엄격하게 감독할 필요가 있었다. 전능한 신이라는 개념은

신이 내리는 처벌에 대한 두려움을 이용해 타인의 이목이 없는 곳에서 하는 행동에도 영향을 주는 메커니즘을 제공했다.[12]

통치가 지나치게 독재적이지만 않으면 국가가 제공하는 혜택은 엄청날 수 있었다. 국가 안에서 벌집 같은 수준으로 이루어진 상호작용은 집단적 정체성을 강화해주었을 뿐만 아니라, 흩어져 있어 연결성이 약화된 인구 집단이 자기 선조들의 혁신을 잊어버리는 태즈메이니아 효과와 정반대의 효과를 일으켰다. 일단 다수의 사람이 상호작용을 시작하면 신선한 관점이 그냥 유행을 타는 데서 그치지 않고 지속적인 사회 변화의 수레바퀴에 올라타게 된다. 5만 년 전에 본격적으로 시작된 문화 라체팅이 계속 가속화되어 이제는 자기가 태어났던 사회와 별로 달라진 것 없는 사회에서 늙는 사람이 없는 지경까지 왔다. 이런 발전 속도 때문에 사회적 정체성이 예전보다 훨씬 더 유동적인 표적이 되고 말았다.[13] 더군다나 국가에서 확산되는 집단적 연결mass connection에는 집단적 무지mass ignorance가 함께 따라왔다. 밴드에 살았던 수렵채집인은 거의 모든 문화를 포괄적으로 이해하고 있었던 반면, 국가에서는 리더라 하더라도 사회의 기능을 유지하는 데 필요한 내용을 일부밖에 모른다. 요즘 사람들은 자기가 무슨 일을 해야 하는지 결정할 때도 급속히 변화하는 사회적 경향을 뒤쫓아야 할 때가 많다.

대규모 인구 집단을 안전하게 보호하고 통제하려면 강화된 조직화 수준이 필요하다. 이 조직화는 최초의 국가 사회로 그 기원을 찾아 올라갈 수 있다. 국가는 반란을 무력으로 진압하고, 공격적 전략으로 다른 국가의 영토를 침략하기 위해 군대를 조직했다. 이 전략은 사회의 성장과 함께 변화했다. 수렵채집인과 부족 사람들의 경우에는 조심스럽게 급습하는 것이 합리적이었다. 전사를 잃을 여유가 없었고, 공격의 목표는 예속이 아니라 피해를 입히거나 죽이는 것이었기 때문이다. 빅맨과 족장은 추종자들을 유지하고 그들에게 동기를 부여하기 위해 직접 전사들을 이끌어야 할 때가 많았다. 하지만 그 경우에도 각각의 전투원은 혼자 행동하는 경향이 있었고, 세웠던 계획도 전투라는 극도의 흥분 상태에서 무너져버려 그에 대한 책임을 물을 수도 없었다.

그와 대조적으로 국가의 통치자는 수도에 안전하게 머물면서 공격을 지휘할 수 있었고, 전투에서 승리한 경우에는 적국의 영토와 그 생존자들을 장악하는 것을 감독했다. 군사적 업무는 전문가들에게 위임할 수 있었다. 한 국가가 대규모 인구를 유지하면서 이런 전쟁을 치르려면 밀, 쌀, 옥수수같이 에너지가 풍부한 곡물 농사를 대대적으로 지어야 한다. 국가가 상대 국가를 괴멸할 수 있는 이유는 그저 전사의 수가 많아서가 아니라 전략, 무기, 소통 능력 때문일 수도 있다. 전쟁을 위해 선발된 시민으로 구성된 부대를 국가가 엄격하게 통제했던 것 역시 주목할 만한 부분이다. 군사훈련과 애국의 상징물이 주입된 군대의 강력한 집단 정체성은 셰익스피어의 말처럼 "힘줄에 힘이 돋고 피가 끓어오르는" 병사들의 결의를 굳건히 다져놓았다. 잘 통솔된 군사훈련은 부대를 훨씬 더 믿을 만하고 획일적인 존재로 만들어놓았다. 이런 획일성과 전쟁의 압도적 규모 때문에 전쟁은 비인간적으로 치러질 수밖에 없었다. 개성의 흔적은 모두 억압됐다. 거대한 국가 간의 전투는 거대한 익명 사회를 이룬 개미 같은 성질을 띠었다. 죄를 저지른 집단에 속한 누구라도 응징할 수 있다는 사회적 대체 가능성social substitutability은 수렵채집인이 급습에 나서 마주친 외부자가 누구든, 심지어 아는 사람이라도 죽이던 시절부터 증폭되었다. 부대가 마주친 병사들은 모두 그 사람이 그 사람 같은, 구분 불가능한 이방인이었다. 종종 그렇듯이 외부자들에 대한 부정적인 고정관념이 그들을 개인으로 인지하는 것을 막았을 것이다. 적들이 똑같은 유니폼을 입고 떼를 지어 공격한 점도 그들을 개별적으로 구분하는 것을 거의 불가능하게, 또 그럴 필요가 전혀 없게 만들었다.

문명의 행군

"전쟁이 국가를 만들고, 국가가 전쟁을 만들었다." 사회학자 찰스 틸리Charles Tilly의 적절한 지적이다.[14] 진정 평화주의적인 국가는 존재한적이 없다. 족장 사회에 대해 이야기하든 조국에 대해 이야기하든, 우리는 수 세대에 걸친 권력 게임과 거의 항상 이어져온 칼싸움을 평화로 감춘다. 마을 몇 개를 모아놓은 것보다 큰 사회는 어느 것이든 한때는 독립적인 집단으로 구성되어 있었다. 크레타섬에 있던 청동기시대 문명인 미노아Minoa는 상인들과 장인들의 평온한 문화로 유명했다.[15] 하지만 전성기를 맞이하여 평화롭기 그지없었던 미노아의 인구 집단조차, 분명 역사 기록이 남기 전에 무력에 의해 하나로 모이게 되었을 것이다. 오늘날의 룩셈부르크나 아이슬란드같이 오랜 시간 평화를 누려온 국가의 국민도 역사를 거슬러 올라가보면 마찬가지다. 족장 사회가 부족을 삼키고, 서로를 삼켰던 것처럼 그 후로 이어진 국가와 제국의 확장 패턴도 마찬가지였다. 기록된 역사를 보면정복 이후로 통합과 지배가 뒤따르는 역사가 무한히 반복되고 있다.

국가가 충돌 속에서 탄생하고, 다양한 출신의 사람들을 의무적으로 받아들여야 했던 이유는 간단하다. 국가가 탄생할 즈음에는 사람들이 살 만한 땅덩어리 중 누군가가 차지하지 않은 곳이 사실상 없었기 때문이다. 어느 땅이든 유랑하는 수렵채집인이나 부족이나 족장 사회 같은 집단이 들어가 살고 있었고, 그들은 자신의 독립 유지를 위해서라면 무슨 짓이든 할 각오가 되어 있었다. 어느 사회든 그 상태에서 확장하려면, 끊어진 부분 없이 연결된 퀼트 이불 같은 지도의 일부를 영토로 차지한 다른 사람들을 밀어내거나, 정복하거나, 파괴해야 했다. 모든 전투가 땅덩어리를 차지하기 위한 것은 아니었다. 전리품과 노예 획득이 목적인 경우도 많았다. 가장 탐욕스럽고 성공적인 국가들은 자기 영토의 경계를 끝없이 밖으로 밀어냈다. 농사짓기에 너무 척박해서 버려진 땅덩어리에서는 오직 몇몇 수렵채집인만 남아 근근이 삶을 이어갔을 것이다.

한 사회가 족장 사회에서 규모가 큰 국가로 올라가려면 우월한 전투력만으로는 충분하지 않았다. 소수의 거대 문명은 일반적으로 사회들이 좁은 공간 안에 꽉 들어차 있는 환경에서 등장했다. 인류학자 로버트 카르네이로Robert Carneiro가 "제한된circumscribed"이라고 표현한 이러한 조건하에서 정복이 훌륭한 성과를 거두었다. 이에 대해 인류학자 로버트 켈리Robert Kelly는 다음과 같이 말했다. "전쟁은 이동성mobility이 옵션이 아닐 때 등장한다."[16] 사람이 살기 힘든 지역으로 둘러싸인 비옥한 땅에서 농사를 짓던 부족들은 딱 하나의 세력만 부각되는 싸움에 스스로를 가두는 꼴이 되었다.[17] 사막 사이에 끼어 있던 나일 계곡이나 거대한 대양 위의 점에 불과했던 하와이나 폴리네시아의 섬들을 생각해보라. 나일 계곡은 결국 고대 이집트가 장악했

고, 하와이나 폴리네시아의 섬들은 10만 명 정도를 거느린 거대 족장 사회의 영토가 되어버렸다.[18]

제한된 환경이라고 해서 문명의 등장이 보장되는 것은 아니지만 다른 곳보다는 그럴 가능성이 높았다.[19] 제한이 없는 곳에서는 족장 사회나 국가가 보통의 규모에 도달한 다음에는 더 이상 확장을 추구할 수 없었다. 주변 사회들이 지배당하지 않기 위해 이리저리 옮겨 다니기 때문이다. 뉴기니도 그런 상황이어서 엥가족 같은 부족 전체가 진퇴양난의 상황에 빠지지 않기 위해 이동했다. 규모가 작은 개미 군집이 충돌을 피하기 위해 도피 반응을 보이는 것처럼 말이다. 그렇게 새로운 장소에 정착하려면, 이웃들과의 동맹을 통해 이동을 협상해야 했을 것이다.[20] 사람들은 영토와 정서적 유대감을 형성하기에, 이런 이동이 일어났다는 것은 극단적인 압박을 받았음을 암시한다. 어쨌거나 이런 발 빠른 이동의 결과로 뉴기니섬에는 1975년에 동쪽에 파푸아뉴기니라는 국가가 세워지기 전까지는 작은 국가 사회조차 존재하지 못했다. 파푸아뉴기니가 수립된 후에도 그 시민들이 '국가'라는 것이 존재한다는 사실을 알기까지 여러 해가 걸렸다. 그들 대다수에게 가장 중요한 것은 여전히 자신의 부족이었다.

공격적으로 확장해가는 사회는 유혈 사태 없이 승리를 달성하는 경우도 많았다. 군복을 입고 깃발 아래 결집한 무장한 군인들은 누군가의 말처럼 "털을 곤두세운 괴물"처럼 보여 이웃 집단들을 겁먹게 했을 것이다.[21] 17세기 초 남아메리카 역사 연대기 작가 가르실라소 데 라 베가Garcilaso de la Vega는 이렇게 설명했다.[22] "제국을 확장하는 과정에서 군대의 무력을 이용하기 전에 우선 설득을 시도하는 것이 잉카의 분명한 정책이었다." 하지만 쇼맨십은 분명 협상의 분위기를 확립했을 것이고, 잘 무장한 외부자 무리 때문에 끊임없이 공포에 사로잡히는 것보다는 예속을 묵인하는 편이 더 안전했을지도 모른다.

파편화, 단순화 그리고 주기

국가로의 이행에 관한 한 그 무엇도 미리 정해진 것이 없었다는 사실은 반복해서 강조할 만하다. 그럼에도 규모가 크고 복잡한 국가, 즉 문명의 등장은 필연적인 현상으로 보일 수 있다. 문명의 확장이 소규모 사회의 숫자를 줄였다는 것만으로도 말이다. 국가가 가장 드문 형태의 사회였음에도 불구하고 지금은 어디에나 존재하게 된 것은 놀랄 일이 아니다.

농업의 등장 이후로 정복 족장 사회와 정복 국가가 갑자기 전 세계적으로 생겨났다. 대부분은 일시적인 성공이었고, 이런 덧없음은 그 어떤 수준의 복잡성도 사회의 지속성을 보장해주지는 않음을 다시 한 번 떠올리게 만든다. 이 책의 서두에, 통합이 일관되게 유지되는 선까지만 국가의 크기를 키우겠다는 플라톤의 글을 인용했다. 하지만 박식한 국가 통치자들이 이런 플라톤의 충고에 귀 기울였다면, 국가의 통합성은 여전히 일시적인 것에 지나지 않았을 것이다. 국가는 주기를 겪기에, 결코 오래도록 정체되거나 거침없이 상승만 하는 경우는 없다.[23]

재레드 다이아몬드Jared Diamond는 《문명의 붕괴Collapse》에서 환경 악화와 경쟁 같은 요인들이 어떻게 사회의 종말을 앞당길 수 있는지 살펴보았다.[24] 하지만 다이아몬드가 붕괴라고 부른 것은 실제로는 끊임없이 변화하는 사회의 본질을 보여주는 몇 가지 극단적 사례에 해당한다. 가장 중요한 점은 그런 붕괴(이 단어가 암울한 경제 침체가 아니라 한 사회의 급작스러운 종말을 지칭하는 용도로 사용되는 경우)는 정확하게 말하면 균열fracture이라고 해야 한다는 것이다. 밴드 사회와 부족의 분할과 달리, 족장 사회와 국가의 균열 절차는 복잡해도 예측 가능한 종류였다. 자원의 풍요로움과 상관없이 결국에 균열은 반드시 일어나게 마련이었다. 좀 더 구체적으로 말하면 족장 사회와 국가는 외부자들을 흡수하는 방식 때문에 대략 과거의 군사 점령 지역에 맞추어 지도상에 그어진 경계를 따라 균열이 일어나기 쉬웠다. 물론 궁극적으로는 정치적·지형적 요인과 전쟁의 예측 불가능성에 영향을 받았겠지만 말이다.[25] 예를 들어 마야 문명이 파괴되었을 때 그곳에 속했던 가구들은 '붕괴'라는 단어가 암시하는 바와 달리 정글로 빠져나가지도 않았고, 오랜 시간에 걸쳐 넓은 지역을 가로질러 흩어지지도 않았다. 그것은 그저 왕이 지배력을 잃고 사회의 상류층이 사라져버린 일에 불과했으며, 따라서 기존에 신성시되던 상징물과 공공 작품이 종종 훼손되었다.[26] 그리하여 아주 오래전에 예속되었던 외곽 지역은 더 이상 이래라저래라 지시할 사람이 없는, 리더로부터 자유로워진 곳이 되었다. 스페인 사람들이 도착하기 수십 년 전에 마지막 마야 왕국인 마야판Mayapan의 균열로 인해 16개의 작은 국가 사회가 남았고, 스페인 정복자들이 마주친 것은 그 사회들이었다.[27]

정복과 균열은 시간의 흐름 속에서 교대로 계속 반복되어왔다. 만약 스페인 사람들이 이 순환 고리에서 다른 지점에 해당하는 한 세기 늦은 시기에 멕시코에 도착했을 경우, 근래의 붕괴가 특히나 가혹했었다면 고립되어 농사를 짓던 마을들로부터 재탄생한 마야판 같은 또 다른 마야 제국과 마주쳤을 것이다. 그리고 그랬다면 궁전, 사원, 미술 등이 그들이 실제로 목격했던 그 무엇보다 훨씬 큰 감동을 주었을 것이다. 이런 공공의 작품들은 노동력에 대한 통제력이 사라지고 필수 보급품이 고갈될 때마다 파괴되었다. 그 결과 붕괴 이후 남은 소규모 사회들은 문화의 단순화를 경험했다. 궁전은 그대로 남아 있는 경우가 많았지만 시골 지역의 인구는 자신을 기존의 화려했던 모습으로 유지해줄 자원과 인력을 더 이상 갖지 못하게 되었다. 극단적인 상황에서는 농업과 수렵채집 사이를 시소 타듯 왔다 갔다 할 수도 있었다.[28]

　로마제국 역시 결국 침몰해서 더 작은 국가들로 쪼개졌다. 이 국가들은 리더십의 책임을 영주들에게 위임해서 온전히 유지되었다. 이것이 결국 여러 면에서 기능적으로 족장 사회와 대등한 사회조직의 한 형태인 봉건제도가 되었다.[29] 이 시점에서 더 큰 집단과 자신을 동일시한다는 의미에서의 사회는 유럽의 상당한 지역에서 장악력을 잃은 것으로 보였을 것이다. 하지만 학술적으로 보면, 영지 너머의 지역에 대해 느끼는 소작농들의 소속감이 영주들에 의해 손상되기는 했지만 완전히 없어지지는 않았다. 중세시대 이후 국가들이 신속하게 생겨난 것만 봐도 사람들이 아주 오래전의 연대감을 어렵지 않게 되살릴 수 있음을 알 수 있다.[30]

　정복과 해체의 순환 주기는 어디서나 분명하게 드러난다. 역사 기록을 살펴보면 족장 사회와 국가가 구성원들과 토지를 얻었다가 그 규모가 지나치게 확장된 후 그것들을 다시 잃어버린 사례가 넘쳐난다. 예일 대학의 역사가 폴 케네디Paul Kennedy가 "제국의 과잉 확장imperial overstretch"이라고 부른 이 현상은 제국에서만이 아니라 야망이 과도한 사회가 침략과 내전으로 약해졌을 때도 일어날 수 있었다.[31] 이런 일에는 경제가 중요하게 작용했다. 멀리 떨어져 있는 사람들을 통제하는 데는 막대한 비용이 들어가 시련이 될 수 있었다. 외곽의 인구 집단을 이득이 되는 존재로 여길지 성가신 존재로 여길지는 백지장 차이였다. 후자인 경우는 그들이 자원을 두고 자신의 정복자와 경쟁을 벌이거나 정복자의 투자를 합리화시켜줄 만큼 기여하지 않는 경우, 혹은 둘 다일 때였다. 한편 지방은 빼앗기는 자원을 상쇄할 만큼의 보상을 받는 경우가 드물었기 때문에 불만이 쌓였다. 과도한 부담에 시달리던 가구들이 정부의 영향력이 닿지 않는 내륙지역으로 숨어들어 난민으로 살아갈 수도 있었다. 하지만 역사를 보면 자기 땅을 끝까지 고수하기로 한 사람들이 정복자와의 싸움이나 정복자의 자발적 물러남을 통해 결국 독립을 이룬 경우가 무수히 많다.

가장 이국적이고 탐나는 상품들은 자기 사회와는 근본적으로 다르고 엄청나게 먼 곳에서 나는 경우가 많다는 사실 때문에 제국 확장 동기가 더 강해졌을 것이다. 그러다가 어느 시점이 되자 정복보다는 교역이 실용적인 옵션으로 자리 잡게 되었다. 이러한 계산으로부터 실크로드와 현대의 교역 네트워크가 구축되기에 이르렀다.[32]

다른 패턴들이 거대한 규모로 등장한다. 메소포타미아와 메소아메리카Mesoamerica는 유럽과 비슷했다. 즉 한 지역 안에 자리 잡은 국가들의 무리는 교역과 과거의 정복 활동으로 인한 역사적 연관성 때문에 공통점이 많았다. 개개의 사회와 그 사회들의 지역적 표현은 모두 사라질 수도 있었다. 수메르, 아카디아, 바빌로니아, 아시리아, 그리고 그 외 다른 국가들도 티그리스–유프라테스 하천계 주변에 생기고 사라졌다. 하지만 이 국가들 모두 미술 양식과 다신교적 종교 등에서 우리가 메소포타미아적이라고 부르는 공통의 맥락을 드러냈다. 그런데 3000년 동안 탁월함을 자랑하던 메소포타미아의 문화적 전통, 정치조직, 언어 등이 서기 1세기에는 거의 모두 사라져버렸다. 남쪽과 서쪽에서 온 유목민의 침략으로 무너진 메소포타미아 문명은, 현대의 중동 지역에서만 그 흔적을 찾아볼 수 있다.[33]

이 모든 것은 엄청난 슬로 모션으로 펼쳐지는 거친 질주였다. 각 국가가 생기고 망할 때마다 그것은 그 지역 인구 집단에 흔적을 남겨 문화적 구성 요소들이 새롭게 뒤섞였다. 정복당했다가 다시 자유로워진 사람들은 자기 선조들의 생활방식으로 돌아갈 수 있었지만 완전히 돌아가지는 못했다. 더 큰 사회, 즉 한때 그들을 지배했던 사회의 언어나 신념을 받아들인 적이 있었기 때문이다. 광범위한 지역에 걸쳐(예를 들면 수많은 마야 문명이 연이어 차지했던 메소아메리카에 걸쳐) 공통된 정체성이 점점 더 많아지면서, 하나로 통합되어 있던 과거의 흔적이 계속 유지되었다. 그 덕분에 서로를 다시 정복하고 지배하기가 쉬웠을 것이다.

세계 지리학의 어떤 신기한 부분들을 지나간 사회가 남긴 각인으로 설명할 수 있을지도 모른다. 일례로 남아메리카 우림의 사람들은 서로 친척 관계가 먼데도 공예 기술, 전통, 언어 등이 유사하다. 이런 부분을 교역으로 설명하기는 쉽지 않다. 이들의 혼합 문화는 한때 수많은 사람을 압도하며 그 정체성을 개조하다가 지금은 사라진 강력한 족장 사회의 흔적일 수 있다. 시어도어 루스벨트 대통령의 증손녀인 고고학자 애나 루스벨트Anna Roosevelt는 아마존 분지가 한때는 도심지였다고 주장한다. 내가 수리남(남미 북동 해안의 공화국 - 옮긴이)에

서 보았던, 우거진 수풀 밑에 묻혀 있던 선사시대의 수로도 도시가 존재했었다는 증거다.[34]

국가의 전진과 후퇴

적어도 지난 세기 동안에는 대부분의 전쟁이 내전이었고, 이는 보통 영토를 확장하려는 의도가 아니라 사회를 잔혹하게 붕괴시키려는 목적으로 벌어졌다.[35] 앞서 초기 인류 사회의 분할에 관해 자세히 설명할 때 등장했던 요소들이 여기서도 그 역할을 이어간다. 정체성은 국가의 건설과 붕괴 양쪽 모두의 중심축이 되지만, 결정적인 차이점이 있다. 밴드 사회에서 분파는, 그 사회의 형성기에는 아주 비슷했던 사람들이 서로 소통이 드물어지며 발생한 차이점 때문에 밑바닥에서부터 생겨났다. 부족의 초기 시절에는 예측하기 어려웠을 방식으로 사회 구성원들 사이에서 분파가 발생한 것이다. 그러나 오늘날의 국가에서 분파는 머나먼 과거, 실제로는 국가 생성 이전부터 차이점이 있던 집단에 해당하는 경우가 많다. 스코틀랜드인이나 카탈로니아인처럼 독립을 위해 싸우고 있는 인구 집단은 정치적·경제적 이해관계에만 관심이 있는 것이 아니라 심리적 원동력도 상당하다. 이들은 자신들이 까마득한 옛날부터 다른 존재였다고 여긴다.

이것이 심리학적으로 무엇을 의미하는지 생각해보면 대단히 흥미롭다. 사회가 처음 탄생했을 때만 해도 구성원들은 서로를 평등하게 바라보았을 것이다. 그러다가 분파가 형성되었을 것이고, 그에 대해 아주 천천히 반응하다가 어느 순간 임계점에 도달했을 가능성이 크다. 이와는 대조적으로 국가의 국민들은 다루기 힘든 분파들의 오래된 사회적 차이점을 즉각 조준함으로써 수많은 반란에 대응할 수 있었다. 이런 선택으로 인해 때로는 몇 세기나 묵은 갈등이 새로이 전면에 등장할 수도 있었다. 십중팔구 판에 박힌 경멸적 믿음들이 표면에 떠오르는 것이다. 이런 믿음의 기원을 추적해보면 이들이 서로 별개의 사회에 속해 있었던 시기로 거슬러 올라갈 수도 있다.

오늘날의 분리주의자 집단은 역경에 직면해서 자기들끼리의 통합을 유지하거나 분리독립을 촉진하기 위해 자신들의 과거와 의미 있게 연결되어 있는 상징을 이용하기도 하고, 치열한 정서적 효과를 내려고 그러한 상징을 조작하기도 한다.[36] 유고슬라비아는 여섯 개의 공화국으로 나누어지면서 국가, 국기, 그리고 국민들이 소중히 여겼던 공휴일 등을 모두 새로 지정해야 했다. 즉석에서 새로운 공휴일을 추가하기도 했다. 이런 변혁은 수렵채집인들이 분할의 트라우마를 겪은 후 얼마나 신속하게 서로 다른 차이점들을 확립했는지를 상기시킨다.[37] 전통 있는 표지에 대한 소유권 주장도 갓 생겨난 독립국의 독립심에 새로 활력을 불어넣는 빠르고 간편한 방법이다.

마야 같은 초기 국가 사회가 해체되었을 때와 마찬가지로, 해체를 통해 생겨난 국가의 인구 집단은 더 포괄적인 국가에 속해 있을 때보다 궁핍한 조건에서 살아야 한다. 즉 원래의 정권이 극단적으로 억압했던 경우가 아니라면 경제적으로 한 걸음 후퇴하게 된다. 오늘날의 분리독립국들도 외부의 도움을 받지 못하면 반등 속도가 느리다. 유고슬라비아의 해체로 생긴 국가 중 보스니아와 코소보는 아직 침체에 빠져 있다. 하지만 새로운 사회와의 강력한 동일시가 삶의 그 어떤 질적 저하도 상쇄할 수 있다는 것이 내 판단이다. 비우호적인 통치자에게 순종을 강요당하는 사회는 결국 고갈되게 마련이다. 다행히도 지역 공동체가 개인과 가족에게 제공하는 사회적 실존에 필요한 기본 요소는 사회의 흥망에 적응력이 있는 것으로 보인다. 즉 밴드 사회의 분할은 모든 구성원에게 똑같은 영향을 미치지만, 국가의 붕괴는 권력자에게는 치명타일지 몰라도 나머지 모든 사람에게는 그리 큰 변화를 낳지 않는다.

이 모든 문제에서 운명을 결정하는 것은 바로 지리다. 분리독립에 성공하기 위해 분쟁을 일으키는 집단은, 국토의 특정 부분을 차지한 채 그곳이 오래전에 자신들의 고국이었다고 주장할 때가 많다. 이것이 의미하는 바는 결국 한때 그들만의 사회를 가졌던 민족이 밀집해 있는 지역을 중심으로 분할이 일어난다는 것이다. 한편으로는 이곳저곳으로 이동하는 집단의 정체성도 사회에 영향을 미친다. 예전에 수렵채집인 밴드가 그랬듯이 말이다. 이런 집단이 일으키는 변화는 모든 국가에서 발견되는 지역 문화 창출에 기여하며, 요리에서 정치에 이르기까지 온갖 것에 영향을 미친다.

지리적 요인으로 인한 다양성 그 자체가 한 국가를 쪼갤 가능성은 상대적으로 낮아 보인다. 그 영향이 실제보다 과대평가되는 경우라고 해도 말이다. 가령 미국 남북전쟁을 주도한 것은 정체성 문제가 아니라 노예제도였다. 그 당시 대부분의 남부인은 스스로를 무엇보다 미국인으로 생각했다. 우리가 지금 남부 문화라고 생각하는 것이 자부심의 요소가 된 것은 전쟁이 끝나고 난 후의 일이다. 남북전쟁 동안 남부의 지식인들은 지역적 충성심을 고취하기 위해 남부적 방식의 우월성을 홍보했다. 예를 들면 남부 백인들이 자체적으로 하나의 민족 집단이며, 자신들이야말로 고상한 영국 혈통의 후손으로 북부인보다 미국의 건국이념을 더 잘 고수하고 있다고 주장했다.[38] 하지만 남부의 공통점을 호소한 이들의 노력은 큰 효과를 보지 못했다. 분리독립의 합리성을 확신하지 못했던 수많은 남부인은 남부 연합Confederacy보다는 자신의 가족을 지켜야 한다는 의무감에 더 영향받았다. 남부 연합이 단합을 유지하기 위해 몸부림쳤던 것도, 또 결국 패배하게 된 것도 북부와 차별화되는 공동의 정체성이 없었다는 점이 핵심이다.[39]

예전의 영토 주권을 새로이 주장하는 등 정체성 문제를 특징으로 하는 분리독립 사례가 많다. 그 좋은 예가 1905년에 긴장감이 높아져 결국 평화롭게 이루어진 노르웨이와 스웨덴의 분리다. 물론 예외도 있다. 정치적 문제가 작용해서 기존의 그 어떤 자율적 집단과도 관련이 없는 국가를 만들어낼 수 있다.[40] 1830년과 1903년에 각각 베네수엘라와 파나마가 콜롬비아(원래는 그란 콜롬비아Gran Collombia)로부터 탈퇴한 것은, 이들 영토 사이를 오고가기가 어렵다는 점이 정치적 단절을 낳았기 때문이다. 그 결과, 국민들 사이에 그 어떤 케케묵은 불화가 없었음에도 별개의 국가가 되었다. 아니면 외력이 영향을 미칠 수도 있다. 한반도가 1945년에 남한과 북한으로 분단된 경우가 그 사례다. 여기서는 러시아, 중국, 미국 사이의 경쟁이 적지 않은 역할을 했다. 파키스탄과 방글라데시를 인도로부터 분리한 인위적이기 그지없는 분단도 있었다. 이 분단은 1947년까지 영국이 그 지역을 지배하던 동안 세워진 공국公國의 통치자들과 함께, 영국에 의해 성사되었다. 때로는 식민지 건설로 인해 도입된 새로움이 분리의 요인으로 작용했다. 에리트레아(아프리카 북동부 홍해에 임한 공화국—옮긴이)가 문화적으로 좀 더 전통적인 에티오피아로부터 분리되어 나온 것이 그런 사례다. 그 외의 면에서는 에티오피아와 큰 차이가 없었던 에리트레아는 1889년에 이탈리아령이 되었다가 2차 세계대전 후에는 이탈리아에서 벗어났고, 1952년에 에티오피아 연방에 속하게 되었다. 하지만 이탈리아의 문화와 통치에 여러 해 동안 영향 받았던 에리트레아는 결국 1991년에 독립전쟁에서 승리하여 에티오피아로부터 독립했다.

그 어떤 사회도 그 사회의 일원이 되는 것이 구성원에게 중요하지 않다면 지속될 수 없다. 기능이 망가진 국가라도 폭군이 존재하면 한동안은 온전히 유지될 수 있지만, 집단에 대한 애착이 거의 없는 사람들은 충실성과 근면성이 떨어진다.[41] 소련은 국민들에게 그 국적이 강요된 지 한 세기도 안 되어 국적의 가치가 저하된 사례. 유고슬라비아처럼 소련도 사람들이 더 헌신을 다하고 싶은 작은 국가들로 분열되었는데 라트비아, 에스토니아, 리투아니아, 아르메니아, 조지아가 특히나 깊은 역사적 연속성을 가진 분파들이었다.[42]

고고학자 조이스 마커스Joyce Marcus는 아주 오래전 국가 사회들은 수명이 2세기에서 5세기 정도였음을 알아냈다.[43] 이런 지속 기간은 국가가 수렵채집인 밴드 사회보다 더 오래가지 않음을 암시한다. 수렵채집인 밴드 사회 역시 증거를 보면 수 세기 정도 지속되는 것으로 나온다. 그렇다면 국가는 통제력을 발휘하고, 서비스를 제공하고, 정보의 흐름을 개선시켜 국민들이 적절한 행동을 인식하게 해주는데도 어째서 더 안정적이지 않은지 물어야 한다. 국가 사회에 사는 것은 분명 장점이 있음에도 불구하고 한 가지 계속 재발되는 결함이 있다. 한 고고학자의 주장대로 국가는 "그것을 만든 사람조차 기껏해야 절반 정도밖에 이해하지 못하는, 당장이라도 망가질 것 같은 기계장치"이기 때문이다.[44] 재판소, 시장, 관개시설 등이 어떤 형태로든 존재해야 했지만 그렇다고 사람들이 항상 그것들을 잘 마련했다는 의미는 아니다. 한 국가에서 자갈 포장이 된 구조물 중 상당수는 사람들이 국가와 서로에 대해 헌신하게 된 근원과, 그것을 어떻게 관리할 수 있는지에 대한 빈약한 이해에 기반을 두고 있다. 사람들이 정체성과 공동의 목표를 공유한다고 느끼기만 하면 과도한 무력 없이도 국가를 운영할 수 있다. 하지만 인류 역사가 정복의 역사로 점철되면서부터 한 사회 전반에 걸쳐 만족스러운 유대감을 달성하기가 점점 더 힘들어졌다. 정체성 표지들이 극단적으로 다양해져, 구성원들은 서로 뜻이 엇갈리는 상태에서 자기 사회의 비전을 위해 분투해야 하는 상황에 내몰렸다.[45]

외부자를 대규모로 수용하는 일은 다른 동물종에서는 전례가 없다. 대부분의 척추동물 사회는 기껏해야 가끔씩 혼자인 개체나 난민 개체를 받아들이는 정도다. 우리 종이 외부자를 하나의 계층으로 추가하는 행동은 포로와 노예를 받아들이면서 시작됐지만, 나중에는 기꺼이 이루어진 합병이 아니라 무력에 의한 합병으로 인구 집단을 통째로 획득하는 형태가 늘어났다. 시간이 지나면서 우리가 요즘 민족이나 인종이라 생각하는 집단을 비롯해 다양한 인구를 더욱 잘 관리하고 통제할 수 있는 국가 사회가 등장했다. 이런 인구 집단들이 어떻게 함께 어울렸는지 알아보는 것이 9부의 주제다. 앞에서 보았듯이 국가 사회는 수명이 짧고, 계속 지속되기 위해서는 이질적인 사람들로 구성된 금방 무너질 듯한 구조 속에서도 잘 기능해야 한다. 국가 사회가 성공을 거두려면 구성원들이 다른 모든 소속성보다 가치 있게 여기는, 한 집단으로서의 특징을 유지해야 한다. 이것이 의미하는 바는 국가는 국민에게 그들이 모두 똑같은 부류라는 인식을 심어주어야 한다는 것이다. 외부자 합병으로 인해 국민의 부류가 명확히 갈리는 경우가 많은데도 말이다. 여기에는 지배와 통제의 수용이 결정적인 역할을 한다.

9 부

포로에서 이웃, 그리고
글로벌 시민으로?

From Captive to Neighbor . . . to Global Citizen?

24장

민족의 등장

나는 브루클린의 내 아파트 건물에서 나와, 개를 데리고 산책을 나왔거나 맨해튼행 전철을 타려고 서두르는 젊은 남녀들과 길을 건넌다. 그리고 코너를 돌아 애틀랜틱가로 가면 사하디스Sahadi's가 보인다. 갓 갈아놓은 신선한 향료와 지중해 요리 냄새가 풍기는 100년 된 식료품 가게다. 주변 곳곳에는 중동식 식당과 시장이 즐비하다. 여기서는 아랍계 미국인들이 자기 선조들의 언어와 미국식 영어 사이를 수월하게 오가며 대화를 주고받는다. 나는 내가 좋아하는 카페에 들어가 앉는다. 카페 안에는 아프리카계 미국인 부부, 아랍계 미국인 가족, 그리고 멕시코계 미국인 남성이 자리해 있다. 이 멕시코계 남성은 내 근처의 작은 원형 탁자에서 몇몇 백인 중 한 명에게 말을 걸고 있다.

뉴요커들에게 이것은 일상적인 경험이다. 하지만 1만 년 전 수렵채집인의 시각에서 보면, 나의 이 멋진 봄날은 도무지 이해할 수 없는 불가사의일 것이다. 서로 다른 민족들을 대규모로 병합한 것은 인간의 역사에서 가장 급진적인 혁신이었다. 그로 인해 인간 사회는 기존에는 별개로 존재했던, 서로 적대적인 경우도 많았던 집단들을 흡수해 민족으로 성장시킬 수 있는 선택의 여지를 갖게 됐다. 즉, 한때는 자체적인 사회를 이루고 있던 집단들이 같은 사회를 이루게 됐다는 말이다(그리하여 시간이 흐르면서 진심으로 스스로를 그 사회의 일부라 여기게 됐다). 모든 사람이 나처럼 극명하게 차이가 나는 민족들과 한 동네에서 어울려 사는 것은 아니지만, 리히텐슈타인과 모나코 같은 작은 국가에서 일본과 중국 같은 큰 국가에 이르기까지 오늘날의 모든 사회는 겉으로는 균일한 인구 집단처럼 보여도 실은 다양한 민족으로 구성되어 있다. 여러 세기가 지나면서 국민들 사이의 차이점이 누그러졌을 뿐이다. 정치적 혁신에서 새로운 종교적 신념, 그리고 과학적 업적에 이르기까지 오랜 세월에 걸쳐 일어난 다른 급진적 변화들은, 인종들의 뒤섞임을 수용하는 일에 비하면 그리 큰 조정을 필요로 하지 않았다.

족장 사회와 최초의 작은 국가들에서 뒤섞였던 인구 집단은 우리가 오늘날 생각하는 민족이나 인종은 아니었다. 정복자와 예속자 간의 정체성 차이는 거의 없다시피 했다. 십중팔구 서로 인접해 있던 자율적인 부족에서 살다가 정치적으로 합쳐졌기 때문이다. 하지만 계속 확장되다 보니 족장 사회나 국가 사회는 다른 사회 사람들뿐 아니라 언어와 전통이 다른 집단도 받아들이게 되었다. 사람들 사이에 현저한 차이가 존재하면 소통과 통제 문제가 발생하기도 했지만, 장점도 있었다. 예속된 사람들은 모호한 부분 없이 분명한 타인이었기에 타인 취급을 할 수 있었던 것이다. 그래서 그들의 복지에 대한 도덕적 의무가 덜했다. 사실 일부 정의에 따르면 제국은 아주 먼 곳까지 확장해서 현저하게 다른 문화를 가진 사람들을 통제하게 된 국가를 말한다. 이 전략은 정복의 대상이 해외로 확장되면 식민주의로 바뀌게 된다.[1]

더 많은 사람이 추가되자 자기 사회 안에서 낯선 타인과 접촉하는 것이 당연한 일이 되었다. 사회는 사람들로 북적이게 됐고, 그들 대부분은 이방인이었다. 하지만 이상하게도 그렇게 닮지 않은 이방인들이 동료 구성원으로 인식되고 대우를 받았다. 사회는 어떻게 그 모든 다양성을 조화시켜 '그들'을 '우리'로 바꾸어놓을 수 있었을까?

통제

"사람들이 정복당해서 한 지방으로 합병되고, 시간이 경과하여 통합된 제국의 일부가 되면 민족의 해체와 변질이라는 과정이 수반된다."[2] 로마제국에서의 인종차별 등장을 다룬 한 학문적 논의에서 나온 말이다. 외부자들을 마구잡이로 받아들이는 동안 인구 집단이 함께 잘 상호작용하는 민족으로 바뀔 수 있다. 하지만 이런 일이 모든 사회 전반에서 일어나지는 않았다. 잉카제국에 관한 한 연구에서 나온 다음의 구절을 고려해보자.

잉카의 성공 요인 중 하나는, 정복당한 사람들의 정치적·사회적 구조를 바로 그들을 통치하는 데 그대로 사용한 것이었다. 잉카는 그들 삶을 변화시키려 하는 대신 그들 삶의 연속성을 유지시켜 최대한 지장이 없게 했다. (…) 잉카는 정복당한 리더들에게 정부의 고위직 자리를 선물하고, 그들의 종교적 신념과 관습을 존중해주었다. 그리고 그 대가로 정복당한 사람들이 식량, 의복, 도자기, 건물, 기타 크고 작은 품목들을 열심히 생산하는 말 잘 듣고 충실한 백성이 될 것을 기대했다.[3]

이렇듯 잉카제국에 예속된 사람들은 사실상 독립적인 사회에서 살 때 가졌던 정체성을 유지했다. 이런 얘기를 들으면 잉카가 로마에 비해 패배자들에게 덜 군림했다고 생각할 수 있겠지만 그것은 가혹한 형태의 간접 통치를 잘못 해석한 것이다. 정복당한 사람들은 잉카제국으로부터 약간의 식량과 상품을 받기는 했지만 대부분의 지방 거주자는 제국 안에서 아무런 실질적인 사회적 지위가 없었다. 이들은 잉카제국의 정규 집단과 거의 아무런 접촉도 없었고, 지배자를 따라 하는 것도 금지되었다. 이들은 지속적으로 외부자로 남아 사회적으로 배제되었고, 항상 부정할 수 없는 명백한 타인이었다.

로마제국과 중국 왕조가 결국 수많은 정복지의 인구 집단을 편입시켰듯이 잉카제국도 예속된 사람들에게 그런 길을 허용했더라면, 그들은 잉카제국과 자신을 동일시하는 데 그치지 않고 잉카인 그 자체가 되어 사회적 지위가 계속 평등하지 못한 상태에서도 제국에 자부심을 느끼게 되었을지 모른다. 하지만 제국은 외곽 지방 거주자들은 폭력으로 굴복시켰고, 불만 세력은 탄압했고, 다루기 힘든 마을 사람들은 아예 다른 땅으로 이주시켜버렸다. 이런 학대 속에서 이들이 얻을 수 있는 딱 한 가지 좋은 점은 보호밖에 없었다. 잉카제국은 자기 영토 너머의 부족과 맞서 싸우고 있었기 때문이다. 국경에 사는 인구 집단은 이미 알고 있던 적에게 굴복하는 편을 선호했으리라 추측할 수도 있지만, 사람들을 하나로 뭉치게 하는 데 공동의 적만큼 좋은 것은 없다. 서로에게 의존하는 사회들에게도, 자신들보다 우월한 집단에 주눅이 든 거주자들에게도 그렇다.

이 시스템이 효과가 있었던 것은 분명하다. 16세기에 페루에 도착한 스페인 사람들은 1400만 명 정도를 거느린 제국과 마주쳤다. 잉카가 한 세기 남짓 된 목가적 부족이었음을 고려하면 이것은 놀라운 일이다(물론 그 지역에 앞서서 존재했던 왕국을 토대로 삼았다는 장점을 가지고 있었지만). 그러나 미국이 토착 부족들에게 그랬듯이 한 국가가 작은 집단들을 주류에서 몰아내는 것과, 인구 대다수가 지배자에게 호감을 갖지 않고 그와 자신을 동일시하지도 않는 문명을 지배하는 것은 분명 다른 문제다. 나는 잉카제국이 지방 사람들에게 지배층 인구 집단을 지지하도록 동기를 부여해 지방을 통합하지 않았더라면 얼마나 온전히 유지될 수 있었을까 의문이 든다.

잉카제국과 로마제국이 사회를 관리한 방법을 비교해보면 철저한 지배를 통한 통제와 외부자를 사회로 병합해서 통제하는 것 사이의 차이가 드러난다. 전자의 경우 순종적인 지방의 리더들은 사회가 예속된 후에도 자리를 지키는 경우가 많았다. 이들은 후한 대가를 받고 자기 백성들로부터 재화와 서비스를 착취하는 것을 감독했겠지만, 백성들은 그 대가로 거의 아무런 혜택도 받지 못했다. 후자는 제국이 예속된 사람들을 자기 집단에 합류시킨 경우다. 그들이 비록 약자로 남더라도 스스로를 사회 구성원으로 여기게 되리라는 기대를 품고서 말이다. 이런 경우 중앙정부는 그들에게서 재화와 서비스를 제공받는 보상으로 그들의 필요를 충족시키는 행정을 담당했다. 사람들이 더 철저하게 합병되고, 그들의 동맹 관계와 정체성이 재설정되고, 예전 정부가 해체될수록 정복자로부터 자유로워지려는 시도는 점점 불가능해졌다.

국가 사회들은 사람들의 순종 정도에 따라, 그리고 그들에게 제약을 풀고 더 높은 지위를 부여했을 때 따라오는 이득이 얼마나 되는가에 따라, 잔혹한 지배에서 관대한 합병에 이르기까지 여러 방식을 시도했다. 로마제국은 제국을 가로지르는 여러 지역 출신의 자유인들이 보이는 문화적 종교적 차이를 감수했다.[4] 하지만 영국인들처럼 순종적인 사람들은 흡수하면서도 일부 아프리카 지역의 다루기 힘든 이탈자들에 대한 통제는 확실히 했다.[5] 한 국가의 전략도 시간의 흐름 속에서 변할 수 있다. 수 세기 동안 일본은 홋카이도의 아이누Ainu 수렵채집인을 상대로 어떤 때는 겁을 주어 그들의 삶의 방식 대신 일반 인구의 생활방식을 고분고분 따르게 만들기도 하고, 어떤 때는 그들을 나머지 사람들과 접촉하지 못하게 만들기도 하면서 애증이 엇갈리는 관계를 유지했다.[6]

중국 대륙 정복 활동은 이른 시기에 시작되어 큰 성공을 거두었고 결국 현재 중국 인구의 90퍼센트에 달하는, 지금 우리가 한족이라고 간주하는 가상의 통일성을 만들어냈다. 이런 규모의 결과가 나오게 된 것은 초기 왕조가 자신의 문화, 문자, 그리고 때로는 언어로 개종하는 사람이면 누구든 받아들인 정책 덕분이었다고 할 수 있다. 이런 전통의 기원을 추적해보면 공자가 나온다. 그는 한족의 생활양식에 충실하기만 하면 한족이 될 수 있다는 개념을 고취했다.[7]

고대 문헌을 비롯해서 건축, 칠기 제조에 이르기까지 모든 것에 표현된 정체성 변화의 증거를 바탕으로, 고고학자들은 진나라(기원

전 221~207)와 한나라(기원전 202~서기 220)가 결국 오늘날의 중국이 될 인구 집단의 상당 부분을 어떻게 통합했는지 밝혀냈다.[8] 수도시설, 조명, 기타 다양하게 개선한 필수적인 것들을 제공한 로마와 달리, 중국 왕조는 외곽의 인구 집단에게 삶의 질과 관련된 이득은 거의 제공하지 않고 반복되는 반란을 진압하기 위해 군대에 더 의존했다. 진나라와 한나라가 이용한 전략 중 일부는 전 세계 영토 확장 과정에서 공통적으로 나타나는 것들이다. 양쪽 왕조 모두 원래의 한족이 탄생한 곳으로 추정되는, 제국의 중심부와 제일 가까운 북쪽 지역 통합에 초점을 맞추었다. 한족 문화의 지배력을 확실히 하기 위해 신임하는 백성들을 그 지역에 많이 가서 살게 했다. 가장 부유한 지방에서는 자녀들에게 한족의 풍습을 가르치는 바람직한 상황이 처음 현실화되었을 것이다. 수 세기에 걸쳐 이런 교육이 사회계층을 타고 전해져, 14세기 명 왕조가 생겨났을 즈음에는 한족의 정체성이 폭넓게 확산되어 있었다. 중국 왕조들이 가장 외곽 지역에 대한 통제권을 반복해서 상실했던 이유는, 관심의 초점을 주로 접근 가능한 영토에만 맞춘 것에서 찾을 수 있다.

국경 안에는 왕조가 주류로 편입하는 데 실패한 토착 사회들이 존재했다. 이런 집단들이 사는 곳은 경작에 적합하지 않은 산악지역이라 진압해봤자 얻을 것이 거의 없는 경우가 많았다. 일부 민족, 그중에서도 서쪽의 티베트족과 위구르족 및 버마 국경 근처의 와wa족 등은 결국 왕조의 통제 아래 들어가기는 했지만, 당국은 아이누족을 개로 생각했던 초기 일본인들처럼 그들을 수준 이하의 사람으로 보고 거리를 두었다.[9] 기록으로 남지 않은 정책 하나는 그런 야만인들의 언어와 풍습을 그대로 내버려두는 것이었다. 16세기에 명 왕조는 마치 식민국처럼, 적대적인 먀오Miao족의 산악 근거지를 성벽으로 에워싸 그들을 포함한 다른 거주자들을 억압하기도 했다.[10] 사회적 이탈자들은 자신의 정체성을 유지함으로써 내륙지역 지방들이 잉카제국에서 했던 역할, 그리고 노예들이 체로키 인디언 사회에서 했던 역할을 완수했다. 그리스 시문학의 거장 콘스탄티노스 카바피스Konstantínos Kaváfis가 이런 질문을 던진 것은 옳았다. "이제 야만인들이 없어지면 우리에게 어떤 일이 일어날까?/ 그들은 일종의 해결책이었다."[11] 야만인들은 그저 존재하는 것만으로도 무엇이 적절하고 옳은지를 밝히는 역할을 했다.

동화

이제 조명되어야 할 것은 이렇게 결합된 사회들 사이의 상호작용이 어떻게 노예화나 예속화로부터 더 이상 무력이 필요하지 않은 상호 유익한 관계로 재구성되었느냐다. 이런 재구성 과정에서 사회적 균열을 겪는 와중에도, 과거의 소규모 사회 구성원들이 보여준 충성에 영감을 받은 사회가 등장했다. 앞서 확인했듯이 사회들은 서로 합쳐지는 것을, 마치 숙주의 면역 정체성과 일치하지 않는 피부 이식에 거부 반응을 일으키는 몸처럼 격렬히 거부하지만, 인간은 어떻게든 양립할 수 없는 정체성을 가진 외부자들을 받아들여야만 했다. 나는 이러한 합병의 성공을 새로운 목적을 위해 고안된 인간 속성의 결과로 본다. 즉 사람은 간단히 한 정체성을 버리고 다른 정체성으로 갈아탈 수는 없지만, 자기 사회 내부에서 일어나는 끊임없는 사회적 변화에 적응하려면 표지와 그 표지를 사용하는 방식만큼은 항상 유연해야 했다.

앞에서 나는 인간 심리에 대해 설명하면서, 한 사회 안에 존재하는 서로 다른 민족과 인종에 관한 연구 결과에 바탕해 외부 사회 구성원들에 대한 태도를 추론할 수 있다고 했다. 하지만 이런 추론은 그와 반대되는 방향도 암시한다. 즉 우리 선조들이 외부 사회와 상호작용하기 위해 진화시킨 심리적 도구들이 재구성되어, 한 사회 안에 서로 다른 민족과 인종이 공존할 수 있게 되었다는 것이다. 이런 일이 어떻게 일어날 수 있었는지 생각해보자. 사람은 자기 사회에 대한 자부심을 표현하는데 이는 자신의 특별함, 그리고 자신과 외부자의 정체성 차이를 인지한 결과다. 그러나 정복 활동을 통해 외부자들을 받아들이고부터는, 외부 집단을 구분하고 그에 반응하기 위해 사용하던 정신 회로를 자기 사회 안의 민족 관계 이해에 활용했을 것이다. 만약 이런 설명이 옳다면 한 사회의 소속성과 한 민족이나 인종의 소속성이 여러 면에서 동등해질 수 있다. 하지만 한 가지 중요한 차이가 있다. 민족 집단은 자신의 정체성과 사회적 의무의 일부를, 자신의 한 부분이 된 더 큰 사회에 투자하게 되었다는 것이다. 이런 집단은 어느 정도까지는 사회 내부의 사회처럼 행동한다.

우리 이야기의 이 마지막 단계에서, 인간은 자연에서 유사한 사례를 거의 찾아볼 수 없는 경로를 걸었다. 사회 안에 사회가 들어 있는 이런 복잡성을 가장 유사하게 보이는 동물 사회로는 향유고래 무리를 들 수 있다. 그 무리 각각에는 몇몇 암컷 성체와 새끼로 구성된 단위사회 수백 개가 들어 있다. 하지만 이런 유사성은 피상적인 것에 불과하다. 향유고래의 단위사회들은 민족들과 달리 행동이나 권력관계에 있어 서로 차이가 없다. 향유고래의 단위사회들이 같은 무리에 소속됨으로써 얻는 것은, 서로 공유하는 사냥 방식을 팀을 이루어 효과적으로 구사해 먹이를 사냥하는 것밖에 없다. 반면 민족적 차이는 인간 삶의 모든 측면에 스며들어 있다.

만약 더 큰 사회 안에 있는 민족들이 서로를 마음에 들어 한다면, 그들 사이에 남아 있는 그 어떤 중요한 차이도 무시할 수 있도록 정체성을 재정비하는 것이 성공으로 가는 길이다. 민족 간 차이는 사회 간 차이와 마찬가지로 행동과 겉모습에 영향을 미치는 표지의 형태로 몸 위에 새겨져 있기 때문에, 외부자들이 한 사회에 이식되려면 그들이 그 지역에 맞추어 동화되어야 한다.[12]

크게 벌어져 있는 문화적 거리를 메워야 할 때 사람들이 반격에 필요한 인원수와 자원을 확보한 상황이면, 동화가 더욱 어려워져 제국 팽창에 장애물이 된다. 뒤에서 설명하겠지만 동화는 특정한 스타일로 일어나는 경향이 있다. 외부자들이 유입되는 방식으로 인해 각각의 사회는 주로 어느 한 민족을 중심으로 확고해지는 경향이 생길 수밖에 없다. 거의 항상 어느 한 민족이 사회를 창립해 그 중심지를 차지하고, 존재의 거대한 사슬에서 왕좌에 앉는 지배집단이 된다. 그리고 나머지 집단들은 그들과의 비교에서 나오는 부정적 선입견에 시달리게 된다.[13]

권력의 상당 부분이 지배집단, 특히나 리더와 귀족의 손아귀에 들어가고 그들은 자신의 이익을 지지하게 된다. 그래서 동화는 비대칭적으로 이루어질 수밖에 없다. 지배 문화에 순응해야 할 의무는 다른 민족들에게 있다. 이 시점부터는 '민족'이라는 단어를 지배 민족보다 지위가 낮은 소수민족을 표현할 때 사용하도록 하겠다. 지배집단이 소수민족들에게 순응을 강요할 수도 있고, 아니면 소수민족 사람들이 변화가 자기들에게 이득이라고 생각하여 자발적으로 따를 수도 있다. 보통은 이 두 가지가 조금씩 함께 진행될 때가 많다. 이런 변화가 강요된 것이든 자발적인 것이든 지배집단은 새로 유입된 자들이 기대되는 바를 학습하는 동안, 잉카제국이 보여주었던 것보다 더 많은 관용을 보여야 한다.[14]

이것은 놀랄 일이 아닌 것이, 결혼을 통해 다른 사회로 들어간 수렵채집인 밴드 사람들의 적응 과정도 똑같았을 것이기 때문이다. 즉 그들 역시 새로 들어간 사회가 허용하는 범위 안에서 행동하리라는 기대를 받았으며, 그들이 그렇게 될 때까지 그 지역 사람들은 그들의 낯선 방식을 어느 정도 허용해주었다. 애초에 인구 집단 전체를 동화시킬 수 있는 가능성이 열리게 된 것도, 분명 또 다른 사회의 구성원이 되려는 개인의 선택적 이동에서 그 기원을 찾아볼 수 있을 것이다. 이런 종류의 이동은 동물에서 널리 관찰되며, 우리의 과거 진화 과정에서도 내내 일어났을 것이다.

소수민족이 받아들여지려면 지배 문화에서 비도덕적이거나 부끄러운 것으로 여기는 전통같이 구성원들을 검은 양으로 낙인찍을 수 있는 것은 무엇이든 절대적으로 억제할 수 있어야 한다. 1884년에 캐나다 정부에서 태평양 연안 북서부 인디언들의 포틀래치를 낭비적이고 미개하다며 금지한 것은 그러한 수많은 사례 중 하나다. 지배적 인구 집단은 '야만인'들에게 행동 기준은 물론이고 자신들이 부여한 사회적 지위를 받아들일 것을 강요함으로써 그들의 '문명화'라는 임무를 자임한다. 미국 정착민들도 아메리카 인디언들을 야만인으로 표현할 때가 많았다. 콜럼버스는 산타마리아호가 신세계 해안에 도착했던 바로 그날 노예들을 발견했는데, 그곳의 토착 아메리카 원주민들은 포로를 잡아 노예로 삼는 것을 "길들이기"라고 합리화했다.[15]

이 '문명화'는 포틀래치보다는 덜 놀라운 행동으로 이어졌지만, 자기 민족과 다른 민족 간의 경계를 지우는 것은 결코 지배 민족의 목표가 아니었다. 동화의 최종 결과는 일종의 합병이지만 그렇다고 독립적 정체성이 상실되는 것은 아니다. 오히려 한때는 독립적이던 한 사회의 정체성이 지배집단의 이미지 안에서 어느 정도까지만 개조된다.

내가 '어느 정도까지만'이라고 말한 이유는 종속 집단 쪽에서 보이는 기이한 행동이 지배 민족을 불편하게 만든다면, 과도한 순응 역시 그럴 수 있기 때문이다. 실제로 민족 간의 너무 많은 유사점은 소중한 차이를 유지하려는 사람들의 욕망을 침해할 수 있고, 궁극적으로는 편견을 악화시킬 수 있다. 그와 마찬가지로 너무 많은 동화는 한 민족의 자부심을 무너뜨릴 수 있다.[16] 그래서 지배집단이 일어나는 일의 상당 부분을 주도하기는 해도 민족성의 관점 역시 역할을 한다. 권력을 쥔 사람들의 기대에 부응하면 그 민족의 지위 혹은 정통성은 향상되겠지만 그것도 그 집단이 지배집단 고유의 정체성을 침해하지 않을 정도로 차별화된 상태로 남는 한에서만 그렇다. 따라서 유대인이 나치의 표적이 된 이유는 독일 문화에 적응하지 못했기 때문이라기보다는, 그들이 별개의 민족으로 인식되기는 해도 나머지 독일인과 구분할 수 없을 때가 많았기 때문이다. 메노라menorah(유대인이 종교 예식에 사용하는 촛대 - 옮긴이)와 코셔kosher(전통 유대교 율법에 따라 식재료를 준비하고 조리한 음식 - 옮긴이)는 비공개된 장소에만 나왔기 때문에 다른 독일 사람들 눈에는 보이지 않았다. 이런 불확실성은 유대인이 동화를 통해 부와 영향력을 키우려는 악의적인 의도를 숨기고 있다는 두려움을 부추겼다.[17] 이들이 지배집단의 문화에 능숙해 다른 독일인과 유사해 보인다는 점은 차이점만큼이나 해롭게 작용했다.

물론 모든 민족은 지배 문화에 어느 정도 영향을 미쳐 사회가 그 민족의 요리법, 음악, 그 외 다른 문화를 허용했던 범위를 조금씩 넓혀놓는다. 한 사회가 다른 사회로부터 그런 요소들을 수입할 때와 마찬가지로 말이다.[18] 예를 들면 로마는 외곽 지역들을 로마화하는 과정에서 그 지역 사람들이 제공해야 했던 향수, 염료, 향신료, 와인 등을 최고의 것으로 인정하며 받아들였다.[19] 이런 기막히게 좋은 민족적 특성의 종합세트를 가지고 우리는 사회를 완전하게 표현하는 공통의 특징을 추출할 수 있을지도 모른다(캐나다 문화처럼). 하지만 사람들이 보통 사용하는 문화라는 단어의 의미에서 보면, 대부분의 사회는 더 이상 하나의 문화로 정의되지 않는다. 구성원들은 과거 그 어느 때보다 폭넓은 다양성을 용납하면서 자신들의 공통점에 전념한다. 미국이나 싱가포르 같은 곳에서는 민족적 다양성 그 자체가 국가성의 원천이다. 이런 집단 간의 관용과 긍정적 태도를 묘사하기 위해 심리학자들은 사회 전체에 걸친 공통성으로 일구어진 상위 정체성에 대해 이야기한다. 이런 동일시는 '우리' 대 '그들'의 차이를 감소시켜 포괄적인 '우리'라는 정신이 들어설 공간을 마련해준다.[20] 이것은 사회 내 사회들이 기능하기 위해 꼭 필요한 관점이다.

자부심 상실이 문제가 되지 않는다 해도 민족들이 완전히 동일하게 수렴되는 것은 물론 불가능하다. 자신의 민족적 배경과 거리를 두는 사람이라도 억양 및 다른 민족적 특징에서 벗어날 수 없을 뿐 아니라 자기도 모르는 사이에 선조들의 행동 수칙을 고수하며 자녀들에게도 서서히 그것을 주입시킨다.[21] 기나긴 역사에 걸쳐 집단 간에 융합이 일어나는 경우라 해도 차이점은 세대를 이어 지속될 것이다 (한족은 2000년 동안 그랬다). 로마화가 로마제국 전역에 걸쳐 다양하게 이루어졌던 것처럼, 어느 사회나 각 지역은 자기들만의 방식으로 정체성을 해석하며 의도적이든 아니든 다른 구성원들도 그것을 알아차린다. 중국 초기 왕조에서 살았던 한족은 한족의 방식을 채택한 지방 사람들을 공인된 동료 한족으로 바라봤겠지만, 그럼에도 불구하고 서로의 차이는 인식했었다. 남아 있는 증거들을 보면 그들은 그런 한족은 열등한 존재로 여긴 듯하다. 물론 한족이 아닌 민족 집단들보다는 덜 열등하다고 보았겠지만 말이다.[22]

앞에서 나는 수렵채집인들은 현대 국가를 연상시키는 정부 기반 시설은 가지지 못했음에도 불구하고 국가는 가졌을 거라고 주장했다. 사실 학자들이 생각하는 의미의 국가, 즉 동일한 문화적 정체성과 역사를 공유하는 독립적 집단으로서의 국가는 사회가 훨씬 더 균질했던 수렵채집인 시절에만 존재했었다.[23] 자세히 들여다보면 모든 국가 사회에는 여러 민족이 뒤죽박죽 섞여 있다. 그래도 나는 일반적인 표현을 받아들여, 오늘날의 사회를 국가라 칭하겠다.

지배

지배집단이 사회의 권력과 정체성을 통제하는 것은 창립자의 이점이라 부를 수 있을 것이다. 하지만 지배집단 소속성에 있어 가장 중요한 것은 국가가 탄생한 시간으로 자신의 실제 선조들을 추적하는 것이 아니라 그 창립자들의 민족성을 공유하는 일이다. 그래서 1840년 이후 많은 유럽계 미국인 선조들이 미국에 왔음에도 불구하고, 미국에서 우세한 상태를 유지한 것은 백인caucasian이었다. 한편 거의 모든 아프리카계 미국인은 미국이 독립하기 전에 도착했던 노예들의 후손이다. 이 말은 평균적으로 보면 흑인 가정이 백인 가정보다 더 오랜 세월 미국인이었다는 의미다.[24] 윈스턴 처칠Winston Churchill은 역사는 승자에 의해 쓰인다고 말했다. 실제로 국가에서 보급하는 정교하게 편집된 역사는 지배 민족 사람들을 보기 좋게 묘사하면서 권력과 사회적 지위에 대한 그들의 주장을 그대로 인정한다. 이것은 평등주의자였던 수렵채집인 밴드가 역사에 거의 관심이 없었던 또 다른 이유를 말해준다.

지배집단의 권력을 유지해주는 것은 무엇일까? 지배집단은 다수 집단으로 불릴 때가 많다. 말 그대로 이 집단에 속한 사람들이 인구의 대부분을 차지하는 경우가 일반적이다. 지배집단의 원래 영토에서는 더욱 그렇다. 그러나 간혹 다른 민족이나 소수집단이 인구의 큰 부분을 차지하기도 한다. 이는 정상의 자리를 차지하는 데 있어 중요한 것은 머릿수보다는 상황의 문제일 수 있음을 시사한다. 아파르트헤이트(예전 남아프리카공화국의 인종차별 정책-옮긴이) 시절에는 백인 아프리카너Afrikaner(남아프리카공화국에서 아프리칸스어를 사용하는 사람들로 보통 네덜란드계-옮긴이)가 아프리카 원주민들을 지배했고, 초기 그리스 같은 '노예 사회'에서는 더욱 노골적인 억압의 형태가 나타났다. 그런 곳에서는 포로가 자유인보다 많았다. 유랑형 유목민들이 세운 몽고도 그랬는데, 그들은 말 다루는 기술을 이용해 자기 사회보다 규모가 더 큰 농업 사회들을 지배했다.

일반적으로 지배집단은 머릿수에서 밀리는 곳에서는 통제력을 고수하기 힘든데, 그런 곳은 외곽 지역에 있는 경향이 있다. 노예가 시민보다 많아진 로마제국의 수도에서도 이것이 문제였다. 로마제국 노예들은 출신이 다양했고, 마찬가지로 출신이 다양했던 자유인들과 명확한 구분이 어려웠다. 정부는 노예들에게 낙인을 찍으면 그들의 수적 우세가 투명하게 드러나서 오히려 반란을 부추기게 된다는 사실을 깨달은 후에는 그 문제를 무시하기로 했다.[25] 인구수는 적지만 경제적으로 비교적 성공을 거둔 소수집단도 위협적으로 보일 수 있어서 어려움에 처했다. 유대인들이 역사적으로 다양한 시기에 그랬고, 말레이시아 같은 국가들에 사는 중국인들도 그랬다.

지배 민족과 가장 뚜렷이 다를 가능성이 높은 외곽 지역 사람들은 해방에 성공할 확률이 높았지만, 그래도 그들이 지배집단과 나라 전체를 장악하는 일은 드물었다. 두 명의 정치학자는 이렇게 진술한다. "우리는 여기서 뉴턴의 관성의 법칙의 정치학 버전이라 할 만한 것과 마주쳤다. 어떤 외력이 작용하지 않는 한 권력을 잡은 사람들은 계속 권력을 유지하는 경향이 있다는 것이다."[26] 이는 정치와 군대를 장악한 지배 민족이 자신의 지위를 얼마나 효과적으로 보호하는지를 말해준다. 하지만 또한 이는 지리적 문화적으로 이질적인 경우가 많은 소수집단들이 함께 힘을 합치는 것이 얼마나 어려운지를 증명한다. 전복에 성공한 경우들도 존재한다. 로디지아Rhodesia에서 그런 일이 일어나 백인 인구 집단이 높은 신분을 상실했고, 1980년에 짐바브웨로 국명이 바뀌면서 게릴라 전쟁이 종식되었다. 이것은 규칙을 증명하는 예외였다. 불과 15년 전에 영국에서 분리되어 나온, 이

전의 식민지 개척자였던 백인 '다수집단'은 부족 집단보다 수적으로 뒤처져 권력 장악력이 취약해진 것이다.

지배집단의 통제는 일상적인 정체성 문제부터 사회가 가장 소중히 여기는 상징까지 포괄한다. 사회적 표지에 대한 이런 다수집단의 통제는 소수집단의 지위를 보잘것없이 만든다. 미국에서 태어난 아시아계 후손들은 자기 국가의 국기를 찬양할 수 있지만, 실험적 연구에 따르면 이들은 그 깃발을 동료 아시아계 미국인보다 백인과 더 깊게 연관 짓는다.[27] 소수집단의 한 개인이 여러 세대에 걸쳐 이어져 온 자랑스러운 시민 가족의 구성원이라 해도, 어떤 수준에서는 "자기 땅에서 영원한 외국인"인 듯한 느낌이라고 한다.[28] 한편 사회학자 밀턴 고든Milton Gordon은 이렇게 썼다. "백인 개신교 미국인은 자기가 어떤 집단에 거주한다는 사실 자체를 인식하는 경우가 드물다. 그 사람은 그냥 미국에 거주한다. 반면 다른 사람들은 집단에서 살아간다."[29] 이 말은 지배 민족 사람들을 정의하는 가장 중요한 특성이 무엇인지, 그리고 그들이 하나의 민족으로 불리는 경우가 드문 이유가 무엇인지 설명해준다. 다수집단 사람들은 자신을 고유한 개인으로 표출하는 사치를 누린다. 반면 소수집단 사람들은 자신을 민족 집단과 동일시하는 데 더 많은 시간과 노력을 할애한다.[30]

다수집단이 '자기' 국가를 대부분 자기 민족하고만 연관 짓고 다른 민족과는 덜 연관 짓는 데 따르는 심각한 결과가 존재한다. 실험실 연구들에 따르면 지배집단 사람들은 소수집단 사람들의 충성도를 확신하지 못할 때가 많다.[31] 사람은 자라면서 타인들이 자신에 대해 반복적으로 표현하는 편향된 관점을 수용할 수 있기 때문에, 소수집단에 대한 이런 불신이 소수집단으로 하여금 스스로를 하찮은 존재로 여기게 만들어 오히려 다수집단이 두려워하는 바로 그 행동을 촉발할 수 있다. 특히나 크게 폄하된 집단의 사람들은 자기들이 비난받은 그대로 행동하게 될 수 있고, 심지어 다른 옵션이 거의 없을 때는 범죄를 저지르는 것이 합리적 선택이라 생각할 수도 있다.[32] 이런 소외는 국가의 상징과 부를 소수집단과 단절시키는 것 말고도 그 집단이 사회에 대한 애착을 버리게 만드는 또 다른 문제를 야기할 수 있다.[33]

오늘날의 소수집단은 중국 왕조 시절 산에 살던 먀오족 같은 토착부족과 거의 다를 바 없는 역할을 한다. 즉 지배 민족 사람들에게 비교의 기준이 되는 역할을 한다는 말이다. 그리하여 지배 민족은 사회의 '순수한' 대표로 남게 된다. 따라서 아시아계 미국인은 어디 출신이냐는 질문을 받을 때 거북함을 느끼게 되는데, 유럽계 미국인에게 같은 질문을 하는 경우와 달리 가령 피오리아(미국 일리노이주에 있는 도시 - 옮긴이) 출신이라는 대답을 기대하는 것이 아니기 때문이다(그런 식으로 대답하면 흔히 이런 말이 돌아온다. "그게 아니라 진짜 출신지가 어디냐고요.")[34] 제일 비방을 많이 받는 소수집단에 대해서는 가장 큰 사회적 거리감social distance이 유지된다. 아프리카계 미국인이 그런 경우다. 아시아인과 백인 사이에서 태어난 혼혈아들에게도 여전히 낙인이 찍혀 있지만, 그들은 '흑인 혈통'보다는 사회에 적응하기가 쉽다.[35]

사회와 그 지배 민족 사이의 관련성은 무척 깊다. 누군가에게 자국의 한 시민을 상상해보라고 요청해보라. 만약 그 사람이 미국 출신이라면 성별이나 민족에 상관없이 거의 즉각 백인 남성 이미지를 떠올릴 것이다.[36] 영국의 정치사상가 T. H. 마셜Marshall은 시민권에 대해

"사회의 완전한 구성원으로 받아들여질 권리"라고 썼다.[37] 다수집단 사람들이 공유하는 유리한 점, 그리고 우리가 알고 있는 민족과 인종에 대한 인간의 심리적 반응을 고려할 때, 여기서의 핵심은 '완전한'이라는 단어다.

사회적 지위

민족 간 그리고 인종 간 사회적 지위 관계는 다수집단의 지배를 수용하는 문제보다 훨씬 복잡하다. 수십 년에서 수백 년에 걸쳐 바라보면, '존재의 거대한 사슬' 내에서 소수집단의 지위는 유동적인 것이 드러난다.[38] 다른 동물종 사회에 존재하는 사회관계망과 몇 안 되는 집단들 사이에서는 사회적 지위의 변화가 흔하지 않다. 드문 일이지만 개코원숭이 무리에서 한 모계 집단이 지위가 높은 다른 모계 집단과의 싸움에서 이기면, 거기에 속한 암컷들은 더 좋은 잠자리와 더 많은 먹이에 접근할 수 있는 권한을 갖게 된다.[39] 인간의 민족 집단과 인종 집단의 경우에는 이런 식의 노골적인 폭력을 통해 지위가 바뀌는 경우는 드물다. 대신 그들의 지위는 그들에 대한 사회의 인식 변화를 바탕으로 오르락내리락한다.[40] 한 종류의 민족에서 모든 사람이 그 민족의 지위에 놓여 있는 것도 아니다. 자기를 받아준 국가의 특성을 조금 더 취하는 등의 과정을 통해 지위가 상승한 가족의 경우, 같은 민족이라 해도 제일 가난한 사람들이나 새로 온 지 얼마 안 된 사람들하고는 어울리지 않을 수도 있다.[41]

변화의 속도가 느린 것은 권력을 가진 자들하고만 관련이 있는 것이 아니라 사회적 지위를 받아들이는 방식과도 관련이 있다. 사람들은 자기 민족과 인종의 지위를 자연스럽고, 변경 불가능하고, 보장되어 있는 것으로 바라볼 때가 많다. 개인으로서 자신의 사회적 지위를 마땅한 것으로 인식하는 것과 비슷하다. 사람들은 세상은 근본적으로 공정하다는 관점을 갖고 있다. 민족과 집단의 문제가 이런 식으로 정당화된다.[42] 한 선도적 심리학자 연구진은 이렇게 말했다. "일반적으로 사람들은 특권층에 대해 분노를 느끼고 약자들에게 연민을 느끼는 대신, 엘리트층을 지지하고 그들의 높은 사회적 지위는 예외 없이 그들의 능력을 나타내는 것이라 추론한다."[43] 다른 저자 집단에 따르면 그 결과로 "자신에게 주어진 상황으로 인해 가장 고통 받는 사람들이, 역설적으로 그러한 상황에 의문을 제기하여 거부하거나 변화시킬 가능성이 제일 낮다."[44]

이런 신념의 힘을 부정할 수는 없다. 역사적으로 보면 노예들도 자신의 운명을 그대로 받아들였고, 인도의 카스트제도에서 가장 지위가 낮은 불가촉천민은 오늘날까지도 그러하다.[45] 사회적 지위에 대한 이런 묵인은 최초의 족장 사회와 국가 사회 시절부터 사회의 성공에서 분명 핵심적 역할을 했을 것이다. 수렵채집인들이 경계심, 혐오감, 역겨움 등을 표현하던 대상이 외부자에서 사회 내부 계층으로 바뀌면서 그 효과가 사회 전반에 스며들다 보니, 탄압받는 자들조차 자신을 하찮게 바라보게 되었다. 우리가 검토해본 심리학을 통해 밝혀졌듯이, 그 결과 민족들이 사회적 낙인을 견디며 공존하게 된 것이다.

사실 세계 무대에서 경제적 지위를 놓고 경쟁하는 인도, 중국 같은 신흥 경제대국과 미국 사이에 권력 차이가 있는 것처럼, 사회 안에도 민족 간 권력 차이가 항상 존재해왔다. 민족 또는 사회로서 낮은 지위를 참고 견디는 적절한 사례는 피그미족이다. 이 아프리카인들은 언제부턴가 독립적 수렵채집인 사회와 농업 공동체의 소수집단 사이 어디쯤에 해당하는 지위를 갖게 되었고, 아직도 많은 사람이 그런 지위에 있다. 이들은 오래전부터 농사철에는 마을로 들어가 농부들이 꺼리는 힘들고 단조로운 일을 했으니 최초의 이주 노동자라고 할 수 있다. 이들과 농부들의 관계를 보면 한 사회 안에서 이루어지는 민족 간 상호작용은 사회 간 동맹의 특징을 어느 정도 띠고 있음을 확인할 수 있다. 피그미족은 수렵채집인 밴드의 습관대로 서로를 평등하게 취급했고 농부들도 음악가이자 주술사로서의 피그미족을 존경했지만, 피그미족의 사회적 지위는 분명했다. 농부들은 때때로 피그미족을 자기들 소유라고 이야기했고, 피그미족은 자신의 지위를 알고 조심했다. "피그미족은 숲에서 노래하고 춤추며 노는 등 아주 활발하고 말도 많다. 하지만 마을에 들어오면 행동거지가 극적으로 변한다. 걸음이 느려지고, 말수도 적어지며, 잘 웃지 않고, 타인과의 시선 접촉을 피하려 든다." 인류학자 배리 휼렛Barry Hewlett은 그들의 굴종적 태도에 대해 이렇게 말했다. 영장류학자들은 지위를 의식하는 개코원숭이들 사이에서 그런 태도를 즉각 알아볼 수 있으며, 우리도 힘이 약한 소수집단과 그런 태도를 연관시킨다.[46]

피그미족은 다른 방법으로는 구할 수 없는 재화를 받는 조건으로 기꺼이 하인 역할을 자처한다. 한 사회 내부의 소수집단도 그와 비슷한 동기로 자신의 지위를 받아들이는 것으로 보인다. 사실 피그미족은 그들이 원할 때 자신들의 숲 영토로 돌아갈 수 있는 독립성과 자유를 유지함으로써, 다수집단이 통제하는 사회에 갇힌 민족들이 직면해야 하는 끝없는 불평등을 피해왔다. 피그미족 밴드들은 한 농촌 마을과의 유대를 버리고 다른 마을과 관계를 맺을 수 있는 것으로 알려져왔다.[47] 사실상 아마도 더 나은 관계를 제공하는 지배집단으로 교체하는 행동일 것이다.

　기존에는 외부자였던 민족 집단 전체가 한 사회에 받아들여지고 또 그 안에서 지위가 상승할 수 있게 된 것은, 노예화에서 살아남기 위해 진화한 인간의 반응 방식에 그 기원이 있다. 그 어떤 노예들도 마치 피그미족이 지배집단을 교체하듯 자신이 속한 공동체를 바꿈으로써 나쁜 상황을 개선할 수는 없었지만, 그들의 포로로서의 적응 능력은 스스로를 끝까지 지켜내는 데 도움이 되었고 때로는 그들의 삶을 향상시키기도 했다. 코만치족 노예들은 사회의 핵심 표지를 수용함으로써 적절한 인간성personhood을 달성한 경우 어느 선까지는 부족의 일원으로 받아들여졌는데, 이는 코만치족의 관습과 언어에 숙달했음을 의미했다. 어린 시절에 붙잡혀 와서 코만치족 가족에 의해 길러진 경우 이런 일이 가장 성공적으로 이루어졌다. 아이들은 언제나 이상적인 전리품이었다. 통제가 쉽다는 것이 가장 큰 이유였고, 다음으로는 정체성이 유연해서 성인보다 더 완벽한 동화(인간성의 달성)가 가능하기 때문이었다.[48] 한 연구에 따르면 아이들은 15세 이전에 결정적 시기critical period, 즉 가장 개방되어 있고 문화를 흡수하는 능력도 뛰어난 시기를 거친다.[49] 하지만 가족에 입양되는 것과 사회에 완전히 받아들여지는 것은 다른 문제다. 후자는 다른 문화권으로 입양된 아동들이 여전히 직면하는 장애물이다. 하지만 노예에게 동화될 기회가 주어졌을 경우 그 자식이나 손자는 요즘의 이민자 2, 3세대처럼 사회에 호의적으로 받아들여졌다.[50] 코만치족은 노예들에게 지름길을 제공했지만 그 기준은 까다로웠다. 노예가 진정한 코만치족이 되어 코만치족과 결혼하기 위해서는 전투에서 영웅적인 행동을 보여야 했다.

노예가 신분 상승해 집단의 구성원이 될 가능성은 사회의 규칙에 달려 있었다. 일부는 지위가 높아지기는 했지만 결국은 힘 있는 노예에 불과했는데, 오스만제국의 노예가 그랬다. 그리고 코만치족 노예들처럼 한 명의 개인으로서, 혹은 가끔은 하나의 계층으로서 자유를 획득하기도 했다. 그리스인은 민주적이었지만 노예를 풀어주는 경우는 드물었다. 반면 로마인은 노예를 많이 취했지만 그들을 기꺼이 자유롭게 풀어주었다. 사실 로마의 노예들은 여러 세대에 걸쳐 로마에 살아온 외국인들보다 더 쉽게 시민권을 따냈다.[51] 하지만 기존에 노예였던 자가 사회적 지위를 더 높여보려 하면 좌절될 수 있었다. 오늘날 검은 피부가 과거의 노예제와 연관 지어지는 경우가 많듯이, 당시에도 쇠사슬을 차고 있던 흔적이 장애물이 될 수 있었다. 그래서 공식적 지위가 변화해도 그것이 항상 사회적 지위 개선으로 이어지지는 않았다. 미국 남북전쟁 이후 지위 향상의 장애물이 더욱 높아졌다. 그래서 해방된 노예들은 고용되는 경우가 드물어 노예 시절보다 더욱 통탄스러운 조건에서 살아가는 경우가 많았다.[52] 오늘날에는 민족 집단의 사회적 수용과 지위 향상을 가로막는 장애물이 낮아지기는 했으나, 그럼에도 엄연히 존재한다.

통합

민족이 소중한 구성원으로서 한 사회에 합쳐지는 과정의 초석 중 하나가 통합integration인데, 나는 이 단어를 원래는 공간적으로 떨어져 살던 민족이 어떻게 지배집단과 뒤섞여 살게 되었는지 기술할 때 쓴다. 몇 개의 마을로 구성된 단순한 족장 사회의 구성원들조차 뒤섞여 사는 것이 항상 허용되는 것은 아니었고, 대신 자신의 마을에서 살게 했다. 정체성이 박탈된 노예가 아닌 외곽 지역 구성원이 자기 땅을 떠날 수 있게 허용하는 것은, 지배 민족 눈에는 위험하게 보였다. 사회 안에서 이렇듯 엄격하게 이동을 통제한 것은 특이한 일이다. 다른 동물 집단에서는 모든 구성원이 영역을 자유롭게 넘나드는 자유가 있는 것이 정상이다. 몇몇 종의 구성원들은 자기들끼리 영역을 나누는데, 개개의 프레리도그 및 암컷 침팬지와 큰돌고래는 그중 특정 영역을 선호할 때가 많다. 밴드 사회의 공간 사용 방식은 이보다 좀 더 구획화되어 있을 때가 많았다. 밴드는 전체 영역 중 거주자들이 가장 잘 아는 '고향' 영역을 고수했다. 하지만 이 모든 사례에서 각 개체는 영역의 다른 어디든 마음대로 갈 수 있었다.

사회가 팽창하면서 외부자 집단을 받아들이고 그들을 민족으로 바꾸어놓음에 따라 인간의 영토권은 훨씬 더 복잡해졌다. 잉카는 예속된 사람들 대부분을 사회적으로나 지리적으로나 강제로 떨어져 지내게 했다. 보통은 잉카제국을 위해 자기 민족 사람들로부터 공물을 거둬들일 수 있는 소수의 사람만 높은 지위를 배정받고 유명한 고속도로 이용도 허가받았다. 자비심이 많은 사회라 해도 민족 집단에게 수도로 마음대로 다닐 수 있는 길을 항상 터준 것은 아니었다. 소수집단은 대부분, 혹은 전부 자기가 태어난 지역에서 벗어나지 못했다. 특히 낮은 신분으로 태어난 자들이 그랬다. 이동할 수 있는 권리를 획득하려면 지방에서는 지배집단에게 더 이상의 무력은 필요하지 않다는 확신을 심어줄 때까지 충성과 복종을 보여야 했다. 소수집단이 충분히 동화되어 신뢰할 만하다고 여겨질 때까지 강제 분리는 계속되었을 것이다. 이런 변화를 만들어내려면 소수민족 집단이 나라의 문화를 배우고 몸에 익힐 수 있도록 용납해야 했다. 중국 왕조들은 지방의 백성들이 한족으로서의 행동 심사에 합격할 때까지 제국 중심지로의 출입을 통제했다. 이 심사에 합격할 즈음이면 그들도 이미 한족이 된 것 같은 느낌을 받았다. 이 과정 덕분에 그들은 자기 민족의 이해관계보다 사회의 이해관계를 더욱 중시하는 충성심을 길러 더욱 큰 인구 집단에 뒤섞여 들어갈 준비를 마쳤다. 관대하고 자신감 있었던 로마제국의 경우 동화 전에 통합이 이루어지는 경우가 많아서 서로 다른 여러 집단이 수도에 안락하게 자리를 잡고 살았다.

하지만 한 민족이 자신이 태어난 곳에서 퍼져나갈 수 있게 허용하는 것은 궁극적으로 다수집단이 권력을 더욱 확고히 움켜쥘 수 있게 해주는 역할을 했다. 넓게 흩어져 있는 사람들은 한곳에 뭉쳐 있는 사람들보다 자기 집단과의 동일시가 약해지고 목소리도 작아지기 때문이다. 이와 마찬가지로 어느 민족이 고향을 떠나 흩어지면 지배 민족이 그 민족의 영토를 더 쉽게 지배할 수 있다. 소수민족들이 흩어져 있거나 일반 인구 집단과 잘 섞여 있을 때 불화가 제일 적었다.[53] 후자의 경우 통합이 잘 이루어지면 긍정적인 상호작용과 신속한 동화의 길이 열린다. 다수집단의 시민들은 자기들 속에 들어와 있는 이방인들에 대해 배우고, 이상적으로는 그들에게 적응하게 된다. 그럼 이 이방인들이 친숙하고 위협적이지 않은 존재가 된다. '로마에서는 로마법을 따르라'라는 격언에 충실한 소수집단은 기대에 맞게 자신을 미세하게 조정하고, 그렇게 하는 대가로 사회적 지위를 획득한다. 먼저 그런 식으로 하지 않고는 적절하게 적용하기가 불가능하다. 하지만 여전히 자신들의 오랜 관습을 따르는 토착민들이 계속해서 고향으로부터 새로 유입되는 상황에서는, 사회가 소수집단을 흡수하는 속도가 느려진다.[54]

지방에서 같은 출신 사람들과 함께 머무르는 것과 자유인으로서 지배집단 사이로 들어오는 것은 아주 다르다. 통합이 얼마나 오래전부터 존재했는지는 알기 힘들다. 로마제국은 일찍부터 다문화주의를 실험했던 것으로 평가받는 반면, 그보다 시기적으로 앞선 그리스 문명은 그리스 출신 사람들에게만 열려 있었고 다른 민족들은 항구 너머로 이동하지 못하게 했다.[55] 그보다 앞선 바빌로니아 같은 국가들의 외곽 출신 자유인들이 지배 민족 사이에서 해를 입지 않고 자유롭게 살았는지를 확인할 증거는 남아 있지 않다.

물론 통합은 무작위로 섞였다는 의미가 결코 아니다. 지금의 멕시코시티 근처에 서기 100년경 세워진 고대 도시 테오티우아칸Teotihuacan에는 남쪽 먼 곳에서 온 사포텍족Zapotec이 사는 별개의 구역이 있었다.[56] 로마에는 유대인과 동부에서 온 이민자들이 외곽의 자치구에 모여 살았다는 증거가 있고, 그 도시의 종교 사원들은 분명 화려한 회합 장소였을 것이다.[57] 증거는 거의 남아 있지 않지만 다른 초기 도시에서도 소수민족 구역이 존재했을 것이 거의 분명하다. 각각의 집단이 차지하는 구역들이 바뀌면서 그 고고학적 증거들이 어지럽혀져 온전히 남지 않게 되었을 것이다.[58] 연구 결과를 보면 현대의 소수민족 집단들은 시간의 흐름 속에서 국소적·지역적으로 팽창과 수축을 반복하며, 같은 나라 여러 지역에 걸쳐 국가적 정체성 표

출 방식의 역동적 변화를 만드는 데 기여했다.[59]

때때로 무력에 의해 고향으로부터 멀어질 때도 공간적 분리의 흔적이 남는다. 아메리카 인디언 보호구역들은 일종의 영토 분리 잔존물이다. 비난받는 집단들이 일반 인구 집단과 격리되는 것처럼 인디언 부족도 가치 있는 땅에서 밀려나 보호구역으로 들어갔으며, 그 너머로의 이동은 제한받기도 했다.[60] 실질적인 면에서, 도시 내부의 일부 구역도 이런 보호구역과 똑같은 기능을 한다.

공간적 분리가 모두 나쁜 것은 아닌데, 특히나 부와 사회적 지위 수준이 비슷한 이탈리아계 노동자 계층 구역과 히스패닉계 노동자 계층 구역이 그렇다. 소수민족 구역은 그저 자기와 닮은 다른 사람들을 찾아내고 싶어 하는 욕망을 반영한 곳일 수도 있다. 이런 자가 분류self-sorting는 의도치 않은 개인적 선택의 결과로, 그 기원은 한 사회에 속한 밴드들 사이에서 수렵채집인들이 보여주었던 절제된 분류로 거슬러 올라간다.[61] 이런 분류로 인해 이웃 구역에 있는 다른 민족 사람들과 접촉이 줄어들면 그들에 대해 잘 알지 못하게 되지만, 현대의 지역 공동체에서 나온 데이터를 보면 소수민족 거주지 안에서의 상호작용이 긍정적이기만 하면 그로 인한 해악은 거의 없다.[62] 하지만 구역이 너무 자족적이어서 거주자들이 자기와 닮은 사람들하고만 배타적으로 뭉치면 반발을 살 수 있다. 그런 편협함 때문에 다른 사람들에게 아직 외부자라는 인상을 심어주어 분노를 촉발할 수 있는 것이다.[63] 그렇기는 해도 민족 공동체는 새로 도착한 사람들이 문화적 충격을 피하면서 몇 세대에 걸쳐 천천히 사회에 동화될 수 있도록 하는 준비 단계 역할을 한다.[64]

서로 다른 민족과 인종이 완벽하게 혼합되면 통합이 한 단계 더 나아갈 수 있지만 그 과정에 위험이 도사리고 있기도 하다. 그간의 연구들은 사회적으로든 지리적으로든 민족 간 구분을 허무는 일은 반드시 세심하게 이루어져야 함을 암시한다. 우선 지배 민족 사람들은 이웃에 정통적이지 않은 가족이 들어와 사는 것에 반드시 열린 마음이어야 한다. 자신의 정체성 안에서 자신감과 안전함을 충분히 느껴야 도시의 경계를 넘나드는 소수민족 가족에 대한 이질감을 극복할 수 있다.[65] 소수민족 가족이 소수민족 구역을 떠나 더 큰 공동체로 가는 것은 사회적 지위 상승일 수 있지만, 그들은 그와 함께 위험도 떠안게 된다. 집단 간의 사회적 거리는 여전히 존중될 필요가 있다. 다수집단과 어울리려고 너무 애쓰는 사람은 사회학자 로버트 파크Robert Park의 통찰력 넘치는 표현대로 "경계인"이 되어 "두 세상 속에 살면서 그 두 세상 모두에서 이방인 같은 존재"가 될 위험이 있다.[66]

민족과 인종의 공간적 분포나 상호작용의 정도와 상관없이, 국가 사회 구성원들은 그 사회가 인간의 평생에 걸쳐 기능할 수 있도록 함께 일해야 한다. 뒤에서는 이민과 오늘날의 국가 속 집단들의 관계에 관심을 두면서, 그들의 상호작용에 대해 좀 더 구체적으로 살펴보겠다.

25장

비록 나뉘어 있어도

"자유로이 숨 쉬기를 갈망하며 겁에 질려 떨고 있는 지치고 가엾은 당신의 군중을 내게 보내세요." 자유의 여신상 받침대 명판에 새겨진 에마 라자루스Emma Lazarus의 소네트다. 하지만 크나큰 차이를 감안할 때 피신을 위해 낯선 해안으로 몰려온 군중을 항상 정의해주는 특성은 피로, 가난, 과거의 억압으로부터의 탈출보다는 완전한 이방인으로 인정받고자 하는 것이다. 그들은 우리가 아니다.

전 세계의 수많은 지역사회처럼 내가 사는 브루클린에도 다양한 민족들이 있으며, 대부분의 흑인을 제외하면 자신이나 부모 혹은 이전 세대의 가족 구성원이 노예여서 이곳에 살게 된 것은 아니다. 상당한 규모의 외래 인구가 유입된다는 의미에서의 이민은, 외국인들이 다른 사회의 구성원이 될 수 있는 주요 수단이다. 이번 장에서는 더 자비로운 방식의 이민에 대해, 그리고 사람들이 함께 하나의 사회로 기능하는 데 이민이 어떤 기여를 했는지에 대해 알아본다.

이민은 한 진영이 다른 진영을 받아들이기로 선택한다는 점에서 예속과는 다르다. 가끔은 목적지 사회가 이민자들이 라자루스 시 정신에 입각해 자기 의지로 남으리라는 예상 아래, 그들의 입국을 독려하기도 한다. 자발적으로 인구 집단을 통째로 받아들이는 경우는 초기 인류 역사에는 거의 존재하지 않았다. 물론 무차별적으로 이민자들을 흡수하는 경우는 드물며, 각각의 이민자는 심사 과정을 거친다. 때로는 이민자들을 받아들인 사회의 대중이 그들과 접촉하면서 불쾌감을 느껴 반발하기도 한다. 오늘날 많은 국가 사회가 그런 사태를 우려한다. 그럼에도 불구하고 놀라운 사실은, 이민자들을 수용하는 사회는 처음부터 그들을 대중 속에 들어갈 수 있게 허용하는 경우가 많다는 점이다. 유입자의 상당수가 소수민족 구역으로 들어가는 경우라 해도 신속하게 사회에 동화될 수 있는 기회는 열려 있다.

국가들은 어떻게 그렇게 많은 새 구성원의 유입에 화기애애하고 개방적인 태도를 보이게 되었을까? 수렵채집인도 가끔 고향 사회에서 일어난 비극을 피해 탈출한 난민들을 받아들였는데, 그렇게 모든 것을 박탈당한 사람들을 받아들이는 행위의 확장된 형태가 이민 수용이다. 역사적으로 보면 그런 수용은 단계별로 일어난 게 아닌가 싶다. 최초에는 모든 것을 박탈당한 사람들이 외부 사회가 아니라 자기 국가 내부에서 생겨났을 것이다. 그 뒤로는 외부자나 원주민으로서의 그들의 지위가 애매해진 시기가 닥쳤을 것이다. 이것이 초기 국가들이 외곽 민족들의 이동을 규제했던 이유다. 이탈자들이 신뢰할 수 있을 만큼 충분히 동화되기 전에 자신의 출신지를 떠나 사회의 나머지 영토로 빠져나오는 것이 만에 하나 허용되었다면, 그것은 초기 형태의 이민으로 취급받았을 것이다. 어쩌면 오늘날의 사회 간 인구 이동은 거기서부터 시작되었는지도 모른다.

이민에 의해 사회에 구성원이 추가되는 과정은 명백히 적대적이지 않지만, 이민이 곧 평등한 합병을 의미하지는 않는다. 근본적으로는 거의 아무것도 바뀌지 않는다. 앞 장에서 설명했던 지배와 사회적 지위에 관한 내용이 이민자들에게도 그대로 적용된다. 타인을 예속하는 데 필수적인 내집단/외집단 심리학은 그대로 남는 것이다. 역사적으로 보면 이민해 들어온 인구 집단 대부분은 나자루스의 시가 암시하는 바대로 피폐해진 인종의 피폐해진 사람들이었다. 즉 그들은 물질적 부나 사회적 지위 면에서 보잘것없는 상태로 새로운 사회에 도착한 경우가 많았고, 그들의 형편이 가까운 시일 안에 바뀔 가능성도 높지 않았다. 따라서 19세기에 캘리포니아로 간 중국인과 아프리카로 간 인도인은 값싼 노동력이었고, 돈은 받았지만 혐오도 받았다. 새로운 사회로 들어갈 사람들이 바랄 수 있는 최고의 희망은, 편견이 사그라들었을 때 도착하는 것이다.

이민자들이 넘어야 할 장애물은 아주 많다. 이들이 새로운 사회와 그 사회가 소중히 여기는 상징에 대해 열정을 느끼고, 처신에 대한 지식을 쌓고, 다른 시민들과 개인적인 유대감을 형성하려면 시간이 걸린다. 그래서 다른 구성원들은 이들이 과연 변함없는 충성심을 보일지 대단히 회의적으로 바라보게 된다.[1] 설상가상으로 과거의 이혼 경력으로 오점이 찍힌 이혼자처럼 이들은 자기 고향 사회에 충실하지 못했던 사람으로 추가적인 낙인이 찍힌다. 이민자들이 겪는 곤경을 보면 동물이 다른 사회로 옮겼을 때 직면하는 어려움이 떠오른다. 동물 사회의 신참자들(보통 한 번에 한 마리씩 도착한다) 역시 계속 착취당하다가 때와 운이 맞으면 그제야 비로소 사회에 받아들여진다.

낯선 땅에 도착한 낯선 사람들인 신참자들의 사회적 지위가 아무리 낮다 해도, 그들이 사회에 적응하려고 아무리 노력한다 해도, 원래의 인구 집단은 그들이 해를 입히지는 않을지 의문을 품을 수 있다. 교역물이 한꺼번에 너무 많이 유입되면 자기 문화에 대한 위협으로 여겨질 수 있는 것과 마찬가지로, 이민자들도 사회 유지를 약화시키는 존재로 여겨질 수 있다. 역설적이지만 이민자들이 세운 미국조차 예외가 아니다. 토머스 제퍼슨Thomas Jefferson은 그의 시절에 물밀듯이 밀려오는 이민자들을 보며 이렇게 조바심을 냈다. "이민자들이 미국이 나아갈 방향을 비틀거나 편향시키고, 미국을 불균질하고 일관성 없고 산만한 무리로 만들지 않을까 우려된다."[2]

사람들이 망명 신청자들과 병들고 무언가 혐오스러운 다른 외국인 입국자들을 자주 연관시키는 것에는, 다층적 의미가 있다. 이민자는 생물학적 질병뿐 아니라 우리의 정체성을 타락시킬 수 있는 문화적 질병, 즉 그들 사이에서 두드러지게 나타나는 비도덕적 행동을 가지고 올 수도 있다는 두려움이 담겨 있는 것이다.[3] 어쩌면 이런 두려움에 기반한 이민 배척주의가 존재하는 이유는, 이민자들의 행동을 제약할 수단이 거의 없기 때문인지도 모른다. 그에 반해 과거에는 예속된 자들이 동화되는 동안 사회적 불순물인 '검은 양'이 모두 제거될 때까지 사실상 그들을 그들의 영역에 격리하는 것이 가능했다. 하지만 지금까지 보아왔듯이, 불안감에도 불구하고 사회는 타민족과 그들의 관습이 유입되는 것에 놀라울 정도의 탄력성을 보여왔다. 그 이민자들의 모국에서 교역을 통해 물건들을 들여온 것처럼 말이다. 전 세계적으로 중국, 이탈리아, 프랑스의 요리가 인기를 끌었지만 미국이나 그 어떤 사회도 그것 때문에 제퍼슨의 걱정처럼 일관성 없는 무리로 전락한 적은 없었다. 이런 강건함은 언어에도 나타나는데, 다른 언어로부터 단어들을 취하며 서로 오랫동안 접촉해도 언어들 사이의 경계는 조금도 흐려지지 않는다. 집단들 사이의 소통을 촉진하기 위해 외래어와 토착어가 결합되어 만들어지는 피진어pidgin(이것이 언어 사용자들의 공통어로 자리 잡으면 크리올어로 공식화된다)를 제외하면, 언어는 절대 하나 이상의 모국어로부터 내려오는 일이 없다.[4]

역할

제퍼슨이 그리도 우려해 마지않았던 사회의 불균질성이 오히려 사회의 성공에 기여할 수 있다. 정복에 의해 형성된 국가들의 성공은 바로 이민에 의해 크게 영향을 받았다. 불균질성의 강점은 앞에서 설명한 최적 차별성 모델 측면에서 이해할 수 있다. 즉 개인, 민족 집단, 사회 등은 모두 서로 비슷하면서도 다른 절충적인 위치로 쏠리는 경향이 있다는 것이다. 이 모델에 따르면 민족들은 각각 자기 문화를 상실하지 않으려고 몸부림치는 동안에도 서로의 공통성을 찾아내서 강화하며, 결국에는 모두가 서로 닮음을 느끼면서도 동일하지는 않다는 것을 인식할 때 가장 쉽게 뒤섞인다. 민족의 상위 정체성에 관한 이런 역학 덕분에 자신의 민족과 전체로서의 사회 양쪽 모두에 충성하는 균형이 생겨난다. 그 결과 한때는 외부자로 보였던 사람들에 대한 다수집단의 부정적 반응이 약화되고, 시민들의 삶 전면에 사회가 부각된다.[5]

무언가 긍정적인 기여를 하는 것으로 인식되는 집단인 경우 상당한 사회적 이점이 따라올 수 있다.[6] 사회의 문화에 요소를 추가하는 것이 중요하다. 거기에 더하여 역할 차이 시스템에 들어감으로써 민족적 자존심을 북돋울 수 있다. 이 옵션은 오랫동안 민족들에게 열려 있었다. 예를 들어 지금의 터키 지역인 고대 비티니아Bithynia의 대리석 장인들은 로마제국 전체에서 기술로 명성을 날렸고, 잉카제국의 루카나Rucana는 황제의 가마를 지고 다니는 역할을 맡았다.[7] 소수의 재능 있는 개인이 자기 민족 집단에 대한 인식에 폭넓게 영향을 미치는 때라면, 그들의 탁월함은 심리적 우위를 제공할 수 있다. 또한 한 민족의 많은 사람이 다른 민족은 거의 하지 않는 일을 하게 되면 마찰이 줄어든다는 장점이 있다. 그와 달리 소수민족 사람이 지배 집단이 선호하는 일을 선택하면 보복에 직면할 수 있다. 라이벌로서 좀 더 부정적인 평가를 받게 되는 것이다.[8] 사회적 경쟁이 거의 없는 기간, 혹은 사회가 노동인구에 거액의 자금 투입이 필요한 때에는 직업 선택에 대한 이런 민감성이 줄어든다. 경제 호황과 전쟁은 외부자들이 사회로 능동적으로 편입할 수 있는 계기이자 일부 민족이 번성을 구가할 수 있는 시기다. 심지어 코만치족 수렵채집인도 전투 인력 보충이 필요할 때는 전쟁 포로들에게 전사로서의 사회적 발판을 마련해주었다. 반대로 경쟁이 심각할 때는 소수집단이 거부당할 수 있다. 예를 들면 평상시에 관대했던 로마인도 기아가 닥치면 외부자 혐오증에 휩싸여 소수민족 집단들을 로마 밖으로 추방하기도 했다.[9]

중요한 기술이 없는 이민자들에게도 길이 있다. 사회의 저변에는 소수민족이 그 사회 사람들은 잘 하지 않으려는 일을 맡으리라는 기대감이 깔려 있다. 예전에 노예나 식민지 국민이 그랬듯이 말이다. 특별한 능력이 필요하지 않은 정신적 업무일 수도 있고, 훈련은 필요하지만 사회적 지위는 낮은 일일 수도 있다. 19세기에 백인 고객들의 이발사가 된 흑인 미국인들이 그 예다. 하지만 깊은 토대 위에 전문성을 쌓아 올리면 누구든 지위가 올라갈 수 있다. 이발사의 경우, 우연히 그 일에 가족력이 있던 이탈리아인들이 인기를 끌면서 1910년경에는 그들이 대부분의 흑인 이발사를 대체했다.[10]

18장에서 동맹에 대해 설명하면서 사회 간 교역 패턴에도 이런 종류의 전문화가 나타남을 살폈다. 수렵채집인이 만들었던 부메랑이나 담요, 오늘날의 프랑스인이 만드는 와인, 치즈, 향수 등 무언가 특별한 것은 인기 있는 교역 패턴 형성에 기여했다.[11] 또한 그런 특별한 것을 만드는 재능 있는 외부자를 사회 구성원으로 받아들이면 변덕스러운 교역 협상을 피할 수 있었다. 앞에서 언급했듯이 규모가 작은 사회에서는 외부자와의 결혼이 그런 효과를 낳았다. 계절에 맞춰 피그미족을 고용한 아프리카 공동체들은 숲에서 나오는 식량을 구하는 일도 그들에게 의존했다. 일부 농부가 고기와 꿀 조달 능력이 있는 피그미족과 결혼하는 것은 피그미족에 대한 의존성을 줄여주어 마을에 아주 요긴한 일이었다.[12] 재능 있는 노동력을 무력으로 탈취해 올 수도 있었다. 태평양 연안 북서부 부족들이 가장 귀하게 여긴 포로는 장인들이었다. 또한 이슬람 지역에 금속 세공, 목공, 그림, 기타 실용적·예술적 기술들이 도입된 것은 노예들 덕분이었다.[13]

하지만 적절한 장려책만 있으면 무력을 동원하지 않아도 특별한 재능이 있는 사람들을 끌어들일 수 있다. 이민자 중 소수는 항상 대단한 수준을 갖춘 사람들이다. 이들의 모국 입장에서 보면, 이들의 이민은 두뇌 유출의 징조다.[14] 플라톤이 아테네에 세웠던 아카데미가 서기 529년 문을 닫자, 그곳의 학자들은 두루마리 책들을 가지고 현재의 이란인 사산 제국Sasanian Empire으로 넘어갔다.[15] 율리우스 카이사르Julius Caesar는 의사와 교사에게 시민권을 부여했다. 이런 전문직 종사자는 오늘날에도 세계 곳곳에서 공급이 부족한 상태다.[16] 하지만 역사적으로 보면 자격을 갖춘 외부자들로 충당하는 경우가 제일 많았던 역할은 상인이었는지 모른다. 기원전 1780년에 고대 바빌로니아 왕조의 함무라비 왕이 제정한 법에는 외국인 상인들이 가게를 차릴 수 있는 권리가 포함되어 있었고, 시간이 지나면서 그중 상당수는 귀화했다.[17]

하지만 수요가 많은 직업을 가진 이민자라 해도 평등한 대접을 받기는 굉장히 어려운 일이다. 이민자와 관련해서 두 명의 저자는 이렇게 썼다. "우리는 인종차별과 이민 배척주의의 흉측한 얼굴이, 우리가 말하는 환영과 관용의 수사와 공존하는 모습을 목격하고 있다."[18] 그렇다고 이민자와 그들을 받아들인 국가가 함께 번영할 수 없다는 의미는 아니다. 사실 이민자가 냉대를 견딜 수 있는 것은, 그럼에도 불구하고 삶의 질을 개선할 수 있으리라는 기대 때문이다. 기술이 없는 이민자들이 그 누구의 화도 돋우지 않으면서 초라한 일자리라도 구할 수 있는 것처럼, 자기를 부양하기에는 너무도 가난한 사회에서 온 전문직 이민자들은 채워지지 않은 엘리트 직업 자리를 차지할 수 있다. 어느 경우든 새로 도착한 사람들은 처음에는 같은 민족 출신 주민들에게 도움을 받을 수 있다.[19]

물론 사회는 외부자들을 시민으로 받아들이지 않고 단기적인 노동력 부족 문제 해결에 일시적으로 이용하는 옵션도 구축한다. 사실 상 과제가 마무리될 때까지 그들을 수입하는 셈이다. 멕시코와 미국 사이에서 계절별로 농장 일손이 오가는 것이 그 사례다. 이민자들이 수용 국가에서 머무는 것이 허용된다 하더라도 법적 권리는 부여받지 못하거나 아주 천천히 부여받기 때문에, 결국 외국인이라는 지위를 가진 그들은 일회용으로 쓰이고 버려지기 쉽다.[20]

이런 모든 문제에 있어 재능이나 결함에 대한 고정관념이 민족 공존에 중요한 역할을 해왔던 것으로 보인다. 최초의 정착형 수렵채집인 사회에서 그와 비슷한 신념이 여러 사회계층의 공존에 핵심적인 역할을 했듯이 말이다.

인종

한 사회에 동화되는 사람들은 진퇴양난에 직면한다. 자기 스스로 생각하는 자신의 모습과 다른 모든 사람이 인식하는 자신의 모습이 일치하지 않는 것이다. 이민자들은 대개 자기가 평생 동안 자랑스럽게 생각해온 정체성이 새로운 국가에서는 무의미하다는 것을 알게 된다. 그래서 모잠비크 송가Tsonga 부족 중 한 곳의 자랑스러운 구성원으로 자란 사람이 유럽이나 미국으로 이민을 가면 고작해야 모잠비크 사람으로 대접받는다. 그것도 잘해야 그렇고 대개는 그냥 흑인으로 지칭될 때가 많다.[21]

이런 합병 과정에 의해 광범위하게 정의되는 인종은, 처음에 사람들이 중요하게 생각했던 집단들로부터 나온다. 이런 정체성의 단순화는, 이민자들의 원래 충성심이 너무 복잡해서 그들을 받아준 국가가 그것을 이해하고 인정해주기가 어려움을 반영한다. 그래서 이민자들은 앞에서 언급한 민족 붕괴 및 해체를 겪을 수밖에 없다.[22] 쇼숀족, 모호크족, 호피Hopi족, 크로족, 그리고 그 외의 경우도 마찬가지였다. 코만치족 폴 차앗 스미스Paul Chaat Smith는 이렇게 한탄한다. "우리는 모두 인디언으로 뭉뚱그려지고 말았습니다. 실용적인 의미로는 우리 모두 거의 동일한 존재가 된 것이죠. 그 전 수천 년 동안에는 우리가 그리스 사람과 스웨덴 사람처럼 서로 다른 존재였는데 말이죠." 이 정체성을 다시 분해하는 것은 결코 쉬운 일이 아니다. "사실 우리는 인디언이 된다는 것이 무엇인지 하나도 모릅니다. 근원적 가르침(Original Instructions, 토착 인디언들 사이에서 전해져 내려온 가르침으로, 모든 이가 조화롭고 균형 잡힌 삶을 살면서 다른 생명체들과도 평화롭게 지낼 것을 가르친다 – 옮긴이)에는 이런 정보가 빠져 있었어요. 우리는 살아가면서 그것을 알아내야 했습니다."[23]

인종 정체성의 범주가 이렇듯 지나치게 광범위한 것을 보면, 서로 다른 사회에 소속감을 가진 수렵채집인들의 다양성을 제대로 파악하지 못하고 그들 모두를 부시먼족이라 이름 붙인 유럽인의 방식이 떠오른다. 이와 비슷한 경우로, 20세기 전에는 지금 중국이 된 지역의 지배계급이던 한족이 남쪽에 있는 사람들 모두를 하나로 뭉뚱그려 월족越族, Yue이라고 불렀다. 지금은 잊혔지만 그들도 분명 엄청나게 다양한 사람들로 구성되어 있었을 텐데 문신을 하고 머리를 묶고 다니지 않는다는 것만으로 지나치게 단순하게 하나의 부류로 본 것이다.[24]

여러 집단을 '흑인' 등으로 대충 뭉뚱그려 지칭하는 것은 지난 시절 정복자들이 외부자 사회를 향해 갖고 있던 태도를 그대로 반영한다. 우리가 아는 한 침팬지는 외부자들을 모두 똑같이 비침팬지화해 앙심을 품고 대하는 데 비해 인간은 비인간화를 선별적으로 적용하는데, 그런 취급을 받는 사람들이 남들로 인해 속하게 된 집단과 자신이 연관이 있다고 항상 생각하는 것은 아닐 것이다. 고대 중국인, 그리스인, 로마인은 가장 위협적인 적들에 대비하기 위해 할 수 있는 한 모든 첩보를 수집했지만 그 외의 부분에서는 외부자를 구분하는 일에 관심이 없었다. 무지가 사실 축복일 수도 있다. 군사력이 승리를 보장해주는 상황에서 뭐 하러 그런 노력을 기울일 것인가? 로마의 역사가 카시우스 디오Cassius Dio는 서기 2세기에 이렇게 썼다. "전에는 우리가 이름도 정확히 몰랐던 국가들을 이제는 우리가 통치하고 있다."[25] 인간은 자신을 외부자들과 정확히 비교하지 않아도, 심지어는 그들에 대해 눈곱만큼도 아는 것이 없어도 세상에서 자신이 높은 지위를 차지하고 있다는 것과 자신의 삶의 방식이 옳다는 것에 대한 자신감을 가질 수 있다. 심지어 오늘날에도 많은 미국인과 유럽인이 지구에서 가장 다양한 사람들이 모여 살고 있는 아프리카를 그냥 '검은 대륙'으로, 한 덩어리의 사회적 단위로 생각한다.

사회 안에서 일어나는 일에 대해 말하자면, 정체성 확장이 소수집단들에게 전적으로 손실만은 아니며 부분적으로는 그들이 그것을 주도할 수도 있다. 이런 변환은 서로 다른 부족 출신의 난민들이 살아남기 위해 뭉치는 연합 사회의 형성 과정과 닮았다. 소수집단들은 자신의 정체성을 더욱 넓게 정의하기 위해 자신의 1차 정체성을 내려놓음으로써, 한 국가 안에서 사회적·정치적으로 살아남는 데 필수적인 지지의 토대를 얻을 수 있다. 이는 그들이 지배집단과 함께 일하기로 마음먹었든, 반기를 들기로 마음먹었든 마찬가지다. 18세기 말의 아이티 봉기를 예로 들면, 만약 그 주역인 노예들이 원래 자기가 속했던 특정 아프리카 부족에 대한 충성만 고수했더라면 그 봉기는 결코 성공하지 못했을 것이다(그들이 속했던 부족들 중 일부는 분명 한때는 서로 적이었을 것이다). 물론 넓어진 집단이 정확하게 균질한 것은 아니다. 소수집단 공동체가 충분히 강하다면, 사람들의 정체성은 한 인종의 부분집합인 민족성과 계속 연관되어 있을 수 있다. 아시아계 미국인 공동체 안에 한국 문화와 일본 문화가 포함되어 있듯이 말이다.

또한 오늘날의 민족과 인종 집단은 새로운 환경 안에서 그들의 선조와는 무관한, 자신들만의 생활방식을 창조해냈다. 이민자들의 정체성은 혁명적인 변화를 겪었고, 이런 변화가 그들을 다른 이민자들과 묶어주는 동시에 그들의 선조 인구 집단과 구분되게 만들었다. 몇 년 전 나는 이스라엘을 방문했다가 베이글 빵을 찾기 힘들어서 깜짝 놀랐다. 경우에 따라서는 북미나 유럽으로 이민을 간 후에야 유대인은 베이글에 대해, 이탈리아인은 스파게티와 미트볼에 대해, 중국인은 촙수이chop suey(다진 고기와 야채를 볶아 밥과 함께 내는 중국 요리 – 옮긴이)에 대해 알게 된다.[26] 이민자와 그 후손은 재발명된 민족이며, 원래의 민족으로 돌아가는 것은 어렵거나 불가능하다. 작가 에이미 탄Amy Tan이 내게 이렇게 말한 적이 있다. "예전에는 중국에 가는 것을 걱정하곤 했어요. 사람들이 내가 너무 중국인답다며 집에 보내주지 않을까 봐요." 하지만 실제 반응은 정반대였다. 그녀가 들은 이야기는 이랬다. "걷는 방식이나 바라보는 방식, 행동하는 방식 등 당신은 중국인을 닮은 구석이 하나도 없어요." 민족주의를 의미하는 중국어 단어는 탄의 조상인 중국 인종을 의미하는 단어에서 유래했지만, 진정한 중국인이 되는 일은 그리 간단하지 않다.

자주 표현되는 미국의 이상이 떠오른다. 바로 혼합이 우월한 종류의 인간을 만들어낸다는 것이다.[27] 프랑스 태생의 뉴욕 농부 J. 헥터

세인트 존 드 크레브쾨르Hector St. John de Crevècoeur는 1782년에 낸 수필집에서 이렇게 썼다. "이곳은 온갖 나라에서 온 개인들을 녹여 새로운 인종으로 만들어낸다."[28] 하지만 서로 다른 인간 집단들로 구성된 사회는 '여럿으로 이루어진 하나e pluribus unum'라는 모토를 결코 달성하지 못한다. '모든 인간은 평등하게 태어났다'라는 격언은, 그 어떤 사회보다 평등하고 민족적으로 단일했던 수렵채집인 밴드에게나 해당된다. 민족 간 관계가 긍정적인 경우에도 그 구성원들이 완전히 동등하지 않은 이상, 이상주의자들이 말하는 용광로 같은 국가는 없다. 이는 사람들이 국가에 소속되는 데 따르는 보안과 사회적 경제적 이득을 위해 자유와 평등을 어느 정도는 포기하며, 어떤 민족은 더 많이 포기한다는 사실을 반영한다.

많은 사회학자가 마치 민족들이 전체적으로 철저히 통합될 수 있는 것처럼 말한다. 설사 그런 일이 발생한다 해도 거기에 이르기까지는 상당한 시간이 걸리는데, 그 두드러진 예가 중국의 아주 오래되고 거의 단일체가 된 다수집단인 한족이다. 대부분의 경우에는 같으면서도 서로 다르고자 하는 욕구 때문에 사회 전체에서 결합이 완료되지는 못하며, 흑인과 백인같이 널리 퍼진 범주는 용광로 안에서 그것이 필요로 하는 만큼만 서로 녹아든다.

한족이 그랬던 것처럼, 다수집단이 다른 집단을 흡수하기 위해 자신의 정체성을 넓힐 수도 있다. 비록 그런 일은 새로 유입된 사람들이 이전 삶의 특징적 부분 일부를 잃고 난 후에야 일어나지만 말이다. 이탈리아계 미국인은 한 세기 전에 이탈리아적 특성을 조금 덜어내고 미국적 특성을 좀 더 취함으로써 백인의 명단에 받아들여지게 되었다. 미국 북부에서 나타난 이러한 변화는 강력한 내집단을 보여주려 한 백인들의 심리적 필요의 반영이었던 듯하다. 이렇게 말하는 이유는, 흑인 공동체의 규모가 아주 빠른 속도로 커지고 있던 바로 그 시기에 이탈리아인의 사회적 지위 변화가 일어났기 때문이다.[29] 사실 소수집단 인구가 증가하면 지배집단은 권력 유지를 위해 어쩔 수 없이 자기 집단의 구성원을 늘려야 하는데, 이 경우는 한 외집단(이탈리아인)을 취하고 다른 외집단(흑인)을 배제함으로써 그것을 실현한 예다. 영국계 개신교도들은 한때 미국의 다수집단이자 핵심 민족이었지만, 오늘날에는 네 명의 미국인 중 한 명만 그 후손에 해당한다. 하지만 이탈리아인을 비롯해 다른 민족들을 점진적으로 백인으로 받아들였기에, 계속해서 미국인의 과반수(약 2/3)는 백인이 차지하게 되었다.[30]

사회가 외부자를 받아들이기 위해 경계를 넓히는 와중에도 그 사회에 속한 민족과 인종은 여전히 나뉘어 있다. 인식되는 차이는 집단의 인간성humanness에 대한 평가에까지 이어질 수 있다.[31] 이런 상황의 개선을 기대하기는 어렵다. 인종 간 결혼을 용인하는 경향이 커진다 해도 말이다. 사람들은 앞으로도 수백 년은 비록 부정확할지라도 예민한 시선으로 서로 다른 민족과 인종을 가려낼 것이다. 특히나 치욕적인 지위로 얼룩진 집단에게 그런 시선이 더욱 많이 가며, 그래서 궁핍한 미국인들은 인종이 불분명해도 그냥 흑인으로 인식되는 경향이 있다. 아프리카계 사람이 아니어도 흑인들이 하는 둥근 곱슬머리를 하고 있으면 흑인으로 여기는 것처럼 말이다.[32]

시민권

한 사회에 소속된 사람이 누구인지 판단하는 일은 수렵채집인에게
는 보통 쉬운 일이었지만, 지난 세기에 이루어진 막대한 규모의 이민
때문에 이제는 만만치 않은 과제가 되었다. 미국에서는 그 어려움이
더욱 커졌다. 인구의 거의 전부가 다양한 출신의 이민자들이기 때문
이다. 여기까지는 이민자들의 잠재적 일탈 효과를 걱정했던 토머스
제퍼슨이 옳다. 한 사회가 지속되려면 강력한 공동의 문화와 집단적
소속감을 유지해야 한다. 제퍼슨이 공민권, 종교적 헌신, 직업윤리
에 대한 미국적 이상을 공식화할 때 이런 핵심 정체성을 염두에 두
고 있었다.[33] 미국인들은 처음에는 함께 공유하는 역사가 거의 없었
기 때문에, 한 국민이라는 인식은 필연적으로 그들의 인종적 기원이
나 공동의 이야기가 아니라 새로 마련된 상징에 의존하게 되었다. 이
후로 미국인들의 삶에서 국기와 대대적인 축하 행사가 두드러진 일
상으로 자리 잡았다. 이런 확실한 상징들을 결집의 계기로 삼은 제퍼
슨의 '미국의 신조American creed'는 목적의식과 연대감을 만들어내는
역할을 했다.[34]

그러나 이민에 대한 미국의 개방성은 천천히 시작되었다. 미국 독
립선언문과 미국 헌법의 저자들 및 서명자들의 출신은 그리 다양하
지 않았다. 네덜란드계 두 사람을 제외하면 몇몇은 잉글랜드, 아일랜
드, 스코틀랜드, 웨일스 등 영국에서 온 사람들이었고, 나머지는 미
국에서 태어난 영국인 후손들이었다. 처음에는 시민권을 관대하게
나누어주지도 않았고, 곳곳에서 인종차별이 있었다. '건국의 아버지
들'을 보면 알 수 있듯이 미국 국적은 주로 유럽인에게 제공되었고,

유럽 대륙 북부와 서부에서 이민이 장려되었다. 심지어는 이런 열린 마음조차 한동안일 뿐이었다.

널리 인정받는 현대적 의미에서 보면 시민권이란 소속감을 넘어 기본적 권리와 법적 지위, 그리고 정치에서의 역할까지 포함하는 소속성의 한 형태다.[35] 그렇게 정의된 시민권이 미국에서 폭넓게 적용되기까지는 오랜 시간이 걸렸다.[36] 여성은 1920년에야 선거권을 받았지만 실제로는 주로 백인 여성에 한했다. 아메리카 원주민들은 1924년에 미국 시민이 되었지만 이들에게 참정권을 부여하는 문제는 1956년까지 각 주에 맡겨졌다. 미국에서 태어난 사람을 포함한 중국인 후손들은 1943년까지는 시민권을 받을 수 없었다. 인도인 후손들은 1946년까지 기다려 참정권을 받았고, 다른 아시아계 미국인들은 1952년이 되어서야 참정권을 얻었다. 아프리카계 미국인들이 걸어온 길은 험난했다. 1870년에 비준된 미국 수정헌법 제15조는 흑인에게 참정권을 부여했지만, 1965년에 투표권법 Voting Rights Act이 통과되기 전에는 주들이 이것을 일관되게 지키지 않았다.

시민권의 현대적 정의는 전 세계 국가의 법적 시민이 되기 위한 전제 조건이 사실상 몇 개로 축소되었다는 것을 의미하며, 그중에는 이민자가 전체 인구 집단과 자신을 동일시하고 그 인구 집단의 기본적인 사회적 관행을 준수한다는 최소한의 요구가 있다. 사실 이민자들은 수용 국가에 대해 꽤 상세한 부분까지 알고 있는 경우가 많다. 귀화를 위한 시민권 시험 통과에 필요해서 그렇지만 말이다. 이민자들은 그곳에서 오랫동안 시민으로 살아온 사람보다 국가의 원칙과 상징에 대해 더 많이 배울 가능성이 크다. 토박이 시민권자들은 국가에 헌신한다고 공언은 하지만 그것의 의미에 대해 한 번도 생각해보지

않았을 가능성이 크다. 사실 귀화 시험을 보면 대부분의 미국인은 탈락할 것이다.[37]

충성 선서Oaths of allegiance(이민자가 귀화하면서 '헌법 준수'를 다짐하는 선서 – 옮긴이)는 결혼 서약과 마찬가지로 계약을 체결한다는 뜻으로 이루어진다. 새로운 국가에 헌신하고자 하는 마음이 처음부터 강한 이민자라 해도, 인간의 정체성이 워낙 복잡한 것이어서 새로운 사회에 받아들여지기는커녕 어울리기조차 쉽지 않다.[38] 사실들을 아는 것만으로는 충분하지 않다. 가장 친밀한 수준의 상호작용 면에서 보면 소속성은 지적 훈련으로 달성되는 것이 아니라 존재의 방식이다. 국가적 정체성이라는 심오한 문제를 이민법에 규정하기는 불가능하다. '미국인처럼' 걷고 말하는 법 같은 수많은 세부 사항을 어떻게 일일이 규정할 수 있겠는가. 이런 상세한 내용들은 사람들이 쉽게 알아차릴 수 없을뿐더러, 자전거를 배우듯 연습을 통해 개선하기도 쉽지 않다. 이민자 가족이 그런 세부 사항을 모두 받아들이기까지 한 세대나 두 세대 정도가 걸린다.[39] 이런 표지들이 법에 규정되어 있지 않다는 사실 자체가, 통합에는 차이에 대한 관용이 필요함을 뒷받침한다.[40]

걸음걸이, 억양, 미소 등을 보고 동료 구성원들이 서로를 알아볼 수 있는 합리적 개연성이 얼마나 되는지와 상관없이, 소수집단의 개인들이 어디 출신이냐는 질문을 받는다는 사실만 봐도 시민과 외부자를 확실하게 구분할 수 있던 시절은 끝났음을 알 수 있다. 이제 우리는 외부자를 구분하는 과제는 정부기관에 넘겼다. 이것이 의미하는 바는 사회에 대한 우리의 헌신이 약화되지는 않았지만, 정부의 미사여구로 강화되지 않으면 우리 뇌는 소속된 사람을 인식할 때 여권 소유 여부를 가지고 따지지는 않는다는 것이다. 시민권과 소속성에 대한 우리의 심리적 평가가 항상 딱 맞아떨어지는 것은 아니다.

로마제국 시절로 거슬러 올라가면, 서기 212년에 특이하게도 법령에 의해 사실상 모든 외국인 거주자가 시민으로 선포되었다. 하지만 이는 그들에게 세금을 부과하기 위한 실용적인 목적이 주된 이유였다. 어떤 심리학자의 예상으로 보나 역사적 증거로 보나 로마제국 다수집단의 선입견은 견고했다. 시인 루카누스Lucanus의 "로마가 인간 쓰레기들로 넘쳐난다"는 불평을 비롯해 로마에 있던 여러 민족에 대한 경멸적인 말들이 기록으로 많이 남았다.[41]

누가 진정한 소속성을 가졌는가에 대한 본능적 반응이 빠르게 격렬해질 수 있는데, 특히나 하찮게 여겨지는 민족의 누군가가 범죄를 저질렀을 때 그렇다. 2016년에 플로리다 나이트클럽에서 아프가니스탄인 부모를 둔 한 미국 시민이 총을 난사해 49명이 사망하자, 다수집단 사람이 총기를 난사했던 경우보다 더욱 강력한 분노가 일었다. 그리고 그 분노는 그 범죄에 공동의 책임이 있다고 보여지는 특정 민족에게로 향했다. 반면 백인이 그런 잔혹 행위를 저지른 경우에는 그것을 개인의 일탈로 여겨 책임을 철저히 개인에게 묻는다. 티머시 맥베이Timothy McVeigh가 168명의 목숨을 앗아간 1995년 오클라호마시티 폭탄 테러 사건 때처럼 말이다.[42]

국가들의 역사를 살펴보면 혐오의 대상은 한 집단에서 또 다른 집단으로 끝없이 대체되어왔고, 롤러코스터처럼 오르락내리락하는 인식에 따라 그들에 대한 신뢰 및 그들의 가치와 시민권에 의문이 제기되었다. 희생양을 만들고픈 갈망이 다른 민족들을 색안경을 끼고 바라보게 했다.[43] 관용의 기풍은 급격한 등락을 거듭해왔는데 일반적으로는 경제의 흥망성쇠와 궤적을 함께했다. 19세기 말에는 미국에서 노르웨이인, 독일인, 영국인에 비해 이탈리아인, 아일랜드인에 대한 호감이 현격히 낮았다. 특히 '아일랜드풍Irishism'이라는 단어는 동화가 불가능한, 문화의 독으로 여겨졌던 아일랜드 출신 이민자들을 타락한 사람으로 낙인찍는 데 사용됐다.[44]

소수민족 시민들에 대한 차별은 외세와의 분쟁 기간 동안 곪아 터지는 경우가 많다. 현재의 적국과 애매모호하게라도 연관되어 있는 사람들은 전면적인 비인간화까지는 아니라도 역풍을 맞을 수 있다. 미국과 적대적이었던 상대로는 아메리카 원주민을 포함해 영국, 프랑스, 모로코, 트리폴리, 알제, 멕시코, 스페인, 일본, 독일, 소련, 쿠바, 중국, 북한, 이란과 그 외 중동 국가 등 다양하다. 그때마다 해당 국가 계열의 미국인들은 고통을 받았다. 특히나 제2차 세계대전 당시 일본계 미국인들을 향한 멸시는 지금은 상상하기도 힘들 정도로 심했다.

내가 이야기를 나누어본 뉴요커들의 증언에 따르면, 극단주의 무슬림에 의해 9·11 테러가 자행된 후 무슬림이나 무슬림으로 오해받기 쉬운 가게들은 성조기를 잘 보이게 게양했다고 한다. 자신들의 미국 동포로서의 위치가 위태로워졌다고 느꼈기 때문이다. 가게 주인들은 명확한 식별 표지를 그런 식으로 공개적으로 전시함으로써 행여 오해를 받아 치르게 될 큰 대가(소위 내집단 과도 배제 효과)를 방지하려 했다. 한 집단이 자신이 속한 사회로부터 위협받는다고 느끼면, 민족적 출신은 잘 드러내지 않고 애국심을 과시하는 것이 일반적이다.

일부 국가는 국민에 대한 영향력이 미미하기 그지없는데, 이는 그들이 소중하게 여길 만큼 강력한 핵심 정체성이 없기 때문이다. 따라서 그런 국가는 구성원들의 1차적 정체성과 태고로부터 이어진 유대의 원천인 '자연적' 단위(우리 선조인 수렵채집인 밴드들 사이에서 구축된 작은 하위집단)로 쪼개질 위험에 놓여 있다. 세계의 상당 부분에 애국심이 거의 없는 국민으로 구성된 국가들이 있는 이유는, 제1차 세계대전 이후 국민의 균일성이나 연대가 아니라 영국, 프랑스, 미국의 경제적 이해관계에 따라 경계가 그어져 만들어진 국가들이 생겼기 때문이다.[45] 이런 결정의 결과로 그 지역 인구는 자신의 나라보다 자신이 원래 속했던 부족이나 민족 집단에 더 애착을 느끼는 경우가 많다. 그 집단이 지금은 같은 나라에 속해 있는 다른 집단과 적대적 관계이고 오래전부터 지금의 영토와 관계가 있었다면 더욱 그렇다. 정부보다 자기 지역 사람들에게 열정이 향하는 국민들은, 상호 연결된 세계에서 한 기능을 담당하는 것은 말할 것도 없고 함께 행동에 나서기도 쉽지 않다. 이렇게 지역적으로 파편화된 인구 집단을 가진 나라는 국가라기보다는 경제적 이득을 위해 구성된, 깨지기 쉬운 연합체에 가깝다.[46]

지배 민족이 국가의 상징, 권력, 부를 독점하다시피 하는 상황에서는 국가 구성원들의 동맹의식이 취약하기 마련이다. 이런 경우 사회가 압박에 놓이면 잃을 것이 많은 다수집단이 단합을 강조해도 2등 시민 취급을 받는 민족들은 희미하게 반응한다.[47]

사회의 소유권에 대한 인식에서 나타나는 다수집단과 소수집단 사이의 이런 불일치가 국가의 아킬레스건이다. 심지어 모든 사람이 법령에 의해 평등하게 태어나는 범세계주의적인 미국에서조차 시민권에 대한 존중과 그 시민들의 다양성은 별개의 문제다. 소수집단들은 서로 충돌하는 이해관계와 선입견을 가질 수 있지만, 소수집단 우대 정책 같은 친다양성 정책에 대한 공동의 지지가 더 크기에 다수집단에 대한 단결로 그들의 다양성을 강화하고 있다.[48] 이런 문제에 있어서는 소수집단과 다수집단이 똑같이 자기 잇속만 차릴 수 있다.

국수주의자와 애국주의자

구석기시대에는 민족이라는 것이 없었을 뿐만 아니라 그 시절의 사회는 미국의 티파티Tea Party(세금 감시 활동 등을 펼치는 미국의 신생 보수 단체 – 옮긴이)나 '월가를 점령하라Occupy Wall Street' 시위(2011년 빈부 격차 심화와 금융기관의 부도덕성에 반발해 미국 월가에서 일어난 시위 – 옮긴이) 같은 활동을 하는 급진 단체의 등장을 그냥 내버려두지도 않았을 것이다. 지난 10년간의 격렬한 당파적 대립이 수렵채집인 시절에 일어났더라면, 그들의 사회는 정체성을 둘러싼 충돌이 한계점에 도달해 둘로 쪼개지고 말았을 것이다. 하지만 현재의 미국과 기타 다른 국가들은 지역별로 차이가 크더라도 다양한 사회적·정치적 성향의 국민들이 너무도 복잡하게 뒤섞여 있기에 쉽게 쪼개지지 못한다. 우리는 꼼짝없이 서로가 서로에게 붙잡혀 있는 셈이다.

다른 집단(다른 사회에 속한 집단이든 한 사회 내의 다른 민족 집단이든)을 지배하려는 성향은, 사회의 1차적 역할이 구성원들의 부양인지 보호인지에 대한 사람들의 관점에 영향을 미친다.[49] 대부분의 동물 사회는 양쪽 기능을 다 수행한다는 것을 우리는 알고 있다. 보호는 적대적인 외부 요소, 특히나 다른 사회에 초점을 맞춘다. 부양의 역할은 사회 내의 구성원들을 돌보는 것이다.

여러 가지 긴급한 사회적 이슈에 대한 관점은, 한 개인이 애국주의를 지지하느냐 국수주의를 지지하느냐에 따라 달라진다. 오늘날 심리학자 대부분의 의견대로, 이 두 단어는 사람들이 자신의 사회와 자신을 어떻게 동일시하는지에 대한 각각의 사고 습관을 반영한다. 때로는 똑같은 것으로 취급받기도 하는 애국주의와 국수주의는 역경의 시기가 도래하면 그 차이가 명확해지며 서로 충돌한다. 스트레스가 커지는 시기에는 양쪽 모두 좀 더 경도된다는 말이다.[50] 그러나 각각의 개인은 대개 자신의 삶의 과정에서 좁은 범위의 태도를 벗어나지 않으며, 그 정서는 유산과 양육이라는 이중적 영향 아래 있는 유년기에 나타난다.[51]

국수주의와 애국주의를 갖고 있는 개인들 모두 자신의 사회에 헌신하기는 하는데, 그 방식에 근본적 차이가 있다.[52] 애국주의자는 자국민에 대한 자부심과 공유된 정체성, 특히나 소속감을 드러낸다. 이런 정서는 그 나라에서 태어난 사람에게는 자연스러운 것이지만 이민자도 후천적으로 습득할 수 있다. 애국주의자의 열정은 대부분 자신의 집단을 향하기에 식량, 거주지, 교육 등 구성원들의 필요를 무엇보다 우선시한다. 반면 국수주의자는 비슷한 감정이기는 해도 자신의 정체성을 미화시켜 표현한다. 이들의 자부심은 선입견과 연결되어 있다. 애국주의자는 국민을 돌보는 문제에 집착하는 반면, 국수주의자는 사회의 안전을 강조하고 국민을 세계 무대에 우뚝 세워 그 우월함을 보존하는 일에 몰두한다.

흥미로운 점은 애국주의자와 국수주의자에게 '자기 국민'에 해당하는 사람이 누구인가에 대한 개념이 서로 다르다는 것이다. 국수주의자는 정체성의 여러 측면 중에서도 신뢰받는 다수집단을 돋보이게 하는 것들을 존중한다. 이들이 지키려는 것은 바로 그 집단의 지위다.[53] 극단적 국수주의자는 국가를 천사의 이미지와 확실히 연관 짓기 위해 다수집단의 정체성을 세세한 부분까지 열정적으로 보호하려 든다. 국수주의자가 우선시하는 것은 충성심 입증하기, 관습적인 규칙 받아들이기, 리더의 말에 복종하기, 확립된 사회적 관계(특히 민족 간 및 인종 간 관계) 유지하기 등이다.[54] 정착 생활 이후 지배 관계가 시작되면서 이 두 가치관이 전면에 등장했다. 전통을 중시하는 국수주의자는 어떤 경우라도 자기 나라를 믿는다. 그들은 현 상황의 유지에 전념하기에 변화를 허용하는 민주주의적 이상과 충돌을 일으키기도 한다. 그들은 새로운 경험과 사회적 변화에 덜 개방적이다.[55] 내 나라의 옳고 그름에 대한 국수주의자의 태도를 애국주의자의 그것과 비교해보면, 애국주의자도 자신의 나라에 고귀한 지위를 부여하지만 그들은 그것을 싸워서 얻는 것이 아니라 노력해서 얻는 것이라고 믿기에 나라에 개선이 필요하다고 생각한다.

집단 간 차이에 관심이 많은 국수주의자는 사회 구성원으로 인정하는 관점이 편협해서 외국인 출신 등 소수집단 시민은 외부자로 취급한다.[56] 그들은 수적으로 다수를 차지하는 사람들이 1차적 발언권을 가져야 한다는 다수결 민주주의에 익숙하며, 이는 도덕적·법률적 쟁점에 관한 그들의 관점에도 반영되어 있다. 나는 국수주의자는 다른 민족 사람을 시민이든 아니든 상대적으로 더욱 이질적인 존재로 취급한다고 말해도 무리가 아니라고 생각한다.

앞에서 나는 개미를 극단적 국수주의자라고 표현했다. 개미 군집은 정체성의 징표인 냄새에 엄청나게 민감하기 때문이다. 사실 우리 종에 속하는 애국주의자도 국기를 보거나 국가를 들으면 눈물을 글썽일 수 있지만, 국수주의자는 그런 상징물에 너무나도 민감하다.[57] 그들은 국가나 우상화된 리더에 잠깐만 노출되어도 격렬한 반응을 나타낼 수 있다. 체조 선수 가브리엘 더글러스Gabrielle Douglas가 2012년 올림픽에서 미국 국가가 연주될 때 가슴에 손을 얹지 않은 것을 두고 엄청난 논란이 일었던 일도 그 연장선상에 있다. 국수주의자들은 이 실수를 보고 그녀가 미국이 아니라 자기 자신을 위해 메달을 딴 것이라 여겼다. 이런 반응은 사회를 하나의 실체로 여기는 정서를 말해주는 신호로, 국수주의자에게 있어 경기는 개인 간의 경쟁이 아니라 국가 간의 경쟁임을 드러낸다.

국수주의적 관점과 애국주의적 관점 모두 논리적으로 일관될 수 있지만, 국수주의자는 자기 문화를 오염시킬 수 있는 것은 무엇이든 배척한다. 그들은 지나치다 싶을 정도로 분리주의에 집착하기에 자기와 이해관계가 다른 사람들을 소외시키는 경계를 세울 수도 있다. 반면 애국주의자는 외부자와의 교역 및 협력의 기회에 좀 더 호의적이다.[58]

한마디로 국수주의자는 다양성에 의문을 품는 반면, 애국주의자는 다양성을 반길 때가 많다.[59] 적어도 애국주의자는 다양성을 묵인하는데, 스스로가 아무리 평등주의 사상을 가졌다 해도 선입견에서 자유롭지 못함을 알기 때문이다. 즉 애국주의자도 자기와 같은 민족이나 인종에 대해 더 큰 열의를 가지고 있기에, 자기도 모르게 미묘하게 그들을 더 배려하는 차별을 초래한다.[60]

왜 이런 애국주의적 태도와 국수주의적 태도의 차이가 진화했을까? 사회 안에서 일어나는 관점의 충돌은 때로는 극단적이어서 사회를 기능 마비의 위험에 빠뜨리기도 하지만, 어쩌면 이런 충돌이 인류의 생존에 없어서는 안 되는 것인지도 모른다. 우리의 다양한 사회적 관점의 표현은 아마도 한 연구팀의 말대로 "끝없는 사회적 관심"과 연관되어 있는지도 모른다.[61] 각각의 관점은 맥락에 따라 이롭게 작용한다. 따라서 그러한 관점의 다양성이 구성원들의 보호와 부양 사이의 균형을 맞추는 작용을 하는지도 모른다. 반대편을 형성하는 스펙트럼의 양쪽 끝에 해당하는 사람의 수가 너무 적거나 너무 많으면 사회가 재앙에 노출될 수 있는데, 그에 해당하는 사례를 뜻밖의 동물종에서 찾아볼 수 있다. 사회적 거미 군집이 가장 성공적으로 운영되는 경우는, 그 안에 유난스러울 정도로 자신의 둥지 가꾸기에만 몰입하는 개체와 군집의 먹잇감을 훔쳐 가는 기생충을 막는 데 전력하는 용감한 개체가 함께 있을 때다. 또한 개미 군집도 그 두 가지 성격을 가진 개체들이 뒤섞여 있을 때 가장 효율적으로 기능한다.[62]

인간의 경우 인구 집단이 국수주의나 애국주의 중 어느 한쪽에 극단적으로 빠지면 어떤 위험이 찾아올지는 분명하다. 국수주의자는 애국주의자의 개방성이 경계를 약화시키며, 모든 민족이 사회적 자산을 함께 나누는 것은 의존과 부정행위를 촉진시킨다고 생각한다. 이것은 종 전체에 걸쳐 존재하는 집단의 경쟁적 속성을 반영한 두려움이다. 한편 사회 전반에 자신의 방식이 옳다고 확신하고 이를 위해 싸울 준비가 되어 있는 국수주의자들이 있다는 사실은, 그들이 두려워하는 위험이 실제로 닥칠 수 있음을 의미한다. 그럼에도 불구하고 탄압과 침략을 적극 옹호하는 극단적 국수주의자의 모습을 보면, 역사가 헨리 애덤스Henry Adams의 "정치는 혐오의 체계적 조직화"라는 말이 떠오른다.[63] 때때로 문제의 조짐이 보일 때 마음을 합쳐 적에 맞서다 보면 집단감정에 도취된다. 국수주의적 관점에 휩싸인 사람들에게 그런 집단감정의 팽창은 삶에 더 큰 의미를 부여한다. 사실 국가가 갈등에 직면하면 국민의 사기가 올라가고 그들의 정신 건강도 개선된다.[64] 호전적인 사회는 전쟁에 대한 충동과 공격에 대한 두려움 덕분에 오랫동안 경쟁 우위를 누렸고, 바로 그런 것들이 사회적·기술적 혁신과 국가의 확장을 주도했다.[65] 국수주의자들은 어떤 행동의 적절성을 두고 협소한 해석을 고수하기에 애국주의자들보다 훨씬 유대가 긴밀하고 균일하며, 함께 행동하는 능력이 더 뛰어나다는 이점이 있다.[66] 이 모든 것이 말하는 바는 결국 애국주의자의 관점은 아주 힘든 길이며, 앞으로도 항상 그럴 것이라는 점이다.

애국주의자나 국수주의자나 방식만 다를 뿐 자기 집단을 편애하는 것은 마찬가지이며, 그로 인해 우리 사회는 깊은 문제점을 안게 되었다. 플로리다 나이트클럽 총기 난사 사고 같은, 소수집단에 속한 어느 한 사람의 사악한 행동을 보고 그 집단 전체를 향해 분노를 퍼붓는 것은 아주 안 좋은 일이다. 이런 학대는 해당 비극과 관련이 없는 소수민족에게까지 번질 수 있다.[67] 이런 사실은 고정관념이 어떻게 상세한 이해 없이 여러 집단을 하나로 뭉뚱그려 '황인종' 같은 애매하고 무의미한 범주를 만들어내는 지경까지 갔는지를 보여준다.[68] 이런 뭉뚱그림이 없는 경우라 해도, 선입견에서 비롯된 어느 민족에 대한 폄훼가 다른 민족에 대한 평가절하로 이어질 수 있다.[69] 자신의 안전, 일자리, 혹은 삶의 방식이 위협받을까 두려워하는 사람들은, 다양한 소수민족을 무차별적으로 하나의 덩어리로 생각한다. 고대 사회가 국경 너머의 사람들을 모두 '야만인'이라고 불렀던 것처럼 말이다. 이런 충동이 얼마나 강한지를 알려주는 사례가 있다. 미국인을 표본 추출해 위시언Wisians족에 대해 어떻게 생각하느냐고 물었더니 거의 40퍼센트가 이웃으로 두고 싶지 않다고 했다. 연구자들이

가짜로 만들어낸 존재라 그들에 대해 아는 것이 아무것도 없었을 텐데 말이다.[70]

　서로에 대한 구성원들의 선입견에도 불구하고, 사회는 여러 민족과 인종을 포함하고 있다. 한 세기 전에 윌리엄 섬너가 주장한 관점에서 보면, 사회를 하나로 뭉치게 하는 것은 외부자와의 마찰이다. 물론 항상 그런 것은 아니지만 말이다. 국내 평화를 촉진하는 외력은 지배 민족에게는 주로 충격 요법으로 작용하는 반면, 그 문제의 일부로 여겨지는 사회 집단들과의 유대는 약화시킬 때가 많다. 구성원 간의 이런 긴장이 일종의 사회적 자기면역질환을 야기해 사회가 스스로를 공격하게 만들 수 있다. 이 모든 문제의 실마리를 찾기 위해 사회의 형성이 정말 애초에 불가피한 것이었을지 살펴보자.

26장

사회의 불가피성

우리는 사회를 폐기할 수 있을까? 사회들을 모두 하나로 결합시키거나, 아니면 적어도 인류가 전 세계적으로 건설한 연합체의 부차적인 존재로 만들 수 있을까?

여기 한 편의 우화처럼 읽히는 역사의 단편이 있다. 46평방킬로미터 정도 크기의 화산암 덩어리인 태평양 푸투나섬Futuna island은 수 세기에 걸쳐 딱 두 족장 사회에게만 공간과 자원을 베풀어왔다. 바로 시가베Sigave와 알로Alo다. 섬의 양쪽 끝을 차지한 이 두 사회는 거의 항상 충돌했고, 섬 전체가 태평양 서부 토종 관목으로 만드는 향정신성 음료가 등장하는 의식을 치르는 날에만 충돌을 멈췄기에 그 음료가 그날 하루만큼은 서로를 관용할 수 있게 해준 것이 아닌가 싶기도 하다.[1] 나는 아랍과 이스라엘 충돌의 축소판 같은 그들의 무력 충돌이, 그들 삶의 1차적 동인이 아니었을까 상상할 따름이다. 한정된 공간 안에서 아주 오랫동안 그렇게 지냈으면 한 족장 사회가 다른 족장 사회를 정복했을 법도 한데 그런 일이 결코 일어나지 않은 것은, 어쩌면 전면적인 적까지는 아니라도 외집단을 원하는 인간의 갈망과 관련이 있을지도 모른다. 알로가 시가베 없이 단독 사회로 계속 존재할 수 있었을까? 과연 세상에 하나만 달랑 있는 사회를 사회라고 부를 수 있을까?

자연 관찰 능력이 뛰어났던 솔로몬 왕은 이렇게 조언했다. "나태한 자들이여, 개미들에게 가서 그들의 방식을 배우고 현명해질지어다." 실제로 남부 캘리포니아를 장악하기 위해 싸우고 있는 아르헨티나개미들을 보면, 한 사회가 다른 모든 사회를 끝장낼 때 생길 수 있는 일에 대한 두 번째 가설이 떠오른다. 최후에 남은 이들 군집의 국가적 상징(냄새)은 더 이상 표지가 아니게 되어, 냄새는 그냥 아르헨티나개미와 같은 의미가 될 것이다. 이런 방법을 통하면 이 개미 종은 보편적 평화를 얻게 될 것이다. 초군집들 사이의 국경 전투를 발견하기 전만 해도 전문가들은 이 개미 종이 그런 평화를 달성했다고 믿었다.

한 가지 교훈이 있다면, 이 개미 종의 도로나 위생 관리에 대한 투자에서는 몇 가지 배울 점이 있을지 모르나 이들을 흉내 내는 것은 권장할 만하지 않다는 것이다. 이들의 평화는 살육과 대학살에 탁월한 재주를 갖고 있어서 가능한 것이니까 말이다. 죽은 개미의 머릿수로만 따지면 이것은 인간 역사에서 가장 악몽 같은 사건들보다 훨씬 끔찍하다.

하지만 지금 상황에서 적절한 두 번째 교훈이 있다. 한 집단을 사회라 부르고 그 구성원들을 확인해주는 표지를 알아보는 것은, 하나 이상의 사회가 존재할 때만 의미가 있다는 것이다. 다시 말해 한 사회의 일부가 되고 싶은 충동이 생기려면 외집단의 존재가 필수적이다. 시가베에게는 알로가, 알로에게는 시가베가 외집단이었다. 혹은 폄훼하기 위해서가 아니라 비교나 가십거리를 위해서라도 막연하게나마 '타인'이 존재해야 한다. 로마제국과 중국 왕조에서는 '야만인'들이 그런 역할을 했다. 이런 점에서 보면 푸투나섬의 족장 사회들은 우리 기준에서는 단순하고 비슷해 보여도 인간 본성을 적나라하게 보여주는 사례다.

그런데 정말 그런가? '그들이 없는 우리Us Without Them'라는 제목의 연구에서 심리학자 로웰 게르트너Lowell Gaertner와 그 동료들은 사람들이 서로를 필요로 할 때는 자신을 외부자와 대비하지 않고도 공동의 정체성을 구축할 수 있음을 알아냈다.[2] 이렇게 서로 의존하는 사람들은 마치 하나의 단위로 기능하는 것 같은 기분을 느낄 수 있다. 이런 느낌이 좋은 기분과 유대감을 조성할 수 있다. 폭풍우를 맞아 배 위에서 함께 싸우는 선원들에게 예상할 수 있는 그런 감정이다. 하지만 제아무리 상호 의존적이고 협동적이라 해도, 선원 집단을 사회라고 부르는 것은 무리다. 우선 선원들은 출신 국가가 어디건 간에 이미 한 사회와 자신을 동일시하고 있을 것이다.

여기서 한 걸음 더 들어가보자. 선원들이 난파를 당해 외부 세계와의 접촉 가능성을 모두 잃어버리면, 이들의 기존 정체성은 사라져버릴 것이다. 1789년 바운티호HMS Bounty에서 선상 반란이 일어난 지 25년 후 그 선원들이 핏케언섬Pitcairn Island으로 달아난 것이 밝혀졌다. 18년 후 한 미국 선박에 의해 발견된 이 반란자들과 그들과 함께 있던 폴리네시아인 및 타히티인은 여전히 각각 영국, 폴리네시아, 타히티 사람이었다. 하지만 그들이 발견되지 않고 그대로 거기 남아서 살았다면 시간이 흐른 후 그들 혹은 그들의 후손은, 통합된 하나의 사회로 우리가 인식할 만한 집단에 속한다고 스스로를 재해석하지 않았을까?[3]

몇 세대에 걸쳐 나머지 세상과 완전히 단절된 채 살아가는 사람들의 사례를 찾아내기는 쉽지 않다. 아이슬란드와 북아메리카에 도착한 일부 바이킹은 고립된 상태로 살아남았다. 하지만 그들은 자신들의 트레이드마크인 바이킹 생활양식을 고수했기에 유럽의 바이킹들과 어려움 없이 다시 이어질 수 있었다. 분리 기간도 기껏해야 수십 년 정도였기에 자신의 기원에 대한 기억이 그들의 머릿속에서 완전히 사라지는 일은 결코 없었다.[4] 선사시대 사람들도 외딴 섬에 도착하는 경우가 있었지만 대부분 다른 섬에 사는 부족들과 접촉할 수 있었고, 하나 이상의 사회로 쪼개질 땅의 여유가 있었다. 푸투나섬에는 사회가 두 개였고, 이스터섬Easter Island에는 거대한 바위 석상을 세우는 서로 적대적인 부족이 17개나 있었다. 한편 호주에서는 식민지 시대 이전에 수백 개의 원주민 사회가 번성했는데, 이들 모두 아시아를 통해 호주 대륙에 상륙한 한 집단의 후손이었다.

고립 사회의 역사적 사례는 헨더슨Henderson에서 찾아볼 수 있다. 폴리네시아에 속한 37평방킬로미터의 이 섬에는 수십 명의 주민이 살고 있었는데, 그들은 알로와 시가베처럼 두 사회로 쪼개질 수 없었다. 섬이 너무 좁고 자원도 빈약했기 때문이다. 16세기에 배를 만들 목재 자원마저 없어지자, 그들은 각각 90킬로미터와 690킬로미터 떨어져 있던 핏케언섬 및 망가레바Mangareva 제도의 교역 파트너들과도 단절되고 말았다. 스페인 탐험가들이 1606년에 그 섬을 발견했을 때, 주민들은 모두 죽고 없었다. 그 몇 안 되던 사람들이 스스로를 어뗗게 생각했는지는 누구도 알 수 없다. 스스로를 하나의 부족으로 여겼는지, 자신들에게 이름을 붙였는지도 알 수 없는 노릇이다.[5] 추측건대, 그 섬의 마지막 사람들은 저기 어딘가에 존재하는 타인들에 대한 흐릿한 기억을 다음 세대로 전해주면서, 하나의 사회로서의 정체성을 그 일부 조각이나마 필사적으로 유지하지 않았을까 싶다. '우리 대 그들'이라는 느낌이 그들의 머릿속에서 완전히 지워지는 일이 없도록 말이다.

전설이나 신화를 통해 여러 세대에 걸쳐 외부자들이 전해지다가 점차 그 존재감이 약해지자, 결국 헨더슨 사람들은 스스로를 완전히 고립된 존재로 여기게 되었을 것이다. 만약 그들이 오랫동안 살아남았더라면 계속 어딘가에 소속될 필요성을 표현하고, 모두 하나된 '우리'를 갈망했을까? 아마도 친구 및 가족과 사교적으로 지내는 개인들만 존재할 뿐, 그곳에 사회라 할 만한 것은 없었을 것이다. 인류학자 아냐 피터슨 로이스Anya Peterson Royce의 생각도 그런 것 같다. "한 섬에 사는 가상의 집단이 타인에 대한 지식을 갖고 있지 않다면, 그들은 민족 집단이 아니다. 민족으로서의 정체성도, 민족성을 바탕으로 하는 전략도 없기 때문이다."[6]

인간에게는 공통성을 탐구하려는 욕구가 있음을 지적하며 로이스의 의견에 동의하지 않을 수도 있다. 이런 욕구는 자기가 존경하는 사람의 특별한 행동들을 쉽게 본보기로 삼는 것에서도 잘 드러난다. 유행을 선도하는 사람들은 여러 가지 관습의 인기를 주도하는 반면, 싫어하는 사람들의 습관은 배척당한다.[7] 헨더슨 사람들도 리더나 존경받는 개인의 행동을 따라 하다가 일종의 정체성이라 할 만한 관습을 만들었을 수 있다. 그러나 그들의 삶은 앞에서 설명한 태즈메이니아 효과에 의해 최소한의 것만 남았을 것이고, 그리하여 사람들은 그들의 문화를 잊고 말았을 것이다. 그렇다 해도 그들은 함께 자라며 서로에게서 배웠기에 많은 공통점을 가지고 있었을 것이다. 하지만 외부자가 존재하지 않는 상태에서는 그들의 닮음도 별로 중요하지 않은 것으로 가치가 축소되었을 것이다. 따라서 로이스가 옳다. 그들을 하나의 사회로 생각하기는 힘들다(민족 집단은 분명 아니었다).

그들의 유사점은 공통의 특성이 사회적 표지로 기능할 때처럼 근본적인 중요성을 띠지는 않았을 것이다. 하지만 어쩌면 서로에 대해 안다는 것만으로도 사회를 만들기에 충분할지 모른다. 표지 없이 개체 알아보기 사회를 형성하는 동물종들은 외부자의 존재 여부와 상관없이 자신을 집단적으로 인식할까? 혹은 그들의 사회는 '외부자'가 없으면 붕괴하고 말까? 현장 생물학자 크레이그 패커가 내게 말하기를, 고립된 사자 무리는 붕괴될 운명에 처한다고 했다. 그 구성원들은 그보다 더 작은 집단으로 흩어진다. 사회의 1차적 기능이 경쟁자를 이기고 성공하는 것임을 고려하면 크게 놀랄 일도 아니다. 타인이 없으면 성공에 대한 압박도 사라진다. 하지만 사자의 운명만 보고 섣부르게 인간도 그럴 것이라고 단정 지을 수는 없다. 단독 사냥도 가능한 사자는 사람에 비해 혼자서도 잘 지낸다. 사람의 경우에는 꼭 안전과 식량 확보의 문제가 아니어도, 외로움을 피하고 삶에 의미를 부여하기 위해 배우자는 물론 그 외 사람들과도 가까이 있고 싶어 한다. 인간 사회가 실패하더라도 말 그대로 완전히 붕괴되는 경우는 드물고, 더 작은 사회로 쪼개져 지원망support network을 유지하는 경우가 많은 것은 부분적으로 이 때문이다. 붕괴된 사회를 빠져나온다는 것이 사회를 아예 포기한다는 의미는 아닌 것이다.

이것을 바탕으로 우리는 고립된 사람들의 관계가 사회라는 이름에 걸맞든 아니든, 사자보다는 더 함께 뭉치려 한다고 예상할 수 있다. 그것이 선원들에게서 보이는 '그들이 없는 우리'에 대한 헌신이라고 해도 말이다. 침팬지도 분명 그렇다. 단독 침팬지 커뮤니티는 여느 곳의 침팬지들과 똑같은 방식으로 상호 연결된 상태로 남는다. 우간다 키암부라의 한 협곡에서 단독적으로 살아가는 한 집단에 대한 연구에 따르면 그렇다.[8]

이런 고립된 집단도 변화된 환경에 신속하게 적응한다. 다시 말해 고립된 침팬지 무리나 모든 적을 죽여버린 아르헨티나개미 초군집, 혹은 모든 타인에 대해 잊어버린 섬 부족 같은 경우도 다시 외부자와 접촉하는 순간 한 사회로서의 정체성이 당장 중요하게 된다는 말이다. 섬사람들은 아무리 변변치 않은 사회적 특성이라도 강조하여, 자신들과 새로 유입된 자들 사이의 경계를 분명히 하려 든다(침략자들이 그 작은 집단을 죽이거나 급속히 동화시키려 하지만 않으면 말이다).[9]

1954년에 이런 상황과 대략 맞아떨어지는 한 실험에서, 조건이 맞을 때 사회의 일부 특성이 얼마나 빨리 작동할 수 있는지가 밝혀졌다. 12세 소년들 22명을 무작위로 두 집단으로 나누어 오클라호마 로버스 동굴 주립공원Robbers Cave State Park에서 처음에는 집단끼리 있게 했다. 그러다 두 집단이 먼 거리에서 서로를 보게 하고, 다음에는 접촉하게 했더니, 집단별로 좋아하는 노래와 욕하는 성향 등 별개의 정체성을 신속하게 발전시켰다. 그 소년들은 자기 집단에 이름을 붙이고, 티셔츠에 자기들을 상징하는 동물을 그려 넣고, 그 동물이 들어간 깃발도 흔들었다. 스포츠 시합을 할 때처럼 말이다. 그 '방울뱀' 집단과 '독수리' 집단이 머지않아 서로를 향해 드러내었던 폭력성은

연구자들이 그들을 함께 운동시키자 완화되기는 했지만, 그들 사이의 차이는 계속 남았다.[10]

예를 들어 대단히 공격적인 사회가 지구 전체를 정복해서 공동체를 교란시킬 외부자가 아예 존재하지 않게 되더라도, 그런 상황은 오래가지 못할 것이다. 고립된 인간 집단이라도 일단 그 인원수가 어느 수준으로 커지면 다른 사람들보다 더 특혜를 누리는 개인이 등장하기 때문에 여러 사회가 탄생할 조건이 만들어진다. 즉 외부자가 그 안에서 탄생하는 것이다. 그러면 이전의 모든 국가, 모든 사회가 그랬듯이 그들의 연합은 깨지고 만다.[11]

보편 사회의 꿈

언젠가는 온 세상이 국경 없는 하나의 인구 집단이 되어 그 누구도 외부자로 남지 않으리라고 생각하는 사람들 입장에서는, 인간 인식에 대한 우리의 지식이 그리 달갑지 않은 징조일 것이다. 그러나 사회가 결코 해체되는 일이 없다 해도, 사회를 그림에서 사실상 지우는 역할을 하는 또 다른 시나리오가 등장할지도 모른다. 몇 세기에 걸쳐 사회의 숫자가 점진적으로 줄다 보면, 남아 있는 모든 국가가 사회 그 자체보다 사람에게 더 중요한 범세계주의적 공동체를 만들기 위해 자신의 경계를 허물 것이라고 상상할 수도 있다는 말이다.

어떤 사람들은 문화의 국제화(맥도날드, 메르세데스 벤츠, 영화 〈스타워즈〉 등을 생각해보라)와 연결(에스토니아에서 아프가니스탄에 이르기까지 사람들을 하나로 연결하는 페이스북을 생각해보라)이, 국경을 베를린 장벽처럼 무너뜨릴 조짐이라고 주장한다. 이것은 틀린 말이다. 사회들은 자유롭게 합병되었던 적이 결코 없고, 앞으로도 변함없이 그럴 것이다. 전 세계 사람들이 모두 켄터키프라이드치킨, 스타벅스, 코카콜라, 할리우드 블록버스터 영화, 초밥, 플라멩코, 프랑스 유명 디자이너 제품, 페르시아 카펫, 이탈리아 자동차를 즐길 수는 있다. 그리고 범세계주의적 경향에 적응하고 때로는 거기 휩쓸릴 수도 있다. 하지만 국가가 이국적인 문화의 영향을 아무리 많이 받고, 외국과 아무리 많이 연결된다 한들 그로 인해 혼란에 빠져드는 경우는 없으며 국가에 대한 국민의 뜨거운 헌신도 유지된다.[12] 어쨌든 태곳적부터 사회는 외부 세계로부터 자기가 원하는 것을 취해서 자기 것이라 주장했고, 그렇게 함으로써 더 강해졌다. 미국을 상징하는 자유의 여신상조차 파리에 에펠탑을 세운 바로 그 에펠Eiffel에 의해 프랑스 땅에서 처음 설계되고 세워진 것이다.

국경이 엄격하게 유지됨에도 불구하고, 인류는 여러 국가로 구성된 상위 조직을 세울 수 있다. 하지만 그런 보편적 집단도 사회에 대한 우리의 유대감을 완전하게 대신할 수는 없다. 이는 인류학적 기록상 가장 결속력이 강했던 사회 연합을 통해서도 입증된 바 있다. 아마조니아 북서부에는 20개 정도의 부족, 혹은 언어 집단이 살고 있다. 이들을 뭉뚱그려 투카노안Tukanoan이라고 부른다. 각각의 집단은 자기 고유의 언어나 방언을 가지고 있는데, 그중 일부는 서로 비슷하고 다른 일부는 그렇지 않아 서로 알아들을 수 없는 경우도 있다. 이 부족들은 각각 서로 교역할 상품들을 전문적으로 생산하기에, 경제적으로 한데 묶여 있다고 할 만큼 굉장히 잘 연결되어 있다. 이들 사이에는 특이한 의무 관계가 존재하는데, 부족 내 사람들끼리의 결혼은 부당 행위로 여기는 것이다. 그들은 이렇게 말한다. "우리와 같은 언어로 말하는 사람은 우리의 형제입니다. 그리고 우리는 누이와는 결혼하지 않습니다."[13] 따라서 여자는 다른 부족으로 시집을 가서 그곳의 언어를 배운다. 이것이 하나의 일탈적 사례라고 생각할 수도 있겠지만, 뉴기니에도 이와 비슷하게 배우자를 교환하는 관행이 있다.

이런 관행에 대한 한 가지 설명은, 규모가 작은 사회에서 근친상간을 줄여준다는 것이다. 여러 동물에서도 이런 현상을 볼 수 있다. 가령 암컷 침팬지들도 커뮤니티 사이를 오감으로써 친족과의 짝짓기를 피한다. 투카노안은 인구 규모가 극소수에 불과했을 때는 형제끼리 결혼할 수밖에 없었는데, 인간은 이런 근친상간에 선천적으로 혐오감을 느낀다.[14] 오늘날의 국가보다 투카노안에서 이런 혐오감이 더 문제가 되었을 가능성이 매우 높다. 이런 형제 간 결혼에 대한 심리적 혐오감이, 투카노안이 그들의 사회들을 확고하게 연결시키는 것과 관련된 두려움을 압도했을 것으로 보인다. 내가 보기에는, 그들이 의무적으로 시행한 배우자 교환이 기록된 것 중 가장 긴밀한 동맹 관계를 만들어냈으며 현재는 그 인구가 3만 명에 이른다. 여전히 그 부족들은 각각 특정 영역에서 명확히 분리된 채로 살아간다.[15]

투카노안의 특이한 상황을 제외하면, 국제연합이나 유럽연합을 포함한 동맹 형태가 사람들이 자기 사회와 맺는 관계를 대신하지 못한다는 것은 보편적인 진실이다. 정부 간 조직intergovernmental organization은 구성원들에게 어떤 실체로 비칠 수 있는 요소가 없기에 그들의 정서적 헌신을 끌어낼 수 없다. 따라서 지금까지 구상된 경제 통합 기구 중 가장 야심 찬 시도인 유럽연합도, 결코 그 안에 속한 국가들을 대체하지는 못한다. 여기에는 몇 가지 이유가 있는데 우선 유럽연합의 경계가 고정되어 있지 않고 국가들이 들락날락하면서 계속 수정될 수밖에 없기 때문이다. 이에 더해 그 구성원들은 중세시대부터 계속 충돌해온 역사가 있고, 동서로는 공산주의 문화와 자본주의 문화로 갈라져 있다. 게다가 유럽연합은 국가와 달리 웅장한 건국 신화도, 숭엄한 상징이나 전통도 없기에 무언가를 위해 싸우거나 목숨을 바쳐야 할 의미도 없다.[16] 말하자면 이로쿼이 연맹과 비슷한 것이라 할 수 있다. 각각의 회원국은 자기 국민의 정체성과 관련된 문제들을 책임지며, 국민이 느끼는 자부심의 중심으로 남는다. 그렇기에 유럽연합 회원국으로서의 지위는 원하면 발을 뺄 수 있는 이차적인 것이 되고 만다. 2016년 브렉시트 투표 결과를 분석해보면, 스스로를 영국인이라고 생각하는 경향이 가장 강한 사람들이 유럽연합에 남는 것을 반대했다. 이 유권자들은 경제적 도구이자 평화 유지 도구인 유럽연합을 자신들의 국가적 정체성에 대한 위협으로 바라보았다.[17]

유럽연합을 하나로 묶는 것은 경제 이슈와 안보 이슈다. 스위스도 마찬가지라 할 수 있다. 그 나라 국민들이 사용하는 네 가지 언어와 복잡한 영토 관계를 보면 알 수 있듯이, 국가로서의 스위스는 26개의 지역공동체 즉 칸톤canton 간의 구체적인 사회·정치적 동맹 관계에 달려 있다. 이 자치주들은 여러 면에서 미니 국가처럼 행동하는데, 산악 지형에 둥지를 틀고 있다 보니 각각의 자율성이 더욱 강화되었기 때문이다. 정치학자 앙투안 숄레Antoine Chollet는 이렇게 말한다. "각각의 칸톤은 자기 고유의 역사와 헌법, 깃발을 가지고 있고 심지어 어떤 곳은 국가國歌도 따로 있다. 그래서 스위스 국민이라고 하면 투표권을 갖는 사람 이상의 의미는 없다."[18] 이 스위스연방이 만들어질 때 칸톤 간의 평등의식을 유지하기 위해 과거의 역사를 새로써야 했다. 이것은 도전적인 과제였지만 지역공동체들이 앞으로 수백 년에 걸쳐 자기보다 훨씬 더 크고 막강한 이웃 국가들과 협상해야 할 때를 위해 반드시 필요했다.

유럽연합과 스위스연방은 외부로부터의 위협에 대처해야 한다는 인식에서 하나로 뭉쳐진 지역적 실체다. 이로써 양쪽 모두 성공 가능성을 높일 수 있었다. 인류의 전 세계적 연합체의 경우 이런 동기가 없기 때문에 훨씬 더 존립이 위태로울 것이다. 전 세계적인 연합체를 구성하는 한 가지 가능한 방법은, 외부자가 누구인가에 대한 사람들의 인식을 바꾸어놓는 것일지도 모른다. 로널드 레이건Ronald Reagan 대통령은 국제연합 연설에서 이렇게 말했다. "나는 가끔 우리가 바깥세상에서 찾아온 외계인과 맞서게 된다면, 전 세계적으로 우리의 차이가 얼마나 빨리 사라지게 될까 생각해봅니다."[19] 《우주 전쟁The War of the Worlds》 같은 유명한 과학소설을 보면 공동의 적에 맞서 온 인류가 힘을 합치는 모습이 나온다. 하지만 그런 일이 생겨도 우리의 사회들은 해체되지 않고 버틸 것이다. 호주에 도착한 유럽인 때문에 오히려 호주 원주민이 자기 부족을 잊지 않았던 것처럼, 외계인이 침공해도 국가가 무의미해지는 일은 없을 것이다. 외계인으로 인해 자기 사회에 대한 믿음이 무너져 자랑스럽던 자기 사회의 차이점이 시시하게 보인다 해도 말이다. 경제적 이득을 위해서든 외계인 방어를 위해서든 인간 사회들이 서로 의지할 때라 해도, 차이점의 무게감이 감소하지는 않을 것이다. 다시 말해 전 세계 사람들이 인류 전체와 하나로 연결된 느낌을 가질 것이라는 범세계주의의 관념은, 하나의 몽상에 불과하다.

사회 그리고 인간이라는 존재

마지막 질문을 하나 제시할까 한다. 만약 사람들이 자신의 표지를 포기하거나, 어떻게든 서로에게 딱지를 붙여 분류하려는 욕구를 제쳐놓을 수 있다면 무슨 일이 벌어질까? 그런 세상에서 사람들이 인식하는 차이에는 집단 간 차이가 없고 개인 간 차이만 있을 것이다. 그런 조건 아래서는 국가들이 완전히 해체되리라 생각할 수 있지만, 그자리에 대신 무엇이 생겨날지 예측하기 힘들다. 어쩌면 지역을 중심으로, 혹은 제일 잘 아는 사람들을 중심으로 제휴가 이루어져 전 세계 인구가 수백만 개의 미니 국가로 쪼개질지도 모른다. 모든 사람이 모든 사람을 알고 지내던 우리 선조들의 개체 알아보기 사회 시절과 비슷하게 말이다.

아니면 우리의 차이점 혹은 차이점에 대해 판단 내리기 좋아하는 우리의 경향을 버림으로써 정반대의 결과, 즉 사회들이 모두 사라져 버리는 결과를 얻을 수도 있을까? 해외여행과 페이스북 친구 맺기를 통해 벌집처럼 구축된 네트워크가 우리를 무차별적으로 서로 연결해서 도무지 가능하지 않을 것 같던 범인류적 통합이 이루어져 모든 남성과 여성과 아이가 어우러지는 세상을 달성할 수 있을까?

표지에 대한 우리의 의존성은 머나먼 과거에 발생한 것이지만, 그렇게 자연스럽게 표지가 생기는 것이 항상 바람직한 것은 아니다. 다행히도 우리는 지능 덕분에 우리의 생물학과 역사로부터 자유로워질 수 있는 가능성을 부여받았지만, 정체성을 구별하는 우리의 방식에 관한 한 어떤 변화를 기대하기는 지극히 어렵기에 교육 이상의 것이 필요하다. 민족적·사회적 표지를 벗어던지는 것이 언뜻 좋을 것 같지만, 그것은 분명 인간이 소중히 여기는 수많은 것의 상실을 의미한다. 국수주의자든 애국주의자든, 사람은 어딘가에 소속되어 있음을 귀하게 여기기에 그것을 선뜻 포기할 사람은 거의 없을 것이다. 사실 그렇게 하려 해도 할 수 없다. 집단에 대한 인간의 반응은 불수의적이기 때문이다. 표지는 양날의 검이라서 자기와 다른 사람들을 무시하게 만드는 역할을 하는 동시에, 자신의 기대와 맞아떨어지는 완전한 이방인에게 소속감을 부여하는 역할도 한다. 인간이 표지를 포기한다는 것은, 끝없는 심리적 갈망에 맞서는 일이다. 만약 최면술사가 우리의 차이점을 잊어버리게 만든다면, 우리는 소중히 여길 새로운 차이점을 찾으려고 발버둥을 칠 것이 분명하다. 이런 인간의 태도를 개편할 수 있는 방법은 신경계에 대해 기적적으로 잘 이해하고 있는 외과의가 뇌에서 관련 부분을 잘라내는 것밖에 없을 것이다. 그리고 그런 과학소설적 조정의 결과, 우리는 우리로 인식할 수 없는 생명체가 될 것이다. 그런 사람들이 오늘날의 우리보다 더 행복할지 나로서는 알 수 없지만, '그들'이 더 이상 '우리'가 아니라는 점만은 확실하다.

현재의 조건에 놓여 있는 인류에게, 사회가 정말로 필요한가라는 질문은 결국 정서적 건강과 생존을 위해 반드시 사회에 소속되어야 하는가라는 질문으로 귀결된다. 적어도 나는 그렇다고 생각한다. 국수주의를 이야기하는 저명한 사상가 어니스트 겔너Ernest Gellner는 이렇게 썼다. "인간은 반드시 코가 하나, 귀가 둘이어야 하는 것과 마찬가지로, 반드시 국적을 가져야 한다." 겔너는 이어서 한 국가의 일원이고자 하는 인간의 필요는 현대의 발명품이라고 주장했는데, 이건 틀렸다. 그는 자신의 진술이 어디까지 옳은지 결코 헤아려보지 않왔다.[20] 국가의 일원이고자 하는 정신은 우리 스스로가 만들어낸 '우리 대 그들'의 우주에서 진화했다. 이러한 심리적 우주에서 나온 사회들은 언제나 사람들에게 확실한 의미와 근거를 부여하는 기준이 되어주었다.

한 사람에게 국가가 없다고 말하는 것은 정신장애, 트라우마, 비극을 불러온다. 그런 정체성을 박탈당하면 사람은 소외감과 뿌리도 없이 떠도는 위태로움을 느끼게 된다. 그 좋은 예가 자기 모국과의 관계를 끊은 이민자가 귀화한 국가에서도 거부당하는 쓰라림에 직면할 때 느끼는, 갈 곳 없는 서러움이다.[21] 사회적 소외는 종교적 광신보다 더 강력한 테러의 동기 요인으로, 테러리스트가 된 많은 사람이 문화적 주류에서 배제된 이후에 극단주의로 빠져들었음이 밝혀졌다. 급진적 관점이 그들의 공허를 채워주었기 때문이다.[22] 조직화된 범죄 집단도 사회에서 버림받은 자들에게 공동의 목표와 자부심, 소속감을 부여함으로써 한 사회를 조성하여 그 활력의 일부를 징발한다. 앞서 로버스 동굴 주립공원 소년들 사례에서 이런 범죄 집단의 초기 형태를 확인한 바 있다.

이 책에 제시된 증거들은 사회가 인간의 보편적 행동양식이라는 점을 지적하고 있다. 인간의 선조들은 간단한 단계를 거쳐 개체 알아보기 사회에서 표지에 의해 구분되는 사회로 진화한 분열-융합 집단에서 살았다. 사회 소속성을 가르는 내집단-외집단 간의 경계는 그런 전환 과정에서도 변하지 않았을 것이다. 이것이 의미하는 바는 인간에게는 언제나 사회가 있었다는 것이다. 오리지널한, '진정한' 인간 사회라는 것은 없었다. 사람들과 가족들이 열린 사회연결망 속에서 살다가, 어느 날 갑자기 자신들을 잘 정의된 집단으로 분리하기로 결정한 것이 아니라는 말이다. 사회에 소속되는 것은 필수적인 일이자 종교나 혼례보다 더 오래된 일로, 우리가 인간이기 이전부터 세상이 돌아가는 방식이었다.

헨더슨섬의 마지막 사람들은 육체적으로는 물론이고 사회적으로도 굶주려서 죽었을 것이다. 자기 삶의 의미에 무심해진 상태였을 거라는 뜻이다. 자신의 사회와 비교해볼 다른 사회가 존재하는 한, 삶의 여러 가지 측면 중 사회만큼 인간의 마음속 열정을 놀라우리만치 쏟을 수 있는 대상은 없다. 우리가 자신을 재설계하지 않고 온전한 인간으로 남는 쪽을 선택한다면, 사회는 물론이고 우리를 하나로 뭉치게도 하고 나누어지게도 하는 표지도 계속 남아 우리 머릿속에서 사람들 사이로 경계를 긋고, 땅덩어리 위로도 물리적 경계를 그을 것이다.

결론

정체성은 변하고 사회는 흩어진다

자신의 조국이 결코 더 커지지도, 작아지지도, 부유해지지도, 가난해지지도 않기를 소망하는 자는 세계시민이 되리라.

— 볼테르

아프리카 사바나, 호주 해안, 그리고 아메리카 대륙 대초원을 가로지를 때 우리 선조들은 평생의 동료 여행자들로 구성된 소규모 밴드를 이루어 움직였다. 몇 달마다 야영지를 차리고, 식량과 식수를 찾으러 다녔다. 그들이 다른 인간과 마주치는 일은 드물었다. 우리는 그렇게 거의 평생 이방인을 보지 않고 사는 삶을 상상하기 힘들다. 시대가 지나면서 사회들이 몸집을 불려 이제는 우리가 익명의 군집을 이룬 개미처럼 움직이는 지경까지 왔다. 오늘날의 군중 속에는 자기와 닮지 않은 사람이 많지만, 그 옛날 수렵채집인이 수백 세대에 걸쳐 마주쳤던 사람들은 자기와 비슷한 이들이었다.

이렇듯 우리 선조들은 외부자들과 만나는 일이 드물었기에, 그들을 현실과 신화 사이 어딘가에 자리 잡고 있는 존재로 여긴 듯하다. 호주 원주민은 최초로 만난 유럽인을 유령이라고 생각했다.[1] 시간이 흐르면서 다른 사회 구성원들에 대한 우리의 관점이 급격히 바뀌었다. 이제는 외국인을 다른 세상에서 온 기이한 사람으로 바라보지 않는 것이다. 15세기에 시작된 전 세계 탐험의 결과로, 그리고 오늘날의 관광업과 소셜 미디어 덕분에, 이제 멀리 떨어져 사는 사람들 간의 접촉은 흔한 일이 되었다. 선사시대에는 외부자들을 아예 이해하지 못한다는 변명이 통했지만, 이제 더 이상은 통하지 않는다. 당시에는 외부자들에 대해 알려진 바가 거의 없었기에, 이방인 무리를 마치 아이들 침대 밑에 있는 괴물처럼 취급할 수 있었다.[2]

그럼에도 불구하고 인류는 좀처럼 인정하거나 공언하지 않는 방식으로 사회와의 관계를 계속해서 표현하고 있다. 하지만 더 소수의 개인 및 집단과 상호작용하도록 구성된 우리의 정신은 과부하에 걸려 있다. 그래서 나는 이 책에 많은 분야의 연구 내용을 끌어들여 그 과부하에 어떻게 대처할 것인지 밝히려 했다. 그리고 그 과정에서 많은 부분이 새로 드러났다. 그것들을 정리해서 몇 가지 기본적인 결론을 이끌어내려 한다.

가장 근본적인 것은 사회가 인간의 단독 발명품이 아니라는 것이다. 대부분의 유기체가 우리가 사회라고 부르는 폐쇄적 집단을 갖고 있지는 않지만, 사회를 이루는 종은 인간 외에도 분명 있고 그들은 사회를 통해 구성원들을 부양하고 보호한다. 그런 동물종에서는 같은 집단에 속해 있는 개체들끼리 반드시 서로를 알아볼 수 있어야 한다. 구성원들이 서로 협동을 하든 안 하든, 혹은 다른 사회적·생물학적 관계를 갖고 있든 아니든 사회에 소속되면 이점을 얻을 수 있다.

사회는 인간 고유의 것이 아니지만 인간 조건에 필수적인 것으로, 인류 이전의 고대 조상들이 진화 계보에서 다른 유인원들로부터 갈라져 나온 이후로 계속 존재해왔다. 생겼다가 사라져간 인간 사회가 100만 개 정도다. 외부자들에게는 폐쇄적이었던 이 각각의 사회를 위해 구성원들은 기꺼이 싸우고 때로는 목숨을 바치기도 했다. 사회는 그 구성원들이 태어나서 죽을 때까지, 세대를 거듭하는 헌신을 이끌어냈다. 수천 년 전의 인간 사회는 모두 수렵채집인으로 구성된 소규모 공동체였고, 그들의 자기 사회에 대한 애착은 오늘날 우리의 그것보다 결코 약하지 않았다.

인류 이전 조상들의 사회는 다른 대부분의 포유류 사회와 마찬가지로 구성원들끼리 개인적으로 알아볼 수 있어야 하나의 집단으로 기능할 수 있었다. 기억 용량의 제한으로 인해 대부분 동물의 사회 규모는 대략 200개체 정도가 상한선이다. 그러나 우리의 진화 과정 어느 시점에서, 아마도 호모사피엔스 이전에 인간은 익명 사회를 형성함으로써 이런 규모의 유리 천장을 깨뜨렸다. 인간 및 몇몇 동물종(특히 개미를 포함한 대부분의 사회적 곤충)에서 발견되는 이 익명 사회는 잠재적으로 거대한 규모를 이룰 수 있다. 구성원들끼리 개인적으로 서로를 기억할 필요가 없기 때문이다. 그 대신 이들은 표지 확인을 통해 자기가 아는 개체와 낯설지만 표지의 기준과 맞아떨어지는 개체를 구성원으로 받아들인다. 곤충의 경우에는 냄새가 표지 역할을 하지만 인간의 경우에는 표지가 되는 것이 대단히 폭넓다. 억양, 몸짓, 옷 스타일, 의식, 깃발에 이르기까지 다양하다.

인간 사회든 한낱 곤충 사회든 구성원 수가 몇 백 단위를 넘어서면 표지가 필수 요소다. 하지만 사회 규모가 계속 커지면 표지만으로는 인간 사회를 하나로 묶기에 불충분해지는 시점이 온다. 대규모 인구 집단이 존재하기 위해서는 표지 간 상호작용은 물론 사회적 통제 및 리더십 수용, 그리고 직종과 사회적 집단의 분화 같은 전문화의 증가가 필요하다.

초기 인류 시절, 새로운 사회는 다른 척추동물들과 유사점이 있는 두 단계 과정을 거치며 탄생했다. 그 과정은 사회 안에서 생기는 정체성 분화로 인해 하위집단이 형성되면서 보통은 아주 느린 속도로 시작한다. 그리고 그렇게 여러 해가 지나면 정체성들이 더욱 크게 차이가 나면서 서로 양립 불가능한 지경이 된다. 그럼 분파들로 나뉘어 영구적으로 별개의 사회를 형성하게 된다.

같은 사회에서 태어난 낯선 자들을 동료로 받아들이는 능력만 가지고는 인간 사회의 막대한 성장을 설명할 수 없다. 이런 거대한 팽창을 가능하게 해준 것은 다른 사회 출신의 사람들을 받아들인 것이었다. 외부자들이 사회의 구성원으로 받아들여지려면, 사회에서 기대하는 정체성에 자신을 맞추어야 했다. 처음에는 노예제나 예속을 통해, 그리고 좀 더 최근에는 이민을 통해 외부자들의 수가 추가됨으로써 오늘날 사회 안에서 볼 수 있는 다양한 민족과 인종의 혼합이 이루어졌다. 이들 집단 간의 상호 관계에는 경우에 따라 기록된 역사 이전으로 거슬러 올라가는 권력과 통제력의 차이가 각인되어 있기도 하다.

사회 구성원들 사이의 정체성 분화는 계속해서 분할의 원천으로 작용한다. 하지만 오늘날의 사회는 수렵채집인 집단 방식대로 분할되기보다는, 각 민족 집단이 선조들의 영토라고 주장하는 지리적 경계를 따라 잘게 쪼개지는 경우가 많다.

사회를 필요로 하는 욕구는 매우 오래된 것으로, 인간 경험의 모든 측면을 빚어냈다. 가장 두드러지는 점은 사회 간의 관계가 인간 정신의 진화에 심오한 영향을 미쳤고, 이는 다시 우리 역사의 후반에 등장한 민족 및 인종 집단 간 상호작용에 영향을 미쳤다는 것이다. 초기 인류가 종종 그랬던 것처럼 우리가 외부자에 대해 순수하게 무지한 상태일 경우는 없겠지만, 우리의 자동 반응에는 다른 집단들에 대한 고정관념은 물론이고 우리 집단의 우월성에 대한 고정관념도 반영되어 있다. 스스로를 사회 및 민족과 동일시하는 우리의 심리는, 우리의 모든 행동에 새겨져 있다. 우리가 보는 각 사람에 대한 반응, 투표 방식, 전쟁에 나서기로 한 우리 나라의 결정에 대한 승인 여부 등은 모두 우리의 생명 활동에 깊이 내재된 과정에 의해 형성된 것이다. 시끌벅적한 현대의 혼란이 우리의 그러한 반응을 더 과장시키는지는 모르겠지만 말이다.

우리가 개인으로서 이렇게 쇄도하는 사회적 상호작용에 직면하는 동안 우리의 국가들은 더욱 상호 의존적이 되어가고 있다. 그런데도 우리는 우리 자신으로 남아 있고, 따라서 우리의 사회들도 동물 사회들처럼 여전히 영토, 자원, 권력을 차지하기 위해 과도한 노력을 기울이고 있다. 우리는 공격하고, 회유하고, 비난하고, 학대한다. 우리는 신뢰하는 외부의 권력과 파트너 관계를 맺음으로써 신뢰하지 않는 외부의 권력으로부터 자신을 보호한다. 인간 사회에서만 볼 수 있는 이러한 동맹이 우리에게 도움이 될 수도 있지만, 이것이 더욱 큰 불확실성과 파괴를 불러와 소외된 자들에게 분노와 두려움을 유발할 수도 있다.

우리는 지난 수십 년간의 변화를 통해 희망을 가져볼 수 있다. 대부분의 국가가 상호 의존성과 현대의 충돌이 발생시키는 막대한 비용을 깨닫고 서로를 완전히 정복하려는 노력을 중단했다. 인류에 대한 범지구적 지식이 비범한 것을 평범한 것으로 바꾸어, 집단 간 접촉이 드물거나 제한되어 있던 시절에는 불가능했던 일상적 현실을 만들어냈다. 이제 다행히도 우리는 낯선 사람들로 가득한 카페에 차분한 마음으로 들어갈 수 있을 뿐 아니라, 라테를 홀짝이는 사람들이 우리와 달라도 경계심을 가질 필요가 없게 되었다. 그들이 우리 사회에 속한 소수민족 집단 구성원이든 외국에서 온 사람이든 말이다. 기회가 생기면 그들과 악수할 수도 있고, 그럴 때 심장박동 수가 빨라지지도 않는다. 어쩔 수 없이 함께 어울려 살아야 하는 타인 중에 짜증나고, 혐오스럽고, 불쾌하고, 무서운 정체성을 가진 사람이 있는 것은 사실이다. 하지만 그 모든 걱정스러운 사회적 조종social navigation과 고통스러운 언쟁에도 불구하고 진화적·역사적 맥락에서 보면, 우리가 이렇게 태평하게 뒤섞일 수 있게 된 것은 아주 대단한 일이다.

그 모든 과정에서 사람들을 예측 불가능한 세상으로부터 보호해주는 사회와의 동일시는 굳건하게 남아 있었다. 소속감은 우리에게 외부의 영향력을 막아주는 예방주사 역할을 한다. 그리고 우리의 헌신은 우리의 국가와 부족이 숭엄하고 영원한 존재라는 인식에 의해 활성화되어왔다. 과거와 인간의 사회적 조건을 정확하게 읽어내려면, 사회가 안정적이라는 믿음이 마음에 위안을 주는 환상에 불과하다는 사실을 직시해야 한다. 분명 새로운 집단이 추진력을 얻게 될 것이다. 국가적 차이나 민족적 차이를 두고 생기는 긴장은 사라지지 않을 것이다. 인간의 표지는 사회 구성원들을 하나로 묶어주는 힘만

이 아니라 그들을 찢어놓는 힘도 촉진하도록 진화해왔다. 낯선 사람도 동료 구성원으로 바라볼 수 있게 한 것이 전자의 힘이며, 세대와 지리적 거리를 가로지르며 정체성 변화를 일으켜 사회를 쪼개지게 한 것이 후자의 힘이다. 모든 사회는 속속들이 덧없는 존재다. 시애틀 족장의 예언대로 잠깐 있다가 사라질 뿐이다. 이탈리아, 말레이시아, 미국, 아마존 부족, 또는 부시먼족 밴드 사회 모두 유기적으로 행동하고 지속되려면, 충돌과 괴로움으로부터 결코 자유로울 수 없는 역동적 반응성이 필요하다. 그렇다고 해도 사회의 기본 요소가 뒷받침할 수 있는 변화는 그리 많지 않은 것이 엄중한 현실이다. 어느 시점에 가면 사회구조를 더 이상 고치는 것이 불가능해지고 결국 모든 국가는 영토 보존에 실패하게 된다.

미래를 생각할 때는, 모든 곳의 사람들이 소중히 여기는 개념이자 내가 지금까지는 지나가는 말로만 꺼냈던 개념을 중심으로 논의의 틀을 다시 짜보는 것이 도움이 될 수 있겠다. 바로 자유라는 개념이다. 미국인들은 독립전쟁으로 쟁취한 자유에 자부심을 느꼈지만, 당시 영국인들은 더욱 억압적인 다른 유럽 사회들에 비하면 영국은 자유롭다고 생각했었다. 사실 인간 활동의 상당 부분은 사회가 우리에게 열어주는 선택권의 추구라고 할 수 있다. 하지만 개인적 표현을 위한 자유는 전혀 간단한 문제가 아니다. 자유방임주의permissiveness라 해도 결코 제약이 없지 않다. 모든 사회는 그 사회가 허용하지 않는 것이 무엇인지, 그리고 그 구성원들에게 요구하는 행동이 무엇인지를 가지고 스스로를 정의한다. 따라서 본질상 사회 구성원이 되는 일은 선택권을 줄여 자유의 상실을 가져온다. 대부분의 종에서 제약 조건은 그저 다른 구성원들과 상호작용할 것, 외부자들과는 어울리지 말 것 정도다. 인간의 사회에서는 추가적인 의무가 뒤따른다. 우리는 우리를 외부자들과 구분 지어주는 표지는 무엇이든 고수하면서 반드시 적절히 행동해야 한다. 우리는 사회의 가장 기본적인 규칙을 준수하는 행동을 하고, 사회에 대한 헌신을 고수하고, 사회 안에서 자신의 위치와 지위를 지키는 한은 자유롭다. 일반적으로 사회가 더 많은 궁핍을 경험했을수록 사람들에 대한 기대도 더 엄격해진다.[3] 극단주의 체제하가 아니라면, 대체적으로 어느 곳에서든 시민은 그런 제약을 기쁜 마음으로 받아들인다. 그들은 자기 사회가 옳다고 믿으며, 그 사회가 자신에게 부과하는 제약 안에서 위안을 찾는다. 그리고 그에 대한 보상으로 사회는 생각이 비슷한 사람들과 어울리며 느끼는 편안함과 동지애, 소속성과 함께 따라오는 안전과 사회적 지지, 자원에 접근할 권리, 채용의 기회, 적절한 결혼 상대자, 예술 등 많은 것을 제공한다.

사람들은 자유를 소중히 여기지만 사실 자유에 가해지는 사회적 제약 역시 자유 그 자체만큼이나 행복에 필수적인 요소다. 사람들은 선택권이 너무 많아 그에 압도되거나, 주변 사람들의 행동으로 인해 불안정해지면 자유가 아니라 오히려 혼란을 느낀다. 그렇다면 우리가 자유라고 생각하는 것은 무엇이든 예외 없이 꽤나 제한적이라고 하겠다. 오직 외부자들만이 한 문화권이 가하는 제약을 억압적이라 주장할 것이다. 이런 이유로 미국처럼 개인주의를 장려하는 사회나, 일본이나 중국(이런 나라들에서는 집단과 개인의 동일시를 통해 얻는 것을 더욱 강조한다)처럼 집단주의 정체성을 육성하는 사회나 모두 동등하게 자신이 제공하는 기회와 행복을 찬양할 수 있는 것이다.[4] 한 사회의 자유방임 정도와 상관없이, 시민이 타인이 편안하게 받아들일 수 있는 범위를 벗어나는 행동을 할 자유를 갖게 되면(혹은 그런 자유가 있어야 한다고 느끼면) 통합이 흔들리게 된다. 여성이 투표할 자유, 시위자가 국기를 불태울 자유, 성소수자 커플이 결혼의 권리를 주장할 자유 등 무엇이든 상관없다.

이것은 오늘날 많은 사회가 씨름하고 있는 사회적 구조의 약점이다. 하지만 민족적 다양성은 통합과 자유를 추구하는 데 있어 훨씬 큰 문제를 제기한다. 바로 한 집단의 자유 추구와 다른 집단의 편안함 사이에서 균형을 맞추는 문제다. 집단들 사이에서 개인적 자유의 불평등이 등장하는 경우가 너무도 많다. 소수집단은 사회가 용인하는 것, 특히 지배집단의 기대에 반드시 스스로를 맞추어야 한다. 하지만 그와 동시에 지배 민족을 과도하게 닮지 않음으로써 그 다수집단이 특혜적 지위를 유지할 수 있게 해야 한다. 그래서 소수집단은 자기가 시민으로 속해 있는 사회와의 동일시뿐 아니라 자신의 민족과의 동일시에도 노력을 투자해야 하는 처지다. 예를 들면 히스패닉계 미국인은 동료 미국인에게는 물론이고 자기 자신에게도 항상 히스패닉계로 인식되어야 한다. 반면 국가의 상징과 자원을 통제하는 지배집단 구성원들은 경제적 문제로 힘을 모아야 하는 시기가 아니면 자신이 속한 민족이나 인종에 대해 생각할 필요가 없다. 이것이 그들에게 더욱 큰 자유를 부여한다. 다수집단의 개인들은 자신을 특별하고 고유한 개인으로 여길 수 있는 사치를 누리는 것이다.[5]

노예와 그 후손들을 빼면 대부분 자발적으로 모인 사람들이 원주민들을 제압하여 구성된 사회인 미국은, 그 자체로 역사상 유례가 거의 없는 실험이었다. 미국의 인구 집단은 기원이 아주 다양하며, 그 어떤 민족 집단도 그 나라의 넓은 지역이 먼 선조들이 뿌리를 내렸던 땅이라고 주장하며 머릿수로 압도하지 못했다. 그 결과 미국에는 수많은 구세계 사회들의 강제적 통합 이후 뒤따랐던 끝없는 분노의 역사가 없다. 그 덕분에 미국 사회가 정치적 혼란에도 불구하고 내구성을 유지했는지도 모른다. 하지만 건국한 지 250년이 되어가는 이 나라가 앞으로 어떻게 될지는 불확실하다. 다른 모든 질문에 우선하는 한 가지 질문이 있다. 과연 미국이 계속 초강대국으로 남아 나머지 세상과 생산적인 관계를 유지하면서 나뉠 수 없는 하나의 국가로 존속할 수 있느냐는 것이다. 다양성에 대한 자유가 커지면서 시민권 획득에 요구되는 조건이 몇 가지만으로 줄어드는 상황이기에, 다른 많은 나라가 그렇듯이 사회적 이해와 적응에 대한 열린 마음이 필수적이다.

우리 사회의 미래에 있어서 최상의 시나리오는 무엇일까? 사회를 건강하게 장수하도록 만드는 것은 무엇일까? 현재까지의 추세는 사회가 다양성 지지와는 거리를 두고 국가적 정체성을 보다 지배집단에 가깝게 집중시키는 것이었다. 하지만 그렇게 해도 소수집단이 사라지지는 않는다. 우리가 이민의 속도를 늦출 수는 있겠지만, 사정이 안 좋았을 때의 로마인들처럼 소수민족 사람들을 추방한다면 우리는 더 이상 옹호받지 못할 것이다. 다행히도 미국은 민족적으로 다양할 뿐만 아니라 다른 풍요로움도 갖추고 있다는 점에서 예외적인 국가에 속한다. 이런 국가들은 취업 기회와 종교적 선택권뿐 아니라 스포츠 팬덤 및 기타 이익 단체도 풍부한 스스로를 자랑스럽게 여긴다. 이런 풍요로움은 국민들에게 개인적 정체성 및 타인과의 친밀감에 새로운 층을 더해주는 여러 옵션을 제공함으로써 사회의 힘을 증폭시킬 수 있다. 자신의 인종이나 민족 바깥에서 활동하거나 외모는 다르지만 공통점이 있는 사람들을 만나면, 그들과의 공통의 관심사를 통해 유대감을 쌓을 기회가 생긴다. 인기 많은 팀의 재킷을 입고 있으면 그 사람의 인종이 무엇인지는 신경 쓰지 않을 수도 있음을 보여주는 연구가 있다.[6] 이런 교차 연결cross-connection은 개별적으로는 취약하지만 뭉치면 강할 수 있기 때문에 대변동의 시기에도 사회를 온전히 유지해줄 수 있다.[7] 통치 방식도 중요하다. 별개의 인종들로 구성된 국가는 다양성을 지지하는 제도를 가지고 있을 때 잘 기능한다.[8] 상호작용이 생산적으로 이루어지는 한 선입견은 줄어든다. 이러한 현상은 사람들이 친구를 선택할 때 얼마나 배타적인지, 그들이 다른 민족 사람들과 보내는 시간이 얼마나 적은지와 상관없이 사실이다.[9]

다양성은 사회적 과제를 제시함과 동시에 다양한 재능과 관점에 의해 추진되는 창조적 교환, 혁신, 문제 해결을 가져온다.[10] 구성원들 사이의 관계가 변화하는 상황에서 사회가 얼마나 오랫동안 강한 상태로 남을 수 있을지는 여전히 골치 아픈 문제로 남아 있다. 한 사회가 물리력을 사용하지 않고도 온전하게 유지되려면, 그 안에 속한 모든 공동체가 동등한 열의를 가지고 핵심 정체성을 중심으로 모여들도록 동기를 부여해야 한다. 이것은 말이 쉽지 실행은 쉽지 않다. 다수집단이 더욱 큰 자유를 누리고, 사회적 상류층이 제도를 통해 게임의 규칙을 자기 입맛에 맞게 고칠 수 있는 힘을 갖고 있는 상황이기 때문이다. 국민들 사이의 강력한 유대 관계를 뒷받침하고 다른 사회들을 다루는 데 능수능란한 국가는, 국민의 복지를 크게 향상시키고 지구상에서의 시간을 연장시켜 결국 자신의 유산을 인류 역사의 정점으로 남기게 될 것이다.

선의를 통해, 혹은 세심한 사회공학을 통해 이런 결과를 달성할 수 있다고 생각한다면 그만큼 어리석은 것도 없다. 우리의 문제 해결 능력이 뛰어나다고 아무리 낙관적으로 생각한다 해도, 인간 정신과 그것들 간의 상호작용이 만들어내는 사회는 어느 정도까지만 변화가 가능하다. 유리한 사회적 지위를 누리려 하고, 심지어는 사회를 지배하는 우월한 존재로 남기 위해 기꺼이 상대를 해치기도 하는 것이 변하지 않는 인간 속성이다.

지금까지 우리의 불행이었고 앞으로도 늘 불행으로 남을 사실은, 사회가 불만을 제거하지 않는다는 점이다. 사회는 단순히 그 불만이 외부자들을 향하게 하는데, 역설적이지만 사회 내 민족 집단들도 그에 포함될 수 있다. 타인에 대한 우리의 개선된 지식은 타인을 대하는 우리의 방식을 개선하기에는 늘 충분하지 못했다. 고대로부터 집단 간 불화로 점철된 우리 종의 역사에서 벗어나려면 타인을 덜 인간적인 존재, 심지어는 벌레 같은 존재로 보려 하는 욕구를 더욱 잘 이해할 필요가 있다. 또한 사람들이 어떻게 자신의 정체성을 새로 만들고, 상전벽해와 같은 각각의 변화에 어떻게 손상을 최대한 줄이는 식으로 반응하는지도 알아야 한다. 호모사피엔스는 지구상에서 이것을 할 수 있는 유일한 생명체다. 만약 외부자들을 대하는 우리의 성향이 다양하다면 우리 중 일부는 그들을 경계하고 다른 일부는 그들을 신뢰하겠지만, 그럼에도 불구하고 우리는 한 가지 소질을 공유하고 있다. 겉으로는 우리와 공존 불가능해 보이는 타인들과의 관계를 활용할 수 있다는 것이다. 이 책에서 다룬 과학적 발견들이 더욱 정교해져 그것의 안내를 받아 이 소질을 강화시키는 것이, 우리의 구원이 될 것이다. 한 가지 좋은 소식이 있다. 인간에게는 선천적으로 충돌을 일으키는 성향이 있지만 계획적인 자기 수정self-correction을 통해 이에 대응할 수 있다는 점이다. 우리는 분열될 것이며, 분열된 우리로 버텨야 한다.

감사의 말

세상 외딴 지역에서 불편한 생활을 하면서 겪게 되는 측면 중에 한 가지 제대로 인정을 못 받은 것이 있다. 그런 상황에서는 어쩔 수 없이 속도를 늦추어야 한다는 것이다. 생물학자로서 오랜 나날 동안 천막 아래서 열대성 폭우가 그치기를 기다리거나 낙타 등에 올라타서 백골과 모래 위를 떠돌아다니는 동안, 나는 진정 창조적인 시간은 사건과 사건 사이의 시간이라는 것을 알게 됐다. 꽉 찬 일정 사이의 중간 휴식 시간이야말로 창조적인 시간이다. 시인 메리 올리버Mary Oliver는 자신의 시 〈여행The Journey〉에서 "떨어진 가지와 돌로 가득한 길"을 따라가면서 새로운 세상이 조금씩 조금씩 열리는 것을 발견하게 된다고 했다. 이 시가 내 마음에 공명을 일으킨 것은, 그런 길에서 평생 내가 보아온 것과 이 책을 쓰는 동기가 된 것에 대해 심사숙고할 시간을 충분히 얻었기 때문이다.

다양한 어휘와 접근 방식이 존재하는 여러 분야를 연결해서 설명하려면, 일반 독자들을 위해 논거를 단순화시킬 필요가 있었다. 그래서 참고문헌 목록은 비학술 서적의 그것보다 더 철저하게 정리해서 배경이 다른 독자들이 특정 맥락에 대해 추적해볼 수 있게 했다. 그렇기는 해도 어느 정도는 선별적으로 담을 수밖에 없었다. 이 책, 그리고 이 책의 기술적 밑바탕이 된 논문(Moffett 2013)은, 초안 검토에서부터 나이브한 질문들을 참고 견디는 것에 이르기까지 너그러움을 보여준 여러 전문가의 조언이 없었다면 미완성으로 남았을 것이다. 솔직히 이 책은 나보다 훨씬 똑똑한 사람이 썼어야 했다고 인정한다. 해석에 오류가 있다면 그것은 전적으로 나의 잘못이다.

아래 나열한 사람들은 왜 햄스터가 체취에 흥분하는지, 어떻게 라디오 프로그램이 집단학살을 가속화할 수 있는지부터 시작해서 자기 국가에 대한 이민자들의 헌신 문제에 이르기까지 온갖 주제에 대해 친절하게 도움을 주신 분들이며, 그중 이탤릭체로 이름이 쓰여진 분들은 원고의 일부를 검토해주셨다.

Dominic Abrams, Stephen Abrams, Eldridge Adams, Rachelle Adams, *Lynn Addison*, Willem Adelaar, Alexandra Aikhenvald, Richard Alba, Susan Alberts, *John Alcock*, Graham Allan, Francis Allard, Bryant Allen, Warren Allmon, Kenneth Ames, David Anderson, Valerie Andrushko, Gizelle Anzures, Coren Apicella, Peter Apps, Eduardo Araral Jr., *Elizabeth Archie*, Dan Ariely, Ken Armitage, Jeanne Arnold, *Alyssa Arre*, Frank Asbrock, Filippo Aureli, Robert Axelrod, Leticia Avilés, Serge Bahuchet, Russell Paul Balda, *Mahzarin Banaji*, Thomas Barfield, Alan Barnard, *Deirdre Barrett*, Omer Bartov, Yaneer

Bar-Yam, Brock Bastian, Andrew Bateman, *Roy Baumeister*, James Bayman, Isabel Behncke-Izquierdo, *Dan Bennett*, Elika Bergelson, Joel Berger, Luís Bettencourt, Rezarta Bilali, Michał Bilewicz, Andrew Billings, Brian Billman, Thomas Blackburn, Paul Bloom, Daniel Blumstein, Nick Blurton-Jones, Galen Bodenhausen, Barry Bogin, Milica Bookman, Raphaël Boulay, Sam Bowles, Reed Bowman, Robert L. Boyd, Liam Brady, Jack Bradbury, Benjamin Braude, Stan Braude, Anna Braun, Lauren Brent, *Marilynn Brewer*, Charles Brewer-Carias, Charles Brown, Rupert Brown, Allen Buchanan, Christina Buesching, Heather Builth, Gordon Burghardt, and David Butz.

Francesc Calafell, Catherine Cameron, Daniela Campobello, Mauricio Cantor, Elizabeth Cashdan, *Kira Cassidy*, Deby Cassill, Emanuele Castano, Frank Castelli, Luigi Luca Cavalli-Sforza, Richard Chacon, Napoleon Chagnon, Colin Chapman, Russ Charif, Ivan Chase, Andy Chebanne, Jae Choe, Patrick Chiyo, Zanna Clay, Eric Cline, Richmond Clow, Brian Codding, Emma Cohen, Lenard Cohen, Anthony Collins, Richard Connor, Richard Cosgrove, Jim Costa, Iain Couzin, Scott Creel, Lee Cronk, Adam Cronin, Christine Dahlin, Anne Dagg, Graeme Davis, Alain Dejean, Irven DeVore, Marianna Di Paolo, Shermin de Silva, Phil deVries, *Frans de Waal*, Oliver Dietrich, Leonard Dinnerstein, Arif Dirlik, Robert Dixon, Norman Doidge, Anna Dornhaus, Ann Downer-Hazell, Michael Dove, Don Doyle,

Kevin Drakulich, Carsten De Dreu, Christine Drea, Daniel Druckman, Robert Dudley, *Lee Dugatkin*, *Yarrow Dunham*, Rob Dunn, *Emily Duval*, David Dye, *Timothy Earle*, *Adar Eisenbruch*, Geoff Emberling, Paul Escott, Patience Epps, Robbie Ethridge, Simon Evans, Peter Fashing, Joseph Feldblum, Stuart Firestein, *Vicki Fishlock*, Susan Fiske, Alan Fix, Kent Flannery, Joshua Foer, John Ford, AnnCorinne Freter-Abrams, Doug Fry, and Takeshi Furuichi.

Lowell Gaertner, Helen Gallagher, Lynn Gamble, Jane Gardner, *Raven Garvey*, Peter Garnsy, Azar Gat, Sergey Gavrilets, Daniel Gelo, Shane Gero, Owen Gilbert, Ian Gilby, *Luke Glowacki*, Simon Goldhill, Nancy Golin, Gale Goodwin Gómez, Alison Gopnik, Lisa Gould, Mark Granovetter, Donald Green, Gillian Greville-Harris, Jon Grinnell, Matt Grove, Markus Gusset, Mathias Guenther, Micaela Gunther, Gunner Haaland, Judith Habicht-Mauche, Joseph Hackman, David Haig, Jonathan Hall, Raymond Hames, Christopher Hamner, Marcus Hamilton, Sue Hamilton, Bad Hand, John Harles, Stevan Harrell, Fred Harrington, John Hartigan, Nicholas Haslam, Ran Hassin, Uri Hasson, Mark Hauber, Kristen Hawkes, John Hawks, *Brian Hayden*, Mike Hearn, Larisa Heiphetz, Bernd Heinrich, Joe Henrich, Peter Henzi, Patricia Herrmann, Barry Hewlett, Libra Hilde, Jonathan Hill, Kim Hill, Lawrence Hirschfeld, Tony Hiss, Robert Hitchcock, Robert Hitlan,

Michael Hogg, *Anne Horowitz*, Kay Holekamp, Leonie Huddy, Mark Hudson, Kurt Hugenberg, Stephen Hugh-Jones, Marco Iacoboni, Yasuo Ihara, Benjamin Isaac, Tiffany Ito, Matthew Frye Jacobson, Vincent Janik, *Ronnie Janoff-Bulman*, Julie Jarvey, Robert Jeanne, Jolanda Jetten, Allen Johnson, Kyle Joly, Adam Jones, *Douglas Jones*, and John Jost.

Alan Kamil, *Ken Kamler*, *Robert Kelly*, Eric Keverne, Katherine Kinzler, Simon Kirby, John Kloppenborg, Nick Knight, Ian Kuijt, Sören Krach, Karen Kramer, Jens Krause, Benedek Kurdi, Rob Kurzban, Mark Laidre, *Robert Layton*, Kang Lee, James Leibold, Julia Lehmann, Jacques-Philippe Leyens, Zoe Liberman, Ivan Light, Wayne Linklater, Elizabeth Losin, Bradley Love, *Margaret Lowman*, Audax Mabulla, Zarin Machanda, *Richard Machalek*, Cara MacInnis, Otto MacLin, Anne Magurran, Michael Malpass, Gary Marcus, *Joyce Marcus*, *Curtis Marean*, Frank Marlowe, *Andrew Marshall*, William Marquardt, José Marques, Anthony Marrian, Abigail Marsh, Ben Marwick, John Marzluff, Marilyn Masson, Roger Matthews, David Mattingly, John (Jack) Mayer, Sally McBrearty, Brian McCabe, John McCardell, Craig McGarty, William McGrew, Ian McNiven, David Mech, Doug Medin, Anne Mertl-Millhollen, Katy Meyers, Lev Michael, Taciano Milfont, Bojka Milicic, Monica Minnegal, John Mitani, Peter Mitchell, Panos Mitkidis, Jim Moore, Corrie Moreau, Cynthia Moss, Ulrich Mueller, *Paul Nail*, Michio Nakamura, Jacob

Negrey, Douglas Nelson, Eduardo Góes Neves, David Noy, and Lynn Nygaard.

Michael O'Brien, Caitlin O'Connell-Rodwell, Molly Odell, Julian Oldmeadow, Susan Olzak, Jane Packard, Craig Packer, Robert Page, Elizabeth Paluck, Stefania Paolini, David Pappano, Colin Pardoe, William Parkinson, Olivier Pascalis, Shanna Pearson-Merkowitz, Christian Peeters, Irene Pepperberg, Sergio Pellis, Peter Peregrine, *Dale Peterson*, Thomas Pettigrew, David Pietraszewski, Nicholas Postgate, Tom Postmes, Jonathan Potts, Adam Powell, Luke Premo, Deborah Prentice, Anna Prentiss, Barry Pritzker, Jill Pruetz, *Jonathan Pruitt*, Sindhu Radhakrishna, Alessia Ranciaro, Francis Ratnieks, Linda Rayor, Dwight Read, Elsa Redmond, Diana Reiss, Ger Reesink, Michael Reisch, Andres Resendez, *Peter Richerson*, Joaquín Rivaya-Martínez, Gareth Roberts, Scott Robinson, David Romano, Alan Rogers, Paul Roscoe, Stacy Rosenbaum, Alexander Rosenberg, Michael Rosenberg, Daniel Rubenstein, Mark Rubin, Richard Russell, Allen Rutberg, Tetsuya Sakamaki, Patrick Saltonstall, Bonny Sands, *Fabio Sani*, Stephen Sanderson, *Laurie Santos*, Fernando Santos-Granero, Robert Sapolsky, Kenneth Sassaman, Jr., Chris Scarre, Colleen Schaffner, *Mark Schaller*, Walter Scheidel, Orville Schell, Carsten Schradin, Jürgen Schweizer, James Scott, Lisa Scott, Tom Seeley, and Robert Seyfarth.

Timothy Shannon, Paul Sherman, Adrian Shrader, Christopher Sibley, James Sidanius, Nichole Simmons, *Peter Slater*, Con Slobodchikoff, David Small, Anthony Smith, *David Livingstone Smith*, Eliot Smith, Michael Smith, Noah Snyder-Mackler, Magdalena Sorger, Lee Spector, Elizabeth Spelke, Paul Spickard, Göran Spong, *Daniel Stahler*, Charles Stanish, Ervin Staub, Lyle Steadman, *Amy Steffian*, Fiona Stewart, Mary Stiner, Ariana Strandburg-Peshkin, Thomas Struhsaker, *Andy Suarez*, Yukimaru Sugiyama, Frank Sulloway, Martin Surbeck, Peter Sutton, Maya Tamir, Jared Taglialatela, John Terborgh, Günes Tezür, John and Mary Theberge, Kevin Theis, Elizabeth Thomas, Barbara Thorne, Elizabeth Tibbetts, Alexander Todorov, Nahoko Tokuyama, Jill Trainer, *Neil Tsutsui*, Peter Turchin, Johannes Ullrich, Sean Ulm, Jay Van Bavel, Jojanneke van der Toorn, Jeroen Vaes, Rene van Dijk, Vivek Venkataraman, Jennifer Verdolin, Kathleen Vohs, Chris von Rueden, Marieke Voorpostel, Athena Vouloumanos, Lyn Wadley, Robert Walker, Peter Wallensteen, Fiona Walsh, David Lee Webster, *Randall Wells*, Tim White, Hal Whitehead, *Harvey Whitehouse*, Polly Wiessner, Gerald Wilkinson, Harold David Williams, Edward O. Wilson, John Paul Wilson, *Michael Wilson*, Mark Winston, George Wittemyer, Brian Wood, *Richard Wrangham*, *Patricia Wright*, Tim Wright, Frank Wu, *Karen Wynn*, Anne Yoder, Norman Yoffee, Andrew Young, Anna

Young, Vincent Yzerbyt, and João Zilhão.

현장에서 아내 멜리사와 내가 동물 사회에 대해 연구할 때 개코원숭이는 Elizabeth Archie, 거미원숭이는 Filippo Aureli, 침팬지는 Anthony Collins, 하이에나는 Kay Holekamp, 사바나코끼리는 Cynthia Moss, 늑대는 Daniel Stahler, 돌고래는 Randall Wells에게 도움을 받았다. 오랫동안 연구를 뒷받침해준 내셔널지오그래픽 협회National Geographic Society에 감사드린다. 그리고 이 책을 쓰는 데 경제적 보조를 해준 Gerry Ohrstrom, 이 책을 쓰는 동안 하버드대학 인간진화생물학과에 방문연구원 자리를 마련해준 Richard Wrangham에게 감사드린다. Allen Rodrigo와 국립진화통합센터National Evolutionary Synthesis Center의 안식년팀에게도 감사드린다. 많은 현명한 조언을 해준 Lynn Addison, 그리고 Ted Schultz와 국립자연사박물관National Museum of Natural History(스미스소니언협회) 연구원 신분을 유지할 수 있게 해준 곤충학과에도 감사드린다.

복잡하기 이를 데 없는 출판 과정에서 나를 안내해준 내 에이전트 겸 고문 Andrew Stuart, 그리고 편집자 Thomas "T.J." Kelleher, Roger Labrie, Bill Warhop, 편집장 Lara Heimert에게도 감사드린다.

마지막으로 나는 매일매일 멜리사에게 감사하는 마음이다. 내가 이 책에 정신이 팔려 있는 동안, 그녀는 놀라울 정도의 너그러움을 보여주었다. 평상시였다면 그녀는 경이로운 장소에서 놀라운 생명체들을 발견하며 보냈을 것이다.

주
——

서문

1 Breidlid 외(1996), 14. 시애틀 족장이 무엇을 말했는지에 대해서는 다른 설명(Gifford 2015)도 존재한다.

2 Sen(2006), 4.

3 느슨한 의미의 '부족tribe'에 대한 관점은 다음의 자료를 추천한다. Greene(2013).

4 물론 인간은 이런 충동을 다른 데로 돌려서 컬트 같은 다른 집단과의 강력한 유대 관계를 형성하는 데 이용할 수도 있다(15장과 Bar-Tal & Staub 1997을 참고하라).

5 Dunham(2018). 더 나아가 그냥 동전 던지기를 통해 서로 다른 집단으로 나누었을 때도 사람들은 거의 즉각적으로 다른 집단 사람들보다 자기 집단 사람들을 더욱 가치 있는 존재로 바라보았다(Robinson & Tajfel 1996).

6 다음의 자료에 인용. Dukore(1966), 142.

7 인간이 계속 진화하고 있다는 자료는 다음의 자료를 참고하라. Cochran & Harpending(2009).

1장

1 사람의 자기희생이 일어나려면 문화적 교화가 필요한 경우가 많다(Alexander 1985).

2 Anderson(1982).

3 Moffett(2000), 570-571로부터 가져온 이 문구에서 내 생각을 개작해 사용할 수 있게 허락해준 Biotropica의 편집자 Emilio Bruna에게 감사드린다.

4 중동 지역에서 쿠르드족의 시민권과 개인의 권리에 대해 조언을 해준 David Romano와

Günes Tezcür에게 감사드린다.

5 예를 들면 Wilson(1975, 595)에서는 사회를 다음과 같이 정의한다. "같은 종에 속하며 협동적인 방식으로 조직된 개체들의 집단". 그리고 여기에 "그저 성적 활동을 넘어서 확장되는 협동적인 본성을 가진 상호 소통이 있을 것"이라는 진단 기준을 덧붙인다. 하지만 상호 소통이 되지 않아도 상호 이익이 축적되는 사회를 상상해볼 수 있다.

6 한 세기도 전에 이 학술 분야를 확립한 Émile Durkheim(1895)은 협동을 사회의 핵심 요소라 보았다. 그는 사람들이 비슷한 정서와 관점을 공유할 때 협동이 발생한다고 생각했고, 분명 신념과 도덕적 원리도 인간 사회의 정체성과 관련해서 내가 말하는 내용에서 본질적 요소다. 다음의 자료도 참고하기 바란다. Turner & Machalek(2018).

7 수많은 매력적인 논의가 나와 있는데 그중 일부를 소개한다. Axelrod(2006), Haidt(2012), Tomasello 외(2005), Wilson(2012).

8 Dunbar 외(2014). 뇌 크기는 사회성보다 생태학을 통해 더욱 잘 예측된다는 것을 보여주는 데이터가 나오는 바람에 근래 들어 사회적 뇌 가설이 내세운 전제에 의문이 제기되었다(DeCasien 외 2017).

9 우정이라는 단어를 동물에 적용하는 것의 정확성에 대해서는 다음의 자료를 참고하라. Seyfarth & Cheney(2012).

10 Dunbar(1996), 108. 던바의 수는 보통 긍정적인 관계와 관련해서 기술되지만 적에 대해 알고 있는 지식도 요소로 고려되어야 한다(De Ruiter 외 2011).

11 이것은 다른 종에게도 마찬가지로 해당되는 이야기다. 생물학자 Schaller(1972, 37)가 지적한 대로 사자들 사이의 동료애는 사자 무리의 구성에 아무런 영향도 미치지 않는다.

12 Dunbar(1993), 692. 이 문장은 통째로 다시 곱씹어볼 가치가 있다. "집단의 크기에 대해 이렇게 인지적 제약이 존재함에도 불구하고 현대 인간 사회는 어떻게 국가 같은 초대형 집단을 형성할 수 있을까?" 던바는 사회 구성원들을 사회적 역할에 따라 분류할 수 있는 인간의 능력을 이 질문의 해답으로 내놓았지만 사람들이 하는 일이 무엇인지 아는 것으로는 사회의 소속성, 그리고 사회 간에 생기는 명확한 경계를 설명할 수 없다.

13 Turnbull(1972). 일부는 이런 해석을 의심한다(예를 들면 Knight 1994).

14 적어도 다음의 연구가 진행되던 시점을 기준으로는 그랬다. European Values Study Group and World Values Survey Association(2005).

15 Simmel(1950).

16 침팬지는 언젠가 다른 방법으로 호의를 갚을 가능성이 큰 개체에게는 가끔씩 관대한 모습을 보이기도 한다(Silk 외 2013).

17 Jaeggi 외(2010). Tomasello(2011; 2014년 자료도 참조)는 모든 영역에서 수렵채집인은 유인원보다 더 협동적임을 알아냈다. "협동은 다른 유인원 사회와는 달리 인간 사회를 정의해주는 특성이다."(p 36)

18 Ratnieks & Wenseleers(2005).

19 예를 들면 Bekoff & Pierce(2009); de Waal(2006).

20 사회생활은 그 사회 안에 포함된 개체들이 직접적으로 이익을 얻지도 않고 친척 관계도

주

아닐 때(이것은 집단 선택group selection이다), 혹은 개체와 집단 양쪽 모두에 이득이 있을 때(다
수준 선택multilevel selection) 다른 집단보다 한 집단에 이득을 제공할 수 있다(예를 들면 Gintis
2000; Nowak 2006; Wilson & Wilson 2008; Wilson 2012). 나는 이 대안에 대해서는 깊이 다루
지 않으려고 한다. 논란에 대해서는 다른 곳에서 잘 다루고 있기 때문이다. 집단 선택은
사회의 안정성을 필요로 하는 듯 보인다. 하지만 대부분의 종에서 한 사회는 집단 선택이
나 혈연 선택을 끌어들이지 않아도 개별 구성원에게 충분한 이득을 제공한다는 것이 나의
판단이다.

21 Allee(1931); Clutton-Brock(2009); Herbert-Read 외(2016).

22 암컷들은 가끔 다른 암컷의 새끼를 데리고 가거나, 좋아하지 않는 암컷을 집단적으로 공
격한다(Nakamichi & Koyama 1997).

23 Daniel Blumstein, Christina Buesching(개인적 대화); Kruuk(1989), 109. 수컷 마르모트
는 경쟁 관계의 수컷을 물리치겠지만 이것이 그 수컷 말고 다른 개체에게도 이득이 될지
는 말하기 힘들다. 오소리는 개별적인 폐쇄 집단을 이루어 살지만 마르모트도 그러는지
는 정확히 모르겠다(예를 들면 Armitage 2014).

24 Henrich 외(2004); Hogg(1993).

25 Zinn(2005), 1-2에 나온 콜럼버스의 항해일지에서 인용.

26 Erwin & Geraci(2009). 나무 꼭대기의 생명 다양성에 관해서는 다음의 자료를 참고하라.
Moffett(1994).

27 Wilson(2012).

28 Caro(1994).

29 이 경우 서로 다른 종들이 모여 집단을 형성할 수 있다(예를 들면 Sridhar 외 2009). 별개의
사회로 구분되는 무리에 대해서는 6장에서 다루겠다.

30 예를 들면 Guttal & Couzin(2010); Krause & Ruxton(2002); Gill(2006); Portugal 외
(2014).

31 Anne Magurran(개인적 대화); Magurran & Higham(1988).

32 Hamilton(1971).

33 이런 종류의 행동은 한 곤충의 행동으로도 설명된 바 있다(Ghent 1960).

34 Costa(2006), 35.

35 Rene van Dijk(개인적 대화); van Dijk 외(2013 & 2014).

36 사회가 공정성과 '무임승차자' 문제에 어떻게 대처하는지에 관한 설명은 다음의 자료를
참고하라. Boyd & Richerson(2005).

2장

1 어류에 관한 전반적인 조언을 해준 Stephen Abrams, Ivan Chase, Carsten Schradin에게
감사드린다. Bshary 외(2002); Schradin & Lamprecht(2000 & 2002).

2 Barlow(2000), 87.

3 다음에 나오는 종에 관해 찾아볼 수 있는 몇몇 주요 서적을 소개한다. 미어캣의 경우

Andrew Bateman, Christine Drea, Göran Spong, Andrew Young에게 감사드린다. 말의 경우 Joel Berger, Wayne Linklater, Dan Rubenstein, Allen Rutberg(The Domestic Horse by Mills & McDonnell 2005)를 참고하라. 회색늑대의 경우 Dan Stahler, David Mech, Kira Cassidy(Wolves: Behavior, Ecology, and Conservation by Mech & Boitani 2003)를 참고하라. 들개의 경우 Scott Creel, Micaela Gunther, Markus Gusset, Peter Apps(The African Wild Dog by Creel & Creel 2002)를 참고하라. 사자의 경우 Jon Grinnell, Craig Packer(The Serengeti Lion by Schaller 1972)를 참고하라. 하이에나의 경우 Christina Drea, Kay Holekamp, and Kevin Theis(The Spotted Hyena by Kruuk 1972)를 참고하라. 미국 동부 해안의 큰돌고래의 경우 Randall Wells(그는 큰돌고래에 관해 여러 편의 논문을 발표했다)를 참고하라. 여우원숭이의 경우 Lisa Gould, Anne Mertl-Millhollen, Anne Yoder, 그리고 슬프게도 이제는 고인이 된 Alison Jolly(Ringtailed Lemur Biology, Jolly 외 2006)를 참고하라. 개코원숭이(이 책에서 개코원숭이는 사바나에 사는 종인 노란색의 차크마개코원숭이chacma baboon와 올리브개코원숭이olive baboon를 의미한다)의 경우 Susan Alberts, Anthony Collins, Peter Henzi(Baboon Metaphysics by Cheney & Seyfarth 2007, 그리고 A Primate's Memoir by Sapolsky 2007)를 참고하라. 고산지대 고릴라의 경우 Stacy Rosenbaum를 참고하라. 침팬지의 경우 Michael Wilson, Richard Wrangham(The Chimpanzees of Gombe by Goodall 1986 그리고 The Mind of the Chimpanzee by Lonsdorf 외 2010)를 참고하라. 보노보의 경우 Isabel Behncke-Izquierdo, Takeski Furuichi, Martin Surbec, Nahoko Tokuyama, Frans de Waal(Behavioural Diversity in Chimpanzees and Bonobos by Boesch 외 2002, 그리고 The Bonobos by Furuichi and Thompson 2007)을 참고하라.

4 프레리도그에 관해 조언해준 Verdolin, Linda Rayor, Con Slobodchikoff에게 감사드린다. Rayor(1988) ; Slobodchikoff 외(2009) ; Verdolin 외(2014).

5 코끼리에 대해 도움을 준 Elizabeth Archie, Patrick Chiyo, Vicki Fishlock, Diana Reiss, Shermin de Silva에게 감사드린다. 사바나 종에 대해 알아야 할 모든 것이 다음의 자료에 요약되어 있다. Moss 외(2011).

6 De Silva & Wittemyer(2012) ; Fishlock & Lee(2013).

7 Benson-Amram 외(2016).

8 Macdonald 외(2004) ; Russell 외(2003).

9 Silk(1999).

10 Laland & Galef(2009) ; Wells(2003).

11 Mitani 외(2010) ; Williams 외(2004).

12 예를 들면 Cheney & Seyfarth(2007), 45.

13 이 책에서는 Randall Wells가 연구한 플로리다 돌고래만 다루었다. 다른 곳에 사는 큰돌고래는 행동에서 차이가 날 수 있고, 때로는 다른 종에 속할 수도 있다.

14 Linklater 외(1999).

15 Palagi & Cordoni(2009).

16 예를 들면 Gesquiere 외(2011) ; Sapolsky(2007).

17 Van Meter(2009).

18 성공의 환상이 사람들을 계속 앞으로 나가게 만드는 원동력이 아니라는 의미는 아니다. 하지만 James Thurber의 〈월터 미티의 은밀한 생활〉에 나오는 몽상이 현실에서 실현되는 경우는 드물고, 왕좌를 차지할 수 있는 혈통이 아닌 한 왕이 되겠다는 집착에 빠져 있는 것은 병적인 일이다. 사람들은 자기가 실제의 기회 이상으로 큰 목적을 달성할 잠재력을 가지고 있다고 믿는 경향이 있지만 성공하지 못한 경우에도 그에 못지않게 행복해 보인다(Gilbert 2007; Sharot 외 2011).

19 보노보가 때로는 커다란 먹잇감을 사냥하기 위해 함께 일한다는 사실은 다음의 자료에서 입증됐다. Surbeck & Hohmann(2008).

20 Hare & Kwetuenda(2010).

21 Brewer(2007), 735.

3장

1 Aureli 외(2008)과 달리 나는 '분열-융합 사회'라는 용어를 정당하게 사용할 수 있는 종에 관해 거의 혼란을 느끼지 않는다.

2 큰 무리를 공격하는 데 따르는 어려움은 적뿐만 아니라 포식자에게도 적용된다. 다만 표범은 침팬지들이 자신을 막으려고 해도 무관심하기 때문에 예외인지 모른다(Boesch & Boesch-Achermann 2000; Chapman 외 1994).

3 Marais(1939).

4 Strandburg-Peshkin(개인적 대화); Strandburg-Peshkin 외(2015).

5 Bates 외(2008); Langbauer 외(1991); Lee & Moss(1999).

6 East & Hofer(1991); Harrington & Mech(1979); McComb 외(1994).

7 Fedurek 외(2013); Wrangham(1977).

8 Wilson 외(2001 & 2004).

9 보노보의 커다란 울음소리는 복잡한 기능을 갖고 있다(Schamberg 외 2017).

10 Slobodchikoff 외(2012).

11 예를 들면 Thomas(1959), 58.

12 Bramble & Lieberman(2004).

13 Evans(2007).

14 Stahler 외(2002).

4장

1 Leticia Aviles(개인적 대화); Aviles & Guevara(2017).

2 King & Janik(2013).

3 Boesch 외(2008).

4 Zayan & Vauclair(1998).

5 Seyfarth & Cheney(2017), 83.

6 Pokorny & de Waal(2009).

7 de Waal & Pokorny(2008).

8 Miller & Denniston(1979).

9 Struhsaker(2010).

10 Schaller(1972), 37, 46.

11 이런 사실이 간과되어왔다. 예를 들어 Tibbetts & Dale(2007)은 개체 알아보기에 대해 검토하면서도 이상하게 사회에서 살아가는 데 필요하고 도움이 되는 그 역할은 무시해버렸다.

12 Breed(2014).

13 Lai 외(2005).

14 Jouventin 외(1999).

15 de Waal & Tyack(2003)과 Riveros 외(2012)는 이것을 '개체화된 사회(individualized societies)'라고 불렀다.

16 Furuichi(2011)가 언급했다. Randall Wells가 내게 말해준 바로는 암컷 큰돌고래는 대체적으로 자기 커뮤니티 영역 중 한정된 부분만 고수하기 때문에 여기 기술한 암컷 침팬지만큼이나 다른 집단 구성원으로부터 격리될 수 있다.

17 Rodseth 외(1991).

18 Jenkins(2011)에서 인용.

19 Berger & Cunningham(1987).

20 예를 들면 Beecher 외(1986).

21 이 분비물은 몽구스마다 다르기 때문에 개체들을 구분하는 데 사용되지만, 이 냄새가 집단 특유의 성분을 함유하고 있을 흥미로운 가능성 또한 존재한다(Rasa 1973; Christensen 외 2016).

22 Estes(2014), 143.

23 Joel Berger, Jon Grinnell, Kyle Joly(개인적 대화); Lott(2002).

24 사회가 일반적으로 이런 최대 개체 수를 달성하는지, 아니면 기억력이 아닌 다른 요인으로 인해 그보다 작은 규모의 한계에 가로막힐지는 해당 종의 사회 번식(society reproduction)의 규칙에 의해 결정될 것이다. 이는 19장에서 다루는 주제다.

25 'troop(집단)'이 합리적인 단어다. 이들은 다른 원숭이들의 'troop'과 같은 종류이고 상동인 것으로 보이기 때문이다(Bergman 2010). 이 원숭이들은 아주 최근에 자신의 집단에서 갈라져 나간 일부 구성원들을 알아볼 수도 있다(이런 분할에 대해서는 19장에서 다룬다). le Roux & Bergman(2012)도 참고하라.

26 Machalek(1992).

5장

1 잎꾼개미에 대한 더 자세한 내용은 Moffett(1995 & 2010)을 참고하라. 개미에 대한 전반적인 내용은 Hölldobler & Wilson(1990)을 참고하라. Moffett(2010)의 몇 구절을 일부 고쳐 사용할 수 있도록 허락해준 캘리포니아대학 출판부에 감사드린다.

2 de Waal(2014). 예를 들어 침팬지와 인간을 비교하는 전형적인 글인 Layton &
   O'Hara(2010)에서는 둘 사이의 유사점보다는 차이점을 논의하는 데 훨씬 많은 시간을 할
   애하고 있다.
3 원숭이와 18개월 미만의 인간 유아는 이 자기인식 검사를 통과하지 못한다. 이것을 비롯
   한 다른 주제들에 관해서는 다음의 자료를 참고하라. Zentall(2015).
4 Tebbich & Bshary(2004).
5 de Waal(1982).
6 Beck(1982).
7 McIntyre & Smith(2000), 26.
8 예를 들면 Sayers & Lovejoy(2008) ; Thompson(1975).
9 Bădescu 외(2016).
10 나는 사랑하는 개미에 대해 다루느라 흰개미와 꿀벌에 대해서는 큰 관심을 쏟지 못했지
   만 그들에 대해 더 알고 싶은 사람은 Bignell 외(2011)과 Seeley(2010)를 참고하기 바란다.
11 규모의 핵심적인 역할은 사회뿐만 아니라 유기체의 크기에도 적용된다. Bonner(2006)와
   동일 저자의 다른 작품을 참고하기 바란다.
12 개미의 시장 경제에 대한 설명은 허락을 받아 Moffett(2010)에서 개작한 내용을 사용했
   다. Cassill(2003), Sorensen 외(1985)을 참고하고 꿀벌의 경우는 Seeley(1995)를 참고하라.
13 Wilson(1980).
14 농업과 가축화된 식량에 의존하는 다른 곤충 사회에 관한 내용은 다음의 자료를 참고하
   라. Aanen 외(2002), Dill 외(2002).
15 Bot 외(2001) ; Currie & Stuart(2001).
16 Moffett(1989a).
17 Branstetter 외(2017) ; Schultz 외(2005) ; Schultz & Brady(2008).
18 Mueller(2002).

6장

1 Barron & Klein(2016).
2 몇몇 다른 개미 종도 초군집을 이룬다. 그중에는 Magdalena Sorger와 내가 에티오피아
   에서 발견한 것도 있다. 이 군집은 몇 킬로미터 폭의 군집을 형성하고 있었다(Sorger 외
   2017). 아르헨티나개미에 대한 더 구체적인 내용과 이 장이 기반으로 삼고 있는 문헌에 대
   한 비판적 검토는 다음의 자료를 참고하라. Moffett(2010 & 2012).
3 초군집 안에서의 폭력은 한 가지 상황에서 일어난다. 봄마다 불분명한 이유로 일꾼들이
   여왕들을 군집 성장을 유지할 정도로만 남기고 집단 처형하는 것이다. 이 예외적 상황은,
   사회 통합은 개미들이 이 상황을 얼마나 잘 관리하느냐에 달려 있다는 법칙을 증명한다.
   여왕들이 학살당해도 군집은 매끄럽게 작동하며 심지어 여왕들도 여기에 이의를 제기하
   지 않는다(Markin 1970).
4 Injaian & Tibbetts(2014).

5 하지만 창립자 여왕개미가 냄새로 각각의 개체를 알아보는 드문 경우가 존재한다 (d'Ettorre & Heinze 2005).

6 개미들은 그 당시에 무슨 일을 하고 있는지를 통해 일개미를 구분할 수도 있다(Gordon 1999).

7 Dangsheng Liang(개인적 대화); Liang & Silverman(2000).

8 나는 익명 사회(anonymous society)라는 용어를 처음으로 사용한 후에(Moffett 2012) Eibl-Eibesfeldt(1998)가 큰 개체 수를 갖고 있는 임의의 사회를 기술하는 데 이런 표현을 채용했음을 알게 되었다. 내 용법에서는 규모가 작은 사회라도 딱지를 이용해서 모르는 구성원의 존재를 잠재적으로 허용함으로써 경계 지어지는 사회라면 익명 사회가 될 수 있다.

9 Brandt 외(2009). 1년 동안 균일한 실험실 환경에서 똑같은 식단을 개미에게 먹인 후에도 초군집 간의 싸움은 끝나지 않고 계속 이어졌다(Suarez 외 2002).

10 Haidt(2012).

11 Czechowski & Godzińska(2015).

12 일부의 경우 군집 냄새는 주로 여왕 개체로부터 나온다(Hefetz 2007).

13 노예개미는 자유롭게 사는 개미들보다 외부자에 대해 덜 공격적이다. 이에 대한 한 가지 해석은 그 군집 안에서 사용되는 표지의 다양성 때문에 정체성이 희미해진 결과라는 것이다(Torres & Tsutsui 2016).

14 Elgar & Allan(2006).

15 이 종에 대해 조언해준 Stan Braude와 Paul Sherman에게 감사드린다. Braude(2000); Bennett & Faulkes(2000); Judd & Sherman(1996); Sherman 외(1991).

16 Braude & Lacey(1992), 24.

17 Burgener 외(2008).

18 이 종을 통찰할 수 있게 해준 Russell Paul Balda, John Marzluff, Christine Dahlin, Alan Kamil에게 감사드린다. 다음의 자료를 참고하라. Marzluff & Balda(1992); Paz-y-Miño 외(2004).

19 향유고래에 대해 조언해준 Mauricio Cantor와 Shane Gero에게 감사드린다. Cantor & Whitehead(2015); Cantor 외(2015); Christal 외(1998); Gero 외(2015, 2016a, 2016b).

20 향유고래와 달리 플로리다 큰돌고래는 자신의 사회를 확인할 때 발성을 이용하지 않는 것으로 보인다(큰돌고래 사회의 개체 수는 200마리 정도에 달할 수 있고 개체 알아보기에 의존하는 것으로 보인다). 하지만 문화에서 나타나는 차이(학습된 물고기 사냥 방법 등)가 그와 비슷하게 작용해서 일부 개체군에서 커뮤니티를 분리하는 역할을 하고 있을 가능성이 있다. 새러소타(플로리다주 새러소타 카운티에 있는 도시-옮긴이) 돌고래와는 다른 종에 속하는 호주의 한 돌고래 커뮤니티는 여러 해 동안 저인망 어선을 뒤쫓으며 공짜로 물고기를 주워 먹었다. 이 돌고래들은 배와 떨어져 정상적인 방법으로 물고기를 사냥하는 또 다른 커뮤니티 가까이에 살았다. 저인망 어업이 멈추자 이 두 집단은 결국 한 집단이 되었다(Ansmann 외 2012; Chilvers & Corkeron 2001).

21 개미들은 침입의 최전선에서 가장 개체 밀도가 높지만, 이것은 경계에서 멀어질수록 초

군집이 약해진다는 사실이 아니라 그곳에 아직 먹이가 풍부하다는 사실을 반영하고 있는 지도 모른다. 세계 다른 곳에서는 일부 아르헨티나개미 개체군 수가 줄어들었다. 하지만 초군집이 궁극적으로 붕괴하리라는 예측(Queller & Strassmann 1998)은 아무래도 성급해 보인다(Lester & Gruber 2016).

7장

1 사회 간에 존재하는 이런 망설임과 불편함에서 겔라다개코원숭이는 예외다. 겔라다개코 원숭이는 다른 '단위'와 함께 뒤섞여 있어도 전반적으로 무심하게 이동한다(17장).

2 예를 들면 Cohen(2012); McElreath 외(2003); Riolo 외(2001).

3 Womack(2005). '표지(marker)'의 동의어로는 '딱지(label)', '꼬리표(tag)' 등이 있다.

4 de Waal & Tyack(2003); Fiske & Neuberg(1990); Machalek(1992).

5 인간의 사회적 연결 관계의 서로 다른 수준에 대한 자세한 내용은 다음의 자료를 참고 하기 바란다. Buys & Larson(1979); Dunbar(1993); Granovetter(1983); Moffett(2013); Roberts(2010).

6 이것은 Dawkins(1982)가 제안한 확장된 표현형(extended phenotype)이라는 개념의 문화적 버전이다.

7 Wobst(1977).

8 Alessia Ranciaro(개인적 대화); Tishkoff 외(2007).

9 Simoons(1994).

10 Wurgaft(2006).

11 Baumard(2010); Ensminger & Henrich(2014).

12 Poggi(2002).

13 Iverson & Goldin-Meadow(1998).

14 Darwin(1872).

15 Marsh 외(2003). 지속적인 사회적 접촉이 이루어지는 사람들은 얼굴 생김새도 수렴이 일 어날 수 있다. 이는 동일한 안면근육을 반복적으로 비슷하게 사용해서 생기는 결과일지 도 모른다(Zajonc 외 1987).

16 Marsh 외(2007).

17 Sperber(1974).

18 Eagleman(2011).

19 Bates 외(2007).

20 Allport(1954), 21.

21 Watanabe 외(1995).

22 Nettle(1999).

23 Pagel(2009), 406.

24 Larson(1996).

25 Tajfel 외(1970).

26 Dixon(2010), 79.

27 피그미족이 말하는 언어가 가끔은 그들이 현재 연결되어 있는 농부들의 언어와 대응이
되지 않을 때가 있다. 이는 피그미족이 가끔씩 이주한다는 것을 의미한다(Bahuchet 2012 &
2014). 그만큼이나 기이한 경우가 부시먼족이다. 부시먼족은 자신의 모국어와 결별하고
한때 하튼토트(Hottentot)라고 불리던 코이코이(Khoikhoi) 목축인이 사용하는 언어로 말
하게 되었다(Barnard 2007).

28 Giles 외(1977); van den Berghe(1981).

29 Fitch(2000); Cohen(2012).

30 Flege(1984); Labov(1989).

31 JK Chambers(2008).

32 Edwards(2009), 5에서 인용.

33 Dixon(1976).

34 Barth(1969); McConvell(2001).

35 Heinz(1975), 38. 사실 수렵채집인 사회는 '느슨한' 사회로 여겨진다. 허용되는 행동에 대
해 이렇듯 넓은 재량권이 있기 때문이다(Lomax & Berkowitz 1972).

36 Guibernau(2013). 물론 어떤 형태의 소속성이든 사람들에게 행동에 대한 어떤 기대치를
부여하게 마련이다. 이 책의 결론에서 이 부분을 명확하게 밝힐 것이다.

37 Kurzban & Leary(2001); Marques 외(1988).

38 Vicki Fishlock, Richard Wrangham(개인적 대화)

39 개미들은 일반적으로 순응의 폭이 대단히 협소하지만 노예를 들이지 않는 개미를 실험적
으로 조작해서 서로 다른 개미 종을 비롯한 외부 개체를 자기 사회로 받아들이게 만들 수
있다(Carlin & Hölldobler 1983).

40 모든 유기체를 뒷받침하는 핵심 특성, 그 요소들의 통합된 정체성으로 사회를 결속하는
초유기체에 대한 나의 관점은 Moffett(2012)에서 가져온 것이다.

41 Berger & Luckmann(1966), 149.

42 토큰을 이용한 연구에 대해서는 다음의 자료를 참고하라. Addessi 외(2007).

43 Darwin(1871), 145.

44 Tsutsui(2004).

45 Gordon(1989). 침팬지도 똑같은 것을 할 수 있다. 그런 동물이 많을 가능성이 크다
(Herbinger 외 2009). 하지만 개미의 경우는 침팬지처럼 외부자를 개체로 인식하기 때문이
아니라 자신의 집단을 인식함으로써 이런 일이 가능하다.

46 Spicer(1971), 795–796.

47 그 예로 다음의 논의를 참고하라. Henshilwood & d'Errico(2011).

48 Geertz(1973).

49 Womack(2005), 51.

50 잎꾼개미는 이런 성향과 맞지 않게 특이하게 큰 뇌를 가지고 있다(Riveros 외 2012).

51 Geary(2005); Liu 외(2014); 예를 들어 부시먼족은 몸집에 비해 예외적으로 큰 두개골을

가지고 있다(Beals 외 1984).

52 Gamble(1998), 431에서 지적됨.

53 심리학자들이 틀을 잡은 사회 집단에 대한 이론 중 Postmes 외(2005)의 귀납적 집단(inductive group)과 연역적 집단(deductive group)이 내가 개체 알아보기 사회와 익명 사회를 구분한 것과 가장 비슷한 것 같다. 공동 유대집단(common bond group)과 공동 정체성 집단(common identity group)을 구분한 것 역시 흥미롭다(Prentice 외 1994).

54 Berreby(2005).

8장

1 인류학에서 사용하는 많은 용어와 마찬가지로 '밴드'에 대한 정의도 정신을 못 차릴 정도로 많다. 밴드를 대신해서 사용할 수 있는 단어로는 'horde', 'overnight camp', 'local group' 등이 있다.

2 이 이동하는 수렵채집인 사회를 지칭하는 다른 이름도 많은데 그중 대부분은 혼란스럽다. 하지만 '밴드 사회'는 훌륭한 내력을 가지고 있고(예를 들면 Leacock & Lee 1982) 평등주의, 사냥, 수렵, 도구나 불의 능숙한 사용보다 분열-융합을 우선시한다. 다른 곳에서는 이것을 '다중밴드 사회(multiband society)'(Moffett 2013)라고 불렀지만 여기서는 간략하게 밴드 사회라고 했다.

3 Binford(1980), 4.

4 예를 들면 Headland 외(1989); Henn 외(2011).

5 Roe(1974); Weddle(1985).

6 Behar 외(2008).

7 Ganter(2006).

8 Meggitt(1962), 47.

9 Curr(1886), 83-84.

10 조언을 해준 Thomas Barfield에게 감사드린다. 아시아의 '말 유목민'은 리더를 갖고 있지만 흩어져 야영하는 동안에는 좀 더 평등주의적인 수렵채집인과 비슷한 방식으로 행동한다(Barfield 2002).

11 Hill 외(2011).

12 Wilson(2012).

13 Pruetz(2007).

14 사바나 침팬지에 대한 조언에 Fiona Stewart와 Jill Pruetz에게 감사드린다. Hernandez-Aguilar 외(2007); Pruetz 외(2015).

15 불과 음식의 공유가 얼마나 중요한지에 대한 설명은 다음의 자료를 참고하기 바란다. Wrangham(2009).

16 예를 들어 다음의 자료를 참고하기 바란다. Ingold(1999) 그리고 Gamble(1998)의 "unbounded social landscape".

17 Wilson(1975), 10.

18 Birdsell(1970).

19 Wiessner(1977, xix)는 이렇게 지적한다. "서로 다른 언어 집단에 속한 부시먼족도 서로에게 외부자이기에 의심스러운 눈길을 받는다."

20 Arnold(1996); Birdsell(1968); Marlowe(2010). 호주 서부사막 밴드 사회의 규모에 대해 조언해준 Brian Hayden에게 감사드린다.

21 예를 들면 Tonkinson(2011). 힘든 생활 때문에 이 지역 사람들은 원래의 사냥 방식과 수렵 방식을 오래전에 포기했음에 주목하자.

22 Meggitt(1962), 34.

23 Tonkinson(1987), 206. 이 주제의 일부는 17장과 18장에서 고려해볼 것이다.

24 이들 사회는 영적 이야기나 꿈, 그리고 다른 문제에 중점을 두고 언어로 구분되었다(Brian Hayden, Brian Codding과의 개인적 대화). 이들의 동맹은 취약했던 것으로 보인다. 일부는 자주 싸웠기 때문이다(Meggitt 1962).

25 Renan(1990).

26 Johnson(1997).

27 Dixon(1976), 231.

28 예를 들면 Hewlett 외(1986); Mulvaney(1976); Verdu 외(2010).

29 Murphy & Murphy(1960).

30 예를 들면 Heinz(1994); Mulvaney & White(1987).

31 Stanner(1979), 230.

32 Stanner(1965)는 각각의 밴드가 일차적 권리를 가지고 있는 영역을 기술하기 위해 에스테이트(estate, 사유지)라는 용어를 도입했다. 이런 현지 고향(local home)의 의미는 다양했다. 하드자족은 밴드에서 밴드로 더 유동적으로 움직였고, 밴드도 하드자 영역을 광범위하게 이동해 다녔지만 이들의 경우에도 개인들은 전체 영역 중 자기가 제일 잘 아는 지역에 주로 머물렀다(Blurton-Jones 2016).

33 Heinz(1972)가 !Kõ 부시먼족에 대해 기술한 내용. 17장도 참고하라.

34 Tschinkel(2006). 오늘날 전투가 일어나는 동안 참호에 들어가 있는 군인들에서도 이런 분리를 목격할 수 있다(Hamilton 2003).

35 예를 들면 Smedley & Smedley(2005).

36 Malaspinas 외(2016).

37 Bowles & Gintis(2011), 99; Bowles(2006).

38 Guenther(1976).

39 Lee & DeVore(1976). 산(San)이라는 단어는 칼라하리에서는 여전히 경멸의 의미를 담고 있다. 나는 부시먼족이라는 호칭을 선호한다. 이 호칭은 네덜란드 탐험가들에 의해 처음 만들어졌는데 부정적인 의미가 거의 담겨 있지 않다. 또 다른 호칭으로는 이보다 덜 익숙한 반투족 단어 "바사르와(Basarwa)"가 있다.

40 Schapera(1930), 77.

41 Coren Apicella(개인적 대화); Hill 외(2014).

42 Silberbauer(1965), 62.

43 Schladt(1998)의 추정치에 따르면 한 세기 전에 코이산어(Khoisan, 부시먼족 및 그와 관련된 코이코이 유목민의 언어)는 200개 정도였다.

44 이런 특성은 상징적 스타일(emblemic style)을 담고 있다(Wiessner 1983). Wiessner(1984)는 구슬 머리띠 스타일은 부시먼족과 관련성이 덜한 것을 알게 되었는데, 그것은 오래된 전통이 아니라 유럽인과의 교역을 통해 습득한 것이었다.

45 Wiessner(1983), 267.

46 Sampson(1988).

47 Gelo(2012).

48 Broome(2010), 17.

49 Spencer & Gillen(1899), 205.

50 Cipriani(1966).

51 Furniss(2014).

52 Clastres & Auster(1998), 36.

9장

1 Tonkinson(2002), 48; Hayden(1979).

2 외부자들은 수렵채집인이 이런 교환 차원에서 소유물을 요구하는 행위를 구걸로 본 반면, 수렵채집인에게 그것은 모든 사람이 보살핌을 받을 수 있는 공유 관계로의 관대한 초대였다(Earle & Ericson 2014; Peterson 1993).

3 Endicott(1988).

4 See arguments in Wiessner(2002).

5 Sahlins(1968)가 처음으로 수렵채집인을 '풍요롭다(affluent)'고 기술했고, 이 개념을 두고 논란이 있었다(Kaplan 2000). 수많은 과제를 수행하면서 사회적으로 어울리는 사람들에게 있어 노동과 여가 시간 구분은 불가능한데, 이런 사실이 논란을 발생시킨 한 가지 이유라 하겠다.

6 Morgan & Bettinger(2012).

7 Elkin(1977).

8 Bleek(1928), 37.

9 Chapman(1863), 79.

10 Keil (2012).

11 이들은 또한 지배적 개체로부터 배우는 쪽을 선호한다(Kendal 외 2015).

12 Wiessner(2002).

13 Blurton-Jones(2016); Hayden(1995).

14 Baumeister(1986).

15 Pelto(1968); Witkin & Berry(1975).

16 아체족에서는 다른 밴드에 속한 남자들이 함께 모여 싸웠지만 그때조차도 하나의 팀으

로 싸운 것은 아니다. 전투원들은 자기 밴드에 속한 타인들과 싸우게 되는 경우가 많았다
(Hill & Hurtado 1996).

17 Ellemers(2012).

18 Finkel 외(2010).

19 Lee (2013), 124.

20 Lee & Daly(1999), 4.

21 예를 들면 Marshall(1976). 그럴 수밖에 없었던 한 가지 실용적인 문제는 밴드에는 경쟁하
는 방식으로 함께 놀 수 있는 또래 아이들의 숫자가 너무 적었다는 것이다(Draper 1976).

22 Boehm(1999).

23 de Waal(1982). 이와 비슷한 방식으로 서열이 낮은 올리브개코원숭이들이 힘을 합쳐 억압
적인 우두머리 암컷을 무리에서 완전히 쫓아내기도 했다(Anthony Collins와의 개인적 대화).

24 Ratnieks 외(2006).

25 한 성별이 다른 성별을 지배하는 경우는 여러 동물종에서 볼 수 있다. 점박이하이에나, 여
우원숭이, 보노보는 암컷이 우두머리가 되는 반면, 침팬지와 개코원숭이는 수컷이 무리를
지배한다.

26 Tuzin(2001), 127.

27 Schmitt 외(2008).

28 Thomas-Symonds(2010).

29 Bousquet 외(2011).

30 Hölldobler & Wilson(2009); Seeley(2010); Visscher(2007). 지배적 들개는 무리의 다른 구
성원들보다 조금 더 영향력이 크다(Walker 외 2017).

31 Rheingold(2002); Shirky(2008).

10장

1 Ian McNiven, Heather Builth(개인적 대화); Broome(2010); Builth(2014); Head(1989);
McNiven 외(2015).

2 Cipriani(1966).

3 Brink(2008).

4 코끼리의 경우에는 모임이 여러 핵심집단, 혹은 사회로 구성된다. 수렵채집인에서는 다중
밴드 사회가 그와 비슷하게 동맹과 교역을 구축하기 위해 한데 모일 수 있다(Hayden 2014).

5 Guenther(1996).

6 이런 불가피한 일을 막을 수도 있었다. 샤이엔족은 합동으로 버펄로 사냥을 할 때 공평
하게 일이 진행되는지 감시할 기동대를 조직했다. 이 병력은 사냥이 끝나면 해체됐다
(MacLeod 1937).

7 Rushdie(2002), 233.

8 Denham 외(2007).

9 Mitchell(1839), 290-291.

10 Clastres(1972). 이 논문에서는 아체족의 다른 이름인 과야키Guayaki족을 사용하고 있다.

11 Lee(1979), 361.

12 Hawkes(2000).

13 Morgan & Bettinger(2012).

14 Roscoe(2006).

15 내가 태평양 연안 북서부 인디언들에 대해 설명하고 있는 부분은 Kenneth Ames, Brian Ferguson과 서신 왕래했던 내용에 크게 빚지고 있다. Ames(1995); Ames & Maschner(1999); Sassaman(2004).

16 일부 부족은 환경을 관리하기도 했다. 예를 들면 연어를 한동안 인공 연못에 가두어놓거나, 간조일 때 드러나는 암석 단구에서 버터클램(butter clam)을 키우기도 했다(Williams 2006).

17 Patrick Saltonstall과 Amy Steffian(개인적 대화); Steffian & Saltonstall (2001). 1870년대에 알래스카 남서부의 유피크어Yupik를 쓰는 사람들과 함께 살았던 미국의 박물학자 에드워드 넬슨Edward Nelson은 이렇게 썼다. "돌로 만들어진 입술 장식은 계속 부착하고 있기가 고통스러웠기에, 사람들은 그것을 빼서 작은 가방에 넣고 다니다가 밤에 마을에 가까워지면 다시 꺼내서 제자리에 끼웠다. 사람들과 다시 접촉하기 전에 제대로 된 모습을 갖추기 위해서였다."(Nelson 1899, 50). 이는 국제적 행사에서 사람들이 국기를 꺼내 들고 있는 것과 동등한 행동이다.

18 Townsend(1983).

19 Johnson(1982).

20 Silberbauer(1965).

21 Van Vugt & Ahuja(2011).

22 Bourjade 외(2009).

23 Peterson 외(2002).

24 Fishlock 외(2016).

25 Watts 외(2000).

26 Baumeister 외(1989).

27 예를 들면 Hold(1980).

28 Dawson(1881); Fison & Howitt(1880), 277.

29 Hann(1991), xv.

30 William Marquardt(개인적 대화); Gamble(2012); Librado(1981).

31 Hayden(2014).

32 Van Vugt 외(2008).

33 Hogg(2001); Van Knippenberg(2011).

34 Passarge(1907)가 부시먼족에게 들은 말에 따르면, 그들에게도 한때는 세습되는 족장이 있었으나 유럽의 리더처럼 거창한 의식은 거의 진행하지 않았기에 사람들이 그를 잘 알아보지 못했다고 한다. 또 다른 인류학자는 이렇게 썼다. "그 노인들이 젊었을 때만 해도 나론(Naron)과 아우엔(Auen)이라는 부시먼족 사회에는 족장이 있었다. 그가 사람들의 이

동 방향을 지시하고, 초원에 불을 놓는 것을 명령하고, 특히 전쟁을 이끌었던 것으로 보인다. 서로 대립하던 나론과 아우엔 사이에는 전쟁이 잦았고, 사방팔방에서 조금씩 영토를 잠식하고 있던 다른 토착 부족과도 전쟁이 많았다.”(Bleek 1928, 36 – 37).

35 Andersson(1856), 281.

36 적어도 일부에서는 리더의 자리가 대물림되었지만 =아우//에이족 리더에게 어울리는 단어는 족장보다는 '빅맨'이다(22장). (Mathias Guenther와의 개인적 대화; Guenther 1997 & 2014).

37 Ames(1991).

38 Testart(1982).

39 Durkheim(1893)은 기술적으로 단순한 사회에서 유사한 일을 수행하는 사람들의 '기계적 연대(mechnical solidarity)'를 노동 분업 사회의 '유기적 연대(organic solidarity)'와 구분했다.

40 이것은 자기 길들이기(self-domestication)라는 것이 만들어낸 부산물이다. 인간 및 보노보 같은 유인원들은 자기와 종이 같은 다른 개체들에게 관대했고, 그들과 함께하지 않고는 원하는 목표를 달성할 수 없도록 진화했다. 자기 길들이기는 충동적 폭력의 감소와 관련되어 있다(Wrangham 2019). Baumeister 외(2016)는 사람들은 전문화를 통해 스스로를 더욱 대체 불가능한 존재로 만들어왔다고 주장했다. 하지만 집단의 규모가 크면 가장 전문화된 일이라도 그것을 수행하는 사람이 많을 것이기에 오늘날 진정으로 대체 불가능한 사람은 아주 소수에 불과하다.

41 Originally proposed by Brewer(1991).

42 심지어 오늘날에도 사람들이 추구하는 안락한, 혹은 최적의 차별화 수준은 사회마다 다르다. 개인주의와 자본주의가 군림하는 서구 문화권에서는 차이점에 가장 큰 방점을 두지만, 마케팅 담당자라면 사람들이 몇 가지 분류로 나뉠 수 있으며 생각만큼 차별화되지 않는다는 것을 알고 있을 것이다(JR Chambers 2008).

43 Hayden(2011).

44 Fried(1967), 118. 포틀래치는 유럽인과의 접촉 이전에도 존재했으며 유럽인 때문에 태평양 연안 북서부의 만성적 전쟁이 끝난 후 더욱 정교해졌는지도 모른다. 이는 이런 축제가 족장의 중요성을 과시하기 위해 싸움의 대안으로 자리 잡았음을 암시한다.

45 Tyler(2006).

46 이런 관점에 대한 초기 진술이 다음의 자료에 소개되어 있다. Hayden 외(1981).

47 내가 아는 바로 이런 관점은 Testart(1982)에게서 처음 등장했다.

48 남미의 사례는 다음의 자료를 참고하라. Bocquet-Appel & Bar-Yosef(2008); Goldberg 외(2016).

49 Berndt & Berndt(1988), 108.

50 Cipriani(1966), 36.

51 Mummert 외(2011).

52 O'Connell(1995).

53 Roosevelt(1999).

54 산업화된 국가의 사람들이 수렵채집인을 향해 보이는 경멸의 눈초리에는 아이러니가 존

재한다. 외부자를 향한 이런 본능적 반응 자체가 우리가 수렵채집인으로 수천 년을 보내는 동안 진화한 것이니까 말이다. 소위 원시 문화를 흔히들 동물, 어린아이와 연관 짓는다. 마치 그 옛날 수렵과 채집에 의존한 것이 정신 능력 지체의 증거라는 듯이 말이다 (Jahoda 1999; Saminaden 외 2010).

11장

1 Marean(2010).

2 Behar 외(2008).

3 Mercader 외(2007).

4 Villa(1983).

5 Curry(2008).

6 Harlan(1967)은 터키 지역 선사시대 가족이 이 곡물을 1년 치 모을 수 있었고, 따라서 이 곳에 정착할 수 있는 선택권이 있었음을 보여주기 위해 석기로 충분한 양의 야생 밀을 직접 채집해보았다.

7 Price & Bar-Yosef(2010); Trinkaus 외(2014).

8 Jerardino & Marean(2010).

9 d'Errico 외(2012).

10 Henshilwood 외(2011).

11 이런 관점에 대해서는 다음의 자료가 효과적으로 반박하고 있다. McBrearty & Brooks (2000).

12 Kuhn & Stiner(2007), 40-41.

13 Wadley(2001).

14 사회를 구분해주는 표지가 존재했다는 가장 설득력 있는 증거는 늦게 등장한다. 3,7000~2,8000년 전에 유럽 여러 곳에서 발견된 다량의 상아, 사슴뿔, 목재, 치아, 조개껍질 보석 등이다(Vanhaeren & d'Errico 2006).

15 Brooks 외(2018).

16 Rendell & Whitehead(2001); Thornton 외 (2010).

17 Coolen 외(2005).

18 van de Waal 외(2013).

19 Bonnie 외(2007); Whiten(2011). 털 손질 행동은 어미에서 자식으로 전달될 수 있다 (Wrangham 외 2016).

20 McGrew 외(2001).

21 한 암컷은 커뮤니티에 20년 전에 합류한 이후로 계속 다른 침팬지의 손을 '올바르게' 잡는 데 실패했지만 그럼에도 동료들은 항상 그 암컷 털을 손질해준다(Michio Nakamura와의 개인적 대화).

22 Brown & Farabaugh(1997); Nowicki(1983).

23 Paukner 외(2009).

24 침팬지가 팬트후트 집단 특유의 특성에 반응하는 것인지, 팬트후트에서 존재하는 약간의 차이를 통해 개체들을 알아보는 것인지, 아니면 양쪽 모두인지는 아직 확실하게 증명되지 못한 상태다(Marshall 외 1999; Mitani & Gros-Louis 1998).

25 Crockford 외(2004). 내구성이 있는 무리를 형성하는 짧은꼬리푸른어치(6장)는 '랙' 소리와 '카우' 발성법을 이런 식으로 배울지도 모른다.

26 Boughman & Wilkinson(1998); Wilkinson & Boughman(1998). 미어캣은 무리마다 다른 접촉 울음(contact call)을 갖고 있지만 이 종 자신은 그 차이를 이해하지 못하는 듯하다(Townsend 외 2010).

27 Herbinger 외(2009).

28 Taglialatela 외(2009). 구성원의 팬트후트와 외부자의 팬트후트에 대한 침팬지의 반응을 비교해보는 중요한 실험이 아직 시행되지 못했다.

29 Fitch(2000). 군집 암호가 조류 종에 대해서도 가설로 나와 있다(Feekes 1982).

30 Zanna Clay(개인적 대화); Hohmann & Fruth(1995). 사실 거미원숭이도 이와 비슷하게 자기 커뮤니티 고유의 울음소리를 학습한다.

31 조어(祖語, protolanguage)는 "분석할 수 없는 의미를 표현하는 호출의 목록에 불과한 소리들"로 구성되어 있었을 것이다(Kirby 2000, 14).

32 Steele & Gamble(1999).

33 Aiello & Dunbar(1993).

34 Grove(2010).

35 나는 "근접성으로부터 해방된(release from proximity)"이라는 표현보다는 이 표현을 더 선호한다(4장과 Gamble 1998 참고). 예를 들어 사바나 침팬지는 개체 밀도가 낮아 거리 그 자체는 문제가 되지 않았기 때문이다.

36 혹은 적어도 일반적으로는 그렇다. 아르헨티나개미의 경우 군집으로 몰래 침입하는 거미 같은 사기꾼이 드물다. 이는 초군집의 정체성을 훔치는 것이 어려운 일임을 암시한다. 어쩌면 이 초군집 구성원들은 아주 정교하게 닮아서 '정상'으로부터 눈곱만큼만 다른 개체가 보여도 경계경보가 울리는지 모른다.

37 Fiske(2010); Boyd & Richerson(2005).

38 Johnson 외(2011).

39 인간이 거의 벌거숭이가 된 이유에 대해서는 다른 설명도 가능하다. 예를 들면 수영하기가 더 쉬워진다거나, 기생충이 줄어든다거나, 몸을 차게 유지할 수 있다는 등이다(Rantala 2007).

40 Lewis(2006), 89.

41 Turner(2012), 488. Thierry(2005).

42 Gelo(2012).

43 Kan(1989), 60.

44 문신은 여자들이 납치되지 않게 막아준다(White 2011); 피부에 표지를 새기는 다른 사례는 다음의 자료를 참고하라. Jablonski(2006).

45 Pabst 외(2009)는 문신이 의학적 가치를 가졌을지도 모른다고 주장한다. 그러나 문신은 남성 부족과 연관되어 있었을 수도 있다.

46 Alan Rogers(개인적 대화); Rogers 외(2004).

47 Berman(1999).

48 Jolly(2005).

49 Chance & Larsen(1976).

50 Boyd & Richerson(2005).

51 Foley & Lahr(2011).

52 Tennie 외(2009). 침팬지는 한 행동이 다른 커뮤니티에서는 다른 의미를 가질 수 있다는 점에서 초보적인 상징 문화도 만들어낸다. 예를 들면 이빨로 이파리를 시끄럽게 물어뜯는 것이 한 커뮤니티에서는 섹스로의 초대를 의미하는 반면, 다른 커뮤니티에서는 놀자는 의미다(Boesch 2012).

53 Tindale & Sheffey(2002). 예를 들면 지난 10년 동안 우리는 GPS에 의존하게 된 덕에 수렵채집인이 갈고닦았던 공간 탐색 능력이 떨어지게 되었다(Huth 2013).

54 Henrich(2004b); Shennan(2001). 불 만드는 능력의 결여 등 태즈메이니아 문화가 단순해진 것을 어떻게 해석할 것인가를 두고 논란이 존재한다(Taylor 2008).

55 Finlayson(2009); Mellars & French(2011).

56 Hiscock(2007).

57 Aime 외(2013).

58 Powell 외(2009). 일부 사람들은 사회적 복잡성과 인구밀도, 그리고 상호작용 비율 사이의 상관관계를 부정한다. 분명 다른 요소가 관여할 수도 있다(Vaesen 외 2016).

59 Wobst(1977).

60 Moffett(2013), 251.

12장

1 Wiessner(2014).

2 Hasson 외(2012). 이런 결합은 원숭이 뇌에서도 일어난다(Mantini 외 2012).

3 Harari(2015).

4 여러 가지 전반적 이슈에 대해 훌륭하게 검토한 내용으로 다음의 자료를 참고하기 바란다. Banaji & Gelman(2013).

5 Eibl-Eibesfeldt(1998), 38.

6 Callahan & Ledgerwood(2013).

7 Testi(2005); Testi(2010).

8 Bar-Tal & Staub(1997); Butz(2009); Geisler(2005). 사실 사람들은 국기만 보아도 더 국수주의적인 기분을 느낄 수 있다(Hassin 외 2007). 하지만 이런 반응은 사회마다 다르다(Becker 외 2017).

9 Helwig & Prencipe(1999); Weinstein(1957); Barrett(2007).

10 Billig(1995), Ferguson & Hassin(2007), Kemmelmeier & Winter(2008).

11 Barnes(2001).

12 컴퓨터 게임에 대한 인간의 반응에 관한 이러한 예상을 확인해준 Sören Krach와 Helen Gallagher에게 감사드린다. 로봇이 점점 생명체와 비슷해지면서 우리는 점점 더 로봇을 인간으로 대하고 있다(Chaminade 외 2012; Takahashi 외 2014; Wang & Quadflieg 2015).

13 Parr(2011).

14 Henrich 외(2010b).

15 예를 들면 Ratner 외(2013).

16 Schaal 외(2000).

17 Cashdan(1998); Liberman 외(2016).

18 혹은 적어도 부모와 같은 인종(Kelly 외 2005).

19 Kinzler 외(2007); Nazzi 외(2000); Rakić 외(2011).

20 Kelly 외(2009); Pascalis & Kelly(2009). 그보다 나이가 많은 아동의 경우 환경의 급진적 변화로 이런 효과가 뒤집어질 수도 있지만 쉽지 않은 일이고 상당한 시간이 필요하다(Anzures 외 2012; Sangrigoli 외 2005). 적절한 나이의 아이의 능력을 이용해서 다른 민족이나 인종의 얼굴들을 얼마나 잘 알아보는지 확인해볼 수도 있다. 해당 집단 세 명의 얼굴만 보여줘보면 그런 부분을 확인할 수 있을 것이다(Sangrigoli & de Schonen 2004).

21 참 이상한 일이지만 병아리는 각인에 큰 노력을 투자하는 데 비해, 엄마 닭이 자기 새끼를 알아보는지의 여부는 알려져 있지 않다(Bolhuis 1991).

22 물론 병아리는 사회 집단이 아니라 자신의 엄마만 학습하고, 개미는 자기 군집의 구성원들을 개별적으로 알기 위한 출발점으로서 각인을 이용하지는 않는다. 사람이 집단을 구분하는 방식은 복잡할지라도, 그 능력의 유전적 기반은 다른 동물과 그리 다르지 않을지도 모른다(예를 들면 Sturgis & Gordon 2012).

23 Pascalis 외(2005); Scott & Monesson(2009); Sugita(2008).

24 Rowell(1975).

25 Atran(1990).

26 Hill & Hurtado(1996).

27 Keil(1989).

28 Gil-White(2001).

29 정체성 융합(identify fusion) 상황에서는 이것이 극에 달한다(15장; Swann 외(2012).

30 Martin & Parker(1995).

31 문화와 민족에 따라 서로 다른 민족과 인종의 결혼으로 나온 자손을 분류하는 방식이 각자 다르다(예를 들면 Henrich & Henrich 2007).

32 Hammer 외(2000).

33 Madon 외(2001)은 지난 10~20년 동안 고정관념이 어떻게 변화해왔는지를 살펴본다.

34 MacLin & Malpass(2001).

35 Appelbaum(2015).

주

36 Levin & Banaji(2006).

37 MacLin & MacLin(2011).

38 Ito & Urland (2003), Todorov(2017).

39 Asch (1946), 48.

40 Castano 외(2002).

41 Jewish Telegraphic Agency(1943).

42 Greene(2013).

43 Wiessner(1983), 269.

44 Silberbauer(1981), 2.

45 독일의 사회학자 게오르그 짐멜Georg Simmel은 '낯선 사람(stranger)'을 자연스럽게 어울리지 않는 집단 구성원, 즉 이상하게 행동하는 사람이라고 비전통적인 방식으로 정의하여 혼란을 가중시켰다(예를 들면 McLemore 1970). 대부분의 사전에서 '외국인 혐오'는, 기존에 만나본 사람이든 아니든 외국인에 대한 부정적 반응으로 정의된다. 나도 이런 의미로 사용하는 쪽을 선호한다.

46 Azevedo 외(2013). 별개의 인종일수록 공감도 떨어진다(Struch & Schwartz 1989). 동물 통증에 대한 우리의 반응도 인간과 닮았다고 생각하는 동물에 더 강하게 나타난다(Plous 2003).

47 Campbell & de Waal(2011).

13장

1 Macrae & Bodenhausen(2000), 94.

2 Lippmann(1922), 89.

3 Devine(1989).

4 Bonilla-Silva(2014)가 아주 흥미로운 논의를 한 가지 제공한다.

5 Banaji & Greenwald(2013), 149. 이 검사도 비판하는 사람이 있다(예를 들면 Oswald 외 2015).

6 Baron & Dunham(2015).

7 Hirschfeld(2012), 25.

8 Aboud(2003); Dunham 외(2013).

9 Harris(2009).

10 Bigler & Liben(2006); Dunham 외(2008).

11 Hirschfeld(1998).

12 Karen Wynn(개인적 대화); Katz & Kofkin(1997).

13 Edwards(2009).

14 Kinzler 외(2007), 12580.

15 Amodio 외(2011), 104; 예를 들면 Phelps(2000).

16 지금까지는 이 연구가 국가적 정체성 그 자체보다는 정치적 관점이 다른 사람들을 대상

으로 이루어졌다(Nosek 외 2009).

17 Beety(2012); Rutledge(2000).

18 Cosmides 외(2003); Kurzban 외(2001); Pietraszewski 외(2014). 이 저자들은 이런 인지 기구(cognitive machinery)가 사회 내부의 동맹을 감지하기 위해 진화했다고 주장하지만, 초기 인류 사회 및 근래의 수렵채집인 사회에서는 그런 동맹이 유동적이어서 그 어떤 정체성 특징(인종적 차이를 비롯한 표지)과도 연결되지 않을 가능성이 크다.

19 Wegner(1994).

20 Monteith & Voils(2001).

21 MacLin & MacLin(2011).

22 Haslam & Loughnan(2014), 418.

23 Greenwald 외(2015). 이런 일이 발생하는 여러 상황 중 한 가지만 들어보자면, 소수민족은 똑같은 의사를 찾아가도 백인들보다 질적으로 떨어지는 진료를 받는 경우가 많다(Chapman 외 2013).

24 소수민족 출신 친구를 특별하게 취급하는 것을 서브타이핑(subtyping)이라고 한다(Wright 외 1997).

25 가벼운 혐오감은 차별보다는 구별의 수단이 될 수 있다(Brewer 1999; Douglas 1966; Kelly 2011).

26 17장을 참고하라. Bandura(1999); Jackson & Gaertner(2010); Vaes 외(2012); Viki 외(2013).

27 Steele 외(2002).

28 Fiske & Taylor(2013), Phelan & Rudman(2010).

29 Gilderhus(2010).

30 Kelley(2012); 예를 들면 노르웨이의 수많은 전통도 그와 비슷하게 발명된 것들이다(Eriksen 1993).

31 Leibold(2006).

32 Beccaria(1764).

33 Haslam 외(2011b).

34 Renan(1990), 11. 다음의 자료도 참고하라. Hosking & Schöpflin (1997); Orgad(2015).

35 기억에 관해서는 다음의 자료를 참고하라. Bartlett & Burt(1933); Harris 외(2008); Zerubave(2003).

36 Gilderhus(2010); Lévi-Strauss(1972).

37 Berndt & Berndt(1988).

38 Billig(1995); Toft(2003).

39 Maguire 외(2003); Yates(1966).

40 Lewis(1976).

41 Joyce(1922), 317. 9부에서 정복과 이민의 역사를 살펴보면, 무엇을 '같은' 민족의 기준으로 삼을 것인지가 대단히 복잡한 질문임을 알게 될 것이다.

42 Bar-Tal(2000).

43 그래서 ISIS가 국가의 권리를 주장하는 것이다(Wood 2015). 이것이 인종과 민족에서 어떻게 펼쳐지는지에 관해서는 9부를 참고하라.

44 McDougall(1920).

45 Bigelow(1969).

14장

1 Wilson(1978), 70. 다음의 자료도 참고하라 Read(2011). Claude Lévi-Strauss(1952, 21)는 이렇게 썼다. "부족의 경계에서 인류가 끝난다."

2 Gombrich(2005), 278.

3 Giner-Sorolla(2012), 60.

4 Freud(1930).

5 Smith(2011).

6 아리스토텔레스는 전투에서 붙잡은 포로를 노예로 삼는 것을 정당한 것으로 기술했다 (Walford & Gillies 1853, 12).

7 Orwell(1946), 112. 의인화와 비인간화는 관련되어 있다(Waytz 외 2010).

8 David Livingstone Smith(개인적 대화); Haidt & Algoe(2004); Lovejoy(1936); Smith(2011).

9 Costello & Hodson(2012)은 6~10세 백인 아동들이 흑인 아동들을 어떻게 인식하는지 연구했다. 그 결과 사람과 동물 사이의 차이를 크게 느끼는 아동일수록 선입견이 더 심한 경향이 있었다.

10 이것은 이 사람들이 자신의 1차적 정체성을 세우는 대상이 캠프나 밴드가 아니라 사회라는 나의 관점을 뒷받침해주고 있다. 일반적으로 외집단의 이름이 그들의 '인간성'에 대해 단순하게 기술하고 있는 경우, 이름이 더 미묘한 의미를 갖고 있는 경우보다 외부자들과의 관계가 더 험악해지는 경향이 있다(Mullen 외 2007).

11 Haslam & Loughnan(2014).

12 Ekman(1992). 기본 감정을 다르게 분류하는 사람도 있다. 예를 들어 Jack 외(2014)의 경우 놀람을 두려움과, 역겨움을 분노와 구분할 수 없다고 주장한다. 하지만 심리학자 폴 블룸 Paul Bloom이 내게 지적해주었듯이 역겨움과 분노는 모두 부정적인 혐오의 감정이지만 서로 다른 자극에 의해 생기고 서로 다른 반응과 뇌 반응을 유발하며, 그 진화의 역사와 발달 궤적도 다르다.

13 Haidt(2012).

14 Bosacki & Moore(2004).

15 침팬지는 서로의 표정을 읽을 수 있다(Buttelmann 외 2009; Parr 2001; Parr & Waller 2006).

16 Haslam(2006)은 우리가 사람들을 모두 다양한 정도로 비인간화한다고 주장한다. 외부자는 기본적인 인간적 특성을 결여하고 있다는 믿음이 동물적 비인간화, 혹은 동물 수준으로의 비인간화다. 이런 믿음은 집단 간에 종의 구분 같은 경계를 만들어낸다. 의사나 변호사가 계산적으로 보여 생명이 없는 물체 수준으로, 더 정확하게는 기계로 비인간화되는

경우에는 이런 종류의 경계가 만들어지지 않는다. Martínez 외(2012)은 기계적인 비인간화가 사회 수준에서 등장할 수 있음을 보여주었다.

17 Wohl 외(2012).

18 Haidt(2003); Opotow(1990).

19 Jack 외(2009); Marsh 외(2003).

20 양쪽 인종 모두 한 물건을 백인이 들고 있을 때보다 흑인이 들고 있을 때 그것을 무기로 잘못 알아보는 경우가 더 많았다. Ackerman 외(2006); Correll 외(2007); Eberhardt 외(2004); Payne(2001).

21 Hugenberg & Bodenhausen(2003).

22 적어도 거짓말을 한 사람이 조용히 있을 때는 그랬다. 이때는 구경하는 사람이 문화권마다 달라지는 미묘한 차이를 놓쳤다. 반면 말을 하면 중간에 어눌하게 멈출 때가 있어서 거짓말이 들통 날 수 있다(Bond 외 1990). 다음의 자료도 참고하라. Al-Simadi (2000).

23 Ekman(1972).

24 Kaw(1993).

25 여기서 묘사된 비인간화의 '고정관념 내용(stereotype content)' 모형 설명(Fiske 외 2007)은 2차 감정에 중점을 두는 하위인간화(infrahumanization) 모형과는 별개로 발전되었다.

26 Vaes & Paladino(2010).

27 Clastres(1972).

28 Koonz(2003).

29 Goff 외(2008); Smith & Panaitiu (2015).

30 Haslam 외(2011a).

31 Haidt 외(1997).

32 Amodio(2008); Kelly(2011); Harris & Fiske(2006).

33 역겨움, 그리고 집단 구성원들이 "어떤 근본적인 신체적 본질을 공동으로"(Fiske 2004) 공유한다는 믿음으로 표현되는 오염에 대한 두려움은 오래된 종류의 '행동 면역계(behavioral immune system)'인지도 모른다(Schaller & Park 2011, 30; O'Brien 2003). 사람은 질병에 걸린 사람의 사진을 보고 나면 이민자에 대한 더 큰 두려움을 보인다(Faulkner 외 2004).

34 Freeland(1979). 이런 개념이 모든 기생충에 적용되지는 않는다. 직접적인 접촉이 아니라 대변으로 확산되는 질병은 국경을 손쉽게 넘나들 수 있기 때문이다. 또한 질병이 영토의 경계를 일단 뚫고 들어가면 그 공간에 집중적으로 묶여 있는 인구 집단이 그 확산을 촉진할 수 있다.

35 McNeill(1976). 매독은 아메리카에서 유럽으로 되돌아갔을지도 모르지만, 천연두가 아메리카 사람들에게 미친 영향보다는 훨씬 덜 파괴적이었다.

36 Heinz(1975), 21.

37 Tajfel & Turner(1979).

38 Bain 외(2009).

39 Koval 외(2012).

40 Reese 외(2010) ; Taylor 외(1977).

41 내가 아는 한 이 질문에 대해 다루고 있는 연구는 거의 없다. 하지만 한 연구는 유아가 인종이 같은 사람과 더 오랜 시간 시선을 맞춘다는 것을 보여주었다(Wheeler 외 2011). 그리고 백인은 흑인 취업 지원자와는 시선을 맞추는 시간이 짧음을 보여주는 고전적인 연구도 있다(Word 외 1974).

42 Mahajan 외(2011) ; Mahajan 외(2014).

43 또 다른 옵션은, 외부자와 혐오감 사이의 연결고리는 사람에게서 발생했다는 것이다(D Kelly 2013).

44 Henrich(2004a) ; Henrich & Boyd(1998) ; Lamont & Molnar(2002) ; Wobst(1977).

45 Gil-White(2001).

46 Kleingeld(2012)에서 리뷰했다.

47 Leyens 외(2003), 712.

48 Castano & Giner-Sorolla(2006).

49 Wohl 외(2011).

15장

1 Orwell(1971), 362.

2 Goldstein(1979).

3 Bloom & Veres(1999) ; Campbell(1958).

4 사회 집단의 따뜻함과 역량에 대한 평가는 마지막 장에 설명되어 있다. Callahan & Ledgerwood(2016).

5 이 대안의 반응들은 집단들의 상대적 힘, 그리고 그들이 얼마나 경쟁하는지에 달려 있다(Alexander 외 2005).

6 McNeill(1995) ; Seger 외(2009) ; Tarr 외(2016) ; Valdesolo 외(2010).

7 Barrett(2007) ; Baumeister & Leary(1995) ; Guibernau(2013).

8 Atran 외(1997) ; Gil-White(2001).

9 Brewer & Caporael(2006) ; Caporael & Baron(1997).

10 지금은 올바르다고 널리 평가받고 있는, 사회는 그 구성원의 합보다 크다는 개념은 전에는 Allport(1927)에 의해 국수주의적 오류로 지적되었다.

11 Sani 외(2007).

12 Castano & Dechesne(2005).

13 Best(1924), 397.

14 Wilson(2002).

15 de Dreu 외(2011) ; Ma 외(2014).

16 집단 정체성이 강한 사람이 집단감정을 가장 강하게 표현한다(Smith 외 2007).

17 Adamatzky(2005).

18 Hayden(1987). 교역과 동맹을 위해 서로 다른 사회에 속한 밴드들이 모이는 경우에는 모

임이 더 신중하게 진행되었을 것이다(18장).

19 Marco Iacoboni (개인적 대화). Iacoboni(2008). 하지만 우리가 의식적으로 타인을 흉내 내는 경우에는 인지된 사회적 지위가 인종을 능가할지도 모른다(Elizabeth Losin(개인적 대화) and Losin 외 2012).

20 Rizzolatti & Craighero(2004).

21 Field 외(1982). 춤은 이런 흉내를 통해 시작되었을지도 모른다(Laland 외 2016).

22 Parr & Hopkins(2000).

23 동물들은 집회를 벌일 때는 자극에 대해 더욱 즉각적으로 반응한다. 예를 들어 침팬지 커뮤니티에서 비명 소리가 퍼지면 침팬지들은 적이나 포식자를 겁주는 행동을 하게 된다. Preston & de Waal(2002); Spoor & Kelly(2004).

24 Wildschut 외(2003).

25 이런 개미의 행동을 '집회'가 아닌 다른 것으로 설명하는 것에 대해서는 다음을 참고하라. Moffett(2010).

26 Watson-Jones 외(2014).

27 침팬지와 보노보는 무언가 유용한 것을 얻을 수 있을 때만 서로의 행동을 흉내 낸다. 예를 들면 막대기를 이용해 흰개미를 잡아먹는 행동이다. 실용적인 목적과 아무런 관련도 없는 행동을 흉내 내는 일은 드물지만, 그에 가까운 경우는 있다. 샌디에이고 동물원의 보노보들이 서로 털 손질을 해줄 때 중간에 박수를 치는 침팬지의 관습을 받아들인 것이 그 예다(de Waal 2001).

28 정체성 융합에 대해 조언해준 Harvey Whitehouse에게 감사드린다. Whitehouse 외(2014a); Whitehouse & McCauley(2005).

29 리비아의 민간인들이 카다피Qaddafi에 저항하여 봉기한 혁명가로 바뀌었을 때 보고된 바 있다(Whitehouse 외 2014b).

30 이 개미에게 물리면 "발뒤꿈치에 3인치짜리 못을 박고 달궈진 숯 위를 걷는" 기분이 든다(Schmidt 2016, 225).

31 Bosmia 외(2015).

32 Fritz & Mathewson(1957); Reicher(2001); Willer 외(2009).

33 Hood(2002), 186.

34 Barron(1981).

35 Hogg(2007).

36 Caspar 외(2016); Milgram(1974).

37 Mackie 외(2008).

38 Kameda & Hastie(2015).

39 Fiske 외(2007).

40 Staub(1989).

41 선입견을 포함해서 무언가를 믿고 싶어 하는 사람은, 자신의 관점을 입증해주는 것이 있으면 그와 반대되는 증거들은 무시해버린다(Gilovich 1991).

42 폭력을 일상적 행동으로 설명한 라디오 프로그램이 특히나 골칫거리였다(Elizabeth Paluck(개인적 대화); Paluck 2009).

43 Janis(1982).

44 이것을 심리학자 솔로몬 애시(Solomon Asch)의 이름을 따서 애시 동조(Ash conformity)라고 부른다(Bond 2005).

45 Redmond(1994), 3.

46 Hofstede & McCrae(2004).

47 Wray 외(2011).

48 Masters & Sullivan(1989); Warnecke 외(1992).

49 Silberbauer(1996).

16장

1 Marlowe(2000).

2 친족이 아닌 개체는 모든 개체군에 걸쳐 핵심집단에서 발견되지만 밀렵이 있었던 곳에서 핵심집단에 합류하는 경우가 제일 많다(Wittemyer 외 2009).

3 때로는 이 외부자 중 하나, 혹은 그 이상이 고참 우두머리 쌍의 면전에서 새끼를 낳기도 한다(Dan Stahler(개인적 대화); Lehman 외 1992; Vonholdt 외 2008).

4 거니슨프레리도그의 경우에는 여기서 논란이 있다. Hoogland 외(2012)는 콜로라도에서는 한 코테리의 암컷 성체들이 모계 쪽으로 가까운 친척 관계임을 발견했지만 Verdolin 외(2014)은 애리조나의 성체들 사이에서는 친척 관계의 개체를 거의 만나보지 못했다. 이는 지역적 차이일 수 있다.

5 말들은 일이 굉장히 틀어지면 밴드를 떠날 수 있다. 어쩌면 고압적인 수말 한 마리가 암컷들을 떠나고 싶게 만드는 것일 수도 있다(Cameron 외 2009).

6 Bohn 외(2009); McCracken & Bradbury(1981); Gerald Wilkinson(개인적 대화).

7 수컷 침팬지의 동맹 중 상당수는 또 다른 어미를 둔 어린 시절의 친구일 가능성이 크지만 이 부분은 연구가 필요하다(Ian Gilby(개인적 대화); Langergraber 외 2007 & 2009).

8 Massen & Koski(2014).

9 Sai(2005).

10 Heth 외(1998). 햄스터는 사회적이지만 사회는 이루지 않는다는 점을 명심하자.

11 적어도 아기가 남자일 때는 그렇다(Parr & de Waal 1999).

12 Alvergne 외(2009); Bressan & Grassi(2004).

13 Cheney & Seyfarth(2007).

14 Chapais(2008); Cosmides & Tooby(2013); Silk(2002).

15 개코원숭이의 모계 혈통에 관한 통찰을 보여준 Elizabeth Archie에게 감사드린다. 무엇을 모계 '집단'('네트워크'가 더 나은 단어다)으로 칠 것인지는 각 암컷의 관점에 달려 있기 때문에 모든 개코원숭이가 공유하는 유일한 범주는 무리, 즉 그 사회 자체다.

16 수컷이 자기 자손의 신체적 유사성을 알아차릴 가능성도 주장된 바 있다(Buchan 외 2003).

17 여성의 경우가 특히 더 그렇지만, 외부자에 대항해서 하나로 뭉쳤을 때는 남성도 마찬가지다(Ackerman 외 2007).

18 Weston(1991); Voorpostel(2013).

19 Apicella 외(2012); Hill 외(2011).

20 Schelling(1978). 사람들은 친족이든 아니든 유전적으로 비슷한 타인과 친밀해지는 경우가 많은데, 이는 태도에서 나타나는 미묘한 유사점이 우정을 싹 틔우기 좋게 윤활 작용을 해주기 때문인지도 모른다(Bailey 1988; Christakis & Fowler 2014).

21 Silberbauer(1965), 69.

22 Lieberman 외(2007). 이런 이유로 키부츠에서 함께 자란 아이들은 결혼을 막지 않는데도 서로 결혼하지 않는다(Shepher 1971).

23 Hill 외(2011).

24 Hirschfeld(1989).

25 Tincoff & Jusczyk(1999). 이 단어들은 대부분의 유아가 처음 내는 옹알이 소리에 맞춰서 기원했는지도 모른다(Matthey de l'Etang 외 2011).

26 알고 보니 데이비드 헤이그는 자기 얘기를 돌려 말한 것이었다(Haig 2000). 다음의 자료도 참고하라(2011).

27 Everett 외(2005); Frank 외(2008).

28 Frank 외(2008). Chagnon(1981)은 사람들이 친족의 부류는 인식하는데 그에 해당하는 단어가 없는 경우에 대해 기술하고 있다.

29 Woodburn(1982).

30 Gould(1969).

31 Cameron(2016). 예를 들면 코만치족은 어느 시점에서든 극히 일부만 포로로 잡혀 왔지만, 새로운 전사를 충당해야 할 필요성 때문에 아메리카 인디언 부족 상당수는 이 외부의 피를 수혈했다(Murphy 1991).

32 Ferguson(2011, 262)이 Chaix 외(2004)의 연구를 언급하며 이렇게 말했다.

33 Barnard(2011). 친족으로 기술되는 것이 항상 긍정적인 것은 아니다. 일부 아프리카인은 친족 비유를 가까운 관계를 암시하기 위해서가 아니라 노예에 대한 지배를 전달하는 용도로 사용한다(Kopytoff 1982).

34 Tanaka(1980), 116.

35 Chapais 외(1997)의 원숭이 연구 등에서 제안되었다.

36 가족의 실체성을 지적하는 사람들(예를 들면 Lickel 외 2000)은 무엇을 가족으로 볼 것인지를 각자가 결정할 수 있도록 허용하는 경우가 많다. 나는 이것이 문제점을 안고 있다고 생각한다. 우연히 가까워진 특정 가족 구성원들을 긴밀한 집단으로 인지하는 것은 하찮게 보이며, 가까운 친구들을 긴밀한 집단으로 상상하는 것과 다를 바가 없다.

37 나는 짝이나 친족을 향한 높은 수준의 희생을 보여준 Hackman 외(2015)의 연구 결과는 유전적 친족 관계보다는 이런 의무감으로 설명하고 싶다.

38 West 외(2002).

39 이런 이유로 가족의 일부하고만 관계를 끊기가 어려운 것이다(Jones 외 2000; Uehara 1990).

40 많은 사회가 자신이 특정 선조의 후손임을 추적하는 사람들의 방식으로 상속 문제를 단순화한다(Cronk & Gerkey 2007).

41 Johnson(2000). 한편 수명이 길어짐에 따라 그 전에 함께 살았던 때보다 더 정교한 친족 네트워크가 만들어졌다(Milicic 2013).

42 예를 들면 Eibl-Eibesfeldt (1998).

43 Barnard (2011).

44 Johnson(1987); Salmon(1998). van der Dennen(1999)과 달리 나는 이런 비유가 일반적으로 말하는 친족의식보다는 본질(essence, 12장)에 대한 우리의 신념을 이용하고 있는 것이라 믿는다.

45 Breed(2014). Hannonen & Sundström(2003)은 개미에서 족벌주의(nepotism, 친족에게 호의를 베푸는 행동)가 드러나는 경우에 대해 기술했지만 그 증거는 취약하다.

46 Eibl-Eibesfeldt(1998); Johnson(1986). 내 관점에서 볼 때 그 유인원이 자신의 초기 사회를 자신의 친족이나 동맹과 혼동했을 리는 없을 것 같다. 이 유인원은 처음부터 그것들을 개별적으로 파악했을 것이다.

47 Barnard(2010).

17장

1 Voltaire(1901), 11. '판류(Pankind)'의 개념을 알려준 마이클 윌슨Michael Wilson에게 감사드린다.

2 우간다에서 연구하고 있는 놀라운 일본 연구자 Toshisada Nishida(1968)가 최초로 이 커뮤니티를 파악해냈다.

3 Wrangham & Peterson(1996).

4 Mitani 외(2010); Wilson & Wrangham(2003); Williams 외(2004).

5 Aureli 외(2006).

6 Douglas Smith, Kira Cassidy(개인적 대화); Mech & Boitani(2003); Smith 외(2015).

7 McKie(2010)에서 인용.

8 Wrangham 외(2006).

9 Wendorf(1968).

10 Morgan & Buckley(1852), 42-44.

11 유럽인들은 머리 가죽을 돈 주고 삼으로써 전리품 취득에 담긴 이런 영적 요소들을 왜곡했다(Chacon & Dye 2007).

12 Boehm(2013).

13 예를 들면 Allen & Jones(2014); Gat(2015); Keeley(1997); LeBlanc & Register(2004); Otterbein(2004); DL Smith(2009).

14 Moffett(2011).

15 Gat(1999); Wrangham & Glowacki(2012).

16 베두인(Bedouin)족 등 일부 사회는 이런 부분을 공식화하기도 했지만 이런 악순환은 충동 적이고 본능적인 반응에 의해 이루어질 때가 많다(Cole 1975).

17 유전적 분석에 의하면 호주 원주민은 처음 호주에 정착하면서 차지한 땅을, 이후로 환경 변화가 있었음에도 계속 고수해온 것으로 밝혀졌다(Tobler 외 2017). 그렇다고 해서 개개 의 사회가 한 지역 안에서 돌아다니지 않았다는 의미는 아니다. 하지만 많은 이야기가 밴 드 사회의 땅 거주권이 아주 오랫동안 존중되었음을 말해준다(LeBlanc 2014).

18 Burch(2005), 59.

19 de Sade(1990), 332.

20 Guibernau(2007); van der Dennen(1999).

21 Bender(2006), 171.

22 Sumner(1906), 12.

23 Johnson(1997).

24 Bar-Tal(2000), 123.

25 이런 편향은 심지어 작은 집단을 이룬 아동들의 행동에도 나타난다(Dunham 외 2011).

26 우리의 서투른 위험 대처 능력에 대한 전반적인 설명은 다음의 자료를 참고하라. Gigerenzer(2010); Slovic(2000).

27 Fabio Sani(개인적 대화); Hogg & Abrams(1988).

28 예를 들면 "전쟁은 인간의 상징체계에 좌우된다". Huxley(1959), 59.

29 예를 들면 Wittemyer 외(2007).

30 적어도 붙잡혀 있는 상태에서는 그렇다(Tan & Hare 2013).

31 Furuichi(2011).

32 Wrangham(2014 & 2019).

33 Hrdy(2009), 3.

34 Hare 외(2012); Hohmann & Fruth(2011).

35 단위사회에서 우정에 가장 가깝다고 할 수 있는 관계는 한 단위사회가 두 개로 쪼개진 이 후에 찾아볼 수 있다. 소위 말하는 이 '팀'들은 서로 가까이 머물면서 상대방을 향해 즐거 운 듯 소리를 낸다. 하지만 공동 유대감의 이 빈약한 흔적조차 몇 달이 지나면 사라지고 만다(Bergman 2010).

36 Pusey & Packer(1987).

37 Boesch(1996); Wrangham(1999). 살육은 개체 밀도가 높은 우간다 키발레 일대에서 가장 흔하게 일어난다. 이곳에서는 큰 무리를 유지하는 전략이 존재하지 않기 때문이다(Watts 외 2006). 오늘날 연구 대상으로 삼고 있는 개체군 대부분이 자원과 공간이 제한된 숲 지 역에만 살고 있다는 사실로, 침팬지의 공격성을 설명할 수 있을지도 모른다. 하지만 최근 의 분석은 이런 가설을 일축한다(Wilson 외 2014).

38 Wrangham(2019)은 '반응적 공격성'의 이러한 감소와 그에 동반되는 특성들을 설명한다.

39 Pimlott 외(1969); Theberge & Theberge(1998).

40 Mahajan 외(2011 & 2014).

41 Brewer(2007); Cashdan(2001); Hewstone 외(2002).

18장

1 향유고래는 사회 간 협동의 어려움이라는 일반적 사실에서 보면 이례적이다. 하지만 이 경우 협동하는 사회(단위사회)들은 더 큰 사회적 실체의 일부다. 동일한 사냥 전통을 공유하는 고래들의 무리인 것이다(6장).

2 장어 수렵인들 사이의 협업은 집단 간의 풍성한 회합으로 확장되었고, 장어 자체도 폭넓게 교역되었다. 군디치마라(Gunditjmara)의 다른 이름으로는 'Gournditch-mara' 혹은 좀 더 포괄적인 용어인 'Manmeet'이 있다(Howitt 1904; Lourandos 1977).

3 Timothy Shannon(개인적 대화); Shannon(2008).

4 Dennis(1993); Kupchan(2010).

5 예를 들면 Brooks(2002).

6 Rogers(2003).

7 예를 들면 Murphy 외(2011).

8 Gudykunst(2004).

9 Barth(1969); Bowles(2012).

10 Yellen & Harpending(1972).

11 Marwick(2003); Feblot-Augustins & Perlès(1992); Stiner & Kuhn(2006).

12 Dove(2011).

13 Laidre(2012).

14 Moffett(1989b).

15 Breed 외(2012).

16 Whallon(2006).

17 부시먼족은 각자 갖고 있는 것이 무엇인지 서로 잘 알고 있고, 자취만 봐도 도둑이 누군지 알 수 있기 때문에 남의 물건을 훔치는 경우가 드물다고 알려져 있다. 하지만 나는 이런 상황은 한 사회(혹은 '민족언어학적 집단') 안에서 일어나는 도둑질에만 적용되는 것이 아닌가 생각한다(Marshall 1961; Tanaka 1980).

18 Cashdan 외(1983).

19 Dyson-Hudson & Smith(1978).

20 Bruneteau(1996); Flood(1980); Helms(1885).

21 부시먼족은 다른 사회의 영토를 여행하며 물물교환을 할 때는 그 사회에서 기댈 수 있는 특별한 파트너를 양성했다(Wiessner 1982).

22 Binford(2001); Gamble(1998); Hamilton 외(2007).

23 Cane(2013).

24 Jones(1996).

25 Pounder(1983).

26 Mulvaney(1976); Roth & Etheridge(1897). 단어에도 발이 달려 있다. 유럽인이 호주 내부

를 탐험하기 전에도 여러 언어를 구사하던 호주 원주민들은 가축에 대해 들어봐서 이미 말의 경우에는 "yarra-man", 양의 경우에는 "jumbuk"이라는 단어를 받아들여 사용하고 있었다(Reynolds 1981).

27 Fair(2001); Lourandos(1997); Walker 외(2011).

28 Kendon(1988); Silver & Miller(1997).

29 Newell 외(1990).

30 상호 영향권은 먼 거리에 걸쳐 단계별로 계속될 수 있었다(Caldwell 1964).

31 어쩌면 자원 부족 시기에는 이런 차이가 경쟁을 완화시켜주었을지도 모른다(Milton 1991).

32 Blainey(1976), 207.

33 Haaland(1969).

34 Franklin(1779), 53.

35 Gelo(2012).

36 Orton 외(2013).

37 Bahuchet(2014), 12.

38 Boyd & Richerson(2005); Richerson & Boyd(1998); Henrich & Boyd(1998).

39 Leechman(1956), 83; van der Dennen(2014).

40 Vasquez(2012).

41 Turner(1981); Wildschut 외(2003).

42 Homer-Dixon(1994); LeVine & Campbell(1972).

43 Pinker(2011); Fry(2013).

19장

1 Durkheim(1982 [1895]), 90.

2 영장류 사이에서 나타나는 사례들이 가장 잘 알려져 있다. Malik 외(1985); Prud'Homme (1991); Van Horn 외(2007).

3 세렝게티의 권위자 크레이그 패커는 이 주제에 대해 내게 자세하게 알려주었다. "사자들은 분명 자기가 알고 알아보는 개체로 국한해서 협동합니다. 사자 무리의 규모가 너무 커지면 더 이상은 서로 그다지 잘 알고 지내지 못하기 때문에 쪼개지죠."

4 혼란스럽게도 사회의 붕괴를 '분열(fission)'이라고 불러왔다. 분열은 일상적으로 갈라졌다가 다시 자유롭게 하나로 합쳐지는 분열-융합 사회에서 일어나는, 기능적으로 아주 다른 평범한 사건을 지칭한다. 따라서 나는 사회의 붕괴를 이를 때는 '분할(division)'이라는 용어를 사용한다. Sueur 외(2011)는 비가역적 분열(irreversible fission)이라는 또 다른 용어를 제안한다.

5 Joseph Feldblum(개인적 대화); Feldblum 외(2018).

6 Williams 외(2008); Wrangham & Peterson(1996).

7 그 사례는 Van Horn 외(2007)의 참고문헌을 참고하라.

8 Sueur 외(2011)를 참고하라.

9 Takeshi Furuichi(개인적 대화) ; Furuichi(1987) ; Kano(1992).

10 예를 들면 Henzi 외(2000) ; Ron(1996) ; Van Horn 외(2007).

11 꿀벌의 경우는 어린 일벌들이 원래의 여왕벌과 새로운 둥지를 시작하기 위해 떠나고, 나이 든 일벌들은 뒤에 남아 여왕의 후계자가 태어나기를 기다린다. 즉 새로 태어난 여왕이 원래의 벌집을 물려받는 것이다. 누가 어디로 갈 것인지에 대해 논란이 일어나는 일은 없다. 가끔은 벌들이 하나 이상의 여왕벌과 동맹을 맺어서 무리가 몇 부분으로 나뉘기도 한다. 이 부분에서 조언을 해준 Raphaël Boulay, Adam Cronin, Christian Peeters, Mark Winston에게 감사드린다. Cronin 외 (2013) ; Winston & Otis (1978).

12 Jacob Negrey(개인적 대화) ; Mitani & Amsler(2003).

13 Stan Braude(개인적 대화) ; O'Riain 외(1996).

14 Sugiyama(1999). 보노보 수컷도 자신의 커뮤니티를 떠나는 것으로 알려져 있지만, 이웃 집단에 합류하는 것으로 보인다. 이는 공격성이 강한 침팬지에서는 아예 불가능한 것으로 여겨지는 행동이다(Furuichi 2011).

15 Brewer & Caporael(2006).

16 Dunbar(2011)는 초기 사회들이 한 부부에서 비롯된 다섯 세대에 걸친 살아 있는 후손의 수에 해당하는 150명의 구성원으로 이루어지는 경향이 있었다고 주장함으로써 이러한 형태의 사회 창립이 이루어졌음을 암시했다. 하지만 이런 개미 비슷한 사회 창립이 흔했다는 증거는 없다.

17 Peasley(2010).

18 혼란스럽게도 '출아'는 한 사회의 구성원들이 별개의 사회를 형성하지 않고 그냥 누구도 차지하지 않은 영역으로 이동해 들어간 경우에도 쓰인다(예를 들면 아르헨티나개미. 5장을 참고하라).

19 McCreery(2000) ; Sharpe(2005).

20 일반적으로 연합 사회(coalescent society)라고 한다. 22장을 참고하라(Kowalewski 2006 ; Price 1996).

21 인간의 예를 들면 Cohen(1978).

22 Fletcher(1995) ; Johnson(1982) ; Lee(1979) ; Woodburn(1982). 이는 부족 마을과 정착형 수렵채집인 사회에서도 마찬가지였을 것이다(Abruzzi 1980 ; Carneiro 1987).

23 Marlowe(2005).

24 이런 반항의 흔적을 오늘날의 회사 분할에서 볼 수 있다. 이 경우 상관에게 새로운 관계를 강요받는 회사 직원들은 자신이 기존에 갖고 있던 정체성을 계속 소중하게 여기고 그 정체성을 잃지 않으려고 노력한다(Terry 외 2001).

25 예를 들면 Hayden(1987).

20장

1 호주 원주민들은 적어도 1950년대까지는 이런 관점을 유지했다(Meggitt 1962, 33).

2 Barth(1969).

3 Alcorta & Sosis(2005), 328.

4 Diamond(2005). 일부 전문가들은 이들이 굶어 죽은 것이 아니라 다른 곳으로 이동했을지 모른다고 믿고 있다(Kintisch 2016; McAnany & Yoffee 2010).

5 Karen Kramer(개인적 대화); Kramer & Greaves(2016). 또 다른 사례로 Barth(1969)의 6장에 나오는 파탄인(Pathans)에 대해 고려해보기 바란다.

6 '미국 표준 영어'가 쓰이는 특정 지역은 없는 것으로 밝혀졌는데, 이는 특별한 억양 말고는 다른 극단적인 말하기 패턴이 없는 것으로 해석되어야 할 것이다(Gordon 2001).

7 Deutscher(2010)가 언어의 변화와 관련해 주장한 내용.

8 Menand(2006), 76.

9 Thaler & Sunstein(2009). 달리 표현하면 리더는 사람들의 모범이 되는 경향이 있었다(Hais 외 1997).

10 Cipriani(1966), 76.

11 Bird & Bird(2000).

12 Pagel(2000); Pagel & Mace(2004).

13 예를 들면 Newell(1990).

14 Langergraber 외(2014).

15 Boyd & Richerson(2005). 경계 지역에 사는 거주민들은 자신이 외부자들과 차이가 있다는 점을 강조하기 위해 자신의 정체성을 눈에 잘 띄게 드러내야만 했다(Bettinger 외 2015; Conkey 1982, 116; Giles 외 1977, Chapter 1). 외부자들과의 접촉이 사람들로 하여금 자신의 정체성을 과시하게 만들 수 있지만, Whitehead(1992)의 말처럼 "부족이 국가를 만들고, 국가가 부족을 만든다"라는 것은 사실이 아니다. 그는 식민주의로 인해 지역민들이 자신의 방어를 위해 집단 정체성을 구축한 후에야 별개의 부족이 생겨났다고 생각했다.

16 경계 지역의 이런 상황을 보면 앞에서 설명한 침팬지의 상황이 떠오른다. 침팬지의 팬트후트 소리도 이웃에 대해 이런 식으로 조정이 일어나는 듯 보인다. 매우 가까이 있어서 자기 커뮤니티 구성원들과 헷갈리기 쉬운 이웃 커뮤니티 침팬지들의 팬트후트와 가장 닮지 않게 들리기 때문이다. 하지만 그럼에도 이 소리가 누구와 이웃하고 있느냐에 따라 지역적 변이를 보인다는 것이 정확하게 입증되지는 않았고 앞으로도 그럴 가능성은 높지 않다. 왜냐하면 특히 수컷 침팬지들은 대부분의 시간을 한 지역에서 머물기보다 사람의 밴드처럼 영역을 따라 계속 이동하는 경향이 있기 때문이다(Crockford 외 2004).

17 Read(2011) 참조.

18 Poole(1999), 16.

19 Packer(2008).

20 규모가 작은 집단의 구성원들은 서로를 잘 알고 그만큼 서로에 대한 신뢰가 크기에, 일탈적 행동에 더 큰 관용을 보일 수 있다(Jolanda Jetten(개인적 대화); La Macchia 외 2016). 반면 서로 잘 모르는 사회 구성원들끼리는 서로에 대한 신뢰도 덜하게 마련이다(Hornsey 외 2007).

21 심리학자들은 이것을 다원적 무지(pluralistic ignorance)라고 부른다(Miller & McFarland

1987). 그 사례로 다음의 경우를 들 수 있다. 1960년대에 미국 백인들은 다른 백인들이 인종 분리를 지지한다고 가정했는데, 그 바람에 실은 옳다고 생각하는 사람이 거의 없던 인종 분리가 관행으로 굳어지게 되었다(O'Gorman 1975).

22 Forsyth(2009).

23 코만치족의 하위집단들은 별개의 사회로 활동하기 위한 길을 가고 있었다고 말할 수 있다(Daniel Gelo(개인적 대화); Gelo 2012, 87).

24 치와와도 그 전에 마주친 경험이 없는 100킬로그램의 마스티프(털이 짧고 덩치가 큰 견종-옮긴이)를 사진으로만 보고도 자기와 같은 종임을 알아볼 것이다(Autier-Dérian 외 2013).

25 Dollard(1937), 366.

26 하지만 11장에서 제시한 시나리오처럼 만약 우리 선조들이 어휘가 존재하기 이전부터 발성으로 사회들을 구분했다면, 모든 인간이 하나의 언어로 대화했던 시기는 결코 존재하지 않았을지도 모른다.

27 예를 들면 Birdsell(1973).

28 Dixon(1972).

29 Cooley(1902), 270.

30 이페티 아체족이 다른 아체족과 갈라서기 전부터 인육을 먹기 시작했다고 가정하고 하는 이야기다.

31 Birdsell(1957).

32 Kim Hill(개인적 대화); Hill & Hurtado(1996).

33 Lind(2006), 53에서 인용.

34 Sani(2009).

35 Bernstein 외(2007) 등에 의해 실험으로 증명되었다.

36 예를 들면 Hornsey & Hogg(2000).

37 Erikson(1985).

38 Pagel(2009); Marks & Staski(1988).

39 Abruzzi(1982); Boyd & Richerson(2005).

40 Darwin(1859), 490.

21장

1 Atkinson 외(2008); Dixon(1997).

2 Billig(1995); Butz(2009).

3 이 개념은 Tajfel & Turner(1979)에서 처음 나왔다. Van Vugt & Hart(2004)도 참고하라.

4 Connerton(2010); van der Dennen(1987).

5 Goodall(2010), 128-129.

6 Russell(1993), 111.

7 Goodall(2010), 210.

8 Roscoe(2007)도 참고하라.

9 Prud'Homme(1991).

10 Gross(2000).

11 Gonsalkorale & Williams(2007); Spoor & Williams(2007).

12 현대 국가에서 억압받고 있는 인종들도 마찬가지다(예를 들면 Crocker 외 1994; Jetten 외 2001).

13 Boyd & Richerson(2005); Hart & van Vugt(2006)는 작은 집단을 대상으로 연구했다.

14 영장류에 관해서는 Dittus(1988); Widdig 외(2006)를 참고하라. 수렵채집인에 관해서는 Walker(2014); Walker & Hill(2014)을 참고하라.

15 예를 들면 Chagnon(1979).

16 해당 집단이 사회보다 훨씬 사소한 집단인 경우라도 이것은 사실이다. 예를 들어 새로운 놀이 친구 집단에 합류한 아동은 그 집단 구성원들을 연구자들이 무작위로 골라준 경우라고 해도 불가항력적으로 그 집단 안에서 새로운 친구들을 찾아낸다(Sherif 외 1961). 이런 사소한 경쟁 집단을 연구하는 선구자인 Muzafer Sherif(1966, 75)는 이렇게 말한다. "개인의 선호도를 바탕으로 친구를 고를 수 있는 자유란 것이, 결국에는 조직 구성원 자격 규칙에 따라 선발된 사람들 중에서 한 사람을 택할 수 있는 자유와 같은 것으로 드러났다." 이 책에서 관심을 갖고 있는 소속성은 사회 그 자체의 소속성이다.

17 Taylor(2005).

18 Binford(2001); RL Kelly(2013a); Lee & Devore(1968).

19 이 때문에 밴드 사회는 그 크기를 넘어섰을 때 가장 많이 쪼개진다. Birdsell(1968)은 분할이 일어나는 전형적 수치를 1000명으로 제시했다.

20 Wobst(1974); Denham(2013).

21 애초에 이 돌고래 커뮤니티가 어떻게 형성되었는지는 미스터리다(Randall Wells와의 개인적 대화; Sellas 외 2005).

22 결국 아메바들은 분할에 필요한 활력이 다하면, 같은 배양 접시에 무한히 머물게 된다(Bell 1988; Danielli & Muggleton 1959).

23 Birdsell(1958).

24 Hartley(1953), 1.

25 과거에 존재했던 언어의 총 숫자 추정치에 대해서는 다음의 자료를 참고하라. Pagel(2000).

22장

1 Kennett & Winterhalder (2006); Zeder 외(2006).

2 일부 종에서는 개체군 규모가 살짝 증가했지만 이것이 도시에서 확보할 수 있는 자원의 양으로부터 기대할 만한 수준은 아니다(Colin Chapman, Jim Moore, Sindhu Radhakrishna(개인적 대화); Kumar 외 2013; Seth & Seth 1983).

3 Bandy & Fox(2010).

4 Wilshusen & Potter(2010). 예를 들어 대부분의 야노마미족이 평생에 걸쳐 경험할 분할의 숫자는 Hunley 외(2008)과 Ward(1972)에 나온 그래프로 추론해볼 수 있다.

5 Olsen(1987).

6 Flannery & Marcus(2012).

7 엥가 부족들은 공식적으로 씨족 연합(phratry)이다. 한 부족의 씨족(clan)들은 각자 정원의 규모를 넘어서지만 않으면 대체로 서로 결혼도 하고 사이도 좋았다. 하지만 정원을 넘는 시점이 오면 험악한 싸움이 일어날 수 있었다. 엥가는 외교 문제에 있어서만큼은 관용이 라는 것을 몰랐다(Meggitt 1977; Wiessner & Tumu 1998).

8 Scott(2009).

9 냥가톰족에 관해 조언을 해준 Luke Glowacki에게 감사드린다. 남자가 어느 세대에 속할 지는 신기한 방식을 통해 결정된다(Glowacki & von Rueden 2015).

10 Chagnon(2013).

11 '부족(tribe)'은 아주 혼란스러운 역사를 가진 단어다. 내가 이 단어를 여기서 사용하는 이 유는 다른 사람들이 언어와 문화를 공유하는 마을 집단을 기술할 때 이 단어를 사용해왔 고, 이런 사회를 지칭하는 다른 단어가 없기 때문이다(Stephen Sanderson과의 개인적 대화; Sanderson 1999). 후터파교도들은 북아메리카의 마을 사회와 아주 비슷하게 행동한다. 이 들은 세 개의 분파에 소속되어 있는데, 각 분파는 다른 분파가 잘못된 행동을 한다고 생 각하지만 그래도 모두 '같은 부류'라고 여긴다(Simon Evans와의 개인적 대화).

12 Smouse 외(1981); Hames(1983).

13 많은 부족이 화전을 일군다. 한 마을이 한 땅덩어리를 개간해 농지로 가꾸었다가 수확량 이 줄어들면, 이동해서 또 다른 숲을 농지로 개간한다.

14 Harner(1972). 히바로족은 스페인 공격에 다른 부족들도 참여하라고 회유했지만 그들은 거의 참여하지 않았다(Redmond 1994; Stirling 1938).

15 옥신각신할 일이 많았던 마을 사람들은 다른 문화를 발명할 수 있을 만큼 충분히 오랫 동안 함께 지내는 경우는 드물었다. 쪼개지면서 생겨난 한 쌍의 마을은 생활방식에서 서 로 구분이 쉽지 않았다. 한 수렵채집인 밴드를 떠나온 사람들이 서로 그랬듯이 말이다. 이런 쪼개짐은 사회적 뿌리의 변화라기보다는 이웃을 바꾸는 것에 더 가까웠다(하지만 쪼개진 후로 마을 간에 단어의 용도에서 살짝 차이가 나타날 수는 있었다. Aikhenvald(개인적 대화); Aikhenvald 외 2008).

16 Kopenawa & Albert(2013).

17 예를 들면 Southwick 외(1974).

18 예를 들면 Jaffe & Isbell(2010).

19 그 예외로는 군대개미의 두 군집 중 한쪽이 여왕을 잃고 난 후에 합치는 경우(Kronauer 외 2010), 그리고 아카시아개미 군집들이 싸움 후에 합치는 경우(Rudolph & McEntee 2016)가 있다. 흰개미의 경우 군집 합병이 일부 '원시적'(기저가 되는) 종의 군집 간에 나타나는 것 이 밝혀졌다. 이 경우 원래의 여왕과 왕이 죽은 후에 일꾼들이 생식 개체로 전환된다(예 를 들면 Howard 외 2013). 더 발달된 흰개미에서도 합병이 일어난다는 주장이 있지만 이는 검증이 어렵고, 지금까지 알려진 바로는 성숙한 집단 사이에 행여 합병이 일어날 수 있다 해도 매우 드물다(Barbara Thorne과의 개인적 대화).

20 Moss 외(2011).

21 Ethridge & Hudson(2008).

22 Gunnar Haaland(개인적 대화); Haaland(1969).

23 Brewer(1999 and 2000).

24 북아메리카의 일부 족장 사회 동맹과 6세기에 중국에서 형성된 국가 연맹 등, 다른 동맹도 마찬가지였다(Schwartz 1985).

25 Robert Carneiro는 원래 이런 관점을 취했었지만 나중에는 한 걸음 물러나 일부 집단들의 융합으로 족장 사회가 생길 수 있는 가능성을 열어두었다(Carneiro 1998). 나는 이런 '합병'은 기존에는 독립적이었던 집단(예를 들면 독립적인 마을)들이 과제를 달성하기 위해 정치적 우산 아래 하나로 합쳐진다는 측면에서 해석되어야 한다고 믿는다. 하지만 이런 마을들을 하나의 실체로 완전히 병합하려면 일종의 정복이라 할 수 있는, 족장에 의한 파워 플레이가 필요했을 것이다.

26 Bowles(2012).

27 Bintliff(1999).

28 Barth(1969).

29 그런 경우가 얼마나 있었을지를 두고 논란이 있었다. 예를 들면 어떤 사람들은 이로쿼이족에게 잡혀 온 포로들이 나중에는 완전히 동화되었다고 주장하는 반면, 어떤 사람들은 이것이 불가능한 일이라고 여긴다(Donald 1997). 나는 차이점이 분명하게 남아 있었으리라는 점에서 완전한 동화(full assimilation)보다는 완전한 수용(full acceptance)이 더 정확한 표현이 아닐까 생각한다.

30 Chagnon(1977), 155.

31 Jones(2007)는 이런 새끼 도둑질이 인간 노예제도의 선행 사건이라 주장하지만 나는 이런 주장이 의심스럽다. 훔쳐 온 새끼 원숭이에게 강제노동을 시키는 경우는 없기 때문이다.

32 Boesch 외(2008).

33 Anderson(1999).

34 Biocca(1996), xxiv.

35 Brooks(2002).

36 도망친 노예들은 보통 멀리 가기 전에 붙잡혀 왔는데, 종종 이웃 부족에게도 잡혀 왔다(Donald 1997).

37 Patterson(1982).

38 Cameron(2008).

39 Clark & Edmonds(1979).

40 Mitchell(1984), 46.

41 일부 서민은 어려운 시기에 자신을 노예로 팔기도 했다. 특히 엘리트 계층의 노예들이 제일 가난한 자유민보다 더 잘사는 경우에 그랬다(Garnsey 1996).

42 Perdue(1979), 17.

43 Marean(2016).

44 예를 들면 Ferguson(1984).

45 15장과 Abelson 외(1998)을 참고하라.

46 Adam Jones(개인적 대화); Jones(2012).

47 Confino(2014).

48 Haber 외(2017).

49 Stoneking(2003).

50 Grabo & van Vugt(2016); Turchin 외(2013).

51 Carneiro(1998 & 2000). 22장의 주석 25번을 참고하라.

52 Oldmeadow & Fiske(2007). 나중에 나오겠지만 사회적 지위가 타당한 것이라는 이러한 인식은, 민족 집단과 인종 간 관계에도 적용된다.

53 예를 들면 Anderson(1994).

23장

1 Liverani(2006). 우바이드기(Ubaid period, 기원전 5500-4000)의 메소포타미아 유적지들은 좀 더 초보적인 국가 조직을 보여준다. 초기 국가의 등장에 대한 일반적인 논의는 Scarre(2013)와 Scott(2017)을 참고하라.

2 Spencer(2010).

3 예를 들면 Alcock 외(2001); Parker(2003).

4 Tainter(1988).

5 Bettencourt & West(2010); Ortman 외(2014).

6 Richerson & Boyd(1998); Turchin(2015).

7 Wright(2004), 50 - 51.

8 Birdsell(1968)은 이것을 '공동체의 밀도(density of communication)'라고 했다.

9 Freedman(1975).

10 Hingley(2005). 일부 말단 지역들은 로마화에 별로 끌리지 않았을 수도 있다.

11 영성이 '도덕적 종합 계획'을 제공했고, 이 때문에 리더가 필요하지 않았다(Hiatt 2015, 62).

12 Atran & Henrich (2010); Henrich 외 (2010a).

13 DeFries (2014).

14 Tilly (1975), 42.

15 미노아를 비교적 평화주의적이었던 고대 사회의 사례로 제안해준 Eric Cline에게 감사드린다.

16 RL Kelly(2013b), 156.

17 Mann(1986).

18 이런 거대한 족장 사회는 국가의 조직 수준에 도달할 수 있었다. 사실 일부 전문가는 어떤 족장 사회가 국가였다고 주장한다(예를 들면 Hommon 2013).

19 Carneiro(1970 & 2012)가 전문가다운 솜씨로 문명의 등장에 관한 다른 이론들을 처리해버리고 있다. 내가 그의 관점을 적당하다 싶은 형태로 단순화하고 조정했다는 점을 인정

한다. 예를 들면 나는 사회적 지위에 관한 이슈도 국가 형성에 영향을 줄 수 있었다는 것
에 동의한다(Chacon 외 2015; Fukuyama 2011).

20 Brookfield & Brown(1963).

21 Lowen(1919), 175.

22 de la Vega(1966, written 1609), 108.

23 Faulseit(2016).

24 Diamond(2005).

25 Currie 외(2010); Tainter(1988).

26 예를 들면 Joyce 외(2001).

27 Marcus(1989).

28 Chase-Dunn 외(2010); Gavrilets 외(2014); Walter 외(2006).

29 Johnson & Earle(2000).

30 Beaune(1991); Gat & Yakobson(2013); Hale(2004); Reynolds(1997); Weber(1976).

31 Kennedy(1987).

32 Frankopan(2015).

33 Yoffee(1995).

34 그녀의 가설을 뒷받침해주는 내용이 매년 빛을 보고 있다(Roosevelt 2013).

35 이 전쟁 중 일부는 사회를 쪼개기 위해서가 아니라 사회 전체를 장악하기 위해 일어났다.
Holsti(1991); Wallensteen(2012); Wimmer & Min(2006).

36 Kaufman(2001).

37 Bookman(1994).

38 남부인은 북부인과는 다른 영국 지역 출신인 경우가 많아서, 그들의 이런 차별성 강조에
조잡하나마 실체적 기반을 부여한다(Fischer 1989; Watson 2008).

39 Allen Buchanan, Paul Escott, Libra Hilde(개인적 대화); Escott(2010); McCurry (2010);
Weitz(2008).

40 Carter & Goemans(2011).

41 이런 헌신성 결여는 여러 종류의 집단에서 나타난다(Karau & Williams 1993).

42 Kaiser(1994); Sekulic 외(1994).

43 Joyce Marcus(개인적 대화); Feinman & Marcus(1998). 족장 사회와 초기 국가는 수명이 더
짧았다. 일부 측정에 따르면 그 길이는 기껏해야 75년에서 100년 정도였다고 한다(Hally
1996).

44 Cowgill(1988), 253-254.

45 Claessen & Skalník(1978).

24장

1 Alcock 외(2001).

2 Isaac(2004), 8. 사회에 속해 있는 민족 집단들의 변화에 관한 통찰을 얻으려면 다음의 자

료를 추천한다. Van den Berghe(1981).

3 Malpass(2009), 27 −28. 잉카에 대한 조언을 준 Michael Malpass에게 감사드린다.

4 Noy(2000).

5 내 주장은 Cowgill(1988)과 비슷하다. 다만 예외라면 지배당한 집단과 병합된 집단 모두 처음에는 예속되었다는 점에서 그가 '예속(subjugation)'을 사용한 부분에서, 나는 '지배'라는 단어를 사용하기를 좋아한다.

6 Yonezawa(2005).

7 Brindley(2015).

8 Francis Allard(개인적 대화); Allard(2006); Brindley(2015).

9 Hudson(1999).

10 이 만리장성은 중국인들을 변방 스텝 지역의 '원시적인' 유목 사회로부터 분리하는 역할도 했다(Fiskesjö 1999).

11 Cavafy(1976).

12 Spickard(2005), 2. 인류학자들과 사회학자들은 동화, 그리고 그와 연관된 단어인 "문화적 적응(acculturation)"을 다양한 뉘앙스로 사용해왔지만, 여기서 나는 동화만을 사용하겠다.

13 Smith(1986). 이러한 '집단 지배 관점'은 잘 뒷받침되고 있다(Sidanius 외 1997).

14 수에서 밀리는 예속된 쪽이 더 많은 변화를 겪는다는 법칙의 예외적 경우가 있었다. 유목민인 칭기즈칸과 그 후계자들은 자신들이 정복한, 문화적으로 더 세련된 사회들에 비해 수적으로 엄청나게 열세였다. 그들은 정복한 문명의 문화를 마음대로 끌어다 썼다. 대부분의 경우 유목민의 전통을 고수하면서도, 자기 민족과 자기가 장악한 민족들의 행동에 큰 재량권을 주었다(Chua 2007에 잘 설명되어 있다).

15 Santos−Granero(2009)의 8장 등을 참고하라

16 Hornsey & Hogg(2000); Hewstone & Brown(1986).

17 Aly(2014). 노란색 배지를 이용해서 유대인들을 튀어 보이게 만들었던 것에 대해서는 12장에서 다루었다.

18 Mummendey & Wenzel(1999).

19 수도가 가장 큰 영향을 받았다(Mattingly 2014).

20 확연한 다민족 사회에서는 어떤 요소를 상위 정체성에 포함시킬 것인가를 두고 다툼이 일어날 수 있다(Packer 2008; Schaller & Neuberg 2012).

21 예를 들면 Vecoli(1978).

22 Joniak−Lüthi(2015).

23 이런 주장을 바탕으로 보면 미국처럼 분명한 다민족 국가는 국가로 볼 수 없다(Connor 1978).

24 Sidanius 외(1997).

25 서기 1세기에 쓰인 Seneca(1970).

26 Klinkner & Smith(1999), 7.

27 Devos & Ma(2008).

28 Huynh 외(2011), 133.

29 Gordon(1964), 5.

30 Deschamps(1982).

31 Yogeeswaran & Dasgupta(2010).

32 Jost & Banaji(1994); Kamans 외(2009).

33 Sidanius & Petrocik(2001).

34 Cheryan & Monin(2005); Wu(2002).

35 Ho 외(2011).

36 Devos & Banaji(2005).

37 Marshall(1950), 8.

38 Deschamps & Brown(1983).

39 Ehardt & Bernstein(1986); Samuels 외(1987).

40 Lee & Fiske(2006); Portes & Rumbaut(2014).

41 Bodnar(1985).

42 Jost & Banaji(1994); Lerner & Miller(1978).

43 Fiske 외(2007), 82. 다음의 자료도 참고하기 바란다. Major & Schmader(2001); Oldmeadow & Fiske(2007).

44 Jost 외(2003), 13.

45 Paranjpe(1998).

46 Hewlett(1991), 29.

47 Moïse(2014).

48 코만치족에게 잡혀 온 유아는 당장 코만치족으로 취급받을 수 있었다(Rivaya-Martínez(개인적 대화); Rivaya-Martínez 2012).

49 Cheung 외(2011).

50 Cameron(2008); Raijman 외(2008).

51 이것은 서기 212년 이전에도 해당되는 얘기였다(Garnsey 1996).

52 Engerman(2007); Fogel & Engerman(1974).

53 Lim 외(2007).

54 그와 동시에 집단 간의 상호작용이 사람들로 하여금 스스로를 차별화할 수 있는 새로운 방법을 찾도록 자극할 수도 있다(Hogg 2006; Salamone & Swanson 1979).

55 로마인의 경우는 다음의 자료를 참고하라. Insoll(2007), 11. 그리스인들 자신도 몇몇 민족으로 구성되어 있었다(Jonathan Hall과의 개인적 대화; Hall 1997).

56 Smith (2010).

57 Noy (2000).

58 Greenshields (1980).

59 Portes & Rumbaut (2014).

60 처음에 인디언들은 여행을 하려면 공식적인 허가가 필요할 때가 많았고, 미국 정부는 심

지어 보호구역 밖의 교회에 나가는 것까지 엄하게 단속했다(Richmond Clow와의 개인적 대화).

61 Schelling(1978).

62 Christ 외(2014); Pettigrew(2009).

63 Paxton & Mughan(2006).

64 Thompson(1983).

65 Hawley(1944), Berry(2001).

66 Park(1928), 893.

25장

1 1세대 미국 이민자들은 애국심 평가에서 꼭 높은 점수를 받는 것은 아니지만, 그들의 자손은 일반적으로 그렇게 바뀐다(Citrin 외 2001).

2 Beard(2009), 11에서 인용.

3 이것은 단순한 비유 이상의 것이라 할 수 있다. 많은 규범이 우리가 오늘날 목격하고 있는 이슈들을 지배하고 있기 때문이다. 예를 들어 건강 문제의 경우 무엇을 먹고, 그것을 어떻게 요리할지에 대한 규범들이 존재하는데 외부자들은 그 지역의 요리 문화에 순응하지 못해 실제로 질병을 퍼뜨릴 수 있다(Fabrega 1997; Schaller & Neuberg 2012).

4 Dixon(1997).

5 Gaertner & Dovidio(2000).

6 이것은 우리를 다시 Durkheim(1893)에 의해 전개된 전문화와 사회적 응집의 상관관계라는 주제로 데려간다. 이 내용은 39번 주석을 비롯해서 10장에서 다루고 있다.

7 이것도 긍정적 차별성이다(21장). 이런 역할에 대한 증거는 부족한데, 초기 국가들은 이에 대한 정보를 거의 기록으로 남기지 않았기 때문이다. 예를 들어 로마의 무덤들에는 죽은 자의 민족만 드러나 있고 직업에 대한 정보는 누락되어 있거나, 그 반대로 표시된 경우가 많다(David Noy와의 개인적 대화).

8 Esses 외(2001). 다수집단과 경쟁하는 것은 실패로 가는 지름길이지만, 소수집단끼리의 충돌도 큰 대가가 따라온다(Banton 1983; Olzak 1992). 다수집단 사람들은 소수집단 사람들이 권력자들에게 불만을 가지기보다는 자기들끼리 극심한 갈등을 겪게끔 경쟁을 붙임으로써 이득을 얻는 경우가 많다. 물론 이것은 사회들 사이에서도 통한다. 분할 통치의 대가였던 로마인들은 골치 아픈 마케도니아를 네 개의 지방으로 쪼개서 싸움을 부추겼다.

9 Noy(2000). 병사가 필요한 전쟁 시기에는 미국 흑인의 지위가 향상되었다(Smith & Klinkner 1999).

10 Boyd(2002).

11 Abruzzi(1982).

12 Turnbull(1965); Zvelebil & Lillie(2000).

13 이것과 다른 사례들에 대해서는 다음을 참고하라. Cameron(2016).

14 Appave(2009).

15 Sorabji(2005).

16 Suetonius(1979, written AD 121), 21.

17 McNeill(1986).

18 Dinnerstein & Reimers(2009), 2.

19 Light & Gold(2000).

20 Bauder(2008); Potts(1990).

21 한편 식민주의 그리고 그에 뒤따르는 국가의 창립은, 많은 사람으로 하여금 광범위한 민
    족 범주를 선호하게 하여 그들의 원래 부족 정체성을 잃게 만들었다(예를 들면 the Ewe,
    Shona, Igbo, and other ethnic groups in Africa: Iliffe 2007).

22 예를 들면 Gossett(1963, Chapter 1).

23 PC Smith(2009), 4, 5.

24 Brindley(2010).

25 Dio(2008, written second century AD), 281.

26 Sarna(1978).

27 Curti(1946).

28 Crevècoeur(1782), 93.

29 Matthew Frye Jacobson(개인적 대화); Alba(1985); Painter(2010).

30 Alba & Nee(2003); Saperstein & Penner(2012).

31 Leyens 외(2007).

32 Freeman 외(2011).

33 Smith(1997).

34 Smith(1986).

35 Bloemraad 외(2008).

36 Ellis(1997).

37 Levinson(1988); Orgad(2011); Poole(1999).

38 Harles(1993).

39 Gans(2007); Huddy & Khatib(2007). 설상가상으로 요즘에는 여행, 소통, 교육이 아주 편
    리하게 이루어지기 때문에 이민자들이 자기 선조들의 고향 땅과 그 전통으로부터 완전히
    단절되는 경우가 드물다. 하지만 이런 연결성은 자식 대에 가서는 약해질 가능성이 크다
    (Levitt & Waters 2002).

40 Bloemraad(2000); Kymlicka(1995).

41 역설적이게도 루카누스는 현재의 스페인에서 태어났다. 로마제국 역사에 걸쳐 존재했던
    인종차별에 대해 논한 Noy(2000, 34)에서 인용.

42 Michener(2012); Volpp(2001).

43 van der Dennen(1991).

44 Jacobson(1999).

45 Alesina & La Ferrara(2005), 31 - 32.

46 May(2001, 235)는 파푸아뉴기니 부족들에 대한 이 점을 지적한다. "오늘날 마을 사람들의

안녕은 부분적으로는 국가로부터 흘러 들어오는 재화와 서비스에서 자기 몫을 붙잡을 수 있는 능력에 달려 있다. 족장이나 빅맨의 리더십은 이런 혜택에 접근할 권리를 확보하는 선까지만 유효할 것이다."

47 Harlow & Dundes(2004) ; Sidanius 외(1997).

48 Bar-Tal & Staub(1997) ; Wolsko 외(2006).

49 Marilynn Brewer는 내 관점이 Shah 외(2004)의 관점과 일부 중첩된다는 것을 지적해주었다.

50 예를 들면 Van der Toorn 외(2014).

51 Barrett(2007) ; Feshbach(1991) ; Lewis 외(2014) ; Piaget & Weil(1951).

52 애국주의와 국수주의는 각각 진보적 관점, 보수적 관점과 느슨하게 연결되어 있지만 특히나 극단적인 표현에 있어서는 차이가 있다. 예를 들어 극단적 진보주의자들은 자신의 이데올로기에 반하는 그 어떤 언론의 자유도 폭력적으로 반대할 수 있는 반면, 재정적 보수주의자(fiscal conservative)들은 자유무역과 긍정적인 집단 관계를 지지할 수 있다. 국수주의자들도 애국주의적 느낌을 가질 수 있기 때문에, 애국자들에 대한 나의 논의는 애국주의는 강하지만 국수주의는 낮은 사람들에게 적용된다.

53 Bar Tal & Staub(1997).

54 Feinstein(2016) ; Staub(1997).

55 국수주의를 '맹목적 애국주의'로 칭하는 Schatz 외(1999)를 참고하라.

56 Blank & Schmidt(2003) ; Devos & Banaji(2005) ; Leyens 외(2003).

57 Andrew Billings(개인적 대화) ; Billings 외(2015) ; Rothi 외(2005).

58 De Figueiredo & Elkins(2003) ; Viki & Calitri(2008).

59 예를 들면 Raijman 외(2008).

60 Greenwald 외(2015).

61 Smith 외(2011), 371.

62 Jandt 외(2014) ; Modlmeier 외(2012).

63 Feshbach(1994).

64 Hedges(2002) ; Junger(2016).

65 Turchin(2015).

66 이와 대조적으로 애국주의자들은 공통의 운명에 호소함으로써 다양한 집단을 한데 모으려 애쓴다(Li & Brewer 2004).

67 예를 들면 Banks(2016) ; Echebarria-Echabe & Fernandez-Guede(2006).

68 집단들 사이의 경쟁은 문제를 악화시키기만 한다(Esses 외 2001 ; King 외 2010).

69 Bergh 외(2016) ; Zick 외(2008).

70 Described by Sidanius 외(1999).

26장

1 Hayden & Villeneuve(2012), 130.

2 Gaertner 외(2006).

3 일종의 연합 사회를 형성한 것으로 볼 수도 있는 반란자들의 후손이 지금 영국(United Kingdom)의 해외 영토의 일부를 이룬다.

4 개미와 사람의 경우는 정체성 표지를 채용한 덕분에 이런 분리가 잠재적으로는 여러 세대에 걸쳐 지속될 수 있다(5-7장). 바이킹의 고립 기간에 대한 의견은 다양하게 엇갈린다(Graeme Davis와의 개인적 대화; Davis 2009).

5 Weisler(1995). 뉴기니 본토의 한 부족이 고립으로 인해 외부자에 대해 완전히 무지했다는 주장이 있다(Tuzin 2001).

6 Royce(1982), 12.

7 Cialdini & Goldstein(2004).

8 Nichole Simmons(개인적 대화)

9 Jones 외(1984).

10 이들을 경쟁하도록 부추기기 전에도 집단 간 차이가 등장하기 시작했다(Sherif 외 1961). 아이들의 행동 중에서 얼마나 많은 부분이 연구자들에 의해 조작된 것인지에 대해서는 의문이 남는다(Perry 2018).

11 Carneiro(2004); Turchin & Gavrilets(2009).

12 예를 들면 China(Knight 2008).

13 Aikhenvald(2008), 47.

14 Seto(2008).

15 Jackson(1983).

16 McCormick(2017); Reese & Lauenstein(2014).

17 Goodwin(2016).

18 Chollet(2011), 746, 751. 다음의 자료도 참고하라. Linder(2010); Rutherford 외(2014).

19 Leuchtenburg(2015), 634.

20 Gellner(1983), 6. 겔너는 계속해서 이렇게 말했다. "국가를 갖는 것은 인간에 내재하는 특성은 아니지만(…) 지금은 그런 지경에 도달했다."(같은 책). Miller(1995)도 참고하라.

21 새로 이민해 온 사람 중에는 자신이 처한 상황에 적응하느라 상당한 스트레스를 받는 사람이 많다(Berry & Annis 1974).

22 Lyons-Padilla & Gelfand(2015).

결론

1 Reynolds(1981).

2 Druckman(2001).

3 Gelfand 외(2011).

4 Blanton & Christie(2003); Jetten 외(2002); Maghaddam(1998). 행복에 대한 전반적 인식은 국가별로 거의 차이가 없다(Burns 2018).

5 Deschamps(1982); Lorenzi-Cioldi(2006).

6 Cosmides 외(2003).

7 Brewer(2009).

8 Easterly(2001).

9 Christ 외(2014).

10 Alesina & Ferrara(2005); Hong & Page(2004). 낯설어 보이는 사람들을 받아들이는 일이, 사회적으로 지배적인 지위에 있는 사람들에게 가장 큰 도전 과제가 될 것이다(Asbrock 외 2012).

참고문헌

Aanen DK, et al. 2002. The evolution of fungus-growing termites and their mutualistic fungal symbionts. *Proc Nat Acad Sci* 99:14887–14892.

Abelson RP, et al. 1998. Perceptions of the collective other. *Pers Soc Psychol Rev* 2:243–250.

Aboud FE. 2003. The formation of in-group favoritism and out-group prejudice in young children: Are they distinct attitudes? *Dev Psychol* 39:48–60.

Abruzzi WS. 1980. Flux among the Mbuti Pygmies of the Ituri forest. In EB Ross, ed. *Beyond the Myths of Vulture*. New York: Academic. pp. 3–31.

_____. 1982. Ecological theory and ethnic differentiation among human populations. *Curr Anthropol* 23:13–35.

Ackerman JM, et al. 2006. They all look the same to me (unless they're angry): From outgroup homogeneity to out-group heterogeneity. *Psychol Sci* 17:836–840.

Ackerman JM, D Kenrick, M Schaller. 2007. Is friendship akin to kinship? *Evol Hum Behav* 28:365–374.

Adamatzky A. 2005. *A Dynamics of Crowd Minds*. Singapore: World Scientific.

Addessi E, L Crescimbene, E Visalberghi. 2007. Do capuchin monkeys use tokens as symbols? *Proc Roy Soc Lond B* 274:2579–2585.

Aiello LC, RIM Dunbar. 1993. Neocortex size, group size, and the evolution of language. *Curr Anthropol* 34:184–193.

Aikhenvald AY. 2008. Language contact along the Sepik River, Papua New Guinea. *Anthropol Linguist* 50:1–66.

Aikhenvald AY, et al. 2008. *The Manambu Language of East Sepik, Papua New Guinea*. Oxford: Oxford University Press.

Aimé C, et al. 2013. Human genetic data reveal contrasting demographic patterns between sedentary and nomadic populations that predate the emergence of farming. *Mol Biol Evol* 30:2629–2644.

Alba R. 1985. *Italian Americans: Into the Twilight of Ethnicity.* Englewood Cliffs, NJ: Prentice Hall.

Alba R, V Nee. 2003. *Remaking the American Mainstream: Assimilation and Contemporary Immigration.* Cambridge, MA: Harvard University Press.

Alcock SE, et al., eds. 2001. *Empires: Perspectives from Archaeology and History.* Cambridge: Cambridge University Press.

Alcorta CS, R Sosis. 2005. Ritual, emotion, and sacred symbols: The evolution of religion as an adaptive complex. *Hum Nature* 16:323–359.

Alesina A, E La Ferrara. 2005. Ethnic diversity and economic performance. *J Econ Lit* 43:762–800.

Alexander MG, MB Brewer, RW Livingston. 2005. Putting stereotype content in context: Image theory and interethnic stereotypes. *Pers Soc Psychol Bull* 31:781–794.

Alexander RD. 1985. A biological interpretation of moral systems. *J Relig Sci* 20:3–20.

Allard F. 2006. Frontiers and boundaries: The Han empire from its southern periphery. In MT Stark, ed. *Archaeology of Asia.* Malden, MA: Blackwell. pp. 233–254.

Allee WC. 1931. *Animal Aggregations.* Chicago: University of Chicago Press.

Allen MW, TL Jones, eds. 2014. *Violence and Warfare among Hunter-Gatherers.* Walnut Creek, CA: Left Coast Press.

Allport FH. 1927. The nationalistic fallacy as a cause of war. *Harpers.* August. pp. 291–301.

Allport GW. 1954. *The Nature of Prejudice.* Reading: Addison-Wesley.

Al-Simadi FA. 2000. Jordanian students' beliefs about nonverbal behaviors associated with deception in Jordan. *Soc Behav Pers* 28:437–442.

Alvergne A, C Faurie, M Raymond. 2009. Father-offspring resemblance predicts paternal investment in humans. *Anim Behav* 78:61–69.

Aly G. 2014. *Why the Germans? Why the Jews?: Envy, Race Hatred, and the Prehistory of the Holocaust.* New York: Macmillan.

Ames KM. 1991. Sedentism: A temporal shift or a transitional change in hunter-gatherer mobility patterns? In S Gregg, ed. *Between Bands and States. Center for Archaeological Investigations Occasional Paper No. 9.* Carbondale: Southern Illinois University Press. pp. 103–133.

————. 1995. Chiefly power and household production on the Northwest Coast. In TD Price, GM Feinman, eds. *Foundations of Social Inequality.* New York: Springer. pp. 155–187.

Ames K, HDG Maschner. 1999. *Peoples of the Northwest Coast: Their Archaeology and Prehistory.* New York: Thames & Hudson.

Amodio DM. 2008. The social neuroscience of intergroup relations. *Eur Review Soc Psychol* 19:1–54.

————. 2011. Self-regulation in intergroup relations: A social neuroscience framework. In A Todorov, ST Fiske, DA Prentice, eds. *Social Neuroscience: Toward Understanding the Underpinnings of the Social Mind.* New York: Oxford University Press. pp. 101–122.

Anderson B. 1982. *Imagined Communities: Reflections on the Origin and Spread of*

Nationalism. New York: Verso.

Anderson DG. 1994. *The Savannah River Chiefdoms: Political Change in the Late Prehistoric Southeast*. Tuscaloosa: University of Alabama Press.

Anderson GC. 1999. *The Indian Southwest, 1580–1830: Ethnogenesis and Reinvention*. Norman: University of Oklahoma Press.

Andersson CJ. 1856. *Lake Ngami: Or, Explorations and Discoveries, during Four Year's Wandering in the Wilds of South Western Africa*. London: Hurst & Blackett.

Ansmann IC, et al. 2012. Dolphins restructure social system after reduction of commercial fisheries. *Anim Behav* 575–581.

Anzures G, et al. 2012. Brief daily exposures to Asian females reverses perceptual narrowing for Asian faces in Caucasian infants. *J Exp Child Psychol* 112:485–495.

Apicella CL, et al. 2012. Social networks and cooperation in hunter-gatherers. *Nature* 481:497–501.

Appave G. 2009. *World Migration 2008: Managing Labour Mobility in the Evolving Global Economy*. Sro-Kundig, Switzerland: International Organization for Migration.

Appelbaum Y. 2015. Rachel Dolezal and the history of passing for Black. *The Atlantic*. June 15.

Armitage KB. 2014. *Marmot Biology*. Cambridge: Cambridge University Press.

Arnold JE. 1996. The archaeology of complex hunter-gatherers. *J Archaeol Meth Th* 3:77–126.

Asch SE. 1946. Forming impressions of personality. *J Abnorm Soc Psychol* 41:258–290.

Asbrock F, et al. 2012. Differential effects of intergroup contact for authoritarians and social dominators. *Pers Soc Psychol B* 38:477–490.

Atkinson QD, et al. 2008. Languages evolve in punctuational bursts. *Science* 319:588.

Atran S. 1990. *Cognitive Foundations of Natural History*. Cambridge: Cambridge University Press.

Atran S, et al. 1997. Generic species and basic levels: Essence and appearance in folk biology. *J Ethnobiol* 17:17–43.

Atran S, J Henrich. 2010. The evolution of religion: How cognitive by-products, adaptive learning heuristics, ritual displays, and group competition generate deep commitments to prosocial religions. *Biol Theory* 5:1–13.

Aureli F, et al. 2006. Raiding parties of male spider monkeys: Insights into human warfare? *Am J Phys Anthropol* 131:486–497.

Aureli F, et al. 2008. Fission-fusion dynamics: New research frameworks. *Curr Anthropol* 49:627–654.

Autier-Dérian D, et al. 2013. Visual discrimination of species in dogs. *Anim Cogn* 16:637–651.

Avilés L, J Guevara. 2017. Sociality in spiders. In DR Rubenstein, R Abbot, eds. *Comparative Social Evolution*. Cambridge: Cambridge University Press. pp. 188–223.

Axelrod R. 2006. *The Evolution of Cooperation*. New York: Basic Books.

Azevedo RT, et al. 2013. Their pain is not our pain: Brain and autonomic correlates of empathic resonance with the pain of same and different race individuals. *Hum Brain Mapp* 34:3168–3181.

Bădescu I, et al. 2016. Alloparenting is associated with reduced maternal lactation effort and faster weaning in wild chimpanzees. *Roy Soc Open Sci* 3:160577.

Bahuchet S. 2012. Changing language, remaining Pygmy. *Hum Biol* 84:11–43.

———. 2014. Cultural diversity of African Pygmies. In BS Hewlett, ed. *Hunter-Gatherers of the Congo Basin*. New Brunswick, NJ: Transaction. pp. 1–30.

Bailey KG. 1988. Psychological kinship: Implications for the helping professions. *Psychother Theor Res Pract Train* 25:132–141.

Bain P, et al. 2009. Attributing human uniqueness and human nature to cultural groups: Distinct forms of subtle dehumanization. *Group Proc Intergr Rel* 12:789–805.

Banaji MR, SA Gelman. 2013. *Navigating the Social World: What Infants, Children, and Other Species Can Teach Us*. Oxford: Oxford University Press.

Banaji MR, AG Greenwald. 2013. *Blindspot: Hidden Biases of Good People*. New York: Delacorte Press.

Bandura A. 1999. Moral disengagement in the perpetration of inhumanities. *Pers Soc Psychol Rev* 3:193–209.

Bandy MS, JR Fox, eds. 2010. *Becoming Villagers: Comparing Early Village Societies*. Tucson: University of Arizona Press.

Banks AJ. 2016. Are group cues necessary? How anger makes ethnocentrism among whites a stronger predictor of racial and immigration policy opinions. *Polit Behav* 38:635–657.

Banton M. 1983. *Racial and Ethnic Competition*. Cambridge: Cambridge University Press.

Barfield T. 2002. Turk, Persian and Arab: Changing relationships between tribes and state in Iran and along its frontiers. In N Keddie, ed. *Iran and the Surrounding World*. Seattle: University of Washington Press. pp. 61–88.

Barlow G. 2000. *The Cichlid Fishes*. New York: Basic Books.

Barnard A. 2007. *Anthropology and the Bushman*. New York: Berg.

———. 2010. When individuals do not stop at the skin. In RIM Dunbar, C Gamble, J Gowlett, eds. *Social Brain, Distributed Mind*. Oxford: Oxford University Press. pp. 249–267.

———. 2011. *Social Anthropology and Human Origins*. New York: Cambridge University Press.

Barnes JE. 2001. As demand soars, flag makers help bolster nation's morale. *New York Times*. September 23.

Baron AS, Y Dunham. 2015. Representing "us" and "them": Building blocks of intergroup cognition. *J Cogn Dev* 16:780–801.

Barrett M. 2007. *Children's Knowledge, Beliefs, and Feelings about Nations and National Groups*. New York: Psychology Press.

Barron AB, C Klein. 2016. What insects can tell us about the origins of consciousness. *Proc Nat Acad Sci* 113:4900–4908.

Barron WRJ. 1981. The penalties for treason in medieval life and literature. *J Medieval Hist* 7:187–202.

Bar-Tal D. 2000. *Shared Beliefs in a Society*. Thousand Oaks, CA: Sage Publishing.

Bar-Tal D, E Staub. 1997. Patriotism: Its scope and meaning. In D Bar Tal, E Staub, eds.

Patriotism in the Lives of Individuals and Nations. Chicago: Nelson-Hall. pp. 1–19.

Barth F, ed. 1969. *Ethnic Groups and Boundaries: The Social Organization of Culture Difference.* Boston: Little, Brown. pp. 9–38.

Bartlett FC, C Burt. 1933. Remembering: A study in experimental and social psychology. *Brit J Educ Psychol* 3:187–192.

Bates LA, et al. 2007. Elephants classify human ethnic groups by odor and garment color. *Curr Biology* 17:1938–1942.

Bates LA, et al. 2008. African elephants have expectations about the locations of out-ofsight family members. *Biol Lett* 4:34–36.

Bauder H. 2008. Citizenship as capital: The distinction of migrant labor. *Alternatives* 33:315–333.

Baumard N. 2010. Has punishment played a role in the evolution of cooperation? A critical review. *Mind Soc* 9:171–192.

Baumeister RF. 1986. *Identity: Cultural Change and the Struggle for Self.* New York: Oxford University Press.

Baumeister RF, SE Ainsworth, KD Vohs. 2016. Are groups more or less than the sum of their members? The moderating role of individual identification. *Behav Brain Sci* 39:1–56.

Baumeister RF, et al. 1989. Who's in charge here? *Pers Soc Psychol B* 14:17–22.

Baumeister RF, Leary MR. 1995. The need to belong: Desire for interpersonal attachments as a fundamental human motivation. *Psychol Bull* 117:497–529.

Beals KL, et al. 1984. Brain size, cranial morphology, climate, and time machines. *Curr Anthropol* 25:301–330.

Beard CA. 2009. *The Republic: Conversations on Fundamentals.* New Brunswick, NJ: Transaction Publishers.

Beaune C. 1991. *Birth of an Ideology: Myths and Symbols of a Nation.* Berkeley: University of California Press.

Beccaria C. 2009 (1764). *On Crimes and Punishments and Other Writings.* A Thomas, ed. Toronto: University of Toronto Press.

Beck BB. 1982. Chimpocentrism: Bias in cognitive ethology. *J Hum Evol* 11:3–17.

Becker JC, et al. 2017. What do national flags stand for? An exploration of associations across 11 countries. *J Cross Cult Psychol* 48:335–352.

Beecher MD, et al. 1986. Acoustic adaptations for parent-offspring recognition in swallows. *Exp Biol* 45:179–193.

Beety VE. 2012. What the brain saw: The case of Trayvon Martin and the need for eyewitness identification reform. *Denver Univ Law Rev* 90:331–346.

Behar DM, et al. 2008. The dawn of human matrilineal diversity. *Am J Hum Genet* 82:1130–1140.

Bekoff M, J Pierce. 2009. *Wild Justice: The Moral Lives of Animals.* Chicago: University of Chicago Press.

Bell G. 1988. *Sex and Death in Protozoa.* New York: Cambridge University Press.

Bender T. 2006. *A Nation among Nations: America's Place in World History.* New York: Hill & Wang.

Bennett NC, CG Faulkes. 2000. *African Mole-rats: Ecology and Eusociality*. Cambridge: Cambridge University Press.

Benson-Amram S, et al. 2016. Brain size predicts problem-solving ability in mammalian carnivores. *Proc Nat Acad Sci* 113:2532–2537.

Berger J, C Cunningham. 1987. Influence of familiarity on frequency of inbreeding in wild horses. *Evolution* 41:229–231.

Berger PL, T Luckmann. 1966. *The Social Structure of Reality: A Treatise in the Sociology of Knowledge*. New York: Doubleday.

Bergh R, et al. 2016. Is group membership necessary for understanding generalized prejudice? A re-evaluation of why prejudices are interrelated. *J Pers Soc Psychol* 111:367– 395.

Bergman TJ. 2010. Experimental evidence for limited vocal recognition in a wild primate: Implications for the social complexity hypothesis. *Proc Roy Soc Lond B* 277:3045–3053.

Berman JC. 1999. Bad hair days in the Paleolithic: Modern (re)constructions of the cave man. *Am Anthropol* 101:288–304.

Berndt RM, CH Berndt. 1988. *The World of the First Australians*. Canberra: Aboriginal Studies Press.

Bernstein MJ, SG Young, K Hugenberg. 2007. The cross-category effect: Mere social categorization is sufficient to elicit an own-group bias in face recognition. *Psychol Sci* 18:706–712.

Berreby D. 2005. *Us and Them: Understanding Your Tribal Mind*. New York: Little, Brown.

Berry JW. 2001. A psychology of immigration. *J Soc Issues* 57:615–631.

Berry JW, RC Annis. 1974. Acculturation stress: The role of ecology, culture, and differentiation. *J Cross Cult Psychol* 5:382–406.

Best E. 1924. *The Maori*, vol. 1. Wellington, NZ: HH Tombs.

Bettencourt L, G West. 2010. A unified theory of urban living. *Nature* 467:912–913.

Bettinger RL, R Garvey, S Tushingham. 2015. *Hunter-Gatherers: Archaeological and Evolutionary Theory*. 2nd ed. New York: Springer.

Bigelow R. 1969. *The Dawn Warriors: Man's Evolution Toward Peace*. Boston: Little, Brown.

Bigler RS, LS Liben. 2006. A developmental intergroup theory of social stereotypes and prejudice. *Adv Child Dev Behav* 34:39–89.

Bignell DE, Y Roisin, N Lo, eds. 2011. *Biology of Termites*. New York: Springer.

Billig M. 1995. *Banal Nationalism*. London: Sage Publications.

Billings A, K Brown, N Brown-Devlin. 2015. Sports draped in the American flag: Impact of the 2014 winter Olympic telecast on nationalized attitudes. *Mass Commun Soc* 18:377–398.

Binford LR. 1980. Willow smoke and dog's tails: Hunter-gatherer settlement systems and archaeological site formation. *Am Antiquity* 45:4–20.

———. 2001. *Constructing Frames of Reference*. Berkeley: University of California Press.

Bintliff J. 1999. Settlement and territory. In G Barker, ed. *Companion Encyclopedia of Archaeology* 1. London: Routledge. pp. 505–545.

Biocca E. 1996. *Yanoáma: The Story of Helena Valero*. New York: Kodansha America.

Bird DW, RB Bird. 2000. The ethnoarchaeology of juvenile foragers: Shellfishing strategies among Meriam children. *J Anthropol Archaeol* 19:461–476.

Birdsell JB. 1957. Some population problems involving Pleistocene man. *Cold Spring Harbor Symposia on Quantitative Biology* 22:47–69.

_____. 1958. On population structure in generalized hunting and collecting populations. *Evolution* 12:189–205.

_____. 1968. Some predictions for the Pleistocene based on equilibrium systems among recent foragers. In R Lee, I DeVore, eds. *Man the Hunter.* Chicago: Aldine. pp. 229–249.

_____. 1970. Local group composition among the Australian Aborigines: A critique of the evidence from fieldwork conducted since 1930. *Curr Anthropol* 11:115–142.

_____. 1973. The basic demographic unit. *Curr Anthropol* 14:337–356.

Blainey G. 1976. *Triumph of the Nomads: A History of Aboriginal Australia.* Woodstock, NY: Overlook Press.

Blank T, P Schmidt. 2003. National identity in a united Germany: Nationalism or patriotism? An empirical test with representative data. *Polit Psychol* 24:289–312.

Blanton H, C Christie. 2003. Deviance regulation: A theory of action and identity. *Rev Gen Psychol* 7:115–149.

Bleek DF. 1928. *The Naron: A Bushman Tribe of the Central Kalahari.* Cambridge: Cambridge University Press.

Bloemraad I. 2000. Citizenship and immigration. *J Int Migrat Integration* 1:9–37.

Bloemraad I, A Korteweg, G Yurdakul. 2008. Citizenship and immigration: Multiculturalism, assimilation, and challenges to the nation-state. *Annu Rev Sociol* 34:153–179.

Bloom P, C Veres. 1999. Perceived intentionality of groups. *Cognition* 71:B1–B9.

Blurton-Jones N. 2016. *Demography and Evolutionary Ecology of Hadza Hunter-Gatherers.* Cambridge: Cambridge University Press.

Bocquet-Appel J-P, O Bar-Yosef, eds. 2008. *The Neolithic Demographic Transition and its Consequences.* New York: Springer.

Bodnar JE. 1985. *The Transplanted: A History of Immigrants in Urban America.* Bloomington: Indiana University Press.

Boehm C. 1999. *Hierarchy in the Forest: The Evolution of Egalitarian Behavior.* Cambridge, MA: Harvard University Press.

_____. 2013. The biocultural evolution of conflict resolution between groups. In D Fry, ed. *War, Peace, and Human Nature.* Oxford: Oxford University Press. pp. 315–340.

Boesch C. 1996. Social grouping in Tai chimpanzees. In WC McGrew, LF Marchant, T Nishida, eds. *Great Ape Societies.* Cambridge: Cambridge University Press. pp. 101–113.

_____. 2012. From material to symbolic cultures: Culture in primates. In J Valsiner, ed. *The Oxford Handbook of Culture and Psychology.* Oxford: Oxford University Press. pp. 677–694.

Boesch C, H Boesch-Achermann. 2000. *The Chimpanzees of the Taï Forest.* New York: Oxford University Press.

Boesch C, et al. 2008. Intergroup conflicts among chimpanzees in Taï National Park:

Lethal violence and the female perspective. *Am J Primatol* 70:519–532.

Boesch C, G Hohmann, L Marchant, eds. 2002. *Behavioural Diversity in Chimpanzees and Bonobos*. Oxford: Cambridge University Press.

Bohn KM, CF Moss, GS Wilkinson. 2009. Pup guarding by greater spear-nosed bats. *Behav Ecol Sociobiol* 63:1693–1703.

Bolhuis JJ. 1991. Mechanisms of avian imprinting: A review. *Biol Rev* 66:303–345.

Bond CF, et al. 1990. Lie detection across cultures. *J Nonverbal Behav* 14:189–204.

Bond R. 2005. Group size and conformity. *Intergroup Relations* 8:331–354.

Bonilla-Silva E. 2014. *Racism without Racists: Color-Blind Racism and the Persistence of Racial Inequality in America*. New York: Rowman & Littlefield.

Bonner J. 2006. *Why Size Matters: From Bacteria to Blue Whales*. Princeton, NJ: Princeton University Press.

Bonnie KE, et al. 2007. Spread of arbitrary customs among chimpanzees: A controlled experiment. *Proc Roy Soc B* 274:367–372.

Bookman MZ. 1994. War and peace: The divergent breakups of Yugoslavia and Czechoslovakia. *J Peace Res* 31:175–187.

Bosacki SL, C Moore. 2004. Preschoolers' understanding of simple and complex emotions: Links with gender and language. *Sex Roles* 50:659–675.

Bosmia AN, et al. 2015. Ritualistic envenomation by bullet ants among the Sateré-Mawé Indians in the Brazilian Amazon. *Wild Environ Med* 26:271–273.

Bot ANM, et al. 2001. Waste management in leaf-cutting ants. *Ethol Ecol Evol* 13:225–237.

Boughman JW, GS Wilkinson. 1998. Greater spear-nosed bats discriminate group mates by vocalizations. *Anim Behav* 55:1717–1732.

Bourjade M, et al. 2009. Decision-making in Przewalski horses (*Equus ferus przewalskii*) is driven by the ecological contexts of collective movements. *Ethology* 115:321–330.

Bousquet CA, DJ Sumpter, MB Manser. 2011. Moving calls: A vocal mechanism underlying quorum decisions in cohesive groups. *Proc Biol Sci* 278:1482–1488.

Bowles S. 2006. Group competition, reproductive leveling, and the evolution of human altruism. *Science* 314:1569–1572.

————. 2012. Warriors, levelers, and the role of conflict in human social evolution. *Science* 336:876–879.

Bowles S, H Gintis. 2011. *A Cooperative Species: Human Reciprocity and its Evolution*. Princeton, NJ: Princeton University Press.

Boyd RL. 2002. Ethnic competition for an occupational niche: The case of Black and Italian barbers in northern US cities during the late nineteenth century. *Sociol Focus* 35:247–265.

Boyd R, PJ Richerson. 2005. *The Origin and Evolution of Cultures*. Oxford: Oxford University Press.

Bramble DM, DE Lieberman. 2004. Endurance running and the evolution of *Homo*. *Nature* 432:345–352.

Brandt M, et al. 2009. The scent of supercolonies: The discovery, synthesis and behavioural verification of ant colony recognition cues. *BMC Biology* 7:71–79.

Branstetter MG, et al. 2017. Dry habitats were crucibles of domestication in the evolution of agriculture in ants. *Proc Roy Soc B* 284:20170095.

Braude S. 2000. Dispersal and new colony formation in wild naked mole-rats: Evidence against inbreeding as the system of mating. *Behav Ecol* 11:7–12.

Braude S, E Lacey. 1992. The underground society. *The Sciences* 32:23–28.

Breed MD. 2014. Kin and nestmate recognition: The influence of WD Hamilton on 50 years of research. *Anim Behav* 92:271–279.

Breed MD, C Cook, MO Krasnec. 2012. Cleptobiosis in social insects. *Psyche* 2012:1–7.

Breidlid A, et al., eds. 1996. *American Culture: An Anthology*. 2nd ed. New York: Routledge.

Bressan P, M Grassi. 2004. Parental resemblance in 1-year-olds and the Gaussian curve. *Evol Hum Behav* 25:133–141.

Brewer MB. 1991. The social self: On being the same and different at the same time. *Pers Soc Psychol B* 5:475–482.

_____. 1999. The psychology of prejudice: Ingroup love or outgroup hate? *J Soc Issues* 55:429–444.

_____. 2000. Superordinate goals versus superordinate identity as bases of intergroup cooperation. In R Brown, D Capozza, eds. *Social Identity Processes*. London: Sage. pp. 117–132.

_____. 2007. The importance of being we: Human nature and intergroup relations. *Am Psychol* 62:728–738.

_____. 2009. Social identity and citizenship in a pluralistic society. In E Borgida, J Sullivan, E Riedel, eds. *The Political Psychology of Democratic Citizenship*. Oxford: Oxford University Press. pp. 153–175.

Brewer MB, LR Caporael. 2006. An evolutionary perspective on social identity: Revisiting groups. In M Schaller et al., eds. *Evolution and Social Psychology*. New York: Psychology Press. pp. 143–161.

Brindley EF. 2010. Representations and uses of Yue identity along the southern frontier of the Han, ca. 200–111 BCE. *Early China* 33:2010–2011.

_____. 2015. *Ancient China and the Yue: Perceptions and Identities on the Southern Frontier, c. 400 BCE–50 CE*. Cambridge: Cambridge University Press.

Brink JW. 2008. *Imagining Heads-Smashed-In: Aboriginal Buffalo Hunting on the Northern Plains*. Edmonton: Athabasca University Press.

Brookfield HC, P Brown. 1963. *Struggle for Land: Agriculture and Group Territories among the Chimbu of the New Guinea Highlands*. Melbourne: Oxford University Press.

Brooks AS, et al. 2018. Long-distance stone transport and pigment use in the earliest Middle Stone Age. *Science* 360: 90–94.

Brooks JF. 2002. *Captives and Cousins: Slavery, Kinship, and Community in the Southwest Borderlands*. Chapel Hill: University of North Carolina Press.

Broome R. 2010. *Aboriginal Australians: A History since 1788*. Sydney: Allen & Unwin.

Brown ED, SM Farabaugh. 1997. What birds with complex social relationships can tell us about vocal learning. In CT Snowdon, M Hausberger, eds. *Social Influences on Vocal Development*. Cambridge: Cambridge University Press. pp. 98–127.

Bruneteau J-P. 1996. *Tukka: Real Australian Food*. Sydney: HarperCollins Australia.

Bshary R, W Wickler, H Fricke. 2002. Fish cognition: A primate's eye view. *Anim Cogn* 5:1–13.

Buchan JC, et al. 2003. True paternal care in a multi-male primate society. *Nature* 425:179–181.

Builth H. 2014. *Ancient Aboriginal Aquaculture Rediscovered.* Saarbrucken: Omniscriptum.

Burch ES Jr. 2005. *Alliance and Conflict: The World System of the Iñupiaq Eskimos.* Lincoln: University of Nebraska Press.

Burgener N, et al. 2008. Do spotted hyena scent marks code for clan membership? In JL Hurst, RJ Beynon, SC Roberts, TD Wyatt, eds. *Chemical Signals in Vertebrates 11.* New York: Springer. pp. 169–177.

Burns RA. 2018. The utility of between-nation subjective wellbeing comparisons amongst nations within the European Social Survey. *J Happiness Stud* 18:1–23.

Buttelmann D, J Call, M Tomasello. 2009. Do great apes use emotional expressions to infer desires? *Devel Sci* 12:688–698.

Butz DA. 2009. National symbols as agents of psychological and social change. *Polit Psychol* 30:779–804.

Buys CJ, KL Larson. 1979. Human sympathy groups. *Psychol Reports* 45:547–553.

Caldwell J. 1964. Interaction spheres in prehistory. In J Caldwell, R Hall, eds. *Hopewellian Studies, Scientific Paper* 12. Springfield: Illinois State Museum. pp. 134–143.

Callahan SP, A Ledgerwood. 2013. The symbolic importance of group property: Implications for intergroup conflict and terrorism. In TK Walters et al., eds. *Radicalization, Terrorism, and Conflict.* Newcastle: Cambridge Scholars. pp. 232–267.

———. 2016. On the psychological function of flags and logos: Group identity symbols increase perceived entitativity. *J Pers Soc Psychol* 110:528–550.

Cameron CM. 2008. Captives in prehistory as agents of social change. In CM Cameron, ed. *Invisible Citizens: Captives and Their Consequences.* Salt Lake City: University of Utah Press. pp. 1–24.

———. 2016. *Captives: How Stolen People Changed the World.* Lincoln: University of Nebraska Press.

Cameron EZ, TH Setsaas, WL Linklater. 2009. Social bonds between unrelated females increase reproductive success in feral horses. *Proc Nat Acad Sci* 106:13850–13853.

Campbell DT. 1958. Common fate, similarity, and other indices of the status of aggregates of persons as social entities. *Syst Res Behav Sci* 3:14–25.

Campbell MW, FBM de Waal. 2011. Ingroup-outgroup bias in contagious yawning by chimpanzees supports link to empathy. *PloS ONE* 6:e18283.

Cane S. 2013. *First Footprints: The Epic Story of the First Australians.* Sydney: Allen & Unwin.

Cantor M, et al. 2015. Multilevel animal societies can emerge from cultural transmission. *Nat Comm* 6:8091.

Cantor M, H Whitehead. 2015. How does social behavior differ among sperm whale clans? *Mar Mammal Sci* 31:1275–1290.

Caporael LR, RM Baron. 1997. Groups as the mind's natural environment. In J Simpson, D Kenrick, eds. *Evolutionary Social Psychology.* Mahwah: Lawrence Erlbaum. pp.

317–343.

Carlin NF, B Hölldobler. 1983. Nestmate and kin recognition in interspecific mixed colonies of ants. *Science* 222:1027–1029.

Carneiro RL. 1970. A theory of the origin of the state. *Science* 169:733–738.

_____. 1987. Village-splitting as a function of population size. In L Donald, ed. *Themes in Ethnology and Culture History*. Meerut: Archana. pp. 94–124.

_____. 1998. What happened at the flashpoint? Conjectures on chiefdom formation at the very moment of conception. In EM Redmond, ed. *Chiefdoms and Chieftaincy in the Americas*. Gainesville: University Press of Florida. pp. 18–42.

_____. 2000. *The Muse of History and the Science of Culture*. New York: Springer.

_____. 2004. The political unification of the world: When, and how—some speculations. *Cross-Cult Res* 38:162-77.

_____. 2012. The circumscription theory: A clarification, amplification, and reformulation. *Soc Evol Hist* 11:5–30.

Caro T. 1994. *Cheetahs of the Serengeti Plains*. Chicago: University of Chicago Press.

Carter DB, HE Goemans. 2011. The making of the territorial order: New borders and the emergence of interstate conflict. *Int Organ* 65:275–309.

Cashdan E. 1998. Adaptiveness of food learning and food aversions in children. *Soc Sci Inform* 37:613–632.

_____. 2001. Ethnocentrism and xenophobia: A cross-cultural study. *Curr Anthropol* 42:760–765.

Cashdan E, et al. 1983. Territoriality among human foragers: Ecological models and an application to four Bushman groups. *Curr Anthropol* 24:47–66.

Caspar EA, et al. 2016. Coercion changes the sense of agency in the human brain. *Curr Biol* 26:585–592.

Cassill D. 2003. Rules of supply and demand regulate recruitment to food in an ant society. *Behav Ecol Sociobiol* 54:441–450.

Castano E, et al. 2002. Who may enter? The impact of in-group identification on ingroup-outgroup categorization. *J Exp Soc Psychol* 38:315–322.

Castano E, M Dechesne. 2005. On defeating death: Group reification and social identification as immortality strategies. *Eur Rev Soc Psychol* 16:221–255.

Castano E, R Giner-Sorolla. 2006. Not quite human: Infrahumanization in response to collective responsibility for intergroup killing. *J Pers Soc Psychol* 90:804–818.

Cavafy CP. 1976. *The Complete Poems of Cavafy: Expanded Edition*. New York: Harcourt Brace.

Chacon RJ, DH Dye. 2007. *The Taking and Displaying of Human Body Parts As Trophies by Amerindians*. New York: Springer.

Chacon Y, et al. 2015. From chiefdom to state: The contribution of social structural dynamics. *Soc Evol Hist* 14:27–45.

Chagnon NA. 1977. *Yanomamo: The Fierce People*. New York: Holt, Rinehart & Winston.

_____. 1979. Mate competition, favoring close kin, and village fissioning among the Yanomamo Indians. In NA Chagnon, W Irons, eds. *Evolutionary Biology and Human Social Behavior*. North Scituate: Duxbury Press. pp. 86–132.

_____. 1981. Terminological kinship, genealogical relatedness, and village fissioning among the Yanomamo Indians. In RD Alexander, DW Tinkle, eds. *Natural Selection and Social Behavior*. New York: Chiron Press. pp. 490–508.

_____. 2013. *Yanomamo*. 6th ed. Belmont, CA: Wadsworth.

Chaix R, et al. 2004. The genetic or mythical ancestry of descent groups: Lessons from the Y chromosome. *Am J Hum Genet* 75:1113–1116.

Chambers JK. 2008. *Sociolinguistic Theory: Linguistic Variation and its Social Significance*. 3rd ed. Chichester: Wiley-Blackwell.

Chambers JR. 2008. Explaining false uniqueness: Why we are both better and worse than others. *Soc Pers Psychol Compass* 2:878–894.

Chaminade T, et al. 2012. How do we think machines think? An fMRI study of alleged competition with an artificial intelligence. *Front Hum Neurosci* 6:103.

Chance MRA, RR Larsen, eds. 1976. *The Social Structure of Attention*. New York: John Wiley.

Chapais B. 2008. *Primeval Kinship: How Pair-Bonding Gave Birth to Human Society*. Cambridge, MA: Harvard University Press.

Chapais B, et al. 1997. Relatedness threshold for nepotism in Japanese macaques. *Anim Behav* 53:1089–1101.

Chapman CA, FJ White, RW Wrangham. 1994. Party size in chimpanzees and bonobos. In RW Wrangham, WC McGrew, F de Waal, eds. *Chimpanzee Cultures*. Cambridge, MA: Harvard University Press. pp. 41–58.

Chapman EN, A Kaatz, M Carnes. 2013. Physicians and implicit bias: How doctors may unwittingly perpetuate health care disparities. *J Gen Intern Med* 28:1504–1510.

Chapman J. 1863. *Travels in the Interior of South Africa*, vol. 2. London: Bell & Daldy.

Chase-Dunn C, et al. 2010. Cycles of rise and fall, upsweeps and collapses. In LE Grinin et al., eds. *History and Mathematics: Processes and Models of Global Dynamics*. Volgograd: Uchitel. pp. 64–91.

Cheney DL, RM Seyfarth. 2007. *Baboon Metaphysics: The Evolution of a Social Mind*. Chicago: University of Chicago Press.

Cheryan S, B Monin. 2005. Where are you really from?: Asian Americans and identity denial. *J Pers Soc Psychol* 89:717–730.

Cheung BY, M Chudek, SJ Heine. 2011. Evidence for a sensitive period for acculturation. *Psychol Sci* 22:147–152.

Chilvers BL, PJ Corkeron. 2001. Trawling and bottlenose dolphins' social structure. *P Roy Soc Lond B* 268:1901–1905.

Chollet A. 2011. Switzerland as a "fractured nation." *Nations & Nationalism* 17:738–755.

Christ O, et al. 2014. Contextual effect of positive intergroup contact on outgroup prejudice. *Proc Nat Acad Sci* 111:3996–4000.

Christakis NA, JH Fowler. 2014. Friendship and natural selection. *Proc Nat Acad Sci* 111:10796–10801.

Christal J, H Whitehead, E Lettevall. 1998. Sperm whale social units: Variation and change. *Can J Zool* 76:1431–1440.

Christensen C, et al. 2016. Rival group scent induces changes in dwarf mongoose immediate behavior and subsequent movement. *Behav Ecol* 27:1627–1634.

Chua A. 2007. *Day of Empire: How Hyperpowers Rise to Global Dominance—and Why They Fall*. New York: Doubleday.

Cialdini RB, NJ Goldstein. 2004. Social influence: Compliance and conformity. *Annu Rev Psychol* 55:591–621.

Cipriani L. 1966. *The Andaman Islanders*. London: Weidenfeld and Nicolson.

Citrin J, C Wong, B Duff. 2001. The meaning of American national identity. In RD Ashmore, L Jussim, D Wilder, eds. *Social Identity, Intergroup Conflict, and Conflict Reduction*, vol. 3. New York: Oxford University Press. pp. 71–100.

Claessen HJM, P Skalník, eds. 1978. *The Early State*. The Hague: Mouton.

Clark EE, M Edmonds. 1979. *Sacagawea of the Lewis and Clark Expedition*. Berkeley: University of California Press.

Clastres P. 1972. The Guayaki. In M Bicchieri, ed. *Hunters and Gatherers Today*. New York: Holt, Rinehart & Winston. pp. 138–174.

Clastres P, P Auster. 1998. Cannibals. *The Sciences* 38:32–37.

Clutton-Brock T. 2009. Cooperation between nonkin in animal societies. *Nature* 462:51–57.

Cochran G, HC Harpending. 2009. *The 10,000 Year Explosion: How Civilization Accelerated Human Evolution*. New York: Basic Books.

Cohen E. 2012. The evolution of tag-based cooperation in humans: The case for accent. *Curr Anthropol* 53:588–616.

Cohen R. 1978. State origins: A reappraisal. In HJM Claessen, P Skalnik, eds. *The Early State*. The Hague: Mouton. pp. 31–75.

Cole DP. 1975. *Nomads of the nomads: The Āl Murrah Bedouin of the Empty Quarter*. New York: Aldine.

Confino A. 2014. *A World Without Jews: The Nazi Imagination from Persecution to Genocide*. New Haven, CT: Yale University Press.

Conkey MW. 1982. Boundedness in art and society. In I Hodder, ed. *Symbolic and Structural Archaeology*. Cambridge: Cambridge University Press. pp. 115–128.

Connerton P. 2010. Some functions of collective forgetting. In RIM Dunbar, C Gamble, J Gowlett, eds. *Social Brain, Distributed Mind*. Oxford: Oxford University Press. pp. 283–308.

Connor W. 1978. A nation is a nation, is a state, is an ethnic group is a . . . *Ethnic Racial Stud* 1:377–400.

Coolen I, O Dangles, J Casas. 2005. Social learning in noncolonial insects? *Curr Biol* 15:1931–1935.

Cooley CH. 1902. *Human Nature and the Social Order*. New York: C Scribner's Sons.

Correll J, et al. 2007. Across the thin blue line: Police officers and racial bias in the decision to shoot. *J Pers Soc Psychol* 92:1006–1023.

Cosmides L, J Tooby. 2013. Evolutionary psychology: New perspectives on cognition and motivation. *Annu Rev Psychol* 64:201–229.

Cosmides L, J Tooby, R Kurzban. 2003. Perceptions of race. *Trends Cogn Sci* 7:173–179.

Costa JT. 2006. *The Other Insect Societies*. Cambridge, MA: Harvard University Press.

Costello K, G Hodson. 2012. Explaining dehumanization among children: The interspecies model of prejudice. *Brit J Soc Psychol* 53:175–197.

Cowgill GL. 1988. Onward and upward with collapse. In N Yoffee, GL Cowgill, eds. *The Collapse of Ancient States and Civilizations*. Tucson: University of Arizona Press. pp. 244–276.

Creel S, NM Creel. 2002. *The African Wild Dog*. Princeton, NJ: Princeton University Press.

Crevècoeur JH. 1782. *Letters from an American Farmer*. Philadelphia: Mathew Carey.

Crocker J, et al. 1994. Collective self-esteem and psychological well-being among White, Black, and Asian college students. *Pers Soc Psychol Bull* 20:503–513.

Crockford C, et al. 2004. Wild chimpanzees produce group specific calls: A case for vocal learning? *Ethology* 110:221–243.

Cronin AL, et al. 2013. Recurrent evolution of dependent colony foundation across eusocial insects. *Annu Rev Entomol* 58:37–55.

Cronk L, D Gerkey. 2007. Kinship and descent. In RIM Dunbar, L Barrett, eds. *The Oxford Handbook of Evolutionary Psychology*. Oxford: Oxford University Press. pp. 463–478.

Curr EM. 1886. *The Australian Race: Its Origin, Languages, Customs, Place of Landing in Australia*, vol. 1. Melbourne: J Farnes. pp. 83–84.

Currie CR, AE Stuart. 2001. Weeding and grooming of pathogens in agriculture by ants. *Proc Royal Soc* 268:1033–1039.

Currie TE, et al. 2010. Rise and fall of political complexity in island South-East Asia and the Pacific. *Nature* 467:801–804.

Curry A. 2008. Seeking the roots of ritual. *Science* 319:278–280.

Curti ME. 1946. *The Roots of American Loyalty*. New York: Columbia University Press.

Czechowski W, EJ Godzińska. 2015. Enslaved ants: Not as helpless as they were thought to be. *Insectes Soc* 62:9–22.

Danielli JF, A Muggleton. 1959. Some alternative states of amoeba, with special reference to life-span. *Gerontol* 3:76–90.

Darwin C. 1859. *On the Origin of Species by Means of Natural Selection, or the Preservation of Favoured Races in the Struggle for Life*. London: John Murray.

_____. 1871. *The Descent of Man*. London: John Murray.

_____. 1872. *The Expression of the Emotions in Man and Animals*. London: John Murray.

Davis G. 2009. *Vikings in America*. Edinburgh: Berlinn Ltd.

Dawkins R. 1982. *The Extended Phenotype*. San Francisco: WH Freeman.

Dawson J. 1881. *Australian Aborigines: The Languages and Customs of Several Tribes of Aborigines in the Western District of Victoria*. Melbourne: George Robertson.

DeCasien AR, et al. 2017. Primate brain size is predicted by diet but not sociality. *Nature Ecol Evol* 1:112.

De Dreu CKW, et al. 2011. Oxytocin promotes human ethnocentrism. *Proc Nat Acad Sci* 108:1262–1266.

De Figueiredo RJ, Z Elkins. 2003. Are patriots bigots? An inquiry into the vices of ingroup pride. *Am J Polit Sci* 47:171–188.

DeFries R. 2014. *The Big Ratchet: How Humanity Thrives in the Face of Natural Crisis*. New York: Basic Books.

de la Vega G. 1966. *Royal Commentaries of the Incas and General History of Peru*, Part I.

HV Livermore, trans. Austin: University of Texas Press.

Denham TP, J Iriarte, L Vrydaghs, eds. 2007. *Rethinking Agriculture: Archaeological and Ethnoarchaeological Perspectives.* Walnut Creek, CA: Left Coast Press.

Denham WW. 2013. Beyond fictions of closure in Australian Aboriginal kinship. *Math Anthro Cult Theory* 5:1–90.

Dennis M. 1993. *Cultivating a Landscape of Peace: Iroquois-European Encounters in Seventeenth Century America.* New York: Cornell University Press.

d'Errico F, et al. 2012. Early evidence of San material culture represented by organic artifacts from Border Cave, South Africa. *Proc Nat Acad Sci* 109:13214–13219.

de Sade M. 1990. Philosophy in the bedroom. In R Seaver, ed., A Wainhouse, trans. *Justine, Philosophy in the Bedroom, and Other Writings.* New York: Grove Press. pp. 177–367.

Deschamps J-C. 1982. Social identity and relations of power between groups. In H Tajfel, ed. *Social Identity and Intergroup Relations.* Cambridge: Cambridge University Press. pp. 85–98.

Deschamps J-C, R Brown. 1983. Superordinate goals and intergroup conflict. *Brit J Soc Psychol* 22:189–195.

De Silva S, G Wittemyer. 2012. A comparison of social organization in Asian elephants and African savannah elephants. *Int J Primatol* 33:1125–1141.

d'Ettorre P, J Heinze. 2005. Individual recognition in ant queens. *Curr Biol* 15:2170–2174.

Deutscher G. 2010. *The Unfolding of Language.* New York: Henry Holt & Co.

Devine PG. 1989. Stereotypes and prejudice: Their automatic and controlled components. *J Pers Soc Psychol* 56:5–18.

Devos T, MR Banaji. 2005. American = white? *J Pers Soc Psychol* 88:447–466.

Devos T, DS Ma. 2008. Is Kate Winslet more American than Lucy Liu? The impact of construal processes on the implicit ascription of a national identity. *Brit J Soc Psychol* 47:191–215.

de Waal F. 1982. *Chimpanzee Politics: Power and Sex Among Apes.* New York: Harper & Row.

_____. 2001. *The Ape and the Sushi Master: Cultural Reflections by a Primatologist.* New York: Basic Books.

_____. 2006. *Primates and Philosophers: How Morality Evolved.* Princeton, NJ: Princeton University Press.

_____. 2014. *The Bonobo and The Atheist: In Search of Humanism Among the Primates.* New York: W.W. Norton.

de Waal FBM, JJ Pokorny. 2008. Faces and behinds: Chimpanzee sex perception. *Adv Sci Lett* 1:99–103.

de Waal FBM, PL Tyack. 2003. Preface. In FBM de Waal, PL Tyack, eds. *Animal Social Complexity: Intelligence, Culture, and Individualized Societies.* Cambridge, MA: Harvard University Press. pp. ix–xiv.

Diamond J. 2005. *Collapse: How Societies Choose to Fail or Succeed.* New York: Penguin.

Dill M, DJ Williams, U Maschwitz. 2002. Herdsmen ants and their mealy-bug partners. *Abh Senckenbert Naturforsch Ges* 557:1–373.

Dinnerstein L, DM Reimers. 2009. *Ethnic Americans: A History of Immigration.* New York: Columbia University Press.

Dio C. 2008. *Dio's Rome,* vol. 3. E Cary, trans. New York: MacMillan.

Dittus WPJ. 1988. Group fission among wild toque macaques as a consequence of female resource competition and environmental stress. *Anim Behav* 36:1626–1645.

Dixon RMW. 1972. *The Dyirbal Language of North Queensland.* Cambridge: Cambridge University Press.

———. 1976. Tribes, languages and other boundaries in northeast Queensland. In N Peterson, ed. *Tribes & Boundaries in Australia.* Atlantic Highlands: Humanities Press. pp. 207–238.

———. 1997. *The Rise and Fall of Languages.* Cambridge: Cambridge University Press.

———. 2010. *The Languages of Australia.* New York: Cambridge University Press.

Dollard J. 1937. *Caste and Class in a Southern Town.* New Haven, CT: Yale University Press.

Donald L. 1997. *Aboriginal Slavery on the Northwest Coast of North America.* Berkeley: University of California Press.

Douglas M. 1966. Purity *and Danger: An Analysis of Concepts of Pollution and Taboo.* London: Routledge.

Dove M. 2011. *The Banana Tree at the Gate: A History of Marginal Peoples and Global Markets in Borneo.* New Haven, CT: Yale University Press.

Draper P. 1976. Social and economic constraints on child life among the !Kung. In RB Lee, I DeVore, eds. *Kalahari Hunter-Gatherers: Studies of the !Kung San and their Neighbors.* Cambridge: Cambridge University Press.

Druckman D. 2001. Nationalism and war: A social-psychological perspective. In DJ Christie et al., eds. *Peace, Conflict, and Violence.* Englewood Cliffs, NJ: Prentice-Hall.

Dukore BF. 1996. *Not Bloody Likely! And Other Quotations from Bernard Shaw.* New York: Columbia University Press.

Dunbar RIM. 1993. Coevolution of neocortical size, group size and language in humans. *Behav Brain Sci* 16:681–735.

———. 1996. *Grooming, Gossip, and the Evolution of Language.* Cambridge, MA: Harvard University Press.

———. 2011. Kinship in biological perspective. In NJ Allen et al., eds. *Early Human Kinship: From Sex to Social Reproduction.* Chichester, W Sussex: Blackwell. pp. 131–150.

Dunbar RIM, C Gamble, J Gowlett. 2014. *Thinking Big: How the Evolution of Social Life Shaped the Human Mind.* London: Thames Hudson.

Dunham Y. 2018. Mere membership. *Trends Cogn Sci,* in press.

Dunham Y, AS Baron, MR Banaji. 2008. The development of implicit intergroup cognition. *Trends Cogn Sci* 12:248–253.

Dunham Y, AS Baron, S Carey. 2011. Consequences of "minimal" group affiliations in children. *Child Dev* 82:793–811.

Dunham Y, EE Chen, MR Banaji. 2013. Two signatures of implicit intergroup attitudes: Developmental invariance and early enculturation. *Psychol Sci* 24:860–868.

Durkheim E. 1982 (1895). *The Rules of Sociological Method and Selected Texts in Sociology and its Methods.* New York: Free Press.

———. 1984 (1893). *The Division of Labor in Society.* New York: Free Press.

Dyson-Hudson R, EA Smith. 1978. Human territoriality: An ecological reassessment. *Am Anthropol* 80:21–41.

Eagleman D. 2011. *Incognito: The Secret Lives of the Brain.* New York: Random House.

Earle TK, JE Ericson. 2014. *Exchange Systems in Prehistory.* New York: Academic Press.

East ML, H Hofer. 1991. Loud calling in a female dominated mammalian society, II: Behavioural contexts and functions of whooping of spotted hyenas. *Anim Behav* 42:651–669.

Easterly W. 2001. Can instititions resolve ethnic conflict? *Econ Dev Cult Change* 49:687–706.

Eberhardt JL, et al. 2004. Seeing black: Race, crime, and visual processing. *J Pers Soc Psychol* 87:876–893.

Echebarria-Echabe A, E Fernandez-Guede. 2006. Effect of terrorism on attitudes and ideological orientation. *Eur J Soc Psychol* 36:259–269.

Edwards J. 2009. *Language and Identity.* Cambridge: Cambridge University Press.

Ehardt CL, IS Bernstein. 1986. Matrilineal overthrows in rhesus monkey groups. Int *J Primatol* 7:157–181.

Eibl-Eibesfeldt I. 1998. Us and the others: The familial roots of ethnonationalism. In I Eibl-Eibesfeldt, FK Salter, eds. *Indoctrinability, Ideology, and Warfare.* New York: Berghahn. pp. 21–54.

Ekman P. 1972. Universals and cultural differences in facial expressions of emotion. In J Cole, ed. *Nebraska Symposium on Motivation.* Lincoln: University of Nebraska Press. pp. 207–282.

———. 1992. An argument for basic emotions. *Cognition Emotion* 6:169–200.

Elgar MA, RA Allan. 2006. Chemical mimicry of the ant *Oecophylla smaragdina* by the myrmecophilous spider *Cosmophasis bitaeniata*: Is it colony-specific? J Ethol 24:239–246.

Elkin AP. 1977. *Aboriginal Men of High Degree: Initiation and Sorcery in the World's Oldest Tradition.* St Lucia: University of Queensland Press.

Ellemers N. 2012. The group self. *Science* 336:848–852.

Ellis JJ. 1997. *American Sphinx: The Character of Thomas Jefferson.* New York: Knopf.

Endicott K. 1988. Property, power and conflict among the Batek of Malaysia. In T Ingold, D Riches, J Woodburn, eds. *Hunters and Gatherers 2: Property, Power and Ideology.* New York: Berg. pp. 110–127.

Engerman SL. 2007. *Slavery, Emancipation, and Freedom.* Baton Rouge: Louisiana State University Press.

Ensminger J, J Henrich, eds. 2014. *Experimenting with Social Norms: Fairness and Punishment in Cross-cultural Perspective.* New York: Russell Sage Foundation.

Erikson EH. 1985. Pseudospeciation in the nuclear age. *Polit Psychol* 6:213–217.

Eriksen TH. 1993. *Ethnicity and Nationalism: Anthropological* Perspectives. London: Pluto.

Erwin TL, CJ Geraci. 2009. Amazonian rainforests and their richness of Coleoptera. In RG Foottit, PH Adler, eds. *Insect Biodiversity: Science and Society.* Hoboken, NJ:

Blackwell. pp. 49–67.

Escott PD. 2010. *The Confederacy: The Slaveholders' Failed Venture*. Santa Barbara, CA: ABCCLIO.

Esses VM, LM Jackson, TL Armstrong. 2001. The immigration dilemma: The role of perceived group competition, ethnic prejudice, and national identity. *J Soc Issues* 57:389–412.

Estes R. 2014. *The Gnu's World*. Berkeley: University of California Press.

Ethridge R, C Hudson, eds. 2008. *The Transformation of the Southeastern Indians, 1540–1760*. Jackson: University Press of Mississippi.

European Values Study Group and World Values Survey Association 2005. *European and world values surveys integrated data file, 1999–2002*, Release I. 2nd ICPSR version. Ann Arbor, MI: Inter-University Consortium for Political and Social Research.

Evans R. 2007. *A History of Queensland*. Cambridge: Cambridge University Press.

Everett DL, et al. 2005. Cultural constraints on grammar and cognition in Pirahã: Another look at the design features of human language. *Curr Anthropol* 46:621–646.

Fabrega H. 1997. Earliest phases in the evolution of sickness and healing. *Med Anthropol Quart* 11:26–55.

Fair SW. 2001. The Inupiaq Eskimo messenger feast. *J Am Folklore* 113:464–494.

Faulkner J, et al. 2004. Evolved disease-avoidance mechanisms and contemporary xenophobic attitudes. *Group Proc Intergr Rel* 7:333–353.

Faulseit RK, ed. 2016. *Beyond Collapse: Archaeological Perspectives on Resilience, Revitalization, and Transformation in Complex Societies*. Carbondale: Southern Illinois University Press.

Feblot-Augustins J, C Perlès. 1992. Perspectives ethnoarchéologiques sur les échanges à longue distance. In A Gallay et al., eds. *Ethnoarchéologie: Justification, problémes, limites*. Juan-les-Pins: Èditions APDCA. pp. 195–209.

Fedurek P, et al. 2013. Pant hoot chorusing and social bonds in male chimpanzees. *Anim Behavi* 86:189–196.

Feekes F. 1982. Song mimesis within colonies of *Cacicus c. cela*. A colonial password? *Ethology* 58:119–152.

Feinman GM, J Marcus, eds. 1998. *Archaic States*. Santa Fe, NM: SAR Press.

Feinstein Y. 2016. Rallying around the president. *Soc Sci Hist* 40:305–338.

Feldblum JT, et al. 2018. The timing and causes of a unique chimpanzee community fission preceding Gombe's Four Year's War. *J Phys Anthropol* 166:730–744.

Ferguson MJ, RR Hassin. 2007. On the automatic association between America and aggression for news watchers. *Pers Soc Psychol* B 33:1632–1647.

Ferguson RB. 1984. A reexamination of the causes of Northwest Coast warfare. In RB Ferguson, ed. *Warfare, Culture, and Environment*. New York: Academic Press. pp. 267–328.

———. 2011. Born to live: Challenging killer myths. In RW Sussman, CR Cloninger, eds. *Origins of Altruism and Cooperation*. New York: Springer. pp. 249–270.

Feshbach S. 1991. Attachment processes in adult political ideology: Patriotism and Nationalism. In JL Gewirtz, WM Kurtines, eds. *Intersections with Attachment*.

Hillsdale, NJ: Erlbaum. pp. 207–226.

_____. 1994. Nationalism, patriotism, and aggression: A clarification of functional differences. In LR Huesmann, ed. *Aggressive Behavior*. New York: Plenum Press. pp. 275–291.

Field TM, et al. 1982. Discrimination and imitation of facial expression by neonates. *Science* 218:179–181.

Finkel DN, P Swartwout, R Sosis. 2010. The socio-religious brain. In RIM Dunbar et al., eds. *Social Brain, Distributed Mind*. Oxford: Oxford University Press. pp. 283–308.

Finlayson C. 2009. *The Humans Who Went Extinct: Why Neanderthals Died Out and We Survived*. Oxford: Oxford University Press.

Fischer DH. 1989. *Albion's Seed: Four British Folkways in America*. Oxford: Oxford University Press.

Fishlock V, C Caldwell, PC Lee. 2016. Elephant resource-use traditions. *Anim Cogn* 19:429–433.

Fishlock V, PC Lee. 2013. Forest elephants: Fission–fusion and social arenas. *Anim Behav* 85:357–363.

Fiske AP. 2004. Four modes of constituting relationships. In N Haslam, ed. *Relational Models Theory*. New York: Routledge. pp. 61–146.

Fiske ST. 2010. *Social Beings: Core Motives in Social Psychology*. 2nd ed. New York: John Wiley.

Fiske ST, AJC Cuddy, P Glick. 2007. Universal dimensions of social cognition: Warmth and competence. *Trends Cogn Sci* 11:77–83.

Fiske ST, SL Neuberg. 1990. A continuum of impression formation, from category-based to individuating processes. *Adv Exp Soc Psychol* 23:1–74.

Fiske ST, SE Taylor. 2013. *Social Cognition: From Brains to Culture*. Thousand Oaks, CA: Sage.

Fiskesjö M. 1999. On the "raw" and the "cooked" barbarians of imperial China. *Inner Asia* 1:139–168.

Fison L, AW Howitt. 1880. *Kamilaroi and Kurnai*. Melbourne: George Robertson.

Fitch WT. 2000. The evolution of speech: A comparative review. *Trends Cogn Sci* 4:258–267.

Flannery K, J Marcus. 2012. *The Creation of Inequality*. Cambridge, MA: Harvard University Press.

Flege JE. 1984. The detection of French accent by American listeners. *J Acoust Soc Am* 76:692–707.

Fletcher R. 1995. *The Limits of Settlement Growth*. Cambridge: Cambridge University Press.

Flood J. 1980. *The Moth Hunters: Aboriginal Prehistory of the Australian Alps*. Canberra: AIAS.

Fogel RW, SL Engerman. 1974. *Time on the Cross: The Economics of American Negro Slavery*. vol. 1. New York: Little, Brown & Co.

Foley RA, MM Lahr. 2011. The evolution of the diversity of cultures. *Phil T Roy Soc B* 366:1080–1089.

Forsyth DR. 2009. *Group Dynamics*, 5th ed. Belmont, MA: Wadsworth.

Frank MC, et al. 2008. Number as a cognitive technology: Evidence from Pirahã language and cognition. *Cognition* 108:819–824.

Franklin B. 1779. *Political, Miscellaneous, and Philosophical Pieces*. London: J Johnson.

Frankopan P. 2015. *The Silk Roads: A New History of the World*. London: Bloomsbury.

Freedman JL. 1975. *Crowding and Behavior*. Oxford: WH Freedman.

Freeland WJ. 1979. Primate social groups as biological islands. *Ecology* 60:719–728.

Freeman JB, et al. 2011. Looking the part: Social status cues shape race perception. *PloS ONE* 6:e25107.

Freud S. 1930. *Civilization and its Discontents*. London: Hogarth.

Fried MH. 1967. *The Evolution of Political Society*. New York: Random House.

Fritz CE, JH Mathewson. 1957. *Convergence Behavior in Disasters: A Problem in Social Control*. Washington: National Academy of Sciences.

Fry D, ed. 2013. *War, Peace, and Human Nature*. Oxford: Oxford University Press.

Fukuyama F. 2011. *The Origins of Political Order*. New York: Farrar, Strauss and Giroux.

Fürniss S. 2014. Diversity in Pygmy music: A family portrait. In BS Hewlett, ed. *Hunter-Gatherers of the Congo Basin*. New Brunswick, NJ: Transaction.

Furuichi T. 1987. Sexual swelling, receptivity, and grouping of wild pygmy chimpanzee females at Wamba, Zaire. *Primates* 28:309–318.

_____. 2011. Female contributions to the peaceful nature of bonobo society. *Evol Anthropol: Issues, News, and Reviews* 20:131–142.

Furuichi T, J Thompson, eds. 2007. *The Bonobos: Behavior, Ecology, and Conservation*. New York: Springer.

Gaertner L, et al. 2006. Us without them: Evidence for an intragroup origin of positive in-group regard. *J Pers Soc Psychol* 90:426–439.

Gaertner SL, JF Dovidio. 2000. *Reducing Intergroup Bias: The Common Ingroup Identity Model*. Philadelphia: Psychology Press.

Gamble C. 1998. Paleolithic society and the release from proximity: A network approach to intimate relations. *World Archaeol* 29:426–449.

Gamble LH. 2012. A land of power. In TL Jones, JE Perry, eds. *Contemporary Issues in California Archaeology*. Walnut Creek, CA: Left Coast Press. pp. 175–196.

Gans HJ. 2007. Acculturation, assimilation and mobility. *Ethnic and Racial Stud* 30:152–164.

Ganter R. 2006. *Mixed Relations: Asian-Aboriginal Contact in North Australia*. Crawley: University of Western Australia Publishing.

Garnsey P. 1996. *Ideas of Slavery from Aristotle to Augustine*. Cambridge: Cambridge University Press.

Gat A. 1999. The pattern of fighting in simple, small-scale, prestate societies. *J Anthropol Res* 55:563–583.

_____. 2015. Proving communal warfare among hunter-gatherers: The quasi-Rousseauan error. *Evol Anthropol: Issues News Reviews* 24:111–126.

Gat A, A Yakobson. 2013. *Nations: The Long History and Deep Roots of Political Ethnicity and Nationalism*. Cambridge: Cambridge University Press.

Gavrilets S, DG Anderson, P Turchin. 2014. Cycling in the complexity of early societies. In LE Grinin, AV Korotayev, eds. *History and Mathematics*. Volgograd: Uchitel. pp.

136–158.

Geary DC 2005. *The Origin of Mind.* Washington, DC: American Psychological Association.

Geertz C, ed. 1973. *The Interpretation of Cultures.* New York: Basic Books.

Geisler ME. 2005. What are national symbols—and what do they do to us? In *National Symbols, Fractured Identities.* Middlebury, CT: Middlebury College Press. pp. xiii–xlii.

Gelfand MJ, et al. 2011. Differences between tight and loose cultures: A 33-nation study. *Science* 332:1100–1104.

Gellner E. 1983. *Nations and Nationalism.* Oxford: Blackwell.

Gelo DJ. 2012. *Indians of the Great Plains.* New York: Taylor & Francis.

Gero S, et al. 2016a. Socially segregated, sympatric sperm whale clans in the Atlantic Ocean. *R Soc Open Sci* 3:160061.

Gero S, J Gordon, H Whitehead. 2015. Individualized social preferences and long-term social fidelity between social units of sperm whales. *Animal Behav* 102:15–23.

Gero S, H Whitehead, L Rendell. 2016b. Individual, unit and vocal clan level identity cues in sperm whale codas. *R Soc Open Sci* 3:150372.

Gesquiere LR, et al. 2011. Life at the top: Rank and stress in wild male baboons. *Science* 333:357–360.

Ghent AW. 1960. A study of the group-feeding behavior of larvae of the jack pine sawfly, *Neodiprion pratti banksianae. Behav* 16:110–148.

Gifford E. 2015. *The Many Speeches of Chief Seattle (Seathl).* Charleston, SC: CreateSpace Independent Publishing Platform.

Gigerenzer G. 2010. *Rationality for Mortals: How People Cope with Uncertainty.* New York: Oxford University Press.

Gilbert D. 2007. *Stumbling on Happiness.* New York: Vintage.

Gilderhus MT. 2010. *History and Historians: A Historiographical Introduction.* New York: Pearson.

Giles H, et al. 1977. Towards a theory of language in ethnic group relations. In H Giles, ed. *Language, Ethnicity and Intergroup Relations.* London: Academic. pp. 307–348.

Gill FB. 2006. *Ornithology.* 3rd ed. New York: WH Freeman.

Gilovich T. 1991. *How We Know What Isn't So: The Fallibility of Human Reason In Everyday Life.* New York: Free Press.

Gil-White FJ. 2001. Are ethnic groups biological "species" to the human brain? *Curr Anthropol* 42:515–536.

Giner-Sorolla R. 2012. *Judging Passions: Moral Emotions in Persons and Groups.* New York: Psychology Press.

Gintis H. 2000. Strong reciprocity and human sociality. *J Theoret Biol* 206:169–179.

Glowacki L, C von Rueden. 2015. Leadership solves collective action problems in smallscale societies. *Phil T Roy Soc B* 370:20150010.

Goff PA, et al. 2008. Not yet human: Implicit knowledge, historical dehumanization, and contemporary consequences. *J Pers Soc Psychol* 94:292–306.

Goldberg A, AM Mychajliw, EA Hadly. 2016. Post-invasion demography of prehistoric humans in South America. *Nature* 532:232–235.

Goldstein AG. 1979. Race-related variation of facial features: Anthropometric data I. *Bull Psychon Soc* 13:187–190.

Gombrich EH. 2005. *A Little History of the World*. C. Mustill, trans. New Haven, CT: Yale University Press.

Gonsalkorale K, KD Williams. 2007. The KKK won't let me play: Ostracism even by a despised outgroup hurts. *Eur J Soc Psychol* 37:1176–1186.

Goodall J. 1986. *The Chimpanzees of Gombe*. Cambridge, MA: Harvard University Press.

———. 2010. *Through A Window: My Thirty Years with the Chimpanzees of Gombe*. Boston: Houghton Mifflin Harcourt.

Goodwin M. 2016. Brexit: Identity trumps economics in revolt against elites. *Financial Times*, June 24.

Gordon DM. 1989. Ants distinguish neighbors from strangers. *Oecologia* 81:198–200.

———. 1999. *Ants at Work: How An Insect Society Is Organized*. New York: Simon & Schuster.

Gordon M. 2001. *Small-Town Values and Big-City Vowels*. Durham, NC: Duke University Press.

Gordon MM. 1964. *Assimilation in American Life*. New York: Oxford University Press.

Gossett TF. 1963. *Race: The History of an Idea in America*. New York: Oxford University Press.

Gould RA. 1969. *Yiwara: Foragers of the Australian Desert*. New York: Scribner.

Grabo A, M van Vugt. 2016. Charismatic leadership and the evolution of cooperation. *Evol Hum Behav* 37:399–406.

Granovetter M. 1983. The strength of weak ties: A network theory revisited. *Soc Theory* 1:201–233.

Greene J. 2013. *Moral Tribes*. New York: Penguin Books.

Greenshields TH. 1980. "Quarters" and ethnicity. In GH Blake, RI Lawless, eds. *The Changing Middle Eastern City*. London: Croom Helm. pp. 120–140.

Greenwald AG, MR Banaji, BA Nosek. 2015. Statistically small effects of the Implicit Association Test can have societally large effects. *J Pers Soc Psychol* 108:553–561.

Gross JT. 2000. *Neighbors: The Destruction of the Jewish Community in Jedwabne, Poland*. Prince ton, NJ: Princeton University Press.

Grove M. 2010. The archaeology of group size. In RIM Dunbar, C Gamble, J Gowlett, eds. *Social Brain, Distributed Mind*. Oxford: Oxford University Press. pp. 391–413.

Gudykunst WB. 2004. *Bridging Differences: Effective Intergroup Communication*. Thousand Oaks, CA: Sage.

Guenther MG. 1976. From hunters to squatters. In R Lee, I DeVore, eds. *Kalaharie Hunter-Gatherers: Studies of the !Kung San and Their Neighbors*. Cambridge, MA: Harvard University Press. pp. 120–134.

———. 1996. Diversity and flexibility: The case of the Bushmen of southern Africa. In S Kent, ed. *Cultural Diversity and Twentieth-Century Foragers: An African Perspective*. Cambridge: Cambridge University Press. pp. 65–86.

———. 1997. Lords of the desert land: Politics and resistance of the Ghanzi Basarwa of the nineteenth century. *Botsw Notes Rec* 29:121–141.

_____. 2014. War and peace among Kalahari San. *J Aggress Confl Peace Res* 6:229–239.

Guibernau M. 2007. *The Identity of Nations.* Cambridge: Polity Press.

_____. 2013. *Belonging: Solidarity and Division in Modern Societies.* Malden, MA: Polity.

Guttal V, ID Couzin. 2010. Social interactions, information use, and the evolution of collective migration. *Proc Nat Acad Sci* 107:16172–16177.

Haaland G. 1969. Economic determinants in ethnic processes. In F Barth, ed. *Ethnic Groups and Boundaries: The Social Organization of Culture Difference.* pp. 58–73. Boston: Little, Brown.

Haber M, et al. 2017. Continuity and admixture in the last five millennia of Levantine history from ancient Canaanite and present-day Lebanese genome sequences. *Am J Hu Genetics* 101:1–9.

Hackman J, A Danvers, DJ Hruschka. 2015. Closeness is enough for friends, but not mates or kin. *Evol Hum Behav* 36:137–145.

Haidt J. 2003. The moral emotions. In RJ Davidson, KR Scherer, HH Goldsmith, eds. *Handbook of Affective Sciences.* Oxford: Oxford University Press. pp. 852–870.

_____. 2012. *The Righteous Mind: Why Good People Are Divided by Politics and Religion.* New York: Random House.

Haidt J, S Algoe. 2004. Moral amplification and the emotions that attach us to saints and demons. In J Greenberg, SL Koole, T Pyszcynski, eds. *Handbook of Experimental Existential Psychology.* New York: Guilford Press. pp. 322–335.

Haidt J, P Rozin, C McCauley, S Imada. 1997. Body, psyche, and culture: The relationship between disgust and morality. *Psychol Dev Soc J* 9:107–131.

Haig D. 2000. Genomic imprinting, sex-biased dispersal, and social behavior. Ann *NY Acad Sci* 907:149–163.

_____. 2011. Genomic imprinting and the evolutionary psychology of human kinship. *Proc Nat Acad Sci* 108:10878–85.

Hais SC, MA Hogg, JM Duck. 1997. Self-categorization and leadership: Effects of group prototypicality and leader stereotypicality. *Pers Soc Psychol Bull* 23:1087–1099.

Hale HE. 2004. Explaining ethnicity. *Comp Polit Stud* 37:458–485.

Hall JM. 1997. Ethnic identity in Greek antiquity. *Cambr Archaeol J* 8:265–283.

Hally DJ. 1996. Platform-mound construction and the instability of Mississippian chiefdoms. In JF Scarry, ed. *Political Structure and Change in the Prehistoric Southeastern United States.* Gainesville: University Press of Florida. pp. 92–127.

Hames R. 1983. The settlement pattern of a Yanomamo population bloc. In R Hames, W Vickers, eds. *Adaptive Responses of Native Amazonians.* New York: Academic Press. pp. 393–427.

Hamilton J. 2003. *Trench Fighting of World War I.* Minneapolis: ABDO & Daughters.

Hamilton MJ, et al. 2007. The complex structure of hunter-gatherer social networks. *Proc Roy Soc B* 274:2195–2202.

Hamilton WD. 1971. Geometry for the selfish herd. *J Theoret Biol* 31:295–311.

Hammer MF, et al. 2000. Jewish and Middle Eastern non-Jewish populations share a common pool of Y-chomosome biallelic haplotypes. *Proc Nat Acad Sci* 97:6769–6774.

Hann JH. 1991. *Missions to the Calusa*. Gainesville: University Press of Florida.

Hannonen M, L Sundström. 2003. Sociobiology: Worker nepotism among polygynous ants. *Nature* 421:910.

Harari YN. 2015. *Sapiens: A Brief History of Humankind*. New York: HarperCollins.

Hare B, V Wobber, R Wrangham. 2012. The self-domestication hypothesis: Evolution of bonobo psychology is due to selection against aggression. *Anim Behav* 83:573–585.

Hare B, S Kwetuenda. 2010. Bonobos voluntarily share their own food with others. *Cur Biol* 20:230–231.

Harlan JR. 1967. A wild wheat harvest in Turkey. *Archaeol* 20:197–201.

Harles JC. 1993. *Politics in the Lifeboat*. San Francisco: Westview Press.

Harlow R, L Dundes. 2004. "United" we stand: Responses to the September 11 attacks in black and white. *Sociol Persp* 47:439–464.

Harner MJ. 1972. *The Jívaro: People of the Sacred Waterfalls*. Garden City, NJ: Doubleday.

Harrington FH, DL Mech. 1979. Wolf howling and its role in territory maintenance. *Behav* 68:207–249.

Harris CB, HM Paterson, RI Kemp. 2008. Collaborative recall and collective memory: What happens when we remember together? *Memory* 16:213–230.

Harris JR. 2009. *The Nurture Assumption: Why Children Turn Out the Way They Do*. 2nd ed. New York: Simon and Schuster.

Harris LT, ST Fiske. 2006. Dehumanizing the lowest of the low: Neuro-imaging responses to extreme outgroups. *Psychol Sci* 17:847–853.

Hart CM, M van Vugt. 2006. From fault line to group fission: Understanding membership changes in small groups. *Pers Soc Psychol Bull* 32:392–404.

Hartley LP. 1953. *The Go-Between*. New York: New York Review.

Haslam N. 2006. Dehumanization: An integrative review. *Pers Soc Psychol Rev* 10:252–264.

Haslam N, S Loughnan. 2014. Dehumanization and infrahumanization. *Annu Rev Psychol* 65:399–423.

Haslam N, S Loughnan, P Sun. 2011a. Beastly: What makes animal metaphors offensive? *J Lang Soc Psychol* 30:311–325.

Haslam SA, SD Reicher, MJ Platow. 2011b. *The New Psychology of Leadership*. East Sussox: Psychology Press.

Hassin RR, et al. 2007. Subliminal exposure to national flags affects political thought and behavior. *Proc Nat Acad Sci* 104:19757–19761.

Hasson U, et al. 2012. Brain-to-brain coupling: A mechanism for creating and sharing a social world. *Trends Cogn Sci* 16:114–121.

Hawkes K. 2000. Hunting and the evolution of egalitarian societies: Lessons from the Hadza. In MW Diehl, ed. *Hierarchies in Action: Cui Bono?* Carbondale: Southern Illinois University Press. pp. 59–83.

Hawley AH. 1944. Dispersion versus segregation: Apropos of a solution of race problems. *Mich Acad Sci Arts Lett* 30:667–674.

Hayden B. 1979. *Palaeolithic Reflections: Lithic Technology and Ethnographic Excavation among Australian Aborigines*. London: Humanities Press.

———. 1987. Alliances and ritual ecstasy: Human responses to resource stress. *J Sci Stud*

Relig 26:81–91.

_____. 1995. Pathways to power: Principles for creating socioeconomic inequalities. In T Price, GM Feinman, eds. *Foundations of Social Inequality.* New York: Springer. pp. 15–86.

_____. 2011. Big man, big heart? The political role of aggrandizers in egalitarian and transegalitarian societies. In D Forsyth, C Hoyt, eds. *For the Greater Good of All.* New York: Palgrave Macmillan. pp. 101–118.

_____. 2014. *The Power of Feasts: From Prehistory to the Present.* New York: Cambridge University Press.

Hayden B, et al. 1981. Research and development in the Stone Age: Technological transitions among hunter-gatherers. *Curr Anthropol* 22:519–548.

Hayden B, S Villeneuve. 2012. Who benefits from complexity? A view from Futuna. In TD Price, G Feinman, eds. *Pathways to Power.* New York: Springer. pp. 95–146.

Head L. 1989. Using palaeoecology to date Aboriginal fishtraps at Lake Condah, Victoria. *Archaeol Oceania* 24:110–115.

Headland TN, et al. 1989. Hunter-gatherers and their neighbors from prehistory to the present. *Curr Anthropol* 30:43–66.

Hedges C. 2002. *War is a Force that Gives Us Meaning.* New York: Anchor Books.

Hefetz A. 2007. The evolution of hydrocarbon pheromone parsimony in ants—interplay of colony odor uniformity and odor idiosyncrasy. *Myrmecol News* 10:59–68.

Heinz H-J. 1972. Territoriality among the Bushmen in general and the !Kõ in particular. *Anthropos* 67:405–416.

_____. 1975. Elements of !Kõ Bushmen religious beliefs. *Anthropos* 70:17–41.

_____. 1994. *Social Organization of the !Kõ Bushmen.* Cologne: Rüdiger Köppe.

Helms R. 1885. Anthropological notes. *Proc Linn Soc New South Wales* 10:387–408.

Helwig CC, A Prencipe. 1999. Children's judgments of flags and flag-burning. *Child Dev* 70:132–143.

Henn BM, et al. 2011. Hunter-gatherer genomic diversity suggests a southern African origin for modern humans. *Proc Nat Acad Sci* 108:5154–5162.

Henrich J. 2004a. Cultural group selection, coevolutionary processes and large-scale cooperation. *J Econ Behav Organ* 53:3–35.

Henrich J. 2004b. Demography and cultural evolution: How adaptive cultural processes can produce maladaptive losses—the Tasmanian case. *Am Antiquity* 69:197–214.

Henrich J, R Boyd. 1998. The evolution of conformist transmission and the emergence of between-group differences. *Evol Hum Behav* 19:215–241.

Henrich J, et al., eds. 2004. *Foundations of Human Sociality: Economic Experiments and Ethnographic Evidence from Fifteen Small-Scale Societies.* Oxford: Oxford University Press.

Henrich J, et al. 2010a. Markets, religion, community size and the evolution of fairness and punishment. *Science* 327:1480–1484.

Henrich J, SJ Heine, A Norenzayan. 2010b. The weirdest people in the world. *Behav Brain Sci* 33:61–135.

Henrich N, J Henrich. 2007. *Why Humans Cooperate: A Cultural and Evolutionary*

Explanation. New York: Oxford University Press.

Henshilwood CS, F d'Errico, eds. 2011. *Homo symbolicus: The Dawn of Language, Imagination and Spirituality.* Amsterdam: John Benjamins. pp. 75–96.

Henshilwood CS, et al. 2011. A 100,000-year-old ochre-processing workshop at Blombos Cave, South Africa. *Science* 334:219–222.

Henzi SP, et al. 2000. Ruths amid the alien corn: Males and the translocation of female chacma baboons. *S African J Sci* 96:61–62.

Herbert-Read JE, et al. 2016. Proto-cooperation: Group hunting sailfish improve hunting success by alternating attacks on grouping prey. *Proc Roy Soc B* 283:20161671.

Herbinger I, et al. 2009. Vocal, gestural and locomotor responses of wild chimpanzees to familiar and unfamiliar intruders: A playback study. *Anim Behav* 78:1389–1396.

Hernandez-Aguilar RA, J Moore, TR Pickering. 2007. Savanna chimpanzees use tools to harvest the underground storage organs of plants. *Proc Nat Acad Sci* 104:19210–19213.

Heth G, J Todrank, RE Johnston. 1998. Kin recognition in golden hamsters: Evidence for phenotype matching. *Anim Behav* 56:409–417.

Hewlett BS. 1991. *Intimate Fathers: The Nature and Context of Aka Pygmy Paternal Infant Care.* Ann Arbor: University of Michigan Press.

Hewlett BS, JMH van de Koppel, LL Cavalli-Sforza. 1986. Exploration and mating range of Aka Pygmies of the Central African Republic. In LL Cavalli-Sforza, ed. *African Pygmies.* New York: Academic Press. pp. 65–79.

Hewstone M, R Brown, eds. 1986. *Contact and Conflict in Intergroup Encounters.* Oxford: Blackwell.

Hewstone M, M Rubin, H Willis. 2002. Intergroup bias. *Annu Rev Psychol* 53:575–604.

Hiatt L. 2015. Aboriginal political life. In R Tonkinson, ed. *Wentworth Lectures.* Canberra: Aboriginal Studies Press. pp. 59–74.

Hill KR, AM Hurtado. 1996. *Ache Life History: The Ecology and Demography of a Foraging People.* Piscataway, NJ: Transaction.

Hill KR, et al. 2011. Co-residence patterns in hunter-gatherer societies show unique human social structure. *Science* 331:1286–1289.

Hill KR, et al. 2014. Hunter-gatherer inter-band interaction rates: Implications for cumulative culture. *PLoS ONE* 9:e102806.

Hingley R. 2005. *Globalizing Roman Culture: Unity, Diversity and Empire.* New York: Psychology Press.

Hirschfeld LA. 1989. Rethinking the acquisition of kinship terms. *Int J Behav Dev* 12:541–568.

———. 1998. *Race in the Making: Cognition, Culture, and the Child's Construction of Human Kinds.* Cambridge, MA: MIT Press.

———. 2012. Seven myths of race and the young child. *Du Bois Rev Soc Sci Res* 9:17–39.

Hiscock P. 2007. *Archaeology of Ancient Australia.* New York: Routledge.

Ho AK, et al. 2011. Evidence for hypodescent and racial hierarchy in the categorization and perception of biracial individuals. *J Pers Soc Psychol* 100:492–506.

Hofstede G, RR McCrae. 2004. Personality and culture revisited: Linking traits and dimensions of culture. *Cross-Cult Res* 38:52–88.

Hogg MA. 1993. Group cohesiveness: A critical review and some new directions. *Eur Rev Soc Psychol* 4:85–111.

_____. 2001. A social identity theory of leadership. *Pers Soc Psychol Rev* 5:184–200.

_____. 2006. Social identity theory. In PJ Burke, ed. *Contemporary Social Psychological Theories*. Stanford, CA: Stanford University Press. pp. 111–136.

_____. 2007. Social identity and the group context of trust. In M Siegrist et al., eds. *Trust in Cooperative Risk Management*. London: Earthscan. pp. 51–72.

Hogg MA, D Abrams. 1988. *Social Identifications: A Social Psychology of Intergroup Relations and Group Processes*. London: Routledge.

Hohmann G, B Fruth. 1995. Structure and use of distance calls in wild bonobos. *Int J Primatol* 15:767–782.

_____. 2011. Is blood thicker than water? In MM Robbins, C Boesch, eds. *Among African Apes*. Berkeley: University of California Press. pp. 61–76.

Hold BC. 1980. Attention-structure and behavior in G/wi San children. *Ethol Sociobiol* 1:275–290.

Hölldobler B, EO Wilson. 1990. *The Ants*. Cambridge, MA: Harvard University Press.

_____. 2009. *The Superorganism: The Beauty, Elegance, and Strangeness of Insect Societies*. New York: W.W. Norton.

Holsti KJ. 1991. *Peace and War: Armed Conflicts and International Order, 1648–1989*. Cambridge: Cambridge University Press.

Homer-Dixon TF. 1994. Environmental scarcities and violent conflict: Evidence from cases. *Int Security* 19:5–40.

Hommon RJ. 2013. *The Ancient Hawaiian State: Origins of a Political Society*. Oxford: Oxford University Press.

Hong L, SE Page. 2004. Groups of diverse problem solvers can outperform groups of high-ability problem solvers. *Proc Nat Acad Sci* 101:16385–16389.

Hood B. 2002. *The Self Illusion: How the Social Brain Creates Identity*. New York: New York University Press.

Hoogland JL, et al. 2012. Conflicting research on the demography, ecology, and social behavior of Gunnison's prairie dogs. *J Mammal* 93:1075–1085.

Hornsey MJ, et al. 2007. Group-directed criticisms and recommendations for change: Why newcomers arouse more resistance than old-timers. *Pers Soc Psychol Bull* 33:1036–1048.

Hornsey MJ, M Hogg. 2000. Assimilation and diversity: An integrative model of subgroup relations. *Pers Soc Psychol Rev* 4:143–156.

Hosking GA, G Schöpflin, eds. 1997. *Myths and Nationhood*. New York: Routledge.

Howard KJ, et al. 2013. Frequent colony fusions provide opportunities for helpers to become reproductives in the termite *Zootermopsis nevadensis*. *Behav Ecol Sociobiol* 67:1575–1585.

Howitt A. 1904. *The Native Tribes of South-East Australia*. London: Macmillan and Co.

Hrdy SB. 2009. *Mothers and Others. The Evolutionary Origins of Mutual Understanding*. Cambridge, MA: Harvard University Press.

참고문헌

Huddy L, N Khatib. 2007. American patriotism, national identity, and political involvement. *Am J Polit Sci* 51:63–77.

Hudson M. 1999. *Ruins of Identity: Ethnogenesis in the Japanese Islands*. Honolulu: University of Hawaii Press.

Hugenberg K, GV Bodenhausen. 2003. Facing prejudice: Implicit prejudice and the perception of facial threat. *Psychol Sci* 14:640–643.

Hunley KL, JE Spence, DA Merriwether. 2008. The impact of group fissions on genetic structure in Native South America and implications for human evolution. *Am J Phys Anthropol* 135:195–205.

Huth JE. 2013. *The Lost Art of Finding Our Way*. Cambridge, MA: Harvard University Press.

Huxley A. 1959. *The Human Situation*. New York: Triad Panther.

Huynh Q-L, T Devos, L Smalarz. 2011. Perpetual foreigner in one's own land: Potential implications for identity and psychological adjustment. *J Soc Clin Psychol* 30:133–162.

Iacoboni M. 2008. *Mirroring People: The New Science of How We Connect with Others*. New York: Farrar, Straus and Giroux.

Iliffe J. 2007. *Africans: The History of a Continent*. Cambridge: Cambridge University Press.

Ingold T. 1999. On the social relations of the hunter-gatherer band. In RB Lee, R Daly, eds. *The Cambridge Encyclopedia of Hunters and Gatherers*. Cambridge: Cambridge University Press. pp. 399–410.

Injaian A, EA Tibbetts. 2014. Cognition across castes: Individual recognition in worker *Polistes fuscatus* wasps. *Anim Behav* 87:91–96.

Insoll T. 2007. Configuring identities in archaeology. In T Insoll, ed. *The Archaeology of Identities. A Reader*. London: Routledge. pp. 1–18.

Isaac B. 2004. *The Invention of Racism in Classical Antiquity*. Princeton, NJ: Princeton University Press.

Ito TA, GR Urland. 2003. Race and gender on the brain: Electrocortical measures of attention to the race and gender of multiply categorizable individuals. *J Pers Soc Psychol* 85:616–626.

Iverson JM, S Goldin-Meadow. 1998. Why people gesture when they speak. *Nature* 396:228.

Jablonski NG. 2006. *Skin: A Natural History*. Berkeley: University of California Press.

Jack RE, et al. 2009. Cultural confusions show that facial expressions are not universal. *Curr Biol* 19:1543–1548.

Jack RE, OGB Garrod, PG Schyns. 2014. Dynamic facial expressions of emotion transmit an evolving hierarchy of signals over time. *Curr Biol* 24:187–192.

Jackson JE. 1983. *The Fish People: Linguistic Exogamy and Tukanoan Identity in Northwest Amazonia*. Cambridge: Cambridge University Press.

Jackson LE, L Gaertner. 2010. Mechanisms of moral disengagement and their differential use by right-wing authoritarianism and social dominance orientation in support of war. *Aggressive Behav* 36:238–250.

Jacobson MF. 1999. *Whiteness of a Different Color: European Immigrants and the Alchemy of Race*. Cambridge, MA: Harvard University Press.

Jaeggi AV, JM Stevens, CP Van Schaik. 2010. Tolerant food sharing and reciprocity is precluded by despotism among bonobos but not chimpanzees. *Am J Phys Anthropol* 143:41–51.

Jaffe KE, LA Isbell. 2010. Changes in ranging and agonistic behavior of vervet monkeys after predator-induced group fusion. *Am J Primatol* 72:634–644.

Jahoda G. 1999. *Images of Savages: Ancient Roots of Modern Prejudice in Western Culture.* New York: Routledge.

Jandt JM, et al. 2014. Behavioural syndromes and social insects: Personality at multiple levels. *Biol Rev* 89:48–67.

Janis IL. 1982. *Groupthink.* 2nd ed. Boston: Houghton Mifflin.

Jenkins, M. 2011. A man well acquainted with monkey business. *Washington Post.* Style Section: July 21.

Jerardino A, CW Marean. 2010. Shellfish gathering, marine paleoecology and modern human behavior: Perspectives from cave PP13B, Pinnacle Point, South Africa. *J Hum Evol* 59:412–424.

Jetten J, et al. 2001. Rebels with a cause: Group identification as a response to perceived discrimination from the mainstream. *Pers Soc Psychol Bull* 27:1204–1213.

Jetten J, T Postmes, B McAuliffe. 2002. We're all individuals: Group norms of individualism and collectivism, levels of identification and identity threat. *Eur J Soc Psychol* 32:189–207.

Jewish Telegraphic Agency, August 18, 1943. Archived at http://www.jta.org/1943/08/18/archive/german-refugees-from-hamburg-mistaken-for-jews-executed-in-nazi-death-chambers.

Johnson AW, TK Earle. 2000. *The Evolution of Human Societies: From Foraging Group to Agrarian State.* Stanford, CA: Stanford University Press.

Johnson BR, E van Wilgenburg, ND Tsutsui. 2011. Nestmate recognition in social insects: Overcoming physiological constraints with collective decision making. *Behav Ecol Sociobiol* 65:935–944.

Johnson CL. 2000. Perspectives on American kinship in the later 1990s. *J Marriage Fam* 62:623–639.

Johnson GA. 1982. Organizational structure and scalar stress. In C Renfrew et al., eds. *Theory and Explanation in Archaeology.* New York: Academic. pp. 389–421.

Johnson GR. 1986. Kin selection, socialization, and patriotism. *Polit Life Sci* 4:127–140.

_____. 1987. In the name of the fatherland: An analysis of kin term usage in patriotic speech and literature. *Int Polit Sci Rev* 8:165–174.

_____. 1997. The evolutionary roots of patriotism. In D. Bar-Tal, E. Staub, eds. *Patriotism in the Lives of Individuals and Nations.* Chicago: Nelson-Hall. pp. 45–90.

Jolly A. 2005. Hair signals. *Evol Anthropol: Issues, News, and Reviews* 14:5.

Jolly A, RW Sussman, N Koyama, eds. 2006. *Ringtailed Lemur Biology.* New York: Springer.

Jones A. 2012. *Crimes Against Humanity: A Beginner's Guide.* Oxford: Oneworld Publishers.

Jones CB. 2007. The Evolution of Exploitation in Humans: "Surrounded by Strangers I Thought Were My Friends." *Ethology* 113:499–510.

Jones D, et al. 2000. Group nepotism and human kinship. *Curr Anthropol* 41:779–809.

Jones EE, et al. 1984. *Social Stigma: Psychology of Marked Relationships.* New York: WH

참고문헌

Freeman.

Jones P. 1996. *Boomerang: Behind an Australian Icon.* Kent Town, S Aust.: Wakefield Press.

Joniak-Lüthi A. 2015. *The Han: China's Diverse Majority.* Seattle: University of Washington Press.

Jost JT, MR Banaji. 1994. The role of stereotyping in system-justification and the production of false consciousness. *Brit J Soc Psychol* 33:1–27.

Jost JT, et al. 2003. Social inequality and the reduction of ideological dissonance on behalf of the system. *Eur J Soc Psychol* 33:13–36.

Jouventin P, T Aubin, T Lengagne. 1999. Finding a parent in a king penguin colony: The acoustic system of individual recognition. *Anim Behav* 57:1175–1183.

Joyce AA, LA Bustamante, MN Levine. 2001. Commoner power: A case study from the Classic period collapse on the Oaxaca coast. *J Archaeol Meth Th* 8:343–385.

Joyce J. 1922. *Ulysses.* London: John Rodker.

Judd TM, PW Sherman. 1996. Naked mole-rats recruit colony mates to food sources. *Anim Behav* 52:957–969.

Junger S. 2016. *Tribe: On Homecoming and Belonging.* New York: HarperCollins.

Kaiser RJ. 1994. *The Geography of Nationalism in Russia and the USSR.* Princeton, NJ: Princeton University Press, 1994.

Kamans E, et al. 2009. What I think you see is what you get: Influence of prejudice on assimilation to negative meta-stereotypes among Dutch Moroccan teenagers. *Eur J Soc Psychol* 39:842–851.

Kameda T, R Hastie. 2015. Herd behavior. In R Scott, S Kosslyn, eds. *Emerging Trends in the Social and Behavioral Sciences.* Hoboken, NJ: John Wiley and Sons.

Kan S. 1989. *Symbolic Immortality: The Tlingit Potlatch of the Nineteenth Century.* Washington, DC: Smithsonian Institution Press.

Kano T. 1992. *The Last Ape: Pygmy Chimpanzee Behavior and Ecology.* Palo Alto: Stanford University Press.

Kaplan D. 2000. The darker side of the "original affluent society." *J Anthropol Res* 56:301–324.

Karau SJ, KD Williams. 1993. Social loafing: A meta-analytic review and theoretical integration. *J Pers Soc Psychol* 65:681–706.

Katz PA, JA Kofkin. 1997. Race, gender, and young children. In SS Luthar et al., eds. *Developmental Psychopathology.* New York: Cambridge University Press.

Kaufman SJ. 2001 *Modern Hatreds: The Symbolic Politics of Ethnic War.* Ithaca, NY: Cornell University Press.

Kaw E. 1993. Medicalization of racial features: Asian American women and cosmetic surgery. *Med Anthropol Q* 7:74–89.

Keeley LH. 1997. *War Before Civilization: The Myth of the Peaceful Savage.* New York: Oxford University Press.

Keil FC. 1989. *Concepts, Kinds, and Cognitive Development.* Cambridge, MA: MIT Press.

———. 2012. Running on empty? How folk science gets by with less. *Curr Dir Psychol Sci* 21:329–334.

Kelley LC. 2012. The biography of the Hồng Bàng clan as a medieval Vietnamese invented tradition. *J Vietnamese Stud* 7:87–130.

Kelly D. 2011. *Yuck! The Nature and Moral Significance of Disgust.* Cambridge, MA: MIT Press.

_____. 2013. Moral disgust and the tribal instincts hypothesis. In K Sterelny et al., eds. *Signaling, Commitment, and Emotion.* Cambridge, MA: MIT Press. pp. 503–524.

Kelly D, et al. 2005. Three-month-olds but not newborns prefer own-race faces. *Dev Sci* 8:F31–36.

Kelly DJ, et al. 2009. Development of the other-race effect during infancy: Evidence toward universality? *J Exp Child Psychol* 104:105–114.

Kelly RL. 2013a. *The Lifeways of Hunter-gatherers: The Foraging Spectrum.* Cambridge: Cambridge University Press.

_____. 2013b. From the peaceful to the warlike: Ethnographic and archaeological insights into hunter-gatherer warfare and homicide. In DP Fry, ed. *War, Peace, and Human Nature.* Oxford: Oxford University Press. pp. 151–167.

Kemmelmeier M, DG Winter. 2008. Sowing patriotism, but reaping nationalism? Consequences of exposure to the American flag. *Polit Psychol* 29:859–879.

Kendal R, et al. 2015. Chimpanzees copy dominant and knowledgeable individuals: implications for cultural diversity. *Evol Hum Behav* 36:65–72.

Kendon A. 1988. *Sign Languages of Aboriginal Australia.* Cambridge: Cambridge University Press.

Kennedy P. 1987. *The Rise and Fall of the Great Powers: Economic Change and Military Conflict from 1500 to 2000.* New York: Random House.

Kennett DJ, B Winterhalder. 2006. *Behavioral Ecology and the Transition to Agriculture.* Berkeley: University of California Press.

King EB, JL Knight, MR Hebl. 2010. The influence of economic conditions on aspects of stigmatization. *J Soc Issues* 66:446–460.

King SL, VM Janik. 2013. Bottlenose dolphins can use learned vocal labels to address each other. *Proc Nat Acad Sci* 110:13216–13221.

Kintisch E. 2016. The lost Norse. *Science* 354:696–701.

Kinzler KD, et al. 2007. The native language of social cognition. *Proc Nat Acad Sci* 104:12577–12580.

Kirby S. 2000. Syntax without natural selection. In C Knight et al., eds. *The Evolutionary Emergence of Language.* Cambridge: Cambridge University Press. pp. 303–323.

Kleingeld P. 2012 *Kant and Cosmopolitanism.* Cambridge: Cambridge University Press.

Klinkner PA, RM Smith. 1999. *The Unsteady March: The Rise and Decline of Racial Equality in America.* Chicago: University of Chicago Press.

Knight J. 1994. "The Mountain People" as tribal mirror. *Anthropol Today* 10:1–3.

Knight N. 2008. *Imagining Globalisation in China.* Northampton, MA: Edward Elgar.

Koonz C. 2003. *The Nazi Conscience.* Cambridge, MA: Harvard University Press.

Kopenawa D, B Albert. 2013. *The Falling Sky: Words of a Yanomami Shaman.* Cambridge, MA: Harvard University Press.

Kopytoff I. 1982. Slavery. *Annu Rev Anthropol* 11:207–230.

Koval P, et al. 2012. Our flaws are more human than yours: Ingroup bias in humanizing negative characteristics. *Pers Soc Psychol Bull* 38:283–295.

Kowalewski SA. 2006. Coalescent societies. In TJ Pluckhahn et al., eds. *Light the Path: The Anthropology and History of the Southeastern Indians*. Tuscaloosa: University of Alabama Press. pp. 94–122.

Krakauer J. 1996. *Into the Wild*. New York: Anchor Books.

Kramer KL, RD Greaves. 2016. Diversify or replace: What happens to wild foods when cultigens are introduced into hunter-gatherer diets? In BF Codding, KL Kramer, eds. *Why Forage?: Hunters and Gatherers in the Twenty-First Century*. Santa Fe, NM: SAR/University of New Mexico Press. pp. 15–42.

Krause J, GD Ruxton. 2002. *Living in Groups*. Oxford: Oxford University Press.

Kronauer DJC, C Schöning, P d'Ettorre, JJ Boomsma. 2010. Colony fusion and worker reproduction after queen loss in army ants. *Proc Roy Soc Lond B* 277:755–763.

Kruuk H. 1972. *The Spotted Hyena*. Chicago: University of Chicago Press.

———. 1989. *The Social Badger*. Oxford: Oxford University Press.

Kuhn SL, MC Stiner. 2007. Paleolithic ornaments: Implications for cognition, demography and identity. *Diogenes* 54:40–48.

Kumar R, A Sinha, S Radhakrishna. 2013. Comparative demography of two commensal macaques in India. *Folia Primatol* 84:384–393.

Kupchan CA. 2010. *How Enemies Become Friends: The Sources of Stable Peace*. Princeton, NJ: Princeton University Press.

Kurzban R, MR Leary. 2001. Evolutionary origins of stigmatization: The functions of social exclusion. *Psychol Bull* 127:187–208.

Kurzban R, J Tooby, L Cosmides. 2001. Can race be erased? Coalitional computation and social categorization. *Proc Nat Acad Sci* 98:15387–15392.

Kymlicka W. 1995. *Multicultural Citizenship*. Oxford: Clarendon Press.

Labov W. 1989. The child as linguistic historian. *Lang Var Change* 1:85–97.

Lai WS, et al. 2005. Recognition of familiar individuals in golden hamsters. *J Neurosci* 25:11239–11247.

Laidre ME. 2012. Homes for hermits: Temporal, spatial and structural dynamics as transportable homes are incorporated into a population. *J Zool* 288:33–40.

Laland KN, BG Galef, eds. 2009. *The Question of Animal Culture*. Cambridge, MA: Harvard University Press.

Laland KN, C Wilkins, N Clayton. 2016. The evolution of dance. *Curr Biol* 26:R5–R9.

La Macchia ST, et al. 2016. In small we trust: Lay theories about small and large groups. *Pers Soc Psychol Bull* 42:1321–1334.

Lamont M, V Molnar. 2002. The study of boundaries in the social sciences. *Annu Rev Sociol* 28:167–195.

Langbauer WR, et al. 1991. African elephants respond to distant playbacks of lowfrequency conspecific calls. *J Exp Biol* 157:35–46.

Langergraber KE, JC Mitani, L Vigilant. 2007. The limited impact of kinship on cooperation in wild chimpanzees. *Proc Nat Acad Sci* 104:7786–7790.

———. 2009. Kinship and social bonds in female chimpanzees. *Am J Primatol* 71:840–851.

Langergraber KE, et al. 2014. How old are chimpanzee communities? Time to the most recent common ancestor of the Y-chromosome in highly patrilocal societies. *J Hum Evol* 69:1–7.

Larson PM. 1996. Desperately seeking "the Merina" (Central Madagascar): Reading ethnonyms and their semantic fields in African identity histories. *J South Afr Stud* 22:541–560.

Layton R, S O'Hara. 2010. Human social evolution: A comparison of hunter-gatherer and chimpanzee social organization. In RIM Dunbar, C Gamble, J Gowlett, eds. *Social Brain, Distributed Mind*. Oxford: Oxford University Press. pp. 83–114.

Leacock E, R Lee, eds. 1982. *Politics and History in Band Societies*. New York: Cambridge University Press.

LeBlanc SA. 2014. Forager warfare and our evolutionary past. In M Allen, T Jones, eds. *Violence and Warfare Among Hunter-Gatherers*. Walnut Creek, CA: Left Coast Press. pp. 26–46.

LeBlanc SA, KE Register. 2004. *Constant Battles: Why We Fight*. New York: Macmillan.

Lee PC, CJ Moss. 1999. The social context for learning and behavioural development among wild African elephants. In HO Box, ed. *Mammalian Social Learning: Comparative and Ecological Perspectives*. Cambridge: Cambridge University Press. pp. 102–125.

Lee RB. 1979. *The !Kung San: Men, Women, and Work in a Foraging Society*. Cambridge: Cambridge University Press.

_____. 2013. *The Dobe Ju/'hoansi*. 4th ed. Belmont, CA: Wadsworth.

Lee RB, R Daly. 1999. Foragers and others. In RB Lee, R Daly, eds. *The Cambridge Encyclopedia of Hunters and Gatherers*. Cambridge: Cambridge University Press. pp. 1–19.

Lee RB, I DeVore, eds. 1968. *Man the Hunter*. Chicago: Aldine.

_____, eds. 1976. *Kalahario Hunter-Gatherers: Studies of the !Kung San and Their Neighbors* Cambridge, MA: Harvard University Press.

Lee TL, ST Fiske. 2006. Not an outgroup, not yet an ingroup: Immigrants in the stereotype content model. *Int J Intercult Rel* 30:751–768.

Leechman D. 1956. *Native Tribes of Canada*. Toronto: WJ Gage.

Lehman N, et al. 1992. A study of the genetic relationships within and among wolf packs using DNA fingerprinting and mitochondrial DNA. *Behav Ecol Sociobiol* 30:83–94.

Leibold J. 2006. Competing narratives of racial unity in Republican China: From the Yellow Emperor to Peking Man. *Mod China* 32:181–220.

Lerner MJ, DT Miller. 1978. Just world research and the attribution process: Looking back and ahead. *Psychol Bull* 85:1030–1051.

le Roux A, TJ Bergman. 2012. Indirect rival assessment in a social primate, *Theropithecus gelada*. *Anim Behav* 83:249–255.

Lester PJ, MAM Gruber. 2016. Booms, busts and population collapses in invasive ants. *Biological Invasions* 18:3091–3101.

Leuchtenburg WE. 2015. *The American President: From Teddy Roosevelt to Bill Clinton*. Oxford: Oxford University Press.

Levin DT, MR Banaji. 2006. Distortions in the perceived lightness of faces: The role of race categories. *J Exp Psychol* 135:501–512.

LeVine RA, DT Campbell. 1972. *Ethnocentrism: Theories of Conflict, Ethnic Attitudes, and Group Behavior.* New York: John Wiley and Sons.

Levinson S. 1988. *Constitutional Faith.* Princeton, NJ: Princeton University Press.

Lévi-Strauss C. 1952. *Race and History.* Paris: Unesco.

———. 1972. *The Savage Mind.* London: Weidenfeld and Nicolson.

Levitt P, MC Waters, eds. 2002. *The Changing Face of Home: The Transnational Lives of the Second Generation.* New York: Russell Sage Foundation.

Lewis D. 1976. Observations on route finding and spatial orientation among the Aboriginal peoples of the Western Desert Region of Central Australia. *Oceania* 46:249–282.

Lewis GJ, C Kandler, R Riemann. 2014. Distinct heritable influences underpin in-group love and out-group derogation. *Soc Psychol Pers Sci* 5:407–413.

Lewis ME. 2006. *The Flood Myths of Early China.* Albany: State University of New York Press.

Leyens J-P, et al. 2003. Emotional prejudice, essentialism, and nationalism. *Eur J Soc Psychol* 33:703–717.

Leyens J-P, et al. 2007. Infra-humanization: The wall of group differences. *Soc Issues Policy Rev* 1:139–172.

Li Q, MB Brewer. 2004. What does it mean to be an American? Patriotism, nationalism, and American identity after 9/11. *Polit Psychol* 25:727–739.

Liang D, J Silverman. 2000. You are what you eat: Diet modifies cuticular hydrocarbons and nestmate recognition in the Argentine ant. *Naturwissenschaften* 87:412–416.

Liberman Z, et al. 2016. Early emerging system for reasoning about the social nature of food. *Proc Nat Acad Sci* 113:9480–9485.

Librado F. 1981. *The Eye of the Flute: Chumash Traditional History and Ritual.* Santa Barbara, CA: Santa Barbara Museum of Natural History.

Lickel B, et al. 2000. Varieties of groups and the perception of group entitativity. *J Pers Social Psychol* 78:223–246.

Lieberman D, et al. 2007. The architecture of human kin detection. *Nature* 445:727–731.

Light I, SJ Gold. 2000. *Ethnic Economies.* New York: Academic Press.

Lim M, et al. 2007. Global pattern formation and ethnic/cultural violence. *Science* 317:1540–1544.

Lind M. 2006. *The American Way of Strategy.* New York: Oxford University Press.

Linder W. 2010. *Swiss Democracy.* 3rd ed. New York: Palgrave MacMillan.

Linklater WL, et al. 1999. Stallion harassment and the mating system of horses. *Anim Behav* 58:295–306.

Lippmann W. 1922. *Public Opinion.* New York: Harcourt Brace.

Liu C, et al. 2014. Increasing breadth of the frontal lobe but decreasing height of the human brain between two Chinese samples from a Neolithic site and from living humans. *Am J Phys Anthropol* 154:94–103.

Liverani M. 2006. *Uruk: The First City.* Sheffield: Equinox Publishing.

Lomax A, N Berkowitz. 1972. The evolutionary taxonomy of culture. *Science* 177:228–239.

Lonsdorf E, S Ross, T Matsuzawa, eds. 2010. *The Mind of the Chimpanzee.* Chicago:

Chicago University Press.

Lorenzi-Cioldi F. 2006. Group status and individual differentiation. In T Postmes, J Jetten, eds, *Individuality and the group: Advances in Social Identity*. London: SAGE. pp. 93–115.

Losin EAR, et al. 2012. Race modulates neural activity during imitation. *Neuroimage* 59:3594–3603.

Lott DF. 2002. *American Bison: A Natural History*. Berkeley: University of California Press.

Lourandos H. 1977. Aboriginal spatial organization and population: South Western Victoria reconsidered. *Archaeol Oceania* 12:202–225.

_____. 1997. *Continent of Hunter-Gatherers: New Perspectives in Australian Prehistory*. Cambridge: Cambridge University Press.

Lovejoy AP. 1936. *The Great Chain of Being*. Cambridge, MA: Harvard University Press.

Lowen GE. 1919. *History of the 71st Regiment, N.G., N.Y.* New York: Veterans Association.

Lyons-Padilla S, MJ Gelfand. 2015. Belonging nowhere: Marginalization and radicalization among Muslim immigrants. *Behav Sci Policy* 1:1–12.

Ma X, et al. 2014. Oxytocin increases liking for a country's people and national flag but not for other cultural symbols or consumer products. *Front Behav Neurosci* 8:266.

Macdonald DW, S Creel, M Mills. 2004. Canid society. In DW Macdonald, C Sillero-Zubiri, eds. *Biology and Conservation of Wild Canids*. Oxford: Oxford University Press. pp. 85–106.

Machalek R. 1992. The evolution of macrosociety: Why are large societies rare? *Adv Hum Ecol* 1:33–64.

Mackie DM, ER Smith, DG Ray. 2008. Intergroup emotions and intergroup relations. *Soc Pers Psychol Compass* 2:1866–1880.

MacLeod WC. 1937. Police and punishment among Native Americans of the Plains. *J Crim Law Crim* 28:181–201.

MacLin OH, RS Malpass. 2001. Racial categorization of faces: The ambiguous race face effect. *Psychol Public Pol Law* 7:98–118.

MacLin OH, MK MacLin. 2011. The role of racial markers in race perception and racial categorization. In R Adams et al., eds. *The Science of Social Vision*. New York: Oxford University Press. pp. 321–346.

Macrae CN, GV Bodenhausen. 2000. Social cognition: Thinking categorically about others. *Annu Rev Psychol* 51:93–120.

Madon S, et al. 2001. Ethnic and national stereotypes: The Princeton trilogy revisited and revised. *Pers Soc Psychol B* 27:996–1010.

Maghaddam FM. 1998. *Social Psychology: Exploring the Universals Across Cultures*. New York: WH Freeman.

Maguire EA, et al. 2003. Routes to remembering: The brains behind superior memory. *Nature Neurosci* 6:90–95.

Magurran AE, A Higham. 1988. Information transfer across fish shoals under predator threat. *Ethol* 78:153–158.

Mahajan N, et al. 2011. The evolution of intergroup bias: Perceptions and attitudes in rhesus macaques. *J Pers Soc Psychol* 100:387–405.

_____. 2014. Retraction. *J Pers Soc Psychol* 106:182.

Major B, T Schmader. 2001. Legitimacy and the construal of social disadvantage. In JT Jost, B Major, eds. *The Psychology of Legitimacy*. Cambridge: Cambridge University Press. pp. 176–204.

Malaspinas A-S, et al. 2016. A genomic history of Aboriginal Australia. *Nature* 538:207–213.

Malik I, PK Seth, CH Southwick 1985. Group fission in free-ranging rhesus monkeys of Tughlaqabad, northern India. *Int J Primatol* 6:411–22.

Malpass MA. 2009. *Daily Life in the Incan Empire*. 2nd ed. Westport, CT: Greenwood.

Mann M. 1986. *The Sources of Social Power: A History of Power from the Beginning to 1760 AD*, vol. 1. Cambridge: Cambridge University Press.

Mantini D, et al. 2012. Interspecies activity correlations reveal functional correspondence between monkey and human brain areas. *Nature Methods* 9:277–282.

Marais E. 1939. *My Friends the Baboons*. New York: Robert M McBride.

Marcus J. 1989. From centralized systems to city-states: Possible models for the Epiclassic. In RA Diehl, JC Berlo, eds. *Mesoamerica after the Decline of Teotihuacan A.D. 700–900*. Washington DC: Dumbarton Oaks. pp. 201–208.

Marean CW. 2010. When the sea saved humanity. *Sci Am* 303:54–61.

_____. 2016. The transition to foraging for dense and predictable resources and its impact on the evolution of modern humans. *Philos T Roy Soc B* 371:160–169.

Markin GP. 1970. The seasonal life cycle of the Argentine ant in southern California. *Ann Entomol Soc Am* 63:1238–1242.

Marks J, E Staski. 1988. Individuals and the evolution of biological and cultural systems. *Hum Evol* 3:147–161.

Marlowe FW. 2000. Paternal investment and the human mating system. *Behav Proc* 51: 45–61.

_____. 2005. Hunter-gatherers and human evolution. *Evol Anthropol* 14:54–67.

_____. 2010. *The Hadza: Hunter-Gatherers of Tanzania*. Berkeley: University of California Press.

Marques JM, VY Yzerbyt, J-P Lyons. 1988. The "black sheep effect": Extremity of judgments towards ingroup members as a function of group identification. *Eur J Soc Psychol* 18:1–16.

Marsh AA, HA Elfenbein, N Ambady. 2003. Nonverbal "accents": Cultural differences in facial expressions of emotion. *Psychol Sci* 14:373–376.

_____. 2007. Separated by a common language: Nonverbal accents and cultural stereotypes about Americans and Australians. *J Cross Cult Psychol* 38:284–301.

Marshall AJ, RW Wrangham, AC Arcadi. 1999. Does learning affect the structure of vocalizations in chimpanzees? *Anim Behav* 58:825–830.

Marshall L. 1961. Sharing, talking and giving: Relief of social tensions among !Kung Bushmen. *Africa* 31:231–249.

_____. 1976. *The !Kung of Nyae Nyae*. Cambridge, MA: Harvard University Press.

Marshall TH. 1950. *Citizenship and Social Class*. Cambridge: Cambridge University Press.

Martin CL, Parker S. 1995. Folk theories about sex and race differences. *Pers Soc Psychol B* 21:45–57.

Martínez R, R Rodríguez-Bailón, M Moya. 2012. Are they animals or machines? Measuring dehumanization. *Span J Psychol* 15:1110–1122.

Marwick B. 2003. Pleistocene exchange networks as evidence for the evolution of language. *Cambr Archaeol J* 13:67–81.

Marzluff JM, RP Balda. 1992. *The Pinyon Jay*. London: T & AD Poyser.

Massen JJM, SE Koski. 2014. Chimps of a feather sit together: Chimpanzee friendships are based on homophily in personality. *Evol Hum Behav* 35:1–8.

Masters RD, DG Sullivan. 1989. Nonverbal displays and political leadership in France and the United States. *Polit Behav* 11:123–156.

Matthey de l'Etang A, P Bancel, M Ruhlen. 2011. Back to Proto-Sapiens. In D Jones, B Milicic, eds. *Kinship, Language & Prehistory*, Salt Lake City: University of Utah Press. pp. 29–37.

Mattingly DJ. 2014. Identities in the Roman World. In L Brody, GL Hoffman, eds. *Roman in the Provinces: Art in the Periphery of Empire*. Chestnut Hill, MA: McMullen Museum of Art Press. pp. 35–59.

May RJ. 2001. *State and Society in Papua New Guinea*. Hindmarsh, SA: Crawford House.

McAnany PA, N Yoffee, eds. 2010. *Questioning Collapse: Human Resilience, Ecological Vulnerability, and the Aftermath of Empire*. Cambridge: Cambridge University Press.

McBrearty S, AS Brooks. 2000. The revolution that wasn't: A new interpretation of the origin of modern human behavior. *J Hum Evol* 39:453–563.

McComb K, C Packer, A Pusey. 1994. Roaring and numerical assessment in contests between groups of female lions. *Anim Behav* 47:379–387.

McConvell P. 2001. Language shift and language spread among hunter-gatherers. In C Panter-Brick, P Rowley-Conwy, R Layton, eds. *Hunter-Gatherers: Cultural and Biological Perspectives*. Cambridge: Cambridge University Press. pp. 143–169.

McCormick J. 2017. *Understanding the European Union*. London: Palgrave.

McCracken GF, JW Bradbury. 1981. Social organization and kinship in the polygynous bat *Phyllostomus hastatus*. *Behav Ecol Sociobiol* 8:11–34.

McCreery EK. 2000. Spatial relationships as an indicator of successful pack formation in free-ranging African wild dogs. *Behav* 137:579–590.

McCurry S. 2010. *Confederate Reckoning: Power and Politics in the Civil War South*. Cambridge, MA: Harvard University Press.

McDougall W. 1920. *The Group Mind*. New York: G.P. Putnam's Sons.

McElreath R, R Boyd, PJ Richerson. 2003. Shared norms and the evolution of ethnic markers. *Curr Anthropol* 44:122–130.

McGrew WC, et al. 2001. Intergroup differences in a social custom of wild chimpanzees: The grooming hand-clasp of the Mahale Mountains 1. *Curr Anthropol* 42:148–153.

McIntyre RT, DW Smith. 2000. The death of a queen: Yellowstone mutiny ends tyrannical rule of Druid pack. *International Wolf* 10:8–11, 26.

McKie R. 2010. Chimps with everything: Jane Goodall's 50 years in the jungle. *The Observer*, 31 July.

McLemore SD. 1970. Simmel's 'stranger': A critique of the concept. *Pacific Sociol Rev* 13:86–94.

McNeill WH. 1976. *Plagues and Peoples*. Garden City, NY: Anchor.

———. 1986. *Polyethnicity and National Unity in World History*. Toronto: University of Toronto Press.

———. 1995. *Keeping Together in Time: Dance and Drill in Human History*. Cambridge, MA: Harvard University Press.

McNiven I, et al. 2015. Phased redevelopment of an ancient Gunditjmara fish trap over the past 800 years. *Aust Archaeol* 81:44–58.

Mech LD, L Boitani, eds. 2003. *Wolves: Behavior, Ecology, and Conservation*. Chicago: University of Chicago Press.

Meggitt MJ. 1962. *The Desert People: A Study of the Walbiri Aborigines of Central Australia*. Sydney: Angus, Robertson.

———. 1977. *Blood Is Their Argument: Warfare Among the Mae Enga Tribesmen of the New Guinea Highlands*. Houston: Mayfield Publishing Co.

Mellars P, JC French. 2011. Tenfold population increase in Western Europe at the Neandertal-to–modern human transition. *Science* 333:623–627.

Menand L. 2006. What it is like to like. *New Yorker*. June 20, 73–76.

Mercader J, et al. 2007. 4,300-year-old chimpanzee sites and the origins of percussive stone technology. *Proc Nat Acad Sci* 104:3043–3048.

Michener W. 2012. The individual psychology of group hate. *J Hate Stud* 10:15–48.

Milgram S. 1974. *Obedience to Authority*. New York: HarperCollins.

Milicic B. 2013. Talk is not cheap: Kinship terminologies and the origins of language. *Structure and Dynamics* 6: http://escholarship.org/uc/item/6zw317jh.

Miller D. 1995. *On Nationality*. Oxford: Oxford University Press.

Miller DT, C McFarland. 1987. Pluralistic ignorance: When similarity is interpreted as dissimilarity. *J Pers Soc Psychol* 53:298–305.

Miller R, RH Denniston. 1979. Interband dominance in feral horses. *Zeitschrift für Tierpsychologie* 51:41–47.

Mills DS, SM McDonnell. 2005. *The Domestic Horse*. Cambridge: Cambridge University Press.

Milton K. 1991. Comparative aspects of diet in Amazonian forest-dwellers. *Philos T Roy Soc B:* 334:253–263.

Mitani JC, SJ Amsler. 2003. Social and spatial aspects of male subgrouping in a community of wild chimpanzees. *Behav* 140:869–884.

Mitani JC, J Gros-Louis. 1998. Chorusing and call convergence in chimpanzees: Tests of three hypotheses. *Behav* 135:1041–1064.

Mitani JC, DP Watts, SJ Amsler. 2010. Lethal intergroup aggression leads to territorial expansion in wild chimpanzees. *Curr Biol* 20:R507–R508.

Mitchell D. 1984. Predatory warfare, social status, and the North Pacific slave trade. *Ethnology* 23:39–48.

Mitchell TL. 1839. *Three Expeditions into the Interior of Eastern Australia*. London: T.W. Boone.

Modlmeier AP, JE Liebmann, S Foitzik. 2012. Diverse societies are more productive: a lesson from ants. *Proc Roy Soc B* 279: 2142–2150.

Moffett MW. 1989a. Trap-jaw ants. *Natl Geogr* 175:394–400.

———. 1989b. Life in a nutshell. *Natl Geogr* 6:783–796.

———. 1994. *The High Frontier: Exploring the Tropical Rainforest Canopy.* Cambridge, MA: Harvard University Press.

———. 1995. Leafcutters: Gardeners of the ant world. *Natl Geogr* 188:98–111.

———. 2000. What's "up"? A critical look at the basic terms of canopy biology. *Biotropica* 32:569–596.

———. 2010. *Adventures Among Ants.* Berkeley: University of California Press.

———. 2011. Ants and the art of war. *Sci Am* 305:84–89.

———. 2012. Supercolonies of billions in an invasive ant: What is a society? *Behav Ecol* 23:925–933.

———. 2013. Human identity and the evolution of societies. *Hum Nature* 24:219–267.

Moïse RE. 2014. Do Pygmies have a history? revisited: The autochthonous tradition in the history of Equatorial Africa. In BS Hewlett, ed. *Hunter-Gatherers of the Congo Basin.* New Brunswick NJ: Transaction Publishers. pp. 85–116.

Monteith MJ, CI Voils. 2001. Exerting control over prejudiced responses. In GB Moskowitz, ed. *Cognitive Social Psychology.* Mahwah, NJ: Lawrence Erlbaum. pp. 375–388.

Morgan C, RL Bettinger. 2012. Great Basin foraging strategies. In TR Pauketat, ed. *The Oxford Handbook of North American Archaeology.* New York: Oxford University Press.

Morgan J, W Buckley. 1852. *The Life and Adventures of William Buckley.* Hobart, Tasmania: A MacDougall.

Moss CJ, et al., eds. 2011. *The Amboseli Elephants.* Chicago: University of Chicago Press.

Mueller UG. 2002. Ant versus fungus versus mutualism. *Am Nat* 160:S67–S98.

Mullen B, RM Calogero, TI Leader. 2007. A social psychological study of ethnonyms: Cognitive representation of the in-group and intergroup hostility. *J Pers Soc Psychol* 92:612–630.

Mulvaney DJ. 1976. The chain of connection: The material evidence. In N Peterson, ed. *Tribes and Boundaries in Australia.* Atlantic Highlands: Humanities Press. pp. 72–94.

Mulvaney DJ, JP White. 1987. *Australians to 1788.* Broadway, NSW: Fairfax, Syme & Weldon.

Mummendey A, M Wenzel. 1999. Social discrimination and tolerance in intergroup relations: Reactions to intergroup difference. *Pers Soc Psychol Rev* 3:158–174.

Mummert A, et al. 2011. Stature and robusticity during the agricultural transition: Evidence from the bioarchaeological record. *Econ Hum Biol* 9:284–301.

Murphy MC, JA Richeson, DC Molden. 2011. Leveraging motivational mindsets to foster positive interracial interactions. *Soc Pers Psychol Compass* 5:118–131.

Murphy PL. 1991. *Anadarko Agency Genealogy Record Book of the Kiowa, Comanche-Apache & some 25 Sioux Families, 1902.* Lawton, OK: Privately published.

Murphy RF, Y Murphy. 1960. Shoshone-Bannock subsistence and society. *Anthropol Records* 16:293–338.

Nakamichi M, N Koyama. 1997. Social relationships among ring-tailed lemurs in two free-ranging troops at Berenty Reserve, Madagascar. *Int J Primatol* 18:73–93.

Nazzi T, PW Jusczyk, EK Johnson. 2000. Language discrimination by English-learning 5-month-olds: Effects of rhythm and familiarity. *J Mem Lang* 43:1–19.

Nelson E. 1899. The Eskimo about Bering Strait. Washington, DC: Government Printing Office.

Nettle D. 1999. Language variation and the evolution of societies. In RIM Dunbar, C Knight, C Power, eds. *The Evolution of Culture*. Piscataway: Rutgers University Press. pp. 214–227.

Newell RR, et al. 1990. *An Inquiry into the Ethnic Resolution of Mesolithic Regional Groups: The Study of their Decorative Ornaments in Time and Space*. Leiden, Netherlands: Brill.

Nishida T. 1968. The social group of wild chimpanzees in the Mahali mountains. *Primates* 9:167–224.

Nosek BA, MR Banaji, JT Jost. 2009. The politics of intergroup attitudes. In JT Jost, AC Kay, H Thorisdottir, eds. *Social and Psychological Bases of Ideology and System Justification*. New York: Oxford University Press. pp. 480–506.

Nowak MA. 2006. Five rules for the evolution of cooperation. *Science* 314:1560–1563.

Nowicki S. 1983. Flock-specific recognition of chickadee calls. *Behav Ecol Sociobiol* 12: 317–320.

Noy D. 2000. *Foreigners at Rome: Citizens and Strangers*. London: Duckworth.

O'Brien GV. 2003. Indigestible food, conquering hordes, and waste materials: Metaphors of immigrants and the early immigration restriction debate in the United States. *Metaphor Symb* 18:33–47.

O'Connell RL. 1995. *The Ride of the Second Horseman: The Birth and Death of War*. Oxford: Oxford University Press.

O'Gorman HJ. 1975. Pluralistic ignorance and white estimates of white support for racial segregation. *Public Opin Quart* 39:313–330.

Oldmeadow J, ST Fiske. 2007. System-justifying ideologies moderate status = competence stereotypes: Roles for belief in a just world and social dominance orientation. *Eur J Soc Psychol* 37:1135–1148.

Olsen CL. 1987. The demography of colony fission from 1878–1970 among the Hutterites of North America. *Am Anthropol* 89:823–837.

Olzak S. 1992. *The Dynamics of Ethnic Competition and Conflict*. Stanford, CA: Stanford University Press.

Opotow S. 1990. Moral exclusion and injustice: An introduction. *J Soc Issues* 46:1–20.

Orgad L. 2011. Creating new Americans: The essence of Americanism under the citizenship test. *Houston Law Rev* 47:1-46.

_____. 2015. *The Cultural Defense of Nations*. Oxford: Oxford University Press.

O'Riain MJ, JUM Jarvis, CG Faulkes. 1996. A dispersive morph in the naked mole-rat. *Nature* 380:619–621.

Ortman SG, et al. 2014. The pre-history of urban scaling. *PloS ONE* 9:e87902.

Orton J, et al. 2013. An early date for cattle from Namaqualand, South Africa: Implications for the origins of herding in southern Africa. *Antiquity* 87:108–120.

Orwell G. 1946. *Animal Farm: A Fairy Story*. London: Harcourt Brace.

_____. 1971. Notes on nationalism. In S Orwell, I Angus, eds. *Collected Essays*, vol. 3. New York: Harcourt, Brace, Jovanovich. pp. 361–380.

Oswald FL, et al. 2015. Using the IAT to predict ethnic and racial discrimination: Small effect sizes of unknown societal significance. *J Pers Soc Psychol* 108:562–571.

Otterbein KF. 2004. *How War Began*. College Station: Texas A&M University Press.

Pabst MA, et al. 2009. The tattoos of the Tyrolean Iceman: A light microscopical, ultrastructural and element analytical study. *J Archaeol Sci* 36:2335–2341.

Packer DJ. 2008. On being both with us and against us: A normative conflict model of dissent in social groups. *Pers Soc Psychol Rev* 12:50–72.

Pagel M. 2000. The history, rate and pattern of world linguistic evolution. In C Knight et al., eds. *Evolutionary Emergence of Language*. Cambridge: Cambridge University Press. pp. 391–416.

_____. 2009. Human language as culturally transmitted replicator. *Nature Rev Genet* 10:405–415.

Pagel M, R Mace. 2004. The cultural wealth of nations. *Nature* 428:275–278.

Painter NI. 2010. *The History of White People*. New York: W.W. Norton.

Palagi E, G Cordoni. 2009. Postconflict third-party affiliation in *Canis lupus:* Do wolves share similarities with the great apes? *Anim Behav* 78:979–986.

Paluck EL. 2009. Reducing intergroup prejudice and conflict using the media: A field experiment in Rwanda. *J Pers Soc Psychol* 96:574–587.

Paranjpe AC. 1998. *Self and Identity in Modern Psychology and Indian Thought*. New York: Plenum Press.

Park RE. 1928. Human migration and the marginal man. *Am J Sociol* 33:881–893.

Parker BJ. 2003. Archaeological manifestations of empire: Assyria's imprint on southeastern Anatolia. *Am J Archaeol* 107:525–557.

Parr LA. 2001. Cognitive and physiological markers of emotional awareness in chimpanzees. *Anim Cogn* 4:223–229.

_____. 2011. The evolution of face processing in primates. *Philos T Roy Soc B* 366:1764–1777.

Parr LA, FBM de Waal. 1999. Visual kin recognition in chimpanzees. *Nature* 399:647–648.

Parr LA, WD Hopkins. 2000. Brain temperature asymmetries and emotional perception in chimpanzees. *Physiol Behav* 71:363–371.

Parr LA, BM Waller. 2006. Understanding chimpanzee facial expression: Insights into the evolution of communication. *Soc Cogn Affect Neurosci* 1:221–228.

Pascalis O, et al. 2005. Plasticity of face processing in infancy. *Proc Nat Acad Sci* 102:5297–5300.

Pascalis O, DJ Kelly. 2009. The origins of face processing in humans: Phylogeny and ontogeny. *Persp Psychol Sci* 4:200–209.

Passarge S. 1907. *Die Buschmänner der Kalahari*. Berlin: D Reimer (E Vohsen).

Patterson O. 1982. *Slavery and Social Death*. Cambridge, MA: Harvard University Press.

Paukner A, SJ Suomi, E Visalberghi, PF Ferrari. 2009. Capuchin monkeys display affiliation toward humans who imitate them. *Science* 325:880-883.

Paxton P, A Mughan. 2006. What's to fear from immigrants? Creating an assimilationist threat scale. *Polit Psychol* 27:549–568.

Payne BK. 2001. Prejudice and perception: The role of automatic and controlled processes in misperceiving a weapon. *J Pers Soc Psychol* 81:181–192.

Paz-y-Miño G, et al. 2004. Pinyon jays use transitive inference to predict social dominance. *Nature* 430:778–781.

Peasley WJ. 2010. *The Last of the Nomads*. Fremantle: Fremantle Art Centre Press.

Pelto PJ. 1968. The difference between "tight" and "loose" societies. *Transaction* 5:37–40.

Perdue T. 1979. *Slavery and the Evolution of Cherokee Society, 1540–1866*. Knoxville: University of Tennessee Press.

Perry G. 2018. *The Lost Boys: Inside Muzafer Sherif's Robbers Cave Experiments*. Brunswick, Australia: Scribe Publications.

Peterson N. 1993. Demand sharing: Reciprocity and the pressure for generosity among foragers. *Am Anthropol* 95:860–874.

Peterson RO, et al. 2002. Leadership behavior in relation to dominance and reproductive status in gray wolves. *Canadian J Zool* 80:1405–1412.

Pettigrew TF. 2009. Secondary transfer effect of contact: Do intergroup contact effects spread to noncontacted outgroups? *Soc Psychol* 40:55–65.

Phelan JE, LA Rudman. 2010. Reactions to ethnic deviance: The role of backlash in racial stereotype maintenance. *J Pers Soc Psychol* 99:265–281.

Phelps EA, et al. 2000. Performance on indirect measures of race evaluation predicts amygdala activation. *J Cogn Neurosci* 12:729–738.

Piaget J, AM Weil. 1951. The development in children of the idea of the homeland and of relations to other countries. *Int Soc Sci J* 3:561–578.

Pietraszewski D, L Cosmides, J Tooby. 2014. The content of our cooperation, not the color of our skin: An alliance detection system regulates categorization by coalition and race, but not sex. *PloS ONE* 9:e88534.

Pimlott DH, JA Shannon, GB Kolenosky. 1969. *The Ecology of the Timber Wolf in Algonquin Provincial Park*. Ontario: Department of Lands and Forests.

Pinker S. 2011. *Better Angels of Our Nature: Why Violence Has Declined*. New York: Penguin.

Plous S. 2003. Is there such a thing as prejudice toward animals. In S Plous, ed. *Understanding Prejudice and Discrimination*. New York: McGraw Hill. pp. 509–528.

Poggi I. 2002. Symbolic gestures: The case of the Italian gestionary. *Gesture* 2:71–98.

Pokorny JJ, FBM de Waal. 2009. Monkeys recognize the faces of group mates in photographs. *Proc Nat Acad Sci* 106:21539–21543.

Poole R. 1999. *Nation and Identity*. London: Routledge.

Portes A, RG Rumbaut. 2014. *Immigrant America: A Portrait*. 4th ed. Berkeley: University of California Press.

Portugal SJ, et al. 2014. Upwash exploitation and downwash avoidance by flap phasing in ibis formation flight. *Nature* 505:399–402.

Postmes T, et al. 2005. Individuality and social influence in groups: Inductive and deductive routes to group identity. *J Pers Soc Psychol* 89:747–763.

Potts L. 1990. *The World Labour Market: A History of Migration*. London: Zed Books.

Pounder DJ. 1983. Ritual mutilation: Subincision of the penis among Australian Aborigines. *Am J Forensic Med Pathol* 4:227–229.

Powell A, S Shennan, MG Thomas. 2009. Late Pleistocene demography and the appearance of modern human behavior. *Science* 324:1298–1301.

Prentice DA, et al. 1994. Asymmetries in attachments to groups and to their members: Distinguishing between common-identity and common-bond groups. *Pers Soc Psychol Bull* 20:484–493.

Preston SD, FBM de Waal. 2002. The communication of emotions and the possibility of empathy in animals. In SG Post et al., eds. *Altruism and Altruistic Love*. New York: Oxford University Press. pp. 284–308.

Price R. 1996. *Maroon Societies*. Baltimore: Johns Hopkins University Press.

Price TD, O Bar-Yosef. 2010. Traces of inequality at the origins of agriculture in the ancient Near East. In TD Price, G Feinman, eds. *Pathways to Power*. New York: Springer. pp. 147–168.

Prud'Homme J. 1991. Group fission in a semifree-ranging population of Barbary macaques. *Primates* 32:9–22.

Pruetz JD. 2007. Evidence of cave use by savanna chimpanzees at Fongoli, Senegal. *Primates* 48:316–319.

Pruetz JD, et al. 2015. New evidence on the tool-assisted hunting exhibited by chimpanzees in a savannah habitat at Fongoli, Sénégal. *Roy Soc Open Sci* 2:e140507.

Pusey AE, C Packer. 1987. The evolution of sex-biased dispersal in lions. *Behav* 101:275–310.

Queller DC, JE Strassmann. 1998. Kin selection and social insects. *Bio Science* 48:165–175.

Raijman R, et al. 2008. What does a nation owe non-citizens? *Int J Comp Sociol* 49:195–220.

Rakić T, et al. 2011. Blinded by the accent! Minor role of looks in ethnic categorization. *J Pers Soc Psych* 100:16–29.

Rantala MJ. 2007. Evolution of nakedness in Homo sapiens. *J Zool* 273:1–7.

Rasa OAE. 1973. Marking behavior and its social significance in the African dwarf mongoose. *Z Tierpsychol* 32:293–318.

Ratner KG, et al. 2013. Is race erased? Decoding race from patterns of neural activity when skin color is not diagnostic of group boundaries. *Soc Cogn Affect Neurosci* 8:750–755.

Ratnieks FLW, KR Foster, T Wenseleers. 2006. Conflict resolution in social insect societies. *Annu Rev Etomol* 51:581–608.

Ratnieks FLW, T Wenseleers. 2005. Policing insect societies. *Science* 307:54–56.

Rayor LS. 1988. Social organization and space-use in Gunnison's prairie dog. *Behav Ecol Sociobiol* 22:69–78.

Read DW. 2011. *How Culture Makes Us Human*. Walnut Creek, CA: Left Coast Press.

Redmond EM. 1994. *Tribal and Chiefly Warfare in South America*. Ann Arbor: University of Michigan Press.

Reese G, O Lauenstein. 2014. The eurozone crisis: Psychological mechanisms undermining and supporting European solidarity. *Soc Sci* 3:160–171.

Reese HE, et al. 2010. Attention training for reducing spider fear in spider-fearful individuals. *J Anxiety Disord* 24:657–662.

Reicher SD. 2001. The psychology of crowd dynamics. In MA Hogg, RS Tindale, eds. *Blackwell Handbook of Social Psychology: Group Processes*. Oxford, England: Blackwell. pp. 182–207.

Renan E. 1990 (1882). What is a nation? In HK Bhabah, ed. *Nation and Narration*. London: Routledge. pp. 8–22.

Rendell LE, H Whitehead. 2001. Culture in whales and dolphins. *Behav Brain Sci* 24:309–324.

Reynolds H. 1981. *The Other Side of the Frontier: Aboriginal Resistance to the European Invasion of Australia*. Townsville, Australia: James Cook University Press.

Reynolds S. 1997. *Kingdoms and Communities in Western Europe, 900–1300*. Oxford: Oxford University Press.

Rheingold H. 2002. *Smart Mobs: The Next Social Revolution*. New York: Basic Books.

Richerson PJ, R Boyd. 1998. The evolution of human ultra-sociality. In I Eibl-Eibesfeldt, FK Salter, eds. *Indoctrinability, Ideology, and Warfare*. Oxford: Berghahn. pp. 71–95.

Riolo RL, et al. 2001. Evolution of cooperation without reciprocity. *Nature* 414:441–443.

Rivaya-Martínez J. 2012. Becoming Comanches. In DW Adams, C DeLuzio, eds. *On the Borders of Love and Power: Families and Kinship in the Intercultural American Southwest*. Berkeley: University of California Press. pp. 47–70.

Riveros AJ, MA Seid, WT Wcislo. 2012. Evolution of brain size in class-based societies of fungus-growing ants. *Anim Behav* 83:1043–1049.

Rizzolatti G, L Craighero. 2004. The mirror-neuron system. *Annu Rev Neurosci* 27:169–192.

Roberts SGB. 2010. Constraints on social networks. In RIM Dunbar, C Gamble, J Gowlett, eds. *Social Brain, Distributed Mind*. Oxford: Oxford University Press. pp. 115–134.

Robinson WP, H Tajfel. 1996. *Social Groups and Identities: Developing the Legacy of Henri Tajfel*. Oxford: Routledge.

Rodseth L, et al. 1991. The human community as a primate society. *Curr Anthropol* 32:221–241.

Roe FG. 1974. *The Indian and the Horse*. Norman: University of Oklahoma Press.

Rogers AR, D Iltis, S Wooding. 2004. Genetic variation at the MC1R locus and the time since loss of human body hair. *Curr Anthropol* 45:105–108.

Rogers EM. 2003. *Diffusion of Innovations*. 5th ed. New York: Free Press.

Ron T. 1996. Who is responsible for fission in a free-ranging troop of baboons? *Ethology* 102:128–133.

Roosevelt AC. 1999. Archaeology of South American hunters and gatherers. In RB Lee, R Daly, eds. *The Cambridge Encyclopedia of Hunters and Gatherers*. New York: Cambridge University Press. pp. 86–91.

———. 2013. The Amazon and the Anthropocene: 13,000 years of human influence in a tropical rainforest. *Anthropocene* 4:69–87.

Roscoe P. 2006. Fish, game, and the foundations of complexity in forager society. *Cross Cult Res* 40:29–46.

———. 2007. Intelligence, coalitional killing, and the antecedents of war. *Am Anthropol* 109:485–495.

Roth WE, R Etheridge. 1897. *Ethnological Studies Among the North-West-Central Queensland Aborigines.* Brisbane: Edmund Gregory.

Rothì DM, E Lyons, X Chryssochoou. 2005. National attachment and patriotism in a European nation: A British study. *Polit Psychol* 26:135–155.

Rowell TE. 1975. Growing up in a monkey group. *Ethos* 3:113–128.

Royce AP. 1982. *Ethnic Identity: Strategies of Diversity.* Bloomington: Indiana University Press.

Rudolph KP, JP McEntee. 2016. Spoils of war and peace: Enemy adoption and queenright colony fusion follow costly intraspecific conflict in acacia ants. *Behav Ecol* 27:793–802.

De Ruiter J, G Weston, SM Lyon. 2011. Dunbar's number: Group size and brain physiology in humans reexamined. *Am Anthropol* 113:557–568.

Rushdie S. 2002. *Step Across This Line: Collected Nonfiction* 1992–2002. London: Vintage.

Russell AF, et al. 2003. Breeding success in cooperative meerkats: Effects of helper number and maternal state. *Behav Ecol* 14:486-492.

Russell RJ. 1993. *The Lemurs' Legacy.* New York: Tarcher/Putnam.

Rutherford A, et al. 2014. Good fences: The importance of setting boundaries for peaceful coexistence. *PloS ONE* 9: e95660.

Rutledge JP. 2000. They all look alike: The inaccuracy of cross-racial identifications. *Am J Crim L* 28:207–228.

Sahlins M. 1968. Notes on the original affluent society. In RB Lee, I DeVore, eds. *Man the Hunter.* Chicago: Aldine. pp. 85–89.

Sai FZ. 2005. The role of the mother's voice in developing mother's face preference. *Infant Child Dev* 14:29–50.

Salamone FA, CH Swanson. 1979. Identity and ethnicity: Ethnic groups and interactions in a multi-ethnic society. *Ethnic Groups* 2:167–183.

Salmon CA. 1998. The evocative nature of kin terminology in political rhetoric. *Polit Life Sci* 17:51–57.

Saminaden A, S Loughnan, N Haslam. 2010. Afterimages of savages: Implicit associations between primitives, animals and children. *Brit J Soc Psychol* 49:91–105.

Sampson CG. 1988. *Stylistic Boundaries Among Mobile Hunter-Gatherers.* Washington, DC: Smithsonian Institution.

Samuels A, JB Silk, J Altmann. 1987. Continuity and change in dominance relations among female baboons. *Anim Behav* 35:785–793.

Sanderson SK. 1999. *Social Transformations.* New York: Rowman & Littlefield.

Sangrigoli S, S De Schonen. 2004. Recognition of own-race and other-race faces by threemonth-old infants. *J Child Psychol Psych* 45:1219–1227.

Sangrigoli S, et al. 2005. Reversibility of the other-race effect in face recognition during childhood. *Psychol Sci* 16:440–444.

Sani F. 2009. Why groups fall apart: A social psychological model of the schismatic process. In F Butera, JM Levine, eds. *Coping with Minority Status.* New York: Cambridge University Press. pp. 243–266.

Sani F, et al. 2007. Perceived collective continuity: Seeing groups as entities that move through time. *Eur J Soc Psychol* 37:1118–1134.

Santorelli CJ, et al. 2013. Individual variation of whinnies reflects differences in membership between spider monkey communities. *Int J Primatol* 34:1172–1189.

Santos-Granero F. 2009. *Vital Enemies: Slavery, Predation, and the Amerindian Political Economy of Life.* Austin: University of Texas Press.

Saperstein A, AM Penner. 2012. Racial fluidity and inequality in the United States. *Am J Sociol* 118:676–727.

Sapolsky RM. 2007. *A Primate's Memoir: A Neuroscientist's Unconventional Life Among the Baboons.* New York: Simon & Schuster.

Sarna JD. 1978. From immigrants to ethnics: Toward a new theory of "ethnicization." *Ethnicity* 5:370–378.

Sassaman KE. 2004. Complex hunter–gatherers in evolution and history: A North American perspective. *J Archaeol Res* 12:227–280.

Sayers K, CO Lovejoy. 2008. The chimpanzee has no clothes: A critical examination of Pan troglodytes in models of human evolution. *Curr Anthropol* 49:87–117.

Scarre C, ed. 2013. *Human Past.* 3rd ed. London: Thames & Hudson.

Schaal B, L Marlier, R Soussignan. 2000. Human foetuses learn odours from their pregnant mother's diet. *Chem Senses* 25:729–737.

Schaller GB. 1972. *The Serengeti Lion.* Chicago: University of Chicago Press.

Schaller M, SL Neuberg. 2012. Danger, disease, and the nature of prejudice. *Adv Exp Soc Psychol* 46:1–54.

Schaller M, JH Park. 2011. The behavioral immune system (and why it matters). *Curr Dir Psychol Sci* 20:99–103.

Schamberg I, et al. 2017. Bonobos use call combinations to facilitate inter-party travel recruitment. *Behav Ecol Sociobiol* 71:75.

Schapera I. 1930. *The Khoisan Peoples of South Africa.* London: Routledge.

Schatz RT, E Staub, H Lavine. 1999. On the varieties of national attachment: Blind versus constructive patriotism. *Polit Psychol* 20:151–174.

Schelling TC. 1978. *Micromotives and Macrobehavior.* New York: W.W. Norton.

Schladt M, ed. 1998. *Language, Identity, and Conceptualization Among the Khoisan.* Cologne: Rüdiger Köppe.

Schmidt JO. 2016. *The Sting of the Wild.* Baltimore: John Hopkins University Press.

Schmitt DP, et al. 2008. Why can't a man be more like a woman? Sex differences in big five personality traits across 55 cultures. *J Pers Soc Psychol* 94:168–182.

Schradin C, J Lamprecht. 2000. Female-biased immigration and male peace-keeping in groups of the shell-dwelling cichlid fish. *Behav Ecol Sociobiol* 48:236–242.

———. 2002. Causes of female emigration in the group-living cichlid fish. *Ethology* 108:237–248.

Schultz TR, et al. 2005. Reciprocal illumination: A comparison of agriculture in humans and in fungus-growing ants. In F Vega, M Blackwell, eds. *Insect-Fungal Associations.* Oxford: Oxford University Press. pp. 149–190.

Schultz TR, SG Brady. 2008. Major evolutionary transitions in ant agriculture. *Proc Nat Acad Sci* 105:5435–5440.

Schwartz B. 1985. *The World of Thought in Ancient China*. Cambridge, MA: Harvard University Press.

Scott JC. 2009. *The Art of Not Being Governed: An Anarchist History of Upland Southeast Asia*. New Haven, CT; Yale University Press.

_____. 2017. *Against the Grain: A Deep History of the Earliest States*. New Haven, CT: Yale University Press.

Scott LS, A Monesson. 2009. The origin of biases in face perception. *Psychol Sci* 20:676–680.

Seeley TD. 1995. *The Wisdom of the Hive*. Cambridge, MA: Harvard University Press.

_____. 2010. *Honeybee Democracy*. Princeton, NJ: Princeton University Press.

Seger CR, ER Smith, DM Mackie. 2009. Subtle activation of a social categorization triggers group-level emotions. *J Exp Soc Psychol* 45:460–467.

Sekulic D, G Massey, R Hodson. 1994. Who were the Yugoslavs? Failed sources of a common identity in the former Yugoslavia. *Am Sociol Rev* 59:83–97.

Sellas AB, RS Wells, PE Rosel. 2005. Mitochondrial and nuclear DNA analyses reveal fine scale geographic structure in bottlenose dolphins in the Gulf of Mexico. *Conserv Genet* 6:715–728.

Sen A. 2006. *Identity and Violence: The Illusion of Destiny*. New York: W.W. Norton.

Seneca, LA. 1970. *Moral and Political Essays*. JM Cooper, JF Procopé, eds. Cambridge: Cambridge University Press.

Seth PK, S Seth. 1983. Population dynamics of free-ranging rhesus monkeys in different ecological conditions in India. *Am J Primatol* 5:61–67.

Seto MC. 2008. *Pedophilia and Sexual Offending Against Children*. Washington, DC: American Psychological Association.

Seyfarth RM, DL Cheney. 2017. Precursors to language: Social cognition and pragmatic inference in primates. *Psychon Bull Rev* 24:79–84.

_____. 2012. The evolutionary origins of friendship. *Annu Rev Psychol* 63:153–177.

Shah JY, PC Brazy, ET Higgins. 2004. Promoting us or preventing them: Regulatory focus and manifestations of intergroup bias. *Pers Soc Psychol Bull* 30:433–446.

Shannon TJ. 2008. *Iroquois Diplomacy on the Early American Frontier*. New York: Penguin.

Sharot T, CW Korn, RJ Dolan. 2011. How unrealistic optimism is maintained in the face of reality. *Nature Neurosci* 14:1475–1479.

Sharpe LL. 2005. Frequency of social play does not affect dispersal partnerships in wild meerkats. *Anim Behav* 70:559–569.

Shennan S. 2001. Demography and cultural innovation: A model and its implications for the emergence of modern human culture. *Cambr Archaeol J* 11:5–16.

Shepher J. 1971. Mate selection among second-generation kibbutz adolescents and adults: Incest avoidance and negative imprinting. *Arch Sexual Behav* 1:293–307.

Sherif M. 1966. *In Common Predicament: Social Psychology of Intergroup Conflict and Cooperation*. Boston: Houghton Mifflin.

Sherif M, et al. 1961. *Intergroup Conflict and Cooperation: The Robbers Cave Experiment*. Norman: University of Oklahoma Book Exchange.

Sherman PW, JUM Jarvis, RD Alexander, eds. 1991. *The Biology of the Naked Mole-rat*.

Prince ton, NJ: Princeton University Press.

Shirky C. 2008. *Here Comes Everybody! The Power of Organizing Without Organizations.* New York: Penguin.

Sidanius J, et al. 1997. The interface between ethnic and national attachment: Ethnic pluralism or ethnic dominance? *Public Opin Quart* 61:102–133.

Sidanius J, et al. 1999. Peering into the jaws of the beast: The integrative dynamics of social identity, symbolic racism, and social dominance. In DA Prentice, DT Miller, eds. *Cultural Divides: Understanding and Overcoming Group Conflicts.* New York: Russell Sage Foundation. pp. 80–132.

Sidanius J, JR Petrocik. 2001. Communal and national identity in a multiethnic state. In RD Ashmore, L Jussim, D Wilder, eds. *Social Identity, Intergroup Conflict, and Conflict Resolution.* Oxford: Oxford University Press. pp. 101–129.

Silberbauer GB. 1965. *Report to the Government of Bechuanaland on the Bushman Survey.* Gaberones: Bechuanaland Government.

_____. 1981. *Hunter and Habitat in the Central Kalahari Desert.* Cambridge: Cambridge University Press.

_____. 1996. Neither are your ways my ways. In S Kent, ed. *Cultural Diversity Among Twentieth-Century Foragers.* New York: Cambridge University Press. pp. 21–64.

Silk JB. 1999. Why are infants so attractive to others? The form and function of infant handling in bonnet macaques. *Anim Behav* 57:1021–1032.

_____. 2002. Kin selection in primate groups. *Int J Primatol* 23:849–875.

Silk JB, et al. 2013. Chimpanzees share food for many reasons: The role of kinship, reciprocity, social bonds and harassment on food transfers. *Science Direct* 85:941–947.

Silver S, WR Miller. 1997. *American Indian Languages.* Tucson: University of Arizona Press.

Simmel G. 1950. *The Sociology of Georg Simmel.* KH Wolff, ed. Glencoe, IL: Free Press.

Simoons FJ. 1994. *Eat Not This Flesh: Food Avoidances from Prehistory to the Present.* Madison: University of Wisconsin Press.

Slobodchikoff CN, et al. 2012. Size and shape information serve as labels in the alarm calls of Gunnison's prairie dogs. *Curr Zool* 58:741–748.

Slobodchikoff CN, BS Perla, JL Verdolin. 2009. *Prairie Dogs: Communication and Community in an Animal Society.* Cambridge, MA: Harvard University Press.

Slovic P. 2000. *The Perception of Risk.* New York: Earthscan.

Smedley A, BD Smedley. 2005. Race as biology is fiction, racism as a social problem is real. *Am Psychol* 60:16–26.

Smith AD. 1986. *The Ethnic Origins of Nations.* Oxford: Blackwell.

Smith DL. 2009. *The Most Dangerous Animal: Human Nature and the Origins of War.* New York: Macmillan.

_____. 2011. *Less Than Human: Why we Demean, Enslave, and Exterminate Others.* New York: St. Martin's Press.

Smith DL, I Panaitiu. 2015. Aping the human essence. In WD Hund, CW Mills, S Sebastiani, eds. *Simianization: Apes, Gender, Class, and Race.* Zurich: Verlag & Wein. pp. 77–104.

Smith DW, et al. 2015. Infanticide in wolves: Seasonality of mortalities and attacks at dens support evolution of territoriality. *J Mammal* 96:1174–1183.

Smith ER, CR Seger, DM Mackie. 2007. Can emotions be truly group-level? Evidence regarding four conceptual criteria. *J Pers Soc Psychol* 93:431–446.

Smith KB, et al. 2011. Linking genetics and political attitudes: Reconceptualizing political ideology. *Polit Psychol* 32:369–397.

Smith ME. 2010. The archaeological study of neighborhoods and districts in ancient cities. *J Anthropol Archaeol* 29:137–154.

Smith PC. 2009. *Everything you know about Indians is Wrong*. Minneapolis Press: University of Minnesota.

Smith RM. 1997. *Civic Ideals: Conflicting Visions of Citizenship in U.S. History*. New Haven, CT: Yale University Press.

Smith RM, PA Klinkner 1999. *The Unsteady March*. Chicago: University of Chicago Press.

Smouse PE, et al. 1981. The impact of random and lineal fission on the genetic divergence of small human groups: A case study among the Yanomama. Genetics 98:179–197.

Sorabji R. 2005. *The Philosophy of the Commentators, 200–600 AD: A Sourcebook, Volume 1: Psychology (with Ethics and Religion)*. Ithaca, NY: Cornell University Press.

Sorensen AA, TM Busch, SB Vinson. 1985. Control of food influx by temporal subcastes in the fire ant. *Behav Ecol Sociobiol* 17:191–198.

Sorger DM, W Booth, A Wassie Eshete, M Lowman, MW Moffett. 2017. Outnumbered: A new dominant ant species with genetically diverse supercolonies. *Insectes Sociaux* 64:141–147.

Southwick CH, et al. 1974. Xenophobia among free-ranging rhesus groups in India. In RL Holloway, ed. *Primate Aggression, Territoriality, and Xenophobia*. New York: Academic. pp. 185–209.

Spencer C. 2010. Territorial expansion and primary state formation. *Proc Nat Acad Sci* 107:7119–7126.

Spencer WB, FJ Gillen. 1899. *The Native Tribes of Central Australia*. London: MacMillan & Co.

Sperber D. 1974. *Rethinking Symbolism*. Cambridge: Cambridge University Press.

Spicer EH. 1971. Persistent cultural systems. *Science* 174:795–800.

Spickard P. 2005. Race and nation, identity and power: Thinking comparatively about ethnic systems. In P Spickard, ed. *Race and Nation: Ethnic Systems in the Modern World*. New York: Taylor & Francis. pp. 1–29.

Spoor JR, JR Kelly. 2004. The evolutionary significance of affect in groups. *Group Proc Intergr Rel* 7:398–412.

Spoor JR, KD Williams. 2007. The evolution of an ostracism detection system. In JP Forgas et al., eds. *Evolution and the Social Mind*. New York: Psychology Press. pp. 279–292.

Sridhar H, G Beauchamp, K Shankar. 2009. Why do birds participate in mixed-species foraging flocks? *Science Direct* 78:337–347.

Stahler DR, DW Smith, R Landis. 2002. The acceptance of a new breeding male into a wild wolf pack. *Can J Zool* 80:360–365.

Stanner WEH. 1965. Aboriginal territorial organization. *Oceania* 36:1–26.

_____. 1979. *White Man Got No Dreaming: Essays 1938–78.* Canberra: Australian National University Press.

Staub E. 1989. *The Roots of Evil.* Cambridge: Cambridge University Press.

_____. 1997. Blind versus constructive patriotism. In D Bar-Tal, E Staub, eds. *Patriotism in the Lives of Individuals and Nations.* Chicago: Nelson-Hall. pp. 213–228.

Steele C, J Gamble. 1999. Hominid ranging patterns and dietary strategies. In H Ullrich, ed. *Hominid Evolution: Lifestyles and Survival Strategies.* Gelsenkirchen: Edition Archaea. pp. 369–409.

Steele CM, SJ Spencer, J Aronson. 2002. Contending with group image: The psychology of stereotype and social identity threat. *Adv Exp Soc Psychol* 34:379–440.

Steffian AF, PG Saltonstall. 2001. Markers of identity: Labrets and social organization in the Kodiak Archipelago. *Alaskan J Anthropol* 1:1–27.

Stiner MC, SL Kuhn. 2006. Changes in the "connectedness" and resilience of Paleolithic societies in Mediterranean ecosystems. *Hum Ecol* 34:693–712.

Stirling MW. 1938. *Historical and Ethnographical Material on the Jívaro Indians.* Washington, DC: Smithsonian Institution.

Stoneking M. 2003. Widespread prehistoric human cannibalism: Easier to swallow? *Trends Ecol Evol* 18:489–490.

Strandburg-Peshkin A, et al. 2015. Shared decision-making drives collective movement in wild baboons. *Science* 348:1358–1361.

Struch N, SH Schwartz. 1989. Intergroup aggression: Its predictors and distinctness from in-group bias. *J Pers Soc Psychol* 56:364–373.

Struhsaker TT. 2010. *The Red Colobus Monkeys.* New York: Oxford University Press.

Sturgis J, DM Gordon. 2012. Nestmate recognition in ants. *Myrmecol News* 16:101–110.

Suarez AV, et al. 2002. Spatiotemporal patterns of intraspecific aggression in the invasive Argentine ant. *Anim Behav* 64:697–708.

Suetonius 1979 (written AD 121). *The Twelve Caesars.* M. Graves, trans. London: Penguin.

Sueur C, et al. 2011. Group size, grooming and fission in primates: A modeling approach based on group structure. *J Theor Biol* 273:156–166.

Sugita Y. 2008. Face perception in monkeys reared with no exposure to faces. *Proc Nat Acad Sci* 105:394–398.

Sugiyama Y. 1999. Socioecological factors of male chimpanzee migration at Bossou, Guinea. *Primates* 40:61–68.

Sumner WG. 1906. *Folkways: The Study of the Sociological Importance of Usages, Manners, Customs, Mores, and Morals.* Boston: Ginn & Co.

Surbeck M, G Hohmann. 2008. Primate hunting by bonobos at LuiKotale, Salonga National Park. *Curr Biol* 18:R906–R907.

Swann WB Jr, et al. 2012. When group membership gets personal: A theory of identity fusion. *Psychol Rev* 119:441–456.

Taglialatela JP, et al. 2009. Visualizing vocal perception in the chimpanzee brain. *Cereb Cortex* 19:1151–1157.

Tainter JA. 1988. *The Collapse of Complex Societies.* Cambridge: Cambridge University Press.

Tajfel H, et al. 1970. The development of children's preference for their own country: A cross national study. *Int J Psychol* 5:245–253.

Tajfel H, JC Turner. 1979. An integrative theory of intergroup conflict. In W Austin, S Worchel, eds. *The Social Psychology of Intergroup Relations.* Monterey, CA: Brooks/ Cole. pp. 33–47.

Takahashi H, et al. 2014. Different impressions of other agents obtained through social interaction uniquely modulate dorsal and ventral pathway activities in the social human brain. *Science Direct* 58:289–300.

Tan J, B Hare. 2013. Bonobos share with strangers. *PLoS ONE* 8:e51922.

Tanaka J. 1980. *The San, Hunter-Gatherers of the Kalahari.* Tokyo: University of Tokyo Press.

Tarr B, J Launay, RIM Dunbar. 2016. Silent disco: Dancing in synchrony leads to elevated pain thresholds and social closeness. *Evol Hum Behav* 37:343–349.

Taylor AM. 2005. *The Divided Family in Civil War America.* Chapel Hill: University of North Carolina Press.

Taylor CB, JM Ferguson, BM Wermuth. 1977. Simple techniques to treat medical phobias. *Postgrad Med J* 53:28–32.

Taylor R. 2008. The polemics of making fire in Tasmania. *Aboriginal Hist* 32:1–26.

Tebbich S, R Bshary. 2004. Cognitive abilities related to tool use in the woodpecker finch. *Anim Behav* 67:689–697.

Tennie C, J Call, M Tomasello. 2009. Ratcheting up the ratchet: On the evolution of cumulative culture. *Philos T Roy Soc B* 364:2405–2415.

Terry DJ, CJ Carey, VJ Callan. 2001. Employee adjustment to an organizational merger: An intergroup perspective. *Pers Soc Psychol Bull* 27:267–280.

Testart A. 1982. Significance of food storage among hunter-gatherers. *Curr Anthropol* 23:523–530.

Testi A. 2005. You Americans aren't the only people obsessed with your flag. *Zócalo.* http://www.zocalopublicsquare.org/2015/06/12/you-americans-arent-the-only-people-obsessed-with-your-flag/ideas/nexus/.

_____. 2010. *Capture the Flag.* NG Mazhar, trans. New York: New York University Press.

Thaler RH, CR Sunstein. 2009. *Nudge: Improving Decisions about Health, Wealth, and Happiness.* New York: Penguin.

Theberge J, M Theberge. 1998. *Wolf Country: Eleven Years Tracking the Algonquin Wolves.* Toronto: McClelland & Stewart.

Thierry B. 2005. Hair grows to be cut. *Evol Anthropol: Issues, News, and Reviews* 14:5.

Thomas EM. 1959. *The Harmless People.* New York: Alfred A. Knopf.

Thomas-Symonds N. 2010. *Attlee: A Life in Politics.* New York: IB Tauris.

Thompson B. 1983. Social ties and ethnic settlement patterns. In WC McCready, ed. *Culture, Ethnicity, and Identity.* New York: Academic Press. pp. 341–360.

Thompson PR. 1975. A cross-species analysis of carnivore, primate, and hominid behavior. *J Human Evol* 4:113–124.

Thornton A, J Samson, T Clutton-Brock. 2010. Multi-generational persistence of traditions in neighbouring meerkat groups. *Proc Roy Soc B* 277:3623–3629.

Tibbetts EA, J Dale. 2007. Individual recognition: It is good to be different. *Trends Ecol*

Evol 22:529–537.

Tilly C. 1975. Reflections on the history of European state-making. In C Tilly, ed. *The Formation of National States in Western Europe.* Princeton, NJ: Princeton University Press. pp. 3–83.

Tincoff R, PW Jusczyk. 1999. Some beginnings of word comprehension in 6-month-olds. *Psychol Sci* 10:172–175.

Tindale RS, S Sheffey. 2002. Shared information, cognitive load, and group memory. *Group Process Intergr Relat* 5:5–18.

Tishkoff SA, et al. 2007. Convergent adaptation of human lactase persistence in Africa and Europe. *Nat Genet* 39:31–40.

Tobler R, et al. 2017. Aboriginal mitogenomes reveal 50,000 years of regionalism in Australia. *Nature* 544:180–184.

Todorov A. 2017. *Face Value: The Irresitable Influence of First Impressions.* Princeton, NJ: Princeton University Press.

Toft MD. 2003. *The Geography of Ethnic Violence.* Princeton, NJ: Princeton University Press.

Tomasello M. 2011. Human culture in evolutionary perspective. In MJ Gelfand et al., eds. *Advances in Culture and Psychology,* vol 1. New York: Oxford University Press. pp. 5–51.

_____. 2014. *A Natural History of Human Thinking.* Cambridge, MA: Harvard University Press.

Tomasello M, et al. 2005. Understanding and sharing intentions: The origins of cultural cognition. *Behav Brain* Sci 28:675–673.

Tonkinson R. 1987. Mardujarra kinship. In DJ Mulvaney, JP White, eds. *Australia to 1788.* Broadway, NSW: Fairfax, Syme, Weldon. pp. 197–220.

_____. 2002. *The Mardu Aborigines: Living the Dream in Australia's Desert.* 2nd ed. Belmont, CA: Wadsworth.

_____. 2011. Landscape, transformations, and immutability in an Aboriginal Australian culture. *Cult Memories* 4:329–345.

Torres CW, ND Tsutsui. 2016. The effect of social parasitism by *Polyergus breviceps* on the nestmate recognition system of its host, *Formica altipetens. PloS ONE* 11:e0147498.

Townsend JB. 1983. Pre-contact political organization and slavery in Aleut society. In E Tooker, ed. *The Development of Political Organization in Native North America.* Philadelphia: Proceedings of the American Ethnological Society. pp. 120–132.

Townsend SW, LI Hollén, MB Manser. 2010. Meerkat close calls encode group-specific signatures, but receivers fail to discriminate. *Anim Behav* 80:133–138.

Trinkaus E, et al. 2014. *The people of Sunghir.* Oxford: Oxford University Press.

Tschinkel WR. 2006. *The Fire Ants.* Cambridge, MA, Harvard University Press.

Tsutsui ND. 2004. Scents of self: The expression component of self/non-self recognition systems. In *Ann Zool Fenn.* Finnish Zoological and Botanical Publishing Board. pp. 713–727.

Turchin P. 2015. *Ultrasociety: How 10,000 Years of War Made Humans the Greatest Cooperators on Earth.* Chaplin, CT: Beresta Books.

Turchin P, et al. 2013. War, space and the evolution of Old World complex societies. *Proc Nat Acad Sci* 110:16384–16389.

Turchin P, S Gavrilets. 2009. Evolution of complex hierarchical societies. *Soc Evol Hist* 8:167–198.

Turnbull CM. 1965. *Wayward Servants*. London: Eyre and Spottiswoode.

_____. 1972. *The Mountain People*. London: Cape.

Turner JC. 1981. The experimental social psychology of intergroup behavior. In JC Turner, H Giles, eds. *Intergroup Behavior*. Oxford: Blackwell. pp. 66–101.

Turner JH, RS Machalek. 2018. *The New Evolutionary Sociology*. New York: Routledge.

Turner TS. 2012. The social skin. *J Ethnog Theory* 2:486–504.

Tuzin D. 2001. *Social Complexity in the Making: A Case Study Among the Arapesh of New Guinea*. London: Routledge.

Tyler TR. 2006. Psychological perspectives on legitimacy and legitimation. *Annu Rev Psychol* 57:375–400.

Uehara E. 1990. Dual exchange theory, social networks, and informal social support. *Am J Sociol* 96:521–57.

Vaes J, MP Paladino. 2010. The uniquely human content of stereotypes. *Process Intergr Relat* 13:23–39.

Vaes J, et al. 2012. We are human, they are not: Driving forces behind outgroup dehumanisation and the humanisation of the ingroup. *Eur Rev Soc Psychol* 23:64–106.

Vaesen K, et al. 2016. Population size does not explain past changes in cultural complexity. *Proc Nat Acad Sci* 113:E2241–E2247.

Valdesolo P, J Ouyang, D DeSteno. 2010. The rhythm of joint action: Synchrony promotes cooperative ability. *J Exp Soc Psychol* 46:693–695.

Van den Berghe PL. 1981. *The Ethnic Phenomenon*. New York: Elsevier.

van der Dennen JMG. 1987. Ethnocentrism and in-group/out-group differentiation. In V Reynolds et al., eds. *The Sociobiology of Ethnocentrism*. London: Croom Helm. pp. 1–47.

_____. 1991. Studies of conflict. In M Maxwell, ed. *The Sociobiological Imagination*. Albany: State University of New York Press. pp. 223–241.

_____. 1999. Of badges, bonds, and boundaries: In-group/out-group differentiation and ethnocentrism revisited. In K Thienpont, R Cliquet, eds. *In-group/Outgroup Behavior in Modern Societies*. Amsterdam: Vlaamse Gemeeschap/CBGS. pp. 37–74.

_____. 2014. Peace and war in nonstate societies: An anatomy of the literature in anthropology and political science. *Common Knowledge* 20:419–489.

Van der Toorn J, et al. 2014. My country, right or wrong: Does activating system justification motivation eliminate the liberal-conservative gap in patriotism? *J Exp Soc Psychol* 54:50–60.

van de Waal E, C Borgeaud, A Whiten. 2013. Potent social learning and conformity shape a wild primate's foraging decisions. *Science* 340:483–485.

van Dijk RE, et al. 2013. The thermoregulatory benefits of the communal nest of sociable weavers *Philetairus socius* are spatially structured within nests. J Avian Biol 44:102–110.

van Dijk RE, et al. 2014. Cooperative investment in public goods is kin directed in communal nests of social birds. *Ecol Lett* 17:1141–1148.

Vanhaeren M, F d'Errico. 2006. Aurignacian ethno-linguistic geography of Europe revealed by personal ornaments. *J Archaeol Sci* 33:1105–1128.

Van Horn RC, et al. 2007. Divided destinies: Group choice by female savannah baboons during social group fission. *Behav Ecol Sociobiol* 61:1823–1837.

Van Knippenberg D. 2011. Embodying who we are: Leader group prototypicality and leadership effectiveness. *Leadership Quart* 22:1078–1091.

Van Meter PE. 2009. Hormones, stress and aggression in the spotted hyena. Ph.D. diss. in Zoology. Michigan State University, East Lansing, MI.

Van Vugt M, A Ahuja. 2011. *Naturally Selected: The Evolutionary Science of Leadership.* New York: HarperCollins.

Van Vugt M, CM Hart. 2004. Social identity as social glue: The origins of group loyalty. *J Pers Soc Psychol* 86:585–598.

Van Vugt M, R Hogan, RB Kaiser. 2008. Leadership, followership, and evolution: Some lessons from the past. *Am Psychol* 63:182–196.

Vasquez JA, ed. 2012. *What do We Know About War?* 2nd ed. Lanham, Maryland: Rowman & Littlefield.

Vecoli RJ. 1978. The coming of age of the Italian Americans 1945–1974. *Ethnic Racial Stud* 8:134–158.

Verdolin JL, AL Traud, RR Dunn. 2014. Key players and hierarchical organization of prairie dog social networks. *Ecol Complex* 19:140–147.

Verdu P, et al. 2010. Limited dispersal in mobile hunter–gatherer Baka Pygmies. *Biol Lett* 6:858–861.

Viki GT, R Calitri. 2008. Infrahuman outgroup or suprahuman group: The role of nationalism and patriotism in the infrahumanization of outgroups. *Eur J Soc Psychol* 38:1054–1061.

Viki GT, D Osgood, S Phillips. 2013. Dehumanization and self-reported proclivity to torture prisoners of war. *J Exp Soc Psychol* 49:325–328.

Villa P. 1983. *Terra Amata and the Middle Pleistocene Archaeological Record of Southern France.* Berkeley: University of California Publications in Anthropology 13.

Visscher PK. 2007. Group decision making in nest-site selection among social insects. *Annu Rev Entomol* 52:255–275.

Volpp L. 2001. The citizen and the terrorist. *UCLA Law Rev* 49:1575–1600.

Voltaire. 1901. *A Philosophical Dictionary*, vol. 4. Paris: ER Dumont.

Vonholdt BM, et al. 2008. The genealogy and genetic viability of reintroduced Yellowstone grey wolves. *Mol Ecol* 17:252–274.

Voorpostel M. 2013. Just like family: Fictive kin relationships in the Netherlands. *J Gerontol B Psychol Sci Soc Sci* 68:816–824.

Wadley L. 2001. What is cultural modernity? A general view and a South African perspective from Rose Cottage Cave. *Cambr Archaeol J* 11:201–221.

Walford E, J Gillies. 1853. *The Politics and Economics of Aristotle.* London: HG Bohn.

Walker RH, et al. 2017. Sneeze to leave: African wild dogs use variable quorum thresholds facilitated by sneezes in collective decisions. *Proc R Soc B* 284:20170347.

Walker RS. 2014. Amazonian horticulturalists live in larger, more related groups than hunter–gatherers. *Evol Hum Behav* 35:384–388.

Walker RS, et al. 2011. Evolutionary history of hunter-gatherer marriage practices. *PLoS ONE* 6:e19066.

Walker RS, KR Hill. 2014. Causes, consequences, and kin bias of human group fissions. *Hum Nature* 25:465–475.

Wallensteen P. 2012. Future directions in the scientific study of peace and war. In JA Vasquez, ed. *What Do We Know About War?* 2nd ed. Lanham, MD: Rowman & Littlefield. pp. 257–270.

Walter R, I Smith, C Jacomb. 2006. Sedentism, subsistence and socio-political organization in prehistoric New Zealand. *World Archaeol* 38:274–290.

Wang Y, S Quadflieg. 2015. In our own image? Emotional and neural processing differences when observing human-human vs human-robot interactions. *Soc Cogn Affect Neurosci* 10:1515–1524.

Ward RH. 1972. The genetic structure of a tribal population, the Yanomama Indians V. Comparisons of a series of genetic networks. *Ann Hum Genet* 36:21–43.

Warnecke AM, RD Masters, G Kempter. 1992. The roots of nationalism: Nonverbal behavior and xenophobia. *Ethol Sociobiol* 13:267–282.

Watanabe S, J Sakamoto, M Wakita. 1995. Pigeons discrimination of paintings by Monet and Picasso. *J Exp Anal Behav* 63:165–174.

Watson RD Jr. 2008. *Normans and Saxons: Southern Race Mythology and the Intellectual History of the American Civil War.* Baton Rouge: Louisiana State University Press.

Watson-Jones RE, et al. 2014. Task-specific effects of ostracism on imitative fidelity in early childhood. *Evol Hum Behav* 35:204–210.

Watts DP, et al. 2000. Redirection, consolation, and male policing. In F Aureli, FBM de Waal, eds. *Natural Conflict Resolution.* Berkeley: University of California Press. pp. 281–301.

Watts DP, et al. 2006. Lethal intergroup aggression by chimpanzees in Kibale National Park, Uganda. *Am J Primatol* 68:161–180.

Waytz A, N Epley, JT Cacioppo. 2010. Social cognition unbound: Insights into anthropomorphism and dehumanization. *Curr Dir Psychol Sci* 19:58–62.

Weber E. 1976. *Peasants into Frenchmen: The Modernization of Rural France 1870–1914.* Stanford, CA: Stanford University Press.

Weddle RS. 1985. *Spanish Sea: The Gulf of Mexico in North American Discovery 1500–1685.* College Station: Texas A & M University Press.

Wegner DM. 1994. Ironic processes of mental control. *Psychol Rev* 101:34–52.

Weinstein EA. 1957. Development of the concept of flag and the sense of national identity. *Child Dev* 28:167–174.

Weisler MI. 1995. Henderson Island prehistory: Colonization and extinction on a remote Polynesian island. *Biol J Linn Soc* 56:377–404.

Weitz MA. 2008. *More Damning than Slaughter: Desertion in the Confederate Army.* Lincoln: University of Nebraska Press.

Wells RS. 2003. Dolphin social complexity. In FBM de Waal, PL Tyack, eds. *Animal Social Complexity: Intelligence, Culture and Individualized Societies.* Cambridge, MA: Harvard University Press. pp. 32–56.

Wendorf F. 1968. Site 117: A Nubian final paleolithic graveyard near Jebel Sahaba, Sudan. In F Wendorf, ed. *The Prehistory of Nubia.* Dallas: Southern Methodist University Press. pp. 954–1040.

West SA, I Pen, AS Griffin. 2002. Cooperation and competition between relatives. *Science* 296:72–75.

Weston K. 1991. *Families We Choose: Lesbians, Gays, Kinship.* New York: Columbia University Press.

Whallon R. 2006. Social networks and information: non-"utilitarian" mobility among hunter-gatherers. *J Anthropol Archaeol* 25:259–270.

Wheeler A, et al. 2011. Caucasian infants scan own- and other-race faces differently. *PloS ONE* 6: e18621.

White HT. 2011. *Burma.* Cambridge: Cambridge University Press.

Whitehead NL. 1992. Tribes make states and states make tribes: Warfare and the creation of colonial tribes and states in northeastern South America. In RB Ferguson, NL Whitehead, eds. *War in the Tribal Zone.* Santa Fe, NM: SAR Press. pp. 127–150.

Whitehouse H, et al. 2014a. The ties that bind us: Ritual, fusion, and identification. *Curr Anthropol* 55:674–695.

Whitehouse H, et al. 2014b. Brothers in arms: Libyan revolutionaries bond like family. *Proc Nat Acad Sci* 111:17783–17785.

Whitehouse H, RN McCauley. 2005. *Mind and Religion: Psychological and Cognitive Foundations of Religiosity.* Walnut Creek, CA: Altamira.

Whiten A. 2011. The scope of culture in chimpanzees, humans and ancestral apes. *Philos T Roy Soc B* 366:997–1007.

Widdig A, et al. 2006. Consequences of group fission for the patterns of relatedness among rhesus macaques. *Mol Ecol* 15:3825–3832.

Wiessner PW. 1977. Hxaro: A regional system of reciprocity for reducing risk among the !Kung San. Ph.D. diss. University of Michigan, Ann Arbor, MI.

———. 1982. Risk, reciprocity and social influences on !Kung San economics. In E Leacock, R Lee, eds. *Politics and History in Band Societies.* Cambridge: Cambridge University Press. pp. 61–84.

———. 1983. Style and social information in Kalahari San projectile points. *Am Antiquity* 48:253–276.

———. 1984. Reconsidering the behavioral basis for style: A case study among the Kalahari San. *J Anthropol Arch* 3:190–234.

———. 2002. Hunting, healing, and hxaro exchange: A long-term perspective on !Kung (Ju/'hoansi) large-game hunting. *Evol Hum Behav* 23:407–436.

———. 2014. Embers of society: Firelight talk among the Ju/'hoansi Bushmen. *Proc Nat Acad Sci* 111:14027–14035.

Wiessner P, A Tumu. 1998. *Historical Vines: Enga Networks of Exchange, Ritual and Warfare in Papua New Guinea.* Washington, DC: Smithsonian Institution Press.

Wildschut T, et al. 2003. Beyond the group mind: A quantitative review of the interindividual-intergroup discontinuity effect. *Psychol Bull* 129:698–722.

Wilkinson GS, JW Boughman. 1998. Social calls coordinate foraging in greater spearnosed bats. *Anim Behav* 55:337–350.

Willer R, K Kuwabara, MW Macy. 2009. The false enforcement of unpopular norms. *Am J Sociol* 115:451–490.

Williams J. 2006. *Clam Gardens: Aboriginal Mariculture on Canada's West Coast.* Point Roberts, WA: New Star Books.

Williams JM, et al. 2004. Why do male chimpanzees defend a group range? *Anim Behav* 68:523–532.

Williams JM, et al. 2008. Causes of death in the Kasakela chimpanzees of Gombe National Park, Tanzania. *Am J Primatol* 70:766–777.

Wilshusen RH, JM Potter. 2010. The emergence of early villages in the American Southwest: Cultural issues and historical perspectives. In MS Bandy, JR Fox, eds. *Becoming Villagers: Comparing Early Village Societies.* Tucson: University of Arizona Press. pp. 165–183.

Wilson DS, EO Wilson. 2008. Evolution "for the Good of the Group." *Am Sci* 96:380–389.

Wilson EO. 1975. *Sociobiology: The New Synthesis.* Cambridge, MA: Harvard University Press.

_____. 1978. *On Human Nature.* Cambridge, MA: Harvard University Press.

_____. 1980. Caste and division of labor in leaf-cutter ants. I. The overall pattern in *A. sexdens. Behav Ecol Sociobiol* 7:143–156.

_____. 2012. *Social Conquest of Earth.* New York: W.W. Norton.

Wilson ML, et al. 2014. Lethal aggression in *Pan* is better explained by adaptive strategies than human impacts. *Nature* 513:414–417.

Wilson ML, M Hauser, R Wrangham. 2001. Does participation in intergroup conflict depend on numerical assessment, range location or rank in wild chimps? *Anim Behav* 61:1203–1216.

Wilson ML, WR Wallauer, AE Pusey. 2004. New cases of intergroup violence among chimpanzees in Gombe National Park, Tanzania. *Int J Primatol* 25:523–549.

Wilson ML, RW Wrangham. 2003. Intergroup relations in chimpanzees. *Annu Rev Anthropol* 32:363–392.

Wilson TD. 2002. *Strangers to Ourselves: Discovering the Adaptive Unconscious.* Cambridge, MA: Harvard University Press.

Wimmer A, B Min. 2006. From empire to nation-state: Explaining wars in the modern world, 1816–2001. *Am Sociol Rev* 71:867–897.

Winston ML, GW Otis. 1978. Ages of bees in swarms and afterswarms of the Africanized honeybee. *J Apic Res* 17:123–129.

Witkin HA, JW Berry. 1975. Psychological differentiation in cross-cultural perspective. *J Cross Cult Psychol* 6:4–87.

Wittemyer G, et al. 2007. Social dominance, seasonal movements, and spatial segregation in African elephants. *Behav Ecol Sociobiol* 61:1919–1931.

Wittemyer G, et al. 2009. Where sociality and relatedness diverge: The genetic basis for hierarchical social organization in African elephants. *Proc Roy Soc B* 276:3513–3521.

Wobst HM. 1974. Boundary conditions for Paleolithic social systems. *Am Antiquity* 39:147–178.

_____. 1977. Stylistic behavior and information exchange. In CE Cleland, ed. *Research Essays in Honor of James B. Griffin*. Ann Arbor, MI: Museum of Anthropology. pp. 317–342.

Wohl MJA, MJ Hornsey, CR Philpot. 2011. A critical review of official public apologies: Aims, pitfalls, and a staircase model of effectiveness. *Soc Issues Policy Rev* 5:70–100.

Wohl MJA, et al. 2012. Why group apologies succeed and fail: Intergroup forgiveness and the role of primary and secondary emotions. *J Pers Soc Psychol* 102:306–322.

Wolsko C, B Park, CM Judd. 2006. Considering the tower of Babel. *Soc Justice Res* 19: 277–306.

Womack M. 2005. *Symbols and Meaning: A Concise Introduction*. Walnut Creek CA: Altamira.

Wood G. 2015. What ISIS really wants. *The Atlantic* 315:78–94.

Woodburn J. 1982. Social dimensions of death in four African hunting and gathering societies. In M Bloch, J Parry, eds. *Death and the Regeneration of Life*. Cambridge: Cambridge University Press. pp. 187–210.

Word CO, MP Zanna, J Cooper. 1974. The nonverbal mediation of self-fulfilling prophecies in interracial interaction. *J Exp Soc Psychol* 10:109–120.

Wrangham RW. 1977. Feeding behaviour of chimpanzees in Gombe National Park, Tanzania. In TH Clutton-Brock, ed. *Primate Ecology*. London: Academic Press. pp. 504–538.

_____. 1999. Evolution of coalitionary killing. *Am J Phys Anthropol* 110:1–30.

_____. 2009. *Catching Fire: How Cooking Made Us Human*. New York: Basic Books.

_____. 2014. Ecology and social relationships in two species of chimpanzee. In DI Rubenstein, RW Wrangham, eds. *Ecological Aspects of Social Evolution: Birds and Mammals*. Princeton, NJ: Princeton University Press. pp. 352–378.

_____. 2019. *The Goodness Paradox: The Strange Relationship between Virtue and Violence in Human Evoution*. New York: Pantheon Books.

Wrangham RW, L Glowacki. 2012. Intergroup aggression in chimpanzees and war in nomadic hunter-gatherers. *Hum Nature* 23:5–29.

Wrangham RW, D Peterson. 1996. *Demonic Males: Apes and the Origins of Human Violence*. New York: Houghton Mifflin Harcourt.

Wrangham RW, et al. 2016. Distribution of a chimpanzee social custom is explained by matrilineal relationship rather than conformity. *Curr Biol* 26:3033–3037.

Wrangham RW, ML Wilson, MN Muller. 2006. Comparative rates of aggression in chimpanzees and humans. *Primates* 47:14–26.

Wray MK, et al. 2011. Collective personalities in honeybee colonies are linked to fitness. *Anim Behav* 81:559–568.

Wright R. 2004. *A Short History of Progress*. New York: Carroll & Graf.

Wright SC, et al. 1997. The extended contact effect: Knowledge of cross-group friendsips and prejudice. *J Pers Soc Psychol* 73:73–90.

Wu F. 2002. *Yellow: Race in America Beyond Black and White*. New York: Basic Books.

Wurgaft BA. 2006. Incensed: Food smells and ethnic tension. *Gastronomica* 6:57–60.

Yates FA. 1966. *The Art of Memory*. London: Routledge & Kegan Paul.

Yellen J, H Harpending. 1972. Hunter-gatherer populations and archaeological inference. *World Archaeol* 4:244–253.

Yoffee N. 1995. Collapse of ancient Mesopotamian states and civilization. In N Yoffee, G Cowgill, eds. *Collapse of Ancient States and Civilizations*. Tucson: University of Arizona. pp 44–68.

Yogeeswaran K, N Dasgupta. 2010. Will the "real" American please stand up? The effect of implicit national prototypes on discriminatory behavior and judgments. *Pers Soc Psychol Bull* 36:1332–1345.

Yonezawa M. 2005. Memories of Japanese identity and racial hierarchy. In P Spickard, ed. *Race and Nation*. New York: Routledge. pp. 115–132.

Zajonc R, et al. 1987. Convergence in the physical appearance of spouses. *Motiv Emot* 11:335–346.

Zayan R, J Vauclair. 1998. Categories as paradigms for comparative cognition. *Behav Proc* 42:87–99.

Zeder MA, et al., eds. 2006. *Documenting Domestication: New Genetic and Archaeological Paradigms*. Berkeley: University of California Press.

Zentall TR. 2015. Intelligence in non-primates. In S Goldstein, D Princiotta, JA Naglieri, eds. *Handbook of Intelligence*. New York: Springer. pp. 11–25.

Zerubavel E. 2003. *Time Maps: Collective Memory and the Social Shape of the Past*. Chicago: University of Chicago Press.

Zick A, et al. 2008. The syndrome of group-focused enmity. *J Soc Issues* 64:363–383.

Zinn H. 2005. *A People's History of the United States*. New York: HarperCollins.

Zvelebil M, M Lillie. 2000. The transition to agriculture in eastern Europe. In TD Price, ed. *Europe's First Farmers*. Cambridge: Cambridge University Press. pp. 57–92.

색인

ㅂ